中国农业科学院
兰州畜牧与兽药研究所
规章制度汇编

张永光　孙　研　张继瑜　陈化琦　主编

中国农业科学技术出版社

图书在版编目(CIP)数据

中国农业科学院兰州畜牧与兽药研究所规章制度汇编/张永光等主编．--北京：中国农业科学技术出版社，2022.12
ISBN 978-7-5116-5930-9

Ⅰ.①中… Ⅱ.①张… Ⅲ.①中国农业科学院-畜牧-研究所-规章制度-汇编②中国农业科学院-兽医学-药物-研究所-规章制度-汇编 Ⅳ.①S8-24

中国版本图书馆 CIP 数据核字(2022)第 174727 号

责任编辑 金 迪
责任校对 王 彦
责任印制 姜义伟 王思文

出 版 者 中国农业科学技术出版社
北京市中关村南大街 12 号 邮编：100081
电 话 (010) 82106625 (编辑室) (010) 82109702 (发行部)
(010) 82109709 (读者服务部)
网 址 https://castp.caas.cn
经 销 者 各地新华书店
印 刷 者 北京建宏印刷有限公司
开 本 210 mm×297 mm 1/16
印 张 36.75
字 数 1 086 千字
版 次 2022 年 12 月第 1 版 2022 年 12 月第 1 次印刷
定 价 156.00 元

《中国农业科学院兰州畜牧与兽药研究所规章制度汇编》

编辑委员会

主　　任	张永光	杨志强	孙　研	张继瑜	
副 主 任	阎　萍	杨振刚	李建喜	赵朝忠	
委　　员	陈化琦	王学智	董鹏程	荔　霞	曾玉峰
	张继勤	王　瑜	符金钟	杨　晓	张小甫
	王　昉	陈　靖			
主　　编	张永光	孙　研	张继瑜	陈化琦	
副 主 编	杨振刚	赵朝忠	符金钟	周雅馨	
参编人员	曾玉峰	王学智	董鹏程	荔　霞	张继勤
	王　瑜	张小甫	王　昉	杨　晓	吴晓睿
	陈　靖	周　磊	张玉纲	宋玉婷	刘星言
	刘丽娟	赵芯瑶	王春梅	李宠华	郝　媛
	薛砚文	唐小晶			

前　言

近年来，中国农业科学院兰州畜牧与兽药研究所（以下简称“研究所”）在农业农村部和中国农业科学院的坚强领导下，坚持四个面向，聚焦“国之大者”，持续强化国家战略科技力量，自觉履行农业科研国家队的职责使命，通过制度化、规范化管理加快推进高水平农业科技自立自强，为全面推进乡村振兴、加快农业农村现代化提供坚实科技支撑。

2022 年 4 月，研究所章程获得中国农业科学院批复，研究所管理运行的基础性制度正式确立。同年，研究所“十四五”总体发展规划和“十四五”人才发展规划出台，成为推动研究所“十四五”各项工作的纲领性文件。在此基础上，研究所结合工作实际及时完善各项规章制度，通过细化政策规定不断打通政策“堵点”，力求以制度创新促进科技创新，切实营造有利发展的良好环境，有效激发全体职工的创新活力。

为了进一步规范管理，研究所办公室将近年来制（修）订的规章制度汇编成册，供所属各部门和全体职工查阅。汇编中除 3 个基础性制度和纲领性文件外，还收录了各类规章制度共 137 个，按照各项内容分为五部分：第一部分科技创新与成果转化管理，第二部分综合政务管理，第三部分人事劳资管理，第四部分财务与资产管理，第五部分党建与文明建设管理。本制度汇编是研究所制度建设的创新成果，是规范管理的重要资料，也是促进各部门、各团队提高工作质量和运转效率的必备参考，希望大家认真学习并贯彻执行。

在此，对支持和帮助制度汇编工作的领导和同志们表示衷心地感谢！由于参编人员水平有限，编排中难免存在疏漏或不当之处，敬请批评指正。

编者

2022 年 12 月 10 日

目　录

科技创新与成果转化管理

综合政务管理

人事劳资管理

财务与资产管理

党建与文明建设管理

中国农业科学院兰州畜牧与兽药研究所章程（试行）

（办字〔2022〕收文171号）

第一章　总　则

第一条　为确立中国农业科学院兰州畜牧与兽药研究所定位清晰、职责明确、评价科学、开放有序、管理规范的制度基础，推动研究所创新管理机制、完善法人治理结构、提升科技创新能力，确保实现公益目标，根据国家有关法律法规，结合研究所实际，制定本章程。

第二条　研究所是中央级公益类农业科研机构，是国家设立的专门从事畜牧、兽医领域科技创新活动的科研机构，是“三农”领域国家战略科技力量，具有事业单位独立法人资格，具有科技创新自主权和管理自主权，主要经费来源为国家财政拨款。为便于开展国际学术交流，保留“中国农业科学院中兽医研究所”名称。研究所的登记管理机关是国家事业单位登记管理局。研究所的举办单位是农业农村部，由中国农业科学院管理。

第三条　研究所以习近平新时代中国特色社会主义思想为指导，认真贯彻党的基本理论、基本路线、基本方略，增强“四个意识”、坚定“四个自信”、做到“两个维护”，坚持和加强党的全面领导，严格遵守宪法和法律，立足农业科研国家队职责使命与定位，发挥国家战略科技力量作用，深入贯彻落实创新驱动发展战略、乡村振兴战略、党中央国务院重大决策部署，以及农业农村部、中国农业科学院中心工作，合法开展科学研究和转化应用活动，推动高水平农业科技自立自强，引领支撑农业农村现代化。

第四条　新时代研究所的办所方针是：面向世界农业科技前沿、面向国家重大需求、面向现代农业建设主战场、面向人民生命健康，加快建设世界一流学科和一流研究所，勇攀高峰，率先跨越，推动我国畜牧兽医科技整体跃升和产业发展，为实现第二个百年奋斗目标、实现中华民族伟大复兴的中国梦作出新的更大的贡献。

第五条　研究所的业务范围是：畜牧学研究、兽医学研究、草学研究、中兽医学研究、兽药学研究、兽医临床、生物医药、畜产品质量安全与检测、兽药和饲料分析与评价、兽药残留与微生物耐药性、相关技术开发与咨询、畜牧兽医高级人才培养与专业培训、《中兽医医药杂志》和《中国草食动物科学》出版。

第六条　研究所的主要职责：

（一）草食家畜新品种培育与繁育技术创新。

（二）畜、草种质资源收集、保存、评价和利用。

（三）兽药创制与安全性有效性评价。

（四）动物疾病诊断与防治。

（五）中兽医药传承创新及动物疫病防治与保健技术。

（六）草新品种培育、加工利用与草地生态。

（七）畜禽产品质量安全检测与评价。

第七条　研究所以“探赜索隐，钩深致远”为所训，秉承潜心钻研、甘于寂寞、艰苦奋斗、乐于奉献的“农科精神”，坚持学风优良、宽容失败、环境和谐的创新文化，尊重科研规律，弘扬科学精神，坚持科学民主，提倡学术争鸣，信守学术道德。

第二章　党的领导

第八条　中国共产党中国农业科学院兰州畜牧与兽药研究所委员会（以下简称“所党委”）是中国共产党在研究所设立的基层组织。所党委在上级党组织领导下，按照参与决策、推动发展、监督保障的要求，加强对研究所党的建设和业务工作的领导，确保党的理论和路线方针政策的贯彻落实。全所各级党组织在所党委领导下，根据《中国共产党章程》等党内法规，开展各项工作。

第九条　所党委设书记 1 人，副书记若干人，党委委员若干人。下设党委办公室，为所党委日常办事机构。

第十条　坚持把党的政治建设摆在首位，坚持和加强党的全面领导，加强思想政治教育，严格落实党建工作责任制，推进党建与科研工作深入融合、相互促进。

第十一条　中国共产党中国农业科学院兰州畜牧与兽药研究所纪律检查委员会（以下简称“所纪委”）是研究所党内监督机构，在所党委和上级纪检组织的领导下开展工作，围绕中心工作，履行党章和党内法规规定的职责，保障研究所各项事业的健康发展。

第十二条　落实全面从严治党“两个责任”。所党委落实全面从严治党主体责任，建立健全纪检工作制度，统筹监督资源，形成监督合力，发挥监督保障作用。

第十三条　加强党的基层组织建设，充分发挥党支部的战斗堡垒作用和党员的先锋模范作用。研究所下设的职能处室、科研团队以及挂靠研究所的学会协会、所办企业、期刊等，根据党员人数和工作需要设立党的支部委员会，担负起直接教育、管理、监督党员和组织、宣传、凝聚、服务群众职责。

第十四条　加强党建工作保障。党建工作经费列入年度经费预算，保障党组织工作和活动正常开展。强化党建活动阵地建设。

第三章　领导体制

第十五条　实行所长负责制，所长为研究所法定代表人，主持研究所全面工作，对中国农业科学院院长负责。副所长协助所长工作，分工负责某方面的工作或专项任务。

第十六条　实行所务会议、所常务会议、所党委会议和所长办公会议等会议决策制度。

第十七条　所务会议由所长主持（或授权其他所领导主持），参加会议成员为所领导和各部门负责人。根据工作需要，可召开所务扩大会议，指定有关人员参加。会议召开需半数以上成员参加。所务会议的主要任务：

（一）传达贯彻落实上级重大部署、通报重大事项。

（二）研究决定发展战略、发展规划、重大工作计划和重大改革发展举措等事项。

（三）研究重要规章制度和重大奖惩事项。

（四）其他重要事项。

第十八条　所常务会议由所长召集和主持，参会成员为所领导班子成员。办公室主任列席，根据需要可指定有关人员列席。必须有半数以上成员出席方可召开。所常务会议研究决定以下事项：

（一）传达贯彻落实上级重要指示、决定、政策。

（二）研究向上级部门请示的重要事项和重要决策建议。

（三）听取重要工作汇报，研究部署研究所工作。

（四）研究决定重大事项决策、重要项目安排和大额资金使用等事项。

（五）研究其他重要事项。

第十九条　所党委会议由党委书记召集和主持，参会成员为所党委委员、列席成员，党委会应当有半数以上党委委员到会方可召开，讨论决定干部任免事项必须有2/3以上党委委员到会。所党委会议研究决定以下事项：

（一）传达党的路线、方针、政策和国家法律、法规及上级党组织的重要文件、决定和指示，研究贯彻落实措施和实施方案。

（二）研究党建和精神文明工作。

（三）研究制定党委工作计划及实施方案等。

（四）研究全面从严治党及党风廉政建设工作。

（五）研究决定干部的管理与选拔任用。

（六）研究决定对下级党组织和党员实施奖励和党纪处分。

（七）研究工青妇和统战工作。

（八）研究决定“三重一大”事项。

（九）其他有关事项。

第二十条　所长办公会议由所长或受所长委托的其他所领导主持，参会成员为所领导和管理服务部门负责人，根据会议内容可指定相关人员参加。负责研究处理日常业务工作。所长办公会议研究决定以下事项：

（一）听取各部门工作汇报。

（二）研究处理日常工作中的重要事项和专门事项，以及分管所领导、管理服务部门提交研究和协调的问题。

（三）审议一般性规章制度。

（四）通报和讨论其他重要事项。

第二十一条　凡涉及研究所改革发展稳定的重大决策、重大项目安排、大额度资金使用等事项，须经所党委集体研究讨论决策后由所常务会议研究决定。

第二十二条　坚持民主集中制原则，重大问题按照集体领导、民主集中、个别酝酿、会议决定的原则，科学决策、民主决策、依法决策，通过全体会议方式集体讨论作出决定。

第四章　专项工作委员会

第二十三条　设立所学术委员会，是研究所实施学术管理的最高评议、评审和咨询机构。

第二十四条　研究所实施以学术委员会为核心的学术治理体系，旨在加快研究所科技事业发展，促进学术民主，加强学术指导，充分发挥专家在科技决策中的咨询和参谋作用。研究所重要学术事项决策前，需经过所学术委员会研究审议。

第二十五条　研究所学术委员会由所内外具有较高学术造诣的专家组成，设主任、副主任、委员、秘书。主任由所长兼任，副主任由主任提名，由所学术委员会全体委员选举产生；秘书由主任指定，负责所学术委员会日常事务管理。所内专家在研究所范围内选举产生，所外专家由所学术委员会主任提名产生。委员每届任期 5 年，可以连任，原则上连任不超过两届。

第二十六条　学术委员会主要职责：

（一）审议研究所科技发展规划，重大科技项目评审和论证，讨论学科建设、科研机构设置与研究方向调整等重大问题。

（二）评价和推荐研究所科技成果。

（三）论证科技平台建设。

（四）对人才培养和创新团队建设等进行评价、建议和推荐。

（五）对涉及学术问题的重要事项进行论证和咨询，评议和裁定相关学术道德问题。

（六）审议研究所有关国际合作与交流、重大学术活动、科研合作以及其他事项。

（七）其他按国家或中国农业科学院及研究所规定应当审议的事项。

第二十七条　学术委员会工作规则及程序：

（一）学术委员会实行议事规则，根据需要不定期召开全体会议。委员会会议由学术委员会主任主持，主任因故缺席时，可由副主任主持。

（二）科技管理部门将需要学术委员会审议的事项报学术委员会主任，经学术委员会主任（或主持会议的副主任）同意后，召开学术委员会议。

（三）会议议事实行民主集中制，决策事项，采取无记名投票方式表决，不能出席的委员不得委托其他委员代投票。表决议案须有实到人数的 2/3 以上同意，方可通过。特殊情况下议案可由主任（或主持会议的副主任）根据大多数委员的意见确定。

（四）学术委员会委员享有对委员会工作提出建议、倡议和对议题进行表决的权力。委员一般不得缺席学术委员会会议，因故不能出席的必须提前向主任请假。

（五）学术委员会对审议的事宜，一经形成决议应组织实施，如有必要复议或调整，可重新召集学术委员会会议予以复议。

第二十八条　根据工作需要，设立研究所专门领导小组以及学位评定委员会、职称评审委员会、安全生产委员会等专项工作委员会，开展相关工作。

第二十九条　研究所学位评定委员会由主席、成员和秘书组成，委员每届任期 4 年。实行例会制度，根据工作需要不定期召开会议。对研究所研究生学位申请，学位授权学科点的增列或调整，导师招生资格进行审查，报中国农业科学院学科评议组和学位评定委员会审核；查处研究生在学期间的学术不端行为，将调查结果和处理建议上报院学位评定委员会审核；研究和处理研究所学位与研究生教育中有争议的问题及其他事项。

第三十条　按照农业农村部、中国农业科学院规定设立高级专业技术职务任职资格评审委员会（以下简称“评委会”）。评委会是负责研究所推荐、评审、认定专业技术职务任职资格的专门机构。评委会设主任委员、副主任委员、秘书长。推荐评审、备案通过的人员，由中国农业科学院统一发文公布，研究所根据岗位设置进行聘任。

第五章　职工代表大会

第三十一条　依法设立职工代表大会（以下简称“职代会”）和工会等组织，维护职工参与民主决策，履行监督等权益。职代会是研究所实行民主管理的基本形式。职工代表大会接受同级党组织的领导和上级工会组织的指导。

第三十二条　职代会代表由职工直接选举产生，选举工作以部门为单位进行。职代会代表实行届内常任制，每届任期 5 年，可以连选连任。

第三十三条　职代会职责：

（一）听取研究所工作报告和财务工作报告；审议研究所工作计划、主要负责人任期目标和研究所发展规划、重大改革方案和重要规章制度等。

（二）审议涉及研究所职工权益的重大事项。

（三）会同有关部门，对所领导班子成员进行民主评议和监督。

（四）维护职工合法权益，密切联系职工，反映职工意见建议，征集、整理提案，监督提案落实。

（五）依照法律、法规规定，需要由职工代表大会行使的其他权利。

第三十四条　研究所工会委员会是职代会的办事机构，承担职代会闭会期间的工作。研究所为工会委员会提供必要的工作条件和经费保障。

第六章　组织管理

第三十五条　研究所依照国家有关法律法规，经上级主管部门批准，设置创新团队、行政管理、后勤服务及科技支撑等机构。各机构根据所长授权，开展工作，履行管理、保障和服务等职责。

根据科技创新和成果转化活动需要，积极推进组织创新，投资设立企业法人，依照有关规定进行管理，按照各自章程开展业务。

第三十六条　研究所作为中国农业科学院研究生院的研究生培养单位，在中国农业科学院研究生院和兽医学院的领导管理下，承担报考研究所研究生的教学、培养和管理工作。

第三十七条　研究所法定代表人的变更，由人事部门准备申请变更登记有关材料，提交农业农村部人事司审核后，报送国家事业单位登记管理局，履行变更登记手续。

第三十八条　研究所工作人员依法公平享有以下权利：

（一）按工作职责使用研究所公共资源，享受福利待遇。

（二）获得自身发展所需的相应工作机会和条件。

（三）在品德、能力和业绩等方面获得公正评价。

（四）获得各种奖励和荣誉称号。

（五）知悉研究所改革、建设和发展等涉及切身利益的重大事项。

（六）参与民主管理，对研究所工作提出意见与建议。

（七）就职称职务、福利待遇、评优评奖、纪律处分等事项表达异议和提出申诉。

（八）合同约定的权利。

（九）法律、法规、规章规定的其他权利。

第三十九条　研究所工作人员应履行下列义务：

（一）遵守研究所规章制度。

（二）履行岗位职责，恪尽职守，勤勉工作。

（三）尊重和爱护学生，提高科研业务和服务管理水平。

（四）遵守学术规范，恪守学术道德。

（五）珍惜和爱护研究所名誉，维护研究所利益。

（六）履行合同约定的义务。

（七）履行法律、法规、规章规定的其他义务。

第四十条　坚持民主办所，实行党务公开、政务公开，保障干部职工的知情权、表决权、选择权和监督权。

第四十一条　设置工会、共青团、青工委、妇工委等群众组织，在所党委的领导下依法履行各自的职责。

第四十二条　所内各民主党派、人民团体和无党派人士依据法律、法规、规章和各自章程开展活动，在所党委领导下参与研究所民主管理和监督。

第七章　科技管理

第四十三条　持续开展畜牧、兽医领域相关研究，不断凝练科技创新方向目标，研究制定研究所发展战略、科技创新与发展规划。

第四十四条　健全“学科集群—学科领域—重点方向”的三级学科体系，推动畜牧、兽医、兽药、中兽医、草业等学科建设，加强学科体系对科技资源配置、科研团队建设、研究任务实施的指导作用。

第四十五条　组织建议、承担和完成国家、省部、院等各类科研任务。根据院所发展战略和规划，组织实施院级科技创新任务、所级重点任务、团队科研任务，支持农业科技前沿探索和重大科技问题联合攻关。

第四十六条　组织建议、承担和完成国家、省部、院级等各类科技基础设施、科技平台和试验基地建设任务。依托各类重大科技基础设施、科技平台、试验基地，建设高效率、高质量服务创新的农业科技平台体系，推动科技资源开放共享。

第四十七条　按照国家、部、院关于科技评价的政策规定，建立以科技创新质量、贡献和影响为导向的科技评价制度，对科研团队、科研人员、重大科研任务等进行分类分级评价。鼓励科技人员创新创业创造。

第四十八条　对做出重大科技创新和转化成就的科研团队和个人实行奖励，并积极推荐国家科技奖、省部科技奖和其他奖项。

第四十九条　促进成果转化，依法加强知识产权的运用与保护，开展技术开发、成果转让、咨询培训、科技推广、技术服务、科学普及等活动，建设成果转化平台，服务“三农”发展，促进科技与经济结合，加速支撑经济高质量发展、社会进步和文化繁荣。

第五十条　促进科企科产融合发展，以科企融合推进科产融合发展。创新科技成果转化模式，建设科企融合发展联合体，建设中试熟化平台，加速农业科技成果转化，支撑乡村振兴和农业农村优先发展。

第五十一条　依法依规制定促进科技成果转化的考核评价及收益分配制度，落实科技人员成果转化收益政策，实现研究所和科研人员自身价值，促进创新、创造、创业一体化布局、一体化支持、一体化考评，实现一体化发展。

第五十二条　推进科技产业发展，构建现代农业科技产业发展新体系。强化所办企业成果转化平台功能，加快现代企业制度建设，提升技术服务的能力和水平，加大孵化研究所科技成果的力度，支撑成果转化和现代院所发展。

第五十三条　积极与国内外科研机构、教育机构、地方政府、企业等开展农业科技交流合作，通过构建战略伙伴关系、协同创新、联合培养人才、共建研发机构等多种形式，以开放合作推动自主创新和促进共同发展。

第八章　人事人才管理

第五十四条　坚持党管干部、党管人才原则，发挥所党委在选人用人中的领导和把关作用。按照干部管理权限选拔任用干部，坚持德才兼备、以德为先、人岗相适、群众公认、民主集中、依法依规的原则，落实从严管理监督干部要求。统筹推进科研、管理、支撑和转化队伍建设，不断优化队伍结构，提升人才队伍整体水平。

第五十五条　实施人才强所和人才优先发展战略。持续深化人才发展体制机制改革，形成具有吸引力和竞争力的人才制度体系，大力培养和引进国内外一流人才和科研团队，最大限度调动各类人员积极性。

第五十六条　坚持立德树人，大力发展研究生教育，培养高层次农业科技人才，为我国农业科技创新和农业农村现代化提供人才支撑。

第五十七条　按照管理岗位、专业技术和工勤岗位实行分类管理，建立按需设岗、按岗聘任、竞争上岗、动态调整的模式。面向国内外公开招聘人才并择优录用。

第五十八条　严格执行国家收入分配制度和社会保障政策，依法保障职工合法权益。实行激励与约束相结合的分配制度。坚持体现岗位职责，突出业绩贡献，兼顾公平和效率，实行与社会经济发展水平、研究所创新发展和人才队伍建设要求相适应的薪酬分配政策，建立健全增加知识价值导向的科技成果转化奖励分配机制。依法参加社会保险，落实国家规定的各项福利待遇。

第五十九条　依法依规对工作人员实行分类评价考核和绩效奖励。依照《中华人民共和国劳动争议调解仲裁法》等有关法规，处理研究所工作人员人事争议的有关问题。

第九章　财务与资产管理

第六十条　依据国家财政制度和上级部门有关制度规定，按照创新驱动发展战略，遵循农业科研活动规律，完善内部控制体系，建立有利于科技创新、成果转化、引进人才、条件建设及学生培养的财务资产管理制度与运行管理机制。

第六十一条　加强财务管理，确保经济活动规范，资金使用安全。研究所法定代表人对研究所会计工作和会计资料的真实性、完整性以及经济活动的合法性、合规性负责，保证会计机构、会计人员依法履行职责。

第六十二条　严格预算管理，依据国家法规和上级部门有关制度规定建立全面规范、公开透明的预算制度，研究所收支全部纳入预算管理。按照量入为出、收支平衡的原则安排支出预算。全面落实预算绩效管理的要求，优化资源配置。

第六十三条　依据院所发展战略和规划，统筹谋划研究所条件建设布局，研究提出重大建设项目建议、投资计划安排等，统筹中央、地方、自筹等多种投资渠道，建设各类条件平台。

第六十四条　依据基本建设管理及相关制度规范，科学组织、指导建设项目实施，开展业务培训，加强专业队伍建设，强化项目建设全过程监督检查，防范工程建设领域各类风险，确保项目依法依规高效建设，发挥效益。

第六十五条　依据事业单位国有资产管理制度，对本单位占有、使用的国有资产实施具体管理。加强经营性国有资产监督管理工作。建立健全国有资产配置、使用和处置等管理制度，保证国有资产安全完整、合理配置，提高国有资产使用效益。

第六十六条　依法接受财政、税务、审计及上级主管部门的监督检查。建立健全内部审计制度和内部控制体系，依法依规对政策落实、财务收支、资产管理、内控建设等开展审计监督，防范化解各类风险，规范内部管理，保障资金安全高效运转。

第十章　附　则

第六十七条　研究所中文名称为：中国农业科学院兰州畜牧与兽药研究所，中文简称“兰牧药”；英文名称为：Lanzhou Institute of Husbandry and Pharmaceutical Sciences，Chinese Academy of Agricultural Sciences；缩写为“LIHPS，CAAS”。研究所注册地址为：甘肃省兰州市七里河区硷沟沿 335 号。

第六十八条　研究所所徽为圆形图案，由外圆环、环形中文所名、研究所成立时间“1958”字样、内圆环、苯环与牛头结合图样构成，标准色为绿色。

第六十九条　研究所各项规定和管理制度与本章程相抵触的，以本章程为准，并根据本章程修订。

第七十条　有下列情形之一的，应当修改章程：

（一）章程与国家法律法规不符或与党规党纪抵触的。

（二）章程内容与实际情况不符的。

（三）研究所主要职责经机构编制部门调整的。

（四）农业农村部和中国农业科学院认为应当修改章程的。

（五）研究所决定修改章程的。

（六）其他原因需要修改章程的。

第七十一条　本章程经中国农业科学院审核和农业农村部备案后发布实施，解释权属研究所所务会议。

中国农业科学院兰州畜牧与兽药研究所“十四五”总体发展规划

（农科牧药办〔2022〕36号）

“十四五”时期是开启社会主义现代化强国建设新征程、向第二个百年奋斗目标进军的第一个五年，是加快推进我国进入创新型国家前列的关键时期；是中国农业科学院落实“四个面向”“两个一流”指示精神，开创新局面、迈上新台阶的重要推进期；也是研究所加快推进科技创新和成果转化，努力建成一流研究所的重要机遇期。为全面部署研究所“十四五”各项工作，加快提升科技创新能力和综合发展实力，打造国家畜牧兽医科技战略力量，根据《中共中央关于制定国民经济和社会发展第十四个五年规划和二〇三五年远景目标的建议》精神及部院相关部署要求，结合研究所实际，制定本规划。

一、形势与需求

当今世界正经历百年未有之大变局，新一轮科技革命和产业变革引领现代农业发展方式发生深刻变化。畜牧业发展处在关键转型期，动植物基因编辑、家畜干细胞育种、动植物品种分子设计、体外肉类合成与培养技术、纳米佐剂、农业大数据等颠覆性技术进入质变阶段。我国经济发展进入新时代，“新发展理念、新发展格局、高质量发展”成为时代核心任务，科技自立自强成为国家发展的战略支撑。“经济社会发展和民生改善比过去任何时候都更加需要科学技术解决方案，都更加需要增强创新这个第一动力”。

二、主要进展与存在问题

（一）主要进展

“十三五”是推动研究所创新发展再上新台阶的五年。在部院党组的坚强领导下，研究所以党的政治建设为统领，以科技创新工程为抓手，开创了转型发展、创新发展的新局面。

1. 完善管理制度，激发创新活力

围绕中央50号文件和科研管理“放管服”总体精神，出台了117个覆盖科技创新、综合政务、人事劳资、财务与资产、党建与文明建设的规章制度。健全了岗位与能力挂钩，竞争上岗、动态调整、能进能出、能上能下的用人机制。建立了以科研产出和科技贡献为导向的绩效考核机制，激发了科研人员的创新活力。

2. 实施创新工程，提升创新能力

研究所围绕畜牧产业关键技术需求，深入开展基础、应用基础和应用研究，先后承担国家自然科学基金、国家科技支撑计划、国家重点研发计划、甘肃省（兰州市）重大科技计划、中国农业科学院科技创新工程和中央级公益性科研院所基本科研业务费等各级各类科研项目、课题及子课题

331项，合同经费2.00亿元。发表科技论文630余篇，其中SCI收录172篇；出版著作75部；获得省部等各级科技成果奖励28项，荣获省部级一等奖4项；获得国家畜禽新品种2个，牧草新品种3个；获得国家二类新兽药证书4项，三类新兽药证书7项；授权专利647件，其中国内外发明专利137件；登记软件著作权48件，颁布国家标准5项，农业行业标准2项。

动物遗传育种研究方面，继大通牦牛之后，2019年“阿什旦牦牛”国家新品种培育成功。“高山美利奴羊”国家新品种于2015年通过审定，并获得甘肃省科技进步奖一等奖和中国农业科学院杰出科技创新奖。2个牛羊新品种的培育成功凸显了研究所在本土化大动物品种育种方面的优势地位。牧草资源与育种研究方面，培育出“中兰2号”紫花苜蓿、“中天1号”紫花苜蓿等3个优质国家牧草新品种。二类新兽药“羟氯扎胺”“赛拉菌素”，三类新兽药“板黄口服液”“根黄分散片”等相继获得新兽药证书。新兽药及其应用技术的集成示范相继获得2018年度、2019年度甘肃省科技进步奖一等奖，凸显了研究所在兽药、中兽医学科研究的国内领军地位。

3. 调整学科方向，优化学科体系

立足研究所发展实际，对学科方向再梳理再定位，对创新团队学科方向再凝练、目标再明确、任务再聚焦、人员再优化。形成畜牧、兽药、兽医、草业四大学科布局。在中国农业科学院“学科集群-学科领域-研究方向”的学科体系构架下，形成畜牧、兽医2个一级学科和动物遗传育种、草业科学、动物营养与饲养、动物兽用药物、临床兽医学5个学科领域。组建牦牛资源与育种、细毛羊资源与育种、奶牛疾病、中兽医与临床、兽药创新与耐药性、兽用天然药物、兽用化学药物7个院级科技创新团队。培育抗逆牧草育种与利用、动物传染病与生物药物2个所级科技创新团队。拓展畜产品安全与风险评估、动物营养与饲养技术、肉牛肉羊遗传繁育、动物传染病与生物药物、宠物药的研制和抗生素减量化研究6个新的研究方向。

4. 推动转化服务，科技支撑脱贫攻坚与乡村振兴

围绕科技创新和重大产业需求，通过院地合作、所企联合，积极推动成果转化。“中兰1号”紫花苜蓿等牧草新品种转让或许可企业生产；“羟氯扎胺混悬液”“板黄口服液”等新兽药转让企业生产应用；“银翘蓝芩口服液”技术及其他51件专利成功转让；与40多家国内企事业单位开展合作，合作转让成果及提供技术服务130余项，累计到位经费2 900余万元。

大力推进脱贫攻坚与乡村振兴科技支撑，举办各类科技培训、讲座及咨询200余场，培训农牧民6万余人次。大通牦牛和阿什旦牦牛在牦牛产区大面积推广应用，覆盖率达我国牦牛产区的75%，对促进高寒地区少数民族聚集地，尤其是藏民族地区经济社会发展发挥了重要作用。高山美利奴羊在甘肃、青海、新疆、内蒙古、吉林等细毛羊产区推广，累计改良细毛羊1 000多万只。由研究所牵头的院创新工程协同创新任务“肉羊绿色发展技术集成模式研究与示范”在环县实施，得到时任甘肃省委副书记、省长唐仁健的肯定。深入开展“三区三州”贫困县临潭县、舟曲县、积石山县脱贫攻坚科技帮扶工作，在当地运用先进成果累计创造产值近亿元。帮扶的4个贫困村全部脱贫，临潭县、舟曲县及积石山县于2020年成功脱贫摘帽。研究所2次被甘肃省委评为“优秀帮扶单位”，连续3年被中国农业科学院评为科技扶贫与乡村振兴先进集体，3名同志被评为先进个人。

5. 加大投入力度，推进人才工作

深入实施人才强所和人才优先发展战略，积极落实中国农业科学院人才工作会议精神，不断推进人才队伍建设。一是人才投入力度明显加大，为高层次人才申请发放陇原人才服务卡，申请人才公寓。二是人才结构不断优化，具有博士和硕士学位人员占比达到68%，较“十二五”末提升了17.1%，具有高级职称的人员占比达49.7%。三是人才规模持续增长，柔性引进5位国内外专家，6人享受国务院政府特殊津贴，4人入选中国农业科学院农科英才C类领军人才，2人入选中国农

业科学院青年英才。四是干部队伍建设不断加强，2019 年、2020 年 2 次开展中层干部选拔任用工作，选拔任用中层干部 19 名，逐步实现中层干部队伍年轻化。五是研究生教育成效显著，累计培养博硕研究生 75 名，较“十二五”末增长 1.7 倍。

6. 加强平台建设，完善支撑条件

（1）科技平台建设

“十三五”期间，研究所进一步强化和完善各级科技创新平台的建设和运行，提升了平台的综合服务能力。获批全国名特优新农产品营养品质评价鉴定机构和全国农产品质量科普示范基地；大洼山试验站成功入选甘肃省省级草品种区域试验站；15 个兽药临床试验项目（兽药 GCP）、4 个非临床试验项目（兽药 GLP）和奶牛生产性能测定实验室通过农业农村部认证；农业农村部动物毛皮及制品质量监督检验测试中心（兰州）完成兽药残留扩项并通过复审；甘肃省新兽药工程重点实验室、甘肃省牦牛繁育工程重点实验室、甘肃省中兽药工程技术研究中心顺利通过评估；科技部对研究所科研设施与仪器开放共享评估考核为良；与成都中牧生物药业有限公司、四川省羌山农牧科技股份有限公司、深圳市易瑞生物技术股份有限公司等建立战略合作关系。

（2）条件建设

“十三五”期间，研究所承担 3 项基本建设项目，总经费5 844万元，其中 2 项已通过竣工验收，大洼山综合试验基地建设项目正在实施。承担 6 项修缮购置项目，总经费3 220万元，4 项已通过验收。通过自筹经费支持，进行了中心仪器室、细胞室及洁净室、动物生物安全二级实验室、兽药中试生产基地设施设备、培训中心安全与设施、学术报告厅等的改造维修升级，使得科研条件和生活设施更加完善齐全。

7. 注重交流协作，提升合作水平

“十三五”期间研究所获批国际合作项目 8 项；与匈牙利、瑞士、美国等国家的大学、研究所等机构签订国际合作协议 11 项；举办 3 期“中兽医药学技术国际培训班”；获批甘肃省国际科技合作基地 2 个、甘肃省国际联合实验室 1 个、甘肃省科协海智基地 1 个；派出 129 人次赴 30 个国家和地区开展科技交流访问，柔性引进 1 名国外知名专家来所开展研究工作。

8. 坚定理想信念，推进党的建设

“十三五”以来，研究所在部院党组和兰州市委的正确领导下，深入学习贯彻习近平新时代中国特色社会主义思想，认真学习党的十八大、十九大及其历次全会精神，坚持以政治建设统领党的建设，深化理想信念教育，严格落实意识形态工作责任制，不断加强和改进思想政治工作；深入开展“学党章党规、学系列讲话，做合格党员”学习教育和“不忘初心、牢记使命”主题教育，不断增强先进性和纯洁性；树牢“四个意识”，坚定“四个自信”，坚决做到“两个维护”，始终同以习近平同志为核心的党中央保持高度一致；坚持和完善民主集中制，完善议事决策机制，完善“三重一大”制度，严格落实“三会一课”等制度；充分发挥党委总揽全局、协调各方的政治核心作用，带领全所职工坚决贯彻落实党中央各项决策部署；加强党的全面领导，坚持党要管党、全面从严治党；坚持围绕中心、建设队伍、服务群众，推动党建和业务工作深度融合、相互促进；实现支部建在团队上的党组织全覆盖，战斗堡垒作用不断彰显；持续整治“四风”问题，深入推进反腐败斗争。

文明创建保持强劲势头，2017 年、2020 年连续两次通过全国文明单位复查，继续保留“全国文明单位”称号；获中国农业科学院文明单位、创新文化建设先进单位和群众性体育活动先进单位；所党委在中国农业科学院“两优一先”评选工作中 3 次获得先进基层党组织称号，3 名同志获优秀党务工作者称号，2 名同志获优秀共产党员称号。

（二）存在问题

对标“四个面向”“两个一流”建设总要求，与国内外一流科研院所和兄弟院所相比较，研究所科技创新成效和水平存在明显的差距和不足。一是学科建设亟待加强，重点学科优势不明显，协同创新不足，核心竞争力不强，需要优化调整。二是创新能力不足，原始创新不够，承担国家重大项目缺乏，不能凸显行业地位。三是人才引进困难，高端领军人才缺乏，人才数量不足、质量不高，年轻干部选拔任用和储备力度还需加强，人才发展环境和激励机制有待优化完善。四是科技成果转化能力不强，投入产出比不高。五是高层次科研平台缺乏，科研基础设施与重大平台建设需要进一步加强。六是国际合作能力有待提升，尚未参与到国际性创新协作组织或网络中，国际性、区域性国际合作项目少。七是基础设施陈旧、安全隐患较多，成为制约研究所创新发展的重要短板。八是党的建设需要进一步加强，党务工作与业务工作两融合、两促进还有待进一步提高。

三、指导思想、发展思路和主要目标

（一）指导思想

以习近平新时代中国特色社会主义思想为指导，深入贯彻党的十九大和十九届二中、三中、四中、五中全会精神，坚持党的全面领导，坚持创新驱动发展，深入实施人才强所战略，按照部院各项决策部署，统筹谋划，加强组织，抢抓机遇，以推动研究所高质量发展为主题，以深化农业供给侧结构性改革为主线，以改革创新为根本动力，深化体制机制改革，注重人才团队和基础条件建设，强化重大基础研究与应用基础研究、应用研究和高新技术研究，开展关键共性技术和前沿引领技术攻关，大幅提升自主创新、成果转化和服务产业能力，打造国家农业战略科技力量，不断开创畜牧兽医科技发展新局面，为推动我国畜牧业转型升级做出重要贡献。

（二）发展思路

“十四五”期间，研究所将以党的政治建设为统领，以全面提升科技创新能力为目标，以解决我国畜牧兽医科技和产业重大科技需求为己任，坚持“面向世界科技前沿、面向经济主战场、面向国家重大需求、面向人民生命健康”，对标“建设一批世界一流学科、建成世界一流科研院所”战略目标，立足国情农情所情，强化公益性定位，开展草食动物遗传繁育、牧草新品种选育、畜禽疾病防治、新兽药创制、中兽医辨证施治的重大基础研究与应用基础研究、应用研究、高新技术研究和成果转化。着力优化学科布局、拓展科技创新领域、强化基础研究和关键核心技术攻关、加快新技术新成果转化应用；着力深化管理体制机制改革，优化科技创新环境，健全以创新能力、质量、实效、贡献为导向的科技人才评价体系，激发人才创新活力；着力加强作风学风建设，营造良好创新生态；着力提升科技平台与基础设施服务效能；着力拓展国际合作空间，不断提升自主创新能力。

（三）主要目标

到“十四五”末，取得一批重大科技成果，解决畜牧兽医产业相关领域“卡脖子”问题，为现代畜牧业可持续发展提供有力科技支撑，为建成世界一流的现代化农业科研院所奠定坚实基础。实现畜牧、兽药、兽医、草业四大学科布局进一步优化，凝练一批具有较强竞争力的学科方向；打造一批在国际、国内和行业中具有重要影响力的卓越团队，建设一支结构合理、素质优良、坚强有力的科研、管理、支撑和转化人才队伍；科技创新能力、成果转化和管理服务能力显著提升；平台建设跨上台阶；国际交流与合作深度开展；产业开发取得新突破；党的建设取得显著成效；职工收入水平逐步提高。

四、发展目标与重点任务

“十四五”期间，研究所要在体制机制创新、科学研究、重大成果培育与成果转化、人才队伍建设、条件与平台建设、国际交流与合作、党的建设7个方面力争取得突破和提升。

（一）创新体制机制

继续在体制机制创新上下功夫，加强研究所治理能力和治理体系建设，建立职责明确、法人治理、评价科学、开放合作、管理规范的现代研究所治理体系。建立完善以科研团队为基础的运行机制，健全绩效管理机制，构建更加符合农业科研规律、更加高效配置资源的体制机制。采取有效措施打通科研项目、用人制度、绩效评估、经费条件、设施平台、成果转化、国际合作等各环节政策屏障，构建科学、权威、灵活的一体化管理机制。

1. 创新科研组织方式，凝练学科发展方向

建立完善以竞争性和稳定支持（科技创新工程）为特征的科研组织方式，健全符合农业科技创新要求、责权明确、层次分明、协作高效的团队运行管理模式。以问题为导向，以任务为统领，按照学科发展方向和科技创新需求，梳理问题，凝练任务，支持科研团队开展长期稳定科研攻关。为更好适应农业供给侧结构性改革，紧紧围绕重大产业和科学问题，通过全面实施科技创新工程，系统开展牛羊遗传育种与繁殖、兽药创制与安全评价、中兽医药、兽医临床疫病防治与诊断、牧草资源与育种等学科方向的理论基础、技术应用和产品开发方面的科学研究。以国家重大需求为导向，凝练学科发展方向，着力解决我国畜牧业发展全局性、战略性、关键性科技问题。

2. 完善绩效管理机制

遵循农业科技创新规律，体现团队和学科的特点与差异，优化评价程序，改进评价方法，注重评价实效，建立以创新任务、创新能力和发展潜力等为核心内容的评价考核体系，完善团队评价与绩效考评协调统一的评价考核机制。实行绩效预算管理机制，经费保障水平与绩效考评结果、预算执行进度等因素直接挂钩。

3. 完善用人、考核和激励机制

（1）用人机制

建立面向学科和产业发展需要的定向引进机制、以提升能力素质为核心的培养开发机制、支持创新创业的投入保障机制。按照岗位固定、人员流动、能上能下、能进能出的原则，完善开放、竞争、流动的用人机制，鼓励轮岗交流。鼓励使用编外用工及科研助理，衔接国家—院—所三级人才培养机制。建立优秀年轻干部动态管理储备库。推动干部能上能下机制，构建多维度干部人才选拔使用机制，优化干部队伍年龄结构，培养“多面手”干部。

（2）考核评价机制

树立科学评价导向，探索“破四唯”人才评价机制，构建定性与定量相结合的高效评价体系。完善人才考核评价、职称评审等制度，优化职工年度考核制度，完善各类人员业绩分类考核制度，强化结果应用。

（3）激励绩效机制

完善绩效分配制度，构建鼓励担当作为的正向激励机制，加强对敢担当善作为干部的激励。突出主动作为、解决问题和业绩产出导向，让肯干事、能成事的职工有获得感、得实惠。

4. 推进“放管服”精神落地

进一步深化“放管服”改革，落实中央关于“放管服”精神和《中国农业科学院基本科研业务费专项管理实施细则》《关于印发进一步给科研人员做好服务和松绑减负的实施方案的通知》等政策文件，从协同管理、内部控制、绩效评价、物资采购、财务报销等方面全方位探索建立“放管服”改革下科研管理新机制。在流程上做减法，在服务上做加法，松绑科研人员，创造优良“软”环境，提供管理“硬”保障。

（二）扎实开展科学研究

1. 畜牧学科方向

围绕种源“卡脖子”问题，精准对标“四个面向”，针对肉牛、牦牛、细毛羊和肉羊种质资源发掘与创新利用，构建现代种质资源评价体系，推进种质资源发掘与创新利用，提高我国家畜良种培育能力，保障国家种业安全。

（1）发展目标

培育长毛型牦牛新品系 1 个，培育舍饲专门化肉羊新品种（系）1 个，发掘鉴定牦牛遗传资源 1~2 个，申报国家级奖励 1 项、省部级奖励 2 项。

（2）重点任务

面向世界农业科技前沿：开展牦牛、肉牛、绵羊、肉羊品种驯化起源与分子进化历史，地方品种遗传形成，交流和迁移情况研究；研究牛羊重要性状的主效基因、基因网络和代谢通路的发现和调控规律及表观遗传与杂交优势的分子机制；结合基因编辑、基因组选择、精准基因分型技术，建立干细胞体外分子育种技术，开展牛羊表型信息和分子信息的科学集成，为牛羊分子设计育种提供技术支撑。

面向现代农业建设主战场：研发牦牛育种专用基因芯片，评估基因组育种方法的准确性，建立牦牛育种遗传评估系统；综合运用常规育种、全基因组选择和精准基因分型等技术开展牦牛新品种选育提高和特色长毛型白牦牛新品系培育（系）培育。开展舍饲专门化肉羊新品种培育，推进绵羊新品种国产化选育，持续提高现有绵羊核心种群的遗传稳定性和生产性能，培育适应市场需求的商用品种。

面向国家重大需求：牦牛、细毛羊新品种及地方品种或遗传资源提质增效与创制利用，依托国家级核心育种场和地方品种育种场，通过表型数据、本品种选育、核心群繁育、杂种优势等繁育体系，提升牦牛、细毛羊、肉羊良种的制种和供种能力。集成牦牛、绵羊绿色养殖、智慧养殖等技术模式，提升全产业链发展水平。

面向人民生命健康：评估现代农业产业体系中牛羊养殖及牛羊产品质量安全；研析影响牛羊产品质量的风险因子来源、途径、渠道、方式，把控关键控制点；挖掘特色牛羊产品及特色营养物质。

2. 兽药学科方向

围绕动物疾病防控、动物源食品安全和公共卫生安全，提升新型化学药物、天然药物、生物药物创制能力，创制新型抗微生物药物及其制剂，开展兽药制备新技术和安全评估研究，集成兽药高效合理应用技术，促进养殖业高效安全发展，实现“同一个世界、同一个健康”目标。

（1）发展目标

培育和研制动物专用一类新兽药 2~3 项，申报新兽药 4~5 项，申报 1 项国家科技奖励，获得省部级奖 1~2 项。

（2）重点任务

围绕畜禽健康养殖中重大疾病与新发再发疾病防控和畜产品品质提升的实际需求，提升新兽药原创性研制能力。面向世界农业科技前沿：重点开展病原微生物药物靶点挖掘、兽药先导化合物发现、兽药生物合成技术、药物作用机制和耐药机制研究；面向现代农业建设主战场：重点集成畜禽绿色养殖和药物合理应用技术，创新群体给药、合理用药及精准给药技术；面向国家重大需求：重点开展化学实体药物和药物制备技术研发，创制抗寄生虫、抗菌和抗炎药物，突破兽药制剂制备技术；面向人民生命健康：研发兽药残留检测标准和快速检测技术，开展畜禽健康养殖抗生素减量化技术创新、人兽共患病防治及细菌耐药性防控技术研究与应用。

3. 中兽医与临床学科方向

围绕动物健康养殖、食品和公共卫生安全等国家重大需求，针对中兽医药和兽医临床基础研究、理论创新、动物疾病诊断预警、绿色防控技术和产品研发，创新中兽医技术理论，提升中兽医药创新和解决本领域重大科学问题的能力，有效保障动物健康和动物源食品安全。

（1）发展目标

申报新兽药 4~5 项，制定国家新标准 2~3 项，培育 1 项国家科技奖励，获得省部级奖 1~2 项。

（2）重点任务

面向世界农业科技前沿：重点开展中兽药经典方剂配伍理论、药效物质基础、“病-证-方”生物学基础研究；病原的流行病学以及感染与免疫机制研究；动物内科病、营养代谢和免疫调控机制等基础研究。

面向现代农业建设主战场：集成并构建基于中兽医药的绿色养殖畜禽疾病的减抗替抗防控技术体系；集成并构建基于感染病原现场快速诊断、药敏快速检测的兽用抗菌药科学合理使用技术模式；开展病原变异和耐药监测、病原生物资源与信息库建设、传统中兽医药资源的抢救与挖掘等长期基础性工作；建立和完善基于临床大数据和人工智能的动物疾病早期预警技术平台。

面向国家重大需求：突破中兽药加工炮制、复方配伍、制剂生产关键技术瓶颈；创新中兽药药效、安全评价和质量控制技术、病原的快速诊断技术；创制高效安全的中兽药和治疗用抗体、抗菌肽、植物源天然药物、动物用微生态制剂和中草药饲料添加剂。

面向人民生命健康：加强动物疾病和人兽共患病防控新技术、新产品研发和应用，支撑国家生物安全体系建设，提升动物源性食品安全和公共卫生安全保障能力。

4. 草业学科方向

创新育种技术、拓宽遗传资源，培育优质、高产、抗逆草品种，提升我国牧草种业水平；开展人工草地生产力和稳定性调控机理研究，解决草牧业生产中草地大面积退化，草-畜关系失衡，饲草料严重短缺等系列问题。集成创新高效饲草新品种培育及配套关键技术，突破饲草绿色生产与高质量发展技术瓶颈，构建高效、特色草产业选育技术体系。

（1）发展目标

培育具有自主知识产权、突破性牧草新品种 3~5 个，研发与耐盐、产量、品质等重要性状关联的基因 6~8 个。制定草产品加工标准和技术 3~5 项，申报省部级奖 1~2 项。

（2）重点任务

面向世界农业科技前沿：利用生物技术、航天诱变和传统技术相结合，重点开展牧草重大种质源头创新、特定基因精确鉴定和目的基因高效利用研究，解析牧草重要性状形成的分子机制，深入探索牧草航天诱变机理。

面向现代农业建设主战场：通过新型育种技术培育出具有市场竞争力的原创性、突破性牧草新品种、人工草地种植的优质高产牧草和用于生态修复的抗旱、抗寒、耐盐碱生态草。

面向国家重大需求：开展西部地区主要草种质资源的收集、保存、鉴定与评价，培育适宜该区域的生态草新品种；研发高标准人工草地牧草生产、病虫草害绿色综合防控和加工利用关键技术，优选和优化生态草在黄土高原水土保持中的修复技术。

面向人民生命健康：以保障优质饲草料安全为基础，努力提高牧草品种的营养价值和利用效率，重点开展西北旱区不同饲草品种的营养特性评价、饲草质量安全性评价，并建立评价体系。

（三）全力推进重大成果培育与成果转化

1. 重大成果培育

（1）发展目标

申报国家级奖励 1～2 项，获得省部级科研奖励 5～7 项；培育牛羊新品种（系）1～2 个，培育牧草新品种 3～5 个；申报国家一类新兽药 1 项；获得国家新兽药证书 8～10 项；发表高水平论文 50 篇左右；授权国家发明专利 30～40 件。

（2）重点任务

瞄准国家级科技奖励，举全所之力支持培育重大科技成果，力争在牦牛新品种选育与应用、细毛羊新品种选育与应用和新兽药创制与应用等方面取得实质性进展、迈出关键性步伐，解决制约产业发展的瓶颈问题，创造显著的社会经济效益，同时兼顾基础理论和技术方法创新，注重知识产权保护利用，形成系统性、全面性的科研成果。

2. 成果转化

（1）发展目标

搭建科技共建联合转化平台 10 个，实现 10～15 项新产品、新技术转化转移，建立健全成果转化工作的体制机制，实现“十四五”成果转化收入在“十三五”的基础上翻两番。

（2）重点任务

构建“创新、创造、创业”协同发展体系，提出原创思想、做出原创发现、产生原创力量。围绕产业与市场需求，加强重大科技成果孵化，坚持立项、研发、验收、评价等环节的产业需求导向，建立有利于“三创”团队发展的政策体系、支撑体系，促进“三创”活动一体布局、一体管理。建设所企融合发展联合体，鼓励所企共同转化、共享成果收益的科研立项模式，提高研发成果的持续收益能力，促进理论成果技术化、技术成果产品化、产品成果产业化，推进科企科产融合发展。坚持问题导向，建立健全成果转化工作的体制机制，提升研究所提高成果转化能力，提高成果转化成效。开展牛羊新品种、新兽药、草品种、专利等科技成果转化、技术咨询及服务工作。

（四）大力推进人才队伍建设

1. 发展目标

到 2025 年末，建立一支高水平的科研、管理、支撑和转化人才队伍，形成有序衔接、梯次配备、结构合理、富有活力的人才发展体系，为实现“两个一流”的建设目标提供组织保证和干部人才支撑。加大人才引育力度，优化团队成员结构，建立“开放、流动、竞争、合作”的运行机制，打造一批在国际、国内和行业中具有重要影响力的卓越团队。推进以实绩贡献为导向的绩效工资制度改革，构建充分体现增加知识价值导向的绩效激励机制；推进人才评价制度改革，加快形成导向明确、科学合理、规范有序、竞争择优的人才分类评价机制。

2. 重点任务

（1）加大投入力度，引育并举打造创新人才队伍

构建多元化人才投入方式，多方位谋划争取，通过自筹、争取院地支持、企业/个人合作设立人才专项基金等方式，加大人才引进和培养的经费支持，年支持经费 1 000万元。高层次人才引进采取“一事一议”方式，强化对人才的关心关爱。

根据学科及团队发展需要，精准引进高层次人才 1～2 名；引进优秀毕业生 10 人/年及以上；优化升级特殊支持政策，进一步加大对高层次人才支持力度；实施青年英才培育计划，让有潜力的优秀青年科技人才迅速成长，在职称评审、项目申报等工作中优先支持；完善人才培养、支持、推荐机制，争取新增国家级人才计划入选者 1 名，省部级人才计划入选者 2～5 名，农科英才（含青年英才）1～3 名；实施首席—执行首席—青年助理首席接续机制，公开招聘和培育 2～3 名团队首

席，培养 2~4 名执行首席，配好青年助理首席，建立动态管理，充分发挥创新团队在人才引育及管理中的作用；积极开展博士后招收计划，扩大联合培养规模，5 年争取进站博士后达到 5~10 人。通过参加国际学术交流会议等途径，拓展人才国际视野，鼓励人才到国际组织、知名科研机构任职；继续完善研究所科技人员考核、青年英才、绩效奖励、职称评审等办法，进一步优化人才成长环境和激励机制。

（2）建设讲政治、善作为的管理人才队伍

优化配强领导班子，加强能力建设、强化政治属性，严肃党内政治生活，严格执行民主集中制，带动领导班子思想、作风、纪律和能力建设全面加强。培养选拔优秀年轻干部，优化年龄结构，坚持老中青结合的梯次配备，用好各年龄段干部，保持 40 岁左右的处长、35 岁左右副处长达处级干部总数的 15%的比例。推动管理干部队伍职业化、专业化发展，进一步提升职能部门管理服务效能，激发管理干部队伍干事创业活力。加大部门之间，部门内部干部交流，提升干部能力素质，激发干部干事创业激情。

（3）培育复合型、专业化的支撑与转化人才队伍

构建支撑人才队伍发展体系，培养或引进支撑人才。探索在创新团队设立支撑和转化岗位，加大技术中试、技术集成、技术熟化方面的专业化支撑人才培养。建设专业高效的推广类人才队伍，培育成果转移的经营类转化人才，鼓励转化人才跨团队交流合作，促进科技成果集成，推动系统性、综合性成果应用。

（4）加强研究生教育

开展多样化的招生宣传活动，不断提升生源规模和质量；加大研究生导师的培训力度，提升导师队伍整体水平；强化与地方相关学科高校的联合培养，完善研究生全过程科学化管理，不断扩大研究生培养规模和提升研究生培养水平。

（五）持续开展条件建设与科技平台建设

1. 发展目标

围绕应用基础、前沿技术、产业技术研究需求，加强实验室、试验基地建设，围绕国家及部院条件建设规划和行业规划布局，实施一批重点建设项目，进一步提高研究所在兽用药物创制和草食动物遗传繁育方面的行业领军地位，夯实草业学科研究条件，完善试验基地功能布局，提高信息化建设水平，改善所区基本环境，改善职工住房条件，为研究所“两个一流”建设提供有力保障。

2. 重点任务

（1）基本建设与修缮购置

计划实施 5 项基本建设项目，分别为：研究生宿舍建设项目、甘肃省兰州市牧草品种区域测试站项目、研究所水暖电基础设施和消防设施改造建设项目、农业农村部兽用药物创制重点实验室能力提升建设项目、张掖综合试验基地建设项目。

计划实施 6 项修缮购置项目，分别为：科苑西楼电梯更换及水暖管网改造修缮项目、大洼山综合试验基地 SPF 标准化动物实验室仪器购置项目、西部草食家畜分子育种新技术创新研究仪器设备购置项目、国家兽药安全评价中心（兰州）仪器设备购置项目、青藏高原生物抗逆研究仪器设备购置项目、兽药中试车间仪器设备购置项目。

（2）平台建设

争取建设 4 个重点科技平台，分别为：国家中兽药科技协同创新中心、国家兽药创新与临床用药安全评价中心、草食家畜表型组与分子育种专业公共实验室，西部草种质资源与育种重点实验室。

（3）信息化建设

重点开展6项建设任务：一是加强网络基础设施建设，提升信息化建设水平；二是完善中国农业科学院“科研人事财务一体化系统”建设与使用；三是强化信息安全，加强网络与安全的运维；四是启动所区无线网络建设；五是优化研究所中英文门户网站；六是建设智能会议室及视频会议系统。

（六）深入开展国际交流与协作

1. 发展目标

争取承担国际合作项目2~3项，与4~6家科研机构建立长期和稳定的合作关系，派出8~10人赴国外进修学习。

2. 重点任务

发挥研究所创新团队的学科优势与特色，围绕畜牧兽医科技创新发展，与国际一流科研院所和企业合作。积极参与国家合作项目，瞄准“一带一路”主要国家政府间科技合作项目、欧盟地平线计划等双边及国际组织科研任务；与长期良好合作的单位共建科技合作平台。

（七）全面推进党的建设

1. 发展目标

全面贯彻党的十九大及其历次全会精神和习近平总书记系列重要讲话精神，以习近平新时代中国特色社会主义思想为指导，突出政治建设的统领地位，强化理论武装，完善组织体系，促进党的建设与科研工作深度融合，加强全面从严治党，持续优化文化建设，巩固和深化文明创建成果。

2. 重点任务

（1）突出政治建设

坚持以政治建设为统领，深入开展党的政治纪律和政治规矩学习教育，引导党员干部强化政治责任，提高政治站位，自觉遵守党章规定。坚持和完善民主集中制，完善议事决策机制，完善重大工作、重大成果、重要科研进展报告制度，严格执行领导干部请假报告制度。切实抓好民主生活会、组织生活会、民主评议党员、谈心谈话等制度落实，保证频次，提升质量。

（2）强化思想建设

坚持用习近平新时代中国特色社会主义思想教育武装全所人员。持续跟进学习习近平总书记最新重要讲话和指示精神，不断提高理论和政治素养，加强理论学习中心组学习，每年不少于4次。加强意识形态引领，重点做好对专家群体和青年群体的思想教育引导，严格党支部书记和团队首席学习要求，发挥共产党员的先锋模范作用，选树先进典型3~6名。加强党建宣传工作，强化队伍建设和阵地建设，提升整体素质，营造思想政治工作的良好环境和氛围。

（3）加强组织建设

开展研究所党委纪委换届工作，选优配强领导班子。完善党支部组织建设，实现支部建在创新团队和业务单元的全覆盖。积极吸收研究所优秀分子加入党组织，力争5年内发展党员5~10名。加强党务干部和党员学习培训，持续开展“红旗党支部”创建。严格落实“三会一课”等基本制度。坚持和完善职工代表大会制度，落实职工代表意见建议。加强群团和统战工作，开展共青团、青工委、女工委工作，关心关怀离退休老同志。

（4）强化融合发展

坚持围绕中心，增强党建与业务深度融合，坚持党的建设和科研工作同谋划、同部署、同落实、同检查。加强支部委员业务能力和职能发挥，参与科研方向选题设置、人员聘用、绩效分配、评优推荐和经费支出审核和使用情况监督，营造良好团队文化氛围和心无旁骛的创新环境。鼓励引导党支部围绕科研中心工作，探索实践有农业科研特色党支部的“三会一课”和主题党日活动有效方式，使得党的建设和科研工作融为一体、相互促进。

（5）全面从严治党

持续纠治形式主义、官僚主义，持之以恒抓早抓小抓苗头，坚决纠治隐形变异“四风”问题。进一步转变工作作风，强化督查督办抓落实。抓实抓细日常教育管理监督，强化干部职工纪律教育。充分利用典型案例开展警示教育，努力营造不敢腐、不能腐、不想腐的环境生态，每年开展警示教育1~2次。加强党支部纪检监察小组建设，配齐干部队伍。强化监督执纪问责，坚持信任与监督统一，激励与约束并重，形成纪律严明环境宽松的创新氛围。

（6）推进创新文化建设

大力弘扬新时代科学家精神，选树2~5名先进典型，推动志愿服务常态化。开展红色教育、岗位建功和文体活动，开展文明职工、文明班组、文明处室评选活动和每月安全卫生检查评比等文明创建活动，做好2023年全国文明单位复查工作。

五、保障措施

（一）加强党的领导

发挥所党委把方向、管大局、保落实的重要作用，确保党始终成为研究所各项事业的坚强领导核心。把党的政治建设摆在首位落到实处，树牢“四个意识”、坚定“四个自信”、坚决做到“两个维护”，确保研究所党员干部职工在思想上、政治上、行动上同以习近平同志为核心的党中央保持高度一致。加强党的思想、组织、作风和纪律建设，建立健全各级党组织，配齐配强研究所党委、纪委领导班子，落实党支部建立在创新团队和业务单元上，增强党员干部廉洁自律意识和拒腐防变能力。

（二）加强组织协调

健全领导班子牵头抓总、做好顶层设计，各部门负责人和创新团队首席执行抓落实的工作机制，强化各部门和团队落实规划的主体责任。建立规划落实的工作责任制，积极落实规划任务。

（三）完善管理机制

进一步深化现代研究所改革，构建符合农业科研单位特色的现代管理体制。完善所长负责制，优化所党委会、所常务会、所长办公会、所务会、纪检监察、学术委员会、职工代表大会等治理结构，完善科研管理运行机制。

（四）促进协同创新

以院科技创新工程和国家现代农业产业技术体系为平台，全面落实国家“一带一路”倡议的总体部署，充分利用中非、中阿、中拉、中欧等农业国际合作平台，加强与沿线国家农业技术合作。大力推进动植物新品种培育、跨国动物疫病等共性问题的合作与应对。支持科技人员到国际学术组织任职。积极参与大型国际农业合作计划，举办有全球影响力的国际学术会议，提升研究所利用国际创新资源的能力。

（五）强化资源共享

依托研究所已有的省部级重点实验室、工程中心、中心仪器室、风险评估实验室、野外科学观测试验站、综合试验基地等科技平台，面向社会开放，加强平台专业技术人员的技能提升，积极开展跨部门、跨学科的科技交流与合作，提高大型科学仪器设备及科技资源的利用率，充分释放服务潜能，服务科技创新。

（六）加强平安建设

牢固树立安全发展理念，认真贯彻落实中央及部院安全生产部署，落实安全生产主体责任，推进平安单位建设。及时调整研究所安全卫生委员会、综合治理领导小组、国家安全领导小组、保密委员会等领导机构，完善相关管理办法。进一步加强危险化学品和生物安全管理，进一步改善物防、人防、技防设施设备，完善社会治安综合治理，强化消防联动和报警机制，保障研究所安全发展，维护研究所和谐稳定。

（七）营造良好环境

营造崇尚创新的文化氛围，倡导甘于奉献、潜心科研的创新文化，营造敢为人先、宽容失败的创新氛围，尊重科技人才创新自主权。大力弘扬爱国、创新、求实、奉献、协同、育人的新时代科学家精神，加强作风和学风建设，坚守诚信底线，严惩学术不端，营造风清气正的科研环境。持续推进放权松绑赋能行动，减轻科研人员负担，充分释放创新活力。加大研究所的宣传力度，提升中国农业科学院和研究所的显示度和影响力。

中国农业科学院兰州畜牧与兽药研究所“十四五”人才发展规划

（农科牧药人〔2022〕5号）

为深入贯彻党的十九大和十九届历次全会精神，全面贯彻新时代党的组织路线和新时代人才工作新理念新战略新举措，持续深入贯彻落实习近平总书记贺信重要指示精神，深入实施人才强所和人才优先发展战略，不断深化人才发展体制机制改革，为加快实现“两个一流”建设目标提供坚强的组织保证和干部人才支撑，根据《中国农业科学院“十四五”人才发展规划》和研究所科技创新、干部人才队伍建设需要，编制本规划。

一、发展基础及形势需求

(一) 成效与问题

“十三五”以来，研究所在习近平总书记贺信精神的指引下，深入贯彻落实中国农业科学院人才工作会议精神，坚持“发展是第一要务、创新是第一动力、人才是第一资源”，围绕全所创新工作，在人才队伍建设、规章制度建设方面取得明显成效。

人才队伍结构不断优化。截至2021年12月，有在职职工157人，博士54人，具有博士学位人员占比达到34.4%，占比较“十二五”末提升了16.9%；正高级职称27人，较“十二五”末增加了50%；科研、管理、支撑、转化四支队伍分别为81人、25人、39人、12人。

高层次人才规模持续增长。国家“百千万”工程人才3人，国家有突出贡献中青年专家2人，全国农业科研杰出人才1人，中国青年科技奖获得者2人，享受国务院政府特殊津贴6人，农业农村部突出贡献专家2人，甘肃省领军人才8人，甘肃省优秀专家2人，甘肃省青年科技奖获得者1人，享受甘肃省正高级专业技术人才津贴6人。中国农业科学院杰出人才4人。中国农业科学院农科英才A类领军人才1人，C类领军人才4人，青年英才2人。先后以柔性引进方式引进5位国内外专家，对研究所人才队伍建设发挥积极的引导作用。鼓励科研人员在职攻读学位，选派3名科研人员出国攻读博士学位。引进博士、优秀硕士22人，比“十二五”增加了57%。在所研究生达84人，较2015年末增长2.23倍。

人才投入力度明显增大。持续加大人才工作保障力度，为人才营造心无旁骛的创新环境。修订研究所《人才引进管理办法》，积极引进各类人才，对人才发放岗位补助，其中顶端人才50万元/（人·年），领军人才A类30万元/（人·年），B类25万元/（人·年），C类20万元/(人·年)，青年英才院级入选者10万元/（人·年）。青年英才所级入选者在试用期内发放安家补贴25万元，优秀博士在试用期内发放安家补贴20万元，博士在试用期内发放安家补贴8万元。自筹经费150万元向农科英才发放岗位补助。投入资金43.8万元，柔性引进人才5名。增加青年人才科研经费支持，“十三五”以来，青年人才配套科研项目69项，经费1 703万元，培养研究员4名，副研究员24名。为引进优秀人才发放租房补贴，申请到兰州市人才公寓。

干部队伍建设不断加强。连续两次开展中层干部选拔任用工作，选拔任用中层干部 19 人，中层干部平均年龄从 51 岁降低到 42.9 岁，研究生以上学历 15 人，占比 79%，逐步实现干部队伍年轻化、专业化。

人才发展机制进一步完善。制定研究所《工作人员岗位流动实施细则》《无岗人员管理办法》，完善人员流动机制；制定研究所《编外用工管理办法》，完善编外编内灵活用工机制；制定研究所《青年英才计划管理办法》《转化英才特殊支持实施方案》《支撑英才特殊支持实施方案》，统筹推进四支队伍建设，形成四支队伍人才制度框架；建立团队资深首席—首席—执行首席—青年助理首席接续机制；健全职称评审机制，完善研究所《职称评审办法》，3 名青年职工通过优秀青年通道获评研究员、副研究员职称；修订研究所《绩效奖励办法》《科研人员岗位业绩考核办法》，进一步激发干部职工干事创业的热情和攻坚克难的决心。

人才工作取得成绩的同时也存在一些比较突出问题：一是人才数量少，总量不足，高层次人才尤其匮乏。二是人才质量不高，结构不合理，与“两个一流”要求存在差距。三是充分释放人才活力机制有待完善，依然存在“过小日子、发小文章、拿小奖励”问题。四是人才成长环境还需要进一步优化，分类评价和激励约束机制仍不完善，干部队伍年轻化还需加强，人才队伍建设投入乏力。“十四五”期间需采取更扎实有效的措施切实加以解决。

（二）形势与需求

当前，我国畜牧业发展正处在转型关键期，动植物基因编辑、家畜干细胞育种、农业大数据等颠覆性技术进入质变阶段，畜牧产业技术供给和生态功能发挥不足、质量效益实现不高等突出问题亟待农业科技解决。面对形势与需求，研究所坚持科技创新与机制创新双轮驱动，强化基础研究、核心技术攻关和技术集成转化，加强人才引育与队伍建设，促进创新活力释放、能力增强、质量提高和效率提升，努力实现科技自立自强。

“十四五”时期是研究所全面推进“两个一流”建设和推动农业科技水平整体跃升的关键时期，对加强人才队伍建设提出了更为迫切的要求。一是抢占农业科技制高点，把握农业科技发展主动权的需要。加快推进前沿技术研究，在农业生物技术、育种技术、新型兽药研发、精准农业技术等方面取得一批重大自主创新成果，抢占现代农业科技制高点，需要一支战略性科技人才队伍。二是支撑乡村振兴战略，推进农业农村现代化的需要。为农业发展拓展新空间、增添新动能，引领支撑农业转型升级和提质增效，体现农业科研国家队的使命担当，推动和保障乡村振兴，需要一支复合型科技人才队伍。三是解决区域共性关键技术问题和“卡脖子”问题的需要。实现关键核心技术自主可控，着力突破技术瓶颈，在良种培育、疫病防控等方面取得重大实用技术成果，还需要培养凝聚力量、统筹协调、整合资源的科技领军人才。四是保障人民生命健康，实现人民高品质生活的需要。提高社会发展水平、改善人民生活，增强人民健康素质，让农业科技为人民生命健康保驾护航，在营养健康、生态环境、农产品安全、药物减抗替抗等领域，需要一批专业型科技人才队伍。五是构建世界一流科研院所的需要。加快迈入世界一流科研院所行列，必须要着力深化改革，强化体制机制创新，改进管理模式，需要一流的人才和一流的管理。

二、指导思想、基本原则和发展目标

（一）指导思想

以习近平新时代中国特色社会主义思想为指导，深入贯彻党的十九大和十九届历次全会精神，全面贯彻落实新时代党的组织路线和新时代人才工作新理念新战略新举措；以习近平贺信精神为指引，坚持党对人才工作的全面领导，坚持人才引领发展的战略地位，坚持“四个面向”，坚持全方位引育、用好人才，坚持深化人才发展体制机制改革，坚持营造识才爱才敬才用才的环境，坚持弘扬科学家精神，不断培养壮大人才队伍，激发人才创新创造活力，努力开创优秀人才辈出、各类人才协同发展的良好局面。

（二）基本原则

1. 坚持党管干部、党管人才。加强党对人才工作的全面领导，牢牢把握人才工作的正确方向，凝聚全所之力形成干部人才工作的强大合力，努力建设忠诚干净担当的高素质干部队伍和“懂农业、爱农村、爱农民”的农业农村科技人才队伍。

2. 坚持第一资源、优先发展。始终确立人才作为第一资源优先发展的战略地位和发展布局，做到人才发展与科技创新工作同时部署、协同推进，切实增强人才政策的前瞻性、针对性和有效性，厚植人才质量优势，以高质量人才引领科技事业高质量发展。

3. 坚持鼓励创新、激发活力。加快促进人才发展政策创新和制度创设，形成有利于人才成长的发现机制、培养机制、使用机制和激励机制，健全人才管理服务与保障机制，营造人人可成才、人人尽其才的良好环境，最大限度激发人才的创新创造活力。

4. 坚持统筹兼顾、协调发展。以提升创新能力为核心，协同推进科研、管理、支撑、转化四支队伍建设，构建全所“一盘棋”、统筹协调的人才工作体系。

（三）发展目标

到 2025 年，形成有序衔接、梯次配备、分布合理、富有活力的人才发展体系，打造一支坚强有力的人才队伍，为实现“两个一流”的建设目标提供组织保证和人才支撑。

1. 人才队伍规模进一步扩大。引进新职工 50 人以上，引进优秀人才 10 人以上，招收博士后 10 人以上；培养研究生 150 人以上；推进编外与编内职工队伍融合发展。力争新增国家级人才计划入选者 2~3 人，省部级人才计划入选者 5~8 人，农科英才（含青年英才）5~8 人。进一步加大所级青年英才、支撑英才和转化英才培养力度。

2. 人才队伍结构进一步优化。持续推动干部队伍年轻化，中层干部中 40 岁正处级干部、35 岁副处级干部占比达 15%。人才学历和职称结构不断优化，科研人员中具有博士学位的占比超过 70%、高级职称人员占比超过 70%、正高级占比达到 40%。科研、管理、支撑和转化四支队伍结构进一步趋于合理。

3. 人才队伍能力素质进一步提升。建成一支爱国奉献、矢志创新，能够突破关键技术的高层次科研人才队伍；建成一支信念坚定、为民服务、勤政务实、敢于担当、清正廉洁的领导干部队伍和政治过硬、业务精通、爱岗敬业、甘于奉献的管理人才队伍；建成一支掌握关键技术、核心技能、重要技艺，扎根一线、业务精湛、服务高效的支撑人才队伍；建成一支具有一定专业知识背景，熟悉市场需求，具备商业谈判和知识产权应用能力，懂经营、会管理、善协调的转化人才队伍。

4. 科研团队引领科技创新能力进一步凸显。围绕学科布局，构建以使命任务为牵引，创新团队布局和人才力量布局一体化设计的任务攻关机制，培养站在国际科技前沿、引领科技自主创新的战略人才力量。形成 1~2 个具有全球影响力和学科引领能力的国际化卓越科技创新团队和 2~3 个在国内具有绝对优势、引领核心关键技术攻关、强力支撑农业农村高质量发展的国内领先科研团队。

三、加快建设国家农业科技战略人才力量

（一）打造情系三农、勇于创新的科研人才队伍

1. 培养和引进高层次科技创新人才。面对未来农业科技竞争，着力造就科学素养深厚，长期

奋战科研一线，视野开阔，具有前瞻性判断力、跨学科理解能力、大兵团作战组织领导能力强的战略科学家；吸引培养具有原始创新能力、技术革新能力，善于凝聚力量、统筹协调、整合资源的学科带头人和科技领军人才；聚焦重大使命和重点任务，着力培育学术引领力影响力突出、创新创造创业协同的卓越科技创新团队。

2. 稳定和壮大中青年科技创新人才。常年引进高层次人才和优秀博士，按计划开展工作人员招聘，增加新入职职工招收力度，形成一支规模数量稳定的科技创新人才队伍；落实中国农业科学院“青年英才计划”“青年启航计划”“青年创新专项”，进一步完善研究所人才发现、引进和培养制度；加大对新入职博士研究生、从事基础研究和应用基础研究青年人员科研经费持续稳定支持力度；改进人才考核评价机制，强化激励保障措施，构建多层次、多渠道的中青年人才培养发展体系。

3. 推动青年后备人才队伍建设。加强博士后招收，改进招收方式，扩大博士后生源数量；加大研究生培养力度，培养一支理论功底扎实、创新思维活跃、创新能力突出、实践能力过硬、规模数量稳定的研究生队伍。

4. 优化科研人才学科布局。围绕中国农业科学院“使命任务清单”，在研究所重点学科、特色学科、新兴交叉学科中进行人才布局；注重原始创新，加强应用基础研究人才、关键共性技术研发人才的引进和培养；在家畜遗传育种与繁殖、兽药创制与安全性有效性评价、中兽医药传承与创新、兽医临床与诊断、草类资源与育种、畜产品质量安全检测与评估等关键领域，聚集优秀学术带头人和科研团队；稳定支持农业基础性长期性科技工作人才队伍发展；对研究所优势特色学科在人才引进和培养上进行重点扶持。

（二）建设讲政治、善作为的管理人才队伍

1. 加强领导班子建设。按照部院党组安排，加强领导班子建设，强化领导班子政治属性、政治功能、政治能力，坚持所长负责制，严格执行民主集中制，严肃党内政治生活，全面加强领导班子思想、作风、纪律和能力建设。

2. 大力发现培养选拔优秀年轻干部。发现培养选拔优秀年轻干部，优化年龄结构，坚持老中青结合的梯次配备，用好各年龄段干部。分类开展专业化培训，提升年轻干部专业素养和专业能力。

3. 加强中层干部队伍建设。推动以创新团队为基本业务单元的科研管理组织模式改革，探索取消研究室等建制变革；探索推进管理服务部门管理岗位聘用制改革，激发管理干部队伍干事创业活力。

4. 建设担当有为的管理服务干部队伍。坚持科研为本，积极推进管理服务部门职能调整，以建设“学术、效率、服务”为总体目标，打造管理高效、优质服务的管理服务干部队伍；促进干部提升能力素质，激发干部队伍生机活力。

（三）构建技术精湛、服务高效的支撑人才队伍

强化支撑人才队伍在科技创新活动和创新体系建设中的重要基础保障地位。围绕学科发展需要，加强质量安全检测等技术支撑人才培养，围绕科技服务平台需要，加强编辑出版和科普宣传等公共支撑人才培养。组建技术精湛、服务高效的支撑人才队伍，构建灵活高效的岗位管理体系。

（四）培育复合型、专业化的转化人才队伍

1. 培育聚焦产业需求的技术类转化人才队伍。围绕“三创”团队建设，探索在创新团队设立研究产业、技术、产品等需求的岗位，跟踪研判市场应用的前景和态势，搭建产研融合发展的桥梁；加大技术中试、集成创新、技术孵化熟化能力的专业化人才培养，切实提高实验室成果转化为产业应用产品的效率；发挥企业资金、条件及渠道等资源优势，依托企业开展科技成果小试中试、

生产以及市场开发。

2. 构建促进成果转移的经营类转化人才队伍。强化科技成果转化能力建设，加大对产业对接、项目策划、评价筛选、谈判合作等复合型人才的培养开发；组建专业化科技成果市场推广力量，强化技术开发、技术转让、技术咨询和技术服务；充分发挥市场资源配给功能，强化评价激励措施。

四、强化体制机制创新

（一）引进培养机制

1. 坚持围绕创新链布局人才链。针对畜牧兽医产业全产业链共性关键技术和“卡脖子”技术，以及相关基础、前沿和交叉学科，调整人才引进培养方向重点，优化科研力量布局，进一步强化人才对科技创新、产业发展的支撑和引领，着力打造人才链与创新链、产业链相适应的“三链融合”机制。

2. 探索高层次人才引进工作。超前谋划、提前研判高层次人才需求，按需精准引进，同时健全完善开放包容的柔性引才和智力共享机制，吸引和凝聚高层次人才。

3. 实施农科英才工程。坚持双轮驱动，引育并举同频共振，进一步健全有利于科研、支撑和转化队伍协调发展、梯次衔接的遴选、培养和支持机制，确保人才队伍持续健康发展。

4. 完善干部人才素质培养机制。增强政治引领和政治吸纳，建立团队首席科学家定期研修制度，精准开展政治建设、战略思维和专业能力培训；坚持把乡村振兴一线作为重要平台，鼓励干部人才到艰苦复杂地区砥砺品格、增长才干。

5. 构建国际化人才培养模式。选择优秀科技人员出国深造学习，打造具有一流国际化视野和创新意识的人才队伍；将人才交流作为多双边合作机制的重要内容。

（二）选拔使用机制

1. 完善优秀年轻干部人才发现机制。按照“及早发现、及时培养、优化结构、增强储备”的思路，构建不同年龄层级优秀年轻干部人才储备库，坚持动态调整，强化跟踪培养，对条件成熟的优秀年轻干部人才大胆选拔使用，为农业科技事业发展注入新的生机活力。

2. 健全完善干部“能上能下”机制。落实中层干部聘期制，开展有针对性的轮岗交流，推动形成能者上、优者奖、庸者下、劣者汰的正确导向。

3. 构建干部人才选拔使用机制。拓宽选人渠道，完善首席选拔使用机制，实施并推进首席接续制度。

（三）考核评价机制

1. 树立科学评价导向。聚焦院—所—团队三级重大任务制和科研导向改革，坚持人才科学分类，明确评价要素，构建充分体现创新价值、能力、贡献导向、定性和定量相结合的等效评价体系和动态调整机制。

2. 建立多元评价模式。建立“专家治学制”，充分发挥学术委员会的评价主体作用，加快构建小同行专家、国际同行、服务对象、第三方机构等多渠道多元化评价方法；探索建立科研进展、代表性成果、业绩附加等相结合的多维度综合评价方式；遵循不同类型人才成长规律，科学设置评价周期，注重过程评价和结果评价、短期评价和长期评价相结合，突出中长期目标导向。

3. 完善职称评聘制度。围绕科研、管理、支撑、转化四类人才队伍建设适时调整专业技术岗位和层级，按照中国农业科学院职称评审制度改革进度相应完善研究所相关制度。

4. 优化考核管理机制。改进年度考核，推进平时考核，构建完整的干部考核工作制度体系；突出教育培训考核，促进干部不断提升自身专业和管理水平；完善政绩考核，引导干部牢固树立正确政绩观；强化考核结果运用反馈，作为选拔任用、评先评优、问责追责的重要依据，引导干部发扬成绩、改进不足。

（四）激励监督机制

1. 构建鼓励担当作为的正向激励机制。将担当作为情况作为干部人才考察考核的重要内容；把握“四严四宽”原则，加强对敢担当善作为干部的激励保护，建立符合农业科研特色的容错纠错机制，以正确用人导向引领干事创业导向；坚持严管和厚爱结合，关心关怀干部人才心理健康。

2. 深入推进人才工作“放管服”。坚持“简政放权、放管结合、优化服务”的原则，为人才松绑减负，强化事中、事后监督管理，增强服务意识和保障能力。

3. 建立开放、自主、灵活的多元薪酬管理机制。实行高层次人才、急需紧缺人才年薪制等灵活多样的分配方式；完善成果权益分享机制，加大对突出贡献科研人员和创新团队的激励力度。

4. 大力弘扬科学家精神，传承农科精神。引导人才牢固树立新时代科学家精神，持续加强新时代创新文化建设，自觉践行“探赜索隐，钩深致远”所训的价值理念，营造有利于推进科技创新、改革发展和文明创建的良好氛围。

五、保障措施

（一）提高政治站位

切实提高政治站位，牢固树立人才引领发展的战略地位，把人才工作摆到改革发展大局中谋划和推进，强化措施落实，切实把加强干部人才队伍建设摆在各项工作的重中之重。

（二）加强组织领导

加强党对人才工作的全面领导，完善研究所人才工作领导小组，健全完善党委统一领导，人事部门牵头抓总，其他部门各司其职、密切配合的工作格局；进一步解放思想、转变观念、更新理念，提高执行力和执行能力，保证目标任务落实落地。

（三）强化条件保障

稳定资金支持和保障力度，拓展资金投入渠道，统筹创新工程及基本科研业务费等经费，加大成果转化收入支持，为人才创新创造创业提供经费保障，健全多元化人才投入机制，建立人才分类支持政策。

（四）加强平台建设

强化战略定位，充分利用好科研创新平台，搭建科企融合发展平台，面向企业实施科技资源全面开放、科研平台全面开放、科技人才全面开放；持续加强人才引育平台建设，用好院、所人事人才工作多源信息。

（五）营造良好环境

大力弘扬新时代科学家精神，加强作风和学风建设，营造风清气正的科研环境；建立鼓励创新、宽容失败的容错机制，关心人才工作与生活，营造尊重人才、尊崇创新的舆论氛围。

科技创新与成果转化管理

中国农业科学院兰州畜牧与兽药研究所科技创新工程实施方案

（农科牧药办〔2013〕28 号）

根据《中国农业科学院科技创新工程实施方案》，为扎实推进科技创新工程，加快提升研究所科技创新能力和综合发展实力，推动研究所实现跨越式发展，实现建设世界一流农业科研院所的战略目标，结合研究所实际，制订本方案。

一、总体思路和基本原则

（一）总体思路

紧紧围绕中国农业科学院“服务产业重大科技需求、跃居世界农业科技高端”两大使命，立足研究所定位和特色优势，瞄准现代畜牧业发展重大科技需求和国际畜牧兽医科技前沿，统筹利用存量和增量资源，以提升科技创新和支撑能力，建设世界一流现代畜牧兽医研究所为目标，以学科调整和团队建设为主线，以创新科研管理体制机制为核心，以平台条件建设为基础，凝练重大科技选题，谋划国内国际合作，强化成果培育和科技产出，促进大联合、大协作，加强科技兴牧，为我国现代畜牧业发展提供高效优质科技支撑。

（二）基本原则

1. 坚持整体设计，全力推进实施

围绕研究所“畜、药、病、草”四大学科，认真分析研判，做好整体设计，明确学科领域和研究方向。高度重视，广泛动员，统一思想，凝聚力量，科学规划，统筹部署，全力实施好农业科技创新工程。

2. 坚持学科规律，服务产业需求

瞄准研究所四大学科发展前沿，以重大科技命题为导向，以提高科技创新能力为统领，建立以定向稳定支持为核心的新型科研组织模式，推动学科发展，提升科技持续服务产业的能力。

3. 坚持机制创新，优化资源利用

建立以定岗、定员、定酬为核心的开放竞争流动的用人机制，以科研能力和创新成果为导向的评价机制、激励机制和转化机制。整合优化增量与存量科技资源，合理衔接创新工程与现有科技计划、科技专项、基金等任务。

4. 坚持协同创新，拓展开放合作

健全完善协同创新机制，深入开展农科教、产学研合作，广泛凝聚力量，联合实施重大科技命题。营造学科交叉、集成发展的学术环境，推进跨学科领域协作。发挥研究所学科特色和优势，深度挖掘国际科技资源，多渠道拓展国际合作空间，提升国际化水平。

二、主要任务

系统分析研究所“畜、药、病、草”四大学科产业需求、国际前沿和研究基础，明确定位，凝练目标，发挥优势，突出特色，提升创新能力。

（一）突出体制机制创新

按照“两大使命、一个目标”的要求，突出体制机制创新，探索建立以定岗、定员、定酬为核心的开放、竞争、流动的用人机制，以科研能力和创新成果为导向的绩效考核评价机制、激励机制和转化机制，以定向稳定支持为核心的新型科研组织方式，以协同攻关为特征的开放办所模式。通过优化资源配置和绩效考评，使研究所更具创新活力和创新效率。

（二）持续开展科技攻关

按照学科发展方向和重大科技创新需求，坚持基础研究选项与重大技术攻关相衔接，坚持创新工程与现有科技计划任务相结合，科学选择科研任务。明确各重点研究方向内若干重点任务，长期稳定开展研究活动。跨学科方向凝练战略性、长周期、大协作的重大科技命题，开展联合攻关，实现重大突破和提升。

（三）调整优化人才团队

科学设置科研、技术支撑和管理三类岗位序列。根据“畜、药、病、草”四大学科的重点研究方向分别组建科研团队，每个科研团队由首席科学家、骨干专家和研究助理组成，公开招聘。

（四）进一步改善科研条件

在做好现有科技平台建设和运行管理的基础上，积极争取新的国家级、部省级重点实验室、工程中心。强化兰州大洼山和张掖综合性试验基地建设，大力提升两个基地科研服务保障能力。加强重大科技设施、科技平台和仪器设备建设，形成健全、开放、共享的服务管理模式。

（五）拓展国际合作空间

把握世界畜牧兽医科技发展趋势，围绕学科建设，广泛开展国际合作，重点建设中兽医、兽用药物、草食动物繁育、旱生牧草繁育等优势特色学科，培植新兴学科，拓展国际合作空间。

三、组织管理

按照中国农业科学院科技创新工程要求和部署，以研究所为实施主体，以科研团队为实施单元，建立创新工程管理新机制，科技上突出创新，管理上强化改革，提高研究所自主创新活力、整体运行效率和投入产出率。

（一）组织领导

成立研究所农业科技创新工程领导小组，由所领导、各科研团队首席科学家、部门负责人组成，所长任组长。主要职责是：组织试点申报工作，制订研究所创新工程实施方案，对科技创新方向、重大科研任务、体制机制创新、重要科技资源使用等重大事项做出决策，制订、修订有关规章制度。按照《中国农业科学院创新工程目标任务书》，组织开展科学研究、科研团队建设、条件保障、绩效评估等工作。创新工程领导小组下设办公室，负责创新工程日常工作。

（二）科研团队管理

科研团队实行首席科学家负责制。根据岗位设置要求和相关规定，首席科学家在研究所指导下自主选择、组建、调整科研团队，按研究所相关规定决定团队内部绩效奖励和分配等。首席科学家对研究所负责，按照《中国农业科学院科技创新工程目标任务书》完成任务，接受监督考核和民主评议。

四、人才选用和条件保障

建立创新人才聘用、培养、使用和激励制度，加大条件支持保障力度，逐步形成高水平创新团队。

（一）岗位设置

遵照“按需设岗、按岗聘人、岗位固定、人员流动”的原则，合理设置科研、技术支撑和管理三个序列的创新岗位，创新岗位人数一般不超过正式在职职工人员数的60%。三个序列岗位数比例原则上为8∶1∶1。科研团队由首席科学家、骨干专家和研究助理构成，三者岗位数比例原则上为1∶6∶7。

按照中国农业科学院创新工程管理中心通知精神，考虑到科研团队的适度规模和未来发展，按照现有正式在职职工人数的25%预设创新科研岗位，用于符合条件的、未来招入和引进的人才进入创新团队。研究所现有正式在职职工203人，按照该人数的25%预设创新科研岗位，共51个。

（二）人员聘用

1. 首席科学家

首席科学家由研究所根据相关规定和程序进行遴选推荐，报院科技创新工程管理中心研究确定。首席科学家人事关系在研究所的，与研究所签订聘用合同，由院管理中心颁发聘书，聘期一般为五年；人事关系不在研究所的，与研究所签订一年试用期合同，试用期满，经研究所考核合格、院科技创新工程管理中心审定通过后再签订聘用合同，由院管理中心颁发聘书，聘期一般为五年。

2. 骨干专家和研究助理

在研究所指导下由首席科学家根据有关规定和程序公开选聘骨干专家和研究助理，与研究所签订聘用合同，实行动态管理。

3. 技术支撑和管理创新岗位人员

根据有关规定和程序，公开选聘技术支撑和管理创新岗位人员，与研究所签订聘用合同，实行动态管理。

（三）条件保障

研究所负责科研团队的条件保障，包括学术权益、实验条件、办公条件和生活待遇等。

五、绩效管理

（一）绩效考评

研究所根据绩效考核办法，对首席科学家和科研团队进行考评，提交考评报告，并报院科技创新工程管理中心备案。考评不合格的首席科学家，由研究所上报院管理中心审核同意后解除聘用合同。

首席科学家根据绩效考核办法，负责考评科研团队成员。首席科学家接受团队成员的民主评议。

（二）绩效奖励

进入创新岗位的人员在实行“基本工资+岗位津贴+岗位绩效”三元结构工资制的基础上，突出绩效奖励，建立与岗位职责、工作业绩、实际贡献紧密联系、鼓励创新创造的绩效激励机制，对做出重要贡献的各类人才实施重奖。

六、进度安排

按照《中国农业科学院科技创新工程实施方案》，科技创新工程按“3+5+5 年”的梯次推进，全面实施。2013—2015 年为试点探索期，2016—2020 年为调整推进期，2021—2025 年为全面发展期。

（一）试点探索期

2013—2015 年。试点期的主要任务是机制创新，逐步建立以绩效管理为核心的人才团队建设、科研管理等考核、评价、激励机制，分期分批实施创新工程的各项建设任务。

2013 年主要任务：一是组建研究所科技创新工程领导机构。二是学习动员，调研摸底，调整完善 7 个科研团队，明确各科研团队的重点研究方向。三是做好中国农业科学院科技创新工程试点单位申报工作。四是制订以绩效考评为核心的相关制度。五是初步完成基地平台布局、重大科技命题和国内国际科技合作前期预研。

2014 年主要任务：一是制订、修订适应科技创新工程建设需要的行政管理、科技管理、用人机制、薪酬激励机制、考核评价机制等制度。二是加强科研团队建设，公开招聘首席科学家、骨干专家和研究助理。三是各科研团队按试点期研究选题开展科研工作，完成年度工作目标。四是完成基地平台建设和重大科技命题申报，推动国内外科技合作。五是完成年度绩效评估等相关工作。

2015 年主要任务：一是继续公开招聘高层次科技人才，完善科研团队人才结构，7 个已有创新团队人员配备完成。二是各科研团队按试点期研究选题开展科研工作，完成试点期科技创新指标。三是初步建成适应科技创新工程建设需要的行政管理、科技管理、用人机制、薪酬激励机制、考核评价机制等制度体系。四是实施科技创新平台建设。五是完成绩效评估等相关工作。

（二）调整推进期

2016—2020 年：开展试点期绩效评估与总结工作，校正优化创新工程目标任务，全面落实各项新型管理制度，推动科技创新、人才团队、创新平台建设和国际合作等各项工作，创新机制更具活力，创新能力显著增强，充分发挥改革排头兵、创新国家队的职能定位和作用，初步建成“世界一流农业科研院所”。

（三）全面发展期

2021—2025 年：健全完善国际领先的农业科研组织方式，在优势学科凝聚一批知名的科学家，建立完善世界领先的创新平台，建立完善科技合作网络。运行机制更加高效，创新环境更加优化，创新效益更加显著，创新人才竞相涌现，自主创新和服务产业能力大幅提升，进入世界一流畜牧业科研院所行列。

中国农业科学院兰州畜牧与兽药研究所科技创新工程人才团队建设方案

（农科牧药办〔2013〕28号）

根据《中国农业科学院科技创新工程实施方案》《中国农业科学院科技创新工程综合管理办法（试行）》，为加强研究所人才队伍建设，打造结构合理、特色明显、整体水平较高的创新团队，实现研究所跨越式发展，建成世界一流畜牧兽医研究所奠定人才团队基础，结合研究所实际，制订本方案。

一、总体思路

深入贯彻党的十八大提出的创新驱动发展战略，紧紧抓住农业科技创新工程、“青年英才计划”等重大人才工程的机遇，围绕研究所的战略定位和中心任务，着眼于研究所的长远发展，坚持“人才立所”的理念，遵循“学科引领、资源优化、重点突出、整体带动”的原则，积极探索符合研究所实际的用人机制、薪酬激励机制和绩效评价机制，以高层次人才队伍为核心，以科研队伍为重点，实现各支队伍协调发展。坚持引进与培养并重，全面加强研究所人才团队建设，提升科技创新能力，促进研究所跨越式发展。

二、建设目标

通过实施科技创新工程，到2025年，建立起较为完善的现代研究所运行管理机制，形成以首席科学家为核心，以骨干专家为主体，优势互补、团结协作的紧密型创新研究群体，打造7~9个研究方向明确稳定、结构合理、特色鲜明、竞争有力、国内外具有一定影响和较强创新能力的科技创新团队。建成2~3个在本学科领域中处于领先地位，能够引领国内外学科发展的优秀创新团队。

三、建设内容

一是根据《中国农业科学院学科科研工作方案》和《中国农业科学院科技创新工程实施方案》中“一个重点研究方向组建一个科研团队”的原则，组建“奶牛疾病预防与控制研究团队”“兽用化学药物研究与评价团队”“中国牦牛种质资源创新利用团队”“天然兽用药物的研究与开发团队”“旱生牧草新品种选育团队”“毛羊资源与育种团队”“中兽医药新技术研究与应用团队”7个科研团队。培育“草食动物营养团队”和“兽用生物药物团队”2个科研团队。

二是遵照“按需设岗、按岗聘人、岗位固定、人员流动”的原则，用好现有人才，稳定关键人才，吸引急需人才，培养未来人才，通过机制体制创新，加大高层次人才引进和培养，使每个科研团队拥有1名首席科学家、7名骨干专家和8名研究助理。其中，骨干专家岗位的20%、研究助理岗位的30%为流动创新岗位。

三是通过科技创新工程支持，引进首席科学家2~4名、骨干专家8~10名，研究助理15~20名。骨干专家以“青年英才计划”人选和具有博士学位、副高及以上职称的青年人才为重点引进对象，研究助理引进对象为具有博士学位的青年人才。

四是建立与岗位职责、工作业绩紧密相连，鼓励创新的薪酬激励机制，引导创新团队瞄准国家战略发展目标、重大科技专项和学科前沿问题以及多学科交叉的新的学科增长点，开展畜牧业基础和应用基础研究，共性及关键技术研究、战略高技术研究和全局性科技基础性工作。争取并承担各类国家和省部重大科研计划项目，培育和产生具有国内外重要影响的原创性科研成果。

四、主要措施

（一）组织领导

在中国农业科学院的统一领导下，成立研究所人才团队建设工作领导小组，负责研究所人才团队建设的组织领导。所属各部门在研究所人才团队建设工作领导小组的统一领导下，根据本部门职责分工，主动配合，积极支持，统筹协调，热情服务，共同推进人才队伍建设工作。

（二）经费保障

以中国农业科学院科技创新工程经费支持为主体，以研究所配套经费为辅助，为研究所加强人才团队建设提供经费保证。

（三）基础条件

研究所负责人才团队的条件保障，包括学术权益、试验条件、办公条件和生活待遇等。根据研究所经济实力，争取主管部门支持，建设人才保障住房，解决引进和招聘人员的住房问题，做到人才引得进、留得住。建设研究生公寓，改善研究生招生条件。发挥研究所学科优势，加大研究生招生力度，保持与研究所发展水平和速度相适应的研究生规模。

（四）人才培养与管理

着眼于团队成员整体素质的提高，采取加大国内外学术交流与科技合作力度，加强业务培训学习，承担重要项目等措施，有目的地开展高层次人才联合培养、高级专家聘用和兼职。培养和造就具有国内外领先水平的优秀学科带头人才和优秀创新团队。

（五）完善薪酬分配制度

按照中国农业科学院科技创新工程的要求，建立鼓励创新的薪酬分配制度，修订和完善研究所业绩考核办法和奖励办法，对主持重大项目、取得重大业绩的人才予以重奖，发挥分配的激励作用，鼓励人才团队争取创新，实现创新的积极性。

（六）加强创新文化建设

倡导研究所“探赜索隐，钩深致远”的科学道德风尚，营造百家争鸣、开放和谐、尊重人才、尊重创造的科研环境，激发和保护人才团队的创新激情和活力，鼓励创新，促进创新文化与科技创新的良性互动，从机制和环境上推动创新团队的建设和创新能力的提高。

中国农业科学院兰州畜牧与兽药研究所科技创新工程项目管理办法

（农科牧药办〔2013〕30号）

为进一步贯彻《中国农业科学院科技创新工程实施方案》和《中国农业科学院科技创新工程管理办法》精神，加强对研究所科技创新工程项目的科学化、规范化管理，促进研究所科技持续创新能力的提升，特制订本办法。

第一条　本办法中所指项目为中国农业科学院科技创新工程立项资助的各类项目，并有相应的经费。

第二条　科技管理处作为研究所科研项目管理服务的职能部门，负责研究所科技创新工程项目的组织申报、管理和监督检查，协调人、财、物等方面的关系，为项目的圆满完成服务。

第三条　研究所成立科技创新工程战略咨询委员会，成员由研究所学术委员会成员及院、所相关部门负责人组成。主要职责是：对科技创新方向、重大科研任务、体制机制创新等提出指导意见，对研究所科技创新工程重大事项等提出决策建议，协调重要科技资源使用。

第四条　项目申请

第一款　项目主要围绕研究所畜牧、兽医两大学科集群，畜禽资源与遗传育种、动物营养、牧草资源与育种、兽用药物工程、动物疾病与中兽医学五大学科领域，牦牛资源与育种、细毛羊资源与育种、草食动物营养、旱生牧草资源与育种、兽用化学药物、兽用天然药物、兽用生物药物、奶牛疾病、中兽医学理论与方法九大研究方向，安排布置体现前瞻布局的科研选题工作，抢占未来农业科技的制高点，掌握未来农业发展的主动权。项目研究内容要求学术思想新颖，立项依据充分，设计方案科学合理，技术路线明确，符合研究所学科发展方向，为进一步申报国家级、省部级和院级重大科技项目或成果，以及开发新产品、新技术奠定基础。

第二款　项目研究须结合申请者前期研究基础，围绕研究所学科建设与学科发展规划，瞄准世界科技发展前沿，开展具有重要科学意义、学术思想新颖、交叉领域学科新生长点的创新性研究。鼓励具有创新和学科交叉领域项目的申请，重点资助前瞻性与应用潜力较大的创新性研究。优先支持具有一定前期工作基础的研究项目。

第三款　项目研究须围绕国民经济和社会发展需求，有重要应用前景或重大公益意义，有望取得重要突破或重大发现的孵化性研究，资助开发前景好，可取得重大经济效益的关键技术，包括新技术、新方法、新工艺以及技术完善、技术改造等研究。通过产品关键技术的研究能显著改善和提高产品的质量，增强市场竞争力，优先资助具有自主知识产权的新兽药、新疫苗、新品种选育等项目研究。

第四款　项目支持研究所优秀人才引进、人才培养、人才团队建设、条件平台建设和国际合作与交流等工作的开展。

第五款　研究所根据院科技创新工程试点探索期、调整推进期、全面发展期的“3+5+5年”梯次进行项目推进，以创新团队为申报主体每期组织一次研究所科技创新工程项目的申报遴选。在研项目未按要求完成或没有结题的不得再次申请新课题。

第六款　申请者应具备以下条件

1. 恪守科学道德，学风端正，学术思想活跃，发展潜力较大；

2. 申请项目的主持人须符合院科技创新工程首席科学家或骨干专家要求的本所在职科技人员，能够组建以青年科技人员为主的稳定研究队伍；

3. 申请者应保证有足够的时间和精力从事申请项目的研究。

第五条　项目评审立项

第一款　研究所严格按照中国农业科学院科技创新工程工作要求，在研究所科技创新工程战略咨询委员会的指导下，由科技管理处具体负责科技创新工程立项评审相关材料的协调安排。

第二款　项目负责人在收到立项通知后，严格按照项目申请书的内容编写《中国农业科学院科技创新工程目标任务书》，并向研究所科技管理处提交《任务书》。任务书内容一般不得变动，如确需变动，需报请院审议通过。科技管理处检查核对后上报研究所所长，由所长批准执行。项目任务书一经签订，经费使用须严格按年度预算开支。

第六条　项目执行管理

第一款　项目主要开展四项工作任务：持续开展科技攻关、调整优化人才团队、建设完善科研条件、拓展国际合作空间。

第二款　研究所主要依据《中国农业科学院科技创新工程目标任务书》对资助项目实行动态督促、检查，对项目执行中存在的问题及时协调处理，年度对项目执行情况对照任务书进行考评，并作为开展绩效评估的依据。

第三款　每年 12 月之前，由科技管理处对项目统一组织相关专家进行评估，并不定期对项目实施情况进行检查。项目负责人全面负责项目的实施，定期向科技管理处报告项目的执行和进展情况，如实编报项目研究工作总结等。

第四款　凡涉及项目研究计划、研究队伍、经费使用及修改课题任务、推迟或中止课题研究等重要变动，须经研究所审议通过。如遇有下列情况之一者，可中止研究课题，并追回研究经费。

1. 无任何原因，不按时上报课题进展材料；

2. 经查实课题负责人有学术不端行为。

第五款　项目负责人因特殊原因需要更换的，由项目负责人提出申请，通过所讨论审核批准后执行；如无合适的人选替换，按中止课题办理。

第六款　项目结题、验收、鉴定和报奖按中国农业科学院及研究所相关管理办法执行。项目研究形成科技论文、专著、数据库、专利以及其他形式的成果，须注明“中国农业科学院科技创新工程项目资助”。项目研究中取得的所有基础性数据、研究成果和专利等属研究所所有。

第七条　项目经费管理

第一款　项目资金来自中央财政，主要用于支持开展符合研究所科技创新工程主要任务要求的具体工作，专款专用。

第二款　项目各项费用的开支标准应当严格按照《中国农业科学院科技创新工程经费管理办法》和《中国农业科学院兰州畜牧与兽药研究所科技创新工程经费管理办法》使用管理。项目经费严格按目标任务书确定的开支范围进行管理。

第三款　项目经费的管理和使用接受上级主管部门、国家审计机关的检查与监督。项目负责人应积极配合并提供有关资料。

第四款　项目负责人应在科研和财务管理部门的管理监督下，按计划使用课题经费。于结题后的 2 个月内提交经费使用决算，完成审计。

第五款　对撤销或中止的课题，应及时清理账目，按要求收回结余经费。

第八条　项目绩效管理

第一款　在中国农业科学院绩效考评制度的基础上建立研究所、科研团队分级分期绩效考评制度。

第二款　依据《中国农业科学院兰州畜牧与兽药研究所科技创新工程目标任务书》和《中国农业科学院兰州畜牧与兽药研究所科技创新工程绩效考评办法》分别对首席科学家和科研团队进行考评。考评结果与目标校正、动态管理、绩效预算等直接挂钩。

第三款　依据《中国农业科学院兰州畜牧与兽药研究所科技创新工程目标任务书》等制订考评办法，提出考评报告，报院备案，交首席科学家落实有关整改意见。在院科技创新工程试点探索期期末考评，调整推进期、全面发展期的期中和期末考评中不合格的首席科学家，研究所报院同意后可与首席科学家解除聘用合同。

第四款　首席科学家根据岗位职责和创新任务负责对科研团队成员的考评。对科研团队成员的业绩等进行年度考评，明确绩效奖励，并对成员的努力方向给予具体指导。首席科学家接受团队成员的民主评议。

第九条　奖惩

第一款　项目完成后经验收评估为优秀，在今后课题申请时可优先支持。验收评估未完成任务或不合格，两年内不得申报新课题。

第二款　申报成果和发表论文要标注经费来源。获得成果和发表论文的知识产权归研究所所有。

第三款　相关奖励依据研究所奖励办法执行。

第十条　本办法如与上级有关文件不符时，以上级文件为准。

第十一条　本办法由科技管理处负责解释。

第十二条　本办法自印发之日起执行。

中国农业科学院兰州畜牧与兽药研究所科研项目（课题）管理办法

（农科牧药办〔2016〕49号）

为加强科研项目的科学管理，促进科技创新，根据国家科研项目管理的相关文件要求，结合研究所实际，特制订本办法。

第一条　本办法适用范围包括国家自然科学基金、国家科技重大专项、国家重点研发计划、技术创新引导专项（基金）、基地和人才专项五类科技计划（专项、基金等）、省（部）级与地（市）级科技计划、政府间国际合作项目及其他横向委托项目（课题）等，不包括企业委托的技术开发任务。

第二条　研究所承担的科研项目管理贯彻法人负责制，所有科研项目（课题）申报遴选、立项、计划任务的实施、监督检查、结题验收等全过程由研究所统一管理。科技管理处是研究所科研项目管理的职能部门。科研项目（课题）主持人（首席）是科研项目实施的第一责任人，负责项目的申请、任务的实施、科技创新、成果孵化与应用和结题验收等全过程。

第三条　研究所学术委员会是研究所科研项目的学术评议和咨询机构，主要职责是对科研项目的遴选推荐、实施方案、学科方向、科学问题等提出咨询和决策建议。

第四条　科研项目的申请

第一款　科技管理处是各类科研项目申请的协调组织者，应根据不同项目申报要求，及时发布并组织动员项目的申请申报工作，对提出的科研项目申请负有指导、监督、审查责任，根据需要提交所学术委员会或相关会议遴选推荐。科技管理处根据项目的申报流程、信息的采集、项目申报格式、时间和地点等要求，组织协助项目申请者完成项目申报流程。加强项目查重，避免一题多报或重复申请。对需要参加答辩的申请项目应严格按照各项目主管部门要求，及时组织协助申请者准备答辩材料，共同完成答辩工作。

第二款　项目申请者应具备相应专业技术水平和学术道德标准要求，立足所属专业技术领域，面向国民经济和社会发展的重大科技需求，坚持自主创新，突破关键技术，培育重大技术和成果。组织协调所属团队撰写科研项目申请材料。申报材料要求立项依据充分，研究内容具体，研究方法科学，技术路线可行，进度安排可靠，经费预算合理，人员力量充足，预期目标明确，符合研究所学科发展方向。并对材料的真实性负责。

第五条　科研项目的立项

项目经评审立项后，应按其类别和不同要求依据批准内容及时填报任务书。对于已经下达的科研项目，根据相关规定，建立独立的账户管理，专款专用。涉及与外单位合作执行的项目，严格按照相应的协作合同遵照执行。

第六条　科研项目的实施管理

第一款　项目负责人应严格按照项目任务书的要求全面完成各项指标，真实报告项目年度完成情况和经费年度决算，主动接受上级部门监督检查，积极配合管理部门组织开展中期评估或结题验收，及时报告项目执行中出现的重大事项，认真填报相关调查统计表等。

第二款　科研项目任务的执行要保持相对的稳定性，不得随意变更，确因科研创新需要或环境等不可抗拒因素的变化，需要做出调整的，凡涉及项目研究计划、负责人、团队骨干、经费使用及修改课题任务、推迟或中止课题研究等重要变动，须经研究所审议通过，不在研究所调整权限范围内的还须报上级主管部门核准。

第三款　研究所对科研项目的实施全过程进行跟踪管理和监督检查。重大项目实行年度总结汇报制度、跟踪检查、抽查制度、信息公开制度和科研评价考核制度。

第四款　科研项目管理实行责任追究制度，对科研项目执行过程中，不能严格按照计划任务要求执行，或者弄虚作假、剽窃他人成果等不端行为，采取约谈、警告、终止或变更项目负责人的处罚。情节严重者，两年内不得申报项目。对参与项目管理和实施的人员发生的违规违纪行为，追究其相应责任。

第七条　项目结题与验收

第一款　所有项目应在任务书规定期限内完成。按照相关管理办法及项目主管部门的要求，及时做好总结，编制项目决算，完成项目结题总结，申请主管部门结题验收。在项目任务完成后的3个月内，须向科技管理处提交结题报告及全部技术资料（包括原始记录），进行归档管理。未按规定向科研管理处移交技术资料的课题，不予办理结题手续。

第二款　不按照相关规定进行科研项目的结题验收和归档，或因主观原因未通过验收的项目，研究所将终止项目责任人继续承担其他科研项目的资格，并视情节轻重追究相关责任。

第三款　因特殊情况，未按期结题或验收的，研究所将依据相关程序办理延期申请，并保障项目顺利结题验收。

第八条　知识产权与成果

所有科研项目取得的成果要按照《科技成果登记办法》等有关规定进行登记和管理。项目研究取得的所有基础性数据、科技论文、专著、数据库、专利、标准以及其他形式的科技成果属研究所所有，法人拥有科技成果的持有权和转让权；对于涉及国家秘密的项目及取得的成果，按照《科学技术保密规定》执行；对于有其他参与单位共同获得的知识产权与成果，应按照项目立项时签署的合作协议约定进行权益分配。

第九条　科技档案管理

项目负责人有及时将本课题科技档案立卷归档的责任与义务，任何个人或部门不得擅自处理和自己保存科技档案，更不得据为己有。项目组负责人须在项目结题验收前将整理好的科技档案提交至档案管理部门保存，否则不予办理结题验收手续。立卷归档材料应包括审批文件、申报书、可行性研究报告、任务书、实施方案、年度总结、结题报告、实验记录本、阶段性研究进展以及电子文档等。

第十条　本办法如与上级有关文件不符，以上级文件为准。

第十一条　本办法由科技管理处负责解释。

第十二条　本办法自印发之日起执行。

中国农业科学院兰州畜牧与兽药研究所科研项目绩效考核办法

（农科牧药办〔2017〕61号）

为进一步规范和加强研究所科研项目经费管理，确保科研项目间接费用规范、合理、有效的使用，根据财政部、科技部《关于调整国家科技计划和公益性行业科研专项经费管理办法若干规定的通知》（财教〔2011〕434号）、国务院《关于改进加强中央财政科研项目和资金管理的若干意见》（国发〔2014〕11号）、中央办公厅、国务院办公厅《关于进一步完善中央财政科研项目资金管理等政策的若干意见》（中办发〔2016〕50号）等文件要求，以《中国农业科学院科研项目间接费用管理办法》为指导，结合《研究所科研项目间接经费管理办法》，制定本办法。

第一条　本办法所指科研项目是指各级政府部门批准立项的有绩效经费的科研项目。

第二条　绩效支出由研究所对相关项目进行考核，并根据项目执行考核情况，在相关项目间接经费的预算的基础上，确定绩效奖励数，按照一定的比例奖励项目组，由项目主持人提出发放比例。

第三条　绩效考核分为项目实施过程绩效考核和项目结题验收绩效考核（具体内容见附则）。

第四条　绩效发放对象为参与该项目的科研人员，可包含研究生、博士后等实际参与项目的人员。

第五条　绩效不得一次全额发放，应根据预算情况和项目执行进度分阶段、分年度进行。

第六条　绩效支出以当年实际到账经费为依据，按项目执行年度发放，执行期最后一个年度的绩效经费需在项目通过验收后发放。

第七条　项目执行期间存在以下情形之一的，不得对其发放绩效经费：

（一）未按要求及时报送项目相关材料，包括项目任务书（合同书）、经费预算书、年度进展报告、中期总结报告、结题报告、验收报告、研究资料归档及其他相关文件。

（二）在项目执行过程中，对项目负责人、参加人员、经费预算、研究目标、研究内容等重要事项的调整未按要求提前报批。

（三）无正当理由，项目未按合同进度执行，或未按期落实上级主管部门提出的整改要求等。

（四）违反国家法律法规、存在弄虚作假、学术不端等行为。

对于以上情形，绩效经费如已发放的，研究所有权追回。

第八条　本办法实施过程中，与国家修订或新出台的相关管理规定不一致的，按国家及上级部门有关规定执行。

第九条　本办法2017年8月10日所务会讨论通过之日起施行，由科技管理处负责解释。

中国农业科学院兰州畜牧与兽药研究所科研项目绩效考核实施细则

为进一步加强研究所科研项目管理，规范科研经费使用，提高资金使用效益，促进科技创新，结合研究所实际，制定本实施细则。

第一章　组织领导

第一条　研究所每年根据年度考核工作要求成立科研项目绩效考核小组，研究所所长任组长，主管科研副所长任副组长，小组成员由所领导、创新团队首席及科技管理处、条件建设与财务处等管理部门负责人组成。科技管理处具体负责组织实施研究所的科研项目绩效考核工作。

第二章　绩效考核事项范围

第二条　科研项目绩效考核对象为正在承担的各级政府部门批准立项的有绩效经费的科研项目。

第三条　科研项目绩效考核一般分为项目实施过程绩效考核和项目结题验收绩效考核。项目实施过程绩效考核是指上级管理部门或研究所在项目实施过程中对阶段性执行情况进行考核与评价，以年度或阶段绩效考核为主；项目结题验收绩效考核是指对项目完成总体执行情况的考核与评价，以项目结题验收考核为主。

第四条　科研项目绩效考核的主要内容为绩效目标完成情况及成效。包括科研项目进展情况、执行过程中关键共性技术开发、技术成果产业化、自主知识产权获得、人才培养、经费预算的执行、经费的使用与管理、项目的经济效益、社会效益和生态效益等。

第五条　科研项目绩效考核时间主要在每年年终或上级主管部门依据项目管理要求规定的考核时间。

第三章　绩效考核程序

第六条　科研项目绩效考核程序

1. 上级主管部门或科技管理处发布科研项目绩效考核通知。

2. 课题负责人按考核内容提交课题绩效目标完成情况及成效等相关材料，科技管理处负责审核。

3. 课题负责人根据要求准备汇报材料，并做好答辩准备。

4. 上级主管部门或科技管理处组织专家依据项目任务书就项目实施进展及科研经费使用情况进行答辩质疑，并最终形成考核意见。

5. 科技管理处根据考核意见督促课题负责人完成整改落实工作，并确定绩效支出是否发放。

第七条　研究所为子课题（任务）承担单位的，原则上参加课题主持单位的绩效考核；如课题主持单位没有组织绩效考核，经课题主持单位审批同意后，也可参照研究所为课题主持单位进行绩效考核。

第八条　课题负责人根据绩效考核情况确定绩效支出发放方案并提出发放申请（附表），经科技处、条件财务处（条财处）及所领导审核通过后发放。

第四章　绩效考核监督与检查

第九条　绩效考核结果依照《中国农业科学院兰州畜牧与兽药研究所政务公开实施方案》规定的程序和方法，在相应范围内及时公开，并接受上级有关部门的监督。

第十条　本细则未尽事宜，按国家相关规定执行。

第十一条　本细则由科技管理处负责解释。

第十二条　本细则自 2017 年 8 月 10 日所务会讨论通过之日起执行。

附表

兰州畜牧与兽药研究所科研项目绩效支出发放申请表

<table>
<tr><td>项目名称</td><td colspan="3"></td><td>项目编号</td><td colspan="2"></td></tr>
<tr><td>项目类别</td><td colspan="6">□科技支撑计划 □公益性行业科研专项 □科技基础性工作专项
□国家自然科学基金 □国家科技重大专项 □国家重点研发计划
□其他</td></tr>
<tr><td>执行期限</td><td colspan="2"></td><td colspan="2">本次申请发放时段</td><td colspan="2"></td></tr>
<tr><td>总绩效经费</td><td>万元</td><td>已发放</td><td>万元</td><td>本次申请发放</td><td colspan="2">万元</td></tr>
<tr><td>是否完成本年度或阶段科研任务</td><td>□是
□否</td><td colspan="5">备注：在项目执行期内申请发放时填写</td></tr>
<tr><td>是否通过结题验收</td><td>□是
□否</td><td colspan="5">备注：在项目执行期结束后申请发放时填写</td></tr>
<tr><td colspan="7">本次发放方案</td></tr>
<tr><td>序号</td><td>身份</td><td>姓名</td><td colspan="2">身份证号</td><td>发放金额</td><td>签字</td></tr>
<tr><td>1</td><td>在职人员</td><td></td><td colspan="2"></td><td></td><td></td></tr>
<tr><td>2</td><td>研究生</td><td></td><td colspan="2"></td><td></td><td></td></tr>
<tr><td>3</td><td>博士后</td><td></td><td colspan="2"></td><td></td><td></td></tr>
<tr><td>4</td><td>科研助理</td><td></td><td colspan="2"></td><td></td><td></td></tr>
<tr><td>5</td><td>……</td><td></td><td colspan="2"></td><td></td><td></td></tr>
<tr><td colspan="2">项目负责人意见</td><td colspan="5">签字： 年 月 日</td></tr>
<tr><td colspan="2">科研处审核意见</td><td colspan="5">签字： 年 月 日</td></tr>
<tr><td colspan="2">条财处审核意见</td><td colspan="5">签字： 年 月 日</td></tr>
<tr><td colspan="2">单位负责人意见</td><td colspan="5">签字： 年 月 日</td></tr>
</table>

中国农业科学院兰州畜牧与兽药研究所硕博连读研究生选拔办法

（农科牧药办〔2016〕49 号）

为做好研究所硕博连读研究生选拔工作，优化博士研究生生源结构，提高研究生培养质量和博士学位论文水平，加速培养现代农业拔尖创新人才，根据《中国农业科学院研究生硕博连读管理暂行办法》（农科研生〔2016〕13 号）要求，结合研究所实际，制订本办法。

第一条　选拔工作指导原则

硕博连读研究生选拔工作本着公平、公正、公开的原则。

加强考核工作，突出对专业基础、科研能力、创新潜质、综合素质、动手能力等方面的考核，提高招生选拔质量。

第二条　组织管理

（一）考核小组：考核小组组长由研究所所长担任，副组长由分管研究生工作副所长担任，成员包括所领导、科技处负责人及纪检部门负责人和学科专家组成。

（二）考核小组工作职责：根据硕博连读研究生选拔指导思想，负责硕博连读申请人的资格审核、全面考核工作；负责整个考核选拔工作的公平公正性监督工作；负责硕博连读研究生资料上报工作。

第三条　申请条件

（一）研究所非同等学力报考的在学二、三年级学术型硕士研究生。

（二）拥护中国共产党的领导，具有正确的政治方向，热爱祖国，遵守院纪、院规，品行端正，没有受过任何处分。

（三）身体和心理健康状况良好。

（四）已修完硕士研究生培养方案规定的全部课程，成绩优秀。

（五）对学术研究有浓厚兴趣，具有较强创新精神和科研能力。硕士研究生阶段的研究课题具有创新性，取得阶段性进展，并与博士研究生阶段拟进行的研究能够紧密衔接，有可能取得创造性科研成果。

（六）有至少两名所报考学科专业领域内的研究员或副研究员或相当专业技术职称的专家的书面推荐意见。

（七）选择的博士研究生导师具备支持研究生连读的条件。优先选择原导师，或选择所内相近研究方向的博士研究生导师。

（八）招生类别属定向培养的，须征得定向单位或主管部门的同意。

第四条　硕博连读研究生选拔程序

（一）研究生申请：硕士研究生本人向科技管理处提出申请，并填写《中国农业科学院 2016 年硕博连读申请表》（以下简称《申请表》），提请硕士研究生导师与拟接收导师审核。同时提交至少两位专家填写的《专家推荐书》。

（二）初审：科技管理处对导师审核后的申请进行初审，确保符合全部申请条件。

（三）考核：召开考核小组会议，对申请人进行考核。

申请人须向考核小组汇报本人业务学习、科学研究工作进展情况，进入博士学位阶段深入研究的设想与预期结果等。考核小组通过听取汇报、提问等形式，对申请人的专业外语表述能力、专业理论、科研进展、综合素质等方面进行评价。

小组评议：小组对申请人是否具有硕博连读的能力与条件进行评议，按不超过当年招生指标的30%确定候选人名单后报研究所学位评定委员会评审。

（四）会议评审与公示：研究所学位评定委员会根据考核小组确定的硕博连读研究生候选人名单进行会议评审，最终确定硕博连读研究生推荐名单与拟接收导师，并公示一周。公示无异议后，科技管理处将确定的推荐名单及《申请表》等材料报送研究生院。

第五条　本办法如与上级有关文件不符，以上级文件为准。

第六条　本办法由科技管理处负责解释。

第七条　本办法自印发之日起执行。

中国农业科学院兰州畜牧与兽药研究所试验基地管理办法

（农科牧药办〔2016〕49 号）

第一章　总　则

第一条　中国农业科学院兰州畜牧与兽药研究所试验基地（含大洼山试验基地和张掖试验基地，以下简称“试验基地”）是研究所开展实践教学、科学观测与研究、科技示范与推广、对外合作交流的重要场所，是研究所科学研究试验的有机组成部分，是研究所科技基础条件平台建设的重要内容。为加强我所试验基地的建设与管理和提升社会服务能力，提高研究所科技创新能力和科学研究水平，特制订本办法。

第二章　任　务

第二条　承担研究所相关专业的科学研究、技术研发等试验工作。

第三条　积极承担相关专业的国际合作研究项目，扩大对外科技交流，引进国际先进技术和成果。

第四条　积极申报并承担中央和地方政府下达的科技攻关课题和推广项目，为西部地区经济发展、品种培育和环境监测保护服务。

第五条　立足西部，面向全国，开展科技示范、科技推广及技术人员培训等社会服务活动。

第六条　加强对试验基地工作人员的管理和技术培训。

第三章　建　设

第七条　试验基地的建设要根据研究所学科发展需要提出申请，研究所相关职能部门组织专家论证、审批，最终经研究所批准后组织实施。

第八条　试验基地必须按照国家建设需要和研究所发展目标制订建设规划，同时建立对试验基地的验收、评估机制，以确保试验基地的良性运行和不断发展。

第九条　试验基地建设和运行经费采取多种渠道筹集的办法。

（一）积极争取国家政策性投入。

（二）试验基地面向研究所内外实行有偿服务。

第十条　试验基地建设要充分考虑投资效益，实现资源共享，避免重复建设。

第十一条　所有建设项目必须按《中国农业科学院兰州畜牧与兽药研究所修缮购置项目实施方案》执行，完善立项、论证、审批、招标、实施、监督、验收和审计等程序。

第四章　体　制

第十二条　试验基地实行研究所、基地管理处二级管理。研究所负责试验基地的规划与宏观管理，基地管理处负责试验基地具体管理与日常运行。

第十三条　研究所负责试验基地的宏观管理，其主要职责是：

（一）贯彻执行国家有关的方针政策和法律法规，制订和完善试验基地管理制度和各项实施办法，并监督执行。

（二）根据研究所事业发展需要，组织制订试验基地的发展规划，并监督实施。

（三）核定试验基地人员编制和试验基地负责人的聘任。

（四）负责试验基地基础设施建设项目的组织实施。

（五）定期检查试验基地的工作。

第十四条　基地管理处负责试验基地具体管理，其主要职责是：

（一）负责制订试验基地的发展规划，制订年度建设计划、科研计划和各类项目的申报。

（二）按计划完成承担的科研任务及面向研究所的教学实习、科学研究、技术推广和对外服务。

（三）负责制订试验基地运行管理的各项实施细则，并督促实施。

（四）制订试验基地工作人员的岗位职责、培训计划和考核办法，并督促实施。

（五）配合管理部门做好试验基地的管理工作。

第五章　管　理

第十五条　研究所确定一名所级领导分管试验基地工作。

第十六条　试验基地要建立健全各项规章制度，实行科学管理，并逐步实现信息化管理。

第十七条　建立工作日志制度，对试验基地的各项工作、人员、财产、经费等信息进行记录、统计，及时准确填报各种报表。

第十八条　研究所要完善试验基地各岗位的工作职责，按研究所要求每年对试验基地工作人员进行考核。

第十九条　试验基地在对人员管理和使用中，要严格按照国家劳动法的有关规定，做好工作人员的劳动保护，避免发生人身伤害事件。

第二十条　试验基地要严格遵守国家环境保护法和野生动物保护法，做好环境管理和野生动物保护工作。

第二十一条　所有面向研究所内外的有偿服务项目必须根据研究所有关规定进行申请，制订合理的收费标准。

第二十二条　试验基地所有经营和有偿服务收入必须纳入研究所财务管理，主要用于试验基地的建设与发展。

第二十三条　试验基地的土地及所有设施均为研究所国有资产，要纳入研究所国有资产管理，并建立分户账。基地管理处和试验基地只有使用权，无转让和处置权。

第六章　人　员

第二十四条　试验基地设基地负责人岗位，全面负责试验基地的具体管理，要求懂业务、会管理、负责任。基地负责人由研究所根据具体试验基地的情况和任务，制订基本任职条件和工作目标要求，在全所范围内公开招聘，竞争上岗。

第二十五条　基地负责人职责

（一）负责编制试验基地年度工作计划，并经研究所批准后组织实施。

（二）负责试验基地的各类财产的管理和使用。

（三）负责试验基地各类人员的分工和制订岗位责任制，并组织实施。

（四）负责试验基地的年度工作总结，完成各种信息数据的统计和上报工作。

（五）积极开展对外服务和各类合法经营活动。

（六）全面负责试验基地的各项安全工作。

第二十六条　其他工作人员由研究所根据实际需要从研究所内在编职工中选派，按照研究所相关人员聘用办法管理。

第二十七条　试验基地聘用编制外用工、季节性用工按照《中国农业科学院兰州畜牧与兽药研究所编外用工管理办法》管理。

第七章　附　则

第二十八条　本办法自下发之日起执行，由基地管理处负责解释。

中国农业科学院兰州畜牧与兽药研究所突发实验动物生物安全事件应急预案

（农科牧药办〔2017〕62 号）

第一章　总　则

第一条　编制目的

为快速有效应对突发实验动物生物安全事件，最大限度减轻突发实验动物生物安全事件对公众健康、实验动物生产和使用等造成的损害，保障群众生命及财产安全，维护公共安全及社会稳定。

第二条　编制依据

根据《中华人民共和国动物防疫法》《重大动物疫情应急条例》《实验动物管理条例》《国家突发重大动物疫情应急预案》《甘肃省实验动物管理办法》《甘肃省动物防疫条例》《甘肃省突发公共事件总体应急预案》《甘肃省突发重大动物疫情应急预案》《甘肃省突发实验动物生物安全事件应急预案》等，制订本预案。

第三条　适用范围

本预案适用于我所科研区域内从事实验动物使用（科研、教学、检定和其他科学实验）突发生物安全事件的应急处置工作。

第四条　工作原则

以人为本、减少危害。把保障公众健康和生命财产安全作为处置突发实验动物生物安全事件的首要任务，最大限度地减少事件对公众及社会的损害。

统分集合、分级响应。突发实验动物生物安全事件的应急处置工作在研究所突发实验动物生物安全事件应急领导小组的统一领导下开展。根据事件的性质、规模和响应等级，成立相应级别的突发实验动物生物安全事件应急领导小组进行处置。

预防为主、安全操作。引导各研究室、团队在实验动物使用过程中认真遵守《实验动物管理条例》，科学试验，安全操作。

第二章　事件分级

根据事件性质、危害程度、涉及范围，划分为重大（Ⅰ级）事件、较大（Ⅱ级）事件和一般（Ⅲ级）事件。

第五条　重大突发实验动物生物安全事件（Ⅰ级）

有下列情形之一的为较大突发实验动物生物安全事件（Ⅰ级）：

1. 本研究所科研区域内实验动物使用单位发生一类、二类动物疫病。
2. 实验室动物发生人兽共患烈性传染病，并有扩散趋势。

3. 相关联的实验技术人员或工作人员受到感染并确诊。

4. Ⅰ级（1）（2）（3）发生发病或疑似发病动物丢失事件。

第六条　较大突发实验动物生物安全事件（Ⅱ级）

有下列情形之一的为较大突发实验动物生物安全事件（Ⅱ级）：

1. 本研究所科研区域内实验动物使用单位发生三类动物疫病及实验动物主要传染疾病，对实验动物使用造成重大影响。

2. 在 1 个实验室内发生 1 例以上实验动物烈性传染病。

3. Ⅱ级（1）（2）发生发病或疑似发病动物丢失事件。

第七条　一般突发实验动物生物安全事件（Ⅲ级）

有下列情形之一的为一般突发实验动物生物安全事件（Ⅲ级）：

1. 本研究所科研区域内实验动物使用单位发生实验动物其他疫病，对实验动物使用造成较大影响。

2. 在 1 个实验室内发生一般动物传染病。

3. Ⅲ级（1）（2）发生发病或疑似发病动物丢失事件。

第三章　组织体系

第八条　研究所突发实验动物生物安全事件应急领导小组

发生重大突发实验动物生物安全事件后，报请省动管办同意，由研究所组织科技管理处和基地管理处等部门成立中国农业科学院兰州畜牧与兽药研究所突发实验动物生物安全事件应急领导小组，统一领导、指挥和协调事件应急处置工作。

发生重大或较大突发实验动物生物安全事件（Ⅰ级）后，由研究所会同甘肃省动管办报请甘肃省人民政府，请省政府统一领导、指挥和协调事件应急处置工作。

第九条　日常工作机构

依托科技管理处和基地管理处，成立中国农业科学院兰州畜牧与兽药研究所突发实验动物生物安全事件应急领导小组，科技管理处负责科研人员的培训宣传，基地管理处负责实验动物房日常管理工作。

第四章　报　告

从事实验动物使用的研究室，团队科研人员和研究生，有义务及时向各研究室，团队以及相关管理部门报告突发实验动物生物安全事件情况或事件隐患。研究所突发实验动物生物安全事件应急领导小组名单和联系方式张贴在使用实验动物楼层走廊墙壁或实验室显眼位置。

第十条　责任报告单位

实验动物使用的研究室、团队。

第十一条　责任报告人

1. 实验动物生产使用单位生物安全负责人员。

2. 从事实验动物使用、运输等工作的人员。

3. 实验动物监管部门的服务人员。

第十二条　报告时限和程序

实验室或团队科研管理人员发现疑似实验动物生物安全情况时，应立即向研究所突发实验动物生物安全事件应急领导小组报告。研究所突发实验动物生物安全事件应急领导小组向甘肃省动管办报告。

第十三条　报告内容

突发实验动物生物安全事件发生的单位、地点，涉及实验动物的品种、来源、数量、临床表现、是否感染人员，已采取的应急措施，报告单位和个人联系方式等。

第五章　应急响应

第十四条　响应原则

发生突发实验动物生物安全事件后，研究所突发实验动物生物安全事件应急领导小组按照分级响应的原则做出相对应的应急响应。同时，根据不同突发实验动物生物安全事件的性质和发展趋势，及时调整相应级别。

发生突发实验动物生物安全事件的单位，应迅速启动应急处置工作方案，立即停止相关实验动物生产、使用并及时按程序报告，采取有力处置措施，全力控制事态发展，最大限度地降低并减少人员伤亡、经济损失和对社会安全的影响。

未发生安全事件的实验动物使用关联单位，接到相关事件情况通报后，应采取必要的预防控制措施，并服从应急领导小组的统一调派。

第十五条　分级响应

听从研究所突发实验动物生物安全事件应急领导小组的统一领导、指挥和协调重大突发实验动物生物安全事件的应急处置工作。

第十六条　响应终止

根据研究所突发实验动物生物安全事件应急领导小组、甘肃省动管办以及相关单位的评估，确定事件隐患和相关危险因素消除后，由研究所突发实验动物生物安全事件应急领导小组批准并发布突发实验动物生物安全事件应急响应终止，同时报研究所和相关主管部门。

第六章　后期处理

第十七条　总结评价

突发实验动物生物安全事件应急响应终止后，研究所突发实验动物生物安全事件应急领导小组会同相关部门组织有关方面专家对事件应急处置情况进行评价总结，形成书面报告。

第十八条　恢复工作

评价总结工作结束后，事件责任单位委托第三方检测机构检测合格后，报甘肃省动管会验收合格，方可重新引进实验动物、恢复实验动物使用工作。

第七章　保障措施

实验动物使用单位应储备必要的药品、疫苗、诊断试剂、实验动物扑杀用具、安全防护用品、消毒药品和用具等应急物资，并做好应急物品的储备管理工作。

第十九条　宣传教育

科技管理处应采取多种形式，向研究室。团队科研人员大力宣传实验动物生物安全知识和突发事件应急处置知识。组织实验动物生产使用单位应加强应急处置知识学习、演练，定期对有关人员培训。

第八章　奖　惩

第二十条　研究所突发实验动物生物安全事件应急领导小组对在突发实验动物生物安全事件应急处置工作中做出突出贡献的先进集体和个人，给予表彰奖励；实验动物使用的研究室、团队科研人员未按照规定报告疫情的，研究所突发实验动物生物安全事件应急领导小组对在事件的预防和处置过程中存在玩忽职守、失职渎职等行为的责任人员给予处分，情节严重的移交有关行政执法部门，构成犯罪的依法追究刑事责任。

第九章　附　则

第二十一条　名词解释

1. 实验动物是指经人工饲养、繁育，对其携带的微生物及寄生虫实行控制，遗传背景明确或者来源清楚，用于科研、教学、生产和检定以及其他科学实验的动物。

2. 突发实验动物生物安全事件是指在实验动物生产以及利用实验动物开展科研、教学和检定等活动过程中，突然发生的实验动物感染病原体或因实验动物导致人员感染病原体并发生疫病的事件。

第二十二条　预案管理

本预案由基地管理处、科研管理处联合签发，并根据实际情况变化及时修订。

各实验动物使用实验室，团队科研人员须根据本预案认真学习，严格遵照本预案相关条款。

第二十三条　本预案自发布之日起实施。

中国农业科学院兰州畜牧与兽药研究所突发实验动物生物安全事件应急领导小组成员

（农科牧药办〔2019〕77号）

组　长：张继瑜

副组长：董鹏程

成　员：王学智　李剑勇　梁春年　陈　靖　尚若锋
张世栋　郭　宪　田福平　李润林　罗金印
樊　堃　张　彬

中国农业科学院兰州畜牧与兽药研究所

突发实验动物生物安全事件报告

报告单位			
报 告 人		报告时间	
现场联系人		电　　话	

实验动物发病时间、地点：

动物保存总量：
动物死亡数：
动物体征症状：

已采取措施：

其他：

报告受理处理：

年　月　日

报告单位法人签字

单位签章

年　月　日

中国农业科学院兰州畜牧与兽药研究所
突发实验动物生物安全事件报告受理记录

报告单位			
报 告 人		报告时间	
现场联系人		电 话	

实验动物发病时间、地点：

动物保存总量：
动物死亡数：
动物体征症状：

已采取措施：

其他：

报告受理处理意见：

年 月 日

研究所突发实验动物生物安全事件应急领导小组组长：

报告时间： 年 月 日 联系电话：

人兽共患或动物疫情一般情况资料收集表

1. 发生点单位名称：______________________

发生点单位地点：______________________

2. 发生点动物种类：□小鼠　□大鼠　□豚鼠　□兔　□犬　□其他

3. 发生点发病总人口数：人____，工种____，男性____，女性____。

发生点发病总动物数：____只，小鼠____只，大鼠____只，豚鼠____只，

兔____只，犬____只，其他____只。

4. 首发病例（动物或人）出现时间：年　月　日，报告时间：年　月　日，开始调查

处理时间：年　月　日。

5. 截至本次调查人已发病例数：____人，死亡____人。

截至本次调查动物已发生病例数：小鼠____只，死亡____只；大鼠____只，

死亡____只；豚鼠____只，死亡____只；兔____只，死亡____只；犬____只，

死亡____只；其他____只，死亡____只。

6. 动物发病升高时间：　月　日，发病数____只。

7. 发生点周围邻近地区（或单位）有无类似疫情：____________。

待发动物情况：____________，留种动物情况：____________。

8. 发生点为使用单位时，近期动物供应情况：______________，动物检疫情况：__________，供食情况；________________，供水情况：______________，设施运行情况：______________，人员管理情况：____________。

9. 疫情的处理方式：____________________。

疫情的处理结果：______________________。

填表人：　　　　　　　　　　负责人：

单位签章：

年　月　日

中国农业科学院兰州畜牧与兽药研究所科研经费信息公开实施细则

（农科牧药党〔2014〕10号）

为进一步加强研究所科研经费管理，规范科研经费使用，提高资金使用效益，根据《中国农业科学院科研经费信息公开管理办法》规定，结合研究所实际，制订本实施细则。

第一章 总 则

第一条 本细则要求公开的科研经费信息是指：除有特殊规定不宜公开的科研课题（项目）经费外，由研究所分配和使用的科研经费信息。

第二条 研究所对各级财政或非各级财政资助的科研经费信息公开，均按照本实施细则实施。

第三条 研究所是信息公开的责任主体，应坚持客观真实、注重实效的原则，组织实施科研经费信息公开工作。

第四条 信息公开前，研究所办公室、科技管理处依照国家保密法律法规和有关规定对拟公开的信息进行保密审查，涉及国家秘密技术的，按国家秘密技术保护有关法律法规执行。涉及商业秘密、知识产权、个人信息的关键词用“*”替代。确保公开的信息不泄密。

第二章 公开范围和内容

第五条 向全所职工公开的科研经费信息包括：

（一）全年各项科研经费信息。公开内容包括：主持人、课题（项目）名称、立项部门与合同金额等。

（二）立项信息。公开内容包括：课题（项目）名称、实施期限、主持人和成员、获得成果、经费结算情况、验收时间、验收组织单位、验收组成员和结题验收意见等。

第六条 向所领导班子成员、财务管理、科研管理和纪检监察部门负责人公开的科研经费信息包括：课题（项目）经费使用的过程信息、课题（项目）组科研副产品收入及处置信息。

过程信息公开内容主要包括：预算调整情况、试剂耗材费、会议费、劳务费、专家咨询费、出国（境）费、大型仪器设备采购、外拨经费等详细信息。

第七条 课题主持人向课题（项目）组成员公开的科研经费包括：本课题（项目）分配和使用的全部科研经费、科研副产品收入及处置情况。

第三章 公开形式和期限

第八条 科研经费信息可采取提供查询、电子邮件、公告栏、文件传阅、会议通报等多种形式公开。

第九条　全年各项科研经费信息在每年 3 月底前公开；课题（项目）的立项信息在研究所收到签订完毕的课题（项目）任务书后 1 个月内公开；结题验收信息在课题（项目）验收工作结束后 1 个月内公开；过程信息至少每季度公开一次。

第十条　所有科研经费信息公开的时间，均不得少于 1 个月。

第四章　管理和责任追究

第十一条　向全所职工公开的科研经费信息由科技管理处负责；向所领导班子成员、财务管理、科研管理和纪检监察部门负责人公开的科研经费信息以及过程信息等由条件建设与财务处负责；向课题（项目）组成员公开的科研经费信息由课题主持人负责。

第十二条　研究所建立科研经费信息公开的反馈机制。纪检部门应加强对科研经费信息公开的监督检查。对职工的质疑和合理要求，协调有关部门做出解释说明。涉及重要事项和重大问题的，领导班子集体讨论研究解决。

第十三条　对未按规定进行科研经费信息公开的课题（项目），由科技管理部门、纪检部门给予提醒，或由研究所通报批评，并责令整改。

第十四条　本细则自 2015 年 1 月 1 日起实施。

中国农业科学院兰州畜牧与兽药研究所实验动物管理及伦理委员会章程

（农科牧药办〔2017〕55号）

第一章 总 则

第一条 为了提高实验动物管理工作质量，加强实验动物福利与伦理审查工作，尊重实验动物生命，维护实验动物福利伦理，依据《实验动物管理条例》（科学技术委员会令第2号；1988）和科学技术部发布《关于善待实验动物的指导性意见》（国科发财字〔2006〕398号）以及甘肃省实验动物管理办法等有关规定，参考国际动物实验伦理惯例，结合研究所实际，制定本章程。

第二条 实验动物管理及伦理委员会是负责提出我所实验动物发展规划建议，指导监督我所实验动物生产、使用和审查实验动物福利伦理的管理机构，以下简称委员会。

第三条 本章程所称实验动物是指经人工饲养、繁育，对其携带的微生物及寄生虫实行控制，遗传背景明确或者来源清楚，应用于科学研究、教学、生产和检定以及其他科学实验的动物。本章程适用于在我所从事实验动物生产、科研、检测的所有人员。国家法律、法规另有规定的，按照有关规定执行。

第四条 本章程所称实验动物福利与伦理是指善待实验动物，使其免遭伤害、饥渴、不适、惊恐、折磨、疼痛的行为和措施，包括提供良好的管理与照料、清洁舒适的生活环境、充足健康的食物和水、避免或减轻其疼痛和痛苦等行为。

第五条 实验动物管理及伦理委员会宗旨是遵循国际通行的动物福利和伦理准则，贯彻执行国家和甘肃省有关实验动物管理法律、法规和政策，维护本机构实验动物福利，规范实验动物管理和伦理审查，以及实验动物从业人员的职业行为。本所各类实验动物的饲养和动物实验，均应先经实验动物管理及伦理委员会审查，获得委员会的批准后方可开始，并接受监督检查。

第二章 组织机构

第六条 实验动物管理及伦理委员会成员由本所行政管理者、实验动物从业人员、兽医和熟悉相关法律的人员担任，设主任1名，副主任1名，秘书1名，委员若干名。每届任期4年，可以连任。根据工作需要，人员可适时调整，单位负责聘任、岗前培训、解聘，并及时补充成员。

第七条 主任委员主持审查委员会的工作，负责组织委员会年度会议、召集重大项目评审活动及临时会议，签发或授权兽医签发审查决议；副主任委员协助主任委员工作；主任委员可授权副主任委员行使职责；秘书负责协助主任委员（或授权的副主任委员）处理相关业务工作。

第八条 委员会实行重大事项议决制，凡研究决定重大事项，须有占全体委员会2/3以上的委员出席，并经1/2以上到会委员通过方为有效。每年根据需要召开审查会议，议程包括：对新申报涉及实验动物项目的管理及福利伦理申请进行审查；提交实验动物管理、伦理审查工作总结、年度计划及其他事项。遇重要事项可临时召开会议。

第九条 委员会办公室下设在标准化动物实验场，负责日常工作、年度工作计划、工作总结和档案管理。

第三章 实验动物管理及伦理委员会职责

第十条 贯彻执行国家和地方有关实验动物管理及实验动物福利伦理的法规、规章、标准；指导制定、审议实验动物管理及伦理委员会章程及有关实验动物工作的各项管理制度和操作规程。

第十一条 根据检验工作和科研工作的需要，指导制定和审议我所实验动物工作发展规划、年度工作计划以及监督审查我所实验动物福利伦理工作。

第十二条 根据工作需要召开会议，讨论审议和解决与实验动物有关的重大事项。

第十三条 根据国家相关标准管理实验动物生产、使用设施，监督本所实验动物生产和使用，督促实验动物从业人员按照要求饲养和使用实验动物。

第十四条 依据动物伦理审查规定和审查程序，委员会对动物实验项目进行审查，在兼顾动物福利和动物实验者利益，综合评估动物所受的伤害和使用动物的必要性基础上进行科学评审，并出具伦理审查报告。

第十五条 提供有关实验动物人道饲养、环境设施条件和动物实验方案优化等方面的咨询。

第十六条 负责维护动物福利，保障生物安全，防止环境污染，防止实验动物传染病和人兽共患病的发生。

第十七条 鼓励和支持科技人员开展动物实验替代方法的研究，促进实验动物福利伦理工作。

第十八条 根据工作需要进行实验动物从业人员的专业培训，提高业务素质。

第十九条 对严重违反实验动物管理和福利伦理的部门和个人，对其做出限期整改决议，并可作为科研不端行为公示及记录在册。对肆意虐待实验动物情节严重者提出处分意见，直至终止其实验。

第四章 审查管理规定

第二十条 管理及伦理审查依据的基本原则

（一）动物保护原则：对动物实验目的、预期利益与造成动物的伤害、死亡进行综合的评估。禁止无意义滥养、滥用、滥杀实验动物。制止没有科学意义和社会价值或不必要的动物实验；倡导“3R”原则，优化动物实验方案，减少不必要的动物使用数量；在不影响实验结果的科学性、可比性情况下，采用动物实验替代方法，使用低等动物替代高等动物，用非脊椎动物替代脊椎动物，用组织细胞替代活体动物，用分子生物学、人工合成材料、计算机模拟等非动物实验方法替代动物实验。

（二）动物福利原则：采取有效措施，为动物提供充足、健康的食物、饮水以及清洁、舒适的生活环境，保证动物能够实现自然行为和受到良好的管理与照料。各类实验动物管理要符合该类实验动物的操作技术规程。

（三）伦理原则：应充分考虑动物的利益，善待实验动物，防止或减少动物的应激、痛苦和伤害，尊重动物生命；制止针对动物的野蛮行为；动物实验方法和目的符合人类的道德伦理标准和国际惯例，采取痛苦最小的方法处置动物。实验动物项目要保证从业人员的安全。

（四）综合性科学评估原则

1. 公正性：审查工作应该保持独立、公正、科学、民主、保密的原则，不受商业和自身利益的影响。

2. 必要性：各类实验动物的饲养和使用或处置必须有充分的理由。

3. 利益平衡：以当代社会公认的道德伦理价值观，兼顾动物和人类利益，在全面、客观地评估动物所受的伤害和应用者由此可能获取的利益基础上，负责任地出具实验动物或动物实验伦理审查报告。

第二十一条　根据《实验动物管理条例》的要求，对实验动物从业人员应按照相关规定参加委员会组织的各类培训，学习了解相关法律、法规及各种规章制度，熟悉实验动物学专业基础理论知识、相关专业知识和专业技能，熟悉实验动物生物学特性等；对待实验动物，相关从业人员应善待和爱护，做到科学、合理、人道地使用实验动物，严禁虐待实验动物，杜绝粗暴行为。

第二十二条　实验动物设施环境及设备管理

（一）实验动物饲养和动物实验必须在安全卫生、满足动物生长发育、确保实验动物质量和动物实验的科学性、准确性的环境中进行，各项环境参数必须符合国家标准规定。

（二）实验动物的生产与使用设施，必须取得许可证，并按照有关规定进行年检。

（三）笼具应选用无毒、耐腐蚀、耐高温、易清洗、易消毒灭菌的材料制成，笼具内外边角均应圆滑、无毛刺，内外壁光滑平整。笼具应符合实验动物生物学特性的要求，确保笼内每只动物都能自由活动。笼具应有足够大的空间，笼具最小空间应不低于国家标准的规定。用于特殊试验的实验动物饲养笼具，应符合其特殊试验的具体要求。

（四）实验动物饲养人员应每天对各项环境参数进行记录，发现问题及时报告负责人，并采取有效措施予以纠正。要密切观察出现的问题可能对实验动物福利伦理造成的影响。对出现的问题和纠正措施要有详细、完整的记录，并按要求归档保存。

第二十三条　实验动物饲养管理

（一）实验动物饲养人员和使用人员必须遵守各项规章制度，按照标准操作规程进行操作。

（二）除科研和检验项目的特殊需要，必须根据实验动物对营养的需要给予充足的饲料和饮水。普通级动物饮用城市生活用水，清洁级以上动物饮用无菌水。饲料应来自有“实验动物饲料生产许可证”的生产单位。无国家标准的实验大动物饲草料，实验团队可自行采购。

（三）必须为实验动物提供尘埃少、无异味、无毒、无菌、无油脂、吸湿性好的优质垫料。垫料应定期更换，保持干燥、松软状态，使实验动物有舒适感。实验动物饲养用具必须定期清洗消毒，如有破损、滴漏，应及时更换。

（四）实验动物饲养人员每天应对所管理的实验动物进行认真观察，发现行为、精神状态或健康状况异常时，应查找原因并妥善处理。

第二十四条　实验动物运输管理

（一）实验动物的运输应符合安全、舒适、卫生的原则。

（二）应通过最直接的途径完成实验动物的运输。在装运时，实验动物应最后装上运输工具，到达目的地时，应最先离开运输工具。运输实验动物应使用具备空调装置的专用运输工具。

（三）应有专人负责实验动物运输全过程，保证动物快捷、安全到达目的地。无论采用何种方式运输实验动物，都应把动物放在适宜的笼器具里，严禁采用捆绑或其他紧固的方式。笼具应能防止实验动物逃逸或其他动物进入，运送清洁级和SPF级实验动物的笼具还应具有防止外界微生物侵袭的装置。

（四）实验动物运输时，不宜与感染性微生物及害虫等货物一起混装。应避免实验动物暴露在有毒、有害气体或其他有损实验动物健康的环境中。

第二十五条 实验动物使用管理

（一）根据检验和科研工作的需要，提出订购实验动物的具体要求（包括品种、品系、年龄、性别、体重和数量等）。不得以任何理由订购超出检验和科研工作需要的实验动物，或弃用所订购的实验动物。

（二）因检验和科研工作需要对动物饮食进行限制时，必须有充分的理由。在限食、限水期间，饲养人员应配合实验人员密切观察实验动物生活状态，避免实验动物发生急性或慢性脱水现象。

（三）实验动物运抵单位后，饲养人员和使用人员按照有关操作规程保证动物在最短的时间内传入屏障环境或动物房。使用人员按照实验要求进行分组，提供饲料和饮水。

（四）为便于操作而对实验动物实施保定时，应遵循“温和保定，善良抚慰，减少动物痛苦和应激反应”原则。

（五）在不影响实验操作的前提下，对实验动物的行为限制程度应减少到最低，尽可能避免或减轻给动物造成的与实验目的无关的疼痛、痛苦及伤害。在对实验动物进行采样、活体外科手术、解剖和器官移植时，如无特殊要求，必须实施麻醉措施。

（六）在不影响实验结果判定的情况下，应选择“动物试验仁慈终点”，避免实验动物继续承受无谓的疼痛。实验结束时采取安死术处理实验动物，方法包括：注射法、吸入法、击昏放血法和颈椎脱臼法等。实验动物尸体及废物应做无害化处理，并作详细记录。

第二十六条 有下列情况之一的，委员会不得批准其生产繁育实验动物或使用动物进行试验

（一）缺少实施动物实验项目必要性的或造成动物伤害的客观理由的。

（二）不提供足够举证或申报审查材料不全或不真实的。

（三）从事直接接触实验动物的生产、运输、研究和使用的人员未经过专业培训或明显违反实验动物福利伦理原则要求的。

（四）实验动物的生产、运输、实验环境达不到相应等级的实验动物环境设施国家标准的；实验动物的饲料、笼具、垫料不合格的。

（五）动物实验项目的设计或实施不科学。没有利用已有的数据对实验设计方案和实验指标进行优化，没有科学选用实验动物种类及品系、造模方式或动物模型以提高实验的成功率。没有采用可以充分利用动物的组织器官或用较少的动物获得更多的试验数据的方法；没有体现减少和替代实验动物使用原则的。

（六）动物实验项目的设计或实施中没有体现善待动物、关爱动物生命，没有通过改进和完善实验程序，减轻或减少动物的疼痛和痛苦，减少动物不必要的处死和处死的数量。在处死动物方法上，没有选择更有效的减少或缩短动物痛苦方法的。

（七）活体解剖动物或手术时不采取麻醉方法的；对实验动物使用一些极端的手段或会引起社会广泛伦理争议的动物实验。

（八）动物实验的方法、目的与结果不符合我国传统的道德伦理标准或国际惯例或属于国家明令禁止的各类动物实验。

（九）对人类或任何动物均无实际利益并导致实验动物极端痛苦的各种动物实验。

（十）没有充分理由对同一内容进行重复实验的。

（十一）对有关实验动物新技术的使用缺少道德伦理控制的，违背人类传统生殖伦理，把动物细胞导入人类胚胎或把人类细胞导入动物胚胎中培养杂交动物的各类实验；以及对人类尊严的亵渎、可能引起社会巨大伦理冲突的动物实验。

（十二）严重违反实验动物福利伦理审查原则的其他动物实验。

第五章　督查制度

第二十七条　为了安全、有效、合理地保障实验动物福利，委员会对审查通过项目实行不定期检查制，不定期检查采取查阅申请资料，实地检查方式进行。

第二十八条　检查主要围绕科研、检测人员在动物实验中是否按照审定的研究方案进行，并对实验的关键环节进行监督。

第二十九条　委员会应指定一至两名有关委员对审查通过的项目进行不定期检查，重点监督实验的关键环节、手段是否与审定的研究方案相符。必要时伦理委员会可组织全体或部分委员实地检查关键实验环节。

第三十条　委员会在督查中发现有违反动物福利伦理的问题时可提出批评和整改建议，对问题严重者可召开伦理委员会临时会议，提出批评或处理意见；对模范遵循伦理原则取得良好成效的部门和个人，伦理委员会可提请有关部门给予表扬。

第三十一条　委员会成员在督查中应重证据、重调查研究、实事求是、客观公正地处理问题。

第六章　工作纪律

第三十二条　委员会独立开展工作，不受任何实验参与者影响。

第三十三条　委员会的工作受有关法律、法规的约束。

第三十四条　委员会应在接到申请后，由办公室根据需要提请委员审查或召开审查会议，依据实验动物福利伦理审查制度做出审查结论并签发实验动物福利伦理审查结果告知书。

第三十五条　委员会审查、批准、监督研究者对项目方案的启动、实施和修改。

第三十六条　委员会应对研究中发生的任何严重不良事件高度重视，并给予指导性处理意见。

第三十七条　委员会的所有会议及其决议均应有书面记录，连同其他的申请材料一并归档保存，档案应及时编册，实行登记制。

第七章　附　则

第三十八条　相关术语

（一）实验动物：经人工饲养、繁育，对其携带的微生物及寄生虫实行控制，遗传背景明确或者来源清楚的，应用于科学研究、教学、生产和检定以及其他科学实验的动物。

（二）实验动物福利：指善待实验动物，即使其免遭伤害、饥渴、不适、惊恐、折磨、疼痛的行为和措施，包括良好的管理与照料，为其提供清洁、舒适的生活环境，提供充足的、保证健康的饮食、饮水，避免或减轻其疼痛和痛苦，应用实验动物进行生命科学研究符合伦理等。原则包括：让动物享有不受饥渴的自由、生活舒适的自由、不受痛苦伤害的自由、生活无恐惧感和悲伤感的自由以及表达天性的自由。

（三）动物实验伦理：是指为推动科学发展和社会进步，在保证动物实验结果科学、可靠的基础上，运用一般伦理学的道德原则来评价和解决实验动物使用过程中因人们的活动对实验动物产生的不利影响，规范科学研究行为。

（四）3R 原则：即“减少、替代、优化”原则，该原则是国际上公认的实验动物使用原则，是实验动物福利的重要组成部分。其中：

减少（Reduction）：是指如果某一研究方案中必须使用实验动物，同时又没有可行的替代方法，则应把使用动物的数量降低到实现科研目的所需的最小量。

替代（Replacement）：是指使用低等级动物代替高等级动物，或不使用活着的脊椎动物进行实验，而采用其他方法达到与动物实验相同的目的。

优化（Refinement）：是指通过改善动物设施、饲养管理和实验条件，精选实验动物、技术路线和实验手段，优化实验操作技术，尽量减少实验过程对动物机体的损伤，减轻动物遭受的痛苦和应激反应，使动物实验得出科学的结果。

（五）安死术：是指用公众认可的、以人道的方法处死动物的技术。其含义是使动物在没有惊恐和痛苦的状态下安静地、无痛苦地死亡。

（六）仁慈终点：是指动物实验过程中，选择动物表现疼痛和压抑的较早阶段为实验的终点。

第三十九条　本章程由实验动物管理及福利伦理委员会负责解释。

第四十条　本章程自 2017 年 8 月 10 日所务会讨论通过起施行。

中国农业科学院兰州畜牧与兽药研究所
实验动物管理及伦理委员会

主　任：张永光

副主任：张继瑜　李建喜　阎　萍

成　员：王学智　杨博辉　梁剑平　李剑勇　丁学智

郭　宪　张世栋　杨红善　董鹏程　杨　晓（兼秘书）

中国农业科学院兰州畜牧与兽药研究所实验动物伦理审查管理办法

（农科牧药办〔2017〕55号）

第一条　为了维护实验动物福利，规范实验动物伦理审查和实验动物从业人员职业行为，制定本办法。

第二条　所有有关动物实验的项目必须进行伦理审查。

第三条　实验动物管理及伦理委员会（以下简称“委员会”）负责对动物实验方案进行伦理审查和评估。

第四条　有关实验动物的研究以及各类动物实验的设计、实施过程都应符合动物福利和伦理原则。

第五条　审查依据实验动物福利伦理审查的基本原则，兼顾动物福利和动物实验者利益，在综合评估动物所受的伤害和使用动物的必要性基础上进行科学审查，并出具伦理审查结果告知书。

第六条　伦理审查按照我所实验动物管理及伦理委员会章程和伦理审查程序进行。

第七条　项目负责人向委员会正式提交审查申请书（申请书在所网站下载），委员会秘书受理，申请在获得伦理委员会的批准后，动物实验方可开始。

第八条　各类动物实验必须接受委员会的日常监督检查。

第九条　委员会对批准的动物实验项目应进行日常的监督检查，发现问题时应明确提出整改意见，严重者应立即做出暂停实验动物项目的决议。

第十条　项目结束时，项目负责人应向委员会提交该项目伦理终结审查申请，接受项目的伦理终结审查。

第十一条　对实验动物福利伦理审查未通过的，申请者或被检查者可以补充新材料或改进后申请复审。

第十二条　任何个人或部门均可反映或举报涉及违反实验动物伦理的实验项目。委员会尊重和维护当事人的正当权益，保护举报人的隐私。

第十三条　参加伦理审查与评估工作的专家在认真履行工作职责时应当廉洁自律，坚持科学客观、公正公平的原则。一经发现和查实专家有滥用职权、弄虚作假等情况的，将取消其伦理审查的资格，并通报批评。

第十四条　审查决议一式二份，项目负责人一份，委员会办公室存档一份。

中国农业科学院兰州畜牧与兽药研究所实验动物伦理审查程序

（农科牧药办〔2017〕55 号）

第一条　为维护实验动物福利伦理，规范福利伦理审查工作，依据国家和甘肃省有关法律、法规、标准等，并参考国际惯例，根据研究所实际情况，制定本程序。

第二条　本程序适用于研究所实验动物生产繁育、检验和科研项目中的实验动物福利伦理申请审查工作。

第三条　开展实验动物生产繁育和动物实验的部门或项目负责人必须向研究所实验动物管理及伦理委员会提出申请，填写实验动物福利伦理审查申请书，接受审查。获得批准后方可进行有关工作，并接受日常的监督检查。

第四条　实验动物管理及福利伦理委员会负责受理申请，依据实验动物福利伦理审查制度做出审查结论。

第五条　凡涉及动物生产繁育以及与动物实验相关的各类科研、检测项目均需申请审查。

第六条　项目以创新团队或课题组为单位，由相关团队首席或课题负责人填写申请书。

第七条　受理：研究所实验动物伦理委员会办公室自接到申请书后即为受理。

第八条　审查和签发

（一）项目由办公室指定委员审查或召开审查会议，对符合要求的项目，由主任委员或授权的副主任委员签发。审查和签发的周期为 10 个工作日。

（二）对有争议的项目，由主任委员主持召开有 1/2 以上委员参加的审查会议，应尽量采用协商一致的方法或根据少数服从多数的原则做出决议。必要时，委员会可要求申请者现场答疑。审查通过后，申请者应根据委员会意见对申请书内容进行修改，并在 5 个工作日内再次提交，由主任委员签发。

（三）福利伦理审查结果的签发以实验动物福利伦理审查结果告知书的形式书面通知申请人，该告知书一式两份，一份通知申请人，一份保存于实验动物管理及伦理委员会办公室。

第九条　终结审查。项目结束时，相关负责人应向委员会提出福利伦理终结申请，接受福利伦理终结审查，由主任委员或授权的副主任委员在申请书的“项目终结审查”栏目中签字。因各种原因需要延期，申请内容没有变化，只需填写项目年度延期审查备案申请书即可；若实验条件（动物品种、数量、实验操作过程、动物处死方法等）发生变化时，需重新申请。

第十条　委员会应依据审查制度，兼顾动物福利和实验者利益，在综合评估动物所受伤害和使用动物必要性的基础上进行科学评审，并做出审查结论。

第十一条　对实验动物福利伦理审查未通过项目，申请者可在修改、补充新材料后申请复审。

第十二条　审查委员会秘书负责文件和档案管理工作，所有文件在项目结束后归档保存。

第十三条　在项目实施过程中，如发现存在违反审查制度的行为，委员会将对其负责人提出限期整改的通知，并作为警示，信息记录在申请书内。在规定的期限内仍不改正者，应通过相关管理部门建议，责令其停止动物实验。情节严重者，交业务主管部门做出相应处理。

第十四条　如涉及动物实验的有关项目有特殊要求时（如与国外合作项目），依照有关规定执行。

第十五条　本程序由实验动物管理及伦理委员会负责解释。

第十六条　本程序自 2017 年 8 月 10 日所务会讨论通过之日起施行。

附件 1

中国农业科学院兰州畜牧与兽药研究所
动物实验福利伦理审查申请表

Application format for Ethical Approval for Research Involving Animal of Lanzhou Institute of Husbandry and Pharmaceutical Sciences of CAAS

编号：________

<table>
<tr><td rowspan="11">申请人填写的相关信息
Related information filled by applicant</td><td colspan="2">申请单位
Name of organization</td><td colspan="3"></td></tr>
<tr><td colspan="2">申请人
Applicant</td><td colspan="3"></td></tr>
<tr><td colspan="2">联系电话
Telephone</td><td colspan="3"></td></tr>
<tr><td colspan="2">申请日期
Applicantion date</td><td colspan="3">年　月　日</td></tr>
<tr><td colspan="2">实验名称
Experiment title</td><td colspan="3"></td></tr>
<tr><td colspan="2">拟实验时间
Experiment date</td><td colspan="3">年　月　日　至　年　月　日</td></tr>
<tr><td colspan="2">拟实验场地
Experiment site</td><td colspan="3"></td></tr>
<tr><td rowspan="3">使用动物情况</td><td>动物来源
Source of animal</td><td colspan="3"></td></tr>
<tr><td>品种品系
Species of strain</td><td></td><td>等级
Grade</td><td></td></tr>
<tr><td>数量
Number</td><td>♂___只、♀___只，
共___只</td><td>规格（体重或年龄）
Specifications</td><td></td></tr>
<tr><td colspan="5">实验要点：包括研究方法概述、主要观测指标、麻醉药品使用（禁止使用国家禁用麻醉药品）、实验结束后处死动物的方法等（Outline of experiments，experimental methods，observational index，executing animal method et al.）：
研究方法概述：

主要观测指标：

实验动物的处死及尸体的处理：</td></tr>
</table>

<table>
<tr><td>申请者声明
Announcement of applicant</td><td colspan="2">我将自觉遵守实验动物福利伦理原则，随时接受实验动物伦理委员会的监督与检查，如违反规定，自愿接受处罚。
(I will abide by the rules of animal experimental ethics, accept the supervision and inspection of the animal experimental ethics committee, and accept the punishment if any infringement.)

申请者签名：
年　月　日</td></tr>
<tr><td>审查依据
Inspection contents</td><td colspan="2">1. 该项目是否必须用实验动物进行实验，即能否用计算机模拟、细胞培养等方法替代动物或用低等动物替代高等动物进行实验（Does laboratory animal must be used in the project? Could other methods such as computer simulation. cell culture or using the low-grade animal instead of the high-grade animal?）
2. 表中所填申请人资格和所用动物的品种品系、质量等级、规格是否合适，能否通过改良设计方案或用高质量的动物来减少所用动物的数量（Are the qualification of applicant, species or strain, grade and specifications of animals suitable? Could the quantity of animals be reduced by improving the study design or using high quality animals?）
3. 能否通过改进实验方法、调整实验观测指标、改良处死动物的方法，来优化实验方案、善待动物（Could the study design and animal treatment be refined by ameliorating experimental method, adjusting observational index. executing animal method?）</td></tr>
<tr><td rowspan="2">审查结果
（是否同意申请人意见）
Results of inspection</td><td>审查人意见
Attitude of Ethical Reviewer</td><td>签名：
年　月　日</td></tr>
<tr><td>实验动物伦理委员会意见
Attitude of Animal Care Welfare Committee</td><td>（盖章）
年　月　日</td></tr>
<tr><td colspan="3">备注：
Remark</td></tr>
</table>

说明：

1. 编号由科技管理与成果转化处分配并填写。

2. 表格所有填写内容请用签字笔填写或电脑打印（签名处除外）。

3. 需随本表递交相关审查资料如实验方案、课题标书等。要求写明项目的意义、必要性，项目中有关实验动物的用途、饲养管理或实验处置方法，预期出现的对动物的伤害、处死动物的方法，项目进行中涉及动物福利和伦理问题的详细描述。

4. 本表一式三份，申请人一份，科技管理与成果转化处一份，动物实验室一份。

附件 2

实验动物福利伦理监督检查记录表

<table>
<tr><td>检查日期</td><td></td><td>项目负责人</td><td></td></tr>
<tr><td>项目名称</td><td colspan="3"></td></tr>
<tr><td>项目审核编号</td><td colspan="3">兰牧药动（福）第　　号</td></tr>
<tr><td>具体实验名称</td><td colspan="3"></td></tr>
<tr><td>检查内容</td><td colspan="3">检查结果</td></tr>
<tr><td>动物使用是否
符合申请</td><td colspan="3">是 □　　不是 □</td></tr>
<tr><td>动物饲养环境设施
是否符合饲养标准</td><td colspan="3">是 □　　不是 □</td></tr>
<tr><td>实验操作程序
是否符合申请</td><td colspan="3">是 □　　不是 □</td></tr>
<tr><td>实验操作人员是否
是申请备案人员</td><td colspan="3">是 □　　不是 □</td></tr>
<tr><td>麻醉、止痛或镇静方法
是否按照符合申请</td><td colspan="3">是 □　　不是 □</td></tr>
<tr><td>动物尸体处理
是否符合申请</td><td colspan="3">是 □　　不是 □</td></tr>
<tr><td>安全防护性措施
是否符合申请</td><td colspan="3">是 □　　不是 □</td></tr>
<tr><td>其他</td><td colspan="3"></td></tr>
<tr><td colspan="4">检查结论：</td></tr>
<tr><td>检查委员签字：</td><td colspan="3"></td></tr>
</table>

附件 3

实验动物福利伦理审核材料归档登记表

归档日期	项目名称	项目负责人	审核编号	申请日期	终结审查日期	备注

附件 4

To whom it may concern

Ethics Statement

All animals were handled in strict accordance with good animal practiceaccording to the Animal Ethics Procedures and Guidelines of the People's Republic of China, and the study was approved by The Animal Administration and Ethics Committee of Lanzhou Institute of Husbandry and Pharmaceutical Sciences of CAAS (Permit No. SYXK-2014-0002).

The Animal Administration and Ethics Committee of Lanzhou Institute of Husbandry and Pharmaceutical Sciences of CAAS.

附件 5

实验动物福利伦理审查流程图

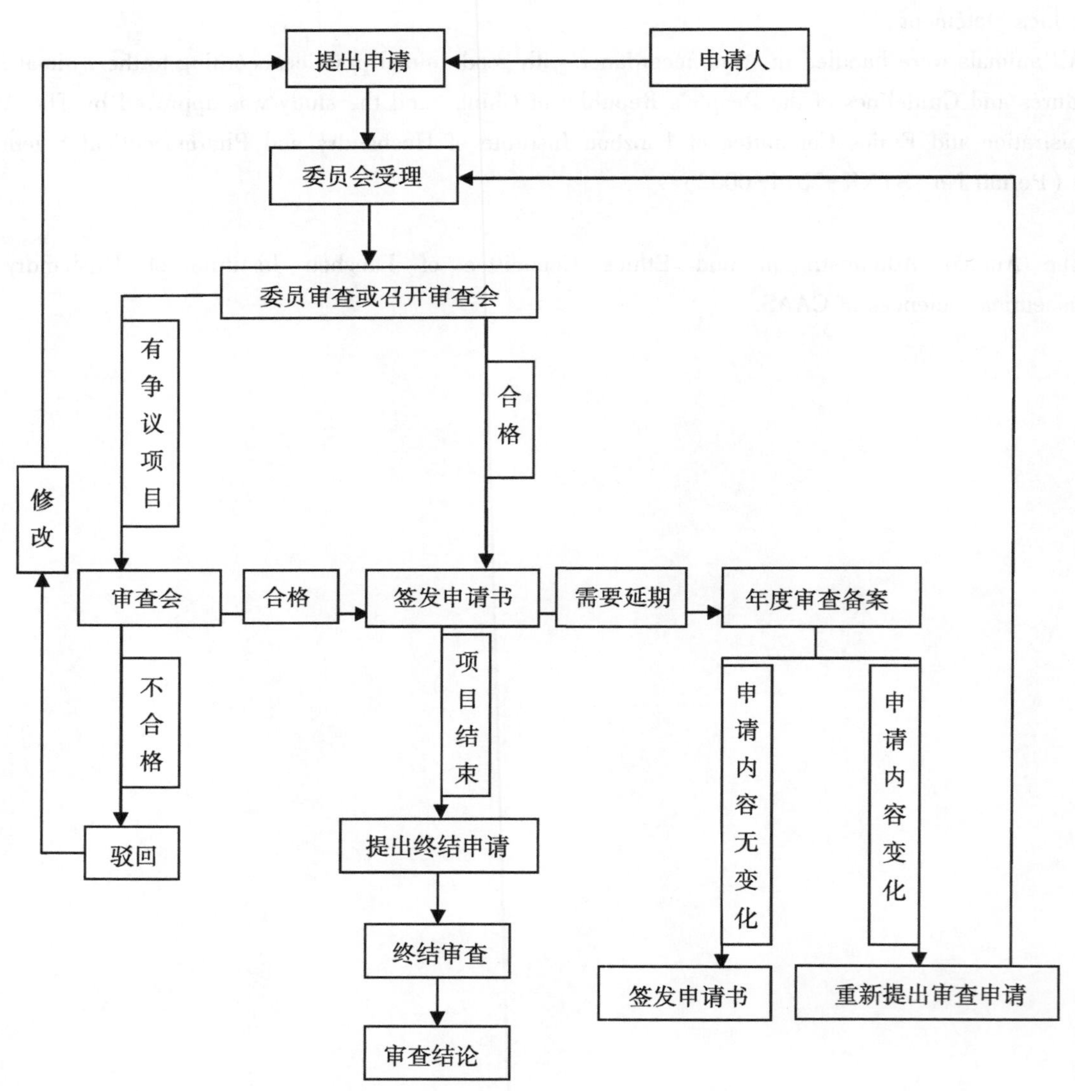

中国农业科学院兰州畜牧与兽药研究所动物房实验动物应急预案

（农科牧药办〔2015〕86号）

一、目的

确保实验动物在不能预测的状态下的安全性。

二、范围

所有用作试验和正在试验的动物。

三、责任者

动物房应急预案组成人员。

四、预案正文

（一）监测及管理

1. 积极预防和严格管理是减少突发实验动物生物安全事故的发生及减少事故损失的根本途径。

2. 对区域内工作人员强调安全操作行为，严格遵守国家实验动物安全管理制度，严格按照实验动物安全规定的标准操作规程操作。

（二）积极预防

1. 积极做好动物实验及相关人员的生物安全培训，要求从业人员工作前通过动物实验标准操作规程的培训，并确保全体工作人员通过急救培训，掌握紧急医学处理措施。

2. 日常工作严格按照标准操作规程执行。

3. 定期检查应急装备是否正常使用，实验设备使用后，需进行除污、消毒和定期维护工作，废弃物应根据《甘肃实验动物尸体及废弃物无害化处理》进行处理。

（三）应急反应

实验动物生物安全事故发生后，现场的工作人员应立即将有关情况通知动物房负责人或值班员；负责人接到报告后启动应急预案，通知应急小组成员第一时间赶往现场，同时立即报研究所实验动物管理委员会；小组成员到达现场后，对现场进行事故的调查和评估，按实际情况及自己工作职责进行应急处置；同时应当张贴“禁止进入”的标志；封闭24小时后，按规定进行善后处理。

（四）应急措施

1. 断电和断水发生：本单位有备用发电机，平时发电机保持良好的状态，可以应急使用。本单位有蓄水池，保持充足的水源和管道畅通，随时可以供水。

2. 狂犬病：如被狗、猫等咬，先用自来水冲洗伤口 10 分钟，再用肥皂洗伤口，然后用碘酒涂抹伤口，并及时去医院（24 小时内）注射血清和狂犬疫苗。

3. 被鼠咬，先把伤口挤出血，用 75%的酒精冲洗伤口，再涂碘酒，被咬严重时及时去医院治疗。

4. 动物逃逸：健康动物或免疫健康动物逃逸，争取寻找到，并以人工诱食剂或粘板捕捉。

已人工感染对动物有较强传染性的，关闭、封锁动物房，进行人工围捕，并辅以诱食剂或粘板捕抓措施。

实验动物房专门配备应急药箱，以备紧急应对鼠咬或因其他原因造成的外伤处理。

5. 对动物被传染因子感染后，及废弃动物的处理。

（1）人兽共患：先应对人员的保护要有防护服、手套、口罩。接触疾病动物的人员做必要的监测。集中动物，小动物用水煮熟，用密封容器封装后送动物焚烧站处理。

（2）非人兽共患：用密封容器装入动物尸体，喷洒消毒剂，并送动物尸体焚烧站处理。

（3）对疾病动物使用过的饲料，用不同的消毒剂消毒。然后作废弃处理，发病的动物粪便及垫料作粪便池发酵处理，喷洒消毒剂。

6. 动物被传染因子感染后。

（1）进行传染因子的诊断，对可疑病进行检测诊断，如认为对动物强传染性，杀灭发病动物，封锁发病区，对附近的区域隔离，强化消毒措施。

（2）整体彻底消毒，隔 1~2 个月后再饲养动物，最好换动物饲养。

五、事故报告

（一）开展动物试验研究的负责人是事故的责任报告人。

（二）责任报告人在试验过程中发现疑似动物病例或异常情况时，应立即向实验动物中心负责人或联络员报告；在判定疫情后，立即上报组长。

（三）报告内容包括事故发生的时间、地点、发病的动物种类和品种、动物来源、临床症状、发病数量、死亡数量、人员感染情况、已采取的控制措施、报告的部门和个人、联系方式等。

六、后期处置

对事故点的生物样品迅速销毁，场所、废弃物、设施进行彻底反复消毒；组织专家查清原因；对周围一定范围内的动物、环境进行监控，直至解除封锁；对感染人群或疑感染人群进行强制隔离观察。事故发生后对事故原因进行详细调查，做出书面总结，认真吸取经验教训，修改完善标准操作规程，加强对工作人员的培训，做好防范工作。

附　中国农业科学院兰州畜牧与兽药研究所动物房应急预案组成人员名单

组成人员	联系电话（0931-）	单位地址	岗位
领导：			
张继瑜	2115278	兰州市小西湖硷沟沿335号	现场总指挥
阎　萍	2115288	兰州市小西湖硷沟沿335号	现场指挥
科研人员：			
王学智	2656107	兰州市小西湖硷沟沿335号	科研技术专员人员
董鹏程	2656107	兰州市小西湖硷沟沿335号	科研技术专员人员
曾玉峰	2656107	兰州市小西湖硷沟沿335号	科研技术专员人员
李润林	2656107	兰州市小西湖硷沟沿335号	科研技术专员人员
组员：			
樊兵州	2656107	兰州市小西湖硷沟沿335号	水电
毛锦超	2656107	兰州市小西湖硷沟沿335号	饲养员

中国农业科学院兰州畜牧与兽药研究所研究生及导师管理暂行办法

（农科牧药办〔2018〕61号）

为了做好研究生的培养和管理工作，保障研究生在所期间的学习、生活和工作等方面顺利进行，保证学生身心健康，促进研究生德、智、体、美全面发展，提高研究生的培养质量，按照教育部《普通高等学校学生管理规定》和中国农业科学院研究生院学生管理的有关规定，结合研究所的实际情况，特制订本办法。

第一条　本办法适用范围

（一）研究所导师招收的中国农业科学院研究生院的硕士研究生和博士研究生。

（二）研究所导师作为第一导师合作招收的硕士研究生和博士研究生。

第二条　学生在所期间依法履行下列义务

（一）遵守宪法、法律、法规，遵守研究所各项规章制度。

（二）按规定缴纳学费及有关费用。

（三）遵守学生行为规范，尊敬师长，养成良好的思想品德和行为习惯，努力学习，完成规定学业。

第三条　学生在所期间的注册与请假制度

（一）所有研究生到所时，必须到科技管理处登记注册。

（二）研究生如需请假，请假应填写请假单，由导师签署意见后报送科技管理处备案。请假两周内，由指导教师签署意见后，研究所科研处主管领导批准。请假两周以上，经研究所科技管理处提出同意意见后，报研究生院研究生管理部门批准。

第四条　学生在所期间的住宿管理

（一）由研究所招收的中国农业科学院的研究生住宿由研究所统一安排。

（二）研究生必须严格遵守研究所有关住宿管理的规定。不得带领、留宿其他社会闲杂人员。不得使用大功率的电器；不得在宿舍内酗酒，严禁打架斗殴。

（三）研究生按照相关规定必须承担相应的费用。

第五条　研究生助学金及在所实验期间津贴发放办法

为了鼓励研究生在学期间勤奋学习和创新进取，促进人才成长，对我所研究生在所实验期间的助学金和研究生津贴发放做如下规定。

（一）助学金发放标准

在所进行实验研究的学生助学金发放按照学生所在学校的规定由所在学校承担支出。

（二）在所期间的研究生津贴发放标准

研究生津贴为研究生到研究所后，协助导师承担相应的研究工作任务所给予的经济补贴。研究生津贴由导师负担，由研究所统一安排支出。每学年科研管理处和导师要对学生的政治思想表现、工作态度和工作质量进行考核，根据考核结果确定下一学年的津贴数额。

根据中国农业科学院《关于调整中国农业科学院研究生基本生活津贴和助研津贴的通知》（农科院研生〔2012〕37号）研究生津贴发放的标准为：硕士研究生1 500元/月，博士研究生2 000元/月；留学生补助：国家奖学金获得者无津贴，北京市奖学金获得者津贴发放标准为3 500元/月；研究生餐补标准为600元/月。

中国农业科学院研究生院招收的研究生津贴严格按照以上标准从导师课题中发放；联合招收的研究生津贴标准可参照执行。

第六条　有关论文发表和科技成果管理的规定

（一）研究生在所期间参与的试验和科研成果属研究所所有，研究生必须保守相关机密，不得随意将研究所的相关科研机密泄露出去，由此产生的法律后果将由泄密者承担。

（二）研究生科技论文和学位论文的发表规定。研究生攻读学位期间发表学术论文是指研究生入学后至申请学位前以第一作者、第一单位（导师所在研究所）正式发表的与学位论文内容有关的论文，文献综述类论文不计入。研究生科技论文的发表须得到研究所的同意，实行备案制度，研究生在论文投稿之前必须经导师审核签字后方可投稿，发表论文须注明研究所为第一完成单位(通讯作者)。部分涉及核心技术的研究内容禁止公开发表。

（三）各学科博士、硕士研究生发表学位论文的要求按照《中国农业科学院学位授予标准》（自2016级研究生开始实施）执行。发表在影响因子3.0以上的SCI、EI、SSCI源刊物的学术论文，同等贡献的第二作者视同第一作者；发表在“增刊”上的学术论文，其累计影响因子最多只计算0.5。学术期刊分级标准参照中文核心期刊要目总览（北大版）。

（四）获得省部级科技成果奖三等奖以上（以一级证书为准），或获得国家发明专利（排名前2名），与研究内容相一致，可视同为达到发表论文的要求。

（五）研究生在申请学位前必须按照要求向科技管理处提交已发表论文的复印件，经审核合格后方可申请学位。论文尚未公开发表但已有录用证明者，须附上经导师签署意见的论文。

（六）因论文涉密而不能公开发表学术论文时，研究生应在中期考核前向研究所提出论文保密申请并报研究生院批准，具体要求见中国农业科学院《关于涉密研究生学位论文管理的暂行规定》。

（七）研究生在发表论文中被发现有抄袭、剽窃、弄虚作假和一稿多投行为，经核实后将视其情节轻重，按照《学生管理规定》处理，本人承担相应法律责任。

（八）研究生在攻读学位期间如未按规定发表学术论文，须在毕业前提交延期毕业申请并在一年内提出学位申请；延长期间，导师、学生的津贴全部停发，暂停研究生导师的招生资格。

第七条　研究生管理的组织

研究生的管理是在研究所的统一领导下，由科技管理处和导师共同管理。成立由科技管理处专人负责的班级管理制度，设一个班，成立班委会，负责研究生的管理服务工作。

第八条　研究生指导教师工作条例

为保证研究生的培养质量，全面提高研究生指导教师（以下简称导师）队伍的整体素质，根据《中国农业科学院研究生指导教师工作条例》的有关规定，结合我所实际情况制订本条例。

（一）导师职责

导师应熟悉并执行国家学位条例和研究生院有关研究生招生、培养、学位工作的各项规定。导师要全面关心研究生成长，培养学生热爱祖国、为科学事业献身的品德，在治学态度、科研道德和团结协作等方面对研究生提出严格要求。并协助科技管理处做好研究生的各项管理工作。

导师应承担研究生的招生、选拔工作（命题、阅卷及复试等），并进行招生宣传。

导师应定期开设研究生专业课程或举办专题讲座、教学实践活动等，严格组织学位课程考试，定期指导和检查培养方案规定的必修环节，并协助考核小组做好研究生开题报告、中期考核和博士生综合考试等工作。导师应指导研究生根据国家需要和实际条件确定论文选题和实验设计，指导研究生按时完成学位论文，配合科技管理处做好学位论文答辩的组织工作，协助有关部门做好毕业研究生的思想总结、毕业鉴定和就业指导工作。

导师出国、外出讲学、因公出差等，必须落实其离所期间对研究生指导工作。离所半年以上由科技管理处审批报研究生院备案，离所一年应更换导师并暂停招生。导师应有稳定的研究方向和经费来源，年均科研经费不少于20万元。

（二）研究生导师津贴

研究生导师津贴按照导师所培养学生（第一导师）的数量给予相应的津贴。标准为：每培养1名硕士研究生，导师津贴为300元/月，博士研究生，导师津贴为500元/月。可以累计计算。导师津贴从导师主持的科研项目中支付。

（三）导师的考评

研究生院与研究所共同进行导师的考评。结合研究生培养工作和学位授予质量进行评估检查。对于不能很好履行导师职责，难以保证培养质量的导师，研究所应进行批评教育，直到提出停止其招生或终止其指导研究生的意见，报研究生院审批，同时停发导师津贴。

第九条　本办法自2018年8月7日所务会讨论通过之日起施行。

中国农业科学院兰州畜牧与兽药研究所因公临时出国（境）管理办法

（农科牧药办〔2018〕61号）

为深入贯彻落实中共中央八项规定，切实加强因公临时出国管理，根据《中国农业科学院因公临时出国（境）管理办法》（农科院国合〔2016〕282号）的文件精神，结合研究所实际情况，特制订本办法。

一、总　则

本办法中所指的因公临时出国（境），是指受国际组织、外国政府机构、高等院校、科研机构、学会、基金会等的邀请，或由国内单位组团，出国（境）期限在6个月以内（含6个月），参加或从事与本人专业有关的各种国际会议、学术交流、合作研究、培训、讲学等公务活动，且出访时间、出访国家（地区）、出访路线等均有严格规定的出国（境）活动。

本办法适用于研究所在职人员、中国农业科学院在站博士后研究人员（不含与院外单位联合招收的博士后研究人员，以下简称“博士后”）参照“科研人员”管理；中国农业科学院中国籍在校研究生（以下简称“研究生”）在特殊情况下确需出国（境）执行公务的，需严格审批。

二、出访原则

（一）因公临时出国（境）实行计划管理，各研究人员根据实际工作需求和项目出国预算，按照中央关于外事工作有关要求制定下一年度出访计划，并于每年10月1日前交科技管理处。由科技管理处审核汇总后，上报所长办公会议，按照农科院国际合作局批准下达给研究所的出访计划数进行审议后，报院国际合作局审批。各研究室须严格按照院国合局批准下达给研究所的出国团组及人次指标计划执行。对于未列入当年计划的出访，不再允许申请临时出国指标；对于确需临时安排的重要出国（境）任务，应在个案报批时说明理由。

（二）因公临时出国（境）必须遵循务实、高效、精简、节约的原则，出访应有明确的公务目的和实质内容，讲求实效，有计划、有步骤地开展工作。不得安排照顾性和无实质内容的一般性出访，不安排考察性出访。

（三）领导干部出访应重点围绕本单位、本部门的科技与管理创新工作进行。领导班子成员原则上不得同团出访，也不得同时或6个月内分别率团在同一国家或地区考察或访问。所级（含）以下不直接从事科研、教学工作的管理和服务人员，原则上每年出国（境）不超过1次。但主管国际合作工作的负责人及国际合作工作管理人员，出国次数可根据工作需要安排。上述人员需严格执行现行国家工作人员因公临时出国（境）管理政策。每次出访团组总人数不得超过6人；每次出访不得超过3个国家和地区（含经停国家和地区，不出机场的除外），在外停留时间不超过10

天（含离、抵我国国境当日）；出访2国不超过8天；出访1国不超过5天。赴拉美、非洲航班衔接不便国家的团组，出访3国不超过11天，出访2国不超过9天，出访1国不超过6天。各出访团组应首选直达航班，不得以任何理由绕道旅行，或以过境名义变相增加出访国家和时间。科研人员（含担任领导职务的专家学者）出国（境）开展学术交流合作，包括科学研究、学术访问、出席重要国际学术会议以及执行国际组织履职等任务，其出国批次数、团组人数、在外停留天数，可根据实际需要安排，不受前述条款限制。

（四）出访须有外方业务对口部门或相应级别人员邀请，邀请单位和邀请人应与出访人员的职级身份相称，不得降格以求。不得应境外中资企业（含各种所有制的中资企业）邀请出访。不得接受海外华侨华人、外国驻华机构邀请出访。严禁通过中介机构联系或出具邀请函。邀请函须包含明确的出访目的、出访日期、停留期限及被邀请人在国外的有关费用和往返旅费的支付情况等内容；邀请函应打印在邀请单位的信笺纸上，并有邀请人的工作单位、职务、联系方式及邀请人的原始签名。

（五）严禁通过组织“团外团”或拆分团组、分别报批等方式在代表团正式名单外安排无关人员跟随或分行。严禁派人为出访团组打前站。不得携带配偶和子女同行。

（六）严格控制“双跨团组”，如组织“双跨团组”应严格执行我所年度临时出国（境）计划，并事前征得参团人员所在的具有外事审批权单位的书面同意；确需组织地方人员参团的，仅限同一系统的地方省直部门和单位人员，并须事前征得省级外办书面同意，不得指定具体人选。严禁组织考察性、无实质内容或营利性双跨团组。必须严格按照有关规定审核本单位人员参加“双跨团组”。不得受理无外事审批权单位出具的征求意见函和组团通知，不得受理指定具体人选的征求意见函，不得委托无外事审批权的下属学会、协会、培训中心等单位组织“双跨团组”。

（七）因公临时出国（境）必须严格按批准任务实施，未经批准，不得增加出访国家（地区）和延长在外停留时间，不得以任何理由绕道旅行，不得取得一国签证而周游数国，不得改变身份，不得参加、访问与任务无关的活动和会议。

（八）所有因公出国（境）的人员必须通过因公渠道办理护照（通行证）和签证。即使持有目的国多次有效签证者或前往免签证国者，也须按规定提前办理有关审批手续。严禁通过因私（包括旅游）渠道出国（境）执行公务和进行考察、访问、交流、培训等活动。

（九）因公出访人员应诚实、守信，在因公出国（境）手续办理过程中及出访期间，若发现弄虚作假者，无故取消出访者将按相关规定进行查处。对违规出国（境）人员在3年内不再受理其因公出国（境）申请。

三、审批程序

（一）因公临时出国（境）人员需认真填写《因公出国（境）申请表》，提前2~3个月向科技管理处提交申请表和邀请函，通过临时性指标审批或者列入当年计划的因公临时出国（境）人员，除执行特别任务或需要保密的出访任务以外，填写我所《科研人员因公临时出国事前公示表》所内公示，公示期5个工作日。公示结束后提交完整的申报材料，包括邀请函、出访日程、代表团成员个人简历、代表团名单、公示结果、经费预算表、因公临时出国任务和预算审批意见表等，报科技管理处审核出国任务、条件建设与财务处审核出国各项经费及预算执行情况，由科技管理处负责人签署意见、报主管所领导批准、正式行文上报院国际合作局审批，并下达因公出国或赴港澳任务批件或确认件以及相关材料。

（二）因公临时出国（境）人员还需填写《因公临时出国人员备案表》或《因公临时赴港澳

人员备案表》，同任务批件复印件一并交科技管理处，由科技管理处交党办人事处办理政审。党办人事处将原件留存。备案表与其他签证材料，由科技管理处一并报院国合局交流服务处。《因公出访人员备案表》一式四份，分别报院人事局、院纪检监察局和院国合局备案。

（三）参加本所以外的单位组团出访时，须提供组团单位的征求意见函、出国（境）任务通知书和任务批件、出访日程、出访费用预算。赴境外培训的同时还需提交国家外专局的审核批件。

（四）初次出国人员或者普通公务护照距有效日期未满半年者，自行在外交部指定的“护照相片定点照相点”拍摄，获取数字照片编号和纸质照片。同时初次办理护照人员还需携带本人身份证、户口本原件，提前到院国合局交流服务处签证办公室办理指纹采集及证件扫描。

（五）因公临时出国（境）人员向科技管理处提交备案表、照片、身份证复印件及各国驻华使领馆办理签证所需的其他材料。由科技管理处外事专办员协助办理护照、签证等相关手续。

四、外事纪律

（一）做好行前准备，深入了解前往国家的基本情况、双边关系以及安全形势，明确出访任务和目的，确保出访取得成效。

（二）因公出国（境）人员在对外交往中应维护国家利益，严格执行中央对外工作方针政策和国别政策，严守外事纪律，遵守当地法律法规，尊重当地风俗习惯，杜绝不文明行为，严禁出入赌博、色情场所，自觉维护国家形象。

（三）增强安全保密意识，未经批准，不得携带涉密载体（包括纸质文件和电磁介质等）；妥善保管内部材料，未经批准，不得对外提供内部文件和资料；不在非保密场所谈论涉密事项；不得泄露国家秘密和商业秘密。拟与外方洽谈的重大项目应按规定事先报研究所及主管部门同意，未经批准，不得擅自对外做出承诺或签署具有法律约束力的协议。

（四）增强应急应变意识，注意防范反华敌对势力的干扰、破坏，避免与可疑人员接触，拒收任何可疑信函和物品。增强防盗、防抢、防诈骗的自我保护意识，遇到重大事项应及时与我驻外机构取得联系。

（五）出访团组要注重节约，严格按照新颁布的相关规定安排交通工具和食宿，不得铺张浪费。对外收受礼品须严格按照有关规定执行。

（六）出访团组实行团长负责制，出访期间须主动接受我国驻外使领馆的领导和监督，及时请示报告。严格执行中央对外工作方针政策和国别政策，严守外事纪律，遵守当地法律法规，尊重当地风俗习惯，杜绝不文明行为，严禁出入赌博、色情场所，自觉维护国家形象。拟与外方洽谈的重大项目应按规定事先报主管部门同意，未经批准，不得擅自对外作出承诺或签署具有法律约束力的协议。

五、因公出国（境）经费管理

财务部门应切实加强因公临时出国（境）经费预算管理，遵守因公临时出国（境）经费先行审核制度，对无出国（境）经费预算安排的团组，一律不得出具经费审核意见。加强对因公临时出国（境）团组的经费报销管理，严格按照批准的团组人员、天数、路线、经费计划及开支标准执行，不得核销与出访任务无关和计划外的开支，不得核销虚假费用单据。科研人员使用国家科技计划（专项、基金）等经费出国（境）开展学术交流合作，应按照有关管理办法和制度规定执行，本着体现既符合科研活动规律、又符合预算管理要求的原则，严格按照项目预算及经费使用安排履行审核审批手续，不受“三公经费”额度限制。科研人员以及博士后、研究生确因特殊情况持因私护照出国（境）开展学术交流合作的，须凭出国（境）任务批件、出国（境）证件及出入境记录报销相关费用。

六、回国注意事项

（一）出访团组回国后，应认真撰写出访总结报告，在回国后15天内提交科技管理处。

（二）回国7天内，将所持“因公护照”交送院国际合作局交流服务处签证办公室，并取得签证票据。

（三）在未履行上述手续之前，科技管理处不予审核审批，条件建设与财务处不予核销出国费用。

七、护照管理

（一）研究所因公护照均由院国际合作局交流服务处签证办公室统一保管。严禁个人以各种理由保留因公护照。研究生不得持因公证照执行因公临时出国（境）任务，应持因私证照。

（二）因公出国人员须在回国后7天内将所持因公护照交还院国际合作局签证办公室。对于领取护照后因故未能出境者，自决定取消本次出国任务之日起，在7天内交回护照。逾期不交或不执行证件管理规定的，暂停其出国执行公务。

（三）因工作调动或离、退休等原因离开研究所人员的有效护照，科技管理处将上报院国际合作局，由院国际合作局通知发照机关予以注销。

（四）如持照人在境内遗失护照，应立即以书面形式上报科技管理处；科技管理处以书面形式上报院国际合作局，由院国际合作局通知发照机关予以注销。如护照在境外遗失，持照人应立即向我驻当地使、领馆报告，由驻外使、领馆报发照机关注销。

（五）对丢失护照人员的护照申请，自丢失护照注销之日起，发照机关原则上15天内不予受理。对丢失护照未及时报告的人员，情节严重的，发照机关将视情况加重处罚。

（六）往来港澳通行证参照护照进行管理。

八、附　则

（一）本办法如与上级有关文件不符，以上级文件为准。

（二）本办法自2018年8月7日所务会通过之日起施行。由科技管理处负责解释。

中国农业科学院兰州畜牧与兽药研究所科研诚信与信用管理暂行办法

（农科牧药办〔2018〕84号）

第一章　总　则

第一条　为贯彻落实《中共中央办公厅、国务院办公厅关于进一步加强科研诚信建设的若干意见》《中共中央办公厅、国务院办公厅关于进一步完善中央财政科研项目资金管理等政策的若干意见》和《中国农业科学院科研诚信与信用管理暂行办法》，加强研究所科研诚信建设，提高相关责任主体的信用意识，建设良好学风，助推“两个一流”建设，结合研究所实际，特制定本办法。

第二条　科研诚信是指科研人员实事求是、不欺骗、不弄虚作假，恪守科学价值准则和科学精神的道德品质。

第三条　科研信用在本办法中特指对个人、创新团队或相关部门在参与科技活动时遵守科研诚信准则行为的一种评价。

第四条　科研诚信与信用管理工作遵循保护创新积极性和相关责任主体合法权益的原则，以事实为基本依据，并与项目（课题）及专项管理、科技经费管理等有机结合，协调一致。

第五条　科研诚信管理的主要任务是建立规章制度、明确管理责任、完善内部监督、加强教育预防等。科研信用管理的主要任务是失信行为清单编制与调整、失信行为调查与认定、失信行为记录与惩戒等。

第六条　研究所学术委员会承担科研诚信建设与信用管理工作的主体责任，充分发挥评议、评定、受理、调查、监督、咨询等作用，日常事务由科技管理处负责。

第二章　科研诚信管理

第七条　科研诚信管理的对象包括研究所所有从事科研活动的人员，含聘用人员、博士后、客座人员、研究生等。

第八条　研究所应通过员工行为规范、岗位说明书等内部规章制度及聘用合同，对研究所员工遵守科研诚信要求及责任追究作出明确规定或约定。

第九条　研究所在签订人员聘用合同、创新工程绩效任务书、基本科研业务费任务书等环节，应约定科研诚信义务和违约责任追究条款。

第十条　研究所应建立科研诚信承诺制度，在学术论文发表、科技奖励申报、专利申请、项目结题验收等重要节点，要求科研人员签订科研诚信承诺书，明确承诺事项和违背承诺的处理要求。

第十一条　研究所应建立科研过程可追溯制度，加强科研活动记录和科研档案保存，完善内部监督约束机制。

第十二条　创新团队首席、项目（课题）负责人、研究生导师等应严格要求自己，充分发挥言传身教作用，加强对团队成员、项目（课题）成员、科研助理、研究生的科研诚信管理，对论文等科研成果的署名、研究数据真实性、实验可重复性等进行诚信审核和学术把关。

第十三条　研究所全体人员应恪守科学道德准则，遵守科研活动规范，践行科研诚信要求。科技管理处应严格履行管理、指导、监督职责，全面落实科研诚信要求。

第十四条　研究所应加强科研诚信教育，在入学入职、职称晋升、参与科技计划项目等重要节点必须开展科研诚信教育。对在科研诚信方面存在倾向性、苗头性问题的人员，应当及时开展提醒谈话、批评教育。

第三章　科研信用管理

第十五条　科研信用管理的对象包括研究所所有从事科研活动的部门和人员。

第十六条　失信行为分为科研失信行为和管理失信行为。科研失信行为，指科研人员参与科技活动违反科研诚信规定的行为。管理失信行为，指相关部门或创新团队违反科研诚信管理规定或管理不规范造成科研失信的行为。

第十七条　采用负面清单管理的方式，对违背科研诚信要求的行为列入失信行为清单进行管理（附件 1）。

第十八条　科技管理处按照《中国农业科学院学术道德与学术纠纷问题调查认定办法》，调查并认定相关主体确实存在失信行为清单所列举的行为的，填写《中国农业科学院兰州畜牧与兽药研究所责任主体失信记录表》（以下简称《失信记录表》，附件 2）

第十九条　科技管理处每年对相关责任主体的《失信记录表》内容进行汇总，并依据信用评价标准，按照信用优秀、一般失信、严重失信三个级别进行累计评价。

第二十条　研究所应协助院科技局建立“中国农业科学院科研机构和人员信用数据库”对相关责任主体的信用记录和信用等级进行动态信息化管理，并根据需要进行相关责任主体信用信息查询。

第二十一条　对相关责任主体的信用记录，进行守信激励和失信惩戒，具体信用管理方式如下：

1. 信用合格（***）。即没有发生科研失信行为的部门、团队或个人。将信用合格作为院重大科研选题凝练、重大科技任务组织、重大成果推介、先进表彰、专家推荐等工作的必备条件。

2. 一般失信（**）。评为该等级的部门或团队，取消本部门或团队 1 年内评选各类先进集体的资格。评为该等级的个人，根据情节轻重，给予通报批评、诫勉谈话、组织处理、纪律处分等处理，并责令限期改正，撤销违规所得，1 年内不得评选先进、晋升职称职务，1 年内不得申报中央财政科研项目。

3. 严重失信（*）。评为该等级的部门或团队，取消本部门或团队 3 年内评选各类先进集体的资格。评为该等级的个人，根据情节轻重，给予组织处理、纪律处分、解除聘用合同等处理，并责令限期改正，撤销违规所得，3 年内不得评选先进、晋升职称职务，3 年内不得申报中央财政科研项目。涉嫌违法的移送监察、司法等部门处理。

第二十二条　科技管理处对相关责任主体的信用评级按年度进行更新管理，失信惩戒期满后信用可自动恢复。

第二十三条　相关责任主体在信用调查和确认阶段对其信用记录具有申辩权，对已确认的信用记录内容有异议的，可向科技管理处提出申辩，对答复意见不满意的，可按相关程序向所学术委员会或所纪委提起申诉。

第四章　附　则

第二十四条　本办法自 2018 年 12 月 11 日所务会通过之日起施行，由科技管理处负责解释。

附件 1

中国农业科学院兰州畜牧与兽药研究所
部门或创新团队失信行为清单

扣分标准	失信记录内容
每符合一项失信记录内容扣一星 *	1. 在项目申请、成果申报等工作中组织提供虚假信息或文件材料 2. 发现重大问题未及时上报造成不良影响 3. 部门或团队内科研人员一年内出现 3 次不良信用记录或 2 次严重失信记录 4. 科研诚信管理不力，造成不良影响
每符合一项失信记录内容扣两星 **	1. 瞒报或谎报重大事件，造成严重后果 2. 科技经费管理和使用出现系统性问题，造成重大损失 3. 其他管理失职行为，造成严重后果

中国农业科学院兰州畜牧与兽药研究所
科研人员失信行为清单

扣分标准	失信记录内容
每符合一项失信记录内容扣一星 *	1. 违反科研道德利用他人的学术观点、假设、学说 2. 脱离事实夸大研究成果的学术价值、经济与社会效益，或隐瞒科研成果不利影响 3. 将同一研究成果提交多个出版机构发表（一稿多投） 4. 用科研资源谋取不正当利益 5. 署名不当行为，将应当署名的人或单位排除在外，或未经他人许可擅自署名，擅自标注或虚假标注获得科技计划（专项、基金等）等资助 6. 其他科研不端行为
每符合一项失信记录内容扣两星 **	1. 在项目申请、成果申报、职称评定等工作中弄虚作假，提供虚假个人信息、获奖证书、论文发表证明、文献引用证明等 2. 伪造、篡改研究数据、研究结论 3. 购买、代写、代投论文，虚构同行评议专家及评议意见 4. 抄袭、剽窃他人科研成果，侵犯或损害他人著作权 5. 恶意干扰或妨碍他人的研究活动，故意毁损、扣压或强占他人研究活动中的文献资料、数据等与科研有关的物品等 6. 违背科研伦理道德造成严重后果

附件 2

中国农业科学院兰州畜牧与兽药研究所相关责任主体失信记录表

年

序号	责任主体		失信记录				
	名称	类别	信用类型	具体事项	时间	记录人	批准人

注："责任主体类别"包括部门、创新团队和科研人员 3 类。

中国农业科学院兰州畜牧与兽药研究所学术道德与学术纠纷问题调查认定办法

（农科牧药办〔2018〕84号）

第一章　总　则

第一条　为规范学术纠纷及学术道德问题处理程序，有效预防和惩处学术不端行为，维护学术诚信，营造良好的科研环境，根据《中国农业科学院学术道德委员会章程》等有关规定，特制定本办法。

第二条　研究所学术委员会负责研究所学术道德和学风建设工作，调查、评议和裁定学术道德问题，仲裁学术纠纷，监督和指导所属部门学风建设。科技管理处负责研究所学术委员会日常事务的处理。

第二章　受理与调查程序

第三条　科技管理处在接到学术纠纷、学术道德问题的举报或获得学术失范问题的线索后，对符合受理范围的，应及时作出受理或者调查决定。对实名举报的，应将受理决定及时通知举报人，不予受理的，应书面说明理由。

第四条　受理的学术纠纷、学术道德问题举报一般应符合下列条件

1. 属于研究所职责权限范围内的举报。

2. 有明确的举报对象。

3. 有客观的证据材料或者查证线索。

4. 实名举报，或以匿名方式举报，但线索明确且证据充分的。

5. 对媒体公开报道或者其他机构、社会组织主动披露的涉及研究所的学术失范行为，可主动开展调查处理。

第五条　对于已经受理的学术道德与学术纠纷问题，科技管理处应当成立调查组，认真研究举报材料，拟定调查方案。

第六条　调查组可通过查询资料、现场察看、实验检验、咨询同行专家、询问证人、举报人和被举报人及其他相关人员等方式进行，有必要时可以委托第三方专业机构就有关事项进行独立调查或验证。

第七条　当事人或者有关人员有义务协助调查组调查核实，应当如实回答询问，说明事实真相，不得隐瞒或者提供虚假信息，有必要时提供相关证据，并对证据的真实性负责。询问或者检查应当制作笔录，当事人以及相关人员应当在笔录上签字。

第八条　调查组经过调查后应形成如下材料：

1. 事实和调查组意见。

2. 有关证明材料。

3. 其他要求的材料。

第九条 调查组在60个工作日内完成调查工作。科技管理处将调查材料提交研究所或正式回复双方当事人。

第三章 复议程序

第十条 若当事人对调查经过和作出的事实认定有异议，可在7个工作日内以书面形式提出申诉意见。

第十一条 研究所接到书面材料后，若认为异议对调查结论并没有实质性影响的，应维持调查组的结论，并告知申诉人不予复查的原因。如果认为异议有可能成立并且对调查结论的形成产生实质性影响的，由研究所另行组成调查组，按照规定程序进行复核。

第四章 认定与处理

第十二条 调查组在调查过程中应遵循合法、客观、公正、实事求是的原则，准确把握学术不端行为的界定。若调查结论认为存在学术不端行为的，需提交所长办公会或报相关所领导签批方为有效。

第十三条 学术不端行为情节较轻者，给予批评教育。学术不端行为情节较重和严重者，依据《研究所科研诚信与信用管理暂行办法》给予相应处理，执行时间从调查组做出调查结论之日起计算；需要给予纪律处分的，应提交所纪委进行立案调查和处理；涉嫌违法的移送监察、司法等部门处理。若认定被举报人并未构成学术不端行为的，可根据被举报人申请，在知情人或被举报人要求的合理范围内公布事实和结论。

第十四条 若在调查过程中，发现举报人存在捏造事实、诬告陷害等行为的，应提交所纪委或所长办公会审议，涉嫌违纪违法的提交纪检监察部门调查处理。

第十五条 研究所有关部门、团队和人员应当积极配合调查工作，不得以任何形式或手段阻挠对科研不端行为的调查处理。若在调查过程中，发现所属部门、团队或个人存在纵容、包庇、协助有关人员实施不端行为的，应视情节轻重给予通报批评、组织处理、纪律处分等。

第十六条 科技管理处在受理举报过程中，在作出决定之前，除非公开听证，一切程序和资料均应保密，调查小组成员和工作人员不得泄露调查情况。在组成调查组和调查处置过程中，与当事人存在近亲属关系、师生关系、合作关系等可能影响公正处理的相关人员，应当主动回避。

第五章 附 则

第十七条 本办法自2018年12月11日所务会讨论通过之日起施行，由科技管理处负责解释。

中国农业科学院兰州畜牧与兽药研究所科研平台管理暂行办法

（农科牧药办〔2018〕84号）

第一条　为加快研究所科技创新体系建设，规范和加强研究所科研平台的管理，推动研究所科学研究工作的快速发展，根据国家有关法律、法规及相关文件精神，结合研究所科技工作实际，制订本办法。

第二条　本办法所指科研平台是指由各级政府部门批准设立，或中国农业科学院及研究所统筹规划培育建设的重点实验室、研究中心、工程中心、检验测试中心、观测试验站、研究基地、创新人才培养基地等科研机构。

第三条　科研平台是研究所科技创新体系的基础，科研平台以科学研究、科技开发和科技成果转化为主，目的是提升研究所整体科技实力，获取高水平科研项目和科技成果，吸引和培养高水平科技人才，促进国内外科技合作与交流。

第四条　研究所作为科研平台建设和运行管理的依托单位，负责平台建设项目的规划和管理。科技管理处作为对口管理部门，主要按照国家、省部、中国农业科学院等上级主管部门相应科研平台建设的管理办法，负责落实平台的组织机构建设、管理制度建设、研究人员聘任、申报材料的组织和初审、运行管理、建设发展等日常工作。

第五条　科研平台实行主任负责制。研究所学术委员会在研究所的领导下负责监督各级平台，负责审议研究所各类科技平台的建设目标、研究方向、重要学术活动、重大研究开发项目、对外开放研究课题、年度工作计划和总结等。

第六条　研究所科研平台坚持“边建设、边运行、边开放”的建设原则，实行“开放、流动、联合、竞争”的运行机制。科研平台的设立应有利于研究所科技工作和学科建设的持续、稳定和协调发展，有利于集成研究所相关资源、技术和人才优势，有利于加强对外技术交流与协作，有利于形成国内相关技术领域具有优势和特色的科研和人才培养基地。

第七条　研究所科研平台的立项与建设包括立项申请、审批、计划实施等，不同类型的科研平台实施不同的立项与建设模式。各级科研平台的立项与建设遵循相应主管部门的办法执行。

第八条　研究所科研平台应制定完善的管理规章制度，重视和加强仪器设备的管理，加强知识产权保护，对依托科研平台完成的研究成果包括专著、论文、软件等均应署名科研平台名称；重视学风建设和科学道德建设，加强数据、资料、成果的科学性和真实性审核及归档与保密工作。

第九条　各类国家级、省部级、院级科研平台的体制与管理遵循相关的办法执行。研究所直属科研平台按研究所的管理体制管理。

第十条　科技平台应加强对外开放力度，符合开放条件的仪器设备都要对外开放，建立对外开放管理记录，可通过仪器开放平台及时发布服务信息，包括团队组成及其科研业绩，各平台重要专业仪器设备的名称、功能及可提供对外服务等。

第十一条　研究所各类科技平台均须严格按照上级主管部门的明确考核要求，按计划进行考核和评估工作。

第十二条　本办法自 2018 年 12 月 11 日所务会讨论通过之日起执行，由科技管理处负责解释。

中国农业科学院兰州畜牧与兽药研究所学术委员会管理办法

（农科牧药办〔2018〕84号）

第一条　为加快研究所科技事业发展，促进学术民主，加强学术指导，充分发挥专家在科技决策中的咨询和参谋作用，专门成立中国农业科学院兰州畜牧与兽药研究所学术委员会（以下简称“所学术委员会”）。

第二条　所学术委员会是由所内外具有较高学术造诣的专家代表组成的所级最高学术评议、评审和咨询机构。

第三条　所学术委员会的工作职责

1. 审议研究所科技发展规划，评审和论证重大科技项目，讨论学科建设、科研机构设置与研究方向调整等重大问题。

2. 评价和推荐所内科技成果。

3. 监督和管理所内各级科技平台。

4. 对人才培养和创新团队建设等进行评价、建议和推荐。

5. 对涉及学术问题的重要事项进行论证和咨询，评议和裁定相关的学术道德问题。

6. 审议研究所提交的有关国际合作与交流，举办的重大学术活动、科研合作以及其他事项。

7. 其他按国家或中国农业科学院及研究所规定应当审议的事项。

第四条　所学术委员会开展学术审议工作应坚持公正、公平、公开的原则，维护研究所学术声誉，发扬学术民主，倡导学术自由，鼓励学术创新，开展国际合作，加强学术道德建设。

第五条　所学术委员会由主任、副主任、委员、秘书组成。所学术委员会设主任 1 人，由所长兼任；副主任 1~2 名，由主任提名，所学术委员会全体委员选举产生；秘书 1 人，由主任指定，负责所学术委员会日常事务管理。

第六条　所学术委员会下设办公室，作为专门的日常办事机构，挂靠科技管理处。

第七条　所学术委员会由 15~20 名高级技术职称人员组成，包括必选专家、所内专家和所外专家三部分。

1. 必选专家。包括所长、分管科研业务的副所长、科技管理处处长（兼任所学术委员会秘书）。

2. 所内专家。所内学术委员会成员以研究室为单位民主酝酿，提出差额选举委员候选人名单；召开全所科技人员大会，无记名投票选举产生委员建议名单。

3. 所外专家。由所外同学科领域的知名专家组成，所外专家人数不少于委员总人数的 1/3，由所学术委员会主任提名产生。

第八条　所学术委员会组成人员建议名单经所长办公会议审议通过后，报中国农业科学院审批。

第九条　委员的基本条件

1. 热爱党、热爱社会主义祖国、热爱畜牧兽医科研事业，遵守和执行党的路线、方针、政策以及法律法规。

2. 在本学科领域有较高的学术地位和影响，道德品质高尚，坚持原则，顾全大局，清廉正派，办事公道，乐于奉献。

3. 对本学科的发展前沿和趋势具有较强的宏观把握能力、战略思维能力和文字、语言表达能力。

4. 具有高级技术职称。

5. 年龄原则上不超过60周岁（两院院士除外），身体健康。

第十条　所内的退休人员一般不再担任委员。

第十一条　委员的权利、义务和职责：

1. 在所学术委员会内部任职时，有选举权和被选举权。在决议所学术委员会重大事项时，有表决权和建议权。

2. 参加所学术委员会活动，承担并完成交办的任务。

3. 为研究所的学科建设、平台建设、人才与团队建设、科技创新、成果培育、国际合作与交流等工作提出咨询建议。

4. 维护研究所的形象和声誉，在学风建设、学术活动和科研工作中起楷模作用。

5. 对所学术委员会会议上讨论的问题及过程履行保密义务和责任。

第十二条　委员每届任期五年，可以连任。换届时应保留不少于1/3的上一届委员会委员进入到新一届学术委员会，并注意学科、专业、年龄等的平衡。

第十三条　委员在任期间退休或离开工作岗位一年以上，即自行解聘其委员资格；对不能履行职责的委员，由所学术委员会提出解聘、调整和增补委员建议方案，报院学术委员会批复。

第十四条　所学术委员会在业务上接受院学术委员会的归口管理和指导。

第十五条　本办法自2018年12月11日所务会讨论通过之日起施行。由科技管理处负责解释。

中国农业科学院兰州畜牧与兽药研究所博士研究生导师招生细则

（农科牧药办〔2019〕14 号）

第一条 为提高博士研究生指导教师（以下简称“导师”）队伍整体水平，保证研究生培养质量，根据国务院学位委员会、教育部和中国农业科学院有关规定，制定本细则。

第二条 本细则适用于中国农业科学院兰州畜牧与兽药研究所导师在中国农业科学院研究生院招生。

第三条 导师应遵守法律、法规，熟悉并贯彻执行国家和中国农业科学院关于研究生教育招生工作的政策、规章和制度。遵守职业道德，为人师表，全面关心学生成长，在学生的思想教育、科研道德等方面负有引导、垂范和监督的责任，关心爱护学生，严禁有害于学生或其他侵犯学生合法权益的行为，坚决抵制有害于学生健康成长的现象。

第四条 招生条件

（一）获得博士生导师资格满一年以上，身体健康，能在科研、教学第一线正常工作。

（二）研究所根据研究生院每年划拨招生名额数量规定导师每年招生数量，如名额数量大于导师数量则根据考生报名情况统筹安排导师招生数量，如名额数量小于导师数量则每位导师最多招收 1 名考生。

（三）第一志愿报考且通过初试条件考生的招生导师具有下列情况之一者，优先安排招生指标。

1. 当年已招收硕博连读考生者。

2. 近三年所指导的研究生获得院级以上优秀论文称号。

3. 近三年所指导的研究生（研究所为第一单位）在 JCR 一区发表论文。

4. 近三年以第一作者（研究所为第一单位）或通讯作者（研究所为第一单位）在 JCR 一区发表论文。

5. 农科英才获得者。

（四）近三年科研成绩显著，取得具有较高学术价值或社会效益、经济效益的科研成果。

（五）近三年来以前三完成人获得省部级以上获奖成果。

（六）近三年来以第一完成人获得科研产出（专利、新兽药、品种、文章、书籍等）。

（七）目前从事较高水平的科研工作，承担重要的科研项目，有稳定的研究方向和充足的科研经费，能够保证研究生的培养需求。

（八）无优先招生条件的导师按照《博士生导师招生顺序评分表》进行量化排名（畜牧、兽医学科单独排名），根据排名顺序及研究所总体招生名额指标数量分配招生指标。

1. 畜牧学科考生通过当年初试分数线后，如报考每位导师人数超过导师招生名额数量则报考每位导师的考生单独进行复试，按成绩排名择优录取；如当年报考且通过初试分数线考生数量超过畜牧学科总体招生人数且招生导师无报考考生，则在第一志愿报考考生的剩余考生中进行调剂招生；如当年报考且通过初试分数线畜牧学科考生不满足招生导师数量，研究所通过所学位委员会议研讨招生名额分配方案，或从其他研究所考生调剂。

2. 兽医学科考生通过资格审核后，如报考每位导师人数超过导师招生名额数量则报考每位导师的考生单独进行复试，按成绩排名择优录取；如当年报考且通过资格审核考生数量超过兽医学科总体招生人数且招生导师无报考考生，则在第一志愿报考考生的剩余考生中进行调剂招生；如当年报考且通过资格审核兽医学科考生不满足招生导师数量，研究所通过所学位委员会议研讨招生名额分配方案，或从其他研究所考生调剂。

（九）未满足优先条件招生且排名后未获得招生指标的导师下一年度进入排名顺序进行招生者优先招生，其他未满足优先条件招生导师在下一年度招生顺序根据排名确定。

第五条　对于有下列情况之一者，减招或暂停招生，直至取消导师资格。

（一）所指导研究生在论文评阅或答辩中未通过者。

（二）无足够的时间和精力指导学生课程学习和论文工作或因健康原因不能坚持正常教学和科研工作，无法履行导师职责的。

（三）无明确或相对稳定的研究方向，无可供学生作为学位论文的科研课题或科技开发任务的。

（四）在教学或指导学生的过程中行为不当或发生责任事故的。

（五）对于在中国农业科学院学位论文审查中被认定“存在问题”的，暂停招生一年，被认定“不合格”的，暂停招生两年。

（六）对于在上级主管部门组织的学位论文评估抽查中被认定“存在问题”的，暂停招生两年，被认定“不合格”的，暂停招生三年，两次被认定“存在问题”或“不合格”的，取消导师资格。

第六条　本细则自 2019 年 1 月起执行，由研究所学位评定委员会负责解释。

博士生导师招生顺序评分表

一级指标	二级指标	统计指标	分值	指标名称	分值	总分
1. 科研立项	1.1 科研项目	国家科技计划重大项目	5	1. 主持的项目名称 ……		
		国家科技计划其他项目（课题）	2/1	1. 主持的项目（课题）名称 ……		
	1.2 科研经费	国家科技计划经费（万元）	1.5	1. 主持的项目名称及经费 ……		
		其他科研项目经费（万元）	1	1. 主持的项目名称及经费 ……		
2. 科研产出	2.1 获奖成果	国家自然科学、发明、科技进步一等奖	50/40/30	1. 获得国家奖的名称、年份、类型、等级 ……		
		国家自然科学、发明、科技进步二等奖	30/20/15	1. 获得国家奖的名称、年份、类型、等级 ……		
		省部级特等奖/最高奖	15/10/5	1. 获得省奖的名称、年份、类型、等级 ……		
		省部级一等奖	10/6/4	1. 获得省奖的名称、年份、类型、等级 ……		
		省部级二等奖	6/4/2	1. 获得省奖的名称、年份、类型、等级 ……		
		省部级三等奖	4/2/1	1. 获得省奖的名称、年份、类型、等级 ……		
	2.2 认定成果与知识产权	家畜新品种（系）、畜类遗传资源鉴定	20	1. 第一完成人获批的品种（系）、资源名称 ……		
		一类新兽药	15	1. 第一完成人获批的新兽药名称 ……		
		二类新兽药	5	1. 第一完成人获批的新兽药名称 ……		
		三类新兽药	2	1. 第一完成人获批的新兽药名称 ……		
		发明专利	1	1. 第一完成人获批的专利名称 ……		
		发达国家发明专利	2	1. 第一完成人获批的专利名称 ……		

（续表）

一级指标	二级指标	统计指标	分值	指标名称	分值	总分
2. 科研产出	2. 3 论文著作	*Science*、*Nature*、*Cell* 3 个期刊论文/其他顶尖 SCI 期刊（影响因子 > 20）论文	20/10	1. 第一完成人或通讯作者（研究所为第一完成单位）发表的文章名称、期刊名称、年份、期刊类型、影响因子 ……		
		JCR（指 Web of Science 的 JCR，下同）学科排名第一，或影响因子高于 8 的期刊论文	5	1. 第一完成人或通讯作者发表的文章名称、期刊名称、年份、期刊类型、影响因子 ……		
		JCR 学科排名前 5%期刊论文	2	1. 第一完成人或通讯作者发表的文章名称、期刊名称、年份、期刊类型、影响因子 ……		
		JCR 学科排名前 5%～25%期刊论文	1	1. 第一完成人或通讯作者发表的文章名称、期刊名称、年份、期刊类型、影响因子 ……		
		其他 SCI、SSCI、EI 期刊论文	0. 5	1. 第一完成人或通讯作者发表的文章名称、期刊名称、年份、期刊类型、影响因子 ……		
		中文核心期刊要目总览（北大 2014 版）学科排名前 5%期刊论文	0. 5	1. 第一完成人或通讯作者发表的文章名称、期刊名称、年份、期刊类型 ……		
		中文核心期刊要目总览（北大 2014 版）学科排名前 5%～25%期刊论文	0. 25	1. 第一完成人或通讯作者发表的文章名称、期刊名称、年份、期刊类型 ……		
		其他英文期刊、其他中文核心期刊论文	0. 1	1. 第一完成人或通讯作者发表的文章名称、期刊名称、年份、期刊类型 ……		
		专著	3	1. 主编的著作名称、年份 ……		
		编著	0. 5	1. 主编的著作名称、年份 ……		
		译著	1	1. 主编的著作名称、年份 ……		

（续表）

一级指标	二级指标	统计指标	分值	指标名称	分值	总分
3. 人才队伍	高层次人才	领军人才A类	15	院级人才称号		
		领军人才B类	10	院级人才称号		
		领军人才C类	8	院级人才称号		
		青年英才	5	院级人才称号		
		省级人才	5	省级人才称号		
4. 国际合作	4.1 国际合作项目与经费	当年主持10万美元以上自然类国际合作项目数	1	1. 主持的项目名称、经费……		
	4.2 国际合作平台与建设	国内国际合作平台建设（部级/院级/省级）	3/2/1	1. 主持的平台名称、类型……		
		海外国际合作平台建设（部级/院级/所级）	3/2/1	1. 主持的平台名称、类型……		

注：总分上不封顶，降序排列。具有多项人才称号，以最高级别进行赋分。

中国农业科学院兰州畜牧与兽药研究所科技成果转化管理办法

（农科牧药办〔2019〕70号）

第一章　总　则

第一条　为落实国家创新驱动发展战略，规范研究所科技成果转化活动，推动研究所科技创新创造与成果转化，维护研究所和科研人员的合法权益，根据《国务院关于实施〈中华人民共和国促进科技成果转化法〉若干规定的通知》（国发〔2016〕16号）、《关于实行以增加知识价值为导向分配政策的若干意见》（厅字〔2016〕35号）、《甘肃省促进科技成果转移转化行动方案》（甘政办发〔2016〕164号）、《中国农业科学院关于深化体制机制改革全面提升成果转化能力的通知》（农科院转化〔2019〕126号），结合研究所实际，制定本办法。

第二条　本办法所涉及的科技成果是指研究所相关工作人员（包括聘任人员、研究生、博士后等），以研究所（含挂靠、所属单位）名义承担的国家、地方、企事业单位等资金支持的科学研究和技术开发项目，或利用研究所资源（名义、人员、经费及相关条件）所取得的技术、专利、产品（批准文号）、新兽药、新品种（系）、商标、著作权等。

第三条　本办法所涉及的科技成果转化是指为提高生产力水平，针对科技成果所开展的试验、开发、应用、推广直至形成新技术、新工艺、新材料、新产品，发展新产业等活动。具体形式包括：

（一）与企业、研究机构或者相关单位合作进行科技成果转化。

（二）向企事业单位或个人转让科技成果。

（三）许可他人使用科技成果。

（四）以科技成果作价投资，折算股份或者出资比例。

（五）对外技术服务、技术咨询、委托试验、检测分析等。

第四条　本办法所指的“收益”是指成果转化和科技服务收益，包括转让费、许可费、知识产权入股的股权、技术服务收入等所有收益。

第五条　研究所拥有科技成果的持有权、使用权和转化权。如研究所与科研人员签订有协议（合同），对成果权益的归属做出约定的，从其约定；法律另有规定的，从其规定。成果完成人享有知识产权权益和依法取得成果转化收益的权利，不因工作单位或岗位变更而丧失。

任何个人有保守成果秘密的责任和义务，不得擅自、私自转让或变相转让。

第二章　组织实施

第六条　成立研究所成果转化领导小组（以下简称领导小组），由所长担任组长，所领导班子和管理服务部门负责人、纪检人员为小组成员。负责重大成果转化的审批、决策和过程管理，主要职责为：

（一）决定是否进行成果转让或合作开发，是否承接技术服务与咨询。

（二）审批并通过成果转化合同、转化收益分配方案。

（三）协调成果转化其他工作。

第七条　成果转化领导小组下设成果转化管理办公室（挂靠科技管理处），由分管成果转化的所领导担任办公室主任，成员包括成果主要完成人，科技管理处、计划财务处负责人及纪检人员。主要职责：

（一）对拟转化成果价值提供评估建议。

（二）审查成果转化企业资质和实力。

（三）核算成果成本，提供转化方式、条件、收益分配等建议。

（四）组织成果转化洽谈。

（五）撰写合同文本，办理技术市场认定和法律审核。

（六）签订合同、登记、协调监督合同执行与验收等工作。

第三章　转化程序

第八条　科技成果完成人、技术服务和技术咨询实施人在成果转化申报前或技术服务、技术咨询活动实施前需签署协议，明确相关人员在成果研究、技术服务、技术咨询或成果转化中的工作内容和贡献，以及成果转化后或技术服务、技术咨询实施后的收益分配比例和方式。

第九条　科技成果转化合同的签订程序

（一）科研团队（课题组）或个人为主完成的成果转化。

1. 科技成果主要完成人向科技管理处提出成果转化申请和意向价格，提交成果转化申请表（见附件）。

2. 由科技管理处协调，成果主要完成人与成果转化管理办公室充分协商，确定科技成果转化价格、方式、范围等，形成一致意见后报领导小组审批。

3. 经领导小组批准转化的科技成果，成果主要完成人及成果转化管理办公室与成果需求方共同协商起草协议文本，经咨询专业律师意见后，协议文本报领导小组批准，所长签字并加盖研究所科技合同章，合同文本正式生效并实施。

在同等条件下，研究所所属实体对相关科技成果享有优先转化权。

（二）技术服务、技术咨询类转化。

1. 研究所与相关企事业单位签署战略合作、技术服务和人才培养等协议。由科技管理处牵头起草合作协议，报请领导小组审批并签署协议（合同），由领导小组协调相关团队和人员开展技术服务工作。涉及具体的联合项目申报、合作研究、产品开发、委托试验等事项，采取一事一议。未经研究所批准，任何部门、团队或个人不得以研究所或所属平台名义对外签署服务、咨询或授权挂牌等。

2. 以科研团队（课题组）或个人为主开展的对外技术服务、技术咨询等。成果转化管理办公室与成果需求单位共同协商起草协议文本，经主管领导审核批准，所长签字并盖章，合同生效后由科技管理处监督实施。

（三）以研究所挂靠单位或所属部门（具有相关资质的平台）承担的对外委托实验研究、技术服务、技术咨询。

1. 具备国家相关机构授权资质的检验测试中心、重点实验室、GCP/GLP 中心，须根据相关法律和技术规程，由中心（实验室）负责人、科技管理处共同制定技术检测服务流程和收费标准，经所长办公会议批准执行。

2. 对外技术检测、委托试验须由中心或实验室负责人与技术服务单位或个人签订详细的试验技术服务合同，由科技管理处和主管所领导审核，所长签字并盖章，合同生效实施。

第四章 权益分配

第十条 研究所与相关单位合作研究的科技成果进行转化时，应当依法由合同约定该科技成果有关权益归属。在合作转化中产生的新的发明创造，权益归合作各方共有，按照合同约定执行；对转化过程中产生的新成果，根据约定进行权益分配。

第十一条 成果转化取得的收入全部纳入研究所财务账户统一管理。成果转化奖励按照中国农业科学院兰州畜牧与兽药研究所成果转化奖励相关规定执行。

成果转化、技术服务、技术咨询等经费到账后，根据合同约定，研究所扣除相关成本与管理费，相关单位、主要完成人根据合同约定完成任务，向科技管理处提交合同履行任务书完成证明材料后，按照有关规定进行成果转化收益奖励，不得提前预支。

第五章 成果转化工作体系构建

第十二条 为落实科研人员成果转化现金和股权奖励、兼职兼薪、离岗创业，以及领导免责等各项政策，鼓励科研人员在履行好岗位职责、完成本职工作的前提下，经研究所同意，可以到企业及其他科研机构、高校、社会组织等兼职并取得合法报酬，实行兼职收入报告制度。担任领导职务的科研人员兼职兼薪，按照国家有关规定执行。

第十三条 加强成果转化队伍建设，建立灵活、完善的“三创”领军人才管理机制，打造“三创”一体化团队。积极推进三创团队领军人才培育、选拔、使用和管理。

第十四条 对高端转化人才实行年薪、协议工资、项目工资等灵活多样的薪金制度。

第十五条 从研究所可自主支配的科研经费中设立成果中试熟化、推广应用等成果转化专项，加强对应用研究的支持。

第六章 相关责任

第十六条 对于下列情况之一者，研究所视情节轻重，对当事人给予必要的处罚，触犯法律者依法追究法律责任。

（一）在成果转化活动中，违反国家有关法规和研究所规定，侵犯研究所知识产权；或以其他方式损害研究所知识产权权益；泄露技术秘密、商业秘密，或擅自实施、许可、转让、变相转让研究所科技成果者。

（二）在科技成果转化工作中弄虚作假，骗取奖励、非法牟利者。

（三）科技成果转化收入不纳入研究所统一账户者；拒不履行合同，造成合同纠纷，严重损害研究所声誉与权益者。

（四）研究所毕业生或联合培养学生、博士后或调离研究所的人员，在研究所期间从事或接触项目成果、资料等，在离开研究所后，应承担保密责任，未经研究所同意，擅自进行交易或售卖者，应追究其法律责任。

第七章　附　则

第十七条　本办法由科技管理处负责解释。

第十八条　本办法自2019年9月18日所长办公会讨论通过之日起施行，原《中国农业科学院兰州畜牧与兽药研究所科技成果转化管理办法》（农科牧药办〔2019〕8号）同时废止。

附件

中国农业科学院兰州畜牧与兽药研究所
科技成果转化申请表

<table>
<tr><td>成果名称</td><td colspan="4"></td></tr>
<tr><td>成果类型</td><td colspan="4">□专利 □新兽药 □动植物新品种 □新产品 □新技术 □其他</td></tr>
<tr><td>所有权人</td><td colspan="4">□兰州畜牧与兽药研究所 □其他共有权人</td></tr>
<tr><td>知识产权号
有效期限</td><td></td><td>转化方式</td><td colspan="2">□转让 □许可
□作价投资（作价入股）
□技术服务
□技术咨询
□其他</td></tr>
<tr><td>转化预收益</td><td>万元</td><td>收益方式
进度计划</td><td colspan="2">□现金一次性付款
□现金分期付款
□股权（股份）</td></tr>
<tr><td>受让单位及
法定代表人</td><td colspan="4">单位全称：
法定代表人姓名： 联系电话：</td></tr>
<tr><td>主要完成人</td><td colspan="2"></td><td>联系电话</td><td></td></tr>
<tr><td>所在单位</td><td colspan="4"></td></tr>
<tr><td>其他完成人</td><td colspan="4"></td></tr>
<tr><td>其他完成人
亲笔签字</td><td colspan="4"></td></tr>
<tr><td>成果依托的
科技项目（可
另附页详述
签字签日期
盖章）</td><td colspan="4">1. 科研项目（产生该项科技成果的科研项目与来源情况，请写明项目名称、类型、经费、来源单位）

2. 自行研究</td></tr>
<tr><td>承诺</td><td colspan="4">确认转化该成果，不侵害其他单位或个人的合法权益。本人及其他完成人，包括直属亲属，与受让单位不存在特殊利益关系或不当利益关联关系。特此承诺。

承诺人签字： 日期：</td></tr>
</table>

（续表）

<table>
<tr><td rowspan="4">单位意见</td><td>是否同意按申请方式及预期收益数额和计划进度转化：</td></tr>
<tr><td>成果转化管理办公室主任意见及签字：
日期：</td></tr>
<tr><td>成果转化领导小组组长意见及签字：
日期：</td></tr>
<tr><td>法定代表人意见及签字：
日期：</td></tr>
<tr><td>备注</td><td></td></tr>
</table>

说明：按填写说明填表，限2页，双面打印，同时报送电子版，且与签字的申报表一致。填写说明只作为填报指南，不打印。本表电子表及签署意见、签字的纸质表格由科技管理处留存备案。

填写说明

1. 科技成果转化，均须填写科技成果转化申请表。一张表只写一项科技成果转化申请事项。

2. 成果名称应与科技成果权利证书上表述的名称或已经由国家知识产权局等机构受理但尚未授权成果名称一致。

3. 成果类型包括专利、新兽药、动植物新品种、新产品和新技术等。

4. 所有权人是指国家知识产权局等机构颁发的权利证书上标注的所有权人。所有权人共有的，应当把其他所有权人齐全列入，且应事先取得其他所有权人对申请转化科技成果的书面意见。

5. 知识产权号是指知识产权授权号或申请号，请填写专利号（专利申请号）或软件著作权号或植物新品种批准文号等。新技术不填写此项，但所有权由研发团队申请并报研究所认定。

6. 转化方式主要包括转让、实施许可、作价入股（作价投资）、技术咨询、技术服务等方式。实施许可仅许可受让单位使用该科技成果，所有权不变更，分为独占许可（一方）、排他许可（所有权方和使用权方两方）、普通许可（许可多方）。许可区城可限定，比如境外、国外、中国大陆、甘肃省等，应在表格上写明许可方式、年限、区城及缴交维护费责任方、未缴维护费造成专利失效的责任方。请确切填写转化方式等要点。

7. 收益方式分为现金、股权（股份）两种。通过转让，实施许可方式转化科技成果的，原则上只能是现金收益方式。研究所主张一次性支付为主，分期支付的须注明分期金额及时间点。

8. 受让单位是指科技成果许可、转让或作价投资（作价入股）的接受单位或对象（对方）单位全称，须与国家有关机构核发的机构代码证、营业执照上的名称一致。

9. 主要完成人一般是指第一完成人。其他完成人是指对该项科技成果有实际贡献的除主要完成人之外的其他成员，务必完整填写完成人姓名并签名。

10. 成果依托的科技项目是指产生该项科技成果的科研项目与来源情况，写明项目名称、项目类型、项目经费、来源单位法人名称及年月。来源项目较多的可简写纵向某项目等几项，横向某项目等几项，但应该另附页详述项目情况。

科研项目是否约定科技成果共享及共享的权利边界或权利界限等情况，申请转化的科技成果是否受到相关合同或科研项目计划任务书的限制，申请人应认真分析、仔细甄别，必要时，将全套资料复印件提交科技管理处审核。

11. 承诺栏，要求表述转化该科技成果不侵害其他单位或其他人的合法权益，与受让单位不存在特殊利益关系或不当利益关联，不存在其他不当利益。如科技成果完成人或其直系亲属是受让法人单位的职务人员，或者有其他利益关系的，须另附专门说明、主动披露，研究所有关部门审批参考。研究所支持合法、公平、透明的科技成果转化。承诺人指的是科技成果的主要完成人。

12. 单位意见栏，由研究所签署是否属实、是否同意等明确意见。研发团队填报的信息表格不符合要求的，由转化工作组退回研发团队修正后再提交。

13. 备注栏，由管理工作组填写。备注栏是今后查询、溯源办事流程的书面依据。应当准确记载相关事项。应当记载的主要事项如下：

（1）科技成果转化管理领导小组决定情况。包括会议名称、时间、决定意见及纪要文号等主要信息。附纪要原件一份。

（2）科技成果评估情况。包括评估机构名称、评估报告字号、制印时间、有效期等信息。附评估报告原件一份。

（3）挂牌交易、竞价拍卖等情况。包括受托组织开展公平交易的机构名称、委托时间、成交价格、成交时间等信息。附委托书一份及交易结果书证一份。

（4）公示及异议处理情况。包括公示时间、公示媒体名称、公示后情况等信息。附公示正文一份。公示后发生异议的，附异议处理情况书证一份。

（5）科技成果实际转移转化收益情况、时间、成本项目及金额、净收益分配名单、支付通知、税后收入详细数据（财务部门提供反馈信息）等情况。附相关附件一份。

（6）不经常发生的某些特殊情况。有则记录简要信息。

14. 如有其他不清楚的事项，申请人应当及时向成果转化管理办公室咨询清楚，并在其指导下，准确填报科技成果转化申请表。

中国农业科学院兰州畜牧与兽药研究所
兽药非临床研究和临床试验中心管理办法

（农科牧药办〔2019〕75号）

第一条　为加强中国农业科学院兰州畜牧与兽药研究所兽药非临床研究中心（GLP）和兽药临床试验中心（GCP）（以下简称“双G中心”）管理，发挥好双G中心在国家新兽药研发方面的支撑作用，提升对所内外技术服务能力，兼顾双G中心可持续稳定发展。根据农业农村部第2336号、第2337号和第2464号公告规定，参照《国家重大科研基础设施和大型科研仪器设备开放共享管理办法》（国科发基〔2017〕289号）、《中国农业科学院重大科研基础设施和大型科研仪器设备开放共享管理办法（试行）》（农科办科〔2017〕180号）、《中国农业科学院横向经费使用管理办法（试行）》（农科院财〔2016〕310号），结合研究所相关管理制度，制定本办法。

第二条　双G中心是严格按照国家兽药非临床研究和兽药临床试验技术规范要求，通过农业农村部监督检查，由研究所建设和管理的具有法定资质的公共平台。按照“科学、规范、独立、严谨”的原则，面向全国开展技术服务工作。

第三条　双G中心由研究所统一规范管理。

（一）科技管理处负责双G中心的技术业务监督、检查、协调和制度建设；平台建设与保障处负责双G中心的基础设施设备等硬件条件建设与运行保障。

双G中心归口科技管理处管理。

（二）双G中心内部管理体系构架：机构负责人1名，常务副主任（兼办公室主任）1名，质量保证人员1名，档案管理和样品接收管理人员1名。中心下设办公室。

机构负责人由研究所委派副所长兼任，研究所法定代表人授权并报农业农村部备案。全面负责中心发展规划、业务拓展、生产安全、项目实施等。

常务副主任对机构负责人负责，面向所内竞聘择优录用。负责中心日常运转、业务承揽、发展计划实施和管理等。

双G中心工作人员由双G中心机构负责人、常务副主任根据业务需求提出，研究所组织招聘，双G中心机构负责人任命。

双G中心办公室主要职责是负责联系、承接委托试验项目，文件资料管理，中心管理制度、技术标准的制（修）订，中心增项申请，试验基地联系，临床批件送审备案，样品与标本管理，试验方案、试验报告审核等。

动物试验方案的伦理评估和审查工作，由研究所伦理委员会相关人员承担。

实验动物房由平台建设与保障处管理，负责为项目组提供实验动物及相关资料，处理实验动物房废弃物等工作。

动物试验基地由双G中心办公室统一联系协调。

（三）双G中心实行经济量化目标管理，绩效奖励与目标任务挂钩。每年与研究所签订经济目标任务书，超额完成部分研究所将按超额完成部分的一定比例进行奖励。

第四条　双G中心技术服务收入纳入研究所财务统一管理。

第五条　双G中心日常运行应严格按照农业农村部关于兽药GLP/GCP有关法律法规和制度开展活动，对承接的委托试验项目，严格按照技术业务服务流程开展工作，自上而下组织实施。

第六条　双G中心承担委托服务项目管理。

（一）双G中心承担的各类委托项目，按照研究所对外技术服务项目管理，由科技管理处负责相关项目的监督、检查和考评。

（二）双G中心应制定统一的符合市场价格体系的委托项目收费标准。由双G中心办公室负责确定，科技管理处审核，提交所长办公会议通过执行。

（三）双G中心承担委托试验项目预算费用应包括：设施设备使用费、技术试验直接费用、间接费用、人员费、绩效奖励等。

第七条　双G中心对外对内均提供有偿技术服务。

（一）研究所将按照技术检测服务内容，经费到账后一次性收取业务总经费的40%作为设施设备使用和折旧、人员费、税金等费用。

（二）项目总经费的3%作为双G中心人员业务费和绩效。其余经费用于试验直接费用，结余经费作为人员绩效。

（三）双G中心岗位固定人员和研究所其他人员均可对外联系试验项目。非中心固定人员联系试验项目且不承担研究任务时，中心应从3%业务费中给予相关人员一定比例的（原则上为试验项目总经费的1%）奖励。

第八条　本办法自2019年10月25日所长办公会议通过之日起施行，由科技管理处负责解释。

中国农业科学院兰州畜牧与兽药研究所
所长办公会议纪要

2020年5月14日，张永光所长主持召开所长办公会议，同意对2019年10月25日所长办公会议讨论通过的研究所《兽药非临床研究和临床试验中心管理办法》（农科牧药办〔2019〕75号）第七条第一款、第二款进行修订。具体如下：

1. 第一款修订为：研究所将按照技术检测服务内容，经费到账后一次性收取业务总经费的30%作为设施设备折旧费、人员费、税金等费用。

2. 第二款修订为：项目总经费的3%作为双G中心人员业务费和绩效，其余经费用于试验直接费用。项目完成后，结余经费的80%作为绩效奖励项目承担人员，20%研究所统筹使用。

3. 本次所长办公会议修订通过之日前已完成的项目按研究所（农科牧药办〔2019〕75号）文原规定执行，正在实施及之后新签订的项目按修订后的规定执行。

中国农业科学院兰州畜牧与兽药研究所动物实验室管理办法与收费标准

（农科牧药办〔2019〕78号）

第一条　依据《实验动物管理条例》和2018版《甘肃省实验动物管理条例》，贯彻科技部、农业农村部和甘肃省实验动物管理相关规定，为了加强研究所动物实验室管理，保证动物实验室仪器设施科学、合理高效使用，提升公共技术服务平台的共享能力，更好地为研究所科研提供服务，特制订本办法。

第二条　本办法适用于所内外需在动物实验室进行科学实验的部门和个人。

第三条　中国农业科学院兰州畜牧与兽药研究所动物实验室是研究所进行实验动物科学实验的基础条件保障平台，包括SFP级动物实验室和普通级动物实验房。

第四条　动物实验室的使用计划管理由平台建设与保障处负责。

第五条　各研究部门或课题组负责人，以及研究所GCP/GLP管理中心向平台建设与保障处动物实验室提交动物实验计划，填写《实验动物及场地申请登记表》，若动物实验计划有变动时，至少需提前7个工作日告知。

第六条　进行动物实验的专家和学生必须遵守动物实验室的各项管理制度，服从动物实验室管理人员的管理，未经培训的实验人员严禁进入普通级动物实验室和SPF屏障系统。禁止实验人员带领非实验人员随意进入动物实验室，参观人员应在管理人员的陪同下按指定路线参观，来访人员应在指定地点会客。

第七条　所有进入动物实验室的实验动物都应当提前进行检疫，避免携带未知病原体的动物进入动物实验室。

第八条　所有动物实验室不得开展有高致病性病原微生物的实验，不得使用高致癌致畸危险化学试验品、放射性元素相关的实验。

第九条　SPF级动物实验室只能使用SPF级大小鼠实验，所有实验动物均须有实验动物来源证明，SPF级实验动物应具有有效的实验动物质量合格证，普通级实验动物应出具动物检疫合格证明，所有饲料、垫料应有来源证明与正规的检测报告，SPF级动物实验室使用的饲料、垫料均应为SPF级。

第十条　动物实验室的实验动物、饲料、垫料及其他设施用品购买。

（一）由动物实验室提供的实验动物、饲料、垫料及其他设施用品均有合格的证明材料，并负责有效性。实验动物紧缺或无法满足相应要求时，动物实验室管理人员将及时与各研究部门或课题组负责人沟通，协商解决。

（二）由试验者自行购买的实验动物、饲料、垫料应符合本办法第九条要求。如给动物实验室带来生物安全隐患和损失，责任由购买部门承担。

第十一条　实验动物的种类、年龄、体重、性别、数量应根据具体实验要求而定，数量一般要多于实验分组的数量。普通级实验室只能进行兔、豚鼠、鸡、犬、猪、羊和牛的实验；SPF级动物实验室只能进行 SPF 级大、小鼠实验，并且 SPF 实验动物不能离开 SPF 屏障环境进行实验。

第十二条　实验动物进入后，应有 3～10 天的隔离检疫期，只有符合实验要求的健康实验动物，方可进行动物实验，检疫不合格的实验动物不得进行实验。

第十三条　使用实验动物的科研人员，必须爱护实验动物，严禁虐待，应采取有效措施满足实验动物福利要求，避免不必要的伤害。

第十四条　实验动物的使用应遵循《中国农业科学院兰州畜牧与兽药研究所实验动物伦理福利委员会章程》和《中国农业科学院兰州畜牧与兽药研究所实验动物伦理审查管理办法》，接受《中国农业科学院兰州畜牧与兽药研究所实验动物伦理审查程序》伦理福利审查。

第十五条　进行动物实验的科研人员应当保证健康和安全，禁止健康状况不宜从事实验动物的人员参与动物实验。

第十六条　进行动物实验的科研人员应当了解学习实验动物有关的法律法规、专业基础知识和专业技能，在 SPF 级实验室中进行实验的需经培训方可开展实验。

第十七条　在动物实验室进行科学实验的科研人员应遵循动物实验室相关规定，严格按各项实验操作规范进行实验，填写相关记录，配合工作人员完成各项工作。

第十八条　涉及申报注册新兽药 GCP、GLP 的各项实验，应按照研究所兽药 GCP/GLP 管理中心要求的表格填写。

第十九条　实验中产生的动物尸体和废弃物由动物实验室管理人员指导协调处理，定点存放，动物尸体存放应填写登记表，最后集中移交甘肃省危险废物处置中心处置。

第二十条　在动物实验室开展实验，收取实验动物和动物实验设施使用费。收费标准参见附件 1 和附件 2。

第二十一条　动物实验室收费严格按照收费标准执行，收费标准未涉及的实验动物和设施，由科研人员和动物实验室管理人员按实际情况协商解决。

第二十二条　本办法由平台建设与保障处负责解释。

第二十三条　本办法自 2019 年 10 月 25 日所长办公会议通过之日起施行。

附件 1. 中国农业科学院兰州畜牧与兽药研究所实验动物收费标准

附件 2. 中国农业科学院兰州畜牧与兽药研究所动物实验设施收费标准

附件 1

中国农业科学院兰州畜牧与兽药研究所实验动物收费标准

品系级别	类别	市场指导价［元/（只·窝）］日期：2019.9	其他费用［元/（只·窝）］				合价［元/（只·窝）］
			运输费	检疫费	尸体处理费	小计	
SPF 级昆明小鼠	标准鼠	20.00	4.90	1.10	1.00	7.00	27.00
	乳鼠	10.00	3.90	0.90	0.80	5.60	15.00
	孕鼠	40.00	5.80	1.30	1.20	8.30	48.00
	整窝鼠	150.00	6.90	1.50	1.40	9.80	160.00
SPF 级 C57 小 BALB/c 小鼠	标准鼠	50.00	4.90	1.10	1.00	7.00	57.00
	乳鼠	15.00	3.90	0.90	0.80	5.60	20.00
	孕鼠	65.00	5.80	1.30	1.20	8.30	73.00
	整窝鼠	200.00	6.90	1.50	1.40	9.80	210.00
SPF 级 SD 大鼠、Wistar 大鼠	标准鼠	50.00	5.80	1.20	3.00	10.00	60.00
	乳鼠	20.00	4.60	0.90	2.40	8.00	28.00
	孕鼠	120.00	7.00	1.40	3.60	12	132.00
	整窝鼠	350.00	8.00	1.70	4.20	14.00	364.00
SPF 裸鼠	标准鼠	120.00	4.90	1.10	1.00	7.00	127.00
普通级豚鼠	标准鼠	70.00	8.10	1.40	3.00	12.50	82.00

注：费用说明

1. 市场指导价以 2019 年 9 月询价为参考依据。

2. 运输费：

（1）车辆费用：SPF 级实验动物运输车为专人专车，运输车辆空调运转正常，达到运输标准。普通级实验动物运输车为专人专车。以上运输车辆费用为兰州市内 30 公里费用，超出部分按照市场价格另行收费。

（2）搬运费：一人专职跟车搬运人员，负责实验动物的饮食饮水，保证实验动物的运输环境符合实验动物运输要求。

（3）转运费：包含转运盒中无菌垫料以及消毒灭菌，同时包括转运盒的损耗。

3. 检疫费：包含检疫人员的工时费和检疫所需耗材。检疫场所为实验室检疫室，检疫人员由实验动物室专人负责。

4. 尸体处理费：尸体处理费按照千克计费，其中包括危废中心的尸体处理费、包装费、冷冻费、转运费。

附件 2

中国农业科学院兰州畜牧与兽药研究所
动物实验设施收费标准

实验室	面积（米^2）	人工费（元/天）	电费（元/天）	水费（元/天）	耗材（元/天）	场地使用费（元/天）	维护费（元/天）	合计（元/天）
SPF 级大鼠实验室 1 号	30	281.00	437.00	18.00	55.00	30.00	54.00	870.00
SPF 级大鼠实验室 2 号	30	281.00	437.00	18.00	55.00	30.00	54.00	870.00
SPF 级小鼠实验室 1 号	30	403.00	437.00	18.00	55.00	30.00	54.00	990.00
SPF 级小鼠实验室 2 号	30	403.00	437.00	18.00	55.00	30.00	54.00	990.00
猪实验室	73	169.00	29.00	26.00	70.00	49.00	17.00	360.00
鸡实验室	73	159.00	182.00	9.00	50.00	49.00	29.00	470.00
羊实验室	139	199.00	29.00	18.00	60.00	93.00	20.00	419.00
兔实验室	81	263.00	29.00	18.00	60.00	54.00	16.00	440.00
犬实验室	145	263.00	29.00	18.00	60.00	97.00	20.00	487.00

注：费用说明

1. 人工费：按每天 8 小时工作制，每天标准 150 元工资计算。
2. 电费：依据供电局收费计价，平均 0.80 元/（千瓦·时），SPF 级实验室电费按照实际费用的一半收取。
3. 水费：按照 4.50 元/吨收取费用。
4. 耗材：包括进出实验室防护装备，实验室消毒所需的消毒液及消毒设备，实验动物产生的粪便和尿液处理的耗材和设施运行费用。
5. 场地使用费：SPF 级实验室 30 元/（米^2·月）。普通级的实验室 20 元/（米^2·月）。
6. 维护费：用于实验室日常维护，设备维修，易损品更换。
7. 动物实验设施收费标准未涉及实验动物饲料和垫料费用，实验动物饲料和垫料按实验动物实际使用量收费。

中国农业科学院兰州畜牧与兽药研究所研究生管理办法

（农科牧药办〔2019〕94号）

为做好研究生的培养和管理工作，保障研究生在研究所期间的学习、生活和工作，保证学生身心健康，提高研究生培养质量，促进研究生德、智、体、美全面发展，按照教育部和《中国农业科学院研究生院学生管理规定》（2017年7月修订）、《中国农业科学院研究生院助学金及助研津贴实施办法（试行）》（2017年9月修订）、《中国农业科学院研究生院研究生公寓管理规定》（2018年9月修订）和《中国农业科学院研究生院研究生违纪处分条例（试行）》（2012年9月修订）等有关规定，结合研究所实际，制订本办法。

第一条　适用范围

（一）研究所研究人员作为第一导师招收的硕士研究生和博士研究生。

（二）研究所研究人员作为兼职导师以第二导师招收的联合培养硕士研究生和博士研究生，且在研究所开展工作的。

第二条　学生在所期间应履行下列义务

（一）研究生应热爱祖国，拥护中国共产党的领导，遵守宪法、法律、法规，遵守研究所各项规章制度。

（二）按规定缴纳学费及有关费用。

（三）尊敬师长，遵守学生行为规范，养成良好的思想品德和行为习惯，努力学习，完成规定学业。

第三条　学生在所期间的注册、考勤和请假制度

（一）所有研究生到所开展工作时，必须到科技管理处登记注册；非中国农业科学院联合培养研究生须持有所在院校出具的相关证明，经研究所导师签字，到科技管理处登记备案；研究所研究人员为第二导师联合培养的研究生，须同时出具所在院校相关证明和第一导师签字证明，经研究所第二导师签字，到科技管理处登记备案。

（二）研究生在所期间考勤由导师负责。

（三）研究生离所必须履行请假手续，请假应填写请假单，由导师签署意见后报送科技管理处办理相关手续。

（四）研究生应遵守研究生院和研究所规定的节假日、寒暑假离校、返校时间。平时应坚持在所学习，不得随意离所。因故离所应事先请假，获准后方可离所。

请假按以下办法执行：

1. 研究生因病请假，须凭定点医院诊断证明请假。一学期内停学治疗、休养累计不能超过本学期学习周数1/2以上。

2. 研究生一般不得请事假，如确需请事假，每学期累计不得超过1个月。

3. 在研究所学习期间，节假日和寒暑假离所需提交书面申请，由指导教师签署意见，科技管

理处备案。请假一周以上停发相应天数的助研津贴。未请假无故离所者停发当月助研津贴。

4. 请假一周内由导师签署意见后报送科技管理处备案。请假两周内，由指导教师签署意见，报科技管理处批准后方可离所。请假两周以上，经科技管理处提出意见，报研究生院和所在学校研究生管理部门批准后方可离所。

5. 研究生因工作需要赴外埠出差，按照研究所工作人员出差管理规定执行，在系统提交申请并将申请报科技管理处备案。

6. 请假需本人办理手续，无特殊情况不允许代办，销假手续须在回所后第一个工作日进行。

7. 假满不能按期返回研究所者，须提前申请续假。未获批准者，应按时返回。未请假或请假未获准而擅自离所，或假满不按时返回，或续假未获准而逾期不归，按《中国农业科学院研究生院研究生违纪处分条例（试行）》处理。

第四条　学生在所期间的住宿管理

（一）中国农业科学院中国学生住宿由研究所统一安排，留学生住宿由导师安排，免住宿费。

联合培养研究生住宿及其费用由学生自行解决，导师可给予不高于500元的租房补贴。

（二）研究生必须严格遵守研究所住宿管理规定。不得带领、留宿他人，不得使用大功率的电器，不得在宿舍内酗酒，严禁打架斗殴，保持室内及公共区域卫生。

一经发现，情节较轻者扣发当月助研津贴，取消当年评优资格。情节严重者，扣发三个月助研津贴，取消当年评优资格，并按照《中国农业科学院研究生院研究生公寓管理规定》取消当事人住宿资格。

第五条　研究生助学金及在研究所实验期间助研津贴

（一）助学金发放标准

研究生助学金由所在院校发放。

（二）在所期间的研究生助研津贴发放标准

研究生助研津贴为研究生到研究所后开展论文研究工作所给予的补贴，津贴由导师课题负担，研究所统一发放。每学年科技管理处和导师对学生的政治思想表现、工作态度和工作质量进行考核，根据考核结果确定下一学年的津贴数额。

1. 国内学生

根据《中国农业科学院研究生助学金及助研津贴实施办法（试行）》，全日制研究生助研津贴发放标准为：硕士研究生1 500元/月，博士研究生2 000元/月。中国农业科学院招收的联合培养博士研究生在校学习期间2 750元/月，在研究所学习期间3 750元/月。非全日制硕士研究生在研究生院学习期间1 500元/月，在研究所学习期间2 300元/月。

研究所科研人员作为兼职导师招收的研究生助研津贴（含租房补贴）参照执行，总数不得高于此标准。

2. 留学生

国家奖学金外国留学生助研津贴由国家留学基金委发放。北京市政府外国留学生奖学金和中国农业科学院研究生院外国留学生奖学金获得者发放标准为：硕士3 000元/月，博士3 500元/月。

3. 研究所食堂未启用前，为研究生发放用餐补贴600元/月。

4. 研究生助研津贴和用餐补贴由导师科研项目经费承担，由科技管理处统一造册、导师签字、统一发放。

第六条　论文发表管理规定

（一）所有研究生在所期间参与试验产生的科研成果、科研数据、试验原始记录等知识产权属研究所所有，研究生必须保守相关秘密，因泄密产生的法律后果由泄密者承担。

（二）研究生科技论文和学位论文发表须得到研究所同意，实行备案制度，研究生在论文投稿之前必须经导师审核签字后方可投稿，发表论文须注明研究所为第一完成单位（通讯作者）。涉及核心技术的研究内容禁止公开发表。

联合培养、临时招收的研究生在所工作期间产出成果须标明研究所为第一知识产权权属单位。

（三）研究生在申请学位前必须按照规定向科技管理处提交已发表论文的复印件，经审核合格后方可申请学位。论文尚未公开发表但已有录用证明者，须附导师意见。

（四）因论文涉密而不能公开，研究生应在中期考核前向研究所提出论文保密申请并报研究生院批准，具体要求见中国农业科学院《关于涉密研究生学位论文管理的暂行规定》。

（五）研究生发表的论文被发现有抄袭、剽窃、弄虚作假和一稿多投行为，经核实后视其情节轻重，按照《中国农业科学院研究生院学术道德与学术行为规范》《中国农业科学院科研道德规范》和《中国农业科学院关于学位授予工作中舞弊作伪行为的处理办法（试行）》处理。

（六）研究生在攻读学位期间如未按规定发表学术论文，须在毕业前提交延期毕业申请并在规定年限内提出学位申请。

（七）联合培养的硕士研究生、博士研究生毕业论文及原始试验记录由研究所导师或联合培养老师收回并由科技管理处统一归档管理。

第七条　研究生组织管理

研究生由科技管理处和导师共同管理。成立由科技管理处专人负责的班级管理制度，现设一个班，分别推选正副班长各一名，负责研究生的管理服务工作。

第八条　本办法自 2019 年 11 月 18 日所长办公会议讨论通过之日起施行，《中国农业科学院兰州畜牧与兽药研究所科技创新工程研究生及导师管理暂行办法》（农科牧药办〔2013〕30 号）和《中国农业科学院兰州畜牧与兽药研究所研究生管理暂行办法》（农科牧药办〔2019〕14 号）同时废止。由科技管理处负责解释。

中国农业科学院兰州畜牧与兽药研究所研究生导师招生实施细则

（农科牧药办〔2019〕95 号）

为提高研究生指导教师（以下简称“导师”）队伍整体水平，保证研究生培养质量，根据《中国农业科学院研究生指导教师工作条例》（农科学位〔2016〕2 号），制定本细则。

第一条　本细则适用于中国农业科学院兰州畜牧与兽药研究所导师在中国农业科学院研究生院招生之管理范围。

第二条　导师招生条件

（一）博士生导师获得资格满一年以上；硕士生导师获得资格满一年以上，且参加导师培训获得培训证书，身体健康，能在科研、教学第一线正常工作。

（二）研究所根据研究生院每年划拨招生指标分配导师招生数量，如指标大于导师数量则根据考生报名情况统筹安排导师招生数量，如指标小于导师数量则每位导师最多招收 1 名学生。

（三）第一志愿报考且通过初试条件考生的招生导师具有下列情况之一者，优先安排招生指标。

1. 当年已招收硕博连读考生者。

2. 近三年所指导的研究生获得院级以上优秀论文称号。

3. 近三年所指导的研究生（研究所为第一单位）在 JCR 一区发表论文。

4. 近三年以第一作者或通讯作者（研究所均为第一单位）在 JCR 一区发表论文。

5. 中国农业科学院和研究所的高层次人才及所级优秀青年培育人才。

（四）近三年科研成绩显著，取得具有较高学术价值或社会效益、经济效益的科研成果。

（五）近三年以前三名完成人获得省部级以上获奖成果。

（六）近三年以第一完成人取得科研成果（专利、新兽药、品种、文章、书籍等）。

（七）目前从事较高水平的科研工作，承担重要的科研项目，有稳定的研究方向和充足的科研经费，能保证研究生培养需求。

（八）无优先招生条件的导师按照《导师招生顺序评分表》分学科量化排名，根据排名顺序及招生名额分配招生指标。

1. 博士考生通过资格审核后，如报考人数超过导师招生指标则报考该导师的考生单独进行复试，按成绩排名择优录取；如考生数量超过所属学科总体招生人数且其他导师无报考考生，则在第一志愿报考剩余考生中进行调剂；如考生数量不能满足所属学科导师招生数量，所学位委员会研究决定招生名额分配方案，或从其他研究所考生调剂。

2. 硕士考生通过当年初试分数线后，如报考人数满足研究所总体招生指标，按成绩排名择优录取；如当年报考且通过初试分数线考生不能满足研究所总体招生指标，通过研究生招生管理网进行全国调剂。硕士生报考时未选择导师，复试时研究所根据导师招生情况采取双向选择的方式，为其确认导师。

（九）不满足优先招生条件且排名后未获得招生指标的导师，下一年度进入排名顺序进行招生者优先招生，其他未满足优先招生条件的导师，下一年度招生顺序根据排名确定。

（十）留学生招生由导师提出申请，研究所学位委员会审核后报研究生院，依据研究生院商请接收外国留学生。

第三条　对有下列情况之一者，减招或暂停招生，直至取消导师资格。

（一）所指导研究生在论文评阅或答辩中未通过者。

（二）无足够的时间和精力指导学生课程学习和论文工作或因健康原因不能坚持正常教学和科研工作，无法履行导师职责的。

（三）无明确或相对稳定的研究方向，无可供学生开展工作的科研课题或科技开发任务者。

（四）在教学或指导学生过程中行为不当或发生责任事故的。

（五）在培养单位学位论文审查中被认定“存在问题”的，暂停招生一年，被认定“不合格”的，暂停招生两年。

（六）在国务院学位委员会学位论文评估抽查中被认定“存在问题”的，暂停招生两年，被认定“不合格”的，暂停招生三年，两次被认定“存在问题”或“不合格”的，取消导师资格。

第四条　本办法自 2019 年 11 月 18 日所长办公会议通过之日起施行，《中国农业科学院兰州畜牧与兽药研究所博士研究生导师招生细则》（农科牧药办〔2019〕14 号）同时废止。由科技管理处负责解释。

导师招生顺序评分表

一级指标	二级指标	统计指标	分值	指标名称	分值	总分
1. 科研立项	1.1 科研项目	国家科技计划重大项目	5	1. 主持的项目名称……		
		国家科技计划其他项目（课题）	2/1	1. 主持的项目（课题）名称……		
	1.2 科研经费	国家科技计划经费（万元）	1.5	1. 主持的项目名称及经费 ……		
		其他科研项目经费（万元）	1	1. 主持的项目名称及经费 ……		
2. 科研产出	2.1 获奖成果	国家自然科学、发明、科技进步一等奖	50/40/30	1. 获得国家奖的名称、年份、类型、等级……		
		国家自然科学、发明、科技进步二等奖	30/20/15	1. 获得国家奖的名称、年份、类型、等级……		
		省部级特等奖/最高奖	15/10/5	1. 获得省奖的名称、年份、类型、等级……		
		省部级一等奖	10/6/4	1. 获得省奖的名称、年份、类型、等级……		
		省部级二等奖	6/4/2	1. 获得省奖的名称、年份、类型、等级……		
		省部级三等奖	4/2/1	1. 获得省奖的名称、年份、类型、等级……		
	2.2 认定成果与知识产权	家畜新品种（系）、畜类遗传资源鉴定	20	1. 第一完成人获批的品种（系）、资源名称……		
		一类新兽药	15	1. 第一完成人获批的新兽药名称……		
		二类新兽药	5	1. 第一完成人获批的新兽药名称……		
		三类新兽药	2	1. 第一完成人获批的新兽药名称……		
		发明专利	1	1. 第一完成人获批的专利名称……		
		发达国家发明专利	2	1. 第一完成人获批的专利名称……		

（续表）

一级指标	二级指标	统计指标	分值	指标名称	分值	总分
2. 科研产出	2.3 论文著作	*Science*、*Nature*、*Cell* 3 个期刊论文/其他顶尖 SCI 期刊（影响因子 > 20）论文	20/10	1. 第一完成人或通讯作者（研究所为第一完成单位）发表的文章名称、期刊名称、年份、期刊类型、影响因子……		
		JCR（指 Web of Science 的 JCR，下同）学科排名第一，或影响因子高于 8 的期刊论文	5	1. 第一完成人或通讯作者发表的文章名称、期刊名称、年份、期刊类型、影响因子……		
		JCR 学科排名前 5%期刊论文	2	1. 第一完成人或通讯作者发表的文章名称、期刊名称、年份、期刊类型、影响因子……		
		JCR 学科排名前 5%～25%期刊论文	1	1. 第一完成人或通讯作者发表的文章名称、期刊名称、年份、期刊类型、影响因子……		
		其他 SCI、SSCI、EI 期刊论文	0.5	1. 第一完成人或通讯作者发表的文章名称、期刊名称、年份、期刊类型、影响因子……		
		中文核心期刊要目总览（北大 2014 版）学科排名前 5%期刊论文	0.5	1. 第一完成人或通讯作者发表的文章名称、期刊名称、年份、期刊类型……		
		中文核心期刊要目总览（北大 2014 版）学科排名前 5%～25%期刊论文	0.25	1. 第一完成人或通讯作者发表的文章名称、期刊名称、年份、期刊类型……		
		其他英文期刊、其他中文核心期刊论文	0.1	1. 第一完成人或通讯作者发表的文章名称、期刊名称、年份、期刊类型……		
		专著	3	1. 主编的著作名称、年份 ……		
		编著	0.5	1. 主编的著作名称、年份 ……		
		译著	1	1. 主编的著作名称、年份 ……		

（续表）

<table>
<tr><th>一级
指标</th><th>二级
指标</th><th>统计指标</th><th>分值</th><th>指标名称</th><th>分值</th><th>总分</th></tr>
<tr><td rowspan="5">3. 人才队伍</td><td rowspan="5">高层次人才</td><td>农科英才领军人才 A 类</td><td>15</td><td>院级人才称号</td><td></td><td></td></tr>
<tr><td>农科英才领军人才 B 类</td><td>10</td><td>院级人才称号</td><td></td><td></td></tr>
<tr><td>农科英才领军人才 C 类</td><td>8</td><td>院级人才称号</td><td></td><td></td></tr>
<tr><td>农科英才青年英才</td><td>5</td><td>院级人才称号</td><td></td><td></td></tr>
<tr><td>省级人才</td><td>5</td><td>省级人才称号</td><td></td><td></td></tr>
<tr><td rowspan="3">4. 国际合作</td><td>4.1 国际合作项目与经费</td><td>当年主持 10 万美元以上自然类国际合作项目数</td><td>1</td><td>1. 主持的项目名称、经费
……</td><td></td><td></td></tr>
<tr><td rowspan="2">4.2 国际合作平台与建设</td><td>国内国际合作平台建设（部级/院级/省级）</td><td>3/2/1</td><td>1. 主持的平台名称、类型……</td><td></td><td></td></tr>
<tr><td>海外国际合作平台建设（部级/院级/所级）</td><td>3/2/1</td><td>1. 主持的平台名称、类型……</td><td></td><td></td></tr>
</table>

注：总分上不封顶，降序排列。具有多项人才称号，以最高级别进行赋分。

中国农业科学院兰州畜牧与兽药研究所研究生指导教师管理办法

（农科牧药办〔2019〕96号）

为全面提高研究生指导教师（以下简称导师）队伍的整体素质，保证研究生培养质量，根据《中国农业科学院研究生指导教师工作条例》（农科学位〔2016〕2号文件）和《中共甘肃省委、甘肃省人民政府关于贯彻落实〈中共中央、国务院关于进一步加强人才工作的决定〉的实施意见》（甘委发〔2004〕37号文件）等有关规定，结合研究所实际，制订本办法。

第一条　导师应热爱祖国，拥护中国共产党的领导，遵守国家法律、法规，热爱教育事业，品行端正，作风正派，治学严谨，具有较高的学术造诣、有教育教学能力、具有良好的科研道德。严格按照《中国农业科学院研究生院学术道德与学术行为规范》和《中国农业科学院科研道德规范》律己育人。

第二条　导师职责

（一）导师应熟悉并执行国家学位条例和研究生院有关研究生招生、培养、学位工作的各项规定。全面关心研究生的成长，在治学态度、科研道德和团结协作等方面对研究生提出严格要求。协助科技管理处做好研究生的各项管理工作。

（二）导师应承担研究生招生、选拔工作（命题、阅卷及复试等），并进行招生宣传。

（三）导师应定期开设研究生专业课程或举办专题讲座、教学实践活动等，严格组织学位课程考试，定期指导和检查培养方案规定的必修环节，并协助考核小组做好研究生开题报告、中期考核和博士生综合考试等工作。导师应指导研究生根据国家需要和实际条件确定论文选题和实验设计，指导研究生按时完成学位论文，做好科技管理处组织的学位论文答辩工作，协助做好毕业研究生的思想总结、毕业鉴定和就业指导工作。

（四）导师出国、外出讲学、因公出差等，应落实其离所期间对研究生的指导工作。离所半年以上由科技管理处审批报研究生院备案，离所一年应更换导师并暂停招生。导师应有稳定的研究方向和经费来源，原则上年均科研经费不少于20万元。

第三条　导师资格和兼职导师

（一）导师资格

硕士研究生导师资格认定以中国农业科学院研究生院备案为准。中国农业科学院研究生院博士研究生导师、联合培养单位博士研究生导师资格认定以相关文件为准。

（二）兼职导师

为满足科研工作需求，研究所鼓励科研人员在其他院校兼职导师，被聘为兼职导师者提供所在科研院所导师资格认定文件，在科技管理处备案后，方可开展招生培养工作。

第四条　研究生导师津贴与书报费

（一）研究生导师津贴发放标准参照《中国农业科学院研究生指导教师工作条例》和《中共甘肃省委、甘肃省人民政府关于贯彻落实〈中共中央、国务院关于进一步加强人才工作的决定〉的实施意见》，硕士生导师 300 元/月，博士生导师1 300元/月。

（二）导师书报费标准为：硕士生导师1 000元/年；博士生导师2 000元/年。

（三）导师津贴与书报费仅发放给第一导师。

导师书报费和津贴发放从中国农业科学院研究生院招收的研究生入学开始发放。

无在读研究生者，停止导师津贴和书报费的发放。

导师津贴和书报费由导师横向项目经费或成果转化收入优先支出，无上述经费者从导师主持项目的间接经费中支出，由所在团队首席签字报科技处审核后发放。

第五条　导师考评

研究生院与研究所共同考评导师，结合研究生培养工作和学位授予质量进行评估检查。对于不能很好履行导师职责，难以保证培养质量的导师，研究所应进行批评教育，限期整改；如未按要求整改者，研究所应提出停止其招生或终止其指导研究生的意见，报研究生院审批，同时停发导师津贴及书报费。

第六条　本办法自 2019 年 11 月 18 日所长办公会议通过之日起施行。《中国农业科学院兰州畜牧与兽药研究所科技创新工程研究生及导师管理暂行办法》（农科牧药办〔2013〕30 号）和《中国农业科学院兰州畜牧与兽药研究所研究生指导教师管理暂行办法》（农科牧药办〔2019〕14 号）同时废止。由科技管理处负责解释。

中国农业科学院兰州畜牧与兽药研究所科技创新团队管理办法

（农科牧药办〔2019〕107号）

为全面推进研究所创新团队建设，落实中国农业科学院“人才强院”和“人才优先发展战略”，造就新时代“三个面向”科技领军人和青年学术带头人，推动研究所“两个一流”建设，根据《中国农业科学院科技创新工程实施方案》（农科院办〔2013〕101号）、《中国农业科学院科技创新工程综合管理办法（试行）》（农科院办〔2013〕101号）、《中国农业科学院科技创新工程岗位管理办法（试行）》（农科院办〔2013〕101号）和《中国农业科学院关于进一步推进人才队伍建设的若干意见》（农科院办〔2019〕72号），结合研究所实际，制订本办法。

第一章　总　则

第一条　本办法适用于研究所院科技创新工程团队与所级培育团队。

第二条　研究所负责团队首席科学家、执行首席和青年助理首席的遴选、考评、管理及其团队条件保障。首席科学家负责团队人员的聘用、管理、考核、绩效评价和奖励。

第二章　岗位设置

第三条　根据中国农业科学院科技创新工程“定目标、定学科、定团队、定任务、定机制”工作思路，创新团队实行岗位目标管理。

第四条　团队岗位设置坚持“按需设岗、公开招聘、择优聘用、合同管理”的原则，实施“以岗定薪、绩效激励、岗变薪变”的分配机制，实行“能进能出、能上能下”的动态管理。

第五条　团队岗位设置。创新团队岗位按照首席科学家岗位（资深首席）、骨干专家岗位（执行首席、青年助理首席）和研究助理岗位三个层级设计，三个层级岗位比例原则上为1：7：8，固定人员原则上不超过16人，其中资深首席不占岗位数。所级培育团队固定人数5～10人，不得低于5人。

（一）首席科学家岗位：院科技创新团队设首席科学家1名，根据需要设置执行首席或青年助理首席1名。

所级培育团队设培育团队首席1名，青年助理首席1名，培育期为3年。团队须具备合理的人才结构、稳定的学科方向和充足的科研任务与经费。

1. 资深首席。院科技创新工程团队首席年满58周岁时，自动聘为资深首席，由中国农业科学院颁发资深首席证书，享受首席科学家待遇，首席岗位由通过院批准的新首席接替。

2. 执行首席岗位。院科技创新工程团队首席年满55周岁时，必须配备执行首席1名。执行首席从骨干一级岗位或青年助理首席中选拔，作为团队首席接班人重点培养锻炼，在执行首席岗位上，达到院科技创新工程首席岗位科学家条件，经首席提出、研究所同意，报院创新办审批通过后，可聘为团队首席。原首席聘为资深首席。

3. 青年助理首席。青年助理首席作为团队首席后备人选重点培养，条件成熟时可聘为执行首席或首席。

（二）骨干专家岗位：团队骨干专家岗位数根据团队学科方向、重点任务和团队固定人员比例等综合因素，由团队首席提出，研究所创新工程管理委员会予以确定。原则上骨干专家岗位的80%是固定创新岗位，20%是流动创新岗位（短聘期或博士后），团队骨干岗位设一级骨干岗位、二级骨干岗位，执行首席、青年首席助理为骨干一级岗位。

（三）研究助理岗位：团队研究助理岗位根据学科研究方向、科研任务、骨干岗位数等比例予以设置，原则上研究助理岗位的70%是固定创新岗位，30%是流动创新岗位（短聘期或博士后）。研究助理岗位设一级助理岗位、二级助理岗位、三级助理岗位。

第三章　岗位职责

第六条　首席科学家岗位职责

院科技创新工程团队首席岗位科学家是本学科团队科技创新的总设计师和引路人，是团队科研工作的组织者、管理者和安全生产第一责任人，岗位职责包括：

（一）正确把握学科前沿科学问题、发展动态和发展方向，在相关领域参与国际竞争，培育新兴交叉学科，在学科建设中发挥组织者和带头人的作用。

（二）面向国家重大战略需求和国际学科发展科技前沿，积极争取和主持承担国家重大科技计划项目。

（三）提出具有基础性、战略性、前瞻性的科学问题和研究布局，带领科研团队在本学科领域开展具有世界一流水平的科学创新工作，聘期内能够取得国内外同行认同的重大科技成果，在国际知名刊物上发表高水平的论文或取得相应水平的其他成果。

（四）制定团队发展规划，构建团队高效运行机制，制定相关管理办法；凝练团队重大科技项目与成果；负责团队人才队伍建设与平台条件建设，培养青年助理首席；负责本团队人员的聘用、考评、管理、绩效奖励、成果转化奖励、团队人才与研究生培养；打造团队特色科技文化。

（五）统筹管理团队各级科研项目经费的高效、安全和规范使用。

第七条　执行首席科学家岗位职责

执行首席是团队首席科学家的第一后备人选，在团队中发挥组织、协调和日常事务管理或被授权代行团队首席等职责，协助首席管理团队，完成首席交办的各项任务。

第八条　青年助理首席岗位职责

青年助理首席是团队首席科学家岗位重点培育后备人选，发挥创新团队首席或执行首席日常科技秘书职能，完成首席交办的各项任务。

第九条　骨干专家岗位职责

骨干专家岗位是创新工程团队学科研究领域不同研究方向的带头人，负责团队学科研究方向发展与任务实施，完成首席交办的各项任务。

第十条　研究助理岗位职责

协助骨干专家完成相关科研工作，完成首席交办的各项任务。

第四章　基本任职条件

第十一条　首席科学家入选基本条件

（一）具有正高级职称，身体健康，距退休年龄至少能够任满一个聘期。

（二）具备下列条件之一。

1. 两院院士。

2. 国家“千人计划”入选者、“万人计划”杰出人才和领军人才。

3. 国家杰出青年科学基金获得者。

4. 农业科研杰出人才、长江学者。

5. “百千万人才工程”国家级人选。

6. 国家科学技术奖励第一完成人。

7. 国家重大重点项目第一主持人（国家重点研发计划项目主持人、科技支撑项目主持人、863项目主持人、863 主题专家组专家、973 首席科学家、转基因专项重大课题主持人、国家自然科学基金重点重大项目主持人、产业体系首席科学家、行业公益项目主持人等）。

8. 其他经研究所推荐、院科技创新工程管理部门批准的，重点考虑本研究领域取得显著成绩、科研能力突出、有带领团队开展相应工作能力，具有重大影响的专家，此类人选需符合以下条件之一。

（1）获重要成果奖励。国家级科学技术奖励主要完成人（一等奖第 2、3 名，二等奖第 2 名）或省部级科学技术奖励一等奖第 1 完成人。

（2）主持软科学等重点项目。主持国家科技计划中软科学研究重大项目，或世界银行等国际组织的重大项目。

（3）对近 2~3 年内刚从国外或国内引进、具较大发展潜力的人才，与人才引进政策配套，予以特殊考虑。

（4）国家重点实验室主任和副主任。

第十二条　执行首席入选基本条件

（一）年龄在 45 周岁以下，身体健康。

（二）具有正高级专业技术职务或在海外获得副教授及以上专业技术职务，发展潜力巨大。

（三）同时满足下列条件之一。

1. 主持国家级项目（课题），或国家级科学技术奖励主要完成人（一等奖 2~7 名，二等奖 2~5 名）、省部级科学技术奖励主要完成人（一等奖前 5 名，二等奖前 3 名，三等奖第 1 名），或至少以第一作者/通讯作者身份在本领域核心期刊上发表 3 篇以上高水平学术论文。

2.“万人计划”青年拔尖人才、“创新人才推进计划”科技创新领军人才、国家自然科学基金优秀青年基金获得者、“青年英才计划”院级入选者。

第十三条　青年助理首席入选基本条件

（一）年龄在 40 周岁以下，身体健康，具有博士学位，副高级专业技术职务，或年龄 35 周岁以下，具有博士学位。德才兼备，团结协作，发展潜力较大。

（二）熟悉本学科前沿动态，研究方向符合研究所学科体系建设和科技创新工程团队需求。

（三）同时须满足以下条件之一。

1. 主持国家级课题（子课题），或国家级科学技术奖励主要完成人，或省部级科学技术奖励主要完成人（一等奖前 5 名，二等奖前 3 名，三等奖第 1 名），或至少以第一作者（不含通讯作者）

身份在本领域核心期刊上发表3篇学术论文（中科院JCR分区三区以上、累计IF≥5），或单篇SCI学术论文影响因子≥4。

2. 国家自然基金面上项目、青年基金项目（35岁以下）获得者，省级人才工程入选者。

第十四条　骨干专家入选基本条件

（一）一级骨干须符合以下条件之一。

1. 主持国家自然基金项目、国家自然基金青年基金项目、国家重点研发计划课题（子课题）、省级重点研发计划课题、省级国际合作项目、横向科研经费100万元以上项目主持人，省级产业体系首席岗位科学家。

2. 获得国家级、省部级科技奖励证书。

3. 以第一作者公开发表SCI收录论文3篇及以上（累计IF≥5）。

（二）二级骨干须符合以下条件之一。

1. 作为主要骨干参与过国家科技计划、基金等项目（课题）研究，地市级以上项目、完成国家标准和行业标准项目、横向科研经费50万元以上项目主持人。

2. 国家级、省部级科技奖励的主要完成人。

3. 以第一作者公开发表SCI收录论文2篇及以上（累计IF≥3）。

第十五条　研究助理入选基本条件

具有独立从事科研工作的能力和相关研究工作经历，原则上一级科研助理、二级科研助理比例为2∶1，新入职职工见习期内为三级科研助理。

第五章　岗位聘用

第十六条　研究所按照“公开、公平、公正”的基本原则，根据岗位任职条件和有关规定，按照“岗位固定、有序竞争、动态管理、双向选择、能出能进”指导思想，逐级聘用，分类指导。

（一）首席科学家由研究所遴选、推荐，由中国农业科学院聘用。

（二）执行首席、青年助理首席由研究所公开选拔、遴选、聘用，实行目标管理。执行首席培育期一般为1~3年，青年助理首席培育期一般为5~8年，3年签署一次培育合同，从签订合同当月起计算。

（三）科研骨干、科研助理由团队首席遴选、聘用，报研究所备案。

（四）团队岗位人员实行“岗位固定、人员流动、双向选择”管理。每年十二月底前，团队首席与团队岗位成员进行双向选择调整，首席有权解聘骨干和研究助理，同时骨干和研究助理有权决定自己去留。

第六章　绩效考评

第十七条　院科技创新工程团队实行分级考评和动态管理。

（一）研究所对团队进行年度考核，结果分为三级，40%优秀，50%良好，10%一般。

（二）研究所对创新工程团队及首席、执行首席、青年助理首席实行目标管理、动态调整。

1. 研究所对首席科学家及其创新团队实行定量考核与定性考核相结合的办法考评。研究所考核节点为：年度考核、中期评价和任期绩效考核。

2. 执行首席和青年助理首席培育进行阶段性综合考核评价。对连续2年年度考核不合格或者一个培育期考核不合格者，终止其培养。

（三）团队首席负责团队骨干、研究助理及相关人员的年度考核与任期岗位绩效考评。

第七章　附　则

第十八条　本办法自2019年12月10日所长办公扩大会议通过之日起施行。由科技管理处、党办人事处负责解释。

中国农业科学院兰州畜牧与兽药研究所客座学生管理办法

（农科牧药办〔2020〕52号）

第一条　为加强我所导师与其他高校或科研院所导师的交流合作，促进优质资源共享，加强和规范客座学生管理，特制订本管理办法。

第二条　本办法适用的客座学生是指学籍在其他高校或科研院所，因科研工作需要，在我所开展学习研究工作的在读学生，包括以下四类：

（一）由研究所研究人员作为其他高校或其他科研机构兼职研究生导师，以第一导师招收的在读学生（不含中国农业科学院联合博士生培养项目招收学生）。

（二）与研究所导师因科研合作需要而接收的进行客座研究的在读学生，包括以第二导师联合培养的学生。

（三）研究所接收其他科研院（校）所来实习的在读的大专及以上学历的在读学生。

（四）已被中国农业科学院研究生院录取，但应导师要求在正式报到取得学籍前到研究所进行科研实践人员。

第三条　客座学生的学籍、档案在原培养单位，客座期间不转户口和人事档案，与学籍相关的待遇由原培养单位负责。

第四条　客座生的接收条件

（一）我所接收客座学生的导师应满足以下基本要求：

1. 具有研究生指导教师资格。

2. 承担科研项目且经费充足。

3. 能为学生提供助研津贴并购买个人意外伤害保险等。助研津贴由科技管理处统一造表发放，发放标准可参考《中国农业科学院兰州畜牧与兽药研究所研究生管理办法》（农科牧药办〔2019〕94号），具体金额由导师提供的书面说明进行发放。

（二）客座学生应符合以下基本要求：

1. 爱党爱国，遵纪守法，身体和心理健康。

2. 满足导师科研任务需要的专业背景。

3. 在相关科研院所或高校在读，且具有较好的培养潜力。

4. 认同研究所科技创新文化，服从研究所各项制度和管理。

第五条　研究所导师招收客座学生须事前通过所在团队提出申请，填写《中国农业科学院兰州畜牧与兽药研究所客座学生申请表》（附件1）；签订《中国农业科学院兰州畜牧与兽药研究所客座学生培养（实习）协议》（附件2）、《安全生产责任协议书》（附件3），经科技管理处审核、研究所批准并登记备案后方可接受客座学生。

经审批的客座学生通过研究生院教育管理信息系统进行备案。

导师不得擅自接收未经审批和登记备案的客座学生，如有违反，视情节严重程度，对其给予批评教育、停招研究生 1 年或停招。

第六条　客座学生纳入研究所研究生日常管理，由科技管理处负责登记备案、所在团队指定导师直接管理。

第七条　经审批备案的客座学生携带《中国农业科学院兰州畜牧与兽药研究所客座学生申请表》《中国农业科学院兰州畜牧与兽药研究所客座学生培养（实习）协议》《安全生产责任协议书》、身份证、学生证、保险单（意外伤害保险和医疗保险）等有关证明材料到科技管理处报到，并指导客座学生通过教育管理信息系统报研究生院备案。经备案的客座学生可享受在研究所办理饭卡、选听课程、参加讲座、团学和科研活动等。任何部门和个人不得向未登记备案的客座学生发放门禁卡及办理住宿、午餐、助研津贴等费用报销等。

第八条　研究所导师是学生客座期间的第一责任人，客座学生在所期间的思想政治教育、道德品质培养、科研学习、身心健康关怀、人身安全教育、日常管理以及涉密项目的保密等均由导师负责。

（一）导师须为学生购买意外伤害保险等，客座学生在客座期间发生人身意外伤害按保险合同赔付。

（二）导师须积极参与研究所安全管理工作，要和研究所各部门相互配合，积极开展客座学生安全教育和安全知识宣传，增强学生安全意识和法制观念。

（三）导师要做好实验室安全、科研活动安全知识教育与必要的技能培训，派客座学生野外科研活动的，须定期做好野外科研活动安全教育培训。

第九条　客座学生客座期间，应遵守国家法律法规、学籍所在单位及研究所规章制度，对违反制度者，将视其程度给予批评教育、建议学籍所在单位给予相应纪律处分、退回学籍所在单位等。客座学生违反以下条款任何一条，研究所有权解除联合培养（实习）协议，当事人还需承担相应责任：

（一）违反国家法律、法规，给社会造成重大不良影响。

（二）严重违反研究所和用人部门规章制度。

（三）未请假连续两周不到岗，且无正当理由者。

（四）公派出国（境）逾期不归者。

（五）拟自费出国留学或因私出国（境）逾期不归者。

（六）在所期间发生重大试验事故或发生严重影响研究所工作的事件。

（七）故意破坏研究所实验设施，造成重大经济损失。

（八）因故意或过失造成相关科研项目信息外露。

（九）其他应解除联合培养协议的情形。

第十条　客座学生培养环节的管理由学生学籍所在单位负责，我所导师配合完成，有特殊规定的按照相关规定执行。期间取得的科研成果署名按培养协议执行。

第十一条　学生客座期结束，研究所有关部门须对学生使用或保管的公共财物、实验数据及成果进行清点并办理移交手续后，报科技管理处审核。审核通过的客座学生登录信息管理系统进行报备后，由研究所（导师、相关管理部门）办理出具鉴定（实习）意见。

第十二条　本办法自 2020 年 7 月 9 日所长办公会议通过之日起施行，由科技管理处、党办人事处负责解释。

附件 1

中国农业科学院兰州畜牧与兽药研究所客座学生申请表

<table>
<tr><td>导师姓名</td><td></td><td colspan="2">职称
（职务）</td><td></td><td>所在团队</td><td></td></tr>
<tr><td>学生姓名</td><td></td><td>性别</td><td></td><td>攻读专业和学位</td><td colspan="2"></td></tr>
<tr><td>学生
身份证号</td><td colspan="3"></td><td>学生
联系电话</td><td colspan="2"></td></tr>
<tr><td>家长姓名及
联系方式</td><td colspan="3"></td><td>家庭地址</td><td colspan="2"></td></tr>
<tr><td>学生学籍所在单位</td><td colspan="2"></td><td>学院</td><td></td><td>入学年月</td><td>年　　月</td></tr>
<tr><td>学籍所在单位
导师姓名</td><td colspan="3"></td><td>职称和职务</td><td colspan="2"></td></tr>
<tr><td>申请理由</td><td colspan="6">（写明自身科研任务是否明确经费充足，招收客座学生的必要性，及拟安排给客座学生的学位论文题目和在研究所的工作内容等）</td></tr>
<tr><td>客座时间</td><td colspan="6">年　月　日　　至　　年　月　日</td></tr>
<tr><td>学生客座期间
住宿地点</td><td colspan="3"></td><td>保险类别</td><td colspan="2"></td></tr>
<tr><td>学生本人
签字</td><td colspan="3"></td><td>学籍所在单位
导师签字</td><td colspan="2"></td></tr>
<tr><td colspan="7">我承诺上述内容属实，同意接收该同学为客座生，并认真履行联培导师责任。
合作导师签字：　　　　　　　　所在团队首席签字：
年　月　日　　　　　　　　年　月　日</td></tr>
<tr><td colspan="4">学生学籍所在单位意见：
年　月　日
（盖章）</td><td colspan="3">研究所意见：
年　月　日
（盖章）</td></tr>
</table>

附件 2

中国农业科学院兰州畜牧与兽药研究所客座学生培养（实习）协议

甲方：

单位地址：

合作导师：　　　　　　　　　　　　　　　　　　联系电话：

乙方：（学生）

身份证号：　　　　　　　　　　　　　　　　　　联系电话：

丙方：（学籍所在单位）

单位地址：

法人或指定代理人：　　　　　　　　　　　　　　联系电话：

学籍所在单位导师：　　　　　　　　　　　　　　联系电话：

根据《中国农业科学院兰州畜牧与兽药研究所客座学生管理办法》的有关规定，经友好协商，甲、乙、丙三方就联合培养学生一事达成本协议。

客座时间：自________年____月____日起，至________年____月____日止。

一、甲方权利与义务

1. 甲方同意接收丙方选派的乙方作为客座学生到甲方开展客座研究，并安排乙方围绕甲方承担的科技计划项目，以科学研究和实践创新为主导，系统开展研究工作。

2. 甲方导师为乙方实验研究及论文工作提供必要的学习和工作条件。

3. 甲方导师负责乙方在客座期间培养过程中的日常管理，为乙方办理个人意外伤害保险和医疗保险。若乙方在客座期间发生大病住院、人身意外等问题，由保险公司负责赔偿，甲方不负责赔偿任何费用。

4. 甲方导师负责指导乙方的科研工作，并与丙方导师共同指导乙方的学位论文。

5. 甲方应与丙方协商确定乙方在甲方客座期间的助研津贴发放标准，并按期发放给乙方。乙方助研津贴发放标准不超过甲方单位统招研究生助研津贴的最高标准。

6. 客座培养期结束时，甲方负责组织验收乙方的研究成果，乙方客座研究期间取得的科研数据、专利、成果等归甲方所有，未经授权同意不得擅自发表、转化和应用。

7. 客座培养过程中，若乙方不能胜任工作或不服从甲方工作安排，甲方有权终止本协议。

8. 若乙方有违反甲方所在单位相关管理规章制度或国家法律、给甲方及甲方所在单位造成损害等行为，甲方有权立即终止联合培养，并有权向乙方、丙方索赔。

9. 其他。

二、乙方权利与义务

1. 乙方在甲方提供学习、科研和生活条件下，开展实验研究和论文工作，并取得相应助研津贴。

2. 乙方服从甲方学习工作安排，遵守甲方的规章制度。

3. 乙方在客座期间，未经甲方同意，不得无故旷工；如有特殊情况，需与甲方协商请假。特殊情况（如生病等）应出示有效证明。在甲方客座期间，乙方作为完全民事行为能力人需对自己的行为及其后果负责。

4. 乙方定期向甲方和丙方导师汇报研究及论文工作的进展情况。

5. 乙方按照丙方要求到指定地点参加开题、中期等环节的考核工作。如因乙方原因影响培养质量，不能完成毕业论文或不能通过答辩，后果由乙方个人承担。

6. 乙方在客座期间的工作成果及发表科研论文的署名次序，由三方根据实际情况，协商署名次序。乙方在甲方客座期间研究成果形成的论著、专利等知识产权，在署名时需同时标注甲方单位及相关人员。

7. 乙方应遵守甲方的保密要求，未经甲方导师允许，不得对外传播或出借甲方提供给乙方开展研究所需的数据、资料、材料、设备等；乙方根据研究内容形成的研究成果在向甲方外的其他单位或个人公开前，须经甲方许可。

8. 乙方在客座培养结束或中断前，向甲方办理全部交接手续，将归属于甲方及向甲方借用的文档、资料、设备及其他资源和财产一并交还给甲方；不办理交接手续，发生文件泄密、遗失，设备损坏等，均由乙方负责。

9. 其他。

三、丙方权利与义务

1. 丙方经审议，选派乙方作为客座学生到甲方开展客座研究，与甲方共同对乙方进行管理。

2. 丙方在选派乙方到甲方客座前，必须如实向甲方告知乙方的生理及心理健康状况以及是否符合科研项目所需要的专业背景，并以此为主要考量因素出具《客座学生申请表》中的丙方意见。

3. 丙方导师应与甲方协商确定乙方在甲方客座期间的研究生客座研究助研津贴发放标准。

4. 丙方需保证乙方在甲方客座期间，在未与甲方协商并征得甲方同意的情况下，不得随意召回乙方。

5. 丙方需监督乙方在甲方客座期间的学习情况与研究进展，并与甲方保持沟通，督促乙方的学习和科研。

6. 丙方负责乙方论文开题报告、中期考核、毕业论文盲审、论文撰写规范检查、毕业登记表审核及组织乙方的学位论文答辩。

7. 其他。

四、提前终止协议

出现以下情况之一，有权提前终止本协议：

1. 乙方本人出现身体或心理等健康问题，不适宜继续进行培养的。

2. 乙方因学习与工作态度问题，不适宜继续进行培养的。

3. 乙方违反甲方有关管理规定，不适宜继续进行培养的。

4. 乙方在协议期内因毕（结）业、退学等失去在丙方的学籍，或甲方、丙方导师合作项目或课题终止的。

5. 乙方本人提出终止协议申请的。

6. 其他。

五、延长协议

客座学生原则上按照学校规定按期返校毕业，确因导师课题和项目合作的需要，需延长客座时间的，须提出申请，重新签署协议。

六、其他条款

1. 除本协议规定情形外，任何一方未经另两方同意不可随意终止本协议。

2. 任何一方有违约行为，均须承担违约责任。

3. 本协议中有关保密、知识产权、违约或赔偿责任、连带责任条款，不因本协议终止或解除而失效。

4. 所有未尽事宜可另行协商解决并签署书面文件予以确认，该书面文件将被视为本协议书的一部分。

5. 本协议一式三份，经甲、乙、丙三方签字盖章后生效，三方各执一份，具有同等法律效力。

甲方签字：　　　　　　乙方签字：　　　　　　丙方导师签字：

甲方单位（盖章）　　　　　　　　　　　　　　丙方单位（盖章）

年　月　日　　　　　　年　月　日　　　　　　年　月　日

附件 3

安全生产责任协议书

甲方：（研究所）

乙方：（我所导师）

丙方：（客座学生）

为了进一步贯彻落实“安全第一，预防为主”的安全生产方针，强化安全管理，有效遏制重特大事故的发生，三方本着平等、自愿的原则，签订本协议。甲乙丙三方均应严格遵守本协议书规定的内容，保证安全零事故目标的实现。

一、甲方的责任

1. 严格贯彻执行国家、省、市有关行业部门的法律、法规、规章，掌握安全动态。对上级相关安全工作的批示、命令和规定等及时向乙方传达，并对落实情况进行监督检查。

2. 负责健全和完善用工管理办法和相关程序，严格用工制度与管理。

3. 负责组织制定安全事故应急预案，配备安全事故应急救援的各项资源。

4. 负责定期对丙方的工作场所进行安全生产检查，对发现的安全隐患问题组织制定措施，及时解决。

5. 甲方有权对乙方和丙方在工作生产中出现的问题进行批评、教育，甚至停工整顿。

二、乙方的责任

1. 负责执行甲方制定并实施的安全管理办法及制度。

2. 负责审核丙方的相关入职材料，对于将从事实验室、野外工作的人员，确保其身体状况符合特定工作场合的要求。

3. 负责对丙方进行上岗前安全教育及培训，培训内容主要包括：安全生产基本知识、本单位安全生产规章制度、劳动纪律、保密知识、作业场所和工作岗位存在的危险因素、防范措施及事故应急措施有关事故案例等。培训目的是为了提高受聘人员自我保护意识和防范措施，让丙方在安全培训记录上签字。

4. 负责为丙方提供相关的安全参考资料、必要的防护器具，指导丙方正确的操作规程，及时纠正其工作中的危险行为。

5. 负责实时掌握所负责工作场所的安全状况，及时发现和消除安全隐患。

6. 负责听取、收集和反映丙方有关安全生产的意见和建议，及时向甲方报告本部门不能解决的安全问题。

三、丙方的责任

1. 负责执行由甲方制定并实施的安全管理制度及实验室安全守则等。

2. 负责接收甲方、乙方的安全教育及培训，知晓本人工作可能存在的危险因素及相关防范措施。

3. 若需从事实验室或野外工作，负责按照正确操作规程进行实验工作，杜绝违反实验室安全管理制度和守则的任何行为。

4. 应严格遵守工作作息，切忌在甲方和乙方不知情的情况下擅自离岗。

四、其他条款

甲乙丙三方对上述约定事项已经知晓并同意履行本责任书，若发生安全事故，将对事故原因进行分析，分清责任。有关责任方必须对违规行为负责，承担相应的损失赔偿。

本协议书一式三份，三方签字后各执一份。

甲方签字： (盖章)	乙方签字：	丙方签字：
年　月　日	年　月　日	年　月　日

中国农业科学院兰州畜牧与兽药研究所院科技创新工程所级重点任务管理办法（试行）

（农科牧药办〔2020〕72号）

为加强创新工程所级重点任务与团队任务的顶层设计、整体布局、组织实施和考核管理，根据《中国农业科学院科技创新工程综合管理办法（试行）》《中国农业科学院科技创新工程绩效管理办法（试行）》《中国农业科学院科技创新工程重大科研任务管理办法（试行）》和《中国农业科学院关于加强所级重点任务管理的指导意见》等规定，结合研究所实际，制定本办法。

第一条　院科技创新工程所级重点任务

本办法适应基于科技创新工程对创新团队的长期稳定支持，符合团队学科方向与研究所整体目标任务的实现而设立的国家、省部院和地方等重大科研项目培育、突破性成果孵化、国家应急性重点任务等前期、基础性任务支持项目。

第二条　定位与目标

定位：坚持“四个面向”，组织研究所科技创新团队实施具备“先导性、重要性、前瞻性、关键性、非共识性、协作性、种子性”等特性，且符合研究所创新团队方向与学科建设，有助于提升解决国家农业科技创新发展能力的所级重点任务。

目标：按照“国家—院（含省部地方）—所”三级梯度布局任务，由所及院逐级培育，最终打造国家重大任务使命。重在构建擅长协同攻关的团队协作创新体系，提升团队的国家队使命担当；形成一批原创性、突破性成果；推进研究所“两个一流”建设。

“先导性”是指能够引领农业产业发展方向，代表技术发展和产业演进的方向。“重要性”是指瞄准保障粮食安全与重要农产品安全、质量安全、绿色发展、生态安全等国家重大需求。“前瞻性”是指瞄准与国家重大需求直接相关的前沿基础问题。“关键性”是指瞄准制约国家重大战略实施或重大需求实现的“卡脖子”关键技术。“非共识性”是指在一些没有达成共识的重要前沿领域，大胆探索颠覆性创新，获得突破性、革命性产出。“协作性”是指跨团队的紧密协作研究，非简单拼凑。“种子性”是指通过培育性研究，有望上升成为国家科技计划专项任务。

第三条　基本原则

（一）需求导向。立足研究所中长期发展规划与目标，以团队科研工作基础、创新与发现为前提，面向国家需求、科技前沿、科学问题、“卡脖子”关键技术和生产实践中重大问题，选题立项，持续推进。

（二）目标明确。坚持问题导向和目标导向，培强优势学科、特色学科与新型交叉学科，注重团队及首席综合能力培养，提升团队原始创新和高水平成果产出，明确拟破解的核心科学问题、拟突破的关键技术、拟创制的重大成果。

（三）定位准确。坚持院所联动，与院级重大任务、团队任务协调一致、有机衔接、逐层递进的管理。在谋划、凝练、立项、实施、考核等方面注重早期引导孵化、中期培育推进、后期任务续接和考评。重在关键技术储备、理论创新、科学问题凝练、团队协作攻关能力培养和国家、省部院和地方重大任务培育。

（四）任务牵引。团队任务是创新团队“三创”的基石，是产生所级、院级和国家级项目或任务的基础。所级重点任务进一步加大对优势学科、优秀团队、优秀人才创造性科研任务谋划设计的稳定支持。着重打造善于谋划、实施重大科研选题人才队伍，提升团队承担国家、省部院和地方重大任务的能力，布局并解决畜牧、兽医、兽药和草业学科领域全局性、基础性、长期性、公益性、关键性重大科技问题的实力。任务选题必须符合“先导性、重要性、前瞻性、关键性、非共识性、协作性、种子性”等特性。

（五）动态调整。所级重点任务重点支持创新性强、目标明确的“大科学”任务，对实施过程中发现苗头性成果或具有创新思维的技术路线等可及时申请调整任务重点或追加经费，加速重大成果定向培育；对任务执行成效不佳、对完成总体任务目标预期贡献度低、偏离目标或达不到目标、协同性不佳出现碎片化、执行不力或因不可抗拒因素等原因造成任务无法完成的，要适时评估，及时终止；子任务承担团队执行不良或投入不够，任务首席有权提出申请调整或研究所予以终止。

第四条　任务管理

所级重点任务的设计、布局与组织管理坚持法人负责制，科技管理处承担秘书处职责，相关职能部门分工负责；任务实施实行首席科学家负责制；研究所学术委员会与创新工程工作委员会承担学术评议、技术咨询、实施监督、考核评价和争议仲裁等作用。

第五条　任务产生

所级重点任务的产生实行整体布局、统一谋划、顶层设计、自由申请、组织评审。

（一）研究所按照创新工程整体计划任务与目标、团队学科方向、国家（含省部院及地方）重大科研需求、重大成果创制，应急性、突发性科研任务等提出所级重点任务主要内容和方向，经所学术委员会评议咨询，予以发布。同时接受学科团队的自由申请。

（二）创新团队是所级重点任务的申报主体，根据所级重点任务的内容和方向，或结合团队学科研究进展与发现，提出所级重点任务选题建议。

（三）科技管理处组织协调相关团队形成研究所所级重点任务选题建议，提请研究所，组织专家咨询论证、发布立项、签署任务合同、组织实施。

第六条　实施管理

（一）所级重点任务由科技管理处组织任务首席科学家牵头编制实施方案，实施方案包括：研究内容、目标、绩效指标、执行期限、组织协同方式与任务分工、成果与权益分配、资源共享等，根据任务需要提出经费预算，计划财务处审核。

（二）研究所所长或委托人与任务首席科学家签署《所级重点任务合同书》，任务首席科学家与子任务团队负责人签署任务分工与协作协议，明确子任务内容、目标、期限、考核指标等。

（三）研究所对所级重点任务管理实行目标管理、阶段性跟踪评估和动态调整的管理模式。任务目标是任务管理的硬指标，是研究所对所级重点任务考核评价的主要依据。任务执行管理实行年度进展报告与过程跟踪检查相结合的方式监督检查，任务结题时须组织评价考核。所级重点任务年度考核应作为团队年度考核的重要参考指标予以确认。所级重点任务执行过程中有重大突破或进展，研究所及时组织推荐院级重大任务选题。

（四）所级重点任务在执行期内完成预期目标，或取得省部重大项目、院级重大任务或重大产出、国家主体计划等支持，则视为任务完成。任务完成满半年内提交结题总结报告，由研究所统一组织完成总体绩效评价，项目总结及研究实验相关材料按照有关规定归档。

第七条　约束制度

所级重点任务应营造宽松的科技创新文化氛围，鼓励团队勇于探索创造。但对于任务执行过程中，因团队人为因素造成的验收评价结论差、或未取得实质性进展、经费使用不合理等情况，按照有关规定，牵头首席科学家及其团队2年内不得再次牵头承担所级重点任务。

第八条　经费管理

所级重点任务经费管理按照院所创新工程经费相关办法执行。

第九条　执纪监督

所级重点任务参照《中国农业科学院创新工程重大科研任务管理办法（试行）》建立的责任追究制度，对实施过程中不作为、学术不端、违规使用专项资金等行为，按照有关规定追究相关责任人的责任。

第十条　本办法自2020年11月30日所长办公会议通过之日起施行，由科技管理处负责解释。

中国农业科学院兰州畜牧与兽药研究所科研副产品管理办法

（农科牧药办〔2020〕81号）

为进一步规范研究所科研副产品管理，确保科研工作的正常有序开展，根据国家有关法律法规及中国农业科学院相关管理办法规定，结合研究所实际，制订本办法。

第一章　总　则

第一条　本办法所指的科研副产品是指利用财政经费开展科学研究或示范推广活动等过程中产生的除了完成科研（项目或课题任务书规定的）任务以外的具有经济价值（可以作为商品出售）的有形产品。主要包括动植物新品种培育（改良）、种植养殖试验和新技术试验示范等过程中所产生的牛、羊、猪、鸡、饲草料、牧草种子、兽药中试产品以及其他科研副产品等。

第二条　科研副产品属于国家财产，所有权归研究所所有。

第三条　科研副产品管理要符合农业科研的特点，体现科研领域“放管服”的要求。科研副产品要及时收获、保藏和处置，防止损失浪费。处置要及时、公开、规范，做到物尽其用。处置收入纳入研究所统一管理。

第二章　责任与分工

第四条　科研副产品的管理由计划财务处负责，由创新团队或部门具体实施。

第五条　计划财务处应建立健全科研副产品相关管理制度，落实各项管理举措，负责处置收入的收支管理。创新团队首席（部门、项目和课题负责人）为科研副产品管理的直接责任人，负责建立科研副产品台账登记和处置等管理。

第三章　登记和处置

第六条　创新团队或部门应设置科研副产品实物生产和处置登记台账，对需要出入库管理的，做好出入库台账管理。

第七条　科研副产品处置根据科研副产品价值和产品特点实行分类管理，可以集中处置，也可以授权团队或部门处置。原则上应有2人以上共同参与，不得单独对科研副产品进行处置。

第八条　科研副产品处置形式主要包括出售、抵扣、报损、无害化销毁、产品品鉴等，具体处置方式可在科研项目任务书或合同中明确。

第九条　科研副产品处置要严格遵守生物安全、农产品（食品）质量安全、种子种苗（种畜禽）生产经营管理有关的法律法规要求，严禁未获得市场准入或有毒有害及其他应报损销毁的科研副产品进入流通渠道。国家法律法规要求须做无害化处置的产物，必须按要求规范处理，做好台账记录，留存处置证据，做到有据可查。

第十条　对于批量小、价值较低且较易腐坏的科研副产品，可由创新团队首席（部门、项目和课题负责人）负责人签字同意后报计划财务处登记备案后及时处置，尽量减少库存时间，可不设置库存台账，但应做好销售记录。

第十一条　大额或批量科研副产品的销售应签订合同，计划财务处要加强合同审核，按合同金额监督应收账款到账情况。耐储存的科研副产品，可先进行处置方案的公示，无异议后进行处置。

第十二条　对于直接抵扣地租、饲养管理费或劳务费等支出的以及合同约定归属合作方的，在合同签署时须履行研究所相关审批程序。

第十三条　对租用研究所以外设施或场地开展试验研究或示范推广而形成的科研副产品，应在租赁或合作协议中明确科研副产品的归属，产生科研副产品且归属研究所所有的，按本办法执行；约定由合作单位处置的，应确保合作单位的处置符合相关法律法规，不得以研究所名义对外销售。

第四章　收入与支出

第十四条　科研副产品收入应全部纳入研究所总收入，应加强收入的归口管理、票据管理及合同管理。

（一）归口管理。科研副产品的收入同单位其他收入相同，由计划财务处归口管理。科研副产品所在地离研究所本部较远的，可设置核算员岗位，明确岗位职责，负责收款和缴款工作。

（二）票据管理。收入票据是记录科研副产品收入的依据，科研副产品销售无论金额大小必须填开收入票据。所反映的收入应全部记入规定账簿。

（三）合同管理。科研副产品的一次性处置收入在10 000元以上的应根据研究所合同审批流程由经手人、创新团队首席（部门或项目负责人）、计财处负责人、研究所负责人（如需）与收购方签订合同，销售款直接转入研究所财务账户。

第十五条　科研副产品处置取得的收入扣除相应的费用（科研副产品的收获、管理、处置等）后的结余，由研究所自主统筹安排使用。

第十六条　科研副产品处置过程中应尽量避免直接收取现金。不得私自出售科研副产品，不得坐收坐支科研副产品收入，不得公款私存，更不得隐匿收入或设立“小金库”。

第五章　监督与检查

第十七条　各创新团队和部门应明确管理责任，切实加强科研副产品内部控制，规范业务流程。

第十八条　计划财务处要详细掌握研究所科研副产品的种类、规模及收支情况，并配合纪检监督部门开展定期或不定期监督检查。

第十九条　研究所应加强科研人员财经法纪教育和廉政风险提醒，严禁通过科研副产品挤占挪用科研经费、套取财政资金，对科研副产品收入未及时、足额上交财务部门或私设“小金库”的，要加大惩处力度，依法追究相关人员责任。

第六章　附　则

第二十条　横向科研项目产生的科研副产品，可按照合同约定或参照本办法管理。

第二十一条　本办法自2020年12月30日所长办公会议通过之日起实施。由计划财务处负责解释。原《中国农业科学院兰州畜牧与兽药研究所科研副产品管理暂行办法》（农科牧药办〔2016〕49号）同时废止。

第二十二条　本办法如与国家和中国农业科学院相关规定不符，执行国家和中国农业科学院有关规定。

中国农业科学院兰州畜牧与兽药研究所成果转化绩效奖励实施细则

（农科牧药办纪要〔2021〕5号）

依据《中国农业科学院兰州畜牧与兽药研究所科技成果转化管理办法》（农科牧药办〔2019〕70号）和《中国农业科学院兰州畜牧与兽药研究所绩效奖励办法》（农科牧药办〔2020〕13号），制定研究所成果转化奖励发放细则。

第一条　成果转化主要内容、成本核算按《中国农业科学院兰州畜牧与兽药研究所绩效奖励办法》为准。

第二条　科技管理与成果转化处牵头，计划财务处协助共同核算净收入，并确定奖励数额。

第三条　成果完成人的奖励，由成果第一完成人及所在部门负责人/团队首席根据各完成人的实际贡献大小制定分配方案，各完成人签字确认，经所在团队首席或成果转化管理部门负责人签字后提交科技管理与成果转化处，按照有关规定和程序予以奖励。

第四条　全所除成果完成人之外对成果转化做出贡献的在编在岗职工的奖励按照以下规定执行：

（一）奖励发放系数

根据党办人事处提供的职工本年度实际职称、职务及工人技术等级确定各类人员分配系数为：

1. 正高级职称人员、所领导奖励系数为1.2。

2. 副高级职称人员、处级奖励系数为1。

3. 中级职称、科级、技师人员奖励系数为0.8。

4. 其他人员奖励系数为0.6。

（二）奖励发放参照职工本人年度考核，按其职务职称系数根据实际出勤月核发

1. 年度考核结果为合格及以上者发全额，考核结果为基本合格发1/2，考核结果为不合格者和无故不参加考核者不予发放。

2. 新入职人员，从报到月的下一月按月计发；调入人员按本所发放工资月核发；当年离退休人员按退休日期的上一月按月计发。

3. 调离或辞职人员不发放。

4. 请假者（公休假除外），按实际在岗时间核发绩效奖励。

5. 出国进修、攻读学位的人员，出国期间不发放；由本所派出其他类型的在国外学习、工作的人员出国期间继续发放，但个人提出延期的，在延期期间不发放。

6. 攻读学历学位人员需脱产学习的，脱产学习期间不发放。

第五条　奖励分配表由科技管理与成果转化处统一编制，奖励人员范围及系数由党办人事处核准确定，参照相关管理办法按照程序审批执行。

本细则自2021年1月15日研究所成果转化领导小组讨论通过，于2020年1月1日起施行。由科技管理与成果转化处、党办人事处负责解释。

中国农业科学院兰州畜牧与兽药研究所动植物新品种命名细则（试行）

（农科牧药办〔2021〕24号）

为规范中国农业科学院兰州畜牧与兽药研究所动植物新品种命名工作，提升科技成果品牌价值和产业影响力，根据中国农业科学院党组要求，制定如下动植物新品种命名规则。

一、基本要求

（一）动物品种命名

动物新品种命名应符合《国际动物命名法规》《中华人民共和国畜牧法》《畜禽新品种配套系审定和畜禽遗传资源鉴定办法》和《畜禽新品种配套系和畜禽遗传资源命名规则（试行）》等有关规定。

根据规定，一个畜禽新品种、配套系或者遗传资源，只能使用一个名称；命名应使用汉字，汉字后面可加字母、数字及其组合。数字应使用阿拉伯数字，字母应使用拉丁字母；畜禽新品种、配套系和遗传资源的中文名称的英译名，畜种名称和体型外貌特征描述部分用英文表述，其余部分用汉语拼音拼写。

（二）植物品种命名

植物新品种命名应符合国际植物新品种保护联盟（UPOV）公约、《国际栽培植物命名法规》《中华人民共和国种子法》《植物新品种保护条例》《农业植物品种命名规定》和《草品种审定技术规程》（GB/T 30395—2013）等有关规定。

根据规定，品种名称应当使用规范的汉字、英文字母、阿拉伯数字、罗马数字或其组合，不得超过15个字符，不得含有对植物特征、特性或者育种者身份等容易引起误解的信息以及不得用于品种命名的其他情形。一个农业植物品种只能使用一个名称，相同或者相近的植物属内的品种名称不得相同。该品种名称经注册登记后即为该植物新品种的通用名称，并强调申请品种审定、植物新品种保护和农业转基因生物安全评价中应当保持品种名称的一致性。

二、命名规则

研究所就特定品种申请品种审定、植物新品种保护、畜禽新品种（配套系）审定时，采用下述命名模式。申报品种在审定过程中如审定委员会对命名提出意见，应在尽量采用下述命名模式的基础上遵循评审委员会的意见。

（一）畜禽新品种（配套系）命名方式

命名模式：中（+合作单位）+属种（或通用名）+特性描述。

其中：

1.“中”代表中国农业科学院。

2. 由研究所独立培育的品种，可在“中”后加“兰”。与其他单位联合培育的品种，可在“中”后加 1~2 字代表。以由企业出资、中国农业科学院研究所提供技术支撑的方式培育出的品种，命名按照合作约定，充分尊重出资企业的意愿，可将企业名称放在“中”字前。

3. “属种（或通用名）”代表品种类型，如牦牛、羊等。

4. “特性描述”可以为选育方法、亲本来源、地域和品种类型，可以为对品种外观描述，也可以为对特性的艺术化描述。特性描述可使用汉字、字母或数字，需符合以下要求：一是体现行业规则。二是避免出现“易使公众误认为只有该品种具有某种特性或特征，但同属或者同种内的其他品种同样具有该特性或特征的”情形。

（二）牧草新品种（新品系）命名方式

1. 育成品种

命名模式：中（+合作单位）+属种（或通用名）+特性描述。

其中：

（1）“中”代表中国农业科学院。

（2）由研究所独立培育的品种，可在“中”后加“兰”。与其他单位联合培育的品种，可在“中”后加 1~2 字代表。以由企业出资、中国农业科学院研究所提供技术支撑的方式培育出的品种，命名按照合作约定，充分尊重出资企业的意愿，可将企业名称放在“中”字前。

（3）“属种（或通用名）”代表品种类型。

（4）“特性描述”可以为选育方法、亲本来源、地域和品种类型，可以为对品种外观的描述，也可以为对特性的艺术化描述。特性描述可使用汉字、字母或数字，需符合以下要求：一是体现行业规则。可依据亲本来源、地域和品种类型等；二是尽可能体现遗传组成、生育期（早晚分级、生育日数、积温分级等）、抗性（生物或非生物逆境）、籽粒颜色类型、用途、转基因标注等科学技术、商业标示及技术禁忌等相关信息；三是避免出现“易使公众误认为只有该品种具有某种特性或特征，但同属或者同种内的其他品种同样具有该特性或特征的”情形。

2. 地方品种、野生栽培品种、引进品种

按照《草品种审定技术规程》（GB/T 30395—2013）相关要求进行品种命名。

三、工作流程

（一）创新团队在特定品种申请畜禽新品种（配套系）审定、牧草品种审定、农业植物新品种保护前，需先自行登录中国农业科学院动植物品种名称登记查询系统进行核查，确定拟定名称符合规定且院内不重复后，报研究所科技管理与成果转化处审批。

（二）研究所对创新团队申报品种拟定名称进行审核，审核通过后，创新团队/课题组方可提请品种审定或申请植物新品种权或开展有关宣传推广活动。

（三）研究所定期将审定动植物新品种名称录入院动植物品种名称登记查询系统，保证系统数据完整并得到及时更新。

四、附　则

（一）本细则如有与国家有关规定不相符的，以国家规定为准。

（二）本细则由科技管理与成果转化处负责解释。

（三）本细则自 2021 年 3 月 30 日所常务（扩大）会议通过之日起施行。

中国农业科学院兰州畜牧与兽药研究所中心仪器室开放使用及收费管理办法（试行）

（农科牧药办〔2020〕69号）

为加强中国农业科学院兰州畜牧与兽药研究所科研仪器设备的专业化、网络化管理，促进开放共享，提高运行效率。依据《国家重大科研基础设施和大型科研仪器开放共享管理办法》（国科发基〔2017〕289号）和《中国农业科学院重大科研基础设施和大型科研仪器开放共享管理办法（试行）》（农科办科〔2017〕180号）等文件，制定本办法。

第一条 研究所中心仪器室按照“共享开放、服务社会、支撑科研、统筹高效”原则，建设若干检测分析功能实验室，对大型科研仪器设备（专用特种仪器设备除外）施行功能归类、专业服务、核算成本、有偿使用。

第二条 研究所所属（含挂靠）各类重点实验室、工程中心、质检中心、野外台站、公共实验室以及研究团队购置的单台/套原值50万元及以上的科研仪器设备均纳入中心仪器室统一管理，单台/套原值50万元以下的仪器设备采取自愿原则。

第三条 中心仪器室所属仪器设备面向社会共享开放，为所内外科研院所、高校和企业提供检测服务。

（一）中心仪器室仪器设备由研究所仪器设备共享管理平台统一控制（http://100.100.100.4:90/）。设专人负责仪器设备的日常运行、维护、预约管理、技术支持等服务，中心仪器室根据需要可聘请所内（外）相关仪器设备操作熟练人员作为技术专家，指导仪器设备的使用培训、检测分析和运行维护等。

（二）中心仪器室仪器设备按功能归类，原则上安置于各相关功能实验室集中管理和使用，确因设施设备安装要求或科研工作需要安置于相关学科实验室的仪器设备，须由相关学科团队指定专人负责管理，纳入仪器设备共享管理平台开放共享。

（三）研究所仪器设备共享管理平台统一控制的仪器设备，由中心仪器室负责维护，统一采购保险、试剂耗材等。

第四条 中心仪器室管理的仪器设备均须在研究所仪器设备共享管理平台进行预约使用。所内用户通过平台注册的账号进行预约使用，所在项目（课题）主持人或团队负责人确认，经中心仪器室通过后在预约时间内使用；所外用户通过平台公共账号预约使用。

第五条 中心仪器室可开展的业务项目分为预约上机操作和委托检验两类。

预约上机操作是指由平台管理员或具有仪器操作技能的技术人员指导上机操作。平台只接受符合直接上机检验的样品，用户自备相应实验耗材并进行数据分析。

委托检验是指完全委托中心仪器室进行检验检测。委托人只需交付样品并提供成熟可行的检测方法和样品前处理方法，不参与分析过程，中心仪器室在约定时限内出具分析数据。

第六条 中心仪器室收费方式如下：

（一）预约上机操作收费。中心仪器室仪器设备按实际使用时间进行收费。所内用户按照附件

2 收费标准的 60%收费。

（二）委托检验收费。开展附件 1 中的项目检测，按照附件 1 标准收费；使用仪器进行上机操作的按照附件 2 的 150%收费。中心仪器室和委托方签订委托协议并出具实验报告。

（三）所内用户实行阶梯收费：仪器设备年使用时间累计1 500小时以内（含1 500小时）按照标准的 100%收费；超过1 500小时，小于等于2 000小时的部分按照标准的 90%收费；超过2 000小时的部分按照标准的 80%收费。

第七条　中心仪器室分析检测计费类型及方式有：

（一）按机时计费。该方式适用于样品测试时间差异较大的检测项目。机时计费时，以半小时为最小单位，不足半小时者以半小时计费，样品的机时费从预热完成后上机测试样品时开始计算。

（二）按次/单位数量计费。该方式适用于功能性仪器。

（三）按样品数计费。该方式适用于有固定或标准化方法的委托检验项目。

（四）协议计费。该方式适用于大批量样品、长时间使用同一仪器设备、本办法中尚未包含的仪器设备和参数、项目合作等情况，计费标准双方协商确定。

第八条　仪器设备使用严格按照操作规程开展，使用人员在操作仪器、设施设备过程中出现异常，由中心仪器室管理人员负责维护维修；因违规操作造成仪器、设施设备损坏，须承担相应赔偿责任。

第九条　结算方式。中心仪器室出具交款通知书一式二份，计划财务处通过质检中心账号统一收费，所外单位通过银行转账方式结算，所内团队（课题）采取内部转账方式结算，计划财务处确认收款后将交款通知书盖章后，通知中心仪器室和用户。

第十条　中心仪器室实行全成本核算，累计检测费用的 10%奖励中心仪器室，主要用于中心仪器室管理、工作人员绩效以及聘请技术专家的绩效或其他费用支出；由所属相关团队或实验室管理的中心仪器室共享仪器设备按照检测费用的 10%予以绩效奖励，其中 6%给予仪器设备相关管理团队技术服务人员绩效或其他费用支出，4%奖励中心仪器室。

第十一条　中心仪器室以支撑研究所科技创新为主要服务宗旨，优先满足所内科研实验工作。研究所支持所属团队开展科研基础数据的检测分析、收集和应用。重大成果相关项目测试费用不足时，研究所根据工作实际需要可给予一定补充经费支持。

第十二条　所内团队或课题检测分析优先使用中心仪器室仪器设备，原则上不支持向外委托检测。

第十三条　中心仪器室仪器分析原始数据按照科研数据管理相关规定安全存储、严格保密、规范使用。未经许可，任何人不得擅自拷贝、存储、使用和发布，违者追究相关法律责任。

第十四条　本办法自 2020 年 10 月 29 日所长办公扩大会议通过之日起施行，由科技管理处负责解释。

附件 1

检测项目收费标准

序号	项目	收费标准（元/样）	备注
1	水分	120	
2	粗蛋白质	200	
3	粗纤维	200	
4	粗灰分	120	
5	中性纤维	200	
6	酸性纤维	200	
7	脂肪	200	
8	铜	150	
9	铁	150	
10	镁	150	
11	硒	150	
12	锌	150	
13	钙	150	
14	钾	150	
15	钠	150	
16	磷	150	
17	锡	150	
18	铅	300	
19	总汞	300	
20	铬	300	
21	17 种蛋氨酸	1 400	蛋氨酸、赖氨酸、苏氨酸、异亮氨酸、苯丙氨酸、色氨酸、组氨酸、酪氨酸、缬氨酸、丙氨酸、丝氨酸、甘氨酸、精氨酸、天氨酸、半胱氨酸、胱氨酸、谷氨酸
22	敌敌畏	500	
23	六六六	500	
24	滴滴涕	150	

（续表）

序号	项目	收费标准（元/样）	备注
25	溴氰菊酯	500	
26	青霉素	500	
27	甲硝唑	500	
28	左旋咪唑	500	
29	磺胺类	500	
30	氯霉素	500	
31	克伦特罗	500	
32	莱克多巴胺	500	
33	沙丁胺醇	500	
34	特布他林	500	
35	己烯雌酚	500	
36	氯霉素	合计 650	
37	氟苯尼考		
38	土霉素	合计 650	
39	多西环素		
40	林可霉素	500	
41	氯丙嗪	500	
42	磺胺类	1 000	总量
43	五氯酚酸钠	500	
44	庆大霉素	500	
45	阿莫西林	500	
46	头孢类匹林	合计 800	头孢匹林、头孢唑啉、头孢氨苄
47	阿维菌素	500	
48	血常规	260（含试剂） 100（试剂另算）	40 个样起（不足 40 样按 40 样计）

附件 2

仪器设备使用收费标准

序号	名称	规格型号	收费标准	备注	地点
1	三重四级杆质谱联用仪	AB SCIEX 5 500	500 元/小时	色谱柱自备	东楼 403
2	液质联用仪	RRLC6410	500 元/小时	色谱柱自备	东楼 603
3	飞行时间串联质谱仪	Agilent 6530 QTOF	400 元/小时	色谱柱自备	东楼 603
4	气质联用仪	Agilent7890A/5975C	200 元/小时	色谱柱自备	东楼 403
5	超高效液相色谱仪	Agilent 1290	120 元/小时	色谱柱自备	东楼 603
6	超高效液相色谱仪	Agilent 1290	120 元/小时	色谱柱自备	东楼 603
7	超高效液相色谱仪	Agilent 1290	120 元/小时	色谱柱自备	东楼 508
8	示差折射光高效液相色谱仪	Waters E2695	100 元/小时	色谱柱自备	东楼 403
9	高效液相色谱仪	Waters E2695	100 元/小时	色谱柱自备	西楼 608
10	电感耦合等离子体质谱仪	7900 ICP-MS	800 元/小时		西楼 110
11	原子吸收光谱仪	2EENIT700 BU	火焰法：25 元/元素/样，石墨炉法：100 元/（元素·样）、300 元/小时	自行预处理	西楼 110
12	激光共聚焦显微镜	ZEISS LSM800	300 元/小时		东楼 609
13	扫描电子显微镜	JSM-6510A	300 元/小时		西楼 110

（续表）

序号	名称	规格型号	收费标准	备注	地点
14	高内涵筛选系统	Operetta CLS	1 200 元/次	DPC 动态实时观察	东楼 405
			200 元/小时	共聚焦荧光成像	
15	活细胞工作站	LX83	普通成像 50 元/小时，活细胞成像模块 100 元/小时		东楼 604
16	流式细胞仪	BD FACS VERSE	分析：（1）5 个样品以内：开机费 50 元，另加 10 元/样品（如：1 个样品 60 元）；（2）大于 5 个样品：免开机费，20 元/样品（如：6 个样品 120 元） 分选：800 元/小时（30 分钟以内为 400 元）	开机费包括：鞘液，调试标准微球，激光损耗，清洗仪器溶剂	东楼 609
17	全自动微生物鉴定及药敏分析系统	VITEK2 Compact 30	40 元/样（少于 5 个样每批 200 元）	卡片自备	东楼 405
18	药物筛选及检测系统	Biacore X100	80 元/小时	芯片另计	东楼 603
19	高通量牛奶体细胞分析仪	CombiFoss 7-Fossomatic 7 DC	样品数＜100 个，25 元/样品；100 个≤样品数＜300 个，20 元/样品；300 个≤样品数＜1 000 个，15 元/样品；1 000≤样品数，8 元/样品	样品数 50 个起检测，开机费 300 元，如自购试剂，支付仪器维护和人工费用，5 元/样品	东楼 406
20	牛奶乳成分分析仪	CombiFoss7-Milkoscan7 RM			东楼 406
21	脉冲场电泳仪	CHEF Mapper XA	开机总时间小于 8 小时按 20 元/小时收费，超过 8 小时按 400 元/天		东楼 405
22	生物大分子分析仪	LabChipGX Ⅱ Touch 24	200 元/小时	试剂耗材另收	东楼 405
23	遗传分析仪	Lon PGM	200 元/小时		东楼 405
24	全自动蛋白质表达分析系统	Protein Simple Wes	300 元/次		西楼 711
25	氨基酸分析仪	ACQUITY UPLC	100 元/小时		西楼 312

（续表）

序号	名称	规格型号	收费标准	备注	地点
26	超临界萃取系统	Spe-ed SFE	120 元/小时		东楼 507
27	冻干机	LyoQuest Plus	20 元/小时		东楼 407
28	激光显微切割系统	PALM ZEISS	200 元/小时		西楼 709
29	双色近红外激光成像系统	Odyssey clx	80 元/小时		东楼 405
30	全自动样品处理系统	PrepLinc	20 元/样		东楼 605
31	动物活体取样系统	Culex	100 元/次		东楼 405
32	血生化分析仪	BS-420	15 元/指标 22 元/指标 35 元/指标	样品数>100 个 50 个<样品数≤100 个 样品数≤50 个	东楼 304
33	五分类动物血细胞分析仪	ProCyte DX	60 元/样品 80 元/样品 100 元/样品 4 500 元	样品数>100 个 70 个<样品数≤100 个 40 个<样品数≤70 个 样品数≤40 个	东楼 304
34	病理切片	LEICA	制作切片 40 元/张，切片制作加读片 120 元/张		东楼 304
35	移动式激光 3D 植物表型平台	PlantEyePhenoSpex	2 000 元/次		西楼 305
36	自动土壤呼吸监测系统	ACE-NET	2 000 元/次（单机）		西楼 310
37	连续流动分析仪	FS-IV+	氨态氮 80 元/样、硝态氮 80 元/样、全氮 80 元/样、全磷 80 元/样、亚硝态氮 80 元/样		大洼山
38	纤维直径光学分析仪	lascrscanawin	150 元/样		西楼 610
39	牛羊冷冻精液制备系统	Minitube	1 000 元/次		西楼 514
40	超高速冷冻离心机	Optima XPN-100	80 元/小时		西楼 108

综合政务管理

中国农业科学院兰州畜牧与兽药研究所政务公开实施方案

为加强科学决策和民主管理，完善所务公开制度，改进工作作风，推进行政权力运行程序化和公开透明，切实强化对行政权力的监督制约，提高管理服务水平，促进学习型、服务型、创新型研究所建设，根据开放办所、民主办所宗旨，结合研究所实际，制订政务公开实施方案。

一、总体要求

要以马克思列宁主义、毛泽东思想、邓小平理论、“三个代表”重要思想、科学发展观和习近平新时代中国特色社会主义思想为指导，坚持以人为本、执政为民，坚持围绕中心、服务大局，按照深化科技体制改革的要求，转变工作作风，推进研究所权力运行程序化和公开透明；按照公开为原则、不公开为例外的要求，公开干部职工普遍关心、涉及职工群众切身利益的信息，按照便民便利的要求，进一步改进政务服务，提高行政效能，为我所干部职工提供优质便捷高效服务，激励、调动广大科研人员和管理人员积极性，推动研究所科技创新工作迈上新台阶。

二、政务公开的原则

充分发挥广大干部职工在开放办所、民主办所的主体作用，创造条件保障干部职工更好地了解和监督研究所各项工作，坚持保障干部职工的知情权和监督权，加大推进政务公开，把公开透明的要求贯穿于政务服务各个环节，以公开促进政务服务水平的提高。

（一）发扬民主，广泛参与。进一步提高职工对全所事务的参与度，拓宽职工意见表达渠道，充分营造民主讨论、民主监督环境，调动广大干部职工干事创业和建言献策的积极性。

（二）依法依纪，积极稳妥。坚持自上而下的指导和自下而上的探索相结合；先易后难、循序渐进，逐步扩大公开范围。除涉及党和国家秘密等依照规定不宜公开或不能公开的外，都应逐步向职工公开。

（三）分类指导，规范科学。确定相应的公开内容和方式，规范共性、突出个性，提高政务公开的针对性和有效性。公开内容要真实、具体，公开程序要规范、严谨，并保证政务公开的时效性和经常性。

（四）统筹兼顾，改革创新。把政务公开与党务公开、办事公开等有机结合起来，统筹谋划、整合资源，相互促进、协调运转。积极适应开放办所、民主办所的新要求，不断完善公开制度，丰富公开内容，创新公开形式，积极探索职工发挥作用的途径和方式。

三、政务公开的内容

（一）工作制度公开。坚持用制度管事管人，规范工作行为、办事程序，保障职工的知情权、参与权、表达权、监督权，让权力在阳光下运行。

（二）决策过程公开。加强决策程序建设，健全重大决策规则和程序，逐步扩大决策公开的领域和范围，推进决策过程和结果公开。凡涉及干部职工切身利益的重要改革方案、重大政策措施、重点工程项目，在决策前要广泛听取、充分吸收各方面意见，并以适当方式反馈或公布意见采纳情况。

（三）内部事务公开。加大组织人事、财务预决算、政府采购、基建工程等信息的公开力度，涉及干部任用、职称评定、教育培训、奖励表彰等情况，要采取适当方式及时在内部公开，切实加强权力运行监控。

（四）监管工作公开。扎实推进廉政风险防控管理。在认真查找廉政风险点和制订防控措施的基础上，认真执行并及时完善《兰州畜牧与兽药研究所廉政风险防控手册》，逐步建立健全风险预警、内外监督、考核评价和责任追究机制，形成一整套行之有效的廉政风险防控制度体系。

四、政务公开的形式

政务公开的基本形式是职工代表大会、党政工联席会、座谈会、所情通报会、所领导不定期走访、政务公开栏、研究所网页、每月一期的工作简报、会议纪要和意见箱等。

五、政务公开的程序

（一）制订目录。结合研究所实际情况，制订政务公开目录。规范公开的内容、范围、方式、时限和承办部门等，所属各部门制订本部门需要公开的目录。

（二）实施公开。公开的时限应与公开的内容和范围相适应。政务公开内容的真实性、可靠性，由提供公开内容的部门负责。

（三）收集反馈。通过建立电子邮箱、设立意见箱、公布联系电话、安排接待日等方式，收集干部职工对我所政务公开情况的意见和建议，及时做出处理或整改，并将结果以适当方式向干部职工反馈。

（四）归档整理。将政务公开的内容和干部、职工的意见、建议以及处理情况等资料，及时登记归档，并做好管理利用工作。

六、政务公开的时限

政务公开要充分体现及时性和经常性，做到常规性工作长期公开，阶段性工作定期公开，临时性工作和重点事项即时公开。

（一）长期公开。主要指具有长期性、稳定性的工作，需在长时间内对干部职工公开。如遇修订和调整，应当及时更新。

（二）定期公开。主要指一段时间内相对稳定的阶段性工作，如工作年度计划、重要会议、教育培训计划及落实情况。可根据实际情况确定更新周期。

（三）即时公开。主要指动态性、临时性、应急性的工作，如阶段工作重点、领导讲话、干部考察预告。任前公示等，应及时进行公示。跨年度工作除即时公开外，还应当随年终总结进行公开。

七、政务公开工作制度

健全和完善以规范政务公开内容、形式、程序、反馈意见落实及工作责任追究为主体的具体制度。要在实践中不断总结完善，建立健全各项行之有效的制度，使政务公开工作科学化、制度化、规范化。

（一）例行公开制度。列入政务公开目录的事项，应按照职责分工和有关规定，及时主动公开。

（二）依申请公开制度。干部职工按照有关规定申请公开相关事务。对申请的事项，可以公开的，应向申请人公开或在一定范围内公开；暂时不宜公开或不能公开的，及时向申请人说明情况。

（三）信息反馈制度。按照“谁公开、谁负责，谁收集、谁反馈”的原则，收集整理干部职工围绕政务公开提出的意见和建议，及时做好信息反馈工作；涉及重要事项和重大问题，要认真讨论研究，并根据需要实行再次公开。

（四）监督检查制度。要加强对政务公开工作的检查和指导，推动工作落实。相关部门要对政务公开工作落实情况进行调查研究和督促指导，研究改进和加强监督的方式方法，及时解决政务公开实践中存在的困难和问题。

（五）考核评价制度。坚持把政务公开和政务服务工作纳入绩效考核管理范围，细化考核评估标准。建立健全激励和问责机制，对工作落实到位、职工满意度高的部门要予以奖励；对不按规定公开或弄虚作假的，要批评教育，限期整改；情节严重的，要追究有关领导和直接责任人的责任。对损害职工合法权益、造成严重后果的，要严格追究责任，坚决避免政务公开和政务服务流于形式，确保各项工作落实到位。

八、政务公开保障措施

（一）加强对政务公开工作的领导。要切实加强对政务公开工作的组织领导，统一研究部署、组织协调和指导政务公开工作，及时解决工作中的问题。成立政务公开领导小组，由所长任领导小组组长；领导小组下设办公室，具体负责全所政务公开日常工作，推动全所的民主政治建设。

（二）加强政务公开宣传教育。采取多种形式，帮助全所干部职工全面掌握政务公开工作的主要内容和基本要求，引导广大干部职工正确行使民主权利，让干部职工在了解中参与，在明白中监督。加强宣传教育，加大培训力度，形成工作合力。充分运用媒体等各种舆论阵地，大力宣传政务公开的重大意义、主要内容、目标要求和方式方法，发挥典型示范作用，努力营造政务公开的良好氛围。

（三）不断改进公开方式。推进政务公开，要坚持形式服从内容，注重实效。结合研究所实际，以关系职工切身利益的重要事项和本部门的核心权力为重点，不断丰富政务公开内容，把传统方式和现代手段结合起来。通过会议、文件、简报、公告栏等形式进行公开。积极探索运用网络、电子显示屏、手机短信等方式进行公开，不断提高政务公开的质量和水平。

九、附　则

（一）本办法由政务公开领导小组负责解释。

（二）本办法自公布之日起执行。

附：中国农业科学院兰州畜牧与兽药研究所政务公开目录

一级目录	二级目录	三级目录	公开方式	公开范围	公开时限	责任单位
机构设置与职能	基本情况	1. 所简介	所网	社会	长期	所办公室
	所领导集体	2. 现任领导名单、简历	所网	社会	长期	所办公室
	组成机构	3. 所属各部门名单	所网	社会	长期	所办公室
		4. 各部门机构设置与职能	所网	社会	长期	所办公室
政策规章	所级制度	5. 以研究所名义发布的关于组织人事、财务资产管理、科技创新、教育培训与人才引进、对外交流合作、科技管理工作、基建管理工作等规章制度	文件	所内	长期	办公室
发展规划	所总体规划	6. 所中长期发展规划等事关全所改革发展全局的规划或要点	文件	所内	长期	办公室
	专项规划	7. 由研究所起草颁布的、关于全所专项工作的部分规划或要点	文件	所内	长期	办公室
重要事项	预算决算	8. 年度财政预算、决算报告	会议或文件	所内	定期	财务处
		9. “三公”经费公开	会议或文件	所内	定期	财务处
	大额资金使用	10. 重大基建项目、设备采购招标、批准和实施情况	会议或文件	所内	即时	财务处
	重点工作	11. 全所性重点工作进展	会议或文件	所内	定期	办公室
	组织人事	12. 组织机构调整、重要人事任免公告	会议或文件	所内	即时	党办人事处
		13. 对外招聘启事	所网、院网	社会	即时	党办人事处
科研工作	所级项目审批立项	14. 所级项目申请、通知与立项公示	会议或文件	所内	即时	科技管理处
	招生与培养	15. 学生招录、奖励资助、公派出国等事项有关介绍与通知公告	所网或文件	社会	即时	科技管理处
	科研项目	16. 科研项目类别、名称及承担单位	所网或文件	所内	定期	科技管理处
	科技平台	17. 依托我所建设的国家、省、部、院及所级平台简况	所网或文件	所内	定期	科技管理处
	科研进展	18. 学术活动动态与科研工作进展	所网或文件	所内	定期	科技管理处
	科研成果	19. 论文、专利、科技奖励、版权软件等相关统计数据与科技成果奖申报通知与评审结果公示	所网或文件	所内	定期	科技管理处
其他内容						

中国农业科学院兰州畜牧与兽药研究所计算机信息系统安全保密管理暂行办法

（农科牧药办〔2012〕15号）

第一章 总 则

第一条 为加强我所计算机信息系统的安全保密管理，维护计算机信息交流的正常进行和健康发展，确保国家秘密安全，保护本所秘密，防止计算机失泄密问题的发生，根据《中华人民共和国保守国家秘密法》国家保密局《计算机信息系统保密管理暂行规定》国家保密局《计算机信息系统国际联网保密管理规定》和《中国农业科学院计算机信息网络安全管理规定（暂行）》，结合研究所实际，制订本办法。

第二条 本办法所称计算机信息系统是指由计算机及其相关的配套的设备、设施（含网络）构成的，按照一定的应用目标和规则对信息进行采集、加工、存储、传输、检索等处理的人机系统。

第三条 本办法适用于研究所各部门和职工利用办公计算机、网络及移动存储介质采集、加工、存储、传输、处理涉密信息和非涉密信息。

第四条 研究所保密领导小组负责全所计算机信息系统的安全保密管理。各部门（课题组）第一责任人负责本部门（课题组）计算机信息系统的安全保密工作。

第二章 计算机网络信息安全保密管理

第五条 任何部门或个人不得利用计算机网络从事危害国家利益、集体利益和公民合法利益的活动，不得危害计算机网络及信息系统的安全。不得制作、查阅、复制和传播有碍社会治安和不健康的、有封建迷信、色情等内容的信息。

第六条 加强对上网人员的保密意识教育，提高上网人员保密观念，增强防范意识，自觉执行保密规定。

第七条 为防止黑客攻击和病毒侵袭，计算机须安装国家安全保密部门许可的正版杀毒软件，并定期对杀毒软件进行升级。原则上不允许外来光盘、U盘等移动存储介质在本所局域网计算机上使用。确因工作需要使用的，必须经防（杀）毒处理，证实无病毒感染后，方可使用。

第八条 涉密计算机严禁直接或间接连接国际互联网和其他公共信息网络，必须实行物理隔离。

第九条 接入网络的计算机严禁将计算机设定为网络共享，严禁将机内文件设定为网络共享文件。不得在联网的信息设备上存储、处理和传输任何涉密信息。

第十条 保密级别在秘密以下的材料可通过电子信箱传递和报送，严禁保密级别在秘密以上的材料通过电子信箱和聊天软件等方式网上传递和报送。禁止将涉密材料存放在网络硬盘上。

第十一条　任何部门或个人不得在聊天室、电子公告系统、网络新闻上发布、谈论和传播国家秘密信息。使用电子函件进行网上信息交流，应当遵守国家保密规定，不得利用电子函件传递、转发或抄送国家秘密信息。

第十二条　上网发布信息坚持“涉密不上网，上网不涉密”，“谁发布、谁负责”的原则。除新闻媒体已公开发表的信息外，各部门或个人提供的上网信息应确保不涉及国家秘密。

第十三条　凡向互联网站点提供或发布信息，必须经过保密审查批准。审批程序为：各部门（课题组）负责对信息的搜集和整理，并对拟发布的信息是否涉密进行审查后交办公室，由办公室填写《中国农业科学院新闻宣传信息发布审核表》，报所领导审批后在研究所网页上发布或报送相关部门发布。

第十四条　研究所内部工作秘密、内部资料等，虽不属于国家秘密，但应作为内部事项进行管理，未经所领导批准不得擅自发布。

第十五条　禁止网上发布信息的基本范围：

（一）标有密级的国家秘密。

（二）未经有关部门批准的涉及国家安全、社会政治和经济稳定等敏感信息。

（三）未经制文单位批准，标注有“内部文件（资料）”和“注意保存”（保管、保密）等警示字样的信息。

（四）本部门或研究所认定为不宜公开的内部办公事项。

第三章　涉密计算机和存储介质保密管理

第十六条　研究所保密领导小组根据国家保密法规和农业部、中国农业科学院相关规章制度，结合工作实际，确定涉密部门和岗位，配备涉密计算机和存储介质，并登记备案。

第十七条　涉密计算机必须实行物理隔离，严禁直接或间接连接国际互联网和其他公共信息网络。涉密计算机的使用必须由专人负责操作，无关人员不得违规操作。

第十八条　涉密计算机用户密码管理。

（一）秘密级涉密计算机的密码管理由使用人负责，机密级涉密计算机的密码管理由涉密部门（课题组）负责人负责。严禁将密码转告他人。

（二）用户密码必须由数字、字符和特殊字符组成；秘密级计算机用户密码长度不能少于 8 个字符，机密级计算机用户密码长度不得少于 10 个字符，并要定期更换密码。

第十九条　由所保密领导小组指定专人负责涉密计算机软件的安装工作，严禁使用者私自安装计算机软件和擅自拆卸计算机设备。

第二十条　禁止涉密计算机在线升级防病毒软件病毒库，应使用安全的离线升级包进行升级。至少每周查杀一次病毒。

第二十一条　涉密计算机中电子文件的密级按其所属项目的最高密级界定，其生成者应按密级界定要求标定其密级，密级标识不能与文件的正文分离，一般标注于正文前面。

第二十二条　各用户须在本人的计算机中创建保密文件夹，并将电子文件分别存储在相应的文件夹中。

第二十三条　涉密电子文件由涉密部门负责，定期、完整地存储到不可更改的介质上，做好登记后集中保存，然后从计算机上彻底删除。涉密电子文件和资料的备份应严加控制，未经许可严禁私自复制、转储和借阅。涉密计算机打印输出的文件应当按照相应密级文件管理，打印过程中产生的残、次、废页应当及时销毁。

第二十四条　涉密存储介质是指存储涉密信息的硬盘、光盘、移动硬盘及U盘等。各部门、课题组负责管理其使用的各类涉密存储介质，应根据有关规定确定密级及保密期限，并视同纸制文件，按相应密级的文件进行分密级管理，严格借阅、使用、保管及销毁制度。借阅、复制、传递和清退等必须严格履行手续，不能降低密级使用。

第二十五条　涉密存储介质不得接入或安装在非涉密计算机或低密级的计算机上，不得转借他人，不得带出工作区。因工作需要必须带出工作区的，需填写“涉密存储介质外出携带登记表”，经所领导批准，并报保密领导小组登记备案，返回后要经保密领导小组审查注销。

第二十六条　复制涉密存储介质，须经所领导批准，并填写“涉密存储介质使用情况登记表”。需归档的涉密存储介质，应连同“涉密存储介质使用情况登记表”一起及时归档。

第四章　涉密计算机和存储介质维修维护管理

第二十七条　涉密计算机和存储介质发生故障时，应当向所保密领导小组提出维修申请，经批准后维修，维修过程须由有关人员全程陪同。禁止外来维修人员读取和复制被维修设备中的涉密信息。

第二十八条　需外送修理的涉密设备，经所保密领导小组批准，并将涉密信息进行转存和不可恢复性删除处理后方可实施。

第二十九条　维修后应填写《涉密设备维修档案记录表》，将涉密设备的故障现象、故障原因、维修人员、维修内容等予以记录。

第三十条　高密级设备调换到低密级单位使用，要进行降密处理，并做好相应的设备转移和降密记录。

第三十一条　涉密计算机和存储介质的报废应由使用者提出申请，经所领导批准后，交所保密领导小组负责销毁。

第五章　附　则

第三十二条　对违反规定泄露国家秘密的，依据《中华人民共和国保守国家秘密法》及其相关法律、法规进行查处，追究责任。

第三十三条　本办法由办公室负责解释。

第三十四条　本办法经2012年2月29日所务会议讨论通过，从即日起执行。

中国农业科学院兰州畜牧与兽药研究所信息传播工作管理办法

（农科牧药办〔2014〕82号）

第一章　总　则

第一条　为加强和规范全所信息传播工作，营造有利于研究所创新发展的良好环境和舆论氛围，促进科技创新工程实施，根据国家、农业部和中国农业科学院有关新闻宣传、科技传播和政务信息报送等工作的规定，结合研究所实际，制订本办法。

第二条　本办法适用于所属各部门开展的信息传播工作。信息传播工作包括新闻宣传、院所媒体传播和政务信息报送等。

（一）新闻宣传是指通过网络、报纸杂志、电视、广播等公共媒体，对研究所科研和管理活动进行的信息发布或宣传报道。

（二）院所媒体传播是指利用院网、院报、所网等院所媒体，发布研究所工作动态和相关信息的工作。

（三）政务信息报送是指依托《中国农业科学院简报》《中国农业科学院每日要情》《中国农业科学院信息》《中国农业科学院信息专报》等内部刊物，收集和报送研究所在科研和管理活动中产生的有参考价值的内部信息，为有关领导了解情况、科学决策提供信息服务的工作。

第三条　研究所信息传播工作的基本原则是：全面、客观、准确、及时、通俗地反映各项工作进展，严格执行国家、农业农村部和中国农业科学院有关新闻宣传、广播电视、报刊出版、互联网、保密、知识产权等方面的规定，防止失实报道和失泄密事件发生。

第二章　组织机构与人员队伍

第四条　为了加强信息传播工作，成立研究所信息传播工作领导小组。由所长任组长，党委书记和分管科研工作的副所长任副组长。其他所领导、职能部门第一责任人和办公室宣传岗位工作人员为小组成员。实行办公室牵头，各部门各负其责的工作机制。信息传播工作领导小组负责制订研究所年度信息传播工作计划，并报中国农业科学院办公室。

第五条　建立研究所通讯员队伍，职能部门、开发服务部门和研究所8个中国农业科学院科技创新团队各指定一名政治素质高、文字功底好的工作人员兼任通讯员，负责本部门和本团队工作动态和工作进展的信息传播工作。

第六条　根据中国农业科学院要求，设立研究所新闻发言人，由所领导担任，代表研究所履行对外发布新闻、声明和有关重要信息等职责。

第三章　工作内容

第七条　新闻宣传的主要内容

（一）研究所改革、创新、发展的重要举措与成效。

（二）研究所创新成果与创新思想。

（三）研究所涌现的先进人物与团队的典型事迹。

（四）可向媒体发布的其他内容。

第八条　院所媒体传播的主要内容

（一）应公开的全所基本情况与基本数据信息。

（二）研究所各项工作动态与进展。

（三）农业科普知识。

（四）涉农突发事件有关科技问题的专家解读等。

第九条　政务信息报送的主要内容

（一）在科研和管理工作中取得的明显成效与经验。

（二）最新重大科技成果、重要科研进展。

（三）国外最新重大农业科研成果与动态。

（四）专家学者对农业农村经济与农业科技发展有关重点、难点、热点问题的分析判断与政策建议等。

第十条　工作要求及程序

（一）通讯员须根据各部门和各团队工作动态和进展，及时撰写稿件，经部门或团队负责人审阅签字后向办公室报送电子版，由办公室报所领导审阅并签署意见后统一报送或发布。

（二）信息内容必须真实准确、主题鲜明、言简意赅，尽量做到图文并茂，图片清晰并突出主题。

第十一条　研究所任何部门或个人接受新闻采访，必须经所领导批准，未经批准，不得擅自接受涉及研究所相关工作的采访。

第四章　考核与奖惩

第十二条　信息传播工作是中国农业科学院研究所评价体系考核指标之一。各部门和团队应高度重视。研究所建立信息传播工作通报制度，由办公室定期对各部门和团队报送的信息稿件及采用情况进行统计，并在全所范围内通报。

第十三条　研究所任何人员不得以研究所或者中国农业科学院名义发布职务成果。严禁发布涉及国家秘密及研究所秘密的信息，一经发现按相关规定追究相关部门、团队和个人责任。

第十四条　对违反本办法有关规定，造成不良影响和后果的部门和个人，进行通报批评，督促整改，并取消当年先进单位和个人的评选资格。违反国家和主管部门规定的按相关规定处理。

第十五条　为促进研究所信息传播工作，提高各部门及工作人员开展信息传播工作的积极性，对撰稿人予以奖励。奖励标准参见《中国农业科学院兰州畜牧与兽药研究所奖励办法》。

第五章　附　则

第十六条　本办法由办公室负责解释，自 2014 年 11 月 25 日所务会议讨论通过之日起施行。

中国农业科学院兰州畜牧与兽药研究所安全生产管理办法

（农科牧药办〔2017〕5号）

第一章　总　则

第一条　为了加强研究所安全生产管理，明确安全生产责任，预防和避免安全生产事故，保护研究所从业人员的生命财产安全，促进研究所持续健康发展，根据《中华人民共和国安全生产法》等法律法规和农业部、中国农业科学院有关规定，结合研究所实际，制订本办法。

第二条　本办法适用于研究所科学研究、管理服务、开发经营、条件建设、培养教育等各项工作及其从业人员和学生。

第三条　研究所安全生产工作贯彻“安全第一，预防为主，综合治理”的方针。坚持以人为本，统一领导，分级负责，“谁分管、谁负责，谁使用、谁负责，谁违规、谁担责”的原则，按“一岗双责”和“一票否决”的要求，严格履行安全生产责任制，做到安全生产工作与业务工作同研究、同部署、同检查、同考核，确保研究所各项工作安全有序开展。

第二章　组织机构

第四条　成立研究所安全生产领导小组，组长由所长担任，副组长由其他所领导担任，成员为各部门主要负责人。下设安全生产领导小组办公室，挂靠所办公室，负责日常工作。

第五条　建立研究所安全生产管理队伍，各职能部门和支撑部门确定1名安全员，各研究室每间实验室确定1名安全员。协助本部门或团队负责人做好安全生产工作。

第三章　职责与分工

第六条　所长是研究所安全生产工作第一责任人，对研究所安全生产工作全面负责。其他所领导协助所长履行安全生产工作职责，负责分管部门的安全生产工作。按照“谁分管、谁负责”原则，各级领导对各自分管业务范围内的安全生产负领导责任。

第七条　研究所安全生产领导小组的职责：

（一）贯彻落实国家、地方政府、中国农业科学院安全生产管理有关法律法规，组织实施研究所安全生产管理工作。

（二）组织制订或修订研究所安全生产管理制度和应急预案，并对执行情况进行监督检查；研究部署和落实安全生产工作保障措施。

（三）组织实施研究所每月一次的安全检查和安全隐患整改工作。

（四）开展安全知识和技能的教育培训和应急演练。

（五）与各部门签订安全生产责任书并予检查落实。

（六）其他安全生产管理工作。

第八条　安全生产管理职责分工：办公室、后勤服务中心、科技管理处、条件建设与财务处等部门在领导小组领导下，代表研究所负责实施归口业务的安全生产管理，并根据分工制订相应的规章制度。

（一）办公室承担研究所安全生产日常管理工作。

（二）后勤服务中心负责研究所内部治安、消防安全、安防设施和设备的购置及维护保养、废弃物安全处置、所区内交通安全和锅炉、电梯等特种设备的安全管理工作。

（三）科技管理处负责研究所剧毒药品、危险化学品的采购审核和在所研究生安全管理等工作。

（四）条件建设与财务处负责研究所危险化学品供应商招标、租赁房屋和施工现场的安全生产监督管理等工作。

（五）生产经营部门的安全生产管理由该部门负责。

第九条　各部门主要负责人是本部门安全生产工作第一责任人，应当履行下列职责：

（一）贯彻落实国家、地方政府、中国农业科学院和研究所安全生产法律法规和规章制度，负责本部门安全生产工作。

（二）做好安全生产工作，并结合本部门职责和工作实际，建立健全本部门各项规章制度或操作规范及设备设施。

（三）建立健全安全生产管理网络，确定本部门或实验室安全员，并督促安全员履行职责。

（四）开展本部门安全教育培训和应急演练。

（五）组织实施本部门安全检查和安全隐患整改工作，及时处理和上报安全工作中出现的各类问题。

第十条　各部门和各实验室安全员是本部门或实验室安全生产主要责任人，应当履行下列职责：

（一）协助部门或团队负责人做好安全生产工作，督促检查和落实本部门或实验室安全生产工作，对所负责区域进行日常检查，对不当行为加以制止，发现异常及时处理和报告。

（二）贯彻落实研究所有关安全生产工作的安排部署，协助完成安全生产隐患的整改工作。

（三）参加研究所开展的安全生产检查。

（四）安全员应定时做好安全日记。

第十一条　研究所全体从业人员和学生对本岗位的安全生产工作负直接责任，应当履行下列职责：

（一）严格遵守各项法律法规和规章制度，熟悉有关安全生产规章制度和安全操作规程，掌握本岗位的安全知识和操作技能，正确操作和维护仪器设备、设施。

（二）自觉接受安全生产教育培训，掌握基本的应急救援知识，具备基本的自救和施救能力。

（三）树立安全意识，加强自我保护，严格遵守安全操作规程和有关规定，有权对他人违章作业加以劝阻和制止。

（四）发现异常及时处理，对不能当场排除的安全隐患或出现的安全问题，要及时报告并按照研究所突发公共事件应急预案进行处理。

第四章　日常管理

第十二条　各部门必须将安全生产工作列入本部门工作的重要议事日程，与业务工作同安排、同落实、同考核。要结合部门工作实际制订本部门的安全生产规章制度、操作规程和应急防范措施，消除安全隐患，预防意外事故的发生。

第十三条　各部门除组织本部门从业人员和学生积极参加研究所开展的安全教育和应急演练外，还应结合本部门工作开展多种形式的安全教育和培训，营造人人负有安全责任、人人对安全认真负责的安全氛围，切实提高安全生产意识。

第十四条　按照本办法第八条职责分工，办公室、后勤服务中心（宾馆）、科技管理处、条件建设与财务处（租房部）、各研究室、基地（药厂）等部门应制订研究所治安管理、消防安全、交通安全、危险化学品和施工现场等安全管理规章制度，并督促落实。

第十五条　后勤服务中心是研究所负责消防安全的部门，应加强消防、用电、用水安全管理，消控室和水电班工作人员应24小时值守监控。按规定在防火重点场所配齐配足消防器材，保持安全疏散通道畅通，保证灭火器材完好有效。设置人员疏散指示标志。加强对供水、供电和应急照明设施的检修，防止因漏电或管线老化等问题引发事故。

第十六条　各部门特别是各研究室应加强对易燃、易爆、放射、剧毒等危险品的管理。危险品使用人员应经过安全培训，熟知危险品的特性和安全防范、救治措施，并严格按要求开展实验研究工作。各种危险品应存放在危险品库或专用危险品橱柜内，实行双人双锁管理。对危险品的领用、消耗，各单位应有专人随时登记、复核。危险品的废弃物应分类收集、统一交由后勤服务中心处理，不得随意倾倒丢弃。

第十七条　加强内部治安管理。保卫人员应坚持昼夜值班，节假日和重大活动期间应安排人员值班，值班人员须到岗值班。加强门卫管理，建立外来人员进出登记制度，未经允许外来人员不得进入办公场所。对重点部门和要害部位，落实人防、物防和技防措施，防止因管理不善发生失火、失窃等事故。任何单位或个人，需占用道路或场地，须经后勤服务中心同意。

第十八条　加强车辆管理。机动车辆使用应符合安全标准要求。强化驾驶人员的交通法规和安全教育，严禁酒后驾驶、疲劳驾驶和将车辆借与他人驾驶。严禁私车公用。严禁租用证件不全、车况不良等不符合规定的车辆。严禁聘用无证和技术不良的司机，严禁超载运行。如遇恶劣天气按规定必须停运的，应坚决停运。

加强所区内道路交通安全管理。设置明显的交通标志标线和减速装置，如限速、禁鸣、分道线等。施工现场应设置隔离带，并设置明显的警示标志。加强道路设施日常管理和维护，及时消除影响通行安全的隐患。

第十九条　加强集体活动的管理，各种集体活动应以安全、就近为原则，提前排查不安全因素，提出预防措施和逃生应急方案，主办部门负责安全措施和方案的组织实施。各部门组织的集体活动须报分管所领导批准，并做好安全教育和防范工作。

第二十条　电梯、锅炉等特种设备的安全管理严格执行国家和地方政府的法律法规。

第五章　安全事故报告和处理

第二十一条　发生安全事故后，最先发现的个人或部门负责人应立即将事故发生情况报告相应管理部门和所领导。

第二十二条　发生安全事故后，应启动研究所突发公共事件应急预案，立即联系公安、消防、急救中心等部门，全力组织抢救，力争使损失和影响减小到最低程度。各有关部门和各级领导、有关人员按预案行动，对事故进行处理。事故处理结束后，积极配合有关部门开展安全事故调查和处理，并做好善后工作。

第二十三条　发生安全事故后，应按有关规定及时将事故情况报地方政府安全生产监督管理部门和中国农业科学院应急办公室。事故报告应当包括下列内容：

（一）事故发生单位基本情况。

（二）事故发生时间、地点以及事故现场情况。

（三）事故简要经过。

（四）事故已经造成或者可能造成的伤亡人数（包括下落不明的人数）和初步估算的直接经济损失。

（五）已经采取的措施。

（六）其他应当报告的情况。

第六章　考核与奖惩

第二十四条　实行安全生产工作“一票否决”制，按年度对各部门的安全生产工作进行综合考核，考核结果作为部门工作业绩评价的重要内容予以奖惩。

第二十五条　凡安全生产工作制度健全、积极履行职责、责任落实到位，一年中无安全事故，对全年累计每月安全生产检查获得前三名的部门，予以表彰奖励。

第二十六条　研究所安全生产领导小组对安全生产职责未履行或履行不到位，未及时排查整改重大安全隐患的部门或团队主要负责人进行约谈。

第二十七条　发生安全事故的部门和相关责任人取消本年度各类评优选先资格。根据事故调查结果，对直接责任人员以及有关负责人给予相应的行政处分；造成经济损失的，追究其经济（民事）责任；情节严重，构成犯罪的，移交公安司法机关依法追究刑事责任。

第七章　附　则

第二十八条　本办法由研究所办公室负责解释。

第二十九条　本办法自 2017 年 1 月 5 日所务会讨论通过之日起施行。

中国农业科学院兰州畜牧与兽药研究所突发公共事件应急预案

（农科牧药办〔2017〕5号）

第一章　总　则

第一条　为有效预防、及时控制和妥善处置研究所突发公共事件，提高快速反应和应急处置能力，建立健全应急机制，最大限度地预防和减少各类突发公共事件及其造成的损害，确保职工和学生的生命及财产安全，保证正常的科研生活秩序。根据《国家突发公共事件总体应急预案》《国家突发公共卫生事件总体应急预案》和《中国农业科学院突发公共事件专项应急预案》，结合研究所实际制订本预案。

第二条　本预案所称突发公共事件是指突然发生，造成或者可能造成重大人员伤亡、财产损失、生态环境破坏和严重社会危害，危及公共安全的紧急事件。根据公共事件的发生过程、性质和研究所特点，主要分为：社会安全类突发事件、自然灾害类突发事件、事故安全类突发事件、公共卫生类突发事件。

第三条　本预案适用于研究所对各类突发公共事件的应急处置工作。

第四条　研究所突发公共事件应急处置工作按照以人为本、预防为主、统一领导、分级负责、快速反应、协同应对的原则，有效控制突发事件的发生，迅速化解矛盾和平息事态，最大程度减少损失。

第五条　各类突发公共事件按照其性质、严重程度、可控性和影响范围等因素，一般分为四级：Ⅰ级（特别重大）、Ⅱ级（重大）、Ⅲ级（较大）和Ⅳ级（一般）。安全生产事故根据造成的人员伤亡或直接经济损失情况，分为以下等级：

（一）特别重大事故。指造成30人以上（包括本数，下同）死亡，或者100人以上重伤，或者1亿元以上直接经济损失的事故。

（二）重大事故。指造成10人以上30人以下（不包括本数，下同）死亡，或者50人以上100人以下重伤，或者5 000万元以上1亿元以下直接经济损失的事故。

（三）较大事故。指造成3人以上10人以下死亡，或者10人以上50人以下重伤，或者1 000万元以上5 000万元以下直接经济损失的事故。

（四）一般事故。指造成3人以下死亡，或者10人以下重伤，或者1 000万元以下直接经济损失的事故。

第二章　应急机构及主要职责

第六条　成立研究所突发公共事件应急处置工作领导小组（以下简称领导小组），组长由所长担任，副组长由其他所领导担任，成员由所属各部门负责人组成。负责应急预案制订、物资储备、队伍建设等应急体系建设；统一组织和指挥研究所突发公共事件应急处置工作；加强与上级主管部门和相关单位的沟通联系，争取政策、技术及其他方面的支持，维护研究所的安全稳定；处理善后事宜；总结经验教训，完善应急机制。

第七条　研究所突发公共事件应急处置工作领导小组下设办公室，挂靠在研究所办公室（以下简称应急办）。办公室主任任主任，后勤服务中心、科技管理处、基地管理处负责人任副主任，成员为上述部门相关工作人员。应急办根据领导小组的安排部署，承担应急宣传教育、应急演练等应急管理日常工作；协助领导小组处理突发事件。

第八条　研究所突发公共事件应急处置工作领导小组下设以下专项工作组：

（一）现场指挥组：组长由所长担任，副组长由其他所领导担任。成员根据突发事件的类别和涉事部门，由相关部门负责人组成。负责事发现场应急各项工作的指挥、组织、协调，按有关规定向院突发公共事件应急指挥中心和相关部门报告，以及请求公安、消防、卫生防疫部门援助等事项；决定对外发布信息的口径和时间、方式等；积极与医疗机构联系，保证伤病人员得到及时救治。现场指挥组可以随时调集人员，调用物资及交通工具，全所上下必须全力支持和配合。

（二）治安保卫组：由分管后勤服务中心的所领导任组长，后勤服务中心负责人任副组长。成员为保卫科、门卫和涉事部门人员。负责突发事件的现场控制，人员疏散，所区交通管制，维护秩序。

（三）保障抢修组：由分管后勤服务中心的所领导任组长，后勤服务中心负责人任副组长。成员为后勤服务中心、办公室和涉事部门人员。负责供水、供电、供暖设施的应急抢修，提供交通工具。天然气等研究所无法抢修的设施出现故障或遭到破坏时，要及时向有关部门报告，并协助抢修。

第九条　所属各部门负责人为本部门预防和处置突发公共事件第一责任人，应根据本部门实际制订相应的应急预案和操作规范等规章制度，负责落实本部门安全生产责任制，开展安全生产、预防和处置突发公共事件宣传教育活动，发现影响安全稳定的因素及时向所应急办报告；应本着控制事态发展、积极治病救人、努力减少生命和财产损失、认真做好善后工作、保持稳定的原则，及时处置本部门发生的一般性突发事件；处理突发事件时接受所领导小组指挥，并配合各工作组开展工作。全体职工和学生应服从和支持研究所及部门安排，全力配合防范和处置各类突发事件工作。

第三章　突发公共安全事件应急处置程序

第十条　根据国家、地方政府及中国农业科学院等发布的预警信息，研究所应急领导小组分析评估突发事件的紧急程度、发展态势和可能对研究所造成的危害，按有关规定以适宜的方式在研究所发布预警信息，并根据事态发展适时调整。发布预警信息后，根据实际情况和分类分级原则，采取下列一项或多项措施：

（一）及时收集、报告有关信息，加强对突发事件的监测和预警工作。

（二）及时按有关规定发布突发事件预测信息以及可能受到事件危害的警告，宣传避免或减轻危害的建议和常识，公布咨询和应急救援电话。

（三）组织应急救援队伍和负有特定职责的人员进入待命状态，并做好参加应急救援和处置工作的准备。

（四）调集应急救援所需物资、设备和工具，准备应急设施和避难场所，并确保其随时可以投入正常使用。

（五）加强对重点部位和重要基础设施的安全保卫，维护治安秩序，采取必要措施确保交通工具、通信、网络、水电热气等公共设施的安全和正常运行。

（六）法律、法规和规章制度规定的其他必要的防范性措施。

第十一条　研究所内发生突发公共事件，最先发现的部门负责人或个人应在第一时间向所领导和应急办报告。同时根据事故性质拨打“110”“119”“120”“96777”电话请求援助，并派人到所大门口等候，指引相关车辆顺利到达现场。

应急办接到突发事件报告后，应立即报告领导小组，并按领导要求开展工作，通知各工作组组长、副组长和相关部门，同时与事发地保持密切联系，进一步核实情况。接到通知的人员应迅速赶赴现场，服从指挥，协调联动，并保持通信畅通。

第十二条　信息报送原则是快速、准确。信息内容包括：事件发生的基本情况，包括时间、地点、涉及人员规模、影响范围、信息来源等情况；事件发生性质和影响程度初步判断；事件发展趋势和已经采取的措施；其他事项。内容要客观翔实，不得主观臆断，不得缓报、瞒报、误报和漏报。

第十三条　突发事件发生后，研究所根据事件状况和有关规定，应当于1小时内将事故情况报地方政府安全生产监督管理部门和中国农业科学院应急办公室。事故报告应当包括下列内容：

（一）事故发生单位基本情况。

（二）事故发生时间、地点以及事故现场情况。

（三）事故简要经过。

（四）事故已经造成或者可能造成的伤亡人数（包括下落不明的人数）和初步估算的直接经济损失。

（五）已经采取的措施。

（六）其他应当报告的情况。

第十四条　领导小组根据突发事件的类别等采取相应的应对措施，及时、高效、有序地实施应急行动。应急工作结束后，由领导小组发出解除应急工作状态通知，并做好灾后重建等善后工作。

第四章　突发公共事件的应对

第十五条　社会安全类突发事件的应对

（一）社会安全类突发事件包括涉及研究所从业人员和学生组织的各种非法集会、游行、示威、请愿、聚众闹事等群体性事件；各种非法传教活动、政治性活动；针对研究所的各类恐怖袭击事件；其他危及研究所安全和稳定的事件。

（二）发生影响稳定的群体性事件，所领导小组成员和各工作组成员要立即到位，了解事件的起因、性质、规模、人员构成等基本情况，并及时上报地方政府、公安部门和中国农业科学院；配合政府和公安部门做好处置工作。根据矛盾焦点，有针对性地做好思想教育和疏导工作，尤其是做好重点对象的思想工作，化解矛盾，防止事态进一步扩大；做好正面宣传和舆论引导工作；维护所区秩序，确保重点要害部位的安全。

（三）所区内发生爆炸等恐怖事件，任何知情人员都应迅速拨打“110”报警，视现场情况拨打“120”“119”“96777”电话求援，并向所领导小组报告。研究所立即进入应急工作状态，开展自救互救，协助医疗卫生部门对受伤人员进行抢救；治安保卫组对现场进行封闭，保护好现场，疏散人员，协助配合公安部门对恐怖事件进行调查和处置；保障和抢修组要积极创造条件尽快恢复和保障水、电、气供应；应急办要及时收集、汇总事件发展和应急工作等方面的情况，上报中国农业科学院等有关上级部门，并及时向研究所从业人员、学生和大院居民通报情况，安定人心、稳定情绪。

第十六条　自然灾害类突发事件的应对

（一）自然灾害类突发事件包括洪涝、冰雹、大雪等气象灾害，山体滑坡、地面塌陷、地面沉降等地质灾害，地震灾害以及由自然灾害诱发的各种次生灾害等。

（二）当国家或地方政府发布自然灾害预警信息后，应急办和接到预警信息的部门应立即向所领导小组报告。所领导小组根据自然灾害可能对研究所造成的影响和发展态势，决定是否启动应急预案、通知相关部门进入应急待命状态和购置调用应急物资。

（三）所领导小组、应急办成员和相关部门工作人员在接到应急通知后，立即进入应急待命状态，备好应急物资，保持通信畅通。后勤服务中心组织保卫人员负责维护所区秩序，保障水电暖气安全和保障。办公室负责交通工具保障，必要时可调集全所车辆。

（四）自然灾害发生时，立即启动应急预案，应急领导小组成员及相关人员迅速投入应急工作，本着“救人第一、减少损失、先控制、后处置”的原则，全所上下各司其职、通力协作、全力以赴、妥善处置。在组织自救互救的同时，积极争取救援，在政府救灾指挥部统一指挥下，做好医疗救护、卫生防疫、物资供应、灾民安置、社会治安维护、次生及衍生灾害防御、灾害损失评估等工作，尽力减少人员伤亡和财产损失。及时向上级部门报告灾情和应急进展情况。

第十七条　事故安全类突发事件的应对

（一）事故安全类突发事件包括所区内发生的火灾，造成重大影响和损失的水、电、气、暖供应事故，实验室安全事故及其他安全事故。

（二）火灾事故的应对。

1. 所内发生火灾事故，发现火情人员应立即拨打“119”火警电话，向消防指挥中心报告详细的着火地点、火势情况、燃烧物质，现场有易燃、易爆、剧毒等危险品时，要着重说明。并派人在所大门口等候，指引消防车顺利到达失火现场。同时向所领导和应急办报告。

2. 失火部门应本着人的生命高于一切的原则，采取先救人、疏散人的措施，尽可能防止和减少人员伤亡。在确保人员安全和能有效控制火势的前提下，对起火点进行早期扑救，以减少损失。

3. 领导小组接到报警后，通知各专项工作组和相关部门负责人要在第一时间赶到现场，及时采取人员疏散、封锁现场、转移危险物品和重要财物等必要措施，组织抢救和灭火工作，确保人员、财产的安全。

4. 后勤服务中心要根据需要，采取断电、断气等紧急安全措施，避免继发性危害。

5. 在消防队伍赶到现场后，提供施救信息，积极配合灭火抢险工作。

6. 协助配合公安消防部门对火灾事故调查处置工作。

（三）实验室安全事故的应对。

1. 危险化学品安全事故。现场人员在确保安全的前提下，根据化学品特性采取科学规范的处置办法进行处理，开展自救和互救，并立即报告部门或团队负责人。部门或团队负责人应及时组织营救、疏散受害人员及危害区域内的人员，迅速控制危害源，减少事故损失，防止事故蔓延、扩大。如经初步处理仍无法控制，要立即报告所领导和相关部门，并拨打“119”“120”“110”等紧急救援电话，请求社会救援。

所领导接到危险化学品事故报告后，应尽快查明危险品类型，确定危害程度或可能造成的危害，迅速制订消除或减轻危害的方案，立即组织人员实施，并根据情况向地方政府和上级主管部门报告，由地方政府启动相应应急预案进行处置。研究所在事故处置、调查结束后，做好善后工作，并向中国农业科学院提交书面报告。

2. 病原微生物扩散事故。首先报告部门或团队负责人，立即封锁病原微生物扩散现场，针对病原微生物种类采取消毒杀灭措施。根据病原微生物的危害性，部门或团队负责人决定事故现场人员是否需要进一步隔离，防止病原微生物的扩散。

3. 实验操作过程中的设备事故。实验过程中，应注意监控实验室内的状况，包括仪器主机、附件，特别是气体贮存容器及其主要连接件（管线、阀门等）是否正常；水、电、气状态是否正常；实验室内有无异常气味、响声；是否有非正常火苗、火花；空气中有无不明烟雾，地面上有无不明液体、固体等。如有非正常状况发生，立即通知该实验室安全员和团队负责人，根据相应处置办法处理，防止事故进一步发生。如经初步处理仍无法控制，要立即通知有关部门，请求协同处理。

（四）后勤保障事故的应对。

1. 所区内在事先未得到通知的情况下，突然发生大面积供电、供水中断现象，后勤服务中心或基地管理处应迅速组织相关人员查明原因立即抢修，尽快恢复供电、供水。如因人为破坏造成供电、供水中断，应立即报警，并向所领导报告，在保护现场的同时进行抢修；配合公安部门调查处理事故；事故现场解除封锁后组织人员立即抢修。短时间内无法恢复供电、供水时，应向职工通报有关情况。

2. 发生燃气泄漏事故时，应立即拨打“96777”等报警电话，请求燃气公司、消防、医疗等专业部门救援，并报告所领导。所领导、后勤服务中心负责人和治安保卫组成员要立即赶到现场，抢救和疏散人员，设置封锁区封锁现场，防止事态进一步扩大。

第十八条　公共卫生类突发事件的应对

（一）公共卫生类突发事件主要包括涉及研究所所在地的重大传染病疫情，群体性不明原因疾病，生活饮用水污染，以及其他严重影响研究所员工健康与生命安全的事件。

（二）重大传染病疫情的应对。

1. 根据国家、甘肃省或兰州市人民政府或中国农业科学院发布的疫情预警信息，经所领导同意，启动应急预案，所应急办和相关应急部门和人员进入应急工作状态，相关人员须保持通信畅通。

2. 领导小组根据疫情发展情况，研究制订并公布所区监控防疫临时管理措施，及时备好防疫药品等物资，做好疫情监控和公共场所防疫消毒工作。

3. 后勤服务中心负责保障水、电、暖供应，办公室负责车辆保障。治安保卫组负责维护所区秩序。

4. 应急办应及时收集、汇总情况，按要求上报中国农业科学院等有关上级部门；向职工、学生和居民通报情况，安定人心、稳定情绪。

（三）生活饮用水污染事件的应对。

1. 发生生活饮用水污染事件时，获得信息的部门和人员应及时向后勤服务中心报告，后勤服务中心核实信息后报告所领导。采取关闭供水阀门等措施立即停止使用，并通过各种媒体通告职工和居民在事故未解除前，不得饮用污染的水。

2. 研究所蓄水池等二次供水场所必须有完备的安全保护设施，一旦发生污染事件要立即停止使用，做好现场保护，并联系省市卫生防疫部门进行检疫、化验，配合自来水公司等做好排污、消毒处理。

第五章　对外信息发布

第十九条　突发公共事件对外信息发布，实行统一管理和把关审核的原则，按照国家有关规定和突发事件的情况，由研究所领导班子研究决定。发布或报送上级单位、有关媒体（包括网站）的各类信息，均列入审核范围。

第二十条　对外信息发布按所领导班子确定的发布形式和内容，由发言人在授权范围内统一对外发布。发布的内容不得违反国家法律、法规和上级规定。要正确把握信息发布报送的时效性、真实性、准确性、必要性和敏感性，不得泄露国家秘密和个人隐私。

第二十一条　任何部门和个人未经批准，不得对外发布信息、自行接受或变相接受新闻采访。擅自对外发布或接受采访引起不良后果的，视造成的后果轻重追究有关人员相应责任。

第六章　附　则

第二十二条　研究所对高度重视应急工作，切实加强应急管理和应急体系建设，在突发事件的预防、监测、预警、发现、报告、处置、救援等环节中表现突出的集体和个人要给予表彰和奖励，对在应急救援工作中伤亡的人员依法给予抚恤。

第二十三条　对迟报、谎报、瞒报和漏报突发事件重要情况或在应急救援、预警、处置、救援以及恢复重建工作中有失职、渎职行为的，依法追究有关责任人的行政责任，给予相应的处分；违反《中华人民共和国治安管理处罚法》等有关法律法规行为的，由公安机关依法给予相应处罚；造成他人人身、财产损害的，应当依法承担民事责任；构成犯罪的，依法追究刑事责任。

第二十四条　本办法由研究所安全生产领导小组办公室负责解释。

第二十五条　本办法自 2017 年 1 月 5 日所务会讨论通过之日起执行。

中国农业科学院兰州畜牧与兽药研究所大院机动车辆出入和停放管理办法

（农科牧药办〔2017〕5号）

第一章　总　则

第一条　为进一步加强研究所大院机动车辆出入和停放管理，维护正常的工作和生活秩序。根据国家法律法规，参照《兰州市机动车停放服务收费管理办法的通知》（兰政发〔2012〕104号）文件规定，结合研究所实际情况，特制订本办法。

第二条　本办法适用于在研究所大院内出入和停放的所有机动车辆（不含两轮和三轮摩托车、电动车）。

第三条　研究所大院指办公区和家属区。

第四条　对进出大院车辆实行分类管理，优先保证公务车辆、持有研究所车辆通行证车辆通行，严格控制社会车辆进入研究所大院。根据大院车位情况，研究所将按研究所职工、职工子女、职工遗属、非研究所职工住户顺序办理车辆通行证。

第五条　研究所各部门公务用车以及所内职工、职工子女、职工遗属、非研究所职工住户、租住户车辆，凭办理的机动车通行证出入。无通行证车辆凭《计时收费卡》或《兰州畜牧与兽药研究所来访车辆登记单》出入。

第六条　研究所保卫科负责大院机动车辆出入和停放秩序管理、车辆通行证的印制、办理、收费、发放以及相关监督检查等。

第二章　车辆通行证的办理

第七条　研究所职工、职工子女（职工遗属）、非研究所职工住户、租住户凭本人《机动车行驶证》《驾驶证》《房产证》原件及复印件、租赁合同，同时签写《兰州畜牧与兽药研究所机动车通行证申请表》，办理车辆通行证。

第八条　通行证办理：

在研究所大院内无住房的在职职工凭本人有效证件免费办理1个车辆通行证。

在大院内有住房的职工及职工配偶凭本人有效证件，在有车位的情况下每户办理1个车辆通行证，收费30.00元/月（360.00元/年）。

在大院内居住的职工子女、职工遗属凭有效证件，在有车位的情况下每户办理1个车辆通行证，收费90.00元/月（1 080.00元/年）。

非研究所职工住户、租住户凭有效证件，在有车位的情况下每户只办理一个小型轿车（微货）车辆通行证，收费260.00元/月（3120.00元/年）。

在有车位的情况下再考虑办理第二辆车辆通行证（职工及配偶收费 60.00 元/月，职工子女或职工遗属收费 180.00 元/月）。

第九条　车辆通行证按 50.00 元/张收取押金。车辆通行证丢失的，当事人应立即到研究所保卫科办理挂失和补办，并按 50.00 元/张收取工本费。

第三章　无通行证车辆的管理

第十条　无通行证的机动车辆在大院内出入和停放的，参照《兰州市机动车停放服务收费管理办法》规定执行，收费标准为：白天（早 7:00 至晚 22:00）实行计时收费，小型汽车 3 元/小时，1 小时以后每小时加收 1 元；9 座或 3 吨以上汽车 4 元/小时，1 小时以后每小时加收 2 元；20 座或 8 吨以上汽车 5 元/小时，1 小时以后每小时加收 3 元；1 小时内不足 1 小时按 1 小时计。夜间（晚 22:00 至次日早 7:00）实行计次收费，小型汽车 3 元/（辆·次）；9 座或 3 吨以上汽车 5 元/（辆·次）；20 座或 8 吨以上汽车 8 元/（辆·次）。白天和夜间连续停放的累计计费。

第十一条　出租车、小型车辆（微货）进院 30 分钟之内不收费，超时按规定计时收费。研究所大院内遇婚丧嫁娶的车辆免费。

第十二条　上级部门来所检查指导工作、地方单位来所联系业务、所内举办大型会议等特殊情况，接待单位应事前一天通知保卫科。

第十三条　来所办理公务的车辆，进院时领取计时卡并签写《兰州畜牧与兽药研究所来访会客单》，出门时凭接待部门领导签字的《兰州畜牧与兽药研究所来访会客单》免费。

第十四条　正在执行公务的公安、消防、急救、邮政、工程抢险等特种车辆不受本规定限制。

第十五条　原则上不容许大型客车、大型货车进入大院，若因工作需要进入的，相关单位要事先通知保卫科，由保卫科通知门卫放行，按规定路线行驶，指定地点停放。

第十六条　研究所大院内施工单位的机动车辆，须到保卫科登记备案，按指定路线行驶，拉运渣土时要采取防遗洒措施，造成遗洒的应及时清理。

第四章　行驶和停放管理

第十七条　机动车辆进入大院应听从门卫和保安人员的统一指挥，按交通标识或提示牌的规定要求行驶、停放，应主动接受门卫检查，严格遵守门卫管理制度。

第十八条　在大院内行驶的机动车辆限速每小时 5 千米，严禁超速行驶和超车；严禁在大院内练车、试车、修理车辆；禁止鸣笛和使用车辆音响系统干扰工作和居民生活。

第十九条　禁止载有易燃、易爆、有毒、放射性等危险物品的车辆在大院内停放。

第二十条　在大院内停放机动车辆时，必须将车辆停放在停车位内，严禁在主干道、人行道停放机动车辆，堵塞交通出入口；严禁阻塞消防、应急、抢险、救援及垃圾通道。

第二十一条　研究所大院为露天停车，只负责提供停放车位、交通引导、秩序维护和保持环境卫生，不负责保管车辆及车内贵重物品，乘驾人离车时应仔细检查车辆，关好车门车窗，车内的贵重物品要随身携带。

第二十二条　车辆进入大院要减速小心驾驶，损坏公共设施设备的要照价赔偿。注意保持环境整洁，严禁随地乱扔垃圾杂物。

第二十三条　大院内停车位为公共设施，任何单位和个人不得安装车位锁或占为他用。

第五章　违规处罚

第二十四条　不按规定在大院内行驶和停放机动车辆的，管理人员将在车辆明显位置张贴违章告示告知，同时记录在案，拒不服从管理的，将给予收回车辆通行证、取消办理院内车辆通行证资格、禁止进入大院等处罚。情节特别严重、造成恶劣影响的，报请有关部门追究相应责任。

第二十五条　对编造虚假信息骗取车辆通行证、转让、借用车辆通行证的，原车辆通行证收回。伪造车辆通行证的，没收假车辆通行证，车主按在大院内已停车 24 小时交纳停车费。

第六章　附　则

第二十六条　本办法经 2017 年 1 月 5 日所务会讨论通过，从 2017 年 1 月 1 日起执行，原《中国农业科学院兰州畜牧与兽药研究所大院机动车辆出入和停放管理办法》（农科牧药办〔2013〕61 号）同时废止。

第二十七条　本办法由后勤服务中心负责解释。

中国农业科学院兰州畜牧与兽药研究所公用设施、环境卫生管理办法

（农科牧药办〔2017〕5号）

为了加强研究所共用设施管理，保持环境卫生、绿化养护、楼道亮化和电子防盗门等设施的正常运行，创造良好的科研、生活、工作环境，参照《甘肃省物业服务收费管理实施办法》，结合研究所实际情况，特制订本办法。

一、保持良好的卫生环境、爱护公用设施，是全所职工和住户应尽的义务和责任，要增强责任感，自觉地规范自己的行为。

二、自觉维护公共卫生和公用设施，不随地吐痰；不乱扔果皮、烟头、纸屑等废弃物；不乱贴乱画；楼道或大厅内严禁乱堆乱放杂物。

三、本所大院内的环境卫生、绿化、楼道亮化和电子防盗门等公共场所和设施，由后勤服务中心指定专人负责。大院环境卫生要坚持每日清扫，全天保洁，及时清运垃圾和清扫厕所，清除便纸，消除臭气，保持空气清新；楼道照明和电子防盗门等公用设施要及时维修；夏季要做好杀虫和消灭蚊蝇等工作。对于本所直接管理的环卫、绿化人员由后勤服务中心实行合同管理。

四、各部门要保持所属办公室、实验室等区域地、墙、门、窗、办公用具、实验器材洁净。研究所卫生安全检查评比小组每月进行一次检查，评比结果与年底部门考评挂钩。

五、参照《甘肃省物业服务收费管理实施办法》，结合研究所实际，凡居（租）住在研究所大院内的住户，按照房屋建筑面积每月收取卫生费、公用设施维护费、垃圾代运费合计0.35元/米^2。研究所职工从当月本人工资中扣除，其他住户按年度一次性收缴，对拒不交纳者将不允许水电卡充值。

六、大院内各经营实体参照本办法等同住户交纳相关费用。

七、住户装修房屋的建筑垃圾严禁倒入垃圾箱中，违者罚款500.00元，并责令其清理。否则，加倍罚款且清理费用由当事人承担。

八、本办法经2017年1月5日所务会讨论通过，从2017年1月1日起执行，由后勤服务中心负责解释。原《中国农业科学院兰州畜牧与兽药研究所公用设施、环境卫生管理办法》（农科牧药办字〔2013〕50号）同时废止。

中国农业科学院兰州畜牧与兽药研究所
公有住房管理和费用收取暂行办法

（农科牧药办字〔2013〕63号）

为进一步规范和加强研究所公用住房管理，有效合理使用公房，根据所内现有公房房源情况，特制订本办法。

一、管理机构及职责

（一）研究所公有住房管理机构为后勤服务中心。

（二）管理机构职责：负责公有住房基础设施建设、安装、维修和养护；负责安排相关人员入住公有住房。

二、公有住房管理

（一）人员范围及分类入住

1. 研究所引进的青年英才、留学回国人员、具有副高以上技术职务的人员，安排住房。

2. 招录、招聘来所工作且家在兰州市外的应届高等院校毕业生和其他人员，研究所根据现有公用住房房源情况安排住房，博士后、博士毕业生优先。

3. 由中国农业科学院研究生院招收的在读研究生，按每间2~3人安排住宿，并配备必要的生活、学习、住宿用具。学习期满，离所前交回本人领用（配备）的生活、学习、住宿用具，否则按原价收取相应费用。

4. 到我所挂职的人员安排住宿。

5. 研究所聘用的长期临时工和季节性临时工安排住宿。

（二）公用住房实行有偿入住。凡入住者（到我所挂职的人员除外）应从入住当日起按4.64元/（月·米^2）的标准交纳房租，按研究所现有规定缴纳水、电、暖、卫生、垃圾处理费等费用。长期临时工和季节性临时工水、电、暖实行限额使用，超额部分由自己承担。

（三）现住公用住房的单身职工结婚后，须交回分配给的宿舍床位、钥匙、学习、住宿等用具。

（四）凡居住在公用住房的人员，必须遵守研究所的管理制度，住宿期间保证水、电、暖等设施的安全与使用，爱护公共财物，不得人为损坏，不得转让、出租和留宿他人。

（五）对不服从分配或强占房屋者，应限期交回居住的房屋，拒不执行者将诉诸法律，并从占用之日起按5倍交纳房租。

（六）入住者须与研究所签订住房协议。

三、附　则

（一）本办法自2013年10月22日所务会议讨论通过之日起执行。原《中国农业科学院兰州畜牧与兽药研究所公有住房管理和费用收取暂行办法》（农科牧药办〔2007〕25号）同时废止。

（二）本办法由后勤服务中心负责解释。

中国农业科学院兰州畜牧与兽药研究所大院及住宅管理规定

（农科牧药办〔2018〕61号）

为加强研究所大院生活秩序及住户房屋管理，共同创建和维护文明、平安、卫生、整洁的生活环境，特制定本管理规定。

一、环境保护

研究所大院所有住户、租户应维护大院环境卫生和生活秩序。

1. 爱护园林绿化，不采摘花朵、不践踏草坪、不损坏树木。

2. 爱护公共设施，不乱拆、乱搭、乱建、乱贴，保持小区环境整洁。

3. 维护公共环境，自觉做到不随地丢弃果皮纸屑烟头，不在楼内公共通道、楼梯走道等公共场所堆放垃圾、摆放物品，不向窗外抛掷东西，不随地吐痰，不乱停乱放车辆，垃圾装袋，置于垃圾收集点内，以便及时收集清理。

4. 不制造影响他人正常休息的噪声，不参与非法组织。

二、治安管理

研究所大门门卫、科研大楼门卫实行常年24小时值班制度。

1. 门卫（值班员）必须认真履行职责，忠于职守，着装整洁、行为规范，做好来客、来访人员出入登记。

2. 严格执行交接班制度，接班人员未到时交班人员不得离岗。

3. 阻止闲杂人员（周边学校中小学生）、小商小贩进入研究所大院及科研楼。

4. 配合公安、交通等部门做好所大门外治安工作。

5. 住户应"看好自家门，管好自家人，守好自家物"，增强自我安全防范意识。

6. 鼓励住户勇于制止破坏小区治安秩序、举报造成治安隐患的人和事。

三、车辆管理

大院停车按《中国农业科学院兰州畜牧与兽药研究所大院机动车辆出入和停放管理办法》相关规定执行。

四、房屋出售（出租）

房主在房屋出卖或出租时，必须对购买人或承租人进行认真核查，严防无有效身份证明和形迹可疑的人员；房屋出卖或出租都必须在研究所后勤服务中心备案，以备当地公安机关随时检查，否则研究所将拒绝提供水、电、暖等服务。

五、房屋装修

房主在装修前须到研究所后勤服务中心备案，施工时必须严格遵守以下要求：

1. 严禁破坏建筑主体和承重结构，不得破坏、占用公共设施。

3. 不得随意在承重墙上穿洞，拆除连接阳台的砖、混凝土墙体。

4. 严禁随意刨凿顶板及不经穿管直接埋设电线或者改线。

5. 不得破坏或者拆改厨房、厕所的地面防水层以及水、暖、电、煤气等配套设施。

6. 严禁从楼上向地面或下水道抛弃因装饰装修而产生的废弃物及其他物品。

7. 装修垃圾应装袋堆放在指定的地方并随时清运，确保楼道和院落卫生，撒落在楼道和院子里的垃圾应主动清扫干净。

8. 装修施工应在 7: 00—12: 00，14: 00—20: 00 进行。需要延长时间应征得楼上楼下及邻居同意，不得影响四邻休息。

9. 研究所大门门卫有权对装修人员及运货车辆出入和垃圾堆放进行管理，相关人员必须服从。

六、其　他

1. 自觉遵守国家法律，维护社会稳定，服从研究所后勤服务中心的管理，按时缴纳水、电、暖、卫生等各种费用，配合研究所和社区的工作。严禁在租房内从事卖淫嫖娼、赌博吸毒、打架斗殴、传播邪教、非法传销等活动。

2. 家属院禁止豢养大型、烈性犬。住户饲养的宠物，出门时必须用绳索栓系或由主人看护，及时清理自己宠物排泄物，不得在花园草坪内牵遛。因看护不善，造成伤害的，宠物主人负全部责任。对长期无人陪护的猫狗将不定期抓捕，交送宠物救助站。

3. 管好自家的太阳能热水器。因管理不善，造成水大量浪费，给职工的出行和大院环境造成一定影响的，将处 100.00 元罚款。

4. 倡导大院居民开展健康、文明的全民健身运动，唱歌、跳舞及其他健身活动应尽可能避免影响他人的工作、学习及休息，工作时间及每晚 10: 00 以后严禁使用高音量音响设备。

5. 对于违反本规定的人和事，研究所保卫科有权进行干预，对不听劝阻、不服管理的人员，将向当地政府主管部门反映，情节严重的依法裁决。

6. 本规定自 2018 年 8 月 7 日所务会议讨论通过之日起施行。原《中国农业科学院兰州畜牧与兽药研究所大院及住户房屋管理规定》（农科牧药办字〔2013〕62 号）同时废止。由后勤服务中心负责解释。

中国农业科学院兰州畜牧与兽药研究所科研大楼管理规定

（农科牧药办〔2018〕61号）

为加强科苑东、西楼的科学管理，树立单位良好形象，营造整洁、文明、有序的办公、科研环境，特制定本规定。

一、工作秩序

第一条　楼内工作人员要严格执行工作时间，不迟到、不早退。

第二条　工作时间不得大声喧哗，不得穿带有铁掌的鞋进入科研楼。

第三条　楼内工作人员不得随意将子女带入科研楼内玩耍、上网。

第四条　工作人员在科研楼工作时间要衣着整齐。

第五条　进实验室工作人员须穿工作服、戴工作帽。

二、门卫管理

第六条　科苑东、西楼值班人员应做到认真值守，文明执勤，楼内工作人员应尊重、服从门卫执勤管理。

第七条　科苑东、西楼值班人员坚持每日23:30左右对科研楼进行逐层巡查，规劝加班人员休息。电梯运行时间：每日7:00—23:30。

第八条　春节、国庆等长假期间，科研楼实行封闭管理。需要在节假日加班的工作人员，须经本部门负责人书面同意并在门卫值班室登记备案，方可进入。

第九条　外单位来访人员须向门卫说明到访的部门和事由等，持有效证件在值班室登记并电话核实后，方可进入。

第十条　原则上非工作时间禁止在科研楼内会客，如有特殊情况，需在门卫接待室登记备案后方可进楼。

第十一条　遇有会议和重要活动，承办单位或部门要事前通知门卫按会议、活动要求的时间放行。

第十二条　携带公物或贵重物品出门时，要向门卫出示由相应部门或办公室出具的出门条，门卫验证后放行。

三、环境卫生

第十三条　工作人员要养成文明、卫生的良好习惯，保持工作环境的清洁整齐，自觉维护楼内的秩序和卫生，不准随地吐痰、乱扔杂物。

第十四条　室内要保持清洁卫生，窗明几净，物品摆放整齐有序。

第十五条　严禁在楼内乱涂乱画，随意悬挂、堆放物品，严禁将宠物带入楼内。

第十六条　严禁在楼内随意粘贴布告，必要的信息公示、通知等，须在已配备的户外公告栏中张贴或在电子显示屏上发布，公示和通知结束后由相应张贴部门清理。

第十七条　爱护楼内的公共设施设备，发现有损坏要及时报修。

四、安全管理

第十八条　各部门的主要负责人是安全管理第一责任人，要指派专人负责安全工作，落实安全责任制，建立健全安全制度，认真做好各项防范工作，确保安全。

第十九条　工作人员在下班时要关闭电脑，对本办公室内的烟火、水暖、电源、门窗等情况进行检查，在确认安全后方可离开。办公室钥匙要随身携带，不得乱放和外借。

第二十条　工作人员下班前，要把带密级的文件和资料锁在铁皮柜内，不得放在办公桌上或办公桌的抽屉内。离开办公室时（室内无人）要随手锁门。

第二十一条　办公室内不准存放现金和私人物品。笔记本电脑、照相机等贵重物品要有登记、由专人保管并存放在加锁的铁皮柜中。

第二十二条　办公室、档案室、财务室、贵重仪器设备室等要害部位要按照有关要求落实防范措施。

第二十三条　禁止在楼内使用明火。不得在楼内焚烧废纸等杂物。如需使用明火（如：施工用电焊、气焊），要事先经所保卫科批准，并要有相应的安全防护措施。

第二十四条　各部门要严格管理易燃、易爆和有毒物品。禁止乱拉电线和随意增加用电负荷。

第二十五条　要自觉爱护消防器材和设施，平时不准挪动灭火器材、触动防火设施，更不准以任何借口挪作他用。

第二十六条　各部门要结合工作实际制定突发事件预案，并组织职工学习演练，疏散人员和扑救初期火灾，减少损失。

五、车辆管理

第二十七条　研究所工作人员的机动车辆及到科研楼联系工作人员的机动车辆要停放在停车线内。

第二十八条　车内贵重物品要随身携带，禁止将易燃、易爆、有毒物品带入停车场内。

第二十九条　需停在科研楼门前的机动车辆，在车内客人上下车或装卸车上货物后要立即驶离楼门前区域，禁止在楼门前区域长时间停放。

第三十条　本办法自 2018 年 8 月 7 日所务会议通过之日起施行。原《中国农业科学院兰州畜牧与兽药研究所科研楼管理暂行规定》（农科牧药办〔2009〕22 号）同时废止，由后勤服务中心负责解释和监督执行。

中国农业科学院兰州畜牧与兽药研究所供、用热管理办法

（农科牧药办〔2018〕61号）

一、管理机构及职责

（一）管理机构

全所供、用热管理机构为后勤服务中心。

（二）管理机构职责

1. 贯彻执行国家及地方政府有关供、用热的政策，负责与兰州市供热管理部门、兰州市昆仑天然气公司的工作协调与联系。

2. 根据兰州市政府供热管理的有关规定，按时保质供热（但对擅自移动、改换用热设施及破坏房屋原设计结构者除外）。

3. 负责本所范围内供、用热公用设施的安装、维护，锅炉用天然气的预购，保障供、用热设施的正常运行。

4. 负责用户取暖费的统计，联片供热用户的协调、管理及取暖费催缴。

5. 负责锅炉房工作人员、供热管理人员的日常管理、培训以及有关用热规章制度的制定。

6. 负责用户用热安全知识的宣传教育。

7. 负责受理有关供、用热其他事宜。

二、供、用热管理

（一）用户改装用热设施，须书面申请，说明用热目的、用热规模、改装地点，报后勤服务中心批准；新增、新建用热设施须经所领导批准，由后勤服务中心指派专业人员实施，所需材料费由用户承担。

（二）用户须积极配合和服从供热管理部门工作，不得自行增加用热设施，严禁从采暖设施中取用热水和增加换热器。对供热管理人员进户检查、维修、更换配件等工作应大力协助与配合，不得无理阻挠。

（三）用户必须爱护供热设施，保证供、用热设施的正常运行，不得人为损坏。发现爆管、漏水等现象，应及时向管理部门反映，由后勤服务中心指派专业人员维修。

（四）供热管理人员、锅炉房工作人员必须做到公正廉洁，不徇私舞弊，不利用岗位之便为自己和其他用户谋取私利，自觉接受用户监督。

三、取暖费收缴

（一）热源是商品，应有偿使用。取暖费应由使用人或单位全部负担。

（二）取暖费收费标准执行当年兰州市政府和物价部门的规定。按用户住房房产证面积收取，若有新的规定应及时调整。

（三）凡居住在研究所有暖气房屋的用户及由研究所供暖的其他用户，都必须按时足额缴纳取暖费，不得拖欠、拒缴。

（四）取暖费由后勤服务中心负责统计，所条件建设与财务处指定专人负责收缴。研究所职工从每年1—3月工资内扣除，其他用户必须在当年11月1日前全部交清。

（五）凡符合领取取暖费补贴的工作人员，由党办人事处根据兰州市有关规定造册，条件建设与财务处发放。实行收缴、补贴两条线。

四、违章处罚

（一）对未经批准进行改装、安装或造成室内外供热设施损坏、致使其他用户室内热度不达标的单位和个人，除负责全面修复外，并赔偿全部经济损失。造成严重后果的要依法追究当事人责任。

（二）对不服从后勤服务中心管理，私自增加供热面积和用热设施者，除补交供热设施增容费40元/m^2外，处以500.00～1 000.00元罚款。

（三）私自安装放水装置取用热水或安装换热器者，应限期拆除外，并从供热之日起至拆除之日止，按50元/日赔偿热损失。

（四）违反供、用热管理规定，拒不执行有关处理决定的，供热管理部门可拆除其供热设施。被拆除供热设施的用户申请重新供暖，必须承担拆除和安装的全部材料费、劳务费。

（五）本办法经2018年8月7日所务会讨论通过，自2018年至2019年度采暖期起施行，原《中国农业科学院兰州畜牧与兽药研究所供、用热管理办法》（农科牧药办〔2013〕49号）同时废止，由后勤服务中心负责解释。

中国农业科学院兰州畜牧与兽药研究所公共场所控烟管理规定

（农科牧药办〔2018〕61 号）

为创造良好的工作、生活环境，消除和减少烟草烟雾对人体的危害，确保单位职工身体健康，推进全民健康生活方式，创造无烟清洁的公共场所卫生环境，特制订本规定。

一、组织领导

成立研究所控烟工作领导小组，制定规章制度，负责组织实施本单位控烟工作。

组　长：孙　研

副组长：杨振刚　张继勤

成　员：张继瑜　李建喜　阎　萍　赵朝忠　王学智　荔　霞

巩亚东　苏　鹏　梁剑平　高雅琴　严作廷　李锦华

董鹏程　马安生

控烟工作领导小组下设办公室，办公室设在后勤服务中心，负责日常工作。

二、控烟区域

研究所所有办公室、实验室、会议室、接待室、图书室、陈列室、电梯间、卫生间、走廊等场所和设置明显禁止吸烟标志的区域。

三、宣传活动

（一）利用宣传栏、展板、所内局域网、微信等形式进行控烟宣传，宣传吸烟对人体的危害，宣传不尝试吸烟、劝阻他人吸烟、拒绝吸二手烟等内容。

（二）采用讲座、发放宣传资料等形式向职工群众进行宣传教育，让大家知道吸烟危害健康的相关知识，从而积极支持控制吸烟，自觉戒烟。

（三）利用“世界无烟日”开展控烟主题宣传活动，鼓励和帮助吸烟者放弃吸烟。

（四）在控烟区域张贴明显的禁烟标识。室外设置集中吸烟处。

四、控烟监督员和巡视员职责

各处（室）设立控烟监督员一名、控烟巡查员一名。

（一）控烟监督员职责

1. 负责本部门和公共场所的控烟监督工作。

2. 负责对本部门人员进行督教，宣传吸烟的危害，发现在禁烟场所吸烟的行为，应及时劝阻。

3. 发现来访、办事人员在禁烟区吸烟的行为，要及时劝阻。

4. 做好监管工作记录，对存在问题提出整改措施并监督实施。

（二）控烟巡查员职责

1. 负责本部门控烟巡查工作，每日巡查，做好工作记录，及时清理丢弃的烟蒂，并定期向控烟工作领导小组办公室汇报工作情况。

2. 在巡查中发现在禁烟场所吸烟人员应及时劝阻，并向其宣传吸烟的危害。

3. 掌握本部门控烟设施情况，如禁烟标识有无破损、脱落，有无不规范标识等。

五、考核评估标准与奖惩

研究所职工应自觉遵守单位控烟管理规定，自觉戒烟，劝诫他人不吸烟。所控烟工作领导小组结合研究所安全卫生评比活动每月组织检查考评 1 次。

（一）本单位人员不得在禁烟场所吸烟，发现一次扣 1 分，可累加。

（二）控烟工作领导小组成员、监督员、巡查员或部门领导违反上述规定的，发现一次扣 3 分，可累加。

（三）对在禁止吸烟场所吸烟的人，单位所有人员均有权劝阻，劝其离开禁烟区或请相关人员协助处理。如发现未予干涉或劝阻则扣部门考核分 1 分/次。

（四）个人年内违反控烟管理规定，扣分达 10 分及以上的年度考核不得评为优秀；部门三次考核排名后三位的不能推荐参加研究所文明处室评比。

（五）年底对部门控烟情况进行总结表彰，对控烟工作做得出色的部门给予奖励。

（六）本规定自 2018 年 8 月 7 日所务会讨论通过起执行。原《中国农业科学院兰州畜牧与兽药研究所公共场所控烟管理规定》（农科牧药办〔2012〕34 号）同时废止。由后勤服务中心负责解释。

中国农业科学院兰州畜牧与兽药研究所制度修订及执行情况督查办法

（农科牧药办〔2018〕61号）

为规范研究所规章制度的修订，使制度执行更加到位，管理更加有效，重点风险领域制度漏洞得以堵塞，各项工作更加制度化、程序化、标准化、规范化，全面提高研究所管理水平。形成按制度办事、靠制度管人、用制度规范行为的长效机制，根据上级有关文件精神，结合研究所实际，制定本办法。

第一条　本办法适用范围为研究所所有规章制度、办法。

第二条　研究所规章制度的修订坚持规范性、准确性和可操作性。“立、改、废”并举，每年对已有的规章制度进行系统梳理。对规范不明的予以明确，不适应的修改完善，存在制度空白的予以补充，过时的予以废止。

第三条　研究所规章制度执行情况督查内容包括制度建设和制度执行两个方面，采取定期不定期监督检查，切实维护制度的严肃性。

第四条　成立研究所制度修订及执行情况督查领导小组，组长由所长担任，副组长由其他所领导担任，成员为各部门主要负责人。下设领导小组办公室，挂靠所办公室，负责日常工作。

第五条　研究所制度的修订实行分级负责制。所领导根据分工负责指导分管部门的制度修订工作。各部门负责人是执行研究所规章制度的责任人、解释者和执行者。

第六条　规章制度修订的主要内容：

（一）制度梳理和审查。各部门按照职责分工结合研究所科研管理工作实际，对照党和国家、中国农业科学院等上级部门有关政策及文件规定，认真梳理审查现行各项规章制度。列出修订和补充完善制度清单及待修订的条款或具体意见。由办公室汇总整理后报领导小组研究审定，并根据需要，就有关制度的修订内容征求干部职工意见和建议。

（二）制度修订和完善。针对制度执行中出现的新情况、新问题，主动作为修订完善，废除与新形势新任务新要求不相适应的规章制度，制定新制度堵塞制度漏洞，优化流程防止流程缺陷。逐步建立覆盖全面、内容完整、程序严密、相互衔接、易于操作的制度体系。对与现行政策或科研管理有关文件规定相违背的，与实际工作相脱节的制度，及时予以废除；对缺乏针对性、有效性的制度，集中修订和完善；对过于原则、不便操作的制度进一步研究，细化配套措施或操作程序。

（三）制度落实。对汇编修订完善的各项制度，强化制度学习宣传，营造自觉遵守制度的氛围，切实提高职工执行制度的自觉性、主动性。提高制度意识，严格执行各项规章制度，增强贯彻落实制度的自觉性和执行能力。

第七条　规章制度执行情况督查的主要内容：

（一）要对照中央精神，督查制度是否存在漏洞，看制度体系是否健全，是否符合中央决策部署、最新文件精神，是否切合单位工作实际，是否真正落到实处，是否有利于提高创新发展效率。要按照放管服相结合的原则，对规章制度进行综合评价，督查是否存在该放的仍然抓着不放、该管的仍然放着不管，以及以管代服、管理缺位、服务不到位的问题，看放管服精神是否真正落地。

（二）要切实加强对制度执行情况督查的组织领导，确保督查有计划、按步骤进行。在领导小组发出督查通知后，各部门先进行自查，并提交自查报告，根据自查报告，组织进行全面督查。督查要突出领导干部、重要部门、关键岗位几个重点。

（三）强化责任追究。加大制度执行监督检查和考核力度，将制度执行情况列入部门和干部考核，定期或不定期开展监督检查，适时通报有关结果，对违反制度的部门或个人，按规定追究责任。

第八条　本实施意见自 2018 年 8 月 7 日所务会讨论通过之日起施行，由办公室负责解释。

中国农业科学院兰州畜牧与兽药研究所贯彻落实重大决策部署的实施意见

（农科牧药办〔2018〕61号）

为确保党中央、国务院和农业农村部、中国农业科学院等上级重大决策部署及研究所重要工作部署落实到位，根据有关文件精神，结合研究所实际，制订如下实施意见。

一、明确重大决策部署贯彻落实总体要求、目标任务和责任主体

总体要求。以习近平新时代中国特色社会主义思想为指引，全面贯彻落实党的十九大精神，坚持以习近平贺信精神、“三农”思想、科技创新思想指导新时代研究所科技创新工作，坚持新发展理念，坚持以人为本，牢固树立“四个意识”，围绕推进“两个一流”研究所的总目标，结合研究所实际，抓好重大决策部署的贯彻落实，以法治思维切实维护中央和上级领导机关、研究所的决策权威，真正把中央和研究所的决策部署转化为干部群众的自觉行动。

目标任务。建立健全上级和研究所重大决策部署主要领导首问责任机制、落实情况报告机制、督查机制、整改落实、惩戒机制在内的重大决策部署贯彻落实体系，确保重大决策部署能够结合研究所实际得到有效落实，保证件件有落实、事事有回音，形成有部署必落实的新常态、层层抓落实的新氛围。

责任主体。研究所贯彻落实重大决策部署实行分级负责制。所领导根据分工负责领导相关重大决策部署的贯彻落实工作。根据部门职能，研究所确定相关重大决策部署贯彻落实的牵头责任部门和协同责任部门，具体负责重大决策部署的落实，牵头责任部门主要负责人是抓落实的第一责任人，对抓落实负总责。

二、建立贯彻落实重大决策部署主要领导首问责任机制

研究所主要领导在接到上级或研究所重大决策部署通知时，要及时召开党委会、所长办公会、党委理论中心组学习会议等，传达学习、研究上级或研究所的重大决策部署，并结合研究所实际提出贯彻落实意见，指定牵头部门，并跟踪到底，直至办结。牵头部门要根据研究所意见要求开展调查研究，全面把握重大决策部署的背景、意义、主要内容以及研究所与之相关工作情况。确保吃透上情、把握下情、掌握实情，通过研究所有关会议予以传达学习贯彻。

三、建立贯彻落实重大决策部署情况限期报告机制

明确贯彻落实重大决策部署的任务安排。牵头部门要按照研究所贯彻落实意见，列出目标任务、责任、时间节点清单，明确责任人员和目标任务，规定完成时限，报经研究所同意后实施。协

同部门要严格按照任务安排积极落实。

限期报告重大决策部署贯彻落实情况。牵头部门根据时间节点向相关所领导报告落实情况。报告形式分为：当面报告、电话报告和书面报告三种，对紧急事件，要在第一时间内用最快的方式报告。对贯彻落实中遇到的困难，牵头部门要积极组织相关协同部门协调解决。经2次以上协调确实无法解决的，须及时将协调情况、无法解决的原因、相关意见建议等情况报告分管所领导出面协调处理解决。

四、建立贯彻落实重大决策部署情况督查机制

研究所根据重大决策部署的影响效度和时间紧度，不定期开展多种形式的督促检查，办公室要按照研究所相关规定对重大决策部署的贯彻落实情况予以督查督办，并将督查办理情况及时反馈相关所领导。

研究所将贯彻落实重大决策部署情况纳入各部门年度目标任务考核和部门领导任期目标考核内容，各责任部门要将贯彻落实情况重点予以汇报。研究所对落实有力的部门予以奖励；对落实不力、问题整改不到位的部门追究责任。

五、建立贯彻落实重大决策部署整改机制

对日常检查、督查督办中发现的问题，牵头部门要逐条梳理存在的问题和有关意见建议，列出贯彻落实重大决策部署中存在的具体问题，形成整改问题清单；并对照问题清单，逐条制定整改措施，明确整改时限，形成整改措施清单，并明确责任部门和责任人。

六、建立贯彻落实重大决策部署惩戒机制

在贯彻落实上级和研究所重大决策部署过程中，出现未按有关规定及时组织学习、未提出具体贯彻意见；因工作不力造成相关政策无法落地或目标任务进度严重滞后；对发现的问题整改不到位等情形之一的，相关所领导代表研究所对牵头部门主要负责人实施约谈，针对存在的问题，提出整改要求。在督查中发现廉政建设问题的，报研究所纪委按有关规定处理。

各部门要高度重视上级和研究所重大决策部署贯彻落实工作，做到主动学习研究，认真组织推进，强化督促检查，严格整改落实，研究所各部门主要负责人要切实履行好第一责任人的职责，以强烈的责任担当推动上级和研究所重大决策部署在研究所落地生根。

本实施意见自2018年8月7日所务会讨论通过之日起施行，由办公室负责解释。

中国农业科学院兰州畜牧与兽药研究所督办工作管理办法

（农科牧药办〔2018〕61号）

为进一步加强和规范督办工作，推动督办工作规范化、制度化，确保上级和研究所各项重大决策和重要工作部署的落实，制定本办法。

第一章　督办工作原则

第一条　围绕中心原则。督办工作要紧紧围绕研究所中心工作，使督办工作自觉服从和服务于中心工作，做到令行禁止。

第二条　实事求是原则。督办工作必须在深入实际、调查研究、掌握实情的基础上，全面、准确、客观、公正地反映存在的问题和差距，讲真话、报实情，要善于发现和勇于反映工作落实中带有全面性和苗头性的问题，防止以偏概全，杜绝弄虚作假。

第三条　注重实效原则。督办工作要把注重实效、强化落实作为工作的出发点和落脚点，贯穿于督办工作的全过程和各个方面，做到工作效率与工作质量的统一，形式服从内容，方式服从效果，防止和克服形式主义。

第二章　督办职能部门和工作职责

第四条　办公室是负责所务督办工作的职能部门，承担研究所所务督办工作的组织、指导、协调、推进，对督办事项进行立项、交办、检查和督办，负责贯彻落实情况的汇总、报告、通报。

第五条　分管办公室的所领导分管督办工作。办公室明确1名工作人员为督办联络员，负责督办事项的登记、督促、检查、报告等具体工作。

第三章　督办事项范围

第六条　农业农村部、中国农业科学院等上级部门的重大方针、政策、重要工作部署和重要文件的落实。

第七条　所务会议、所长办公会议、所常务会议议定事项的落实。

第八条　上级领导和研究所领导的重要指示、批示及交办事项的落实。

第九条　上级部门批转信件、所领导临时交办事项等其他事项的办理情况。

第四章　督办工作程序

第十条　立项。参照督办事项范围对需要落实的工作任务，办公室提出立项意见，明确督办事项、承办单位、办理期限等。

第十一条　通知。办公室起草督办通知，经主管督察工作的所领导审核后，书面通知承办单位，下达督办任务。

第十二条　承办。承办部门接到《所务督办通知单》后，要按要求和时限认真办理。几个部门共同承办的，由牵头部门做好组织工作。

第十三条　督办。办公室要及时了解、掌握督办事项办理进展，适时提醒、督促承办部门做好落实工作。对需要较长时间办理的事项，要加强跟踪督办。

第十四条　反馈。承办部门必须在规定时限内将办理情况反馈至督办联络员。几个部门共同承办的，由牵头单位统一反馈。

第十五条　归档。督办事项结束后，办公室要按档案管理的有关规定对《所务督办通知单》和相关材料整理归档。

第五章　督办方式

第十六条　督办工作主要以书面方式进行，由办公室填写《所务督办通知单》，送至承办部门，并督促办理。对随机性事项、重大事项、紧急或突发事项可采用电话等形式督办。公文处理主要利用办公自动化系统，通过监督流程进行督办。

第六章　办理期限和工作要求

第十七条　办理期限

（一）督办事项一般应在 10 日内办结；有明确办理期限要求的，在规定时间内办结；有特殊要求的要特事特办。

（二）承办部门在收到《所务督办通知单》后，应在 3 个工作日内向督办联络员报告督办事项进展情况。确因情况复杂等原因，难以在规定时限办结或反馈的，承办部门要及时报告主管所领导和主管督办工作的所领导，经所领导同意，可适当延长办理时间。

第十八条　工作要求

（一）督办工作作为部门和领导干部年终考核评议的重要内容之一。承办部门主要负责人要切实履行第一责任人的职责，根据督办任务明确具体经办人，负责督办事项的落实和反馈。经办人要如实填写《所务督办通知单》，及时报告完成情况，严禁弄虚作假、拖报不报。因故不能在规定时限内完成的，需要在督办单上注明原因，重要事项无法按时完成的，部门负责人需向分管督办工作的所领导说明情况，必要时向所长/书记汇报。

（二）督办工作分管所领导和办公室负责人要严格审核把关，确保督办工作质量。对不实事求是，弄虚作假，延误工作的要通报批评。

（三）各部门要严格执行《中华人民共和国保守国家秘密法》和国家有关保密规定，在办理和落实督办工作中，加强信息安全和保密管理，确保国家秘密安全。

第七章　附　则

第十九条　本办法自 2018 年 8 月 7 日所务会议讨论通过之日起施行，由办公室负责解释。

中国农业科学院兰州畜牧与兽药研究所
所务督办通知单

〔20 〕 号

年 月 日

<table>
<tr><td>督办事项</td><td colspan="2"></td></tr>
<tr><td colspan="2">主管所领导</td><td></td></tr>
<tr><td colspan="2">承办部门</td><td></td></tr>
<tr><td colspan="2">办结期限</td><td></td></tr>
<tr><td>办
理
情
况</td><td colspan="2">承办部门负责人：
承办人：
年 月 日</td></tr>
</table>

中国农业科学院兰州畜牧与兽药研究所限时办结管理办法

（农科牧药办〔2018〕61号）

为进一步改进工作作风，强化担当意识，提高办事效率和执行力，营造良好科技创新氛围，结合研究所实际，制订本办法。

第一条　限时办结包括研究所全体职工，重点是所领导、职能服务部门负责人和工作人员，根据岗位职责，按照规定时间、程序和要求办结工作事项。限时办结遵循及时、规范、高效、负责的原则。

第二条　限时办结事项范围包括：农业农村部和中国农业科学院等上级部门各项重大决策部署的贯彻落实，公文处理，上级部门和领导交办、督办的事项，研究所安排部署的事项，出差和报销等各类审批审核事项，其他需要及时办理的事项。

第三条　对农业农村部、中国农业科学院等上级部门和地方政府各项重大决策部署，研究所领导班子应及时安排部署，相关部门要认真贯彻落实，在规定时限内完成。涉及重大事项需向上级请示报告的，要及时上报；对各部门请示的事项所领导要及时研究，并尽快做出明确答复。

第四条　需要办理的收文，办公室应及时提出拟办意见提交所领导批示，并交有关部门办理，承办部门须在发文机关或所领导批示要求的时限内办结；紧急公文可于所长或书记批示后，在传阅的同时交有关部门办理。未明确办理时限的公文，一般应在5个工作日内办结。办结的公文和经办人签字的处理结果应及时反馈办公室。各部门需要办理的发文，在所领导签发后2个工作日内完成印制和寄发。

第五条　上级部门和领导交办、督办的事项，研究所安排部署的事项，应在规定时限办结。因客观原因未能办结的，应及时向主管所领导、上级部门和有关领导报告进度及原因。

第六条　出差和报销等各类审批审核事项，应通过研究所办公自动化系统办理，对符合法律、法规及有关规定的，相关负责人应即时审批；对不符合规定的，要一次性告知所需手续及材料；因特殊情况无法立即审批的，应在当天办结，并转入下一个流程。

第七条　相关部门工作人员在办理事项时要热情周到，即时办理。对特别紧急的事项，应当急事急办，随到随办。对不符合规定的，要一次性告知所需手续及材料。因特殊情况在规定或承诺时限内不能办结的，须说明理由并明确新的办结时限。

第八条　涉及两个以上部门办理的事项由主办部门牵头商议，协办部门予以配合，同时明确各部门办结时限。对于内容涉及面广，问题较复杂，需要研究论证或向上级部门和领导请示，不能在规定时限内办结的事项，主办部门应当在办结时限前向主管所领导和来文机关或服务对象报告办理进度，须说明理由并明确新的办结时限。

第九条　未能按时办结相关事项，服务对象可向主管所领导反映，查实后将责成有关部门认真办理，视情节给予当事工作人员批评教育直至纪律处分。若因服务对象自身原因，不按告知的时间办理相关手续，该事项视为按时办结。

第十条　所领导按工作分工督办相关事项。办公室负责相关事项的督办落实。

第十一条　本办法由办公室负责解释。从2018年8月7日所务会讨论通过之日起施行。

中国农业科学院兰州畜牧与兽药研究所保密工作制度

（农科牧药办〔2018〕84 号）

第一条　为做好研究所机要保密工作，保证秘密文件、资料等安全迅速准确地运转，保守国家秘密，根据《中华人民共和国保守秘密法》（简称《保密法》），结合本所实际，制定本制度。

第二条　研究所保密工作委员会作为保密工作领导机构，贯彻落实党和国家的保密工作方针、政策和有关法规制度，按照“最小化、全程化、自主化、法制化”原则，履行研究所机要保密工作领导管理职责，开展经常性保密教育，制定保密制度，研究部署、督促检查和处理有关保密工作事项。保密工作委员会办公室设在研究所办公室，负责研究所日常保密工作。

第三条　在研究所保密工作委员下，保密工作委员会办公室负责制订研究所保密制度和年度保密工作要点，开展保密宣传教育和涉密人员培训工作，着重抓好上岗、在岗、离岗节点教育和外事活动保密教育，涉密信息文件资料的处理，组织开展保密安全检查，完成保密工作委员会交办的其他任务。

第四条　保守国家秘密是研究所全体工作人员和在读学生的职责、义务。所领导按工作分工负责分管部门的保密工作；各部门负责人为本部门保密工作第一责任人；研究所全体人员和在读学生为保密工作直接责任人。

第五条　涉密人员是指因工作需要，经常接触涉及国家秘密的事项或在管理工作中知悉、了解和掌握国家秘密事项，在保守国家秘密方面负有相关责任的人员。主要包括：

（一）涉及秘密事项的研究所领导干部。

（二）负责保密工作的部门主要负责人。

（三）接触到涉密文件和档案的工作人员。

第六条　涉密人员要主动、自觉学习和遵守各项保密法规和规章制度，严格遵守保密纪律，签订《保密承诺书》，履行保密责任，接受保密教育，并自觉接受保密部门的监督和检查。

第七条　研究所设机要室，按国家《涉密专用信息设备目录》《涉密专用信息设备适配软硬件产品目录》，购置涉密计算机等硬件设备和软件。涉密文件信息资料保密管理执行《中国农业科学院兰州畜牧与兽药研究所涉密文件信息资料管理办法》。

第八条　计算机信息系统安全保密管理执行《中国农业科学院兰州畜牧与兽药研究所计算机信息系统安全保密管理暂行办法》。非涉密计算机、存储介质和载体严禁存储、处理和传输涉密信息。

第九条　定密工作是指研究所产生的国家秘密事项（包括文件、资料、光碟、软盘、U 盘、移动硬盘等），应当按照国家秘密及其密级具体范围的规定确定密级。确定密级坚持谁生产谁确定的原则，做到合法、准确、及时、经常、依法管理。科学研究定密、解密工作按科技部、农业农村部和中国农业科学院等上级机关规定，由科技管理处负责。

第十条　参加涉密会议人员应严格遵守保密纪律，对会议内容或决定事项，未经许可不得向外传达扩散。带回的文件，应及时交办公室收存。

第十一条　所有人员必须遵守以下保密守则：

（一）不该说的秘密不说。

（二）不该问的秘密不问。

（三）不该看的秘密不看。

（四）不该记录的秘密不记。

（五）不在非保密本上记录秘密。

（六）不在私人通信中涉及秘密。

（七）不在家属、子女、亲友面前和公共场所谈论秘密。

（八）不在不安全的地方存放涉密文件。

第十二条　违反本规定致使国家秘密失密泄密的，视情节和后果追究党纪、政纪直至法律责任。

第十三条　本制度自2018年12月11日所务会议讨论通过之日起施行。原《中国农业科学院兰州畜牧与兽药研究所保密工作制度》（农科牧药办〔2008〕22号）同时废止，由办公室负责解释。

中国农业科学院兰州畜牧与兽药研究所涉密文件信息资料管理办法

（农科牧药办〔2018〕84号）

为了贯彻落实国家、农业农村部及中国农业科学院对涉密文件信息资料保密管理规定，保守国家秘密，促进涉密文件信息资料管理工作的规范化、制度化，结合研究所实际，制定本办法。

第一章　总　则

第一条　本办法所称涉密文件信息资料，是指收到上级机关或其他机关标有“绝密”“机密”“秘密”字样的以纸介质、光介质、电磁介质等方式记载、存储国家秘密的文字、图形、音频、视频等。

第二条　涉密文件信息资料按照“谁主管、谁负责，谁管理、谁负责，谁使用、谁负责”的原则管理。研究所设立保密委员会，负责涉密文件信息资料的管理工作。

第三条　办公室应确定政治可靠、责任心强的党员干部担任专（兼）职机要员（保密专管人员），负责对涉密载体的清点、登记、编号、签收及保管等工作。机要员离岗、离职前，应当将所保管的涉密载体全部清退，办理移交手续。机要员必须坚持原则，认真负责，遵守保密纪律，严守国家秘密。

第二章　涉密文件信息资料的制作

第四条　制作涉密文件信息资料应当标明密级和保密期限，明确发放范围及制作数量，并编排顺序号。

第五条　涉密文件信息资料在起草、讨论、修改等拟制过程中形成的草稿不得公开，定稿后与正式文件一并归档或统一销毁。

第六条　涉密文件信息资料必须在机要室涉密计算机及打印机上由机要员打印操作，制作过程中形成的清样、废页等统一销毁，不得随意放置、遗弃。涉密文件信息资料严禁存储在非涉密存储介质中。

第三章　涉密文件信息资料的收文与发送

第七条　涉密文件信息资料应由机要员拆封，他人不得拆阅。机要员收文时，要当面按封皮号码逐件核对签收，拆封后要清点份数，并根据密级和级别，分别进行登记。

第八条　涉密文件信息资料发送应通过机要部门或专人报送。前往机要部门领取或外寄涉密文件信息资料时，必须2人同行，途中不得办理与涉密文件信息资料无关的事项。

第九条　严禁通过普通传真、普通邮政、快递、互联网或者其他非涉密网络等非保密渠道和方式传递涉密文件信息资料。严禁使用普通电话交谈涉密文件内容。

第四章　涉密文件信息资料的传阅及保管

第十条　涉密文件应由机要员负责收发、传阅、管理、归档，无关人员不得拆封。涉密文件应严格按照文件规定的知悉范围传阅，不得随意扩大，不准扩录，不得横向传阅。传阅涉密文件信息资料，应当与非涉密文件信息资料分开进行，并使用《兰州畜牧与兽药研究所涉密文件资料传阅单》。机要员要掌握其流向，传阅完毕后及时清点收存在带密码的保密文件柜中。

第十一条　涉密文件须在办公室批阅，传阅涉密文件信息资料时，机要员或批阅者应当记录送达和退还的具体时间，传阅的涉密文件、刊物，必须妥善保管，暂未阅完的文件不得随意放置或携带外出，须存放到保密文件柜中。涉密文件信息资料传阅、处理完毕后，由机要员统一存放在保密文件柜中。

第十二条　因工作需要借用涉密文件，应经主管所领导批准后办理借阅手续，在机要室阅读。在规定时间内阅后立即归还存档。禁止向外单位借阅涉密文件。

第十三条　涉密文件信息资料一般不得复制、汇编、摘抄，严禁私自复制、汇编、摘抄。确因工作需要复制、汇编、摘抄的，按下列程序报批。

（一）绝密级应征得制发单位或上级单位同意。

（二）机密级、秘密级应经研究所主要负责人批准。

第十四条　复制涉密文件信息资料，应当使用涉密复印机复印，并对每份复制件进行编号。涉密文件信息资料复印时，不得遮盖、删除密级标识、文号、标题等信息。复制、汇编、摘抄的涉密文件信息资料视同原件管理。

第五章　涉密文件信息资料的清退与销毁

第十五条　涉密文件信息资料使用完毕后，除留存或者存档外，送交兰州市保密局统一销毁。制发单位明确要求清退的，应当退还制发单位；制发单位没有明确要求，已超过保密期限的，送交兰州市保密局统一销毁。

第十六条　销毁涉密文件信息资料，报分管所领导和主要负责人审批，并逐页清点、登记，填写《兰州畜牧与兽药研究所涉密文件资料销毁审批登记表》。禁止私自销毁涉密文件信息资料。

第十七条　经主要负责人审批同意销毁的涉密文件信息资料，应当先存放在保密文件柜中，待到销毁时再放入文件销毁袋中；严禁将待销毁的涉密文件信息资料长时间存放在文件销毁袋中。向兰州市保密局移交待销毁涉密文件信息资料时，必须派 2 名以上工作人员，全程监督运送至指定地点，并办理移交手续。

第十八条　发现涉密文件遗失，应立即向主管所领导和保密委员会报告。

第六章　附　则

第十九条　违反本办法有关规定，视情节和后果追究党纪、政纪直至法律责任。

第二十条　本办法自 2018 年 12 月 11 日所务会讨论通过之日起施行，由办公室负责解释。

中国农业科学院兰州畜牧与兽药研究所印章管理和使用办法

（农科牧药办〔2018〕84号）

第一章　总　则

第一条　为进一步规范和加强本所各类印章的管理和使用，根据国家和中国农业科学院相关规定，结合研究所实际，制定本办法。

第二条　研究所各类印章是履行职责，明确各种权利义务关系的重要凭证和标志。

第三条　研究所的印章管理实行“一级法人、两层管理、责权一致、规范使用”的原则。

第二章　印章的分类和管理

第四条　本办法所指的印章由研究所和内设部门两个层面的印章组成。包括公章和具有法律效力的个人名章。

第五条　研究所层面的印章包括法人章、党委章、纪委章、各类组织机构印章。法人章是指“中国农业科学院兰州畜牧与兽药研究所”公章（以下简称“所公章”）。法人章是行使法人职能、体现法人治理结构的核心凭证和标志。党委章是指“中共中国农业科学院兰州畜牧与兽药研究所委员会”印章。纪委章是指“中共中国农业科学院兰州畜牧与兽药研究所纪律检查委员会”印章。各类组织机构印章是指“中国农业科学院兰州畜牧与兽药研究所工会委员会”印章等。

第六条　内设部门印章是指各职能部门、所办企业以及专业性印章。专业性印章指研究所合同专用章、财务专用章等。具有法律效力的个人名章是指研究所法定代表人及财务部门负责人的名章。

第七条　办公室是研究所印章管理的归口部门，负责研究所各类印章的制发、登记、启用、变更和缴销。

第八条　各类印章根据其属性和类别由相关部门管理。研究所法人章由办公室管理；研究所党委章、纪委章及工会章由党办人事处管理；各职能部门印章由各部门自行管理；专业性印章根据印章性质和用途由相关职能部门管理；所办企业的印章由企业自行管理。所长的个人名章由办公室管理；分管财务的所领导和财务部门负责人个人名章由条财处管理。

第九条　印章须由专人管理，印章管理人员应具有较高的政治和业务素质，工作认真、作风严谨、恪尽职守、遵纪守法。印章管理人员应妥善保管印章，确保安全，按规定和程序履职，维护研究所利益，杜绝违纪违法行为的发生。印章管理人员因事外出，须由部门负责人指定临时保管人。

第十条　研究所各类印章的刻制、启用、变更与缴销。刻制印章应提出书面申请，经所领导审批后，由办公室按照国家和中国农业科学院有关规定，到公安部门指定的单位刻制并备案。启用印章应由办公室留存印模归档，相关部门办理领用手续后正式启用。更换新印章时应按照程序重新办理印章的制发与启用手续。各类印章停用后，相关部门应在印章停用之日起 3 个工作日内交办公室，留下印模归档后按规定予以缴销。

第三章 印章的使用

第十一条 印章使用必须履行审批手续，并实行登记制度。除研究所制发的各类公文经所领导签发后直接用印外，使用所公章均需所领导签批，由印章管理人员核实原件无误后用印。用印后的所有文件须在印章管理部门留存一份。

第十二条 各类印章的使用范围：所公章用于涉及研究所重要工作内容的文件材料及以研究所名义签署的重要合同、协议等综合性材料等。党委章、纪委章用于研究所党委、纪委工作内容的文件材料等。各类组织机构印章、职能部门印章用于该机构或部门开展日常工作的文件材料。专业性印章根据所涉事项的性质与用途使用。所办企业印章用于企业经营活动。

第十三条 除所公章和合同专用章外，其他印章均不得在具有法人单位法律效力的合同、协议、文件等材料上使用。研究所与外单位签订的各类经济和技术合同、合作协议等必须有经办人签字，一般使用合同专用章，重大事项需使用所公章的，由所领导签批后用印。

第十四条 所领导根据工作需要可进行授权，并将书面授权文件交印章管理部门备案。书面授权文件应包括被授权人、授权事由、权限、期限等内容。

第十五条 紧急情况下，如负责签批的所领导无法签批，但不立刻加盖印章将会贻误事项或产生不利后果，可由所领导口头通知印章管理部门用印。经办人须在用印后补办签批手续，印章管理人员应督促经办人及时补办。

第十六条 印章使用地点限印章管理部门的办公场所内，不得擅自将其带出使用。特殊情况必须带出使用时，须经印章管理部门负责人和所领导批准，并安排专人陪同监督用印。

第十七条 如用印材料更改需重新用印，原则上应重新办理签批手续。

第十八条 凡需加盖所领导个人名章的，须经本人同意。

第四章 附 则

第十九条 凡违反本办法，给研究所造成不良后果和损失，按有关规定追究当事人的责任。

第二十条 本办法自 2018 年 12 月 11 日所务会讨论通过之日起施行，由办公室负责解释。

中国农业科学院兰州畜牧与兽药研究所 公文处理实施细则

（农科牧药办〔2019〕51 号）

为贯彻落实中央八项规定精神，加强公文管理，提高公文处理质量和效率，根据中共中央办公厅国务院办公厅《党政机关公文处理工作条例》（中办发〔2012〕14 号）、《党政机关公文格式》（GB/T 9704—1999）、《中国农业科学院公文处理办法》和《中国农业科学院加强公文管理的规定》，结合研究所实际，制定本细则。

第一章 总 则

第一条　公文是指研究所履行职能、处理公务过程中形成和接收的具有特定效力和规范体式的文书，是传达、贯彻党和国家的方针、政策，转发行政法规和规章，采取行政措施，请示和答复问题，指导、布置和商洽工作，报告、通报和交流情况的重要工具。公文处理是指公文拟制、办理、管理等一系列相互关联、衔接有序的工作。

第二条　本实施细则适用于研究所及所属各部门公文处理工作。

第三条　公文处理坚持实事求是、准确规范、精简高效、安全保密的原则，严格执行国家保密法规。

第四条　办公室主管研究所公文处理工作，并对所属各部门公文处理工作进行业务指导和督促检查。各部门应配备兼职公文管理人员。

第五条　公文处理人员应当具有较高的政策水平、良好的公文写作与处理能力和强烈的责任心。各部门应高度重视公文处理工作，强化人员素质，切实提高公文处理工作质量和水平。

第二章 公文种类

第六条　研究所常用的公文种类及适用范围如下：

（一）决议。经会议讨论通过的重要决策事项。

（二）决定。适用于对重要事项做出决策和部署、奖惩所属部门和人员、变更或者撤销下级机关不适当的决定等事项。

（三）意见。适用于对重要问题提出见解和处理办法。

（四）通知。适用于发布、传达要求下级机关执行和有关单位周知或者执行的事项，批转、转发公文，发布规章制度，任免人员等。

（五）通报。适用于表彰先进、批评错误、传达重要精神和告知重要情况。

（六）报告。适用于向上级机关汇报工作、反映情况，答复上级机关的询问。

（七）请示。适用于向上级机关请求指示、批准。

（八）批复。适用于答复下级机关的请示事项。

（九）函。适用于不相隶属机关之间商洽工作、询问和答复问题，请求批准和答复审批事项。

（十）纪要。适用于记载会议主要情况和议定事项。

第三章　公文格式

第七条　公文一般由份号、密级和保密期限、紧急程度、发文机关标志、发文字号、签发人、标题、主送机关、正文、附件说明、发文机关署名、成文日期、印章、附注、附件、抄送机关、印发机关和印发日期、页码等组成。

（一）份号。公文印制份数的顺序号。涉密公文应当标注份号。

（二）密级和保密期限。公文的秘密等级和保密的期限。涉密公文应当根据涉密程度分别标注密级和保密期限。

（三）紧急程度。公文送达和办理的时限要求。根据紧急程度，紧急公文应当分别标注“特急”“加急”。

（四）发文机关标志。由发文机关全称或者规范化简称加“文件”二字组成。联合行文时，发文机关标志可以并用联合发文机关名称，也可以单独用主办机关名称。

（五）发文字号。由发文机关代字、年份、发文顺序号组成。联合行文时，使用主办机关的发文字号。

（六）签发人。上行文应当标注签发人姓名。

（七）标题。由发文机关名称、事由和文种组成。

（八）主送机关。公文的主要受理机关，应当使用机关全称、规范化简称或者同类型机关统称。

（九）正文。公文的主体，用来表述公文的内容。

（十）附件说明。公文附件的顺序号和名称。

（十一）发文机关署名。署发文机关全称或者规范化简称。

（十二）成文日期。署会议通过或者发文机关负责人签发的日期。联合行文时，署最后签发机关负责人签发的日期。

（十三）印章。公文中有发文机关署名的，除纪要可以不加盖印章外，应当加盖发文机关印章，并与署名机关相符。

（十四）附注。公文印发传达范围等需要说明的事项。其中“请示”须在附注处注明联系人的姓名和电话。

（十五）附件。公文正文的说明、补充或者参考资料。公文如有附件，应在正文之后、成文日期之前，注明附件顺序和名称。

（十六）抄送机关。除主送机关外需要执行或者知晓公文内容的其他机关，应当使用机关全称、规范化简称或者同类型机关统称。

（十七）印发机关和印发日期。公文的送印机关和送印日期。

第八条　公文的版式及编排规则按照《党政机关公文格式》国家标准执行。

（一）公文用纸采用GB/T 148中规定的A4型纸（297毫米×210毫米），天头（上白边）为37毫米±1毫米，公文用纸订口（左白边）为28毫米±1毫米，版心为：156毫米×225毫米（不含页码），双面印刷；附件用纸应当与主件一致，并与主件一起左侧装订，不掉页。

（二）公文格式要素编排。公文格式要素划分为版头、主体、版记三部分。公文首页红色分隔线以上的部分称为版头；公文首页红色分隔线（不含）以下、公文末页首条分隔线（不含）以上的部分称为主体；公文末页首条分隔线以下、末条分隔线以上的部分称为版记。页码位于版心外。如无特殊说明，一般用3号仿宋体字。

1. 版头。由份号、密级和保密期限、紧急程度、发文机关标志、发文字号、签发人和分隔线等组成。

（1）份号。如需标注份号，一般用6位3号阿拉伯数字黑体字，顶格编排在版心左上角第一行。

（2）密级和保密期限。如需标注密级和保密期限，一般用3号黑体字，顶格编排在版心左上角第二行；保密期限中的数字用阿拉伯数字标注。

（3）紧急程度。如需标注紧急程度，一般用3号黑体字，顶格编排在版心左上角；如需同时标注份号、密级和保密期限、紧急程度，按照份号、密级和保密期限、紧急程度的顺序自上而下分行排列。

（4）发文机关标志。由发文机关全称或者规范化简称加“文件”二字组成，也可以使用发文机关全称或者规范化简称。发文机关标志居中排布，上边缘至版心上边缘为35毫米，推荐使用小标宋体字，颜色为红色，以醒目、美观、庄重为原则。

（5）发文字号。编排在发文机关标志下空二行位置，居中排布。年份、发文顺序号用阿拉伯数字标注；年份应标全称，用六角括号“〔〕”括入；发文顺序号不加“第”字，不编虚位（即1不编为01），在阿拉伯数字后加“号”字。研究所发文及所党委发文由办公室分类统一编号。示例：农科牧药×字〔20××〕×号。

上行文的发文字号居左空一字编排，与签发人姓名处在同一行。

（6）签发人。由“签发人”三字加全角冒号和签发人姓名组成，居右空一字，编排在发文机关标志下空二行位置。“签发人”三字用3号仿宋体字，签发人姓名用3号楷体字。

（7）版头中的分隔线。发文字号之下4毫米处居中印一条与版心等宽的红色分隔线。

2. 主体。由标题、主送机关、正文、附件说明、发文机关署名、成文日期、附注和附件等组成。

（1）标题。一般用2号小标宋体字，编排于红色分隔线下空二行位置，分一行或多行居中排布；回行时，要做到词意完整，排列对称，长短适宜，间距恰当，标题排列应当使用梯形或菱形。

（2）主送机关。用3号仿宋体字编排于标题下空一行位置，居左顶格，回行时仍顶格，最后一个机关名称后标全角冒号。

（3）正文。公文首页必须显示正文。一般用3号仿宋体字，编排于主送机关名称下一行，每个自然段左空二字，回行顶格。文中结构层次序数依次可以用“一、”“（一）”“1.”“（1）”标注；一般第一层用黑体字、第二层用楷体字并加粗、第三层和第四层用仿宋体字并加粗。一般每面排22行，每行排28个字，并撑满版心。特定情况可做适当调整。

（4）附件说明。如有附件，在正文下空一行左空二字编排“附件”二字，后标全角冒号和附件名称。如有多个附件，使用阿拉伯数字标注附件顺序号（如“附件：1. ×××××”）；附件名称后不加标点符号。附件名称较长需回行时，应当与上一行附件名称的首字对齐。

（5）发文机关署名、成文日期和印章。加盖印章的公文成文日期一般右空四字编排，印章用红色，不得出现空白印章。一般在成文日期之上、以成文日期为准居中编排发文机关署名，印章端正、居中下压发文机关署名和成文日期，使发文机关署名和成文日期居印章中心偏下位置，印章顶端应当上距正文（或附件说明）一行之内。成文日期中的数字用阿拉伯数字将年、月、日标全，年份应标全称，月、日不编虚位。不加盖印章的公文在正文（或附件说明）下空一行右空二字编排发文机关署名，在发文机关署名下一行编排成文日期，首字比发文机关署名首字右移二字。

（6）附注。“请示”在附注处注明联系人的姓名和电话，用3号仿宋体字，居左空二字加圆括号编排在成文日期下一行。

（7）附件。附件应当另面编排，并在版记之前，与公文正文一起装订。“附件”二字及附件顺序号用3号黑体字顶格编排在版心左上角第一行。附件标题居中编排在版心第三行。附件顺序号和附件标题应当与附件说明表述一致。附件格式要求同正文。如附件与正文不能一起装订，应当在附件左上角第一行顶格编排公文的发文字号并在其后标注“附件”二字及附件顺序号。示例如下：农科牧药×字〔20××〕×号附件1。

（8）特殊情况说明：当公文排版后所剩空白处不能容下印章位置时，应采取调整行距、字距的措施加以解决，务使印章与正文同处一面，不得采取标识“此页无正文”的方法解决。

3. 版记。由版记中的分隔线、抄送机关、印发机关和印发日期、页码等组成。

（1）版记中的分隔线。版记中的分隔线与版心等宽，首条分隔线和末条分隔线用粗线（高度为0.35毫米），中间的分隔线用细线（高度为0.25毫米）。首条分隔线位于版记中第一个要素之上，末条分隔线与公文最后一面的版心下边缘重合。

（2）抄送机关。如有抄送机关，一般用4号仿宋体字，在印发机关和印发日期之上一行、左右各空一字编排。“抄送”二字后加全角冒号和抄送机关名称，回行时与冒号后的首字对齐，最后一个抄送机关名称后标句号。

如有多个主送机关，需把主送机关移至版记，除将“抄送”二字改为“主送”外，编排方法同抄送机关。既有主送机关又有抄送机关时，应当将主送机关置于抄送机关之上一行，之间不加分隔线。

（3）印发机关和印发日期。印发机关和印发日期一般用4号仿宋体字，编排在末条分隔线之上，印发机关左空一字，印发日期右空一字，用阿拉伯数字将年、月、日标全，年份应标全称，月、日不编虚位（即1不编为01），后加“印发”二字。

（4）页码。一般用4号半角宋体阿拉伯数字，编排在公文版心下边缘之下，数字左右各放一条一字线；一字线上距版心下边缘7毫米。单页码居右空一字，双页码居左空一字。公文的版记页前有空白页的，空白页和版记页均不编排页码。公文的附件与正文一起装订时，页码应当连续编排。

（5）公文排版后为单页的，版记可单独占一页，以便双面印刷。

4. 公文中的横排表格。A4纸型的表格横排时，页码位置与公文其他页码保持一致，单页码表头在订口一边，双页码表头在切口一边。

5. 信函格式：发文机关标志使用发文机关全称或者规范化简称，不标识“文件”二字，居中排布，上边缘至上页边为30毫米，使用红色小标宋体字。发文机关标志下4毫米处印一条红色双线（上粗下细），距下页边20毫米处印一条红色双线（上细下粗），线长均为170毫米，居中排布。发文字号顶格居版心右边缘编排在第一条红色双线下，与该线的距离为3号汉字高度的7/8。标题居中编排，与其上最后一个要素相距二行。第二条红色双线上一行如有文字，与该线的距离为3号汉字高度的7/8。首页不显示页码。版记不加印发机关和印发日期、分隔线，位于公文最后一面版心内最下方。

6. 纪要格式：纪要标志由“×××××纪要”组成，居中排布，上边缘至版心上边缘为35毫米，推荐使用红色小标宋体字。内容包括：序号、标题、正文、出（缺、列）席会议人员名单、研究所名称和成文日期。纪要不标签发人，不盖印章，其他各要素与“文件式”公文格式相同。标注出席人员名单，一般用3号黑体字，在正文或附件说明下空一行左空二字编排“出席”二字，后标全角冒号，冒号后用3号仿宋体字标注出席人单位、姓名，回行时与冒号后的首字对齐。标注请假和列席人员名单，除依次另起一行并将“出席”二字改为“请假”或“列席”外，编排方法同出席人员名单。

第九条　公文中计量单位、标点符号和数字的用法。公文中计量单位的用法应当符合GB 3100、GB 3101和GB 3102（所有部分），标点符号的用法应当符合GB/T 15834，数字用法应当符合GB/T 15835。

第四章　行文规则

第十条　行文应当确有必要，讲求实效。

第十一条　行文关系根据隶属关系和职权范围确定。一般不得越级行文，特殊情况需要越级行文的，应当同时抄送被越过的机关。

第十二条　向上级机关行文，应当遵循以下规则：

（一）原则上主送一个上级机关，根据需要同时抄送相关上级机关和同级机关，不抄送下级机关。

（二）请示应当一文一事。不得在报告等非请示性公文中夹带请示事项。

（三）除上级机关负责人直接交办的事项外，不得以研究所名义向上级机关负责人报送公文，不得以研究所负责人名义向上级机关报送公文。

第十三条　所属各部门不得以本部门的名义对外正式行文。

第五章　发文处理程序

第十四条　发文一般程序为：起草、审核、核稿、会签、签发、登记、印制、用印、封发等。

第十五条　公文起草应当遵循以下原则：

（一）符合国家法律法规和党的路线方针政策，完整准确体现发文机关意图，并同现行有关公文相衔接。遵从精简原则、高效原则和保密原则。

（二）坚持确有必要，凡国家法律法规明确规定的，一律不再制发文件；现行文件规定仍然适用的，不再重复发文；没有实际内容、可发可不发的文件，一律不发。

（三）一切从实际出发，充分调研论证，所提措施和办法切实可行。

（四）内容简洁，主题突出，观点鲜明，结构严谨，表述准确，文字精练。

（五）文种正确，格式规范。

（六）使用非规范化简称时，先用全称并注明简称。使用国际组织外文名称或其缩写形式，在第一次出现时注明准确的中文译名。

（七）除部分结构层次序数和在词、词组、惯用语、缩略语、具有修辞色彩语句中作为词素的数字必须使用汉字外，其他数字均使用阿拉伯数字。

（八）涉及其他部门职权范围内的事项，起草部门必须征求相关部门意见。

第十六条　公文审核实行分级负责制，起草人将文稿提交本部门负责人审核，重要事项涉及其他部门的应会签其他部门，再由办公室核稿，最后提交所领导签发。各级审核人员应认真履行岗位责任，严格把关，控制发文数量，确保发文质量。

（一）主办部门对公文内容和质量负主要责任，在拟制公文的各个环节，主办部门负责人应切实承担起审核责任，重点审核：内容是否符合国家法律法规和党的路线方针政策，是否完整准确体现发文意图，是否同现行有关公文相衔接，所提政策措施和办法是否切实可行，公文结构是否合理、主题是否鲜明正确、条理是否清晰、语言表述是否准确，文字、标点、单位使用是否规范等。涉及所内其他部门职权范围内的事项是否经过充分协商并达成一致意见。

（二）办公室负责对各部门拟制的公文进行核稿，重点审核：行文理由是否充分、依据是否准确、程序是否规范、方式是否妥当，文种是否正确，格式是否规范，人名、地名、时间、数字、段落顺序、引文等是否准确，文字、数字、计量单位和标点符号等用法是否规范，其他内容是否符合公文起草的有关要求。

第十七条　公文签发程序

（一）行政类公文发文程序。

1. 拟稿人起草文稿。

2. 部门负责人审核，必要时相关部门会签。

3. 办公室负责人核稿，在部门负责人之后签字。

4. 分管所领导审核。

5. 所长签发。

6. 流程如下：拟稿人拟稿→部门负责人审核→相关部门会签→办公室负责人核稿→分管所领导审核→所长签发。

（二）党务类公文发文程序。

1. 拟稿人起草文稿。

2. 党办人事处负责人审核，在核稿处签字。

3. 办公室负责人核稿，在党办人事处负责人之后签字。

4. 党委书记签发。

5. 流程如下：拟稿人拟稿→党办人事处负责人审核→办公室负责人核稿→党委书记签发。

（三）人事类公文发文程序。

1. 拟稿人起草文稿。

2. 党办人事处负责人审核，必要时相关部门会签。

3. 办公室负责人核稿，在党办人事处负责人之后签字。

4. 分管所领导审核。

5. 所长签发。

6. 流程如下：拟稿人拟稿→党办人事处负责人审核签字→办公室负责人核稿→分管所领导审核→所长签发。

第十八条　登记、印制、用印、封发

（一）发文经所领导签发后，由办公室复核，重点复核审批、签发手续是否完备，附件材料是否齐全，格式是否统一、规范，之后进行编号、登记。

（二）编号登记后由主办部门负责按照发文模板套印校对，校对文件必须认真仔细，做到准确无误。

（三）“中国农业科学院兰州畜牧与兽药研究所”印章由办公室负责监印；“中国共产党中国农业科学院兰州畜牧与兽药研究所委员会”印章由党办人事处监印；所属各部门印章由各部门负责监印。印制好的发文送印章管理部门用印，监印人应对审核、签发和公文格式等进行审核，发现手续不完备或不符合办文要求的，应由办文单位补办或重办，否则不予用印。其他资料加盖本所印章，须经所领导批准，加盖部门印章须经部门负责人批准。使用所领导个人印章，须经本人同意。用印文件均须在监印部门留存一份归档。

（四）严格控制文件印刷数量，办文部门应按主送单位，抄送单位精确计算印刷数量，避免滥发和浪费。所内发文除存档需要外，一般不印发纸质版文件。

（五）公文由主办部门封发。需邮寄的文件应写清收文单位的全称与详细地址、邮政编码，封口后送办公室登记，由办公室寄发。涉密公文须通过机要通信系统发送。

第六章　收文处理程序

第十九条　收文处理的一般程序为：签收、登记、拟办、批办、传阅、承办、催办督办、答复等。

（一）签收。办公室工作人员应随时通过办公自动化系统接收中国农业科学院发文。对收到的纸质公文应当逐件清点核对无误。所属各部门收到的公文应及时交办公室，纸质公文需扫描为PDF格式文件交办公室。所领导及其他人员从会议上带回的重要文件，应主动及时送办公室。

（二）登记。办公室负责对收文的登记，登记内容应包括：收文日期、发文机关、文号、标题、密级和缓急程度等。

（三）拟办。登记后由办公室在办公自动化系统发起收文办理流程，应做到当日文件当日办理，特急公文随到随办，不得拖延、积压。办公室负责人提出拟办意见，提交所长或所党委书记批示。

（四）批办。研究所主要负责人对办公室提交的收文应及时批示，明确办理意见、承办部门和办理时限。需要两个以上部门办理的，应当明确主办部门。

（五）传阅。研究所主要负责人批示后，办公室应及时提交其他所领导阅示。阅知性公文应根据主要负责人批示提交其他传阅对象阅知。

（六）承办。各承办部门收到交办的公文后应当及时办理，不得拖延、推诿。未明确办理时限的公文，一般应在5个工作日内办结。紧急公文应当按时限要求办理，特急件随时办理。确有困难的，应当及时予以说明。如认为不属本部门业务范围或因其他原因无法办理时，由该部门负责同志签注意见后，及时退回办公室，不得直接转送，更不得积压延误。

（七）同一文件如涉及两个以上部门的，应送主办部门，由其会同协办部门办理。

（八）领导批办的公文，承办部门应及时认真完成。对批办性公文的处理情况，分管所领导和办公室应按照《中国农业科学院兰州畜牧与兽药研究所限时办结管理办法》《中国农业科学院兰州畜牧与兽药研究所督办工作管理办法》等催办督办。

（九）答复。公文承办部门应将办理结果及时答复来文单位，并注明处理结果，提交办公室归档。

第二十条　收文由办公室负责分为行政、党务、人事三种。涉密公文流转按照涉密文件管理规定执行。

（一）行政类公文流转程序。

1. 办公室工作人员通过OA系统接收并发起流程。

2. 办公室负责人提出拟办意见并提交所长。

3. 所长批示。

4. 分管所领导阅示。

5. 其他所领导批阅，同时转承办部门承办。

6. 承办部门承办，并及时向分管所领导和所长汇报工作进展，办结后在OA系统提交办理结果。

7. 办公室根据领导批示和文件要求，督办、归档。

流程为：办公室工作人员发起流程→办公室负责人提出拟办意见→所长批示→分管所领导阅示→其他所领导批阅的同时，转承办部门承办→办公室督办、归档。

（二）党务类公文流转程序。

1. 办公室工作人员通过 OA 系统接收并发起流程。

2. 办公室负责人提出拟办意见并提交所党委书记。

3. 党委书记批示。

4. 其他所领导批阅的同时，转承办部门承办。

5. 承办部门承办，并及时向书记和分管副书记汇报工作进展，办结后在 OA 系统提交办理结果。

6. 办公室根据领导批示和文件要求，督办、归档。

流程为：办公室工作人员发起流程→办公室负责人提出拟办意见→党委书记批示→其他所领导批阅的同时，转承办部门承办→办公室督办、归档。

（三）人事类公文流转程序。

1. 办公室工作人员通过 OA 系统接收并发起流程。

2. 办公室负责人明确提出拟办意见并提交所长。

3. 所长批示。

4. 分管所领导阅示。

5. 其他所领导批阅的同时，转承办部门承办。

6. 承办部门承办，并及时向所长和党委书记汇报工作进展，办结后在 OA 系统提交办理结果。

7. 办公室根据领导批示和文件要求，督办、归档。

流程为：办公室工作人员发起流程→办公室负责人提出拟办意见→所长批示→分管所领导阅示→其他所领导批阅的同时，转承办部门承办→办公室督办、归档。

第七章　立卷归档

第二十一条　研究所发文在加盖印章后，主办部门向办公室提交 1 份印制好的纸质版文件（主件、附件），由办公室打印《中国农业科学院兰州畜牧与兽药研究所文件处理单》一并立卷归档。

研究所收文由办公室负责打印纸质版文件和《中国农业科学院兰州畜牧与兽药研究所文件处理单》立卷归档。办公室档案管理人员应认真执行有关档案管理办法，对各部门的立卷归档工作进行指导、监督和检查，除人事档案由党办人事处管理外，档案室负责管理研究所全部档案。各部门应在第二年上半年将整理好的案卷交办公室归档。

第八章　附　则

第二十二条　本实施细则自 2019 年 7 月 29 日所长办公会议通过之日起施行。2018 年 12 月 11 日起施行的《中国农业科学院兰州畜牧与兽药研究所公文处理实施细则》（农科牧药办〔2018〕84 号）同时废止。

第二十三条　本实施细则由办公室负责解释。

中国农业科学院兰州畜牧与兽药研究所会议管理办法

（农科牧药办〔2019〕51号）

第一章　总　则

第一条　为进一步规范研究所议事和决策程序，提高议事效率，促进科学民主决策，根据有关规定和研究所实际，制定本办法。

第二条　本办法所称会议为所党委会议、所常务会议、所长办公会议和所务会议。

第三条　研究所议事决策坚持民主集中制原则，坚持科学决策、民主决策、依法决策。根据党务政务公开制度，会议决定在规定范围内公开。

第二章　所党委会议

第四条　职责定位

所党委会议是党委书记召集所党委委员、列席成员，研究重要事项的会议。

第五条　会议召开

（一）所党委会议由党委书记召集、主持，书记外出不能到会时可委托副书记召集主持。

（二）党委会议必须有2/3以上委员出席方能举行。

（三）列席人员有发言权，没有表决权。

（四）党委会议的组织、准备与协调等工作由党办人事处负责。

第六条　议事范围

（一）传达党的路线、方针、政策和国家法律、法规及上级党组织的重要文件、决定和指示，研究贯彻落实措施和实施方案。

（二）研究党建和精神文明工作。

（三）研究制定党委工作计划及实施方案等。

（四）研究纪检监察及党风廉政工作。

（五）研究决定干部的管理与选拔任用。

（六）研究决定对下级党组织和党员实施奖励和党纪处分。

（七）研究工青妇和统战工作。

（八）研究决定“三重一大”事项。

（九）其他有关事项。

第七条　议事规程

（一）党委书记确定党委会议议题，会前将议题通知参会人员。

（二）党委书记或主持会议的副书记就议题作简要说明。

（三）与会人员充分发表个人意见，会议按照少数服从多数的原则做出决定或决议。

（四）对会议决议和决定，个人可以保留不同意见，但应服从组织决定，严格按决议决定执行。

（五）涉及本人亲属子女以及按回避制度应该回避的问题，应自觉回避。

第八条　决议决定的执行

（一）会议决议决定一经形成，应坚决贯彻执行，不得以保留意见为名推诿或不执行。党委委员应按照分工抓好贯彻落实。

（二）执行过程中，如遇不能执行的情况，应及时提请党委会议复议。

（三）对决议决定拒不执行或无特殊原因未付诸实施的，应追究责任。

（四）党办人事处负责党委会议记录、纪要的编发。

第三章　所常务会议

第九条　职责定位

所常务会议根据需要不定期召开，研究重要事项。

第十条　会议召开

（一）会议由所长召集、主持，参会成员为所领导成员。办公室主任列席，根据需要可指定有关人员列席。

（二）会议必须有半数以上成员出席方可召开。

（三）办公室负责会议准备、会议记录、纪要的编发及议定事项督办。会议纪要由所长签发，发送所领导及有关部门。

第十一条　议事范围

（一）传达贯彻上级重要指示、决定、政策。

（二）研究向上级部门请示的重要事项和重要决策建议。

（三）听取重要工作汇报，研究部署阶段性工作。

（四）研究决定重大事项决策、重要项目安排和大额资金使用等事项。

（五）研究其他重要事项。

第十二条　议事规程

（一）会议议题由所长确定。各部门提交的议题应经分管所领导审核同意，一般应提前2天将议题报送办公室。办公室整理汇总后报所长审定，并将议题通知参会人员。

有下列情况之一的，不列入议题：

1. 所属部门职责范围内可以决定的事项。

2. 分管所领导职权范围内可以决定的事项。

3. 其他不属于会议议事范围的事项。

（二）会议由所长主持（或授权其他所领导主持），议题由分管所领导或相关部门介绍。

（三）与会人员充分发表个人意见和建议。

（四）所长在充分听取与会人员意见的基础上，按照民主集中制原则做出决定和决议。

（五）会议讨论与本人及家属有关议题时，本人应主动回避。

第十三条　决议决定的执行

（一）根据会议议定事项，相关所领导、部门负责人和工作人员应抓好落实，办理进展情况应及时向所长和分管所领导汇报。

（二）会议决议决定在执行过程中，如遇不能执行的情况，应及时向所领导报告请示，必要时提请所常务会议复议。

第四章 所长办公会议

第十四条 职责定位

所长办公会议负责研究处理日常业务工作。

第十五条 会议召开

（一）会议由所长或委托其他所领导主持。参加会议成员为所领导和管理服务部门负责人，根据会议内容可指定相关人员参加。

（二）办公室负责会议准备、记录、纪要的编发和议定事项督办，纪要由所长签发。

第十六条 议事范围

（一）听取各部门工作汇报。

（二）研究处理日常工作中的重要事项和专门事项，以及分管所领导、管理服务部门提交研究和协调的问题。

（三）审议一般性规章制度。

（四）通报和讨论其他重要事项。

第十七条 议事规程

参照所常务会议议事规程执行。

第十八条 决议、决定的执行

（一）会议决定的事项，相关部门应按照分工抓好落实；办理进展情况应及时向所长和分管所领导汇报。

（二）会议决议决定在执行过程中，如遇不能执行的情况，应及时向所领导报告请示，必要时可提请所长办公会议复议。

第五章 所务会议

第十九条 职责定位

所务会议负责审议涉及研究所发展或全体职工利益的重要事项、重大制度。

第二十条 会议召开

（一）会议由所长主持（或授权其他所领导主持）。参加会议成员为所领导和各部门负责人。必要时可召开所务扩大会议，指定有关人员参加。应参会人员不能参会时，需向会议召集人请假。会议召开需半数以上成员参加。

（二）所务会议根据工作需要由所长确定召开。

（三）办公室负责所务会议的组织、准备、记录、纪要编发和决议决定的督办。会议纪要由所长签发。

第二十一条 议事范围

（一）传达贯彻上级重大部署、通报重大事项。

（二）研究决定发展战略、发展规划、重大工作计划和重大改革发展举措等事项。

（三）研究重要规章制度和重大奖惩事项。

（四）其他重要事项。

第二十二条　议事规程

（一）会议议题需经所长同意。

（二）会议议题和材料由办公室提前通知相关部门准备。

（三）主持会议的所领导在与会人员充分发表意见的基础上，按照民主集中制原则做出决定。

第二十三条　决议、决定的执行

（一）会议审议通过的事项，相关部门应抓好贯彻落实情况，落实进展应及时向所长和分管所领导汇报。

（二）会议审议通过的决议决定，如遇不能执行应及时向所领导报告请示。

第六章　附　则

本办法自 2019 年 7 月 29 日所长办公会议通过之日起施行。由办公室、党办人事处负责解释。

中国农业科学院兰州畜牧与兽药研究所微信和QQ工作群管理办法

（农科牧药办〔2019〕58号）

为更好地利用现代信息技术，进一步规范微信和QQ工作群管理，根据《中华人民共和国互联网信息服务管理办法》《互联网群组信息服务管理规定》《中国农业科学院微信工作群管理办法（试行）》等，制定本办法。

第一条　工作群组建

根据工作需要，研究所组建以下工作群："兰牧药所领导工作群""兰牧药政务工作群""兰牧药党务工作群""兰牧药离退休职工工作群"微信工作群；"兰牧药政务工作群""兰牧药党务工作群""牧药圈"QQ工作群。

"兰牧药所领导工作群"由所领导班子成员组成，群工作人员为办公室主任和党办人事处处长。

"兰牧药政务工作群"由所领导班子成员、各部门负责人和创新团队首席组成，群工作人员为办公室相关工作人员。

"兰牧药党务工作群"由所党委委员（含党外所领导班子成员）、纪委委员、各党支部书记和纪检小组组长、各部门负责人、创新团队首席组成，群工作人员为党办人事处相关工作人员。

"兰牧药离退休职工工作群"成员为研究所离退休职工，群工作人员为党办人事处负责人、老干科负责人和工作人员。

"牧药圈"QQ工作群成员为全体在职职工。

第二条　进群规则

1. 工作群只加规定的人员，群成员不得擅自拉人进群。群成员工作有变动的，应及时退出或由管理员做出调整。

2. 群成员一律实行实名制。

第三条　使用要求

1. 工作群只用于工作交流，其他无关话题不在群内交流。

2. 保持网络畅通，及时查看群内信息，防止漏掉重要通知。

3. 交流内容要务实、简洁、正面。

4. 对群内反映的问题，相关部门和人员应及时予以回应。

第四条　工作群纪律

必须坚持讲政治、守规矩，坚持正确的政治导向，自觉抵制各种错误言论和网络谣言，做到"十不得"。

1. 不得散布传播丑化党和国家形象、违背党的理论和路线方针政策的言论。

2. 不得发布传播法律法规、党纪党规禁止的内容。

3. 不得发布泄露党和国家以及研究所的秘密、敏感信息。群内信息不得转发给非相关人员。

4. 不得制造和传播各类谣言或带有煽动性、过激性的信息。

5. 不得发布有违社会公德、危害他人身心健康的低俗文字、图片、视频、语音等信息。

6. 不得从事商业推销活动。不得发送、收受红包。

7. 不得从事宗教、迷信活动。

8. 不得以任何形式进行拉票贿选。

9. 不得透露谈论他人隐私，或恶意攻击、谩骂他人。

10. 不得发布其他不当言论。

第五条　监督管理

办公室负责管理“兰牧药所领导工作群”“兰牧药政务工作群”“牧药圈”工作群，履行管理员职责。

党办人事处负责管理“兰牧药党务工作群”“兰牧药离退休职工工作群”工作群，履行管理员职责。

工作群管理员职责：负责群成员实名制、聊天监管、违规处理等；负责检查群成员，将不应加入的人员从群内移出；对群成员发布不当信息予以提醒、制止。

第六条　安全防范

群成员应加强手机管理，上网运行时应设置相关安全防范措施，防止信息被窃取。

第七条　本办法自 2019 年 8 月 2 日所长办公会议讨论通过之日起执行。

第八条　本办法由办公室负责解释。

中国农业科学院兰州畜牧与兽药研究所信息宣传工作管理办法

（农科牧药办〔2019〕58号）

第一条　为加强和规范研究所信息宣传工作，支撑研究所创新发展，根据国家、农业农村部和中国农业科学院有关规定，结合研究所实际，修订本办法。

第二条　本办法所指信息宣传工作包括新闻宣传、院所媒体传播和政务信息报送等。

第三条　信息宣传工作的基本原则是：严格执行国家、农业农村部和中国农业科学院有关新闻宣传、广播电视、报刊出版、互联网、保密、知识产权等方面的规定，全面客观、准确及时反映各项工作进展。

第四条　成立研究所信息宣传工作领导小组，由所长、党委书记任组长，其他所领导任副组长，职能部门第一责任人和办公室宣传岗位工作人员任小组成员。实行办公室牵头，各部门各负其责的工作机制。

第五条　研究所设立新闻发言人，由所党委书记担任，代表研究所履行对外发布新闻、声明和重要信息等。

第六条　各部门和各团队应根据工作动态和进展及时撰写稿件，重大宣传活动需报请信息宣传工作领导小组批准，由领导小组统一组织。

第七条　工作要求及程序

（一）在研究所发布的信息，需经智慧农科系统流转，由拟稿人拟稿、部门领导或团队负责人审核、所办公室审核、分管办公室所领导审核后，由所长签发。办公室统一报送或发布。智慧农科系统因故无法使用时，填写《兰州畜牧与兽药研究所新闻信息发布审核表》。信息流转流程如下：

拟稿人拟稿→部门（团队）负责人审核→办公室负责人审核→分管办公室所领导审核→所长签发。党建信息由党委书记签发。

（二）中国农业科学院媒体信息发布执行纸质流程。各部门向中国农业科学院报送的信息，应填写《兰州畜牧与兽药研究所新闻信息发布审核表》的同时填写《中国农业科学院信息发布审核表》。

（三）信息内容应真实准确、主题鲜明、言简意赅，力争做到图文并茂。

第八条　建立研究所通讯员队伍，职能部门、开发服务部门和科技创新团队应指定一名政治素质高、文字功底好的工作人员兼任通讯员，负责本部门和本团队工作动态和工作进展的信息报送工作，报办公室备案。

第九条　新闻宣传的主要内容包括

（一）研究所改革、创新、发展的重要举措与成效，创新思路与创新成果。

（二）研究所先进人物与团队的典型事迹。

（三）应公开的全所基本情况与基本数据信息，研究所重要工作动态与进展。

（四）农业科普知识、涉农突发事件和有关科技问题的专家解读。

（五）可向媒体发布的其他内容。

第十条　建立信息宣传工作通报制度，由办公室定期对各部门和团队报送的信息稿件及采用情况进行统计，并在全所范围内通报。

第十一条　研究所任何人员不得以研究所或者中国农业科学院名义发布职务成果。严禁发布涉及国家秘密及研究所秘密的信息。一经发现，按相关规定追究相关部门、团队和个人责任。

第十二条　研究所人员接受新闻采访，应经所领导批准。违反本办法规定，引发负面宣传效应、造成不良后果的部门和个人，应予以通报批评，取消当年先进单位和个人评选资格。违反国家和主管部门规定的，按相关规定处理。

第十三条　为提高各部门及工作人员开展信息宣传工作的积极性，实行撰稿人奖励制度。奖励标准按照《中国农业科学院兰州畜牧与兽药研究所奖励办法》执行。

第十四条　本办法由办公室负责解释，自 2019 年 8 月 2 日所长办公会议讨论通过之日起施行。原《中国农业科学院兰州畜牧与兽药研究所信息宣传工作管理办法》（农科牧药〔2012〕15 号）同时废止。

中国农业科学院兰州畜牧与兽药研究所居民水电供、用管理办法

（农科牧药办〔2019〕81号）

第一章　总　则

第一条　为加强研究所大院居民水电供、用管理，保证住户用水、用电安全和设施正常运行，根据《甘肃省物业服务收费管理实施办法》（甘发改服务〔2013〕2188号）、《兰州市普通住宅物业管理区域公用水电费分摊办法（试行）的通知》（兰价办发〔2017〕130号）、《兰州市物价局关于规范物业服务收费公示的通知》（兰价办发〔2017〕172号）等文件精神，结合研究所实际情况，制订本办法。

第二条　后勤服务中心为研究所水电供、用管理机构。

第二章　职　责

第三条　负责与供水、供电管理部门的协调；负责对本所职工安全用水、用电知识教育。

第四条　负责本所范围内蓄水池及二次供水、配电室供电设备的维护及检修，卡式水、电表的安装、维护和用户管理，保证供用水、用电设施正常运行。

第五条　负责受理研究所内与水电供、用有关的其他事项。

第三章　程　序

第六条　新接用水、用电的用户，须写出书面申请，说明用水、用电目的，用水、用电规模，安装地点，经报批后由后勤服务中心负责安装；大规模用水、用电申请，须报经所领导批准。所需材料、费用由用户承担。

第七条　新接用水、电用户，必须同时安装漏电安全保护装置和卡式水、电表。

第四章　管　理

第八条　用户应爱护供用水、用电设施，保证用水、用电范围内线路及设施的正常运行，不得有意损坏。

第九条　用户应保证用水、用电范围内线路及设施的原有状况，不得私自改变线路布置，不得私自增加接水、用电点。如果确有需要改变原有线路布置或增加接水、用电点，应按照供水、供电程序，写出书面申请，经报批后由后勤服务中心负责实施，所需材料、费用由用户承担。

第十条　居民用户不得向第三方转供水、电。

第十一条　研究所已全部为用户免费更换了卡式水、电表，以后卡式水、电表因故不能使用或因电池电量不足需要更换，由研究所统一购买并负责更换，但费用按进价由用户承担。

第十二条　居民使用水、电应预先购买。

（一）电费：根据甘肃省发展改革委下发的《甘肃省居民生活用电阶梯电价方案下发通知》（甘发改商价〔2012〕881号）文件，研究所大院用户电费在兰州市供电局和兰州市物价局规定的大额用户电价标准的基础上，增加二次供电设施运行费0.02元/度收取。

（二）水费：根据《兰州市人民政府办公厅关于兰州市城镇居民用水实行阶梯价格制度的通知》（兰政发〔2015〕288号））和《兰州市人民政府办公厅关于兰州市城镇居民污水处理费新的价格的通知》（兰政发〔2016〕311号）文件精神，研究所大院用户居民生活用水水费在兰州市政府规定的居民生活用水价格和居民用水污水处理费标准基础上，增加二次供水设施运行能源费0.10元/m^3 收取。

第五章　违规处理

第十三条　凡故意损坏供电、供水设施者，必须承担修复费用和由此造成的其他损失。

第十四条　对私自向第三方转供水、电的用户，将处以500.00元罚款，并限期拆除转供水、电线路及设备，逾期者加倍罚款。

第十五条　有窃电行为者罚款200.00元，同时窃电者还应补交全年电费，计费方法按全部家用电器用电量两倍的标准计算。

第十六条　对违规用电且拒不执行有关处理决定者，研究所将停止为其售电，直至改正为止。

第十七条　因违规用水、用电或窃电造成供水、供电设施损坏、导致他人财产、人身受到伤害、引发火灾或造成其他损失的，违规责任人应承担全部责任，并赔偿由此造成的全部损失。

第十八条　供水、供电管理人员必须做到公正廉洁，不徇私舞弊，不利用岗位之便为自己和其他用户谋取私利，自觉接受用户监督。

第六章　附　则

第十九条　本办法自2019年10月25日所长办公会议通过之日起施行。原《中国农业科学院兰州畜牧与兽药研究所居民水电供、用管理办法》（农科牧药〔2013〕48号）同时废止，

第二十条　本办法由后勤服务中心负责解释。

中国农业科学院兰州畜牧与兽药研究所实验室危险废弃物管理办法

（农科牧药办〔2019〕58号）

为加强研究所实验室危险废弃物管理工作，消除安全和环保隐患，确保科研等活动的正常进行，根据《中华人民共和国固体废物污染环境防治法》《废弃危险化学品污染环境防治办法》等有关法律法规，结合研究所实际，特制定本办法。

第一条　本办法中“危险废弃物”是指科学实验活动中使用的锐器、玻璃或塑料制品以及实验活动中产生的有毒有害物质和可能含有感染生物因子的废弃物，包括实验动物、生物学材料（培养基、血液及制品、组织样品、细胞、细菌、寄生虫等）、实验材料（枪尖、试管、移液管、离心管、吸管、细胞培养瓶、细胞培养板等）、防护装备（防护服、帽子、口罩、鞋套、手套等）、实验液体等。

第二条　科技管理处负责实验室危险废弃物的管理工作，联系环保部门办理备案，选定有资质的处置单位，督导检查实验室危险废弃物安全管理落实措施。

第三条　团队首席、检测服务平台负责人为本部门（团队）危险废弃物的处置管理第一责任人。负责危险废弃物的分类处理、收集存放及定期转运。

第四条　后勤服务中心负责实验室危险废弃物的集中保管、转移等。

第五条　实验室危险废弃物须分类收集与存放。

（一）化学危险废弃物

1. 化学废液按化学品性质和化学品的危险程度分类进行收集，使用专用废液桶盛装，不得将不同类别或会发生异常反应的危险废弃物混放；化学废液收集时，须进行相容性测试；废液桶上须贴标签，并做好相应记录。

2. 固体废弃物、瓶装废弃物和一般化学品容器先用专用塑料袋收集，再使用储物箱统一存放，储物箱上须贴标签，并做好相应记录。

3. 剧毒废液和废弃物要明确标示，并按研究所剧毒化学品相关管理规定收集和存放。

（二）生物危险废弃物

1. 未经有害生物、化学毒品及放射性污染的实验动物尸体、肢体和组织须用专用塑料密封袋密封，再放置专用冰室或冰箱冷冻保存，并做好相应记录。

2. 经有害生物、化学毒品及放射性污染的实验动物尸体、肢体和组织须先进行无害化处理（如高压灭菌消毒等），再用专用塑料密封袋密封，贴上有害生物废弃物标志，放置专用冰室或冰箱冷冻保存，并做好相应记录。

3. 被污染的塑料制品应及时灭菌后进行回收处理；废弃的锐器（针头、小刀、金属和玻璃等）应使用专用容器分类收集，统一回收处理。

4. 其他被污染的生物废液，能进行消毒灭菌处理的，处理后确保无危害后按生活垃圾处理；若不能进行消毒灭菌处理的，则用专用废液桶分类收集，贴上有害生物废弃物标志，放置专用贮存设备保存，并做好相应记录。

第六条　各团队首席、部门负责人应要求各实验室安全员安排和组织将危险废弃物进行分类收集、保藏，并将危险废弃物移交后勤服务中心。

第七条　严禁将危险废弃物（含沾染危险废弃物的实验用具）混入生活垃圾和其他一般废弃物中存放；严禁将化学危险废弃物、放射性废弃物及实验动物尸体等混合收集、存放、处理；严禁随意倾倒、堆放、丢弃、遗撒实验室废弃物。

第八条　各实验室在危险废弃物转移交接时，相关人员必须在场，并做好交接记录，填写危险废弃物转移联单，记录并存档。

第九条　各相关部门须严格按照本办法的要求管理危险废弃物。收集、存放和处理危险废弃物的工作中，因未尽职责或管理不当失误造成安全事故的，对事故责任人和相关人员追究相应责任。

第十条　研究所所属试验基地危险废弃物处置办法参照本办法制定并执行。

第十一条　本办法自2019年8月2日所长办公会通过之日起施行，由科技管理处负责解释。

中国农业科学院兰州畜牧与兽药研究所危险化学品安全管理办法

（农科牧药办〔2019〕110号）

第一章 总 则

第一条 为加强研究所危险化学品（以下简称“危化品”）管理，预防危化品事故发生，保障国有资产、从业人员和学生的生命财产安全，保证科研生产的正常进行，根据《危险化学品安全管理条例》《易制毒化学品管理条例》和《中国农业科学院危险化学品安全管理办法》（农科院办〔2019〕108号），结合研究所实际，制定本办法。

第二条 本办法所称危化品是指易燃易爆、有毒有害及有腐蚀特性，会导致人中毒或伤害事故、对环境造成伤害、使财产受到毁坏的化学物品，包括爆炸品、压缩气体和液化气体、易燃液体和固体、自燃物品和遇湿易燃物品、氧化剂和有机过氧化物、毒害品和腐蚀品等，界定范围按照《危险化学品目录》和《易制毒化学品管理条例》执行。

第三条 本办法适用于所属各部门、各创新团队所有涉及危化品的科研、实验及其他活动。

第四条 危化品安全管理包括危化品的采购、运输、储存、使用及废弃物处置等全过程管理，遵循安全第一、预防为主、查究结合、综合治理的原则，实行研究所、部门（团队）、从业人员和学生三级管理。

第二章 职责与分工

第五条 所长是研究所危化品安全管理的第一责任人，分管所领导负领导责任，其他所领导对分管部门的危化品安全管理负管理责任。

第六条 研究所应组织建立健全安全管理规章制度和机构、队伍等管理体系，完善科研生产安全条件，强化和落实逐级安全生产责任制，制定应急预案并组织演练，定期组织安全检查，及时消除隐患。

研究所安全生产委员会（以下简称“所安委会”）办公室负责建立健全研究所危化品安全管理制度，组织开展危化品管理宣教，每月组织开展1次综合安全检查，监督检查研究所危化品安全管理落实情况，督促有关部门或责任人限期整改发现的隐患。

第七条 科技管理处负责审核各部门（团队）提交的危化品（包括剧毒、易制毒和易制爆化学品）及相关设施设备的采购申请。组织开展危化品安全管理教育培训。

第八条 计划财务处负责剧毒、易制毒和易制爆危险化学品及相关设施设备的集中统一采购。

第九条 后勤服务中心负责剧毒、易制毒和易制爆危险化学品及其废弃物专用库房管理。

第十条 危化品使用部门（团队）负责人、工作人员和学生职责。

（一）部门（团队）负责人是本部门（团队）危化品管理的第一责任人，负责组织制定和实施实验室安全管理办法、危险化学品管理细则、安全事故应急预案、安全操作规程（包括大型仪器，高温、高速、高压、低温等设备）和危险性实验操作规范等制度，建立健全各类危化品管理台账（申购、领用、储存、使用、余量回库、废弃物处理），落实安全防护措施。

每个团队和每间实验室分别确定 1 名危化品安全员，负责日常管理。各实验室危化品安全员应对负责区域进行日常巡查。应建立日常巡查和定期督查台账。巡查督查中发现不符合规定和违反操作规程、规范的行为应立即整改；发现隐患时，部门（团队）负责人立即报告所安委会办公室。

（二）部门（团队）负责人应定期对申购、领用、储存、使用、废弃物处置等进行督查。

（三）部门（团队）负责人应组织开展本部门（团队）危化品安全教育培训，使工作人员和学生掌握相关危化品的危险特性、使用规范和安全防护技能，熟悉应急预案，并组织演练。

（四）按照“谁使用、谁负责”的原则，危化品使用人是直接责任人，须严格遵守危化品安全管理规章和操作规程、规范，及时清理实验场所的危化品、制成品（或中间品）和废弃物，规范处理过期、失效和标识不清的危化品。

（五）严禁采购、储存、使用国家有限制性规定的危化品。不得使用国家禁止生产、经营、使用的危化品。

第三章　采购、运输、储存和使用

第十一条　剧毒、易制毒和易制爆危险化学品由计划财务处统一采购，执行研究所《科研物资采购管理办法》。供应商必须具备危化品经营许可证和运输资质。采购剧毒、易制毒和易制爆化学品，须经团队首席同意、科技管理处审核、分管所领导批准，按国家相关规定办理审批和备案手续。剧毒类、易制毒化学品目录-1 类、易制爆化学品及其他国家规定不适宜通过互联网购买的化学品不得在平台采购。

第十二条　使用部门（团队）危化品安全员负责申购工作，填报《危险化学品采购申请表》等，办理审核、审批手续后，提交计划财务处按月集中采购，不得多买。危化品到货后由申购人、计财处验货员和部门（团队）危化品安全员共同验收，办理入库手续。剧毒、易制毒和易制爆化学品到货后，由申购人、计财处验货员和研究所危化品库房管理人员共同验收，办理入库手续。

第十三条　剧毒、易制毒和易制爆化学品管理，严格执行双人保管、双人双锁、双人收发、双人领退、双人使用的“五双”管理制度。

研究所建立危化品专用库房，储存剧毒、易制毒和易制爆化学品，由后勤服务中心配备专人管理。各部门（团队）应配置危化品存放装置，用于危化品的储存保管。危化品应按性质分类存放，标识清晰，并保留一定安全距离；化学性质或防护、灭火方法相互抵触的危化品，不得在同一储存柜内混合存放。

第十四条　搬运危险化学品和危化品废弃物，应严格遵守安全作业标准、规程和制度，配备必要的防护用品，采取相应安全防护措施。

第十五条　使用危化品的部门或团队应制定操作规程，做好安全防护措施；填写《危险化学品使用记录表》，登记使用日期、用途、用量、使用人等信息。领用者应根据当天需求和危险特性等，严格控制领用品种和数量。当日剩余的危化品应退回库房，并做好记录，不得在实验场所留置过夜。确需留置过夜的，应经团队首席同意，并明确责任人，加强安全管理。发生丢失或被盗，使用部门（团队）负责人应立即报告所安委会办公室。

第十六条　使用危化品的部门和团队应经常检查所使用的危化品、气瓶等的包装物、容器，维护保养安全设施、设备，存在安全隐患的，应及时维修或停止使用。气瓶应使用固定架。

第十七条　使用危化品的部门和团队应对储存、使用、放置危化品的作业场所和设备设置明显安全警示标志，严禁在不符合要求的作业场所从事危化品作业。

第十八条　对危险性实验及相关工作，应进行安全评估。评估由部门或团队提出申请，对危险性较高的科技管理处组织专家成立评估小组进行评估；对危险性特别大的应委托具有安全评估资质的机构评估。

第四章　废弃物处置

第十九条　危化品废弃物的处置由后勤服务中心牵头，科技管理处和使用部门（团队）配合。处置经费由废弃物产生部门（团队）承担。

第二十条　危化品使用部门（团队）应指定专人负责危化品废弃物的分类、收集、存放，准确醒目地标示其名称、基本物性及警示标示。不得大量存放，严禁乱倒、乱放和随意抛弃。

第二十一条　科技管理处应及时组织收集危化品废弃物，并移交后勤服务中心。后勤服务中心将集中回收的危化品废弃物储存于专用库房，委托有处置资质的单位进行回收处理。

第五章　事故应急救援处置

第二十二条　危化品事故应急救援处置遵循“以人为本、安全第一，预防为主、积极应对，统一指挥、分级负责，快速反应、科学施救”的原则，按照国家、地方政府、院所和各部门（团队）制定的应急预案进行处置。研究所在事故处置、调查结束后，应向中国农业科学院安委会提交书面报告。

第六章　附　则

第二十三条　对违反本办法的责任人，视情节轻重给予通报批评、党纪政纪处分等处理，直至追究法律责任。对所安委会要求整改的事项，未按期完成整改者，取消该部门（团队）及当事人当年评优资格，并取消相应的绩效奖励。

第二十四条　属于特种设备的危化品容器安全管理按照特种设备的有关法律法规执行。

第二十五条　本办法由所安委会办公室负责解释。自 2019 年 12 月 18 日所长办公会议讨论通过之日起施行。《中国农业科学院兰州畜牧与兽药研究所危险化学品安全管理办法》（农科牧药办〔2018〕84 号）同时废止。研究所其他规定与本办法不一致的按本办法执行。

中国农业科学院兰州牧药所________________________________创新团队

________________________________项目

危险化学品出入库登记本

项目主持人：
楼层专管员：
实验室专管员：

起始时间：　　　年　月　日
截止时间：　　　年　月　日

危险化学品出入库登记表

序号	危化品名称	分类	规格	数量	入库时间	存放地点	出库时间	出库数量	用途	剩余量	签字

分类：易燃、易爆、自燃和遇湿易燃物品、有毒物质、氧化物有机过氧化物、腐蚀品（酸碱）、其他。

中国农业科学院兰州牧药所＿＿＿＿＿＿＿＿＿＿＿＿＿＿＿＿＿＿＿创新团队

＿＿＿＿＿＿＿＿＿＿＿＿＿＿＿＿＿＿＿项目

危险化学品领用登记本

团队首席：
项目主持人：
团队专管员：
库房管理员：

起始时间：　　　年　月　日
截止时间：　　　年　月　日

危险化学品领用登记表

序号	危化品名称	规格	领用数量	领用时间	存放地点	用途	领用人签字	库管员签字

注：存放地点应标明房号和储存柜内的位置。

中国农业科学院兰州牧药所________________________________创新团队

________________________________项目

危险化学品使用及余量回库登记本

项目主持人：
楼层专管员：
实验室专管员：

起始时间：　　　年　月　日
截止时间：　　　年　月　日

危险化学品使用及余量回库登记表

序号	危化品名称	领用数量	用途	使用数量	结余数量	余量回库时间	回库数量	使用人签字	库管员签字

中国农业科学院兰州牧药所______________________________创新团队

______________________________项目

危险化学品废弃物移交/接收登记本

起始时间：　　　年　月　日

截止时间：　　　年　月　日

危险化学品废弃物移交/接收登记表

序号	危化品废弃物名称	危废性质	危废产生单位	危废数量	移交时间	危废储存地点	储存数量	移交人签字	接收人签字

危废性质：易爆、易燃、自燃和遇湿易燃物品、有毒、氧化物有机过氧化物、腐蚀品（酸碱）、感染性物品、其他

中国农业科学院兰州畜牧与兽药研究所危险化学品废弃物处置移交台账

起始时间：　　　年　月　日

截止时间：　　　年　月　日

危险化学品废弃物处置移交登记表

序号	危化品废弃物名称	危废性质	危废数量	移交时间	接收单位	移交人签字	接收人签字

危废性质：易爆、易燃、自燃和遇湿易燃物品、有毒、氧化物有机过氧化物、腐蚀品（酸碱）、感染性物品、其他

中国农业科学院兰州畜牧与兽药研究所
剧毒、易制毒、易制爆化学品入库登记本

负　责　人：

库房管理员：

库房管理员：

起始时间：　　　年　月　日

截止时间：　　　年　月　日

剧毒、易制毒、易制爆化学品入库登记表

序号	化学品名称	分类	规格	入库数量	入库时间	存放地点	库存数量	申购人签字	验货人签字	库管员签字	库管员签字

注：1. 分类指剧毒类化学品、易制毒化学品中的Ⅰ－Ⅲ类和易制爆化学品。2. 存放地点应注明几号柜和柜内位置。

中国农业科学院兰州畜牧与兽药研究所

剧毒、易制毒、易制爆化学品领用登记本

负 责 人：
库房管理员：
库房管理员：

起始时间： 年 月 日
截止时间： 年 月 日

剧毒、易制毒、易制爆化学品领用登记表

序号	化学品名称	库存数量	领用数量	领用时间	领用团队（课题组）	库存余量	领用人签字	领用人签字	库管员签字

中国农业科学院兰州牧药所________________________________创新团队

________________________________项目

剧毒、易制毒、易制爆化学品使用及余量回库登记本

团队首席：
项目主持人：
团队专管员：
实验室专管员：

起始时间：　　年　月　日
截止时间：　　年　月　日

剧毒、易制毒、易制爆化学品使用及余量回库登记表

序号	化学品名称	领用数量	用途	使用数量	结余数量	回库时间	回库数量	使用人签字	使用人签字	库管员签字	库管员签字

中国农业科学院兰州畜牧与兽药研究所实验室生物安全管理办法（试行）

（农科牧药办〔2019〕106号）

第一章 总 则

第一条 为加强中国农业科学院兰州畜牧与兽药研究所（以下简称“研究所”）实验室生物安全管理，保证研究所科研工作顺利进行，保障工作人员及公众的健康和安全，根据《病原微生物实验室生物安全管理条例》《农业转基因生物安全管理条例》《实验动物管理条例》《实验室生物安全通用要求》和《甘肃省实验动物管理办法》等有关规定，结合研究所实际，制定本办法。

第二条 本办法适用于研究所从事科研、开发、管理、支撑服务的相关人员。

适用范围包括实验室、实验基地、检测中心及其他相关场所开展与病原微生物菌（毒）种及样本、实验动物有关的研究、教学、检测、诊疗和服务等活动。

第三条 生物安全管理，应坚持“安全第一、预防为主、分级管理、综合治理”的方针，按照“谁使用、谁负责，谁主管、谁负责”的原则，强化落实分级责任。所安全卫生工作委员会负责全所生物安全监督、管理、技术指导培训、应急处置指挥、生物安全信息报告等工作。科技管理处、平台建设与保障处负责相应实验室、动物房科研活动检查与管理，研究室或实验室负责人、团队首席、项目负责人为生物安全的第一责任人。

第四条 各实验室按照生物安全管理要求，制定相应的管理规范，每年定期对从事实验活动的相关人员进行培训，保证其掌握实验技术规范、操作规程、生物安全防护知识和实际操作技能。

第二章 病原微生物实验室生物安全管理

第五条 本办法所称的病原微生物是指国家法律法规规定的，能够使人或者动物致病的微生物。

根据《动物病原微生物分类名录》（2005年农业部令第53号）将病原微生物分为四类：

（一）第一类：能够引起人类或者动物非常严重疾病的微生物，以及我国尚未发现或者已经宣布消灭的微生物。

（二）第二类：能够引起人类或者动物严重疾病，比较容易直接或者间接在人与人、动物与人、动物与动物间传播的微生物。

（三）第三类：能够引起人类或者动物疾病，但一般情况下对人、动物或者环境不构成严重危害，传播风险有限，实验室感染后很少引起严重疾病，并且具备有效治疗和预防措施的微生物。

（四）第四类：在通常情况下不会引起人类或者动物疾病的微生物。

第六条 国家根据实验室对病原微生物的生物安全防护水平，并依照实验室生物安全国家标准的规定，将实验室分为一级（BSL-1）、二级（BSL-2）、三级（BSL-3）、四级（BSL-4）（分别对应与上述的第四类、第三类、第二类、第一类）。

本办法涉及的各类活动仅限于研究所按照实验室生物安全国家标准规定建设的一级（BSL-1）、二级（BSL-2）实验室和相应级别的动物生物安全（ABSL）实验室。

高致病性病原微生物研究须在符合国家规定级别的实验室进行。

第七条　病原微生物的采集和运输应符合《病原微生物实验室生物安全管理条例》的规定，经有关部门审批同意后方可进行。病原微生物菌（毒）种和样本的保管应制定严格的安全保管制度，做好病原微生物菌（毒）种和样本进出、储存、领用记录，建立档案制度。

第八条　实验室污染控制

（一）实验室要定期检查生物安全防护、病原微生物菌（毒）种或样本保存与使用、安全操作、实验室排放的废水和废气以及其他废物处置等规章制度的执行情况。

（二）如出现实验室污染情况，根据不同病原级别配合所安全卫生工作委员会做好控制措施。

第三章　实验动物生物安全管理

第九条　本办法所称的实验动物是指国家法律法规规定的，来源清楚和遗传背景明确，符合微生物控制指标要求，用于科学研究、教学、生产、检测的动物。

第十条　开展动物实验相关工作，必须在符合动物实验条件的场所进行。

实验动物必须来源于具有《实验动物生产许可证》的单位，并附有动物质量合格证明书。

从国内其他单位引入的大中型实验动物，必须附有生产许可证书和当地政府相关部门出具的检疫证明，经隔离观察合格后方可使用。

第十一条　凡用于病原体感染、化学有毒物质或放射性实验的实验动物，必须在特殊的设施内进行饲养，并按照生物安全等级和相关规定分类管理。

第十二条　从事实验动物工作的人员必须树立疾病预防及控制意识，定期进行健康检查。对患有传染性疾病或其他不适宜从事实验动物工作的人员，应及时调换工作岗位。

第十三条　实验动物尸体及其他废弃物应及时进行无害化处理，不得随意丢弃。

第十四条　实验动物非正常死亡，应及时查明原因，动物尸体要进行无害化处理或按卫生防疫部门规定进行处理。

第十五条　实验动物如发生疫情，按国家规定处置。

第四章　基因工程生物安全管理

第十六条　使用或构建遗传修饰生物的基因工程实验室，应当国家有关规定进行安全性评价，评估潜在危险，确定安全等级，制定安全操作规程。

第十七条　从事基因工程工作的实验室，应由相关负责人向所安全卫生工作委员会申报，进行风险评估和伦理审查。从事该类实验活动应在具有相应安全级别的实验室进行，项目负责人要及时报告研究中产生的不良结果及处理意见。

第十八条　从事基因工程研究和实验工作的部门和团队必须认真做好记录。

第五章　田间试验生物安全管理

第十九条　田间动物试验接触动物时，工作人员须做好个人安全防护，确保安全。

第六章　附　则

第二十条　所安全卫生工作委员会组织相关部门对各实验室生物安全管理工作定期检查。

第二十一条　发生生物安全意外或事故，应及时报告并启动应急预案。

第二十二条　本办法自 2019 年 12 月 10 日所长办公扩大会议通过之日起施行，由所安全卫生工作委员会、科技管理处负责解释。

中国农业科学院兰州畜牧与兽药研究所公务接待管理办法

（农科牧药办〔2020〕81号）

为进一步规范研究所公务接待工作，加强接待经费管理，强化预算监督，制止奢侈浪费行为，促进党风廉政建设，依据有关规定，结合研究所实际，特制订本办法。

第一条　公务接待是指接待来所出席会议、考察调研、执行任务、学习交流、检查指导、请示汇报工作等公务活动的来访人员，安排他们的食宿、交通等相关事务性工作。

第二条　公务接待应当坚持有利公务、务实节俭、严格标准、简化礼仪、高效透明的原则。各部门应加强公务接待的计划管理，合理统筹安排公务接待活动，严格执行有关管理规定和开支标准，在核定的年度接待费预算内安排接待活动，不得超预算或无预算安排接待。

第三条　研究所办公室负责重要接待事务；对涉及较强业务性的接待事务，应由有关部门对口接待。所有接待事项，必须事先按规定的审批程序报批，未经批准的接待费用不得报销。

第四条　接待有关部门和单位来研究所检查指导工作、调研或汇报交流等的，应要求对方发来公函，明确公务内容、行程和人员；因工作需要，研究所主动邀请有关领导和专家来所指导工作、培训讲座和开展学术交流等公务活动的，可不需要对方单位发来公函，但相关邀请方案要明确公务内容、行程和来访人员名单，并经所领导审核同意。

第五条　严格控制公务接待。接待对象应当按照规定标准自行用餐，确因工作需要，可以安排工作餐一次，并严格控制陪餐人数。接待对象在10人以内的，陪餐人数不得超过3人；超过10人的，不得超过接待对象人数的三分之一。接待部门应当根据规定的接待范围，严格接待审批控制，对能够合并的公务接待统筹安排。

第六条　公务接待必须持有接待公函，原则上无公函的公务活动及来访人员一律不予接待。

第七条　严格控制接待标准，工作餐用餐标准为130元/（人·次）。外宾就餐标准按照国家规定严格执行。

第八条　接待对象需要安排住宿的，研究所协助安排符合住宿费限额标准的宾馆，住宿费由接待对象支付。

第九条　确因工作需要，邀请专家学者、知名人士和有关部门领导来所指导工作或者讲座，经分管所领导批准，可报销受邀人员的往返交通费用、在所活动期间的住宿费、交通费等，上述费用根据受邀方级别，参照差旅费标准给予相应报销。

第十条　公务接待费必须使用转账支票或公务卡支付，不得签单，不得支付现金。

第十一条　严格控制公务接待范围，不得将来访人员休假、探亲、旅游等活动纳入公务接待范围，不得组织与公务活动无关的相关活动，不得用公款报销或者支付应由个人负担的费用。

第十二条　严格公务接待费的审批报销制度，发生接待费后必须及时办理报销手续，不得累计。

第十三条　公务接待费审批权限：单次金额500元以内的，须经分管所领导签审；单次金额

500 元以上的，须经所长签审后方可报销。

第十四条　公务接待费报销程序：在完成接待任务后，由经办人按要求填写“报销单”，报销单后必须附公务接待费申请单、正规用餐发票、发票查询单、接待公函，使用公务卡结算的须附 POS 小票。

第十五条　接待部门要按要求如实填写“公务接待费申请单”，内容要求完整、真实，不按规定填写“公务接待费申请单”财务不予报销。

第十六条　确因特殊原因来不及按正常审批的公务接待，须向主管领导说明；接待工作结束后，由经办人员补办审批手续。

第十七条　严格执行监督检查制度。研究所纪检部门定期组织有关部门对公务接待费执行情况进行检查，对违反规定的情况，一律予以公开曝光，在责令退赔一切费用的同时，按照相关规定追究相关人员的责任。

第十八条　建立公务接待公开制度，为了加强对公务接待监督力度，将在每年职代会上公开公务接待费支出情况。

第十九条　本办法如与国家和上级部门规定相抵触的，以国家和上级部门规定为准，对未尽事项按国家和上级部门规定执行。

第二十条　本办法由计划财务处负责解释。

第二十一条　本办法自 2020 年 12 月 30 日所长办公会议通过起施行。《中国农业科学院兰州畜牧与兽药研究所公务接待管理办法》（农科牧药办〔2016〕49 号）同时作废。

中国农业科学院兰州畜牧与兽药研究所公务用车管理办法

（农科牧药办〔2021〕9号）

第一章 总 则

第一条 为进一步加强和规范研究所公务用车使用、管理和监督工作，提高车辆使用效率，确保公务用车使用“规范、安全”，严格落实中央八项规定精神，根据农业农村部计划财务司印发《关于进一步规范部属单位公务用车加油卡管理和使用的通知》（农计财便函〔2020〕242号）及中国农业科学院相关文件规定，结合研究所实际，制定本办法。

第二条 本办法所称公务用车，是指兰州畜牧与兽药研究所及所办全资企业以研究所及所办全资企业名义购置、租赁或接受捐赠的，主要用于研究所科学研究、党政管理、机要通信、应急、重大活动、试验基地管理、基层调研、后勤保障等各类公务活动及业务的乘用机动车辆。

第三条 公务用车管理包括日常管理、加油卡管理、维修保养、安全管理等。

第四条 公务用车管理坚持有利工作，统一调度，注重节约，安全第一的原则。

第二章 日常管理

第五条 办公室是研究所公务用车的归口管理部门，指定专门人员负责车辆管理；研究所下属其他部门及所办全资企业管理的车辆按照本办法由其安排专人负责管理。

第六条 车辆管理人员根据任务轻重缓急统一调派车辆。各部门人员到市内办事，原则上乘坐公交车，不专门派车。

第七条 车辆管理人员负责以下工作：负责调派车辆，对车辆使用、维修保养提出意见和建议；负责办理车辆年审、证照、保险及其他事项；负责对车辆行驶里程、油耗等情况进行审核，并定期公示。

第八条 严禁公车私用私驾，私车公养。

第九条 严格执行派车和使用登记制度。车辆管理人员根据出车任务如实填写《兰州畜牧与兽药研究所公务用车派车单》（附件1），往返里程数由驾驶员收车时填写，用车人签字确认，并以此为据按季度发放行车补贴。

第十条 严格执行车辆回单位停放制度。正常上班时间，未派出的车辆原则上必须停放在工作区。八小时之外、双休日等非工作时间车辆须停放在车库，国家法定节假日除值班车辆外，其他车辆一律封存停驶。

第三章　加油卡管理

第十一条　办公室是研究所加油卡的归口管理部门，指定专人负责管理。

第十二条　研究所统一办理1张主卡为管理卡，用于增减副卡数量、资料变更、向副卡划转资金及查询所有副卡加油信息等。副卡仅限加油使用。所有加油卡一律不得用于非加油支出。

第十三条　研究所加油卡主卡和全部副卡均应由车辆管理部门统一保管，因实际情况副卡不适合由其统一保管的，可由所属部门或全资企业按照“管用分离”的原则指定专人保管，指定保管人员负责加油卡的使用和监督，定期将加油卡充值加油台账报送研究所车辆管理部门汇总。

第十四条　严格执行“一车一卡”加油制度。加油卡副卡数量应与公务用车数量（含长期租用车辆）相匹配，每张加油副卡必须绑定固定的公务用车，不得用于非绑定的公务用车加油。

第十五条　严格执行登记和公示制度。建立加油卡充值加油及公务用车使用台账（附件2、附件3），并长期保存。建立加油卡使用情况公开公示制度，每年12月下旬对公务用车加油卡的管理和使用情况进行公示（附件4、附件5），接受监督。

第十六条　强化加油卡日常监管。车辆管理人员要定期核查加油卡的加油记录，对非工作日加油、非正常工作时间加油、同日多次加油、异地加油、加高标号汽油、所加汽油标号前后不一致、车辆油耗明显异常等疑点，应核实情况，要求相关人员书面说明，并随台账长期留存；对理由不充分、不合理的，应责令整改。

第十七条　公务用车原则上禁止使用现金加油。确需使用现金加油的，应书面说明。

第四章　车辆维修与保养

第十八条　驾驶员对所驾驶的车辆应当勤检查、勤维护，按时进行保养，确保车容整洁、车况良好，发现问题及时处理，严防事故发生。

第十九条　严格控制车辆运行费用。车辆维修、保养和内饰更换时要填报《兰州畜牧与兽药研究所公务用车维修保养审批单》（附件6），按照程序批准后，驾驶员凭单到指定维修地点进行修换。维修、保养后如实详细登记维修、保养内容。实行逐级审批。

第五章　安全管理

第二十条　对驾驶员的要求。

1. 加强学习，遵章守纪，文明行车，牢固树立安全第一的意识，确保行车安全。
2. 爱岗敬业，做好服务，厉行节约，力戒浪费，服从工作安排。
3. 严禁酒后驾驶、疲劳驾驶。

第二十一条　驾驶员因公出车，因违反道路交通法律法规等原因受到处罚的，一切责任自负。未经安排私自出车发生交通事故，一切后果由驾驶员个人承担。

第二十二条　车辆行驶中发生事故，应及时向交警和保险部门报案，并向研究所车辆管理部门报告。有关事故保险理赔工作，由当事人配合研究所处理。

第二十三条　驾驶员全年安全行车无责任事故的，享受全额安全奖；发生责任事故的，取消安全奖。

第二十四条　研究所每年对驾驶员进行考核，并将考核结果作为是否适合岗位要求、次年是否续聘的直接依据。

第六章　附　则

第二十五条　所纪委对公务用车使用情况进行监督。

第二十六条　本办法由办公室会同有关部门负责解释。

第二十七条　本办法自 2021 年 1 月 29 日所务会讨论通过之日起施行。原所有有关车辆管理的办法同时废止。

兰州牧药所派车单存根

车号		出车日期	年　月　日
目的地		用车单位	
出车任务			

派车人：　　　　用车人：

兰州畜牧与兽药研究所公务用车派车单

车号		出车日期	年　月　日至　月　日	目的地	
用车部门或课题	出车任务				行驶里程

派车人：　　　　用车人：

兰州牧药所派车单存根

车号		出车日期	年　月　日
目的地		用车单位	
出车任务			

派车人：　　　　用车人：

兰州畜牧与兽药研究所公务用车派车单

车号		出车日期	年　月　日至　月　日	目的地	
用车部门或课题	出车任务				行驶里程

派车人：　　　　用车人：

兰州牧药所派车单存根

车号		出车日期	年　月　日
目的地		用车单位	
出车任务			

派车人：　　　　用车人：

兰州畜牧与兽药研究所公务用车派车单

车号		出车日期	年　月　日至　月　日	目的地	
用车部门或课题	出车任务				行驶里程

派车人：　　　　用车人：

附件 2

《兰州畜牧与兽药研究所公务车辆维护、保养审批单》（存根联）

申报日期：　　年　月　日　　　经办人：　　　　编号：

<table>
<tr><td colspan="2">车号：</td><td colspan="2">驾驶员：</td><td colspan="2">车辆码表数：</td></tr>
<tr><td colspan="2">维修企业名称：</td><td colspan="4"></td></tr>
<tr><td colspan="2">检修（保养）项目</td><td>预算金额（元）</td><td colspan="2">检修（保养）项目</td><td>预算金额（元）</td></tr>
<tr><td>1</td><td></td><td></td><td>4</td><td></td><td></td></tr>
<tr><td>2</td><td></td><td></td><td>5</td><td></td><td></td></tr>
<tr><td>3</td><td></td><td></td><td>6</td><td></td><td></td></tr>
<tr><td colspan="2">预算总金额</td><td colspan="4">（人民币）　万　仟　佰　拾　元　¥：</td></tr>
<tr><td colspan="2">申请人签字</td><td colspan="4"></td></tr>
<tr><td colspan="2">办公室意见</td><td colspan="4"></td></tr>
<tr><td colspan="2">所领导意见</td><td colspan="4"></td></tr>
</table>

《兰州畜牧与兽药研究所公务车辆维护、保养审批单》（报账联）

申报日期：　　年　月　日　　　经办人：　　　　编号：

<table>
<tr><td colspan="2">车号：</td><td colspan="2">驾驶员：</td><td colspan="2">车辆码表数：</td></tr>
<tr><td colspan="2">维修企业名称：</td><td colspan="4"></td></tr>
<tr><td colspan="2">检修（保养）项目</td><td>预算金额（元）</td><td colspan="2">检修（保养）项目</td><td>预算金额（元）</td></tr>
<tr><td>1</td><td></td><td></td><td>4</td><td></td><td></td></tr>
<tr><td>2</td><td></td><td></td><td>5</td><td></td><td></td></tr>
<tr><td>3</td><td></td><td></td><td>6</td><td></td><td></td></tr>
<tr><td colspan="2">预算总金额</td><td colspan="4">（人民币）　万　仟　佰　拾　元　¥：</td></tr>
<tr><td colspan="2">申请人签字</td><td colspan="4"></td></tr>
<tr><td colspan="2">车管部门意见</td><td colspan="4"></td></tr>
<tr><td colspan="2">所领导意见</td><td colspan="4"></td></tr>
</table>

附件 3

中国农业科学院兰州畜牧与兽药研究所公务用车加油卡登记表

卡号	主卡/副卡	绑定车号	购油与划拨日期	主卡购油金额（元）	主卡划入副卡金额（元）	主卡余额（元）	副卡余额（元）	备注

附件 4

中国农业科学院兰州畜牧与兽药研究所公务用车行驶登记表
（　　　年度）

车辆牌号：

序号	日期	事由与去向	驾驶人	出场时间	回场时间	起驶表指数	终驶表指数	加油金额	加油地点	车辆状况

注：出车行驶公里执行闭环登记管理。

附件 5

中国农业科学院兰州畜牧与兽药研究所
（　　年度）公务用车加油卡购油及副卡划拨情况公示表

加油卡号	主卡/副卡	绑定车号	购油及划拨日期	主卡购油金额（元）	主卡划入副卡金额（元）	主卡金额（元）	副卡金额（元）

注：主卡可不填绑定卡号。

附件 6

中国农业科学院兰州畜牧与兽药研究所
（　　年度）公务用车加油与行驶公里情况公示表

车辆牌号	出车台次	加油金额（元）	年度行车里程（千米）	百公里耗油量（升/千米）
合计				

中国农业科学院兰州畜牧与兽药研究所网络信息安全管理办法

（农科牧药办〔2021〕39 号）

第一条　为深入贯彻中央关于网络安全工作的总体部署，保障研究所信息化建设工作的健康有序发展，规范研究所网络信息安全管理，根据《中华人民共和国网络安全法》《中共农业农村部党组关于贯彻落实〈党委（党组）网络安全工作责任制实施办法〉的实施细则》《农业农村部网络安全管理办法（暂行）》《中国农业科学院办公室关于印发〈中国农业科学院网络安全事件应急预案〉〈中国农业科学院网站管理办法〉〈中国农业科学院使用正版软件管理办法〉的通知》（农科办办〔2020〕74 号）等相关法规、制度和文件要求，结合研究所实际，制定本办法。

第二条　本办法所称网络信息安全工作，是指为保障研究所信息化建设的基础设施、网站、信息系统及数据的完整性、可用性及保密性，而采取的安全检测、防护、处置等技术措施，以及相关管理制度的制定等。

第三条　严格贯彻落实党委网络安全责任制，严格落实网络安全“一把手”责任制。成立中国农业科学院兰州畜牧与兽药研究所信息化领导小组（以下简称“所信息化领导小组”），党政“一把手”为组长，分管领导任副组长，各部门、各团队第一负责人为成员。所信息化领导小组是研究所网络信息安全的领导机构，主管研究所网络信息安全工作，负责研究所网络信息安全的总体规划、协调重大网络信息安全事件的处理以及其他网络信息安全相关重大事务的处理。领导小组下设办公室（以下简称“所信息办”），挂靠所办公室，办公室负责人任主任。

第四条　所信息办负责研究所网站和局域网系统的监督维护和管理；网络信息安全管理制度的起草与执行，制定网络信息安全事件应急预案；信息安全等级保护工作的组织协调；组织开展安全检查，落实有关信息安全的法律法规，落实整改安全隐患；处理违反网络信息安全有关规定的事件；履行法律、法规和规章规定的其他职责。所信息办有权直接对安全事件相关的网络及信息系统进行断网等应急处理。

第五条　研究所按照国家相关要求，开展网站和信息系统的网络安全等级保护相关工作，并接受上级有关部门监督检查。

第六条　研究所网站和信息系统建设按照“积极防御、综合防范”的原则，落实网络安全等级保护要求。

第七条　研究所网站应基于中国农业科学院网站统一的站群管理平台建设。对于所网站内阶段性使用的专题专栏或无人管理、无力维护、长期不更新的专题专栏，应关闭以降低安全风险。

第八条　研究所信息化项目建设应遵循相关制度、技术规范、标准流程开展，信息化项目中的采购、合同、建设、验收、运维等各环节中都要包含网络信息安全相关说明。

第九条　对研究所网络信息中发生的安全事故，使用部门或个人应当采取措施，防止扩散，保存相关记录，在 24 小时内向所信息办报告。对于重大的问题所信息办应及时向所信息化领导小组汇报。

第十条　严禁制作、复制、查阅和传播关系国家安全和社会稳定、侮辱或者诽谤他人、宣扬迷信、色情暴力等信息；不得破坏、盗用计算机网络中的信息资源；不得危害计算机网络的安全；不得私自转借、转让用户账号；不得故意制作和传播计算机病毒；不得利用计算机网络从事危害国家安全、泄露国家机密的活动。

第十一条　对于违反本办法及相关网络信息安全制度的部门及个人，根据安全事件的影响程度，由人事等相关部门或所信息化领导小组给予处理。

第十二条　对于违反法律、法规和研究所相关规定，造成国家、研究所和个人损失的，研究所将追究相关部门及个人的责任。

第十三条　所信息办组织网络信息安全突发事件应急演练，所属各部门应做好网络信息安全应急响应工作。

第十四条　本办法为研究所网络信息技术和安全建设的基本办法，研究所其他网络信息安全相关规定应以本办法为依据，如有相悖之处以本办法为准。

第十五条　本办法由所信息办负责解释，自 2021 年 5 月 12 日所长办公会议通过之日起施行。

中国农业科学院兰州畜牧与兽药研究所网络安全事件应急预案

（农科牧药办〔2021〕39 号）

一、总　则

（一）编制目的。建立健全研究所网络安全事件应急工作机制，提高应对网络安全事件能力，预防网络安全事件的发生，减少网络与信息安全事件造成的损失。

（二）编制依据。《中华人民共和国突发事件应对法》《中华人民共和国网络安全法》《国家网络安全事件应急预案》《突发事件应急预案管理办法》《信息安全技术信息安全事件分类分级指南》（GB/T 20986—2007）和《中国农业科学院办公室关于印发〈中国农业科学院网络安全事件应急预案〉〈中国农业科学院网站管理办法〉〈中国农业科学院使用正版软件管理办法〉的通知》（农科办办〔2020〕74 号）等相关规定。

（三）适用范围。本预案所指网络安全事件是指由于人为原因、软硬件缺陷或故障等，对网络和信息系统或者其中的数据造成危害，对社会造成负面影响的事件，可分为有害程序事件、网络攻击事件、信息破坏事件、设备设施故障和其他事件。本预案适用于研究所网络安全事件的应对工作。

（四）安全事件分级。网络安全事件分为四级：特别重大网络安全事件（Ⅰ级）、重大网络安全事件（Ⅱ级）、较大网络安全事件（Ⅲ级）、一般网络安全事件（Ⅳ级）。

1. 符合下列情形之一的，为特别重大网络安全事件（Ⅰ级）：

（1）重要网络和信息系统（定义见附件 2）遭受特别严重的系统损失（损失程度划分见附件 3），造成系统大面积瘫痪，丧失业务处理能力。

（2）国家秘密信息、重要敏感信息和关键数据丢失或被窃取、篡改、假冒，对国家安全和社会稳定构成特别严重威胁。

（3）其他对国家安全、社会秩序、经济建设和公众利益构成特别严重威胁、造成特别严重影响的网络安全事件。

2. 符合下列情形之一且未达到特别重大网络安全事件的，为重大网络安全事件（Ⅱ级）：

（1）重要网络和信息系统遭受严重的系统损失，造成系统长时间中断或局部瘫痪，业务处理能力受到极大影响。

（2）国家秘密信息、重要敏感信息和关键数据丢失或被窃取、篡改、假冒，对国家安全和社会稳定构成严重威胁。

（3）其他对国家安全、社会秩序、经济建设和公众利益构成严重威胁、造成严重影响的网络安全事件。

3. 符合下列情形之一且未达到重大网络安全事件的，为较大网络安全事件（Ⅲ级）：

（1）重要网络和信息系统遭受较大的系统损失，造成系统中断，明显影响系统效率，业务处理能力受到影响。

（2）国家秘密信息、重要敏感信息和关键数据丢失或被窃取、篡改、假冒，对国家安全和社会稳定构成较严重威胁。

（3）其他对国家安全、社会秩序、经济建设和公众利益构成较严重威胁、造成较严重影响的网络安全事件。

4. 除上述情形外，对国家安全、社会秩序、经济建设和公众利益构成一定威胁、造成一定影响且未达到较大网络安全事件的，为一般网络安全事件（Ⅳ级）。

重大网络安全事件（Ⅱ级）判定参照附件 4，其他等级的网络安全事件参照此标准，酌情认定。

（五）工作原则。坚持统一领导、分级负责；坚持统一指挥、密切协同、快速反应、科学处置；坚持预防为主，预防与应急相结合；坚持“谁主管、谁负责，谁运行、谁负责”。

二、组织机构与职责

（一）中国农业科学院兰州畜牧与兽药研究所信息化工作领导小组（以下简称“所信息化领导小组”）是研究所信息化工作的领导机构，全面负责信息化工作。主要职责包括：

1. 贯彻执行国家和上级部门关于信息安全的方针、政策。

2. 审议研究所信息安全战略及发展规划，审定研究所信息安全工作计划及相关政策。

3. 审定研究所重大信息化建设项目。

4. 对信息安全重大事项、重大方针进行决策。

5. 信息化领导小组下设办公室（以下简称“所信息办”）挂靠办公室，统筹协调组织研究所网络安全事件应对工作，监督指导研究所网络安全事件的应急处置管理工作。

（二）研究所各部门、各团队负责本部门、团队网络安全事件的预防和应对工作。

研究所网络安全事件应急处置工作实行责任追究制，对发生重大网络安全责任事故的，将依据国家、农业农村部和中国农业科学院相关管理办法进行问责。

三、监测与预警

（一）预警分级。

网络安全事件预警等级分为四级：由高到低依次为红色、橙色、黄色和蓝色表示，分别对应可能发生特别重大（Ⅰ级）、重大（Ⅱ级）、较大（Ⅲ级）和一般网络安全事件（Ⅳ级）。

（二）预警监测。

研究所在中国农业科学院信息办的领导下，在中国农业科学院农业信息研究所的技术支撑下开展网络安全监测工作。各部门、各团队按照“谁主管、谁负责，谁运行，谁负责”的要求，对所负责的网络和信息系统开展网络安全监测工作。

（三）预警研判与发布。

所信息化领导小组对监测信息进行研判，对可能发生重大及以上网络安全事件信息应立即向院信息办报告，同时立即启动应急预案。所信息办负责接收上级部门发布的通报信息。各部门、各团队对可能发生网络安全事件的信息应及时向所信息化领导小组报告，由领导小组酌情向院信息办报告，并采取有效措施控制事态、消除隐患。

预警信息包括事件的类别、预警级别、起始时间、可能影响范围、警示事项、应采取的措施和时限要求等。

（四）预警响应。

预警响应分为红色、橙色、黄色和蓝色四个等级，分别由国家应急办、农业农村部、院信息办和研究所决定启动并组织开展相关工作。

红色预警响应，在国家应急办领导下部署。

橙色预警响应，在农业农村部指导下，会同院信息办部署。

黄色、蓝色预警响应，由研究所启动。启动后要做好风险评估、应急准备和风险控制工作，及时将事态发展情况报院信息办。

（五）预警解除。

预警发布单位或部门根据实际情况，确定是否解除预警，及时发布预警解除信息。

四、应急处置

（一）事件报告。

网络安全事件发生后，所信息化领导小组应立即启动应急预案，组织先期处置，控制事态，消除隐患。同时，组织研判并注意保存证据，做好向院信息办的信息通报工作。对于初判为特别重大（Ⅰ）、重大（Ⅱ）网络安全事件的，应立即报告院信息化领导小组，由院信息化领导小组立即报告农业农村部。

（二）应急响应。

Ⅰ级响应。属特别重大网络安全事件的，启动Ⅰ级响应，及时上报院信息化领导小组，在院信息化领导小组的统一领导、指挥、协调下开展应急处置。

Ⅱ级响应。属重大网络安全事件的，启动Ⅱ级响应，在院信息化领导小组的领导、指挥、协调下，会同院信息办开展应急处置。

Ⅲ级、Ⅳ级响应。属较大或一般网络安全事件的，启动Ⅲ级、Ⅳ级响应，由所信息化领导小组开展应急处置。处置内容包括跟踪事态发展，检查影响范围。网络安全事件及响应情况应及时向院信息办及中国农业科学院农业信息研究所报告事态发展变化和处置进展情况。

五、调查与评估

特别重大网络安全事件，由所信息化领导小组报院信息办并积极配合展调查处理和总结评估；重大及以下网络安全事件，所信息化领导小组按照要求组织调查处理和总结评估，并报送院信息化领导小组及办公室，其中重大网络安全事件相关总结报告报农业农村部。网络安全事件总结调查报告应对事件的起因、性质、影响、责任等进行分析评估，提出处理和改进措施。事件的调查处理和总结评估工作原则上在应急响应结束后 15 天内完成。

六、预防工作

（一）日常管理。

各部门、各团队配合所信息办做好网络安全事件日常预防工作，严格遵守应急预案，做好网络安全自查、隐患排查、风险评估和容灾备份，落实农业农村部网络安全信息通报制度要求，及时采取有效措施，减少和避免网络安全事件的发生及危害，提高应对网络安全事件的能力。

（二）参加演练。

积极参加农业农村部和中国农业科学院组织的安防演练，提高实战能力。

（三）培训。

将网络安全事件应急知识列为领导干部和有关人员培训内容，加强网络安全特别是网络安全应急预案的培训，提高防范意识和技能。

（四）重要活动期间的预防措施。

国家重要活动、会议、节假日之前，对工作影响较小的信息系统一律暂时关闭。确因工作需要无法关闭的，要安排24小时值班值守，及时发现和处置网络安全事件隐患，确保网络安全。

七、保障措施

（一）机构和人员。

各部门、各团队要明确网络安全责任负责人和联络员，建立健全应急工作机制。

（二）技术支撑队伍。

农业信息研究所协助研究所开展监测预警、预防防护、应急处置等工作。研究所要不断加强网络安全应急技术能力建设。

（三）物资保障。

加强对网络安全应急设备的储备，及时更新、升级软件硬件工具，不断增强应急技术支撑能力。

（四）经费保障。

研究所利用现有政策和资金渠道支撑网络安全应急技术能力建设、基础平台建设、预案演练、物资保障等工作的开展。

八、附　则

（一）预案管理。

本预案参照中国农业科学院相关预案编制，根据中国农业科学院预案修订情况进行适时修订。

（二）预案解释。

本预案由所信息办负责解释。

（三）预案实施时间。

本预案自2021年5月12日所长办公会议通过之日起实施。

附件：

1. 网络安全事件分类
2. 重要网络与信息系统、重要敏感信息定义
3. 网络和信息系统损失程度划分说明
4. 重大网络安全事件（Ⅱ级）判定指南

附件 1

网络安全事件分类

网络安全事件分为有害程序事件、网络攻击事件、信息破坏事件、设备设施故障和其他网络安全事件等。

一、有害程序事件分为计算机病毒事件、蠕虫事件、特洛伊木马事件、僵尸网络事件、混合程序攻击事件、网页内嵌恶意代码事件和其他有害程序事件。

二、网络攻击事件分为拒绝服务攻击事件、后门攻击事件、漏洞攻击事件、网络扫描窃听事件、网络钓鱼事件、干扰事件和其他网络攻击事件。

三、信息破坏事件分为信息篡改事件、信息假冒事件、信息泄露事件、信息窃取事件、信息丢失事件和其他信息破坏事件。

四、设备设施故障分为软硬件自身故障、外围保障设施故障、人为破坏事故和其他设备设施故障。

五、其他事件是指不能归为以上分类的网络安全事件。

附件 2

重要网络与信息系统、重要敏感信息定义

一、重要网络与信息系统

根据《国家网络安全事件应急预案》和《关于信息安全等级保护工作的实施意见》，重要网络与信息系统是指所承载的业务与国家安全、社会秩序、经济建设、公众利益密切相关的网络和信息系统。等级保护第三级（含）以上的属于国家重要信息系统，涵盖关键信息基础设施。

二、重要敏感信息

不涉及国家秘密，但与国家安全、经济发展、社会稳定以及企业和公众利益密切相关的信息，这些信息一旦未经授权披露、丢失、滥用、篡改或销毁，可能造成以下后果：

（一）损害国防、国际关系。

（二）损害国家财产、公共利益以及个人财产或人身安全。

（三）影响国家预防和打击经济与军事间谍、政治渗透、有组织犯罪等。

（四）影响行政机关依法调查处理违法、渎职行为，或涉嫌违法、渎职行为。

（五）干扰政府部门依法公正地开展监督、管理、检查、审计 等行政活动，妨碍政府部门履行职责。

（六）危害国家关键基础设施、政府信息系统安全。

（七）影响市场秩序，造成不公平竞争，破坏市场规律。

（八）可推论出国家秘密事项。

（九）侵犯个人隐私、企业商业秘密和知识产权。

（十）损害国家、企业、个人的其他利益和声誉。

（十一）在农业科学研究、野外监测、市场调查中发现的涉及动物疫病、植物病虫害、粮食安全、食品安全等可能造成社会恐慌或市场恐慌的信息。

（十二）尚未向社会公开发布的处于研究过程中的重要科学数据和技术信息。

（参考依据：《信息安全技术云计算服务安全指南》（GB/T 31167—2014））

附件 3

网络和信息系统损失程度划分说明

网络和信息系统损失是指由于网络安全事件对系统的软硬件、功能及数据的破坏、导致系统业务中断，从而给事发组织所造成的损失，其大小主要考虑恢复系统正常运行和消除安全事件负面影响所需付出的代价，划分为特别严重的系统损失、严重的系统损失、较大的系统损失和较小的系统损失，说明如下：

一、特别严重的系统损失

造成系统大面积瘫痪，使其丧失业务处理能力，或系统关键数据的保密性、完整性、可用性遭到严重破坏，恢复系统正常运行和消除安全事件负面影响所需付出的代价十分巨大，对于事发组织是不可承受的。

二、严重的系统损失

造成系统长时间中断或局部瘫痪，使其业务处理能力受到极大影响，或系统关键数据的保密性、完整性、可用性遭到破坏，恢复系统正常运行和消除安全事件负面影响所付出的代价巨大，但对于事发组织是可承受的。

三、较大的系统损失

造成系统中断，明显影响系统效率，使重要信息系统或一般信息系统业务处理能力受到影响，或系统重要数据的保密性、完整性、可用性遭到破坏，恢复系统正常运行和消除安全事件负面影响所需付出的代价较大，但对于事发组织是完全可以承受的。

四、较小的系统损失

造成系统暂时中断，影响系统效率，使系统业务处理能力受到影响，或系统重要数据的保密性、完整性、可用性遭到影响，恢复系统正常运行和消除安全事件负面影响所需付出的代价较小。

附件 4

重大网络安全事件判定指南

一、关键信息基础设施整体中断 30 分钟，或主要功能故障 2 小时以上。

二、关键信息基础设施核心设备已被渗透控制，或恶意程序在设施内部大范围传播，或设施内部数据批量泄露。

三、泄露 5 万人以上个人敏感信息。

四、造成5 000万元以上直接经济损失。

五、门户网站被攻击篡改，导致反动言论或谣言等违法有害信息大范围传播。以下情况之一，可认定为是“大范围传播”：

（一）在主页上出现并持续 1 小时以上，或在其他页面出现并持续 10 小时以上。

（二）通过社交平台转发 1 万次以上。

（三）浏览人数超过 10 万人。

（四）省级以上网信部门、公安部门认定为是“大范围传播”的。

六、门户网站受到攻击，导致 6 小时以上不能访问。

七、发生国家秘密泄露或大量地理、人口、资源等国家基础数据泄露。

中国农业科学院兰州畜牧与兽药研究所网站管理办法

（农科牧药办〔2021〕39号）

第一章　总　则

第一条　为加强中国农业科学院兰州畜牧与兽药研究所网站规范建设与管理，提升信息化水平，根据《中国农业科学院办公室关于印发〈中国农业科学院网络安全事件应急预案〉〈中国农业科学院网站管理办法〉〈中国农业科学院使用正版软件管理办法〉的通知》（农科办办〔2020〕74号）文件以及网络安全相关法律法规规定，结合研究所实际，制定本办法。

第二条　根据国家政务信息资源整合要求，研究所原则上一个单位只开设一个门户网站。网站建设坚持集约节约、分类管理、强化服务、规范运行、保障安全的原则。

第二章　职责分工

第三条　研究所网站按照“谁主管、谁负责，谁运行、谁负责，谁发布、谁负责”的原则，明确管理责任。

第四条　中国农业科学院兰州畜牧与兽药研究所信息化工作领导小组（以下简称“所信息化领导小组”）是研究所信息化工作的领导机构，负责研究所网站重大问题的决策。

第五条　所信息化领导小组下设办公室，简称“所信息办”是研究所网站建设与管理工作的主管机构，挂靠所办公室，主要负责：

（一）贯彻落实上级部门有关网站建设发展的决策部署，统筹推进研究所网站集约化建设和管理。

（二）协调研究所网站建设和管理中的其他事项。

（三）统筹推进所级新媒体建设、所门户网站新闻宣传和舆论引导等工作。

（四）承担所门户网站内容组织和管理工作。

（五）建立健全信息发布审核和保密审查制度。

（六）承担研究所门户网站的整体规划与建设工作。

（七）承担网站建设和管理中的其他有关重大事项。

第三章　网站开设、变更与管理

第六条　所属各部门、团队需另行开设网站的，经所信息化领导小组同意，并报请中国农业科学院信息化领导小组办公室审批后方可开设。

第七条　按照《党政机关事业单位和社会组织网上名称管理暂行办法》有关规定，所门户网站名称为“中国农业科学院兰州畜牧与兽药研究所”，域名为“lzihps. caas. cn”。所门户英文网站名称为“Lanzhou Institute of Husbandry and Pharmaceutical Sciences of CAAS”，域名为“lzihps. caas. cn/en”。

第八条　所门户网站Logo使用应不违反《中国农业科学院视觉形象识别系统》(简称“VIS系统”)的相关规定。

第九条　在门户网站上新设置专题的部门或团队应报请所信息办同意后，由所信息办提交中国农业科学院农业信息研究所进行技术开发。

第十条　所门户网站栏目设置与调整按照“4+N”的要求不少于6个。其中，机构职能类、动态要闻类、通知公告与政策文件类、业务与服务类4个栏目为必设栏目，“N”为自选栏目。

第十一条　要严格按照国务院《关于加强政府网站建设和管理工作的意见》《中华人民共和国保守国家秘密法》和《中华人民共和国政府信息公开条例》等规定规划研究所网站的内容框架、栏目设置和公开内容。

第十二条　所门户网站原则上只受理研究所各部门、各团队投稿内容的审核与发布。所属各部门、各团队向研究所门户网站投稿时，须在智慧农科平台提交发布申请。

第十三条　加强发布信息的意识形态与来源审查。所门户网站要严把意识形态关，加强对发布信息的政治审查；原则上不发布与本所无关的信息，严禁发布违反国家有关规定的信息和各种重要敏感信息，特别是涉及动物疫病、植物病虫害、粮食安全、食品安全等可能造成社会恐慌或市场恐慌的研究数据和信息。

第十四条　强化信息发布更新。按照政务信息公开要求，网站首页信息应保持更新，第一时间发布重要会议、重要活动、重大政策等信息。内容更新没有保障的栏目要及时归并或关闭。

第四章　链接管理

第十五条　研究所网站对于链接的网站或业务系统必须完成网络安全等级保护相关工作，达不到要求的不予链接。各部门、各团队确需链接的网站或业务系统，须报请所信息办审核，对于符合要求的链接，由所信息办提交中国农业科学院农业信息研究所进行链接。

第十六条　所信息办要定期检查链接的有效性和适用性，及时清除不可访问的链接地址，确保所有链接有效可用，杜绝“错链”“断链”。确需引用其他网站资源链接的，要杜绝因其内容不合法、不权威、不真实客观、不准确实用等造成不良影响。

第五章　安全防护

第十七条　研究所网站要根据网络安全法等要求，严格贯彻落实网络安全等级保护制度。

第十八条　研究所门户网站（含子站，不含链接在门户网站上的网站或信息系统）的网络安全防护由中国农业科学院农业信息研究所负责，研究所积极配合开展工作，所属各部门、各团队负责主办的专业网站、信息系统的网络安全防护。

第十九条　建立健全网络安全管理制度和网站安全应急预案，定期开展应急演练，提高应急处置能力。加强并建立日常巡检和节假日、重大活动、重要敏感时期的应急值守制度，明确责任。

第六章　附　则

第二十条　本办法自2021年5月12日所长办公会议审议通过之日起施行，由所信息化领导小组办公室负责解释。

中国农业科学院兰州畜牧与兽药研究所使用正版软件管理办法

（农科牧药办〔2021〕39号）

第一条　为贯彻落实党中央、国务院、农业农村部、中国农业科学院及有关部门关于软件正版化的工作要求，加强研究所正版软件管理，推进软件正版化工作规范化、标准化，确保网络安全，按照《中国农业科学院办公室关于印发〈中国农业科学院网络安全事件应急预案〉〈中国农业科学院网站管理办法〉〈中国农业科学院使用正版软件管理办法〉的通知》（农科办办〔2020〕74号）文件，制定本办法。

第二条　本办法适用于中国农业科学院兰州畜牧与兽药研究所各部门、各团队办公软件的使用管理。

第三条　本办法所称软件主要包括计算机操作系统软件、办公软件和杀毒软件三类通用软件。

第四条　所属各部门的计算机办公设备必须使用正版软件，软件正版化工作的管理应遵循结合需求、集中采购、科学使用、安全管理的原则。

第五条　软件正版化工作由中国农业科学院兰州畜牧与兽药研究所信息化工作领导小组（以下简称"所信息化领导小组"）统一领导，所信息化领导小组办公室（以下简称"所信息办"）统筹协调有关工作。

第六条　所信息化领导小组负责人对研究所软件正版化工作负总责，所信息办负责各项政策制度的落实、推进与督办。

各部门、各团队负责人为本部门和团队软件正版化工作第一责任人，职责如下：

（一）明确本部门、团队软件正版化工作责任人和工作人员。

（二）贯彻落实软件正版化工作要求，对部门或团队年度软件正版化工作进行部署，督促本部门人员严格遵守软件正版化工作相关规章制度。

（三）积极配合开展软件正版化检查、培训等工作。

第七条　采购管理

（一）各部门、各团队购置计算机办公设备时，应当采购预装正版操作系统软件的计算机产品，对办公软件和杀毒软件需要同时考虑购置计划。

（二）各部门、各团队应遵循经济适用的原则，优先配备国产品牌软件，确保信息安全。

（三）各部门、各团队根据实际需要，按照通用资产配置计划和政府采购要求，进行正版软件采购。

第八条　资产和台账管理

（一）研究所各类采购软件按照《固定资产分类与代码》（GB/T 14885—2010）等有关国家标准和规定纳入研究所资产管理体系，并进行资产管理。

（二）计划财务处负责研究所软件使用台账的建立、更新和维护工作。

（三）研究所采购软件因以下情况申请报废的，经过鉴定后，按照资产报废处置手续办理：

1. 已经达到规定的最低使用年限，且无法继续使用的。

2. 未达到规定的最低使用年限，因技术进步等原因无法继续使用的。

3. 未达到规定的最低使用年限，因计算机硬件报废，且无法迁移到其他计算机上继续使用的。

第九条　安装和使用管理

（一）所属各部门的正版软件安装及管理不得超越使用许可权限。

（二）所信息办要加强软件正版化培训工作。

（三）严禁擅自复制、销售和传播计算机软件产品的复制品。

（四）不得在办公计算机上安装与工作无关的各类软件，严禁下载使用未经授权的计算机软件。

第十条　责任追究

（一）对于落实软件正版化工作不到位，且未能按要求及时整改的部门，给予通报，产生严重影响的，按照有关规定进行问责。

（二）因个别部门、团队工作不到位导致研究所受到有关部门通报处理的，研究所将给予相应处理。

第十一条　本办法由所信息化工作领导小组办公室负责解释，本办法自2021年5月12日所长办公会议审议通过之日起施行。

中国农业科学院兰州畜牧与兽药研究所档案管理办法

（农科牧药办〔2021〕65号）

第一章　总　则

第一条　为进一步加强研究所档案管理工作，推进研究所档案规范收集、整理、有效保护和利用，落实层级责任，更好地为研究所各项工作服务，根据《中华人民共和国档案法》《机关档案管理规定》《干部人事档案工作条例》等有关规章制度，结合研究所实际，制订本办法。

第二条　本办法所称的档案是指研究所在开展各项活动中形成的，具有查考、利用和保存价值的各种文字、图表、声像、数据等不同形式的历史记录。

第三条　档案工作是不可缺少的基础性工作，是推进依法行政、促进科学决策、提高治理水平的必要条件，是保护单位和个人合法权益、维护历史真实面貌的一项重要工作。

第四条　研究所的全部档案应当集中、统一管理。各部门、各团队在工作中形成并具有保存价值的全部档案由档案室实行集中统一管理，属于归档范围的材料必须按照要求归档，必须保证文件材料真实、准确、系统，文件材料组件齐全、内容完整。任何部门或个人不得将应归档的文件、材料据为己有或拒绝归档。职工调离、退休和辞职，必须在办理文件归档和归还所借档案手续后，方可办理。

第二章　机构、人员和条件保障

第五条　办公室是研究所档案管理工作的责任部门，对档案工作实行管理和监督。党办人事处是人事档案的责任部门，对干部人事档案实行管理和监督。各部门、各团队是研究所档案的形成单位与归档单位，部门、团队负责人是本部门、本团队档案管理的第一责任人，应组织、督促、检查本部门、本团队有关人员做好各类归档材料的积累、收集、整理、归档工作。

第六条　档案管理工作的基本任务是：

（一）贯彻执行档案工作的法律法规和方针政策，建立健全研究所档案工作规章制度。

（二）负责研究所各种文件材料的收集、整理和利用工作，确保各类档案材料齐全、完整，使用规范，维护研究所档案的完整性、系统性与安全性。组织实施档案信息化建设，推进档案资源的数字化，努力做到电子文件与纸质档案同步归档。

（三）负责建立健全档案安全责任制，落实档案安全保密管理的人防、物防、技防相关措施，确保档案安全。

第七条　研究所应为档案室配备专职档案工作人员，档案工作人员应当政治可靠、遵纪守法、忠于职守，胜任岗位工作要求。

第八条　研究所应提供符合档案管理要求的档案库房，对不符合档案保管要求的库房，应及时改建或者扩建。研究所应及时研究并协调解决档案管理工作中的重大问题，为档案工作顺利开展提供人力、财力、物力等方面保障。

第三章　档案的管理

第一节　一般规定

第九条　档案包括：

（一）文书、科学技术、成果转化、基建、仪器设备、干部人事、会计档案。

（二）照片和声像档案。

（三）印章、题词、奖牌、奖章、证书、公务礼品等实物档案。

（四）其他档案。

前款（一）（二）项包含传统载体档案和电子档案两种形式。电子档案与传统载体档案具有同等效力。

第十条　研究所档案管理应当做到收集齐全完整，整理规范有序，保管安全可靠，鉴定准确及时，利用简捷方便，开发实用有效。涉及国家秘密档案的管理应当符合保密管理的相关规定。国家规定不得归档的材料，禁止擅自归档。

第十一条　文件材料形成时，应当采用耐久、可靠、满足长期保存需求的记录载体和记录方式。

第十二条　声像和照片档案、实物档案一般以件（张）等为单位进行整理。文书档案、科技与成果转化档案、仪器设备档案、干部人事档案、会计档案一般以卷为单位进行整理。其他门类档案根据需要以卷或件为单位进行整理。

第十三条　立卷归档文件材料必须用碳素笔（蓝、黑）书写或打印，要求字迹工整、格式统一，图样清晰。

第十四条　案卷均需用线绳装订成册，去掉金属物，装订时将卷内文件的右边和底边理齐，在左侧装订，三孔一线，扣结在封底。

第十五条　案卷封面用毛笔、钢笔或碳素笔（蓝、黑）填写，字迹清楚，案卷标题简明，概括卷内文件的主要内容和成分。

第十六条　各部门、各团队按照立卷要求分类组卷后，按时间顺序排列编写页码，页码写在文件的右上角，双面印的文件，反面页码应写在左上角。每卷以150~200页为宜，过厚可采用一题多卷，且每卷均需填写卷内目录。若案卷较薄，可采取一卷多题的办法组卷，但一般每卷不应超过四个问题。

第十七条　归档文件材料应当为原件。电子文件需要转换为纸质文件归档的，若电子文件已经具备电子签名、电子印章，纸质文件不需再行实体签名、实体盖章。

第十八条　每年6月底前，各部门、各团队务必将前一年度立卷资料连同目录向档案室移交归档。立卷部门在归档前须填写目录和移交清单（各一式两份），履行交接手续。目录和移交清单由立卷部门和档案室各存一份。

第二节　归档范围及保管期限

第十九条　文书档案

主要包括研究所在行政管理、科研管理、人事管理、国际合作与交流、生产经营、党建、精神文明建设等形成的文件材料，各种会议的文件材料，包括会议纪要、会议决议与决定、领导讲话、会议通知、会议日程、会议记录、会议名单和典型交流材料等。根据《文书档案保管期限办法》，由档案室工作人员将组成的案卷划分为永久、长期、短期三种保管期限。

第二十条　科学技术档案

科学技术档案是在科学研究活动中形成的应当归档保存的文字材料、计算材料、试验记录、标本和图纸等科技文件材料。具体分为研究项目、学术活动、科技情报编译（包括书稿）等档案。

主要包括项目的审批文件，开题报告，可行性论证报告，任务书或课题实验设计报告，课题财务预算报告，课题年度计划书及其实施方案，委托书和协议书，结题报告，验收报告，项目（课题）更改、中断等文字材料，原始实验记录和整理数据，实物照片（标本），计划执行情况，试验小结，阶段成果，科研年报，研究论文，中期、年终总结，成果鉴定，总结报告，获得奖励及专利资料等材料。学术活动文件材料归档范围为学术会议、专业会议的论文集、专题报告等科技文件材料。保管期限见“附件：科研档案保管期限表”。

第二十一条　基建档案

基建档案是指研究所条件建设项目，从酝酿、决策到使用的全过程中形成的具有保存和查考价值的文件材料。包括建设项目的提出、调研、可行性研究、评估、决策、计划、勘测、设计、施工、监理、竣工等活动中形成的文字材料、图纸等文件材料。主要包括：

（一）研究所（含试验基地）总体规划图、现状总平面图、房产证、土地证，永久保存。

（二）研究所供排水线路图、电路布置图（含地下电缆图），燃气管线图、供暖管道图及其他隐蔽工程分布图等，长期保存。

（三）单项工程的请示、批复，已批准的设计任务书、工程概算、设计图纸、图纸会审纪要及基建工程进行的地质、水文、地震勘测文件，长期保存。

（四）施工合同、预算、施工记录、施工质量检查记录、隐蔽工程记录、施工中重大事故调查分析及其处理报告、更改通知单、施工技术总结，长期保存。

（五）竣工验收证明书，验收报告，建筑、结构、水、电、暖、下水和道路的竣工图，工程预决算，附属工程预算，水电预决算，工程质量鉴定书，长期保存。

（六）房屋加固、改建、扩建、维修的更改图和有关的文件材料。水、电、下水系统的更改图和竣工图，长期保存。

（七）征用土地报告、批文、协议、拆迁、地界划分，土地借用、互换割让等文件材料，永久保存。

长期保管的基建档案实际保管期限不得短于建设项目的实际寿命。

第二十二条　仪器设备档案

主要包括申请购置仪器设备的请示、批复；调研考察材料。

购置合同、协议与外方谈判洽谈记录、纪要、备忘录、来往函件及商检材料；仪器设备开箱验收记录；仪器设备合格证、装箱单、出厂保修单、说明书等随机图样及文字材料（原文和译文）；仪器设备安装调试、试机记录、总结、竣工图样、检测验收报告等。

运行记录及重大事故分析处理报告；仪器设备保养和大修计划、记录；仪器设备检查记录及履历表；设备改造记录和总结材料。

仪器设备报废鉴定材料、申请、批复和处理结果；技术、质量上的异议处理结果材料。

仪器设备档案保管期限依据该设备的使用寿命和使用价值而定，长期保管的仪器设备档案实际保管期限不得短于仪器设备的实际寿命。

第二十三条　干部人事档案

干部人事档案的归档范围和保存期限严格按照《干部人事档案工作条例》《农业部干部人事档案管理办法》（农办人〔2011〕32 号）规定执行。

第二十四条　会计档案

会计档案是指会计凭证、会计账簿和财务报告等会计核算专业材料，是记录和反映研究所经济业务的重要史料和证据。主要包括：

（一）会计凭证类：原始凭证，记账凭证，汇总凭证，其他会计凭证。一般保存 15 年。

（二）会计账簿类：总账，明细账，日记账，辅助账簿，其他会计账簿。一般保存 15~25 年。

（三）财务报告类：月度、季度、年度财务报告，包括会计报表、附表、附注及文字说明，其他财务报告。会计报表中的年度会计报表（决算）需永久保存；月度、季度会计报表保存 5 年。

（四）其他类：银行存款余额调节表，银行对账单，合同书、协议书，其他应当保存的会计核算专业资料，长期保存。

第二十五条　照片和声像档案

（一）反映研究所主要业务活动和工作成果录音、录像和照片，永久保存。

（二）上级领导和著名人物来所视察和检查指导工作及参加重大活动的录音、录像和照片，永久保存。

（三）研究所领导和科学家等参加重大活动的录音、录像和照片，长期保存。

（四）研究所重大外事活动的录音、录像和照片，长期保存。

（五）记录研究所重大事件的录像和照片，长期保存。

第三节　立卷和归档要求

第二十六条　文书档案

（一）各部门以研究所名义发出的文件、函及纪要在加盖印章后，将发文和原稿（含附件）交办公室负责集中立卷、归档。

（二）立卷的材料分类要系统合理，保证文件之间的联系。一般按照顺序或重要程度排列，来文和复文必须在一起；批复在前，请示在后；正文在前，附件在后。做到一事一卷，保证完整无缺。年度计划、总结、预决算、统计报表等文件应归入针对的年度；2 年以上的总结、报告、报表，应归入所属年份的最后一年；长期规划应归入针对的头一年；跨年度的文件应归入结束的一年；法规性文件应归入公布实施、试行的一年。

第二十七条　科学技术档案

研究项目档案以团队或项目组为立卷单位，团队或项目组负责人负责本团队科技档案的立卷归档；科研管理、学术活动和科技情报编译档案由科技管理与成果转化处负责立卷归档。

（一）每个科研项目在研究过程中的各个阶段，都应形成相应的科技文件。科研课题的确定、更改、中断、撤销和完成，科研成果的鉴定、奖励等，均须有依据，有数据，有记录，做到有文字、图表、标本等凭证。

（二）科学研究以项目为单位，不论项目研究结束、中断、成功或失败，当完成或告一段落时，须将研究工作中形成的、具有保存和查考价值的科技文件加以整理，对文件材料进行质量检查，对不符合要求的文件材料做好补救工作。并根据其不同性质和特点，组成保管单位（卷、册、袋、盒），为以后的立卷归档工作打好基础。

（三）结题或验收的研究项目，由科技管理与成果转化处通知项目组或团队，必须在结题或验收后2个月内完成归档。项目组将积累、保管的文件材料按要求整理，编写页码，填写卷内目录，拟定案卷标题，根据科技档案保管期限表和有关保密制度的规定，划分并填写保管期限和密级，装订成册后，填写移交清册，向档案室移交。

（四）在对科研成果进行鉴定前，要由科技管理与成果转化处和档案室工作人员对应归档的科技文件进行检查、验收，并在《科学技术研究档案文件表》上签字、盖章。凡是档案不完整、不准确、不系统的不能鉴定，不能开新课题。

第二十八条　基建档案

基建档案由计划财务处或相关项目组负责立卷、归档，项目验收后编制移交清册，移交档案室统一保管。收集工作要与项目建设进程同步，项目申请立项时，即应开始进行文件材料的积累、整理、审查工作。

第二十九条　仪器设备档案

仪器设备档案由采购部门或项目组负责立卷、归档，项目验收后编制移交清册，移交档案室统一保管，归档的文件材料按单机立卷归档。仪器设备档案收集工作要与购置设备仪器工作的进程同步。申请立项时，即应开始进行文件材料的积累、整理、审查工作。

第三十条　干部人事档案

（一）党办人事处档案管理人员要经常收集所属干部职工任免、调动、考察考核、培训、奖惩、职务职称评聘、工资待遇等工作中新形成的反映职工德、能、勤、绩的材料，充实档案内容。

（二）成套档案材料必须齐全完整，缺少的档案材料应当进行登记并及时收集补充。

（三）干部人事档案应建立档案登记和统计制度。每年全面检查核对一次档案，重点审核归档材料是否办理完毕，是否对象明确、齐全完整、文字清楚、内容真实、填写规范、手续完备。发现问题及时解决。

（四）归档材料一般应为原件。证书、证件等特殊情况需用复印件存档的，必须注明复制时间，并加盖公章。

第三十一条　会计档案

（一）当年形成的会计档案，由计划财务处按照归档要求，整理立卷，装订成册，编制会计档案保管清册。在会计年度终了后，暂由计划财务处保管2年，期满后由计划财务处编制移交清册，移交档案室统一保管。出纳人员不得监管会计档案。

（二）会计档案要列明案卷题名、卷号、册数、起止年度、保管期限。采用电子计算机进行会计核算的，应当保存打印出的纸质会计档案。预算、计划、制度等文件材料，应当执行文书档案管理规定。

第三十二条　照片和声像档案

（一）照片档案。照片拍摄后，由摄影者或部门整理并编写说明（包括事由、拍摄时间、拍摄地点、人物、背景、摄影者等六要素），随立卷部门其他载体的档案同时归档。

（二）声像档案。录音、录像要编制目录，按先后顺序标注每项内容的时间、地点、人物、主要内容。保存与管理要符合国家规定的标准，要注意防盗、防火、防磁化等安全工作。

第四节　保管、保护与利用

第三十三条　根据档案载体的不同要求对档案进行存储和保管。档案存储和保管应当确保实体安全和信息安全。

第三十四条　涉及国家秘密的档案的管理和利用，密级的变更和解密，应当依照有关保守国家秘密的法律、行政法规规定办理。

第三十五条　档案及其复制件禁止擅自运送、邮寄、携带出境或者通过互联网传输出境。确需出境的，按照国家有关规定办理审批手续。

第三十六条　为维护档案安全，档案室应做好档案防火、防盗、防紫外线、防有害生物、防水、防潮、防尘、防高温、防污染等防护工作。档案管理人员应当随时监测档案室温湿度，根据需要采取措施调节；定期检查维护档案室设施设备，确保正常运转；定期采取措施，防治鼠虫霉等。

第三十七条　档案管理人员对所接收的档案应进行科学分类、整理、排列上架，并录入到档案OA检索系统，妥善保管，并积极主动地为各项工作提供利用服务。

第三十八条　档案室应当定期对档案数量进行清点、统计，统计档案的收进、移出、利用等情况。对保管状况进行检查，及时对受损、易损档案进行修复、复制或做其他技术处理。档案修复前应当做好登记和检查工作，必要时进行复制备份，做出修复说明。

第三十九条　建立健全档案利用制度，根据档案的密级、内容和利用方式，规定不同的利用权限、范围和审批手续。利用档案应当履行查/借阅手续，填写《档案查/借阅申请表》（附后），进行档案查/借阅登记。查/借阅保密档案，须经主要所领导批准。部门之间交叉借阅档案时，应征得立卷部门和办公室同意方可借阅。借阅会计档案，原则上须由财务人员陪同查阅，不得外借。如有特殊需要，须经财务部门负责人签批。外单位查/借阅档案必须持单位介绍信和借阅人身份证，并经主要所领导批准，方可查/借阅。

第四十条　借阅人须对档案的安全和完整负责，不得泄露档案内容或遗失档案，不得私自转借、涂改、圈划、批注、增删、抽页、裁剪、拆卷。归还档案时，双方必须当面核对清楚。

第四十一条　外借档案如发现有违反本规定的，依照《中华人民共和国档案法》及相关细则对直接责任人和所在部门负责人给予通报批评和行政处分；构成犯罪的，依法追究刑事责任。

第四十二条　非密级档案借阅时间不超过2天，特殊情况经批准可延长借阅时间，借阅时间最长不超过7天。

第四十三条　在人事档案管理工作中，必须严格贯彻执行党和国家有关档案保密的法规和制度，确保档案的绝对完整与安全。

（一）按照安全保密、便于查找的原则对干部人事档案进行保管。

（二）人事档案应建立档案登记和统计制度。每年全面检查核对一次档案，发现问题及时解决。

（三）查阅人事档案时，必须严格履行审批手续，同时对有关人员做好保密宣传工作，谨防泄密。查阅部门应填写《查阅干部人事档案审批表》（附后），经部门负责人签字，主管所领导审批后方可查阅。查阅时应当2人以上，一般均为党员，并在规定时限内查阅。

（四）查阅人事档案人员必须严格遵守以下纪律：

1. 任何人不得查阅本人及其有夫妻关系、亲属关系的干部档案。

2. 查阅人员必须严格遵守保密制度，不得泄露或擅自对外公布干部档案内容。

3. 查阅人员必须严格遵守阅档规定，严禁涂改、圈划、污损、撤换、抽取、增添档案材料，未经档案主管部门批准不得复制档案材料。

（五）干部人事档案一般不予外借，确因工作需要借阅的，借阅单位应当履行审批手续，在规定时限内归还，归还时干部人事档案工作机构应当认真核对档案材料。

（六）转递干部人事档案必须通过机要交通或者安排专人送取，转递单位和接收单位应当严格履行转递手续。

第五节　鉴定、销毁与移交

第四十四条　定期对已达到保管期限的档案进行鉴定处置。鉴定工作由办公室牵头，会同相关部门有关人员组成鉴定小组对已超过保管期限的档案进行审查、鉴定，必要时可邀请相关领域专家参与。鉴定工作结束后，应当形成鉴定报告，对仍需继续保存的档案，应当重新划定保管期限并做出标注，对确无保存价值的档案应当按规定予以销毁。

第四十五条　档案销毁必须填写销毁清册，经所长审批，报院档案主管部门备案后，由办公室与立档部门共同组织档案销毁工作。销毁档案应指定专门的监销人，监销人在档案销毁前，要按照档案销毁清册所列内容进行清点核对，在档案销毁后，在档案销毁清册上签名或盖章。销毁清册应当永久保存。

第四十六条　档案销毁应当在指定场所进行。电子档案和数字档案复制件需要销毁的，除在指定场所销毁离线存储介质外，还需确保电子档案和档案数字复制件从系统中彻底删除。

第四十七条　部门变动时，应对档案做出妥善处理。

（一）部门撤销或合并时，其档案应向档案室移交。没有办理完毕的文件材料，应移交接替部门继续处理，并作为接替部门的档案保存。

（二）批准恢复和新成立的部门，应从正式行文之日起单独立卷、归档。

（三）各种临时工作部门撤销时，其档案应向有关部门或档案室移交。

第四章　信息化建设

第四十八条　加强档案信息化工作，将档案信息化工作纳入研究所信息化发展规划，从人力、财力、物力上统筹安排，以推进档案存储数字化和利用网络化，保障档案信息化建设。

第五章　附　则

第四十九条　本办法自2021年9月2日经所长办公会议讨论通过之日起执行，《中国农业科学院兰州畜牧与兽药研究所科学技术档案管理办法》《中国农业科学院兰州畜牧与兽药研究所文书档案管理办法》《中国农业科学院兰州畜牧与兽药研究所基建档案管理办法》《中国农业科学院兰州畜牧与兽药研究所会计档案管理办法》《中国农业科学院兰州畜牧与兽药研究所仪器设备档案管理办法》《中国农业科学院兰州畜牧与兽药研究所声像和照片档案管理办法》（农科牧药办字〔2013〕79号）、《中国农业科学院兰州畜牧与兽药研究所干部人事档案管理办法》（农科牧药人字〔2014〕26号）和《中国农业科学院兰州畜牧与兽药研究所档案查询借阅规定》（农科牧药办〔2016〕49号）同时废止。由办公室负责解释。

附件 1

中国农业科学院兰州畜牧与兽药研究所
科研档案保管期限表

KY1　综合

序号	类目名称	保管期限
1	科研行政管理文件材料	长期
2	科研计划管理文件材料	长期
3	科研成果管理文件材料	长期
4	科研经费管理文件材料	长期
5	申报科研项目及有关批复	长期
6	学会工作（学术活动）材料	短期

KY2-1　科研准备阶段

序号	类目名称	保管期限
1	开题报告与课题调研论证材料	长期
2	任务书、合同、协议书	永久
3	课题研究计划、设计	长期
4	课题执行情况、调整或撤销报告	短期
5	课题投资和预算材料	短期

KY2—2　研究试验阶段

序号	类目名称	保管期限
1	实验、测试、观测、调查、考察的各种原始记录（含关键配方、工艺流程及综合分析材料）	永久
2	数据处理材料，包括计算机处理材料（如程序设计说明、框图、计算结果）	永久
3	设计的文字说明和图纸（底图、蓝图、机械设计图、电子线路图等）	永久
4	研究工作阶段小结、年度报告	长期

（续表）

序号	类目名称	保管期限
5	配套的照片、录音带、录像带、幻灯片、影片拷贝等其他存储媒介	永久
6	样品、标本等实物的目录	永久

KY2—3　总结验收/评价阶段

序号	类目名称	保管期限
1	研究报告	永久
2	论文专著	永久
3	工艺技术报告	永久
4	专家评审意见	永久
5	验收/评价材料	长期
6	验收/评价证书	永久
7	推广应用意见	长期
8	课题工作总结	长期

K2-4　申报奖励阶段

序号	类目名称	保管期限
1	科研成果登记表	永久
2	科研成果报告表	永久
3	科研成果申报奖励与审批材料	永久
4	科研成果获奖材料（奖状、奖章、奖杯、证书等）原件和实物	永久
5	专利证书原件	永久

KY2-5　推广应用阶段

序号	类目名称	保管期限
1	科研成果转让合同、协议书	永久
2	生产定型鉴定材料	永久
3	成果被引用或投产后反馈意见	短期
4	推广应用方案及实施情况	长期
5	扩大试生产的设计文件、工艺文件	长期
6	成果宣传报道材料	短期
7	对外学术交流材料	长期

附件 2

中国农业科学院兰州畜牧与兽药研究所
档案查/借阅申请单

借阅日期		借阅部门/课题组	
借阅人		联系电话	
借阅目的	□工作查考　　□信息公开　　□业务研究 □其他________		
借阅内容（何年何档案）	（可另附页）		
借阅方式	□阅览/浏览　　□摘抄　　□外借 □复制（复制份数　　份）		
所在部门/课题组负责人意见	年　月　日	立档部门/课题组负责人意见	年　月　日
立卷/项目负责人意见	年　月　日		
办公室负责人审核意见	年　月　日	所领导审批意见	年　月　日

附件 3

中国农业科学院兰州畜牧与兽药研究所
档案借阅催还单

________________（单位、部门）：

________________同志于________年______月______日借阅等档案________________________，共计___件。

因已超过借阅期限，请于_____年___月___日前归还档案室。

______年___月___日

中国农业科学院兰州畜牧与兽药研究所公有住房管理实施细则

（农科牧药办〔2022〕11号）

第一条　为进一步规范和加强研究所公有住房管理，优化资源配置，提高公有住房使用效率，切实解决新进人才和部分职工住房困难，维护和保障研究所合法权益，根据国家和地方政府有关法律法规以及《中国农业科学院兰州畜牧与兽药研究所国有资产管理办法》《中国农业科学院兰州畜牧与兽药研究所房屋资产出租出借管理办法》等有关规定，结合研究所实际，制订本细则。

第二条　本细则所称公有住房是指由研究所所有、使用、管理的可用于居住的房屋，包括家属区人才周转房、东区3号楼3-4单元、家属区平房。

第三条　公有住房属国有资产，所有用户只有有限使用权，不享有继承、赠予、买卖等所有人权益，且不得转租、转借他人，亦不得私自互换使用。

第四条　公有住房实行分类管理，周转使用。其中家属区人才周转房主要用于引进的优秀人才的住房周转，东区3号楼3-4单元主要用于新招录的博硕士毕业生的住房周转，家属区平房主要用于经研究所同意的相关人员的住房周转。

第五条　根据研究所部门职责分工，计划财务处负责公有住房的资产管理，后勤服务中心负责公有住房的日常使用管理。

第六条　后勤服务中心按照研究所决定，根据公有住房房源情况按照人员类别统一安排入住，并签订使用协议。

第七条　公有住房实行有偿使用，使用费标准为4.64元/（米^2·月）。使用产生的水、电、暖、卫生、垃圾处理费由住户按照规定及时交纳。

第八条　使用期满或不再符合使用要求的须按规定及时向研究所交回房屋。到期不交回者，研究所有权收回房屋。

第九条　有下列情形之一者，须无条件退还公有住房：

1. 调离、辞职或自动离职的。

2. 辞退、解聘、解除劳动合同或劳动合同期满后不再续签的。

3. 在本市已购买房屋或承租廉租房或公租房的。

4. 私自转租、转借或改变住房用途的。

5. 经研究所认为应当退还公有住房的其他情形。

第十条　家属区人才周转房、东区3号楼3-4单元所有住房不对外出租。

第十一条　家属区平房在满足研究所公有住房统一周转使用的前提下，剩余房源可用于出租使用。

1. 出租对象：研究所的在职无房职工；研究所的无房劳务派遣人员；经研究所会议研究确定的其他人员。

2. 出租价格：租金按建筑面积计收，租金底价为15元/（米^2·月）。

3. 合同签订：须签订租赁合同，明确房屋概况、租赁用途、租赁期限、租金及交付方式、安全责任等，规定双方的权利和义务。

4. 租赁期限：合同原则上1年1签。租赁期满后，承租人须无条件退还房屋。

第十二条　日常管理：

1. 后勤服务中心设公有住房管理人员，负责房屋的跟踪管理、维修检查、费用收缴等。

2. 公有住房所有收益列入研究所收入，任何部门或个人不得截留挪用。

3. 严格按标准收取使用费、租金及有关费用，任何人不得私自折价收取或免除收费。

4. 建立公有住房基础信息台账，详细记录房屋概况、人员信息、协议期限、合同金额等有关内容。

5. 对公有住房及其设施进行必要的安全检查，及时维修养护。

第十三条　对不履行合同约定、不接受研究所管理、不按时交纳费用、擅自转租、造成安全隐患等情况的研究所有权终止合同，并收回房屋。

第十四条　对强占公有住房的处理：

本条所称强占公有住房是指未办理使用或租赁手续而擅自占用住房的行为；使用期或租赁期满后，未经研究所同意而继续占用住房的行为。

对强占住房者，研究所有权限令其在规定时间内搬出。对拒不搬出者，研究所将通过法律途径收回住房并要求其承担相应的法律责任。

第十五条　本细则与国家、部院、地方政府颁布的政策有抵触的，以国家、部院、地方政府的政策规定为准。

第十六条　本细则自2022年1月27日所长办公会议通过之日起施行，由后勤服务中心负责解释。原《中国农业科学院兰州畜牧与兽药研究所公有住房管理和费用收取暂行办法》（农科牧药办字〔2013〕63号）同时废止。

人事劳资管理

中国农业科学院兰州畜牧与兽药研究所职工请（休）假规定

（农科牧药办〔2017〕3号）

根据国家和有关部门关于职工享受休假、探亲及病、事、婚、丧假待遇的规定，为了增强职工的组织纪律性，提高工作效率，保证各项工作的顺利进行，依据《职工带薪休假条例》《事业单位人事管理条例》《关于职工探亲待遇的规定》（国发〔81〕36号）、《甘肃省人口与计划生育条例》《兰州畜牧与兽药研究所工作人员工资分配暂行办法》以及研究所有关会议决定，结合研究所实际情况，制订本规定。

一、探亲假

探亲假是指单位按国家有关规定给予职工与其配偶、父母团聚的时间。探亲假包括法定节假日和公休日，不包括实际占用的路途时间。

（一）已婚职工与配偶不在同一城市居住的，每年可享受探望配偶假一次，假期30天。

（二）已婚职工与父母不在同一城市居住的，每4年可享受探望父母假一次，假期20天。在单位确定的4年期限内没有探亲的，过期不补。

（三）未婚职工与父母不在同一城市居住的，每年可享受探望父母假一次，假期20天。确因工作需要，经批准，亦可两年合并使用，假期45天。

（四）职工在规定假期内，发给本人正常工资，不享受岗位津贴，按照假期天数减发绩效奖励。

（五）大中专毕业生在分配工作后的实习期，学徒、见习生在学徒期均不享受探亲假待遇，待转正定级后方可享受。6月底以前期满的享受当年探亲假；6月底以后期满的，从下一年度享受探亲假。

二、事　假

（一）职工因事请假。请假前须办理请假登记手续。本人填写请假单，经部门领导、人事处审核后，报所领导批准。假满上班到人事处销假，向部门领导报到。

（二）处（室）负责人请假，经部门、人事处审核后，报所领导批准，其中，处长、主任报所长或书记审批，其他领导干部报主管所领导审批。

（三）事假期间，3日内（按月计算，与病假累计）不扣工资。从第4天起按天按比例计扣本人月基本工资（岗位工资+薪级工资）的平均数，即30天以内，每天扣本人月基本工资的2%；30天至60天，每天扣3%；从第61天起，停发全部工资。

（四）事假期间，按日（月按实际工作日天数计算）扣发岗位津贴和绩效奖励。

三、病 假

（一）职工因病请假，应持医院出具的住院证明或病假证明，填写请假单，经处（室）领导签注意见，人事处审核，报主管所领导批准。病愈上班应及时到人事处销假，向处（室）领导报到。

（二）病假期间的工资待遇，按国务院《关于国家机关工作人员病假期间生活待遇的规定》执行，即工作不满10年的，从病假第3个月起发给本人基本工资（岗位工资+薪级工资）的90%，从病假第7个月起，发给本人基本工资的70%；工作满10年及10年以上的，从病假第7个月起，发给本人基本工资的80%。

（三）经批准享受病假者，按日（月按实际工作日天数计算）扣发岗位津贴和绩效奖励。

四、婚、产、丧假

（一）婚假：依法办理结婚登记的夫妻可以享受婚假30天。

（二）产假：符合《甘肃省人口与计划生育条例》规定生育子女的，女方享受产假180天，男方享受护理假30天。

（三）丧假：职工的直系亲属（指父母、配偶和子女、公公婆婆、岳父岳母）去世，可给予丧假3天，去世亲属不在本地的，可根据路程的远近另给路程假。需要增加时间者，按事假手续办理。

（四）婚、产、丧假均应填写请假单，由本部门负责人签注意见，人事处审核，报主管所领导批准。

（五）上述假期，按日（月按30天计算）扣发岗位津贴和绩效奖励。

五、休 假

（一）研究所实行职工集中带薪休假，不实行职工自行休假。

（二）职工集中带薪休假时间和休假时长由研究所根据工作需要安排。

（三）职工带薪休假期间工资正常发放，各种福利待遇不变。

六、几项规定

（一）严格请假的登记、审批、销假制度。凡申请享受各种假的职工必须办理请假手续，经批准后方可离岗。除急、重病患者外，不得由他人代为请假。假满后应及时向本部门和人事处进行销假。

（二）职工假满后不能上班者，必须在假满前办理续假手续。

（三）有以下情况之一者，均按旷工处理：

无故不上班者；虽有请假条但未经批准而不上班者；请假期满而事先未办理续假审批手续者；因病未办理请假手续者。

（四）无正当理由连续旷工时间超过15天，或一年内累计旷工时间超过30天的，予以辞退。

（五）每月旷工1天，按比例计扣本人当月工资总额的5%；旷工2天，每天扣10%；旷工3至4天，每天扣15%；旷工5天以上，每天扣20%。

（六）旷工 1 天扣发当月、旷工 2 天扣发 3 个月、旷工 3 天扣发 6 个月、旷工 4 天扣发 9 个月的岗位津贴和绩效奖励。

七、附　则

本规定从印发之日起施行，由党办人事处负责解释。原《中国农业科学院兰州畜牧与兽药研究所职工请（休）假暂行规定》（农科牧药办字〔1998〕25 号）同时废止。

中国农业科学院兰州畜牧与兽药研究所工作人员因私出国（境）管理办法

（农科牧药办〔2017〕5号）

第一条　为进一步做好我所工作人员因私出国（境）管理工作，严格因私出国（境）审批程序，根据《关于进一步加强因私出国（境）人员管理工作的通知》（农科人综函〔2012〕71号）、《中国农业科学院因私出国（境）证件管理暂行办法》（农科办人〔2012〕247号）、中国农业科学院《关于加强涉密人员因私出国（境）审批和管理的通知》（农科办办函〔2016〕17号），结合我所实际情况，制订本办法。

第二条　本办法适用于研究所列入公安部门因私出国（境）登记备案范围内的人员以及重要岗位涉密人员。

第三条　研究所主要负责人负责本所工作人员因私出国（境）管理工作的组织领导，党办人事处承担日常管理工作。

第四条　严格按照中国农业科学院人事局《关于进一步加强因私出国（境）人员管理工作的通知》（农科人综函〔2012〕71号）的要求，对登记备案人员、涉密人员因私出国（境）进行审批。

第五条　登记备案人员、涉密人员申领的普通护照等因私出国（境）证件、往来港澳通行证、大陆居民往来台湾地区通行证均须交党办人事处集中保管。

第六条　登记备案人员因私出国（境）需使用证件时，由申请人持《农业部工作人员因私出国（境）审批表》和《因私出国（境）证件领用申请表》，到党办人事处办理审批手续。经所领导批准后方可领取证件，副所级及以上领导干部需报中国农业科学院人事局批准后方可领取证件。

第七条　涉密人员因私出国（境）须由个人提出申请，填写《涉密人员因私出国（境）审批表》和《因私出国（境）证件领用申请表》，由所在部门提出意见，报党办人事处，经分管保密工作的领导批准后，方可领取证件。

第八条　涉密人员因私出国须认真研读《党政干部和涉密人员保密常识必知必读》《党政机关工作人员保密须知（图文版）》，并填写《涉密人员出（境）行前保密教育情况表》（一式两份），报研究所办公室。

第九条　副所级及以上领导干部办理因私出国（境）手续，须将《涉密人员因私出国（境）审批表》《涉密人员出国（境）行前保密教育情况表》报中国农业科学院保密办备案。

第十条　因私出国（境）证件，应在回国（境）后10天内交党办人事处保管。因故未按时出国（境）的，应及时上交已申领的出入境证件。逾期不交或不执行证件管理规定的，暂停其因私出国（境）审批，并进行通报批评。

第十一条　对在办理因私出国（境）审批手续中弄虚作假，骗取因私出国（境）证件的人员，一经发现立即报告上级组织部门、纪检监察机关和发证机关，按相关规定处理。

第十二条　各部门涉密人员发生变化的，应及时报研究所办公室及党办人事处备案。

第十三条　党办人事处要做好涉密人员因私出国（境）证件管理，指定专人做好证件的催收、保管、登记、定期核查等工作。对申领、补发证件的人员要及时登记备案，做好政策解释工作。

第十四条　本办法自印发之日起施行，由党办人事处、办公室负责解释。

中国农业科学院兰州畜牧与兽药研究所工作人员再教育管理暂行办法

（农科牧药人〔2002〕15号）

为合理开发人力资源，切实加强我所人才队伍建设，根据研究所实际，制订本办法。

一、工作人员再教育是指职工个人为提高工作能力和业务水平，采取不脱岗形式参加的理论、技能等方面的学习和学位教育（不包括研究所职工年度继续教育培训计划）。

二、积极鼓励工作人员在不影响岗位工作的情况下，利用业余时间申请参加再教育学习，并取得高一级学历或学位。

三、申请再教育的人员必须符合以下条件：

（一）年度考核为合格以上。

（二）根据学科发展及有关项目实施，由课题组提名。

四、学习期间的一切费用全部自理。

五、对于接受再教育后在工作中表现突出，作出成绩的人员，单位经过考评后给予适当的奖励。

六、职工个人要求以脱岗形式参加各类学习和学位教育的，应按研究所《工作人员岗位目标管理实施细则》规定办理，否则，需在离所前30日由个人申请办理辞职手续；不办理手续私自脱岗学习的，按自动离职处理。

七、本办法自2002年3月8日起执行，由人事处负责解释。在此之前已批准攻读学位的人员仍按《中国农业科学院兰州畜牧与兽药研究所在职人员进修学习和攻读学位管理实施细则》执行。

中国农业科学院兰州畜牧与兽药研究所工作人员聘用合同

聘用单位（甲方）：中国农业科学院兰州畜牧与兽药研究所

受聘人（乙方）：

（身份证号：__________________________）

为确立双方的聘用关系，明确双方的责任、权利和义务，根据《中国农业科学院兰州畜牧与兽药研究所面向社会聘用工作人员实施办法》和国家有关政策规定，经甲乙双方协商一致，同意签订本聘用合同。

第一条　合同期限

本合同自____年____月____日起，____年____月____日止，共____年。其中试用期自____年____月____日起，____年____月____日止，共____月。

第二条　工作内容及要求

（一）甲方安排乙方在__________岗位从事__________工作，担任__________职务。

（二）乙方必须按照甲方岗位工作要求，按时完成工作任务（如指令性工作任务、日常性工作任务、临时性工作任务）。

第三条　乙方管理

（一）在聘用期内，乙方的个人人事档案、工资关系、粮户关系、技术职务评审、养老保险、医疗保险、失业保险及住房公积金等委托甘肃省人才交流中心人事代理部管理，管理费由甲方缴纳；党团关系，经由甘肃省人才交流中心人事代理部转至甲方管理。

（二）甲方建立乙方在研究所工作档案。

（三）乙方在甲方工作期间接受甲方管理。工作期间可以申请加入党、团组织和工会组织。

（四）乙方从正式聘用的下月起参加甲方当年的年度考核。

（五）乙方必须遵纪守法，严格遵守甲方的各项规章制度。

第四条　工资

乙方的工资由基础工资、岗位工资和绩效工资三部分组成。

基础工资参照国家工资政策规定，根据乙方的学历、技术职务，按照研究所制订的工资标准执行，即________元/月。

岗位工资按照《中国农业科学院兰州畜牧与兽药研究所面向社会聘用工作人员实施办法》中的规定执行，即按照乙方所应聘岗位的岗位工资系数的________%执行。

绩效工资按照乙方应聘岗位的绩效工资系数，在年度考核合格的基础上由聘用部门发放。

第五条　工作条件和福利待遇

（一）聘用期内（试用期除外），乙方享受与甲方固定正式职工同等待遇的公休假、探亲假、婚假、产假，并报销有关费用。甲方不解决乙方配偶及子女的工作、学习和住房等问题。

（二）乙方事假每次不得超过 3 天，半年内累计不得超过 10 天（特殊情况经甲方同意外）。

（三）乙方患病或非因公负伤在合同期内的医疗期限、病假工资同甲方固定正式职工。

（四）乙方在受聘期间，与甲方固定正式职工享有同等的工作、参加民主管理、获得政治荣誉和物质奖励、晋升专业技术职务和工人技术职务等级的权利。

（五）甲方按照与固定正式职工同等的缴费标准，为乙方缴纳甲方应该负担的养老保险、医疗保险、失业保险及住房公积金，个人负担的部分由乙方缴纳。

（六）各种福利的发放与甲方固定正式职工享受同等待遇。

第六条　继续教育及技术职务评聘

（一）继续教育。

1. 乙方在甲方连续工作满两年且符合报考研究生条件的，经甲方同意可申请在职攻读硕士学位。

2. 乙方在聘（试用）期内，未经甲方同意，不得利用工作时间参加任何类型的培训学习，对擅自利用工作时间参加培训学习者，按旷工处理。

（二）技术职务评聘。

1. 乙方可申请甲方中级技术职务评审委员会具有评审权的初级、中级技术职务评审和推荐相关高级技术职务评审委员会评审副高级及以上专业技术职务任职资格。亦可申请甘肃省人才交流中心人事代理部技术职务的评审。

2. 乙方取得了相应专业技术职务任职资格或技术等级证书后，可申请甲方聘任相应专业技术职务。

第七条　合同的解除和终止

（一）乙方在聘期内有下列行为之一的，聘用合同自行解除。

1. 被判刑的。

2. 旷工或无正当理由逾期不归的。

3. 未经甲方同意报考高等院校并被录取者。

4. 未经甲方同意参加各类脱产学习和培训者。

5. 严重失职、渎职或违法乱纪，对单位利益造成重大损害的。

6. 年度考核不合格的。

（二）乙方在聘期内有下列行为之一的，甲方可以解除合同。

1. 不能履行合同的。

2. 患病或非因公负伤，医疗期满后不能坚持正常工作的。

3. 聘用合同签订后，签订合同时所依据的客观情况发生重大变化，致使原合同无法履行和变更的。

4. 聘用单位被撤销的。

5. 违反操作规程，损坏设备、工具，浪费原材料、能源，造成经济损失 1 万元以上的（含 1 万元）。

（三）乙方在聘期内有下列情况之一者，甲方不得解除或终止聘用合同。

1. 聘期未满，又不具备本条第（一）、（二）款行为的。

2. 妇女在孕期、产期、哺乳期。

3. 因工负伤，完全丧失工作能力的。

4. 国家另有规定的。

（四）聘期内甲方有下列行为之一的，乙方可以解除或终止聘用合同。

1. 甲方不能履行聘用合同的。

2. 经甲方同意考入普通高等、中等学校，或应征入伍，或招考为公务员的。

3. 经本人申请，甲方同意终止合同的。

4. 经研究所同意被聘用到其他单位工作的。

（五）聘用人员在聘期内须经所人事办公会议批准方可解除或终止聘用合同的。

1. 在研究所关键岗位的主要负责人和主要生产技术骨干。

2. 由研究所出资培训的人员。

未经研究所同意的，不得擅自离开现工作岗位，否则按违约处理。

（六）解除或终止劳动聘用合同程序。

1. 除合同自行解除外，在合同期内，合同的任何一方要求解除或终止聘用合同时，都必须提前30日通知对方。

2. 办公室在收到聘用人员解除或终止聘用合同申请10个工作日内，必须提交所人事办公会议研究。在收到申请20个工作日内给申请人做出明确答复，否则视为同意。

3. 聘用人员在接到办公室同意解除或终止聘用合同的书面通知后5个工作日内，必须办理完所有离职手续。

4. 办公室在解除或终止聘用合同送达后20工作日内，必须为其办理完按规定应支付的一次性补偿金的领取手续。

5. 若对研究所解除或终止劳动聘用合同事由持有异议者，可提请劳动仲裁部门仲裁。

（七）聘用人员解除或终止聘用合同的经济补偿和违约责任。

1. 符合本条第（一）款者，研究所不发放一次性补偿金。

2. 符合本条第（二）、（四）、（五）款者，研究所按照聘用人员本人在研究所工作年限发给一次性补偿金，工作每满1年发给相当于本人1个月的基础工资的一次性补偿金，最多不超过12个月；工作未满1年的，按1年计发。

3. 符合本条第（五）款第2项者，研究所应收取培训费补偿金。培训费补偿金收取标准为：按培训后回所服务工作年限，以每年递减培训费20%的比例计算。

4. 任何一方违反聘用合同，都要承担违约责任。违约要付给对方违约金。违约金的数额由双方在聘用合同中商定。一方给对方造成损失的，还应按实际损失承担相应责任。

（八）聘用人员在解除或终止聘用合同时，在规定时间内不办理完离所手续的，不发放一次性补偿金。

中国农业科学院兰州畜牧与兽药研究所工作人员年度考核实施办法

为做好工作人员年度考核工作，客观、公正、实事求是地评价工作人员的德才表现和工作业绩，根据《中国农业科学院各类人员年度考核暂行规定》，结合研究所实际，制订本办法。

一、组织领导

（一）成立由所领导、各部门主要负责人组成的所考核领导小组，负责全所工作人员年度考核工作。

（二）考核领导小组依据有关规定制订年度考核实施细则，组织实施工作人员年度考核，研究审定工作人员考核结果，讨论工作人员对考核结果的复议申请等。

（三）所考核领导小组下设办公室，负责全所工作人员年度考核日常工作。所考核领导小组办公室挂靠所党办人事处。

二、考核范围

（一）本所在职正式工作人员均参加年度考核。

（二）有下列情况之一者不参加年度考核：

1. 全年病假累计超过 6 个月的；事假累计超过 3 个月的；或病假、事假累计超过 6 个月者(产假、工伤除外)。

2. 全年旷工时间累计超过 7 天的。

3. 出国逾期不归的。

4. 被立案审查尚未结案的。

5. 被判处管制或刑事处罚的。

6. 不服从工作分配和聘用的。

7. 其他。

三、考核等次及数量

考核结果分为优秀、良好、合格、不合格四个等次。中层干部优秀比例不超过应考核中层干部数的 30%，工作人员优秀人员比例不超过应考核人数的 13%，全所优秀人员比例不超过应考核人数的 15%。良好人员比例不超过应考核人数的 20%。

四、考核办法

（一）部门负责人的考核结果由所领导班子考核确定。

（二）部门工作人员的考核，由党办人事处根据工作人员优秀、良好比例及部门工作人员数量，确定各部门可推荐优秀、良好名额（包括直接确定为优秀者），各部门据此推荐优秀、良好候选人，由所考核领导小组会议研究确定各层次职工考核结果。

五、几项具体规定

（一）有下列情况之一者，可以直接确定为优秀：

1. 获得国家级和省部级一等奖以上成果的第一完成人，或取得国家新品种、国家一类新兽药的第一完成人。

2. 在 SCI 刊物上发表论文单篇影响因子 5.0 以上，或者年内发表 SCI 收录论文影响因子合计 10.0 以上的第一作者。

3. 其他有突出贡献者。

（二）有下列情况之一者，直接确定为合格：

1. 经组织批准办理内部退养的。

2. 经组织批准脱产攻读学位的。

（三）有下列情况之一者，可以确定为不合格：

1. 受到党内警告、行政记过以上处分，未撤销处分且时间不满一年的。

2. 由于个人原因造成责任事故，给单位造成经济损失 1 万元以上的。

3. 违反国家法律、法规及所内规章制度，造成不良影响或被处罚的。

4. 在科研及业务工作中剽窃他人成果或弄虚作假的。

5. 有侵犯我所名誉、知识产权行为的。

6. 泄露我所商业、技术秘密，丢失技术资料档案的。

7. 无正当理由不服从组织安排工作的。

8. 全年旷工时间累计超过 3 天的。

9. 出国逾期不归的。

（四）有下列情况之一者，不能评为优秀等次：

1. 全年事假累计超过 15 天，病假累计超过 30 天，病事假累计 20 天。

2. 未按合同完成工作任务的。

3. 待岗期超过半年的。

4. 课题结题后半年无课题或无工作任务的。

5. 无理取闹、严重影响工作的。

（五）下列人员的考核按以下规定办理：

1. 新录（聘）用人员，在试用期未满期间，只参加年度考核，写出评语，不确定等次，不作为正常考核年限计算，只作为试用期满转正定级的依据。正式定级的当年按正常考核对待。

2. 调入、科技扶贫和外派人员的年度考核由所考核领导小组在征求原、现工作单位意见的基础上写出评语，确定考核等次。

六、考核结果反馈

考核结果以文件形式通知各部门。如被考核人对考核结果有异议，在接到文件的五日内可向所考核领导小组书面申请复议。经复议后，仍维持原考核意见的，本人应当服从。

七、考核结果的使用

（一）在年度考核中被确定为优秀等次的，按下列规定办理：

1. 按照规定晋升工资。

2. 按“院技术职务评聘规范”规定，3 年连续优秀优先晋升技术职务。

3. 按规定优先评定工人技术等级。

4. 优先续聘，并作为高聘的条件之一。

5. 按照研究所奖励办法给予奖励。

（二）在年度考核中被确定为良好和合格等次的，按下列规定办理：

1. 按照规定晋升工资。

2. 按照规定执行其待遇。

3. 按规定晋升技术职务。

4. 根据工作需要进行续聘。

（三）在年度考核中被确定为不合格等次的，按下列规定办理：

1. 按照有关规定不予晋升薪级工资，不晋升技术职务。

2. 扣发全部绩效工资，岗位津贴按研究所有关工资管理办法执行。

3. 解聘现任岗位，连续三次年度考核不合格者予以辞退。

八、实施期限

本办法自 2014 年 11 月 13 日所务会议通过之日起执行，由党办人事处负责解释。

中国农业科学院兰州畜牧与兽药研究所领导干部外出请假及工作安排报告制度实施细则

（农科牧药办〔2018〕61号）

为进一步强化干部队伍作风建设，规范研究所领导干部外出请假及工作安排报告工作，根据《中国农业科学院领导干部外出报备工作规范》等相关规定，结合研究所实际，制订本细则。

第一条　适用范围

本细则适用于研究所领导班子成员及部门负责人出差、出访、学习、带薪年休假、换休、临时外出和因私离所等事项的请假及工作安排报告。

第二条　外出请假和报备

（一）所领导和部门负责人外出，须在研究所办公自动化系统填写《中国农业科学院兰州畜牧与兽药研究所出差/离所/请假审批单》（以下简称“审批单”，见附表1）进行审批。未经批准不得自行外出。

（二）所长、党委书记外出相互审批，离开兰州市外出3天以上（包括3天），提前2天报中国农业科学院审批备案。副所级领导外出，提前2天填写“审批单”，由所长或主持工作的所领导审批。

（三）部门负责人外出应相互报告，经分管所领导同意，提前2天填写“审批单”，由值周所领导审批。

（四）因私请假执行《中国农业科学院兰州畜牧与兽药研究所职工请（休）假规定》。

第三条　报备工作程序

（一）所长和党委书记离开兰州市外出3天以上（包括3天），由办公室填写《院属各单位及院机关各部门负责人外出报告单》（见附表2），报中国农业科学院审批备案。

（二）所长和党委书记因紧急事项临时外出，可口头直接向分管院领导、院长或院党组书记请示；请示批准情况应及时告知办公室，由办公室补办报备手续。外出期间如行程有变化，要及时补充报备。

（三）出国（境）须在请示报告单中注明出国（境）审批情况。

第四条　其他事项

（一）所长和党委书记原则上不同时外出，领导班子成员原则上不能同时全部外出。

（二）所长外出期间由党委书记主持工作，所长和党委书记同时外出，应明确主持工作的所领导。

（三）部门负责人原则上不得同时外出，确因工作需要同时外出，应指定临时负责人，并报办公室备案。

第五条　工作安排报告

（一）所领导和部门负责人应在每周五上午下班前，在办公自动化系统填报下周工作日程，如遇调整及时更新。

（二）所领导在兰州市内临时参加活动，向主要所领导报告，并通知办公室。部门负责人应向主管所领导报告并填写“审批单”，由值周所领导审批。

（三）党办人事处根据所领导工作安排，每周一确定值周所领导并公示。

第六条　本细则自 2018 年 8 月 7 日所务会讨论通过之日起施行，由办公室负责解释。

附表 1

中国农业科学院兰州畜牧与兽药研究所
出差/离所/请假审批单

基本信息

离岗人		离岗人部门	
职　务		申请时间	

因公外出

事　由			
目的地		交通工具	
支出渠道			
附　件			
接待单位			

因私请假

年休假　事假　病　假　婚　假 丧　假　产假　探亲假　工伤假 其他（请注明）			
离岗时间		返回时间	

签字意见

课题主持人签字	
处（室）领导签字	
所领导签字	

附表 2

院属各单位及院机关各部门负责人外出报告单

基本信息

单　位		填写时间	
出差人		出差地点	
出差时间			
结束时间			
出差事由			
主要负责同志意见			
代理主持工作		主要负责同志外出，期间由该领导主持工作	

中国农业科学院兰州畜牧与兽药研究所中层干部队伍建设规划（2017—2025）

（农科牧药人〔2017〕26号）

加强中层干部队伍建设是关系研究所长远发展的重要战略任务，是研究所科技创新发展的重要基础工程。为建设一支政治强、业务精、作风硬的高素质中层干部队伍，为实现“三个面向”“两个一流”战略目标，推动研究所快速持续健康发展提供可靠的组织保证，根据《党政领导干部选拔任用工作条例》《中国农业科学院党政领导干部选拔任用工作规定》和中国农业科学院人才工作会议精神，结合研究所实际，制定本规划。

一、中层干部队伍建设的指导思想和基本要求

（一）指导思想

坚持以马克思列宁主义、毛泽东思想、邓小平理论、“三个代表”重要思想、科学发展观、习近平新时代中国特色社会主义思想为指导，坚持党管干部原则，坚持德才兼备、以德为先，坚持任人唯贤，坚持事业为上、公道正派，围绕研究所建设目标，立足当前，着眼长远，科学规划今后一个时期研究所中层干部队伍建设目标、政策措施和制度保障，注重培养，加强管理，抓住重点，整体推进，努力建设一支具有坚定的政治立场、结构合理的高素质中层干部队伍，为研究所发展提供坚强的干部队伍支持。

（二）基本要求

中层干部队伍建设必须坚持《党政领导干部选拔任用工作条例》提出的原则，同时根据干部队伍建设要求，遵循以下基本要求：

1. 坚持“德才兼备、以德为先”用人标准，真正把那些政治上靠得住、工作上有本事、作风上过得硬、群众信得过的优秀干部选拔出来，形成注重品行、科学发展、崇尚实干、鼓励创新、群众公认的正确用人导向。

2. 坚持优化结构，确保中层干部队伍形成合理的年龄结构和专业知识结构，推进中层干部队伍建设的科学化，增强中层干部队伍整体功能。

3. 坚持重在培养，以提高思想政治素质、增强领导发展能力和改进作风为重点，加强理论培训和实践锻炼，在实践中提高中层干部的素质和能力。

4. 坚持动态管理，实现中层干部队伍有进有出。

5. 坚持改革创新，按照民主、公开、竞争、择优方针把握工作规律，不断完善中层干部队伍建设机制。

二、中层干部队伍建设的目标

到 2025 年，中层干部队伍建设要努力实现以下目标：

（一）素质进一步提高

1. 坚定理想信念。把提高思想政治素质摆在首位，坚持用习近平新时代中国特色社会主义思想武装头脑，做中国特色社会主义的坚定信仰者和忠实实践者。牢固树立“四个意识”，忠于党的三农事业，严守政治纪律和政治规矩，在政治立场、政治方向、政治原则、政治道路上同党中央保持高度一致。

2. 提高素质能力。培养干部的开放眼光和战略思维，做到眼界阔、思路阔、胸襟阔。具备把发展潜力转化为做好工作的实际能力，进一步提高领导发展能力、驾驭全局能力、处理复杂问题能力和做好群众工作能力，做出经得起实践、历史检验的工作实绩。

3. 保持优良作风。牢固树立宗旨意识，始终保持同群众的血肉联系。坚持实事求是，贯彻民主集中制。品德高尚，情趣健康，始终保持蓬勃朝气、昂扬锐气、浩然正气。

4. 加强廉洁自律。坚持秉公用权，廉洁从政，抵制腐朽生活方式的侵蚀，始终做到知敬畏、存戒惧、守底线，做到为民、务实、清廉。

（二）符合研究所发展需要

1. 保持合理数量和年龄结构。中层干部队伍始终保持合理数量。保持研究所中层干部人数 20~25 名。以 35~45 周岁的干部为主体，35 周岁以下的干部要有一定数量，实现梯次配备、有序递进。

2. 专业知识结构更加合理。着眼于研究所事业发展和干部自身素质提高的需要，中层干部队伍中要有适应科技创新、产业发展、管理服务需要的专业人才，同时要具有全局意识、战略思维的复合型人才。

（三）机制更加健全

努力实现中层干部队伍建设的科学化、民主化、制度化。形成中层干部民主、公开、竞争、择优的选拔机制，形成中层干部领导能力持续提高的培养机制，形成要求严格、导向鲜明、动态管理、监督有效的管理机制。

三、中层干部队伍建设的主要措施

（一）选拔措施

1. 坚持定期集中补充调整和平时动态调整相结合的制度。按照中层干部建设需要，坚持每 3~4 年进行 1 次集中补充调整，并形成制度。坚持对中层干部实行动态管理，实现中层干部队伍有进有出，始终保持合理数量和结构。

2. 坚持选拔标准和条件。既坚持干部选拔的基本条件，又突出中层干部的特殊要求，重点考察了解其思想政治素质、工作能力和发展潜力，严把入口关。

3. 严格选拔工作程序。中层干部的选拔工作，由所党委组织实施。严格按照《党政领导干部选拔任用工作条例》《中国农业科学院党政领导干部选拔任用工作规定》规定的标准、程序执行，做到严格、规范。

（二）管理措施

1. 坚持从严要求、从严管理。要教育中层干部经受住各种考验，正确对待组织，正确对待自己。对中层干部身上出现的不良苗头，要及时提醒其改正。在中层干部出现思想波动、遇到困难、受到挫折时，要热情帮助，政治上多关心，工作上多支持。

2. 实行中层干部考核与动态管理制度。实行中层干部年度考核制度，通过职工评议、所考核领导小组考核的形式，每年对中层干部考核一次。对连续两年考核不合格的中层干部予以免职。对工作中出现严重错误，按照有关规定予以免职或责令辞职。

3. 建立和完善中层干部培训制度。按照农业部和中国农业科学院的要求，根据研究所工作和干部队伍建设实际，每年选派中层干部参加有关政治理论和业务知识学习，提高中层干部的理论水平和业务素质。

四、建立健全中层干部队伍建设工作机制

健全党委领导工作责任制度。所党委要加强对中层干部队伍建设的领导，主要领导负总责，切实担负起中层干部队伍建设的政治责任。定期研究决定中层干部队伍建设中的重大事项。

中国农业科学院兰州畜牧与兽药研究所科研助理管理办法

（农科牧药办〔2018〕61号）

为了加强科研助理管理工作，更好地促进和保障各创新团队、课题组科研工作开展，根据《劳动合同法》《中国农业科学院兰州畜牧与兽药研究所编外用工管理办法》，结合研究所实际，制订本办法。

一、适用范围

研究所各创新团队、课题组科研助理的招聘与日常管理。

二、招聘条件

（一）具有良好的思想政治素质，遵纪守法，品行端正，为人正派，作风严谨。

（二）具有良好的职业道德和团队协作精神。

（三）大学本科以上学历，本科学历人员年龄不超过30周岁，硕士、博士研究生年龄不超过35周岁。

（四）身体健康，全职在岗工作。

（五）所学专业与用人团队、课题组科研工作相适应。

（六）有科研工作经验者优先。

三、岗位职责

完成创新团队和课题组安排的工作任务。

四、日常管理

（一）聘用方式：采用劳务派遣形式招聘使用。

（二）招聘岗位计划：各创新团队、课题组根据工作需要提出招聘计划，明确招聘人员岗位及相应的招聘人数，经研究所领导班子审核同意后，由党办人事处统一组织招聘工作。

（三）人员管理

1. 招聘人员实行合同管理。由研究所与劳务派遣公司协商签订劳务派遣协议。

2. 科研助理的日常管理由创新团队或课题组负责。

3. 各创新团队、课题组根据工作实际，制订工作岗位、任务职责、工作时间、业绩考核、奖励惩戒等用工管理制度，以书面形式告知招聘人员，并报党办人事处备案。

4. 各创新团队或课题组应按日对招聘人员进行考勤。

5. 对不能胜任工作者或违反研究所管理制度者，创新团队或课题组应据实提出辞退意见，按照程序办理辞退手续。

6. 科研助理出差执行研究所差旅费管理办法。

五、聘期待遇

（一）工资

研究所统一研究制定聘用人员的工资标准：大学本科每月4 000元，硕士研究生每月5 000元，博士研究生每月6 000元，各创新团队、课题组结合实际为聘用人员计发工资。

（二）社会保险及福利

1. 研究所按照规定为聘用人员办理社会保险，包括养老、工伤、失业、医疗及生育保险，并缴纳相应的保险费用。

2. 保险费个人承担部分由聘用人员个人负责缴纳。

（三）经费渠道

科研助理的工资、社会保险费、劳务派遣管理费从各创新团队、课题组科研经费劳务费预算中列支。

六、附　则

本办法自2018年8月7日所务会通过之日起施行。

中国农业科学院兰州畜牧与兽药研究所农科英才管理办法（试行）

（农科牧药人〔2017〕27号）

为了加强研究所人才队伍建设，做好农科英才管理服务工作，根据《中国农业科学院农科英才特殊支持管理暂行办法》（农科院党组发〔2017〕44号），结合研究所实际，制定本办法。

第一条　本办法所称农科英才是指按照《中国农业科学院农科英才特殊支持管理暂行办法》规定的条件，经研究所推荐、中国农业科学院审定的农科英才。

第二条　研究所与农科英才签订《农科英才管理协议》，明确支持期限、支持条件、工作目标与任务、评估考核、日常管理等事项。

第三条　研究所给予农科英才以下政策支持：

（一）科研工作经费支持。科研工作经费由科研经费和仪器设备费两部分构成。研究所支持各类农科英才科研工作经费每人每年不超过以下标准：顶端人才200万元、领军人才A类150万元、B类100万元、C类40万元、青年英才20万元。

（二）岗位补助支持。农科英才在支持期内，除享受研究所该岗位正式职工的基本工资、绩效工资、国家统一规定的津贴补贴等待遇外，可分别再享受顶端人才50万元/（人·年）、领军人才A类30万元/（人·年）、领军人才B类25万元/（人·年）、领军人才C类20万元/（人·年）、青年英才10万元/（人·年）的岗位补助。该岗位补助由中国农业科学院和研究所按照60%和40%的比例承担。

（三）根据研究所实际，农科英才还可享受《中国农业科学院农科英才特殊支持管理暂行办法》规定的其他支持。

第四条　农科英才应明确并完成支持期内的工作目标与任务。

（一）研究所制定农科英才在5年支持期应完成的基本目标与任务。

1. 顶端人才

科研任务：新主持国家科技重大专项或国家重点研发计划项目或技术创新引导专项（基金）或基地和人才专项项目1项，或主持国家自然科学基金创新群体项目1项，或培养国家自然基金杰出青年基金1项，培养国家自然基金优秀青年基金1~2项。

科研成果：以第一完成人、第一完成单位获得一类新兽药1个，或培育国家新品种1个，或获得国家奖1项以上，省部级科学技术奖一等奖及以上2项。

论文著作：以第一作者或通讯作者且第一完成单位发表SCI收录论文15篇以上，平均影响因子不低于6.0，或至少有1篇论文发表在*Nature*、*Science*、*Cell*三类期刊上。

团队建设：研究方向明确，团队结构合理，培养中青年优秀骨干人才2~3名，研究水平处于世界领先。培养A类及以下人才1~2名。所属团队在支持期内应获得研究所团队考核至少4次优秀。

人才培养：培养4~6名博士研究生，5~8名硕士研究生。国家优秀博士论文1~2篇，研究生发表 SCI 收录论文 10~15 篇，平均影响因子不低于 4 篇。

2. 领军人才 A 类

科研任务：新主持国家科技重大专项、国家重点研发计划项目 1 项，或主持国家自然科学基金重点项目 1 项，或主持国家自然科学基金重点国际（地区）合作研究项目 2 项，或培养国家自然基金杰出青年基金 1 项，或培养国家自然基金优秀青年基金 1~2 项。

科研成果：以第一完成人、第一完成单位获得二类新兽药及以上新兽药 2 个，或培育国家新品种 1 个，或获得国家奖 1 项或获得省部级科学技术奖一等奖及以上 2 项。

论文著作：以第一作者或通讯作者且第一完成单位发表 SCI 收录论文 15 篇以上，平均影响因子不低于 4.0，其中至少有 2 篇影响因子在 10 以上。

团队建设：研究方向处于世界前沿，培养优秀青年科技骨干人才 1~2 名，研究水平在国内外具有一定影响力。培养 A 类以下人才 1~2 名，所属团队在支持期内应获得研究所团队考核至少 4 次优秀。

人才培养：培养 4~6 名博士研究生，5~8 名硕士研究生。发表 SCI 收录论文 10~15 篇，至少有 5 篇影响因子在 5 以上。

3. 领军人才 B 类

科研任务：新主持国家科技重大专项、国家重点研发计划、技术创新引导专项（基金）、基地和人才专项项目 1 项，或主持国家自然科学基金重大项目或国家自然基金国际合作项目 1 项，或国家自然科学基金面上项目 2 项。或培养国家自然基金优秀青年基金 1 项。

科研成果：以第一完成人、第一完成单位获得一类新兽药 1 个，或二类新兽药 2 个或三类新兽药 4 个，或培育国家新品种 1 个，或获得国家奖 1 项，或省部级科学技术奖一等奖及以上奖 1 项。

论文著作：以第一作者含通讯作者且第一完成单位发表 SCI 收录论文 10 篇以上，平均影响因子不低于 3.0。其中以第一作者不含通讯作者发表 SCI 收录论文须 5 篇以上，

团队建设：建设学科特色鲜明、研究方向前沿、人才结构合理、在国内处于领先地位的团队。培养 B 类以下人才 1~2 名。所属团队在支持期内应获得研究所团队考核至少 4 次优秀。

人才培养：培养 3~5 名博士研究生，4~6 名硕士研究生。全国优秀博士或硕士论文 1 篇，团队发表 SCI 收录论文人均不低于 4 篇，且至少有 3 篇影响因子在 5 以上。

4. 领军人才 C 类

科研任务：新主持国家科技重大专项、国家重点研发计划、技术创新引导专项（基金）、基地和人才专项项目 1 项，或主持国家自然科学基金项目 2 项。

科研成果：以第一完成人、第一完成单位获得二类及以上新兽药 1 个或三类新兽药 2 个，或培育国家新品种（品系）1 个，或获得省部一等奖及以上 1 项。

论文著作：以第一作者（不含通讯作者）且第一完成单位发表 SCI 收录论文 4 篇以上，单篇影响因子不低于 3.0。

团队建设：建设方向明确、人才结构合理、创新文化积极向上，在国内处于领先地位的团队。培养青年英才 1~2 名，所属团队在支持期内应获得研究所团队考核至少 3 次优秀。

人才培养：培养 3~5 名博士研究生，3~5 名硕士研究生。发表 SCI 收录论文 6~10 篇。培养的研究生有 1 名及以上获得院级优秀论文奖。

5. 青年英才

科研任务：新主持国家科技重大专项、国家重点研发计划、技术创新引导专项（基金）、基地和人才专项项目或课题 1 项，或主持国家自然科学基金项目 1 项。

科研成果：以第一完成人、第一完成单位获得三类及以上新兽药 1 个，或培育省级及以上新品

种（品系）1个，或获得省部级二等奖及以上1项。

论文著作：以第一作者（不含通讯作者）且第一完成单位发表SCI收录论文4篇以上，单篇影响因子不低于2.0。

团队建设：个人年度考核应至少2次优秀。

人才培养：培养3~5名研究生。发表SCI收录论文3~5篇。

（二）农科英才应依据研究所制定的支持期基本目标与任务，制定明确、可量化、可考核的年度目标任务、中期目标任务、支持期满目标任务，经研究所审核通过后，以协议形式确认。

第五条　农科英才特殊支持期为5年，支持期内应全职在岗工作。经研究所批准后方可在其他单位兼职。

第六条　研究所按照《农科英才管理协议》对农科英才进行考核，分别为进行年度考核、支持期执行3年后进行中期评估考核、支持期满前3个月进行期满考核。

对于经考核未达到预期目标任务要求的，经研究所研究决定，报请中国农业科学院认定后，实行退出，取消相应待遇。

第七条　对支持农科英才的岗位补助，年度考核合格的全额发放，考核不合格的不予发放。支持期满完成支持期全部目标任务的，补齐支持期岗位补助。

第八条　每位农科英才均由1名所领导联系，掌握农科英才思想动向和存在问题，协调解决实际困难。

第九条　支持期内擅自离开岗位的，按已发放岗位补助的100%收取违约金。

第十条　本办法自2017年12月19日所务会议通过之日起施行，由党办人事处、科技管理处负责解释。

中国农业科学院兰州畜牧与兽药研究所职工考勤办法

（农科牧药办〔2019〕24号）

为加强研究所管理，保障正常工作秩序，结合研究所实际制订本考勤办法。

一、考勤方式

（一）上下班考勤采用人脸识别方式进行。

（二）职工每天上下班时到指定地点打卡。

（三）上班时间：8:30—17:30。

（四）打卡时间

上午：07:50—08:40（08:40以前为正点，之后为迟到）

11:50—13:00（11:50以后为正点，之前为早退）

下午：13:30—14:10（14:10以前为正点，之后为迟到）

17:30—18:30（17:30以后为正点，之前为早退）

（五）超过上述打卡时间，不得再打卡。

二、考勤范围

（一）凡在职职工（除下述第二款规定的人员外）均应参加打卡考勤。

（二）研究所电工房岗位、门卫岗位、司机班岗位、消防管理岗位不打卡，老干部活动中心岗位弹性打卡。房产部岗位、锅炉房岗位在房产部打卡，由党办人事处拷取打卡记录。基地管理处人员在所在基地打卡，由党办人事处拷取打卡记录。

三、几项规定

（一）上班时间凡临时离所（无论因公或因私），均应提前向团队首席或部门负责人当面或电话请假，征得同意后，通过“智慧农科”填写《出差/离所/请假审批单》，经团队首席、部门负责人及值周所领导审批同意后方可离开。团队首席、中层干部的审批单经值周考勤所领导审批后，提交党政主要负责人审批。副所级领导的审批单由党政主要负责人审批。

（二）请假（探亲假、事假、病假、婚假、产假、丧假）者，按照研究所《职工请（休）假规定》和《工作人员工资分配暂行办法》规定，不享受岗位系数工资，按假期天数减发两项津贴、绩效奖励（从岗位系数工资扣发）。假满后不能上班者，必须在假满前办理续假手续。

（三）对迟到和早退者实行经济扣罚，每迟到、早退1次扣发其当天岗位系数工资的25%。

（四）不打卡、不履行请假手续不上班者，有《出差/离所/请假审批单》但未经批准而不上班者，请假期满而事先未办理续假审批手续者，因病未办理请假手续者，均视为旷工。旷工半天，扣发当天岗位系数工资的50%；旷工1~3天，扣发当天岗位系数工资及绩效奖励；旷工4天，扣发6个月岗位系数工资及绩效奖励；旷工5天，扣发全年岗位系数工资及绩效奖励。无正当理由连续旷工时间超过15个工作日，或者1年内累计旷工超过30个工作日的，予以辞退。

（五）无故不参加研究所组织召开的各类会议者，扣发当天岗位系数工资。

（六）对每个月无迟到、早退、旷工的人员予以全勤奖奖励，每人每月奖励100元，以打卡记录、《出差/离所/请假审批单》为准。

（七）科研人员加班经团队首席、部门负责人、值周所领导签字后，交党办人事处备案，可以调换休假。其他部门人员加班，经部门负责人、值周所领导签字后，交党办人事处备案，可以调换休假。

（八）党办人事处、科技管理处、办公室等部门将对职工的出勤情况进行不定期抽查，凡抽查发现无《出差/离所/请假审批单》而离开工作岗位的、本办法第二条规定不打卡人员应上班而不在岗的，均按照旷工处理。

（九）本办法经2019年4月8日所长办公会议通过，自2019年4月15日起执行，由党办人事处负责解释。

中国农业科学院兰州畜牧与兽药研究所编外用工管理办法

（农科牧药办〔2019〕53号）

为进一步加强研究所编制外聘用人员（以下简称“编外人员”）管理，提高用工管理的科学化、制度化和规范化水平，根据《中华人民共和国劳动合同法》《中国农业科学院编外聘用人员管理办法》的规定，结合实际，制定本办法。

一、用工范围

（一）开发经营部门生产、经营岗位用工。

（二）公益管理服务岗位用工，包括卫生、绿化、水电暖维修、安保、试验基地生产管理、驾驶员等。

（三）科研团队相关辅助用工。

（四）季节性用工，如取暖期供暖等工作岗位用工。

（五）其他临时任务用工。

二、用工条件

聘用的编外人员应具备下列条件：

（一）遵纪守法，品行良好，身体健康。

（二）具有岗位所需的专业或技能。

（三）年龄不超过60周岁。

（四）岗位需要的其他条件。

三、用工管理

（一）用工方式。

编外用工全部采用劳务派遣方式。

（二）用工计划。

1. 用工实行计划管理。用工部门提出用工计划，经研究所审核同意后，按照计划确定用工。

2. 任何部门不得自行招用编外人员，不得超计划用工。

3. 用工部门根据计划提出用工申请，党办人事处协助用工部门从劳务派遣公司招用编外人员。

4. 科研团队根据实际需要自行决定用工数量，所需经费由团队支付。

5. 党办人事处负责核查各部门编外用工情况。

（三）用工管理。

1. 用工实行协议管理。公益管理服务岗位、科研团队使用编外用工的，由研究所人事部门与劳务派遣公司签订劳务派遣协议，劳务派遣公司与劳动者签订协议。

开发经营部门使用编外用工的，由部门与劳务派遣公司签订劳务派遣协议，劳务派遣公司与劳动者签订协议。

上述相关用工情况报党办人事处备案。

2. 编外用工日常管理由用工部门负责。

3. 用工部门制定本部门包括工作岗位、岗位职责、工作时间、劳动纪律、业绩考核、奖惩制度等内容的用工管理制度，并以书面形式告知编外人员。

4. 用工部门应加强对编外人员的安全生产教育和管理。

5. 用工部门负责对编外人员进行考勤。

四、用工待遇

（一）工资。

1. 各部门编外用工人员工资标准由用工部门提出具体建议，所长办公会议研究决定。

2. 科研团队编外用工工资标准上限为：科研助理专科3 000元/月、本科4 000元/月、硕士5 000元/月、博士6 000元/月，财务助理2 800元/月，一般辅助人员2 000元/月。

每月底将编外人员考勤及工资报表报党办人事处，由党办人事处汇总并经所领导审核后向劳务派遣公司支付编外人员工资。

3. 开发经营部门用工由部门根据考勤结果编制工资表，经主管所领导审核后向劳务派遣公司支付编外人员工资。

（二）社会保险。

1. 各用工部门应当依法为编外用工缴纳社会保险。

2. 保险费个人承担部分由编外人员个人负责缴纳。

（三）经费渠道。

1. 开发经营部门编外用工的工资、社会保险、劳务派遣管理费等从部门收入中开支。

2. 科研团队编外用工的工资、社会保险、劳务派遣管理费等从项目经费预算中开支。

3. 公益管理服务岗位编外用工的工资、社会保险、劳务派遣管理费等从研究所事业费中开支。

五、附　则

本办法由党办人事处负责解释。自 2019 年 8 月 1 日所长办公会议讨论通过之日起施行。

中国农业科学院兰州畜牧与兽药研究所无岗人员管理办法

（农科牧药办〔2019〕97号）

为进一步明确我所无岗位人员管理，根据《中华人民共和国劳动合同法》《事业单位人事管理条例》（中华人民共和国国务院令第652号）和《国务院关于颁发〈国务院关于安置老弱病残干部的暂行办法〉和〈国务院关于工人退休、退职的暂行办法〉的通知》（国发〔1978〕104号），结合实际制定本办法。

一、无岗人员的界定

研究所在编职工和聘用制人员无论何种原因无工作岗位，交由党办人事处考勤者，均属于无岗位人员。

1. 由于机构变化、部门重组和竞争上岗等原因，未被部门、团队聘用或没有明确岗位的人员。

2. 因不能履行岗位职责，被部门、团队解聘后退回党办人事处管理的人员。

3. 因重大疾病不能坚持正常工作、且不符合内部退养条件的人员，须持三家县级以上医院的诊断证明、近两年临床治疗病例报告，可以待岗；经研究同意后可享受有关病养人员待遇。

二、无岗位时间的确定

从无工作岗位的次月起计算，无岗位期限为3个月。

三、无岗位人员的考勤

1. 自无岗位起5个工作日内在原部门或创新团队办理完工作移交手续后，到党办人事处报到，由党办人事处统一管理，不按时报到者，按旷工处理。

2. 无岗位人员上下班应按时打卡考勤，否则按旷工处理。无岗位期间连续旷工超过15个工作日或者一年内累计旷工超过30个工作日的，解除人事劳动关系。

四、无岗位人员的安置

（一）主动联系新岗位。

1. 待岗期间，无岗人员应转变思想观念，加强学习，积极参加各种培训，提高自身素质，掌握新的技能，积极为重新上岗创造条件。

2. 按“双向选择”的原则主动联系新岗位。联系到新岗位后，本人提出书面申请，拟接收部门负责人（或创新团队首席）、分管所领导、党委书记、所长签署同意后，由党办人事处通知相关部门（团队）后方可上岗。

3. 鼓励无岗人员离职创业。

4. 各部门需要补充用工时，应优先考虑无岗人员。党办人事处应积极向有关部门、团队推荐符合条件的无岗人员。

5. 部门或团队为完成临时性工作任务，需使用无岗位人员，须向党办人事处提出书面申请，由党办人事处统一调配；使用无岗位人员的部门（或团队），须在次月5日前将考勤情况报党办人事处。在临时性工作任务完成后，提出继续使用或停止使用的建议，交党办人事处审核。

6. 待岗期间，无岗人员应严格遵守国家法律法规和研究所制订的各项规章制度。违反研究所规定的，视情节轻重，给予相应处理。

7. 无岗人员待岗期间，由人事部门负责管理。

（二）申请内退。

无岗位的在编人员，工龄满30年或距法定退休年龄不足5年者，可以申请内部退岗休养（简称内退），经所长办公会讨论通过后办理相关手续。

内退人员按退休职工进行管理，但占在编人员编制。内退期间，停发研究所与出勤有关的津补贴；连续计算工龄；不予晋升专业技术职务和技工等级考核；遇国家工资调整时，按同类在职人员标准进行调整。

（三）病退和退职。

按国家相关规定执行。

（四）辞职（或调离）。

自愿辞职（或调离）者，经本人申请，所长办公会议讨论通过后办理相关手续。

五、无岗人员的待遇

（一）无岗人员自待岗次月开始的3个月为流动择业期，期间享受原工资待遇，不享受研究所设置的岗位绩效、相应年终绩效奖励和两项津贴。待岗超过3个月，（岗位工资、薪级工资、国家和省保留的津贴补贴），不享受原工资部分的绩效工资；待岗时间超过6个月的，不参加专业技术职务评审，发给基础工资（岗位工资、薪级工资、国家和省保留的津贴补贴）的80%；从第13个月起仍无工作岗位，发给基础工资（岗位工资、薪级工资、国家和省保留的津贴补贴）的50%；若基础工资的50%低于当地城镇居民最低生活费标准，按最低生活费标准发放。

（二）无岗人员被重新聘用到新的工作岗位后，按新的工作岗位标准核发岗位津贴和绩效奖励。

（三）无岗位期间仍按本人原职务对应的档案工资缴纳住房公积金、医疗、工伤、养老、失业等各类保险金，个人缴纳费用由个人承担。

（四）享有与在岗职工同等的政治待遇和住房、产、婚、丧等待遇。

（五）符合病养条件人员，病养期间工资待遇仍按国家有关规定执行。

六、附　则

本办法自 2019 年 11 月 18 日所长办公会议讨论通过之日起施行。由党办人事处负责解释。原《中国农业科学院兰州畜牧与兽药研究所未聘待岗人员管理办法》（农科牧药办〔2011〕31 号）同时废止。

中国农业科学院兰州畜牧与兽药研究所工作人员岗位流动实施细则

（农科牧药办〔2019〕115号）

为进一步激发研究所干部职工干事创业热情，进一步完善人员流动机制，促进个人、团队、学科全面协调发展，根据研究所《管理部门岗位设置》（农科牧药办纪要〔2019〕5号）、《创新团队管理办法》（农科牧药办〔2019〕107号）、《无岗人员管理办法》（农科牧药办〔2019〕97号），制定本细则。

第一条　坚持岗位固定、动态管理，双向选择、合理流动的原则，建设高水平人才队伍。

第二条　管理、转化、支撑部门岗位和人员根据研究所发展需要进行调整。科研团队人员每年集中流动1次。

第三条　未被原团队续聘人员、拟流出原团队人员须自行联系新的工作岗位，并填写岗位流动申请表，经拟接收团队首席或部门负责人、分管所领导审批后，提交党办人事处。

第四条　人员流动方案由党办人事处提请研究所常务会议审议。

第五条　党办人事处根据所常务会议审议结果通知申请人、原团队首席或部门负责人、接收团队首席或部门负责人，办理工作交接手续。

第六条　未在规定期限内找到新岗位的人员，按《无岗人员管理办法》（农科牧药办〔2019〕97号）管理。

第七条　本细则自2019年12月23日所常务会讨论通过之日起执行。

第八条　本办法由党办人事处负责解释。

中国农业科学院兰州畜牧与兽药研究所
创新团队岗位申请表

申请团队名称	
申请人申请及签名	我自愿申请到　　　　　　团队，服从首席管理，遵守团队规定，履行岗位职责，完成预期目标，努力为团队整体发展做出积极贡献。 申请人签名： 年　月　日
团队首席意见	首席签名：
分管所领导意见	签名：
备注	

中国农业科学院兰州畜牧与兽药研究所
工作人员岗位流动申请表

<table>
<tr><td rowspan="2">申请人</td><td>姓名</td><td colspan="3"></td></tr>
<tr><td>现岗位</td><td></td><td>拟流动岗位</td><td></td></tr>
<tr><td>拟接收团队首席
或部门负责人</td><td colspan="4">签名：</td></tr>
<tr><td>拟接收团队或部门
分管所领导</td><td colspan="4">签名：</td></tr>
<tr><td>所常务会议审批</td><td colspan="4"></td></tr>
<tr><td>党办人事处备案</td><td colspan="4"></td></tr>
<tr><td>备注</td><td colspan="4"></td></tr>
</table>

中国农业科学院兰州畜牧与兽药研究所创新团队工作人员岗位一览表

团队名称	
团队首席	
执行首席或青年助理首席	
团队骨干	
团队助理	
首席签字 年 月 日	

中国农业科学院兰州畜牧与兽药研究所职称评审办法

（农科牧药办〔2020〕2号）

第一章　总　则

第一条　为科学规范开展研究所职称评审工作，充分发挥人才评价的导向作用，促进高素质创新型人才队伍建设，根据国家、农业农村部和中国农业科学院有关规定，结合研究所实际，制定本办法。

第二条　本办法适用于研究所专业技术人员的职称推荐、评审、初次认定和资格确认等工作。

第三条　研究所职称评审工作坚持以品德、能力、业绩为导向，以学科专业分类为基础，以科学评价为核心，以激发创新创造创业活力为目的，实施分类评价和代表性成果评价，为推动“三个面向”“两个一流”和“整体跃升”提供人才保障。

第四条　研究所面向在编在岗、编制外聘用的专业技术人员以及在站博士后，开展自然科学研究（含科研管理）、农业技术、实验技术和出版四个系列的职称评审工作。

第五条　研究所职称评审推荐实行定性与定量相结合的方式进行。

第二章　职称评审委员会

第六条　中国农业科学院兰州畜牧与兽药研究所副高级专业技术职务任职资格评审委员会（以下简称“评委会”）是负责本所推荐、评审、认定专业技术职务任职资格的专门机构。

第七条　评委会每年调整并报中国农业科学院备案，确保一定比例的新委员进入评委会。

第八条　评委会组成人员为单数，应不少于25人。研究所以外的评审委员不少于40%，院外评审委员不少于20%。出席评审会议的评审委员不少于17人。

评委会设置主任委员1人、副主任委员1人、秘书长1人。正、副主任委员原则上由研究所行政和党组织主要负责同志担任，秘书长原则上由人事部门负责人担任。

第九条　评审专家的任职条件：

1. 遵守国家法律法规；具有良好的职业道德，作风正派，办事公道，群众公认。
2. 原则上具有高级职称，在本专业领域具有较高权威性和知名度。
3. 从事本领域专业技术工作，系统掌握相关理论知识，实践经验丰富。
4. 能够认真履行评审工作职责，自觉遵守评审工作纪律。
5. 退休人员原则上不担任评审委员。

第三章 评审申报要求

第十条　申报职称评审的人员（以下简称“申报人”）应当遵守国家法律法规，具有良好的职业道德，符合中国农业科学院相应系列和层级职称评审规定的基本条件、学历资历条件和业绩条件。

第十一条　申报人应当在规定期限内提交完整的申报材料，对其申报材料的真实性负责。

第十二条　对国家规定以考代评、考评结合、须具备职（执）业资格的系列，不得跨专业申报，只能参加本岗位对应专业的考试和评审。

第四章 评审申报渠道

第十三条　高级职称评审申报渠道分为常规渠道、优秀青年通道和绿色通道三类。

第十四条　常规渠道根据中国农业科学院下达的职数，按照任职资格条件评审、推荐。对长期在艰苦边远地区和基层一线工作的专业技术人才，职称评审可适当放宽学历和任职年限要求。

具备以下条件之一者，可从常规渠道优先推荐：

1. 国家重大专项、国家重点研发计划项目主持人。

2. 研究所为第一完成单位，单篇SCI科技论文影响因子10以上的第一作者。

3. 研究所为第一完成单位，国家级科学技术奖励主要完成人（一等奖前7名，二等奖前5名）、省部级科学技术奖励（自然科学奖、发明技术奖、科技进步奖、中华农业科技奖、中国农业科学院科学技术成果奖）主要完成人（一等奖前3名，二等奖第1名）。

4. 研究所为第一完成单位，获国家畜禽新品种和国家一类新兽药证书前3名、二类新兽药证书前2名；国家牧草新品种前2名。

5. 创新团队首席、执行首席、青年助理首席。

6. 任期内成果转化留所经费达到800万元或单项科研成果转化留所经费达到400万元及以上的第一执行人。

第十五条　优秀青年通道主要面向35周岁以下申报副高级职称和40周岁以下申报正高级职称的专业技术人员。按中国农业科学院要求进行评审，在研究所常规渠道评审前先行选拔。

第十六条　绿色通道主要面向院级高层次专业技术人才（含农科英才、转化英才、支撑英才等）、引进的急需紧缺高层次人才以及为研究所作出突出贡献的人才。以上人员达到相关评审标准条件，评审高级职称不占研究所职数，直接推荐。

第五章 评审要求

第十七条　根据申报条件，由个人提出申请，并递交相关业绩证明材料，党办人事处牵头组成工作小组对申报材料进行严格审核，审核后在研究所进行公示。

工作小组根据《中国农业科学院兰州畜牧与兽药研究所技术职务评审内容与赋分标准》对申报者业绩成果进行量化打分，打分结果作为评审参考依据。

第十八条　召开评审会议。评委会按照申报人基层述职、答辩、综合评议和无记名投票等程序，在评审权限范围内开展评审、推荐工作。

第十九条　评审委员按照不同系列人员晋升职称评审条件，根据申报人的道德品德、业务能力、业绩水平、实际贡献、代表性成果等进行综合评议。结合申报人业绩成果量化打分情况，进行无记名投票表决，同意票数达到出席会议的评审专家总数2/3以上的即为评审通过。在中国农业科学院下达的评审推荐指标内依据票数由高到低进行等额评审或评审推荐上报。正式投票只进行一次，同一类别推荐2人及以上的，须进行排序（不得并列）。

第二十条　研究所对评审结果进行公示，公示期不少于5个工作日。公示期间，对通过举报投诉等方式发现的问题线索，将进行调查核实。公示结束后，按要求向中国农业科学院报备、推荐。

第二十一条　评审会议应当做好会议记录，内容包括出席评委、评审对象、评议意见、投票结果及工作建议等内容，会议记录归档管理。

第二十二条　评审专家与评审工作有直接利害关系（如涉及本人、本人亲属或本人学生等）或者其他关系可能影响客观公正的，应当主动申请回避。

第二十三条　推荐评审、备案通过的人员，由中国农业科学院统一发文公布，研究所根据岗位设置进行聘任。

第六章　初次认定和资格确认

第二十四条　教育部承认的正规全日制院校毕业的在编在岗专业技术人员、人事关系挂靠在研究所的在站博士后，可申请认定初级、中级职称。认定条件和有关要求按《中国农业科学院职称评审和认定条件》执行。

到研究所工作前已从事相关专业技术工作的人员，在达到初次认定条件且试用期满考核合格后，可办理初次认定手续。

非全日制院校毕业生及未取得学位的研究生，其职称只能通过评审方式获得。委托代评人员不能在研究所进行职称初次认定。

第二十五条　对从外单位调入研究所前已取得职称资格但未聘任相应岗位的人员，在研究所工作满1年后，符合院所职称规定条件，可申请确认相应职称资格。在召开职称评审会议时，评委会依据评审权限进行资格确认。

对从外单位调入研究所前已取得职称资格并聘任相应岗位的人员，不再进行评审和确认，经所党政联席会或党委会审定通过，可聘任在相应岗位。

第七章　责任与监督

第二十六条　研究所对职称评审工作负主体责任，要严格把好资格审查关，保证评审工作的公正、公平、公开，保证专业技术人员的知情权。

第二十七条　研究所党办人事处、科技管理处、纪检监察部门负责对申报人的申报资格和业绩材料把关，确保评审质量。

第二十八条　评审专家和工作人员要切实履行职责，严格按照评审程序、评审条件和工作原则开展工作，严守工作纪律，不得对外泄露评审内容。

第二十九条　申报人通过提供虚假材料、剽窃他人学术成果或者通过其他不正当手段取得职称的，研究所有权撤销其职称，3年内不得参加职称评审；情节严重者，依据院、所相关规定进行严肃处理。

第八章　附　则

第三十条　本办法由党办人事处负责解释。本办法未尽事宜，按照农业农村部、中国农业科学院有关规定执行。

第三十一条　本办法自 2020 年 1 月 2 日所长办公会议讨论通过之日起实施。

中国农业科学院兰州畜牧与兽药研究所博士后工作管理办法

（农科牧药人〔2020〕23号）

第一章　总　则

第一条　为了吸引优秀博士到我所从事博士后研究，切实提高博士后质量，充分发挥博士后在科技创新工作中的独特作用，促进博士后管理工作的健康发展，根据《博士后管理工作规定》（国人部发〔2006〕149号）、《关于贯彻落实〈国务院办公厅关于改革完善博士后制度的意见〉有关问题的通知》（人社部发〔2017〕20号）、《中国农业科学院博士后工作管理办法》《中国农业科学院关于印发〈中国农业科学院博士后工作补充规定〉的通知》和《中国农业科学院博士后工作日常管理手册》的相关规定，结合我所实际，制定本办法。

第二条　成立兰州畜牧与兽药研究所博士后工作领导小组，所长担任组长，党委书记和分管人事工作的班子成员担任副组长，所领导班子其他成员、党办人事处和科技管理处负责人为领导小组成员。主要负责全所博士后工作的领导、协调和监督。党办人事处承担博士后的日常管理工作，配备博士后管理工作人员；科技管理处、办公室、计划财务处、后勤服务中心等部门配合做好有关管理和服务工作。

第二章　博士后招收

第三条　招收博士后的合作导师资格

1. 合作导师必须具有正高级专业技术职务的博士生导师。

2. 为研究所在职职工。

3. 在本学科领域内具有一定影响和学术地位，有条件为博士后提供必要的经费支持。

第四条　合作导师职责

1. 确定博士后研究计划，商定博士后研究课题，审查其开题报告，并制定科研目标、任务和考核指标。

2. 定期检查指导博士后科研工作，确保博士后顺利完成研究课题，并取得预期的研究成果。

3. 审核博士后各类科研基金的申请。

4. 配合人事部门做好博士后的各类考核工作。

5. 做好博士后的日常管理，关心博士后生活。

第五条　博士后进站基本条件

1. 具有博士学位且获得博士学位一般不超过3年，热爱农业科研事业，具有科研创新能力和团队协作精神。

2. 品学兼优，身体健康，原则上年龄在35周岁以下。与工作站联合招收的人员以工作站招收条件为准。

3. 申请进站的人员须在近3年内以第一作者发表（共同第一作者仅限排名第一的作者）SCI、EI、CPCI-S、SSCI或CSSCI收录学术研究论文1篇，或在中文核心期刊发表学术研究论文2篇。

4. 申请从事第二站及以上的博士后，已从事博士后研究工作时间不得超过4年，获博士学位年限不受限制。

5. 在中国农业科学院获得博士学位的人员，不得进入中国农业科学院同一个一级学科从事科学研究工作。

6. 在职人员申请博士后必须全脱产，以高等院校、科研院所（非本单位）教学科研人员为主，党政机关领导干部不得在职从事博士后研究工作。党政机关领导干部指党的机关、人大常委会机关、行政机关、政协机关、审判机关、检察机关和参照公务员法管理的单位，以及各民主党派和工商联机关中担任各级领导职务和副调研员以上非领导职务的人员。

7. 申请进入流动站的超龄人员，除具有合作导师承担的重大科研项目急需的研究能力外，还需符合以下条件之一。

（1）博士期间获校一等奖学金、校长奖学金或同等级别奖学金。

（2）现主持或作为主要成员承担省部级以上项目或基金。

（3）获省、部级以上奖励。

（4）世界知名院校获得博士学位的外籍或留学人员。

8. 申请国家专项计划招收的博士后，还须符合国家专项计划申报的其他要求，以当批次的相关通知为准。

9. 根据中国农业科学院博士后制度的相关精神，研究所严格控制超龄、在职的招收比例。

第六条　进站申请类别

根据学术水平，分为优秀博士后和科研博士后两个层次。

优秀博士后以第一作者或共同第一作者（仅限排名第一的作者）发表SCI收录论文（总IF≥7或单篇IF≥4）。

科研博士后以第一作者或共同第一作者（仅限排名第一的作者）发表SCI收录论文1篇，或在中文核心期刊发表学术论文2篇。

第七条　薪资待遇及列支渠道

1. 优秀博士后年收入24万元、科研博士后年收入16万元。

2. 博士后收入由研究所和所在团队共同承担。研究所承担同等资历人员的基本工资和岗位绩效，岗位绩效系数20；所在团队承担其余部分。

3. 发放方式：研究所按月发放基本工资和岗位绩效；博士后年度考核合格后，由所在团队发放其余部分。

第八条　博士后进站程序

1. 招收计划。每年9月底前，确定各合作导师下一年度博士后招收计划。

2. 公布计划。党办人事处于每年10月底前向中国农业科学院博士后管理委员会办公室报送下一年度博士后招收计划，经中国农业科学院博管会批准后统一公布。

3. 个人申请。申请人根据公布的博士后招收信息，向研究所提交申请材料和个人简历。研究所全年受理博士后进站申请。

4. 研究所考核。我所博士后工作领导小组对拟进站博士后采取报告与答辩的方式进行考核，主要对申请进站者的思想品质、科研能力、学术水平、科研成果、研修计划、综合素质等进行考核，确定拟招收人员。

5. 网上审核。拟招收人员通过中国博士后网提交相关进站材料，由党办人事处进行网上审核。

6. 院博管办审核。党办人事处进行网上审核后，将相关材料提交中国农业科学院博士后管理委员会办公室，审核通过后，发放博士后研究人员进展备案证明。

7. 进站。申请人持博士后研究人员进站备案证明到研究所报到，并与研究所签订《中国农业科学院博士后工作协议书》。

第九条　申请进站需提交的材料

（一）共性材料

1.《博士后进站审核表》(1 份原件、2 份复印件)。

2.《博士后申请表》(1 份)。

3.《博士后科研流动站设站单位学术部门考核意见表》(1 份)。

4. 身份证、护照（外籍人员）、港澳台人员提供该地区身份证（1 份加盖所党办人事处公章的复印件）。

5. 博士学位证书（1 份加盖所党办人事处公章的复印件）。

6.《中国农业科学院博士后进站申请表》(1 份原件、1 份复印件)。

7. 专家推荐信（两位专家，含博士生导师）。

8. 体检表（1 份，3 个月内县级以上医院出具）。

9. 政审鉴定材料。

10. 本人简历及论文发表（录用）证明。

（二）个性材料

1. 博士毕业 6 个月内尚未获得《博士学位证书》者，可暂用毕业单位学位主管部门出具的“同意授予博士学位”证明代替，进站 6 个月内须将《博士学位证书》原件交本所党办人事处核验并在系统内备案，逾期将做退站处理。

2. 在国（境）外获得博士学位者，需在进站 1 年内提供教育部留学服务中心出具的《国（境）外学历学位认证书》或《中外合作办学国（境）外学历学位认证书》，外籍人员需提供中国驻外使领馆出具的博士学位认证书。

3. 无人事（劳动）关系的辞职人员，需按照干部管理权限提供原单位人事部门解除人事（劳动）关系证明或辞职证明，国家公务员辞去公职须提供《公务员辞去公职批准通知书》。

4. 在职人员，须本所向中国农业科学院博士后管理委员会办公室提交请示，说明拟招收人员情况及招收理由，在获得中国农业科学院博士后管理委员会办公室同意后，由本人提供原在职单位出具的“同意 *** 博士全脱产从事博士后研究工作证明”。

5. 超龄人员，须本所向中国农业科学院博士后管理委员会办公室提交请示，说明拟招收人员情况及招收理由，在获得中国农业科学院博士后管理委员会办公室同意后，由本人提供年龄和科研成果证明材料。

博士后出现 4、5 情况时，研究所将请示中国农业科学院博士后管理委员会办公室，并说明拟招收人员情况及招收理由。

第十条　与工作站联合招收程序及需提供材料

联合招收的博士后，须全职在所工作，且在站期间获得成果第一署名单位必须为兰州畜牧与兽药研究所。在站期间博士后考核和待遇，按相关规定执行。

1. 程序。

与工作站联合招收的博士后，需先签订《联合招收工作站博士后人员合作协议书》后，再按流动站自主招收的程序进行。

2. 需提供材料。

拟与中国农业科学院联合招收博士后的工作站，除需提交中国农业科学院流动站自主招收博士后所需的全部材料外，还需经本所向院博士后管理委员会办公室提交以下材料：

（1）本所申请与工作站联合招收的请示。

（2）工作站商请函（抬头为中国农业科学院博士后管理委员会，盖公章）。

（3）工作站简介（重点体现工作站现有的科研力量、博士后培养情况、行业排名等）。

（4）人社部批准建立工作站的批件。

（5）《联合招收工作站博士后人员合作协议书》（工作站签字盖章）。院博管会审核同意后，在《联合招收工作站博士后人员合作协议书》加盖公章，协议生效。

第十一条　外籍人员来我所从事博士后研究工作

外籍人员来本所从事博士后研究工作的申请、审核程序及所需材料与国内人员相同。由党办人事处和科技管理处商请院国际合作局协助办理来华签证、工作许可和居留等相关手续。

第十二条　进站时档案、户口及组织关系管理

1. 人事档案。

除在职、外籍和工作站联合招收的博士后外，其他博士后均纳入本所的人事管理范围；进站手续办理完毕后，由本所为博士后出具调档函，1 个月内将人事档案转到研究所。

2. 户口迁落。

按照兰州市户籍政策办理户口迁落。未将人事档案转至本所的博士后，不予办理户口迁落手续。

3. 组织关系。

除在职、外籍和工作站联合招收以外的党员博士后，进站时须按组织程序，将党组织关系转入本所；在站期间应参加本所组织的政治学习和业务活动，参加党的组织生活；出站时应将党组织关系转出。

第三章　博士后在站管理

第十三条　流动站招收的博士后按《中国农业科学院博士后聘用合同》或《中国农业科学院博士后工作协议》（以下简称《协议》）进行管理。《协议》由研究所、合作导师和招收的博士后 3 方签订，明确在站期间年度目标。联合招收的博士后由工作站按《联合培养博士后研究人员协议书》负责其在站期间管理。

第十四条　博士后在站工作时间为 2 年，一般不超过 3 年。承担国家重大项目，获得国家自然科学基金、国家社会科学基金等国家基金资助项目或中国博士后科学基金特别资助项目的博士后，可根据项目和课题研究的需要适当延长在站时间。每次延期期限为 6 个月，最多申请 2 次。在站时间从中国博士后网上办公系统通过时间开始计算。办理延期所需材料：

1. 本所出具的博士后延期出站情况说明。

2.《中国农业科学院博士后延期出站申请表》。

3. 满足延期出站条件的相关证明材料。

第十五条　博士后纳入研究所人事管理。博士后在站工作期间，计算工龄，不占研究所编制；出站后直接留本所工作的，在站时间计算所龄；进站前无工作经历的博士后，参加工作时间从进站之日算起；退站人员在站工作时间计人工作年限。

第十六条　博士后进站时，研究所负责博士后的人事档案调入和管理。为在职博士后建立博士

后期间档案。为进站的应届博士毕业生办理专业技术职务初聘手续（初聘时间可从进站之日起计算）。符合高级专业技术职务申报条件的博士后，在离站前可参加中国农业科学院高级专业技术职务任职资格评审，评审条件严格按照在职人员标准执行。

第十七条　博士后在站期间可结合博士后研究工作到国（境）外开展合作研究、参加国际学术会议或进行学术交流等。

1. 获得全国博管办组织的博士后“国际交流计划派出项目和学术交流项目”“香江学者计划”“中德博士后交流项目”等资助的博士后，由本所依据项目实施细则有关规定，办理出国（境）手续。

2. 在站博士后参加我所安排的国际学术会议、短期学术交流、短期合作研究等因公短期（时间一般不超过3个月）出国（境）事宜，由党办人事处报院国际合作局审批，会签院人事局。学术交流结束后，应按期回所，并将护照交党办人事处管理，逾期不交者，于次月起停发工资和津贴。

第十八条　博士后进站1年后，进行年度考核与中期考核，之后每一年进行一次年度考核。博士后工作领导小组组织同行专家成立考核小组（不少于7人）进行考核。考核内容主要包括：

科研工作进展、敬业精神、科研能力及存在的问题等，考核时先由本人填写《博士后年度考核表》或《博士后中期考核表》，考核小组根据考核期内的表现确定优秀、合格、基本合格和不合格等各类考核结果。《博士后年度考核表》存入个人人事档案，《博士后中期考核表》归入博士后文书档案。年度考核合格者按规定办理档案工资晋档手续。

第十九条　体检和住房补贴。按中国农业科学院规定程序入站的博士后，在站前2年可按中国农业科学院规定的标准享受体检和住房补贴。

第二十条　子女及配偶户口

博士后进站后，凭人社部博士后管理部门介绍信和其他有效证明材料，到公安户政管理部门办理户口迁出和落户手续，其配偶及未成年子女可以随其流动。

第二十一条　博士后在站期间，须服从研究所管理，遵守各项规章制度，参加政治学习和业务活动。党、团员应参加党、团的组织生活。

第二十二条　优秀博士后评选。院博管会每年组织2次优秀博士后评审，年度奖励名额一般不超过在站人数的10%。每位博士后在站期间仅限当选1次，相关推荐条件及要求以当批次院博管办通知为准。院博管会为每位优秀博士后发放5 000元奖金，本所按照不低于1：1的比例进行配套奖励。

第二十三条　在站信息变更

1. 变更合作导师、科研项目：经本所和院博管办同意，并报全国博管办备案通过后，可变更合作导师和科研项目。

2. 变更流动站或进站单位：需按规定办理退站手续后再次办理进站手续。

3. 博士后在站期间原则上不办理进站身份变更。

第四章　博士后出站与退站

第二十四条　申请出站须满足的条件

（一）科研博士后申请出站除须完成《博士后工作协议书》要求外，还须在博士后研究期间满足下列条件之一：

1. 以第一作者（共同第一作者需排名第一）或唯一通讯作者，以我所为第一单位发表（或录用）单篇影响因子 4.0 以上的 SCI、EI、SSCI 源刊物收录的学术论文。

2. 以我所作为专利权人，排名第一获得国家发明专利 2 项以上。

3. 以我所为作为第一申请单位申请获得到国家自然基金项目或国家级课题 1 项。

4. 从事技术创新工作，通过成果转化为研究所创造直接经济效益达到 50 万元（以财务部门证明为准）。

（二）优秀博士后申请出站除须完成《博士后工作协议书》要求外，还须在博士后研究期间满足下列条件之一：

1. 以第一作者（共同第一作者需排名第一）或唯一通讯作者，以我所为第一单位发表（或录用）单篇影响因子 5.0 以上或 2 篇以上累计影响因子 8.0 以上的 SCI、EI、SSCI 源刊物收录的学术论文。

2. 以我所作为专利权人，排名第一获得国家发明专利 3 项以上。

3. 以我所为作为第一申请单位申请获得到国家自然基金项目或国家级课题 1 项。

4. 从事技术创新工作，通过成果转化为研究所创造直接经济效益达到 80 万元（以财务部门证明为准）。

第二十五条　出站考核

1. 博士后工作期满，须向研究所提交博士后出站申请和在站期间工作总结等书面材料。

2. 博士后工作领导小组组织考核专家组进行出站考核。

3. 博士后作出站报告，汇报自己的工作情况，介绍已取得的主要科研成果。

4. 评审小组根据《博士后工作协议》以及博士后出站条件，对博士后在站期间的科研工作、个人表现等进行考核评定。考核结果分为优秀、合格、不合格三个等次，满足博士后出站条件中任意一项，可认定为“合格”；否则认定为“不合格”，按退站处理，不予发放博士后证书。

第二十六条　出站考核合格的博士后，向研究所提交相关材料，由研究所审核无误后报送中国农业科学院博士后管理委员会办公室审核。若博士后提前完成了研究工作并达到了出站要求，经本人申请，合作导师同意，所博士后工作领导小组审核，博士后管理委员会办公室批准，可以提前出站，但在站工作期限不应少于 21 个月。

第二十七条　博士后出站需提交以下材料

1. 共性材料

（1）《博士后研究人员工作期满审批表》（1 份原件、2 份复印件）。

（2）《博士后研究人员工作期满业务考核表》（1 份原件）。

（3）《博士后研究人员工作期满登记表》（1 份）。

（4）《中国农业科学院博士后期满出站科研工作评审表》（2 份）。

（5）《博士后研究工作报告》（5 份，仅提交至本所）。

2. 个性材料

（1）出站已分配工作人员，需提供《接收单位意见表》（1 份原件、2 份复印件）。

（2）出站需办理户口迁移者，需提供落户材料（1 份原件、1 份复印件）。

（3）出国及回原籍待业者，需提交进站之前常住户口所在地省（市）人才服务机构同意接收档案的证明。

（4）进第二站人员，需提交二站接收单位博士后主管部门出具的同意进站证明。

（5）获中国博士后科学基金资助的博士后，需提交《中国博士后科学基金资助项目总结报告》。

第二十八条　中国农业科学院博士后管理委员会办公室审核无误后，即可在中国博士后网上办公系统中获取电子版《博士后证书》，发放《博士后证书》。

博士后工作期满出站，除有协议的以外，其就业实行双向选择、自主择业。

第二十九条　博士后在站期间，因个人原因不适宜继续做博士后研究工作，或申请不继续做博士后研究工作的，根据合作导师要求或本人申请并经研究所同意，由中国农业科学院博管会办公室审核并报人社部博士后管理部门批准后办理退站手续。

第三十条　博士后本人须提前一个月将《提前出站申请报告》提交所党办人事处，由党办人事处开具《提前出站情况说明》后，连同博士后本人的《提前出站申请报告》一并报院博管办审批。经院博管办批准提前出站的博士后，超过批准时间一个月仍未出站的，按自动退站处理。

第三十一条　博士后在站期间，因个人原因无法继续从事博士后研究工作的，可向本所提出退站申请，并提交博士后退站情况说明、《博士后研究人员退站表》（1 份原件、2 份复印件）、《中国农业科学院博士后退站申请表》（1 份原件、1 份复印件）。

第三十二条　博士后在站期间，有下列情形之一的，应予退站：

1. 进站半年后仍未取得国家承认的博士学位证书的。

2. 提供虚假材料获得进站资格的。

3. 年度考核不合格的。

4. 出站、中期考核基本合格与不合格票数占 1/2 以上者，或无法达到培养目标，或应用研究者无法取得预期成果的。

5. 严重违反学术道德，弄虚作假，影响恶劣的。

6. 被处以刑事处罚的。

7. 因旷工等行为违反所在单位劳动纪律规定，符合解除聘用合同（工作协议）情形的。

8. 因患病等原因难以完成研究工作的。

9. 出国逾期不归超过 30 天的。

10. 博士后工作期满后应按时出站，确有需要可转到另一个流动站或工作站从事博士后研究工作，从事博士后研究工作最长不超过 6 年。

11. 其他情况应予退站的。

第三十三条　退站人员不再享受国家对期满出站博士后规定的相关政策，其户口和档案一律迁回生源地。

第五章　附　则

第三十四条　本办法由党办人事处负责解释。未尽事宜参照《中国农业科学院博士后工作日常管理手册》执行。与国家政策不符的，以国家政策为主。

第三十五条　本办法自 2020 年 7 月 9 日所长办公会议通过之日起执行。《中国农业科学院兰州畜牧与兽药研究所博士后工作管理办法》（农科牧药人〔2014〕27 号）同时废止。

中国农业科学院兰州畜牧与兽药研究所干部队伍年轻化实施方案

（农科牧药人〔2020〕19号）

为深入贯彻落实中国农业科学院人才工作会议精神，大力推进研究所干部队伍年轻化，制定本实施方案。

一、优秀年轻干部配备目标

根据农业农村部和中国农业科学院部署，着眼研究所领导班子和干部队伍建设、事业发展需要，摸清研究所现有中层干部现状，统筹提出未来3~5年全所年轻干部选拔配备目标，开展干部年轻化选配工作。逐步实现干部队伍年轻化，40岁左右的处长及35岁左右的副处长达到处级干部总数的15%，40岁左右的正高级职称人员、35岁左右的副高级职称人员达到相应层级人员总数的15%。

二、优秀年轻干部储备工作

建立研究所优秀年轻干部储备库，从科研、管理、支撑、转化四个方面统筹储备年轻干部，对纳入储备库的年轻干部，建立动态培养锻炼机制，逐人明确培养方向，提出培养措施，切实做到因人施教、“精准滴灌”。每年对纳入储备库的年轻干部进行分析研判，动态调研推荐，及时发现补充新的人选，始终保持“一池活水”，适时对优秀干部进行选拔任用。

三、优秀年轻干部选拔配备

（一）开展所长助理选配工作。根据事业发展、班子结构需要，统筹考虑配备40岁左右所长助理1~2名。采取原任职务继续担任、在所长助理岗位参与班子分工并“跟班学习”做法，积累领导经验和管理能力，条件成熟的适时增补进入领导班子。

（二）健全完善任期制、聘期制。在中层干部中实行任期制、聘期制，为选拔使用优秀年轻干部创造条件和空间。研究所原则上实行职能部门处级干部、研究部门负责人聘期制，聘期一般为五年，在同一岗位连续任职一般不超过两个聘期或十年。执行所级干部离任颁发荣誉证书制度，执行所级干部退出领导班子后续职业发展制度，在科研经费安排、学术交流培训等方面给予必要支持。

（三）开展领导干部交流工作。结合研究所实际，开展处级干部交流工作，在同一岗位任职连续满五年的，有计划地交流；任职连续满十年的，应当交流、轮岗或退出处级岗位。建立干部常态化交流机制，根据工作需要随时安排部门内、部门间干部交流，为优秀年轻干部成长创造条件。

四、打通优秀年轻干部职务上升通道

根据领导干部选拔任用有关要求，立足研究所实际，进一步细化完善领导干部任职资格条件。打通专业技术人员提任领导干部通道，具有正高级职称，或副高级职称满两年的符合提拔正处级干部基本资格条件；具有中级职称 4 年以上，或具有高级职称的符合提拔副处级干部基本条件。

五、加大年轻干部挂职锻炼力度

根据农业农村部和中国农业科学院安排，积极选派有发展潜力的优秀年轻干部参加各类挂职锻炼。对挂职期间表现优秀且符合任职资格条件的，统筹把握，合理使用，树立“干得好、用得好”的导向，在职务晋升、职称评审、评奖推优和待遇上予以倾斜保障。

六、加大年轻干部教育培训力度

根据部院党组干部教育培训有关安排，制定研究所干部年度培训计划，拓宽培训渠道，围绕“三个面向”“两个一流”要求，派员参加农业农村部、中国农业科学院所级、处级干部任职培训班以及青年干部能力建设专题培训班，着力提高理论素养、工作本领和履职能力；派员参加青年科研骨干培训班、专研修班等班次，提升青年科研骨干对科技政策、科研管理、业务知识、科学精神的了解和认识；派员参加针对转化人才、支撑人才的专题培训班和支撑人才技能竞赛，培养有较强专业本领的内行人才；争取国家留学基金委、外专局等渠道资源，加大配套支持力度，帮助年轻干部拓宽国际视野，提升参与国际合作与竞争的能力水平。

七、组织保障

（一）加强组织领导

成立研究所人才工作领导小组，所长、党委书记任组长，其他领导班子成员任副组长，成员由各管理部门负责人及创新团队首席组成，领导小组负责干部人才队伍年轻化组织领导。领导小组下设办公室挂靠党办人事处，党办人事处处长任主任，负责干部人才队伍年轻化工作总体实施，协调落实有关措施；成员为党办人事处相关工作人员，负责干部人才队伍年轻化具体工作。

（二）完善保障机制

通过明确优秀年轻干部配备目标、建立储备库、打通上升通道、推进挂职锻炼、加强培训教育等措施，进一步健全干部年轻化保障机制，优化干部队伍年龄结构，打造一支具有强大战斗力和旺盛生命力的年轻干部队伍，为研究所发展提供坚强的组织保障。

八、附　则

本办法自 2020 年 7 月 9 日所长办公会议通过之日起执行。

中国农业科学院兰州畜牧与兽药研究所强化科研领军人才队伍建设方案

（农科牧药人〔2020〕20号）

为深入贯彻落实中国农业科学院人才工作会议精神，大力推进研究所科研领军人才队伍建设，制定本实施方案。

一、精准定向引进领军人才

充分利用院统筹经费，设立领军人才引进专项，开通领军人才引进通道，根据研究所四大学科发展和重大科研任务需要，设置岗位，明确应聘条件，引进具有一定影响力的领军型人才，按照中国农业科学院“一事一议”方式和农科英才特支办法提供薪酬待遇、科研经费和科研条件等支持措施。

二、选拔培育自有领军人才

积极推荐选拔中国农业科学院农科英才人选，充分利用院统筹经费，加大农科英才投入力度，全面落实农科英才科研经费和岗位补助政策。按照中国农业科学院农科英才特支办法，对入选中国农业科学院农科英才、青年英才的人才严格落实经费支持等政策。

实行研究所优秀青年人才奖励计划，每年开展评选优秀科技人员表彰，给予科研经费支持。

修订完善《兰州畜牧与兽药研究所青年英才培育计划》，为培育院青年英才打好基础。

三、加快培养国际化领军人才

充分利用院统筹经费，选派具有较大发展潜力的团队首席、执行首席、青年英才到对口世界一流研究机构访学。加强各类人员国际化培训，支持科研人员在世界重要科研机构兼职、在世界一流学术期刊执行编委会中担任职务，在职务晋升和职称评审中予以倾斜考虑。

四、建立资深首席—首席—执行首席—青年助理首席接续机制

优化首席科学家年龄结构，创新团队首席科学家年满58周岁的，原则上不再担任首席职务，可聘为资深首席；首席年满55岁的，配备执行首席，为接任首席做好准备；各团队选配青年助理首席1名，为培养执行首席打好基础，稳妥开展首席调整工作。

五、开辟职称晋升优先通道

创新职称评价机制，完善研究所职称评审办法，在职称评审工作中推行科研进展评价和代表性成果评价。优秀青年人才晋升高级职称，在常规渠道评审前先行选拔。创新团队首席、执行首席、青年助理首席可从常规渠道优先推荐。

六、建立高层次专家研修制度

安排研究所农科英才、团队首席、执行首席、青年助理首席和科研骨干参加农业农村部、中国农业科学院组织的研修班。重点学习研讨国情社情、新时代国家农业发展战略、农业科技前沿、产业重大需求等内容，不断提高团队首席把方向、谋大局、抓重点、促落实的能力，促进创新团队明确目标方向、凝练重点任务，推动创新工程出大成果、出大成效。

七、加强对高层次人才的人文关怀

关心关爱高层次人才，依据甘肃省人才政策，为高层次人才申请发放陇原人才服务卡，享受政策规定的户籍社保办理、税收减免、子女入学、就医保障、省内免费旅游等内容，营造有利于高层次人才创新创业创造的人文环境，加强研究所整体创新水平。

八、组织保障

（一）加强组织领导

成立研究所人才工作领导小组，所长、党委书记任组长，其他领导班子成员任副组长，成员由各管理服务部门负责人及创新团队首席组成，领导小组负责高层次领军人才引进和培养工作的组织领导。领导小组下设办公室挂靠党办人事处，党办人事处处长任办公室主任，负责高层次领军人才引进和培养工作的总体实施，协调落实各项措施；成员为党办人事处有关工作人员，负责高层次领军人才引进和培养的具体工作。

（二）完善保障机制

根据学科发展和重大科研任务攻关需要，引进急需高层次领军人才，从自有人才中培养德才兼备、业绩突出、在行业内有一定影响力的创新人才，推荐评选中国农业科学院农科英才，并进行特殊支持。优化整合资源，坚持“走出去”与“引进来”的方式，加快培养国际化领军型人才。

九、附　则

本办法自2020年7月9日所长办公会议通过之日起执行。

中国农业科学院兰州畜牧与兽药研究所青年英才计划管理办法

（农科牧药人〔2020〕22号）

第一章 总 则

第一条 为贯彻落实中国农业科学院“人才强院”和“人才优先发展”战略，培养一批新时代青年学术带头人和创新人才，进一步提升研究所科技创新能力，根据《中国农业科学院青年英才计划管理办法》和《中国农业科学院农科英才特殊支持管理暂行办法》，结合研究所实际，特制定本办法。

第二条 青年英才计划旨在培养从事农业科学研究工作的优秀青年科技人才。青年英才的培养采取两段式培养支持方式，入选者分为所级入选者和院级入选者两个层次。所级入选者由研究所遴选产生，进行重点培养；院级入选者由院在所级入选者基础上进一步遴选产生，进行择优支持。

第三条 实施青年英才计划遵循以下原则：（一）精准培育，分级实施；（二）重点支持，跟踪培养；（三）统筹兼顾，责权统一；（四）目标管理，能进能出。

第四条 研究所人才工作领导小组负责青年英才计划相关政策和科研英才的遴选、年度跟踪考核、期满评估工作。党办人事处负责青年英才计划入选者的日常管理工作，科技管理处、计划财务处等部门配合做好有关管理工作。

第二章 资格条件

第五条 青年英才计划入选基本条件

1. 德才兼备，品行端正，治学严谨，具有良好的职业素养和科学精神；热爱农业科技事业，勇于创新，团队协作，有强烈的事业心和责任感。

2. 从事基础研究、应用基础研究和应用研究等工作。

3. 熟悉本学科前沿发展动态，有扎实的专业知识基础，独立主持或作为主要骨干参与过课题（项目）研究的全过程并做出显著成绩，以第一作者或通讯作者在本领域重要核心刊物发表过有影响的论文，或拥有重大发明专利、掌握关键技术等。具有创新发展潜力，有能力带领团队在本领域开展研究并做出具有国际水平的创新成果。

4. 年龄一般不超过37周岁。

5. 具有博士学位，身体健康，在研究所工作3年以上。

6. 具备副高级及以上专业技术职务（特别优秀的，可破格考虑）。

第三章 遴 选

第六条 遴选程序

（一）个人申报。申报人员根据遴选指标和要求，向研究所提出申请，并递交申报材料，主要包括：

1. 个人基本信息。

2. 主持和主要参与的科研项目。

3. 已取得科研成果或奖励。

4. 培育期目标、培育措施等。

（二）审核评议。党办人事处负责对申报人员进行资格审查。所人才工作领导小组组织同行专家对符合申报条件的人选进行现场答辩综合评议。综合评议申报人的政治素质、思想品行、学术操守、科研能力、科研成果、下一步科研工作思路和研究计划等情况。采取无记名投票的方式遴选，经所党委会议或所常务会议研究，确定为所级入选者拟聘人选。

（三）公示。对确定的所级入选者拟聘人选进行公示，公示期为 5 个工作日。公示无异议后，报院人才工作领导小组备案，进入研究所培育程序。

（四）签订协议。研究所与所级入选者签订《中国农业科学院“青年英才计划”所级入选者管理协议》，明确支持期限、支持条件、工作目标、科研任务、评估考核、日常管理等事项。

第四章 支持措施

第七条 青年英才计划所级入选者培育期为 3 年，从签订管理协议当月起计算。培育支持期内，在科研条件、薪酬待遇、人文关怀等方面享有特殊支持政策。

科研工作经费。在培育期内，研究所统筹基本科研业务费、创新工程专项经费等资金，为所级入选者每年提供 20 万元科研经费支持。

岗位补助。培育期内，所级入选者除享受研究所正式职工的基本工资、绩效工资、国家统一规定的津贴补贴、研究所发放的岗位绩效、年终奖励等待遇外，可再享受 3 万元/年的岗位补助。

第八条 青年英才计划所级入选者在职称晋升、人才举荐、项目申报方面享有优先支持。

职称晋升。在高级专业技术职务评审工作中，所级入选者可以优秀先评聘或推荐高级专业技术职务。

人才举荐。在国家和省部级人才计划（工程）推荐工作中，同等条件下优先考虑所级入选者；重点推荐所级入选者参加上级部门组织的培训、宣讲、挂职锻炼、海外进修访学等工作任务。

重大项目申报。优先推荐符合条件的所级入选者参与重大项目的申报。

第九条 青年英才计划所级入选者在支持期内被推荐为院级入选者后，相关支持政策按院级入选者掌握，不重复享受，需要重新签订管理协议，原协议自动废止。

第五章 培育考核评估

第十条 对青年英才计划所级入选者采取年度跟踪考核和期满考核的方式进行考核评估。

年度跟踪考核。根据协议确定的年度工作任务目标，结合研究所年度考核同时进行。

期满考核。在支持期满前 3 个月，对所级入选者培育期内工作任务目标进行期满考核。

第十一条　考核评估结果分为优秀、合格、基本合格和不合格4个档次。年度跟踪考核结果为基本合格的，要及时查找原因，提出整改措施，岗位补助不再每月足额发放。对于考核结果为不合格的，研究所要分析原因，因个人原因未达到培育目标的，研究所将取消其入选者资格并停止支持；因研究所支持不力，导致入选者不能达到培育目标的，研究所进行整改。

第十二条　对违反党风廉政、学术道德和学术伦理、师德师风等的入选者，一经查实，研究所将取消其入选者资格并停止支持。

第六章　附　则

第十三条　本办法自2020年7月9日所长办公会议通过之日起执行。

第十四条　本办法由党办人事处负责解释。

中国农业科学院兰州畜牧与兽药研究所转化英才特殊支持实施方案

（农科牧药办〔2020〕31号）

为贯彻落实"三个面向"指示精神，加快推进"两个一流"建设，深入实施人才强所政策，打造创新创造创业协同发展的"三创"团队，构建健全的人才培养体系，进一步促进科技成果转化工作，根据《中国农业科学院关于进一步推进人才队伍建设的若干意见》（农科院党组发〔2019〕72号）《中国农业科学院转化英才特殊支持实施方案（试行）》（农科院党组发〔2020〕10号），结合研究所实际，特制定本实施方案。

一、目标任务

通过实施特殊支持政策，带动转化人才队伍建设，遴选出若干名所级转化英才，通过示范引领，为促进研究所科技成果转化和"三创一体"协同发展提供强有力的转化人才保证。

二、实施原则

（一）需求导向。

围绕研究所科技创新和成果转化需求，选拔优秀转化人才，促进转化人才队伍的规模、结构、质量与科技成果转化工作要求相适应、相协调。

（二）遵循规律。

根据成果转化人才培养周期较长、工作经验及综合素质要求高、公益性强、业绩难量化等特点，创新培养模式，完善评价体系，健全激励机制，促使转化人才的价值得到充分实现。

（三）分类实施。

对从事技术转移、科技推广和企业经营等不同类型工作的转化人才采取不同评价标准，最大限度激发和释放转化人才创新创造创业活力。

（四）科学管理。

实行任务目标管理，与入选者签订管理协议，明确工作任务、评价指标及考核周期。坚持动态管理，对入选者培育情况跟踪评估，确保特殊支持效果。

三、遴选条件

热爱祖国，遵纪守法，恪守职业道德，热爱成果转化事业，踏实肯干，品行端正。

主要从事企业经营、技术转移、科技推广、成果转化工作且连续在岗3年（含）以上，年龄在45周岁以下，身体健康，并应具备以下条件之一：

1. 在科技成果转移转化和“三创”团队中承担成果转化工作并取得显著成效；或在成果转化顶层设计、项目策划、组织实施和具体执行中发挥了重要作用；或在知识产权管理和运用中作出了重要贡献。

2. 在科技推广与服务、科技帮扶、脱贫攻坚、试验示范等工作中取得突出成效，产生了明显的经济、社会、生态和民生效益。

3. 在所属科技型企业分管或承担管理、研发、营销等工作，并取得显著成绩，产生明显的经济效益。

四、遴选程序

（一）工作安排。根据研究所发展需要，适时开展遴选工作。研究所人才工作领导小组部署遴选工作，明确入选者遴选指标、工作安排和有关要求。

（二）个人申报。申报人员向研究所提出申请，并提交申报材料。

（三）审核评审。党办人事处负责对申报人员进行资格审查。所人才工作领导小组组织专家对符合申报条件的申报人员进行遴选，遴选环节主要包括：对申报人员的思想品质、业务能力、学术水平、转化业绩等进行考核，申报人员答辩、会议评议、无记名投票表决，确定所级入选者。

（四）公示。对确定的所级入选者进行公示，公示期为 5 个工作日。

（五）签订协议。研究所与入选者签订《中国农业科学院兰州畜牧与兽药研究所“转化英才”管理协议》，明确培育目标、培育措施、评估考核等。

（六）院级遴选。研究所所级“转化英才”达到院级“转化英才”标准，向中国农业科学院推荐。

五、培育周期

培育期为 3 年，从通过遴选当月起计算。

六、培育与支持措施

支持期内，对入选者在能力提升、职称晋升、激励保障、项目支持、人文关怀等方面给予特殊支持。

（一）支持措施。

1. 知识技能提升。有针对性地开展法律法规、知识产权、经营管理、市场营销、投资融资等的专业培训。有计划地选派到高校、科研机构或知名企业开展交流访学、培训进修等，学习国内外先进经验，拓展工作视野。

2. 成果孵化项目。争取各种渠道资金支持，开展有望达到应用的新品种、新技术和新产品转移转化，尽可能实现更大的经济、社会、生态和民生效益。

3. 职称晋升。对长期在一线开展转化工作业绩突出，达到研究所职称评审中相关规定的，在专业技术职务评审工作中，在同等条件下优先评审推荐。

4. 实践锻炼。支持转化英才积极投身科技服务、脱贫攻坚和乡村振兴事业。鼓励转化英才主持成果转化项目或横向委托项目，到基层或企业兼职、挂职锻炼。创造机会让转化人才在实践中锻炼成长，促进优秀转化人才脱颖而出。

5. 岗位补助。在支持期内，入选者除享受所在岗位的工资、福利等待遇外，可再享受每年 1 万元的岗位补助。

6. 经费支持。在支持期内，根据实际工作需要，入选者以项目的方式向研究所申请工作经费，经专家评审通过后，为入选者

提供每年 3 万元的工作经费。

7. 人文关怀。加大对转化英才的工作生活保障力度，增强人文关怀。

七、评估考核

（一）考评方式与内容。

1. 采取中期评估、期满考核的方式。

2. 中期评估内容包括工作进展、阶段性工作业绩、人才培养、项目执行等情况。

3. 期满考核内容包括综合表现、业绩贡献、转化收入、社会效益、行业影响力、项目实施等情况。

4. 评估考核结果分为优秀、合格、基本合格和不合格 4 个等次。

（二）具体实施。

支持期满 1. 5 年后开展中期评估，支持期满前 3 个月进行期满考核。

（三）结果运用。

1. 中期评估结果为合格及以上者，继续支持。评估为基本合格的，岗位补助暂缓发放，期满考核结果为合格及以上后，补发岗位补助。评估为不合格的，取消入选者资格。

2. 支持期内，由于个人能力、水平等原因取消入选者资格，不能再申报同类评审。

3. 对违反政治纪律、政治规矩和中央八项规定精神、学术不端、师德失范、假公济私等行为者，由所人才工作领导小组会议审定，取消入选者资格，并追回岗位补助和支持经费。

八、组织实施

研究所人才工作领导小组负责本所转化英才队伍的遴选、中期评估、期满考核工作。党办人事处会同科技管理处、计划财务处等有关部门落实具体政策措施，确保各项工作措施和要求执行到位。

本方案自 2020 年 10 月 29 日所长办公会议通过之日起实施。

中国农业科学院兰州畜牧与兽药研究所支撑英才特殊支持实施方案

（农科牧药办〔2020〕31号）

为贯彻落实“三个面向”指示精神，加快推进“两个一流”建设，深入实施人才强所政策，打造创新创造创业协同发展的“三创”团队，构建健全的人才培养体系，进一步强化科技创新的支撑保障作用，根据《中国农业科学院关于进一步推进人才建设的若干意见》（农科院党组发〔2019〕72号）、《中国农业科学院支撑英才特殊支持实施方案（试行）》（农科院党组发〔2020〕9号），结合研究所实际，制定本实施方案。

一、目标任务

通过实施特殊支持政策，带动支撑人才队伍建设，提升支撑队伍对研究所科技创新的支撑、服务和保障作用，为促进研究所科技创新和“三创一体”协同发展提供强有力的支撑人才保证。

二、实施原则

（一）需求导向。

围绕研究所科技创新和成果转化需求，聚焦重要、急需的支撑岗位，选拔优秀支撑人才，促进支撑人才队伍的规模、结构和质量与科技创新工作要求相适应、相协调。

（二）分类评价。

突出品德、能力、业绩和贡献评价导向，在遴选中实行分类评价，对不同类型支撑人才采取不同的评价标准，克服唯论文、唯职称、唯学历、唯奖励等倾向，注重考察各类支撑人才的技术水平、支撑能力、服务质量和实绩贡献等。

（三）科学管理。

实行任务目标管理，根据支撑英才从事工作的性质与特点，按照“一人一策”的特殊支持方式，与入选者签订管理协议。在支持期内，对入选者工作情况跟踪评估，实行动态管理，建立能进能出的考核机制，确保支持效果。

三、遴选条件

热爱祖国，遵纪守法，恪守职业道德，具备良好的敬业奉献精神和服务科研意识。身体健康，年龄原则上在45周岁以下。全职在岗，在研究所主要从事支撑工作，包括大型仪器、专用设施设备等操作和维护、野外基地等平台运行和保障、质量监督检验和评估、动植物试验与管理、种质资源收集与保存等技术支撑人才，以及编辑出版、网络信息等公共支撑人才。并应具备以下条件之一：

1. 有较强的技术创新和技术服务能力，在解决关键技术问题、服务科技创新等方面取得较好成果。具有技术或仪器设备研发的能力，能对仪器设备做出重要的技术改造及升级；或在大型仪器、设施设备、专业实验平台（基地）、公共技术服务平台等建设、运行、维护中作出突出贡献。

2. 有特殊技术能力或技术专长，业务操作规范、标准、专业，技术能力和水平得到广泛认可，操作精度高、工作效率高、服务质量好，有传授经验和传承技能意愿，对科技创新发展具有明显的支撑作用。

四、遴选程序

（一）工作安排。

根据研究所发展需要，适时开展遴选工作。研究所人才工作领导小组部署遴选工作，明确入选者遴选指标、工作程序和有关要求。

（二）个人申报。

申报人员向研究所提出申请，并提交申报材料及证明材料。

（三）审核评审。

党办人事处负责对申报人员进行资格审查。所人才工作领导小组组织专家对符合申报条件的申报人员进行遴选，确定入选者。

（四）公示。

对确定的入选者进行公示，公示期为 5 个工作日。

（五）签订协议。

研究所与入选者签订管理协议，明确工作目标、支持措施、评估考核、违约责任等，报领导小组办公室备案。

五、支持周期

支持期为 3 年，从通过遴选当月起计算。

六、支持措施

支持期内，对入选者在能力提升、职称晋升、激励保障、经费支持、人文关怀等方面给予特殊支持。

1. 能力提升。组织支撑英才到有关科研机构或高校开展访学交流，鼓励参加业务能力培训，学习新技术、新理念。鼓励支撑人才参加专业技术考试、资格认证和技能竞赛等活动。

2. 职称晋升。在专业技术职务评审工作中，同等条件下优先评审推荐。

3. 岗位补助。支持期内，入选者除享受所在岗位的工资、福利等待遇外，可再享受每年 1 万元的岗位补助。

4. 经费支持。根据实际工作需要，入选者以项目的方式向所里申请工作经费，经专家评审论证后，为入选者提供每年 3 万元工作经费支持

5. 人文关怀。加大对支撑人才的工作生活保障力度，增强人文关怀。

七、评估考核

（一）考评方式与内容。

1. 采取中期评估、期满考核的方式。

2. 中期评估内容包括工作进展、工作业绩、人才培养、项目执行等情况。

3. 期满考核内容包括综合表现、业绩贡献、人才培养、项目实施等情况。

4. 评估考核结果分为优秀、合格、基本合格和不合格 4 个等次。

（二）具体实施。

支持满 1.5 年后开展中期评估，支持期满前 3 个月进行期满考核。

（三）结果运用。

1. 中期评估结果为合格及以上者，继续支持。评估为基本合格的，岗位补助暂缓发放，期满考核结果为合格及以上后，再补发岗位补助。评估为不合格的，取消入选者资格，停发岗位补助。

2. 支持期内，由于个人能力、水平等原因取消入选者资格的，不能再申报同类评审。

3. 对违反政治纪律、政治规矩和中央八项规定精神、学术不端、师德失范、假公济私等行为者，由所人才工作领导小组会议审定，取消入选者资格，并追回岗位补助和支持经费。

八、组织实施

研究所人才工作领导小组负责本所支撑英才特殊支持人选的遴选、中期评估、期满考核工作。党办人事处会同科技管理处、计划财务处等有关部门落实具体政策措施，确保各项工作措施和要求执行到位。

本方案自 2020 年 10 月 29 日所长办公会议通过之日起实施。

中国农业科学院兰州畜牧与兽药研究所人才引进管理办法

（农科牧药人〔2021〕22号）

第一章　总　则

第一条　为深入实施新时代人才强国战略，加强研究所创新人才队伍，推进研究所“两个一流”建设，支撑国家现代农业战略力量。根据《中国农业科学院农科英才特殊支持管理暂行办法》《中国农业科学院“青年英才计划”管理办法》等，结合研究所实际，制订本办法。

第二条　坚持党管人才、五湖四海、德才兼备、公开公正、择优选择、分类管理的原则。

第三条　本办法中引进人才包括顶端人才、领军人才、青年英才、优秀博士和博士，其中领军人才分为A、B、C三类，青年英才分为“院级入选者”和“所级入选者”。

第四条　各类人才须全职在岗工作。

第五条　成立研究所人才工作领导小组（以下简称“领导小组”），所长、党委书记任组长，其他领导班子成员任副组长，成员由各管理服务部门负责人和各创新团队首席组成。领导小组负责人才引进培养工作的组织领导。领导小组下设办公室，挂靠党办人事处，党办人事处处长任主任，负责人才引进和培养工作具体实施，协调落实各项措施。

第二章　人才引进条件

第六条　基本条件

（一）热爱祖国，遵纪守法，思想政治素质优良。

（二）德才兼备，品行端正，治学严谨，具有良好的职业素养和科学精神；热爱农业科技事业，勇于创新，团结协作，有强烈的事业心和责任感。

（三）符合岗位要求的学历、资历、年龄等条件，身体健康。

第七条　顶端人才

国家最高科学技术奖获得者，中国科学院院士、中国工程院院士，入选“国家高层次人才特殊支持计划”的杰出人才、“国家海外高层次人才引进计划”的顶尖人才与创新团队项目入选者等。

第八条　领军人才参照《中国农业科学院农科英才特殊支持管理暂行办法》和《中国农业科学院“青年英才计划”管理办法》，须具备以下条件：

（一）领军人才A类：研究方向符合国家重大战略需求并处于世界前沿领域，在基础学科、基础研究方面有重大发现，在解决行业、产业重大关键问题方面有突出贡献的杰出人才。年龄55岁以内。

主要包括：国家科技奖励一等奖的第一完成人或两次获得二等奖的第一完成人；国家海外高层次人才引进计划创新人才长期/短期项目、外国专家项目入选者；国家自然科学基金创新群体项目的负责人、国家杰出青年科学基金资助者；教育部长江学者奖励计划人员。

（二）领军人才 B 类：在国家中长期科学和技术发展规划确立的重点方向，主持重大科研任务、领衔高层次创新团队、领导国家级创新基地和重点学科建设的领军人才。年龄 50 岁以下。

主要包括：国家科技奖励二等奖的第一完成人；国家高层次人才特殊支持计划、领军人才（科技创新领军人才、百千万工程领军人才、教学名师）和青年拔尖人才入选者；国家海外高层次人才引进计划青年项目入选者；国家自然科学基金“优秀青年科学基金项目”资助者；教育部“长江学者奖励计划”青年学者等。

（三）领军人才 C 类：在农业科研的重点领域取得突破，获得国际国内较高学术成就，有一定社会影响力的优秀人才。年龄 50 岁以下。

主要包括：国家有突出贡献的中青年专家；“百千万工程”国家级入选者，科技部创新人才推进计划中青年科技创新领军人才入选者；全国农业科研杰出人才；国家自然科学基金重大项目资助者、国家科技重大专项资助者、国家重点研发计划资助者、技术创新引导专项（基金）资助者、基地和人才专项资助者。

第九条　青年英才须具备以下条件

（一）具有博士学位。

（二）青年英才院级入选者年龄不超过 40 周岁，青年英才所级入选者年龄不超过 37 周岁并具副高级职称，特别优秀者可适当放宽。

（三）在畜牧兽医科技创新领域从事基础研究、应用基础研究和应用研究等工作。

（四）熟悉本学科前沿发展动态，有扎实的专业知识基础，研究方向符合研究所学科体系建设和科技创新团队需求。独立主持或作为骨干参与过项目（课题）研究并做出显著成绩；以第一作者或通讯作者在本领域重要核心刊物发表过有影响的论文；拥有重大发明专利、掌握关键技术等；具有创新发展潜力，有能力带领团队做出具有国际水平的创新成果。青年英才院级入选者按照中国农业科学院条件参加遴选；青年英才所级入选者在中国科学院 JCR 二区以上发表论文 4 篇或单篇论文 IF 达到 6 以上 2 篇。

第十条　优秀博士须具备以下条件

（一）应届或往届博士毕业生、博士后出站人员，具有博士学位，年龄不超过 35 岁。具有正高级职称的年龄可适当放宽。

（二）熟悉本学科前沿发展动态，有扎实的专业基础知识，开展了较为系统的研究工作，以第一作者在本领域重要核心刊物发表过有影响的论文（在中国科学院 JCR 二区以上发表论文 3 篇或单篇论文 IF 达到 6 以上）。

第十一条　博士须具备以下条件

（一）应届或往届博士毕业生，具有博士学位，年龄不超过 35 岁。

（二）研究方向符合研究所学科体系建设和团队需求，以第一作者在本领域重要核心刊物发表过论文（在中科院 JCR 二区发表 1 篇或三区发表 2 篇）。

第三章　人才引进程序

第十二条　顶端人才、领军人才、青年英才、优秀博士常年招录，一事一议。博士按照研究所工作人员招聘程序开展。

第十三条 顶端人才、领军人才、青年英才、优秀博士引进按规定程序进行。

（一）发布招聘公告。各创新团队根据岗位实际和人才队伍建设情况提出需求后报党办人事处汇总，经领导小组审核后统一发布招聘公告。

（二）材料审核。党办人事处和科技管理与成果转化处分别对应聘人员的学历、资历和业绩条件进行审核，确定考核人员名单后提交领导小组。

（三）评审。领导小组对应聘人员进行评审。评审采取同行专家通讯评审和现场综合评议的方式进行。通讯评审由不少于 3 位国内外相关领域的所外知名专家匿名评审，同意票数达到 2/3 者参加现场综合评议。现场综合评议的评审专家不少于 9 位（所外专家不少于 1/3），评审专家在充分讨论的基础上进行投票，获得 2/3 以上同意票数者视为通过。

（四）体检与考察。党办人事处组织考核通过人员进行体检和考察。

（五）集体研究。召开党委会议集体研究，确定拟聘人员。

（六）公示。对拟聘人员进行公示，公示时间不少于 5 个工作日。

（七）审批备案。将拟引进的顶端人才、领军人才、青年英才报中国农业科学院审批备案。

（八）签订协议。顶端人才、领军人才、青年英才审批备案通过后签订协议，优秀博士公示无异议后签订协议。

第十四条 博士引进程序

（一）确定招聘计划。各创新团队上报招聘计划，经党办人事处汇总，报领导小组确定后上报中国农业科学院人事局审批。

（二）发布招聘公告。中国农业科学院人事局审批同意后发布。

（三）材料审核。党办人事处对应聘人员进行资格审查，确定通过审察人员名单后报领导小组。领导小组确定笔试及面试人员。

（四）考核。采取“笔试+面试”形式由领导小组进行考核。

（五）体检与考察。党办人事处组织考核通过人员进行体检和考察。

（六）集体研究。召开党委会议，综合考核、体检及考察情况，研究确定拟引进博士。

（七）公示。对拟引进人才进行公示，公示时间不少于 5 个工作日。公示无异议后，签订聘用合同，办理入职手续。

第四章 支持待遇

第十五条 研究所加大对引进的各类人才的支持力度，在科研条件、薪酬待遇、住房保障、职称职务晋升、人才推荐、研究生招生、博导遴选及项目申报等方面予以倾斜和支持。

第十六条 各类人才支持待遇

（一）科研经费。科研工作经费由专项资金予以保障，其中：顶端人才 200 万元/（人·年），领军人才 A 类 150 万元/（人·年）、B 类 100 万元/（人·年）、C 类 80 万元/（人·年），青年英才院级入选者 60 万元/（人·年）。青年英才所级入选者 30 万元，优秀博士 20 万元，博士 10 万元。

（二）岗位补助。顶端人才、领军人才、青年英才除享受基本工资、绩效工资、国家统一规定的津贴补贴等待遇外，可再享受岗位补助，其中顶端人才 50 万元/（人·年），领军人才 A 类 30 万元/（人·年），B 类 25 万元/（人·年），C 类 20 万元/（人·年），青年英才院级入选者 10 万元/（人·年）。

青年英才所级入选者在试用期内发放安家补贴 25 万元，优秀博士在试用期内发放安家补贴 20

万元，博士在试用期内发放安家补贴 8 万元。

（三）住房保障。研究所为引进的顶端人才、领军人才、青年英才和优秀博士提供周转房或租房补贴。

（四）依据地方人才政策，落实相关待遇。

第五章　聘期管理

第十七条　引进的高层次人才聘期一般为 5 年，党办人事处与拟用人团队共同约定聘期内的工作任务和目标，经领导小组会议审定后签订聘用合同。

第十八条　聘期满 3 年进行中期评估；聘期届满进行终期考核。考核由领导小组组织实施，分优秀、合格、不合格等次，考核结果作为是否续聘的依据。考核优秀、合格者可以续签聘用合同，中期评估及终期考核不合格者不再续聘。

第十九条　高层次人才聘期考核内容为合同约定的目标任务。

第二十条　引进的顶端人才、领军人才、青年英才院级入选者直接纳入编制；引进的青年英才所级入选者、优秀博士和博士在试用期内发放安家补贴，期满后纳入编制。

聘期服务未达合同期限规定者，须全额退还已发放的安家补贴。聘期内违纪违规、违反学术道德，一经查实，取消相关支持待遇。

第六章　附　则

第二十一条　本办法由党办人事处负责解释。

第二十二条　本办法自 2021 年 11 月 18 日所长办公会议讨论通过起施行。原《中国农业科学院兰州畜牧与兽药研究所人才引进管理办法》（农科牧药人〔2020〕21 号）自本办法通过之日起作废，其他办法中凡有与本办法规定相抵触的条款，以本办法为准。

中国农业科学院兰州畜牧与兽药研究所绩效奖励办法

（农科牧药办〔2022〕12号）

为确定研究所科技评价导向、优化科技创新体系、提升学术创新活力、强化创新人才培养，按照“四个面向”“两个一流”总要求，根据中共中央办公厅、国务院办公厅《关于实行以增加知识价值为导向分配政策的若干意见》《中华人民共和国促进科技成果转化法》（国发〔2016〕16号）、《国务院办公厅关于抓好赋予科研机构和人员更大自主权有关文件贯彻落实工作的通知》（国办发〔2018〕127号）、《人力资源和社会保障部、财政部、科技部关于事业单位科研人员职务科技成果转化现金奖励纳入绩效工资管理的有关问题的通知》（人社部发〔2021〕14号）和《中国农业科学院关于进一步推进人才队伍建设的若干意见》（农科院党组发〔2019〕72号）等文件精神，结合研究所实际，制定本办法。

第一章　总　则

第一条　本办法适用于研究所在编在岗工作人员岗位绩效及其取得的科技贡献、成果转化和年度绩效奖励。

第二章　岗位绩效

第二条　岗位绩效是指根据中国农业科学院兰州畜牧与兽药研究所工作人员工资分配相关规定发放的绩效。分为科研岗位、管理岗位、支撑和转化岗位。

（一）科研岗位系数。

序号	岗位	系数
1	千人计划人才、国家自然基金创新群体学术带头人、杰青、优青、重点项目、重大项目、重大研究计划项目、国家科技重大专项、国家重点研发计划主持人，国家产业体系首席科学家	36
2	创新团队首席、资深首席、国家重点实验室主任，横向科研经费（留所经费，下同）500万元以上主持人	33
3	创新团队执行首席，国家自然基金面上项目、重点国际（地区）合作研究项目、国家重点研发计划课题、省重大专项、横向科研经费300万元以上项目主持人，国家产业体系岗位科学家	30
4	培育团队首席、省级自然基金创新群体学术带头人、省级产业体系首席科学家	27

（续表）

序号	岗位	系数
5	创新团队青年助理首席、创新团队一级科研骨干，组织间国际（地区）合作交流项目、国家自然基金青年基金项目、国家重点研发计划子课题、省级重点研发计划课题、省级杰青项目、省级国际合作项目、横向科研经费 150 万元以上项目主持人	23
6	创新团队二级科研骨干、培育团队骨干、地市级项目、国家标准和行业标准项目、横向科研经费 100 万元以上项目主持人，省级产业体系岗位科学家	20
7	创新团队一级研究助理、省自然科学基金、横向科研经费 20 万元以上项目主持人	17
8	创新团队二级研究助理、培育团队助理	16
9	创新团队见习期人员	13

（二）管理岗位系数。

序号	岗　　位	系数
1	所长、书记	33
2	副所长、副书记	30
3	主任、处长（含主持工作的副主任、副处长）	26
4	副主任、副处长	23
5	工作人员一级岗位	18
6	工作人员二级岗位	13

（三）支撑和转化岗位系数。

序号	岗　　位	系数
1	质检中心常务副主任、双 G 中心常务副主任、兰州牧药所生物科技研发有限责任公司负责人	22
2	编辑部副主编	20
3	老干科科长、保卫科专干、编辑部责任编辑；后勤一级岗位 5 个，兰州牧药所生物科技研发有限责任公司一级岗位 2 个，质检中心一级岗位 2 个，双 G 中心一级岗位 2 个，计划财务处一级岗位 1 个，平台建设与保障处一级岗位 2 个	16
4	农业农村部野外台站观测岗位、质检中心及双 G 中心二级岗位	15
5	质检中心及双 G 中心三级岗位、张掖基地工作人员	14
6	后勤、兰州牧药所生物科技研发有限责任公司、大洼山基地工作人员、老年活动室管理人员	13

第三条　在编在岗人员，获得相较于现岗位更高级别项目的支持，岗位系数可调至相应级别。由项目主持人提出申请，经科技管理与成果转化处、计划财务处审核，党办人事处审定，报请主管所领导签字后执行。

第四条　在编科研岗位，按其实际承担相应级别项目合同期内，且经费到位时给予相应的岗位系数；项目合同期外按其所在团队聘用岗位级别认定。研究室主任、副主任可按相应管理岗位系数选择认定。

第三章　科技贡献绩效奖励

第五条　科技贡献绩效奖励包括对竞争性科研项目（课题）、科技成果奖、专利奖、著作、新兽药证书、草畜新品种、制定并颁布标准等贡献的奖励。

第六条　竞争性科研项目。研究所获得立项的各类竞争性政府财政科研项目（不包括中国农业科学院科技创新工程经费、基本科研业务费和重点实验室/中心/基地等运转费），按当年留所经费（合作研究、委托试验等外拨经费除外）的5%奖励所在团队。

第七条　科技成果奖

（一）研究所作为第一完成单位取得的各类科技成果奖，按以下标准奖励。

1. 国家科学技术奖：国家最高科学技术奖、国家自然科学奖、国家技术发明奖、国家科学技术进步奖，研究所按照政府奖励额度200%配套奖励。

2. 省级自然科学奖、技术发明奖、科技进步奖一等奖和科技功臣奖、中国农业科学院杰出科技创新奖和青年科技创新奖，研究所按照政府奖励额度100%配套奖励；省级自然科学奖、技术发明奖和科技进步奖二等奖，中国农业科学院成果转化奖，研究所按照政府奖励额度80%配套奖励；省级自然科学奖、技术发明奖和科技进步奖三等奖，研究所按照政府奖励额度50%配套奖励。

3. 中华农业科技奖科学研究类成果一至三等奖对应省级同等级标准奖励；优秀创新团队奖、科普类成果奖按照省级三等奖标准奖励；全国农牧渔业丰收奖农业技术推广成果奖一至三等奖按照省级同级别成果研究所配套奖金的50%奖励，农业技术推广贡献奖、农业技术推广合作奖按照省级三等奖研究所配套奖金的30%奖励。

4. 国家专利金奖奖励10万元、银奖奖励8万元、优秀奖奖励4万元。省级专利一等奖奖励3万元、二等奖奖励1万元。

（二）经研究所审核备案，以我所为第二完成单位取得的国家级科技成果奖励按照相应级别和档次给予40%的奖励。署名个人、未署名单位或单位排名第三完成单位及以后、非政府奖励、成果与主要完成人从事专业无关的或未经研究所同意申报的获奖成果不予奖励。

第八条　著作

以研究所为第一完成单位且作者或编者排序第一正式出版的著作（论文集除外），字数超过40万字的按照专著、译著和编著三个级别给予奖励：专著奖励1.5万元、译著奖励1.0万元、编著奖励0.5万元；字数少于40万字的专著、译著、编著和科普性著作奖励0.3万元。

出版费由项目经费或研究所支付的著作，按照相应标准的50%予以奖励。同一书名不同分册（卷）认定为一部著作。

第九条　新兽药证书、草畜新品种和标准

（一）国家新兽药证书：一类新兽药证书奖励15万元，二类新兽药证书奖励8万元，三类新兽药证书奖励4万元。

研究所作为第二完成单位获得国家一类、二类新兽药证书，按相应标准的20%予以奖励。

（二）研究所GCP/GLP中心因承接外单位委托业务需要而获得的新兽药证书不予奖励，如协议中明确约定研究所拥有知识产权和收益分配的，按照相应知识产权及收益分配比例的20%予以奖励。

（三）国家级家畜新品种证书每项奖励20万元，国家审定畜禽遗传资源奖励5万元；国家级牧草育成新品种证书奖励5万元，国家级引进、驯化或地方育成新品种证书奖励2万元；省级引进、驯化或地方新品种证书奖励1万元。

研究所作为第二完成单位获得国家级草、畜新品种证书的按相应标准的20%给予奖励。

（四）制定并颁布的国家标准奖励2万元，行业标准奖励1万元。

第四章　成果转化绩效奖励

第十条　成果转化

（一）成果转化主要包括：

1. 与企业或其他社会组织合作进行科技成果转化。

2. 向企事业单位或个人转让科技成果。

3. 许可他人使用科技成果。

4. 以科技成果作价投资、折算股份或者出资比例。

5. 承担企业或其他社会组织委托的技术咨询、服务、开发、委托试验、检测分析等项目，经当地科技主管部门认定为技术开发、技术咨询与技术服务后，按照成果转化认定，奖励不受绩效总额限制。

（二）成果转化成本核算。

成果转化净收入=销售收入（指成果转化收入）-应缴税金-应计成本。

应计成本包括原材料、维修费（含零配件等）、运杂费、差旅费、印刷费、培训费、办公用品、劳保用品、邮电通信费、临时工劳务费、委托业务费、仪器设备折旧费等，原则上按照40%计算成本。

（三）成果转化奖励。

1. 一次性转让/许可的成果或成果作价获得的转化净收入的80%奖励成果完成人，20%用于奖励除成果完成人之外对成果转化做出其他贡献的在编在岗职工。

2. 团队或课题组对外技术咨询、服务、开发、委托试验和检测等总经费的40%为必要成本，用于研究所基本支出。60%在完成委托任务并核算扣除其他成本及应缴税金后，剩余经费作为净收入予以奖励。净收入的80%奖励成果完成人，20%用于奖励除成果完成人之外对成果转化做出其他贡献的在编在岗职工。

（四）质检中心对外技术咨询、服务、开发、委托试验、检测分析总经费的40%为必要成本，用于研究所基本支出。60%经费在完成委托任务并核算扣除其他成本及应缴税金后，剩余经费作为净收入予以奖励。年度目标任务内净收入的60%奖励质检中心，40%由研究所统筹使用。超额完成任务，超出部分按超额累进分段式奖励：超过年度目标任务额度≤10%部分、>10%且≤30%部分、>30%且≤60%部分、>60%部分，分别按超出额度净收入的65%、70%、75%、80%给予奖励。

（五）GCP/GLP中心承接项目经费到账后一次性收取业务总经费的30%为必要成本，用于研究所基本支出；项目总经费的3%作为双G中心及相关人员业务费和绩效；其余经费用于试验直接费用。项目完成后净结余经费的80%作为绩效奖励给项目承担人员，20%研究所统筹使用。

双G中心固定岗位人员和研究所其他人员均可对外联系试验项目，非中心固定人员联系的试验项目，中心应从3%业务费中给予联系人员一定比例的奖励（原则上为试验项目总经费的1%）。

第十一条　成果转化绩效奖励实施按照《成果转化绩效奖励实施细则》（农科牧药办纪要〔2021〕5号）执行。

第五章　年度绩效奖励

第十二条　年度绩效奖励是指当年在编在岗科研人员、管理人员、支撑人员和转化人员年度岗位绩效奖励，施行分类奖励，由所务会议决定。

（一）科研人员年度绩效奖励。

按照研究所《科研人员岗位业绩考核办法》第三条执行。

（二）其他人员年度绩效奖励。

原则上与科研人员年度总体绩效奖励挂钩，在考核合格的基础上，以科研人员全年绩效奖励的平均数为参考，按照“量入为出”的原则，由所常务会议决定“奖励基数”。

1. 管理人员

年度绩效奖励按以下系数标准执行：正所级为“奖励基数”的 3.0 倍，副所级为 2.5 倍，正处级为 2.0 倍，副处级为 1.5 倍，管理岗位人员 1.0 倍。

2. 支撑人员

编辑部副主编为“奖励基数”的 1.3 倍，支撑一级及以上岗位人员为 1.0 倍，其他岗位人员为 0.8 倍。

3. 转化人员

（1）兰州牧药所生物科技研发有限责任公司绩效奖励：根据公司对研究所科技成果使用、提供技术服务等与研究所签订的年度目标任务完成比例予以奖励。奖励由基础绩效奖励（参照支撑岗位人员年度绩效奖励）和超额目标任务绩效奖励组成。完成年度目标任务，给予基础绩效奖励；未完成年度目标任务，按照任务目标的完成比例，给予相应比例的基础绩效奖励；超额完成任务，超出部分按超额累进分段式奖励：≤50 万元部分给予 30%奖励，>50 且≤100 万元部分给予 40%奖励，>100 万元部分给予 60%奖励。

（2）平台与试验基地绩效奖励：根据研究所平台与试验基地对科技成果中试、提供技术服务等与研究所签订的年度目标任务完成比例予以奖励。奖励由基础绩效奖励（参照支撑岗位人员年度绩效奖励）和超额目标任务绩效奖励组成。完成年度目标任务，给予基础绩效奖励；未完成年度目标任务，按照任务目标的完成比例，给予相应比例的基础绩效奖励；超额完成任务，超出部分按超额累进分段式奖励：超过年度目标任务额度≤10%部分、>10%且≤25%部分、>25%且≤50%部分、>50%部分，分别按超出额度的 10%、20%、30%、40%给予奖励。

（3）宾馆、房产经营部、停车场绩效奖励：根据与研究所签订的年度目标任务完成比例予以奖励。奖励由基础绩效奖励（参照支撑岗位人员年度绩效奖励）和超额目标任务绩效奖励组成。完成年度目标任务，给予基础绩效奖励；未完成年度目标任务，按照任务目标的完成比例，给予相应比例的基础绩效奖；超额完成任务，超出部分按超额累进分段式奖励：超过年度目标任务额度≤10%部分、>10%且≤25%部分、>25%且≤50%部分、>50%部分，分别按超出额度的 10%、20%、30%、40%给予奖励。

上述不同部门收入的成本根据实际情况分类核算，以计划财务处核算为准。

第六章　其　他

第十三条　各管理服务部门争取到的奖励性资金，按累进分段式奖励：≤10 万元部分、>10 万元且≤50 万元部分、>50 万元且≤100 万元部分、>100 万元部分，分别按照 40%、10%、5%、

2.5%比例给予奖励。

第十四条　基建项目和改善科研条件项目（原修购项目）奖励：基本建设项目和改善科研条件项目完成任务并通过验收后，分别按国家投资额的0.75%和0.375%给予奖励。

第十五条　编辑部奖励：按照年度收入净结余的20%奖励。

第十六条　文明处室、文明班组、文明职工、安全卫生先进处室奖励：对研究所文明处室、文明班组、文明职工、安全卫生先进处室及年度考核优秀者，给予一次性奖励。标准如下：文明处室3 000元，文明班组1 500元，文明职工400元，安全卫生先进处室2 000元，年度考核优秀200元。

第十七条　先进集体和个人奖励：对获得各级政府和主管部门奖励的集体和个人，给予一次性奖励。集体奖奖励标准为：国家级8 000元，省部级5 000元，院厅级3 000元，县区级500元。个人奖奖励标准为：国家级2 000元，省部级1 000元，院厅级500元，县区级200元。

第十八条　宣传报道奖励：中央领导肯定性批示每件5 000元，正省部级领导肯定性批示每件3 000元，副省部级领导、中国农业科学院院长、院党组书记肯定性批示每件2 000元。中央级主流媒体（参照中央级和省部级主流媒体名录）每篇800元，省部级主流媒体、各省部委官网每篇500元，省部级以下每篇200元。院简报和院政务信息报送、中国农业科学院院网要闻、院报头版、官微、农科专家在线采用稿件，每篇300元；院网、院报其他栏目，每篇200元；研究所中文网、英文网采用稿件每篇50元。以上奖励，署名发表按照100%奖励，投稿或提供素材形成报道但未署名，经确认情况属实者按照80%比例奖励。奖励对象为部门、团队和个人。奖励经费原则上供稿人70%，稿件编辑修改部门30%。以上奖励以最高额度执行，不重复奖励。

第十九条　奖励实施

党办人事处、科技管理与成果转化处、办公室和计划财务处按照本办法对涉及奖励的内容进行统计核对，提请所务会议通过后予以奖励。本办法所指奖励均为税前金额。

第二十条　本办法于2022年1月27日所务会议讨论通过，自2022年1月1日起执行，原《中国农业科学院兰州畜牧与兽药研究所绩效奖励办法》（农科牧药办〔2021〕26号）同时废止。

第二十一条　本办法由党办人事处、科技管理与成果转化处、办公室和计划财务处负责解释。

中国农业科学院兰州畜牧与兽药研究所科研人员岗位业绩考核办法

（农科牧药办〔2022〕13号）

为充分调动科研人员的能动性和创造力，按照引导与分类相结合、定量与定性相结合、投入和产出相结合、静态与动态相结合、创新和转化相结合的工作思路，全面构建科技创新、多出成果、多出人才的考核、评价与激励机制，结合研究所实际，制订本办法。

第一条　全体科研人员的岗位业绩考核以中国农业科学院科技创新团队和所级培育创新团队为单元定量考核，业绩考核与绩效奖励挂钩。

第二条　岗位业绩考核以科研投入为基础，突出科技创新、成果产出和产业支撑。创新团队岗位业绩核定任务量由团队全体成员岗位系数及其团队岗位人员职称任务核定量总和确定。具体计算方法为：

（一）创新团队岗位系数的核定。

团队成员岗位系数参照研究所绩效奖励办法规定确定，以团队年度实际发放数量标准核算，创新团队岗位系数为各成员岗位系数的总和。

（二）创新团队岗位业绩考核内容包括科研立项、科研产出、成果转化、协同创新、人才队伍、科研条件和国际合作等，参照“中国农业科学院兰州畜牧与兽药研究所科研人员岗位业绩考核评价表”（见附件）赋分量化。创新团队各岗位人员取得的各项指标得分总和为团队年度业绩量。

（三）年度单位岗位系数值的确定。

年度单位岗位系数值根据年度总任务量确定。

（四）团队人员职称任务核定量。

研究员每人每年职称任务核定量5.5分，副研究员每人每年职称任务核定量4分，中级职称每人每年职称任务核定量2.5分，其他人员1分。

（五）团队岗位人员个人年度业绩任务量核定。

团队岗位人员个人年度业绩任务量=（岗位系数×年度单位岗位系数值×实际工作月数）+职称任务核定量。

（六）团队年度业绩任务量的核定。

团队年度业绩任务量为团队所有成员岗位人员个人年度业绩任务量总和。

第三条　年初按照岗位系数及其职称核定任务量确定创新团队年度岗位业绩核定任务量。创新团队年度岗位业绩核定任务量超额部分予以绩效奖励数200%的奖励，未完成部分予以绩效奖励数200%的扣除。

第四条　科学研究中的重大科研发现与创新除基础赋分外，额外增加发现与创新附加值予以奖励，发现与创新附加值不重复计入创新团队年度岗位业绩核定任务量。在国际期刊预警名单（中科院文献情报中心上一年度末发布）发表的重大科研发现与创新无附加值，且基础分值赋分为0。

第五条　创新团队年度《科研人员岗位业绩考核评价表》由团队首席组织填报，科技管理与成果转化处核对，党办人事处审核后作为年度岗位绩效奖励的依据。

第六条　团队年度业绩任务量按当年实际在所在岗所有科研人员核算工作量。经研究所批准脱产参加学历教育、公派出国留学、挂职、乡村振兴等人员的岗位业绩考核按照实际工作时间进行核算。

第七条　本办法于 2022 年 1 月 27 日所务会议讨论通过，自 2022 年 1 月 1 日起执行，原《中国农业科学院兰州畜牧与兽药研究所科研人员岗位业绩考核办法》（农科牧药办〔2021〕26 号）同时废止。

第八条　本办法由科技管理与成果转化处、党办人事处负责解释。

中国农业科学院兰州畜牧与兽药研究所科研人员岗位业绩考核评价表

序号	一级指标	二级指标	统计指标	基础分值标准	重大科研发现与创新附加值标准	备注
1	科研立项	科研项目	新增国家重点研发计划、技术创新引导专项（基金）、基地和人才专项，新增国家自然科学基金杰青、优青、重大、重点、创新群体等项目	10		
2			新增国家重点研发计划课题、国家自然科学基金面上项目和国际（地区）合作项目立项资助、国家现代农业产业技术体系岗位科学家	5		
3			新增国家自然科学基金青年基金、国家自然科学基金探索性项目	3		
4			新增主持国际合作项目（5万美元以上）	2		
5			撰写国家自然科学基金申报书并通过审核提交	0.5		
6		科研经费	国家、省部、其他项目（单位：万元）	0.067		
7			经由外方资助的国际合作项目当年留所经费（单位：万元）	0.2		
8			院统筹基本科研业务费与创新工程经费（单位：万元）	0.025		
9	科研产出	获奖成果	国家最高科学技术奖/特等奖	100		
10			国家级自然科学、发明、科技进步一等奖	50		
11			国家级自然科学、发明、科技进步二等奖	30		
12			省科技功臣奖（特等奖/最高奖）	25		
13			省部级自然科学、发明、科技进步一等奖、院科学技术成果奖	16		
14			省部级自然科学、发明、科技进步二等奖、省专利奖一等奖、院成果转化奖	8		
15			省部级自然科学、发明、科技进步三等奖、省专利二等奖	4		
16			省专利三等奖、专利发明人奖	2		
17			获中国专利金奖专利	16		
18			获中国专利银奖专利	8		
19			中国专利优秀奖专利	4		

（续表）

序号	一级指标	二级指标	统计指标	基础分值标准	重大科研发现与创新附加值标准	备注
20	科研产出	认定成果与知识产权	国审农作物、牧草新品种	8		
21			省审农作物、牧草新品种	4		
22			国家级家畜新品种	30		
23			一类新兽药	30		
24			二类新兽药	12		
25			三类新兽药、国家审定遗传资源，	8		
26			四类、五类新兽药	2		
27			国家标准、行业标准、国家标准物质	2		
28			发达国家发明专利	2	10	每在一个国家或地区授权算 1 项，PCT 专利按进入国家或地区的个数翻倍
29		重大科技创新与发现	国内发明专利	2	5	
30			植物新品种权	2		
31			饲料添加剂新产品证书	1		
32			CNS 主刊	30+IF	500	
33			CNS 副刊	10+IF	150	
34			最新中科院 JCR 一区	5+IF	26	
35			最新中科院 JCR 二区	3+IF	13	
36			最新中科院 JCR 三区	1+IF	6	
37			最新中科院 JCR 四区	IF		
38		著作	最新中文核心期刊要目总览（北大），学科排名前 5%	2	2	
39			最新中文核心期刊要目总览（北大），学科排名前 5%~25%	0.6	0.8（不含综述）	
40			所办期刊	0.3	0.3（不含综述）	
41			专著	4		
42			译著	1		
43			编著	0.5		

（续表）

序号	一级指标	二级指标	统计指标	基础分值标准	重大科研发现与创新附加值标准	备注
44		咨询报告和皮书	中央常委级批示	10/5		第一完成单位/非主要完成单位
45			副国级领导批示	6/3		第一完成单位/非主要完成单位
46			省部级批示	3/1.5		第一完成单位/非主要完成单位
47			国家级皮书	6/3		第一完成单位/非主要完成单位
48			省部级皮书	3/1.5		第一完成单位/非主要完成单位
49		重大科研进展报告	在“农科动态”中发布的重大科研进展情况	0.25		
50			在《中国农业科学院专报》中发布的重大科研进展情况	1+2		每篇1分，获得领导批示再附加2分
51			在中央广播电视总台《新闻联播》中进行的宣传报道	10		
52			在人民日报、新华社、中央广播电视总台（除《新闻联播》外其他栏目）进行的宣传报道	3		
53			全国两院院士票选的中国十大科技进展、世界十大科技进展和科技部评选的中国科学十大进展	10		
54			中国农业科学院十大科研进展成果	5		
55	成果转化	成果经济效益	当年留所成果转化、技术咨询/服务纯收入（单位：万元）	0.4		
56			当年留所知识产权转化纯收入（单位：万元）	0.4		
57		科技兴农	主持稳产保供技术集成示范与科技支撑服务专项项目	5/4/3/0		优/良/中/差
58			承担稳产保供技术集成示范与科技支撑服务专项项目	1/0.5/0.3/0		优/良/中/差
59			农业农村部主推技术	2		

（续表）

序号	一级指标	二级指标	统计指标	基础分值标准	重大科研发现与创新附加值标准	备注
60	协同创新	联合攻关重大项目	牵头联合攻关重大任务	3		
61			牵头联合攻关重大任务的子任务	1		
62		创新联盟	牵头标杆联盟/认定的非标杆联盟	3/2		
63			牵头/参与试运行联盟	1/0. 5		
64			参与认定联盟	1		
65		农业基础性长期性科技工作	牵头数据中心和总中心任务	3/1/0		优/良/差
66			参与数据中心任务	1/0. 5/0		优/良/差
67	人才队伍	高层次人才（以较高层次认定赋分，不重复计分）	顶端人才	30		
68			新增领军人才 A	15		
69			新增领军人才 B	10		
70			新增领军人才 C、新增省部级第一层次人才	8		
71			新增青年英才、新增省部级第二层次人才	5		
72		人才培养	博士后出站数（人）	1		
73			博士研究生毕业数（人）	0. 4		
74			硕士研究生毕业数（人）	0. 2		
75	科研条件	科技平台	国家级平台	10/4		新增/评估优秀
76			省部级平台	4/2		新增/评估优秀
77	国际合作	国际合作平台	国内国际合作平台建设	3/2/1		部级/院级/延续
78			海外国际合作平台建设	3/2/1		部省级/院级/延续
79			有实质性进展科技合作协议（研究所与机构间）	1		

（续表）

序号	一级指标	二级指标	统计指标	基础分值标准	重大科研发现与创新附加值标准	备注
80	国际合作	国际会议与能力建设	国内外举办承办国际会议（外宾 50 人以上，30~50 人，10~30 人）	3/2/1		
81			国际培训 10 人以上	1		
82			引进外国专家来所工作累计≥90 天	1		
83		国际影响力	知名国际学术期刊一区 SCI	8/6/3		主编/副主编/编委
84			知名国际学术期刊二区 SCI	5/3/1		主编/副主编/编委
85			知名国际学术期刊三区 SCI	3/2/0. 5		主编/副主编/编委
86			国际机构兼职（院标准）	8/6/3		
87			主持境外国际会议/谈判	1/0. 5		大会/分会
88			重要国际学术会议做主题报告	1/0. 5/0. 1		主题/分会场/墙报
89			落实国家、部委、中国农业科学院与国外签署的合作协议与行动计划	3/2/0. 5		国家/部委/院级
90			组织、牵头或一般性参与全球大科学计划，或当年以成员单位加入全球性或地区性研究组织	5/3/3/2		协定/计划/倡议/公约/委员会/协作网等
91		农业技术产品“走出去”	进行农产品国际贸易，签署销售或代理协议或参与海外投资建厂、建生产线	3		
92			参与农业对外援助、农业资源开发与合作或主持境外政府或企业农业规划	2		

备注：1. 所领导、职能部门正副处长年度工作量按总任务量 50%核算，研究室正副主任年度工作量按照总任务量 95%核算。2. 培育团队年度工作量按总任务量 95%核算。3. 创新团队财务助理核减科研助理二级岗位系数的年度任务量。

说明：1. 科研经费指当年实际留所经费（外拨经费除外），知识产权转化及成果转化收入指获得的当年实际到账收入。2. 中国专利金奖专利、银奖专利、优秀奖专利指国家知识产权局授予。3. 农业农村部主推技术指当年列入农业农村部出版的《农业主推技术》的主推技术，且研究所为第一选育单位或第一技术依托单位；农业部行业司局评选发布的推广技术成果，且研究所为第一选育单位或第一技术依托单位。4. 引进外国专家来所工作：引进外国专家来我所累计工作 90 天（含）以上。5. 知名国际学术期刊或国际机构兼职：知名国际学术期刊兼职指在 SCI 期刊的一、二、三区担任主编、副主编和编委；国际机构兼职指在国际机构（国际性或区域性农业专业领域政府间国际机构或学术性国际机构、国际性协会、联盟、大会等）当年兼任（或连任）主席、理事长、理事、委员、评审组长、咨询专家等职务。6. 主持境外国际会议（谈判）：以大会主席或主持人、分会（谈判）主席或主持人身份参会。7. 重要国际学术会议做主题报告：重要国际学术会议指由科学院、大学、国际学会或同等及以上级别单位作为会议主办方召开的具有行业公认影响力的国际会议，参会人数 100 人以上或参会代表至少来自 10 个国家。8. 落实合作协议与行动计划：指落实国家领导人出访成果，科技部、农业部等有关部委与国外政府签署的协议及有关行动计划，以及中国农业科学院与国外科研机构、国际组织协议相关内容等。9. 组织、牵头或一般性参与全球大科学计划，或当年以成员单位加入全球性或地区性研究组织（协定/计划/倡议/公约/委员会/协作网等）："组织"指组织发起国际性大科学计划，"牵头参与"指代表中国作为主要合作伙伴或核心成员参与国际性大科学计划，"一般性参与"指以非国家牵头人身份参与；国际性大科学计划指由中国、国外或国际组织发起的全球性大科学计划，如我国与英国、美国、澳大利亚等双边农业科技旗舰项目计划；法国政府发起、法国农业科学院（INRA）组织实施的"Meta 计划"；欧盟发起的"地平线 2020（Horizon2020）"以及国际农业研究磋商组织（CGIAR）发起的重大科研计划（CRP）等。

财务与资产管理

中国农业科学院兰州畜牧与兽药研究所会议费管理办法（试行）

（农科牧药办〔2017〕5号）

第一章　总　则

第一条　根据《中央和国家机关会议费管理办法》和《关于进一步完善中央财政科研项目资金管理等政策的若干意见》（中发〔2016〕50号）及《中国农业科学院会议管理办法（试行）》（农科院办〔2016〕237号）文件精神，结合研究所实际，制订本办法。

第二条　所属各部门召开的会议适用本办法。

会议是指研究所因科研、教学需要召开的会议，包括学术会、研讨会、评审会、座谈会、答辩会以及论证、咨询、检查、示范、推广、验收、业务交流等会议。

第三条　各部门召开会议应实行分类管理、严格审批，严格控制会议数量、会议规模、会议定额。

第二章　管理职责

第四条　研究所办公室的主要职责是归口管理以研究所名义举办的各类会议。

第五条　各部门的主要职责：根据会议性质，由相应的部门负责召开，需确定会议数量、会议名称、会议召开理由、主要内容、时间地点、代表人数、工作人员数、所需经费及列支渠道等。

第三章　会议报批及要求

第六条　会议计划报批：每年10月底前，各部门对本年度会议执行情况总结，制订下一年度会议计划。以研究所名义召开的会议，各部门应报所办公室汇总、初审，经所务会议审批后执行；并编入年度预算。

确需召开暂未列入年度会议计划的会议，除应急、救灾外，须经各部门按报批程序批准，达到或超过150人的会议，须报请院批准。

第七条　会期和会议规模

（一）各部门要严格控制政务会议数量、会期、参会人员规模。会期原则上不得超过2天，传达、布置类会议会期不得超过1天，会议报到、离开时间合计不得超过2天。参会人员规模不超过150人，其中工作人员控制在会议代表人数的10%以内。50人以下的小型政务会议的会议报到、离开时间合计不得超过1天。

（二）各类会议要按照实事求是、精简高效、厉行节约的原则，合理确定会议次数、天数、人数。

第八条　会议地点：会议应优先安排单位内部会议室、培训中心、宾馆等场所。因工作需要在单位外召开的，应到会议定点场所召开，按照协议价格结算。不得到与会议内容无关的地点召开会议。不得到党中央、国务院明令禁止开会的风景名胜区召开会议。

无外地代表且会议规模能够在单位内部会议室安排的会议，原则上在单位内部会议室召开，不安排住宿。

第九条　会议通知：召开会议应当办理会议通知，明确会议时间、地点、场所、内容、会议代表范围、人数、有关要求等。

第十条　各部门应充分运用电视电话、网络视频等现代信息技术手段，控制规模，降低会议成本，提高会议效率。

第十一条　会议召开地的代表原则上不安排住宿，但住址与会议地点距离较远、往返时间较长，影响参会质量的可安排住宿。

第四章　会议费开支范围、标准和报销支付

第十二条　会议费开支范围包括会议住宿费、伙食费、会议室租金、交通费、文件印刷费、医药费等。

交通费是指用于会议代表接送站，以及会议统一组织的代表考察等发生的交通支出。会议代表参加会议发生的城市间交通费，按照差旅费管理办法的规定回所在单位报销。

对确因工作需要，邀请国内外专家、学者和有关人员参加会议所发生的城市间交通费、国际旅费、咨询费、讲课费、评审费，可由主办单位在会议费等费用中报销，相关费用不在会议费综合定额内，但须遵照报销标准。

第十三条　会议费开支实行综合定额控制，各项费用之间可以调剂使用。综合定额标准是会议费开支的上限，应在综合定额标准以内结算报销。

会议费综合定额标准为每人每天：住宿费340元、伙食费130元、其他费用80元，合计550元。

参加会议的院士及国内外知名专家（二级或相当二级以上研究员技术职务的专家）达到参会人数三分之一及以上的业务会议，综合定额标准可提高20%。

第十四条　各部门应当严格执行会议费预算管理，控制会议费预算规模。会议费预算要细化到具体项目，执行中不得突破。会议费原则上在部门预算公用经费或项目经费中列支，并单独列示。

第十五条　会议结束后，经办人员应持实际发生的会议相关票据及时办理报销手续。原则上会议费报销应提供会议审批文件、会议通知、会议日程、实际参会人员签到表、会议服务单位提供的费用原始明细单据、电子结算单等凭证。

财务部门要严格审核会议费开支，对未列入年度会议计划或未经批准召开的，以及超范围、超标准开支的经费不予报销。

第十六条　会议费支付，应当严格按照国库集中支付制度和公务卡管理制度的有关规定执行，以银行转账或公务卡方式结算，禁止以现金方式结算。具备条件的，会议费应由财务部门（机构）直接结算。

第五章　会议费公示制度

第十七条　根据各部门上报会议计划，在单位内部进行公示。

第十八条　每年年初，各部门应向会议批准部门报送上年度会议计划执行情况（包括会议名称、主要内容、时间地点、代表人数、工作人员数、经费开支及列支渠道等）。

第六章　监督检查和责任追究

第十九条　办公室、条财处会同有关部门对各部门会议计划执行和会议费管理使用情况进行监督检查。主要包括：

（一）召开会议是否严格执行年度会议计划。

（二）会议会期、规模、地点、场所等是否符合规定。

（三）会议费开支范围和开支标准是否符合规定。

（四）会议费报销和支付是否符合规定。

（五）是否向下属机构、企事业单位或地方转嫁、摊派会议费。

（六）会议费管理和使用的其他情况。

第二十条　进一步改进会风，严格遵从以下规定：

（一）严禁套取会议费设立“小金库”；严禁在会议费中列支公务接待费。

（二）严格执行会议用房标准，不得安排高档套房，会议用房以标准间为主；会议用餐严格控制菜品种类、数量和份量，有条件的须安排自助餐，严格用餐标准。

（三）不得使用会议费购置电脑、复印机、打印机、传真机等固定资产以及开支与本次会议无关的其他费用；不得组织会议代表旅游和与会议无关的参观；严禁组织高消费娱乐、健身活动；严禁以任何名义发放纪念品；不得额外配发洗漱用品。

第二十一条　违反本办法规定，有下列情形之一的，依法依规追究会议举办部门和相关人员的责任。涉嫌违法的，移交司法机关处理。

（一）计划外或未按程序批准召开会议的。

（二）以虚报、冒领手段骗取会议费的。

（三）虚报会议人数、天数等进行报销的。

（四）违规扩大会议费开支范围，擅自提高会议费开支标准的。

（五）违规报销与会议无关费用的。

（六）其他违反本办法行为的。

第七章　附　则

第二十二条　本办法由所办公室和条件建设与财务处负责解释。

第二十三条　本办法自 2017 年 1 月 1 日起实施，此前所发文件与本办法不一致的，以本办法为准。

中国农业科学院兰州畜牧与兽药研究所专家咨询费等报酬费用管理办法（试行）

（农科牧药办〔2017〕3号）

为贯彻《国务院关于改进加强中央财政科研项目和资金管理的若干意见》（国发〔2014〕11号）、《中共中央办公厅、国务院办公厅印发〈关于进一步完善中央财政科研项目资金管理等政策的若干意见〉的通知》（中办发〔2016〕50号）及相关配套制度精神，进一步规范管理研究所专家咨询费、劳务费、讲课费、值班费等报酬费用的发放与领取，依据《农业部办公厅关于印发〈关于进一步规范专家咨询费等报酬费用发放与领取管理的若干规定〉的通知》（农办财〔2016〕17号）和《中国农业科学院关于印发专家咨询费等报酬费用管理办法（试行）的通知》，结合我所实际情况，制订本办法。

第一章 专家咨询费的发放

第一条 所属各部门负责人及职能部门工作人员因履行本人岗位职责而参与本单位咨询性活动的，不得领取专家咨询费；参加本单位科研项目咨询活动领取咨询费的，应由单位主要领导审核，确认与履行本人岗位职责无关。

第二条 国家和地方政府各类科技计划等科研项目（课题）的专家咨询费发放，应依据财政部、科技部或地方主管部门等印发的《民口科技重大专项资金管理暂行办法》《国家自然科学基金项目资助经费管理办法》以及其他相应专项经费管理办法。其他科研项目如果任务书明确且有相应专家咨询费支出预算的，按预算执行。

第三条 研究所科技创新工程的专家咨询费发放应依据《中国农业科学院科技创新工程经费管理办法》和《中国农业科学院科技创新工程专项经费管理实施细则》执行。其他专项经费支持的科研活动，有具体管理办法的，按其规定执行。

第四条 专家咨询费的发放标准按照相应资金渠道的经费管理制度执行。相应资金渠道没有明确规定的，专家咨询费发放按照如下标准执行：

（一）以会议形式组织的咨询活动，专家咨询费标准为高级专业技术职称人员800元/（人·天）、其他专业技术人员500元/（人·天）。会期超过两天的，第三天及以后为高级专业技术职称人员400元/（人·天）、其他专业技术人员300元/（人·天）。单日超过10小时，按1天半，超过13个小时，按2天计算专家咨询费。

（二）以通讯形式组织的咨询活动，专家咨询费标准为高级专业技术职称人员100元/人次、其他专业技术人员80元/人次。

（三）以网评形式组织的咨询，咨询费为400元/人次。

（四）以其他形式组织的咨询活动，参照上述标准执行。院士、全国知名专家的咨询费3 000元/人次，也可参照属地标准执行。

第二章　劳务费的发放

第五条　劳务费不得发放给本单位在职在编职工、没有提供实质性劳务活动的人员、对相关业务负有管理权责的人员，以及因履行本人岗位职责而提供劳务活动的其他工作人员。

第六条　项目聘用人员的劳务费开支标准，参照兰州市科学研究和技术服务业从业人员平均工资水平，根据其在项目研究中承担的工作任务确定，其社会保险补助纳入劳务费科目列支。

第七条　所属各部门在以相对封闭或相对集中的组织管理形式开展的业务工作中，可以向本单位以外的、临时返聘的离退休人员或其他临时聘用人员等发放劳务费。劳务费发放按照如下标准执行：

（一）高级专业技术职务人员中，有工薪收入来源的，工作日 8 小时以内的工作时间一律不得发放劳务费；没有工薪收入来源的或者离退休人员，每个工作日（8 小时内）劳务费标准为 400 元/人；工作日 8 小时以外的工作时间为每小时 75 元/人；休息日为每小时 100 元/人；法定节假日及调休节假日为每小时 150 元/人。

（二）其他专业技术职务人员中，有工薪收入来源的，工作日 8 小时以内的工作时间一律不得发放劳务费；没有工薪收入来源的或者离退休人员，每个工作日（8 小时内）劳务费标准为 350 元/人；工作日 8 小时以外的工作时间为每小时 65 元/人；休息日为每小时 90 元/人；法定节假日及调休节假日为每小时 135 元/人。

（三）在计发工作日 8 小时以外工作时间以及休息日、法定节假日、调休节假日的劳务费时，应当以发放对象在工作日 8 小时以内工作时间处于满负荷、高效率工作状态为前提，明确工作绩效要求，加强过程监督管理。

第八条　所属各部门田间用工等临时劳务用工的开支标准应当结合兰州市劳务市场实际开支水平，以及相关人员参与劳务活动的全时工作时间等因素合理制订。

第九条　本所期刊编辑部聘请专家对著作、期刊投稿论文进行审稿，发生的审稿费等报酬费用，由编辑部根据国家新闻出版广电总局有关规定执行。

第十条　参与科技咨询、横向课题研究的，本单位人员的报酬可纳入绩效工资进行发放；对聘用的本单位以外人员，应与其签订合作合同，明确任务要求和报酬，按合同约定支付相应报酬。

第三章　讲课费的发放

第十一条　邀请外单位专家讲课的，讲课费发放标准按照财政部、中共中央组织部、国家公务员局印发的《中央和国家机关培训费管理办法》（财行〔2013〕523 号）规定标准执行，即：副高级专业技术职务人员每半天最高不超过1 000元；正高级专业技术职务人员每半天最高不超过2 000元；院士、全国知名专家每半天一般不超过3 000元。其他人员讲课参照上述标准执行。

第十二条　邀请的外国专家来华短期（单次来华 90 天以下）工作、讲学、执行战略咨询任务，按以下标准执行：

（一）外国专家来华短期工作，补贴费按其实际工作天数发放，最长不超过专家每次入境日起至出境日止的天数，按1 000元/天标准执行。

（二）外国专家来华进行授课、讲座所支付的报酬，标准为一次性活动不超过3 000元。

（三）外国专家来华执行战略咨询任务，其专家咨询费的发放标准为一次性任务不超过6 000元。

第四章 值班费的发放

第十三条 值班费是指在正常工作时间之外，所属各部门按照中国农业科学院相关要求以及我所值班管理制度，安排专人在各部门办公场所负责政务、机要和应急值班等事务，在不能安排补休的情况下向其支付的报酬费用。不需在办公场所在岗值守，仅以保持通信畅通等形式履行值班职责的，不得发放值班费。值班费发放必须符合国家津补贴相关规定和审批程序，值班费发放标准按照日工资的200%发放。

第五章 发放管理

第十四条 专家咨询费、劳务费等报酬的发放标准，均为税后标准，在发放时依法代扣代缴个人所得税。

第十五条 发放专家咨询费等报酬费用，在具备支付条件的情况下，原则上应当通过领取人的银行卡发放。

第十六条 经办人员在报销专家咨询费等报酬费用时，按要求填写发放明细表，如实填写经费来源、支付事由、领取人姓名、所在单位、联系电话、职务职称、身份证号、银行卡号、发放金额等必要信息，并由领取人本人签名确认后办理审批手续。咨询、劳务的工作内容和时间要翔实填写。发放劳务费除提供以上明细表外，需提供劳务协议（合同)、领取人身份证复印件。

第十七条 所属各部门处级以上领导干部依据本办法领取报酬费用的，应当严格执行领导干部个人报告制度。

第十八条 所属各部门违规发放或所属各部门工作人员违规领取报酬费用，应予责令退回，并视情节轻重对有关责任人给予批评教育、问责、组织处理、纪律处分。

第十九条 本规定未尽事宜或与国家及上级部门相关规定不符的，按其规定。所属各部门专家咨询费、劳务费等报酬费用的发放范围和标准应符合国家相关政策规定。各项目资金有明确管理规定的，按照相应规定执行；没有明确规定的，按本办法执行。

第二十条 本办法中涉及专家咨询费（除外国专家）等报酬费用的发放范围，以及工资性收入的规范管理事项由党办人事处负责解释；涉及发放标准（除外国专家）及财务规范由条件建设与财务处负责

第二十二条 本办法自印发之日起施行。

中国农业科学院兰州畜牧与兽药研究所因公临时出国（境）经费管理实施细则

（农科牧药办〔2017〕5号）

第一章　总　则

第一条　为加强研究所因公临时出国（境）管理，根据《中国农业科学院因公临时出国（境）经费实施细则》（农科院国合〔2016〕281号）和《中国农业科学院兰州畜牧与兽药研究所因公临时出国（境）管理办法》（农科牧药办〔2016〕49号）等文件精神，结合研究所实际，特制订本细则。

第二条　本细则适用于研究所因公临时出国人员。

第三条　因公临时出国（境）经费是指因公临时出国人员所发生的国际旅费、国外城市间交通费、住宿费、伙食费、公杂费及其他费用。

第四条　因公临时出国（境）经费标准执行外交部、财政部分不同国家和地区制订的国际差旅费标准（见附件）。各部门及团队应严格执行各项经费开支标准，不得擅自突破。

第二章　经费管理原则

第五条　研究所因公临时出国（境）经费应全部纳入预算管理，建立健全因公临时出国预算管理、计划管理和审批制度。

（一）研究所科技管理处、条件建设与财务处根据各类项目、经费来源的要求，制订年度因公出国（境）团组计划和出国（境）经费使用计划。

（二）因公临时出国（境）经费实行预算管理，因公临时出国（境）经费必须先行审核。因公临时出国（境）应事先填报《因公临时出国任务和预算审批意见表》，由科技处和条财处分别出具审签意见。对无出国（境）经费预算安排的团组，一律不得出具经费审核意见。

（三）加强对因公临时出国（境）团组的经费报销管理，严格按照批准的团组人员、天数、路线、经费计划及开支标准核销，不得核销与出访任务无关和计划外的开支，不得核销虚假费用单据。

第三章　国际旅费与城市间交通费

第六条　国际旅费是指出境口岸至入境口岸旅费；国外城市间交通费是指为完成工作任务所必须发生的、在出访国家的城市与城市之间发生的交通费用。

第七条　国际旅费按照下列规定执行：

出国人员应当按规定等级乘坐交通工具。正所（局）级人员及二级及以上正高级研究员可以乘坐飞机公务舱、轮船二等舱、火车软卧或全列软席列车的一等座；其他人员正高级研究人员可以乘坐飞机经济舱、轮船二等舱、火车软卧或全列软席列车的一等座；其他人员均乘坐飞机经济舱、轮船三等舱、火车硬卧或全列软席列车的二等座。所乘交通工具舱位等级划分与以上不一致的，可乘坐同等水平的舱位。所乘交通工具未设置上述规定中本级别人员可乘坐舱位等级的，应乘坐低一等级舱位。上述人员发生的国际旅费据实报销。

第八条　出国人员应当优先选择由我国航空公司运营的国际航线，由于航班衔接等原因确需选择外国航空公司航线的，应事先填写《乘坐非国内航空公司航班改变中转地审批表》，提请所领导批准后方可执行。

第九条　出国人员乘坐国际列车，国内段按研究所国内差旅费的有关规定执行；国外段超过6小时以上的按自然（日历）天数计算，每人每天补助12美元。

第十条　根据出国（境）任务需要在一个国家城市间往来的，应事先在《中国农业科学院出国申报单》出访日程中列明，按规定审批程序批准。未经批准的，不得在国外城市间往来。出国人员旅程须按照计划执行，购买往返联程机票时应尽量将城市间往来包含在飞行行程中，城市间交通费凭有效原始票据据实报销。

第四章　住宿费

第十一条　住宿费是指出国人员在国（境）外发生的住宿费用。因公出国住宿费按照下列规定执行：

（一）出国人员应严格按照规定安排住宿，研究所出国人员一律在国家规定的住宿费标准内按实际住宿天数予以报销。

（二）参加国际会议等的出国人员，原则上应当按照住宿费标准执行。如对方组织单位指定或推荐酒店，应当严格把关，通过询价方式从紧安排，超出费用标准的，须事先报经所领导批准备案后，住宿费方可据实报销。

第五章　伙食费和公杂费

第十二条　伙食费是指出国人员在国外期间的日常伙食费用。公杂费是指出国人员在国外期间的市内交通、邮电、办公用品、必要的小费等费用。

第十三条　出国人员伙食费、公杂费可以按规定的标准发给个人包干使用。包干天数按离、抵我国国境之日计算。根据工作需要和特点，不宜个人包干的出访团组，其伙食费和公杂费由出访团组统一掌握，包干使用。

出访团组或出国人员被外方以现金或实物形式提供伙食费和公杂费方式接待，不再领取伙食费和公杂费。

第十四条　伙食费和公杂费按照外交部、财政部分不同国家和地区制订的标准执行（见附件）。对与我新建交或未建交国家，相关经费开支标准暂按照经济水平相近的邻国标准参照执行。

第六章　其他费用

第十五条　其他费用主要是指出国宴请费、礼品费、出国签证费用、必需的保险费用、防疫费用、国际会议注册费用等。

第十六条　出访团组对外原则上不搞宴请，确需宴请的，应连同出国计划一并报批，宴请标准按照所在国家一人一天的伙食费标准掌握，凭有效票据在标准内据实报销。

出访团组与我国驻外使领馆等外交机构和其他中资机构、企业之间一律不得用公款相互宴请。

第十七条　出访团组在国外期间，收受礼品应当严格按有关规定执行。原则上不对外赠送礼品，确有必要赠送的，应当事先报所领导批准。报批时应明确赠送礼品的数量、受赠者的姓名、职务及所属组织。对外赠礼，以赠礼方或受礼方级别较高一方的级别确定赠礼标准。赠礼方或受礼方为正、副部长级别人员的，每人次礼品不得超过 400 元人民币；赠礼方或受礼方为司局级人员的，每人次礼品不得超过 200 元人民币；其他人员，可视情况赠送小纪念品每人次不得超过 150 元。礼品应当尽量选择具有中国特色传统工艺品或能够宣传研究所科技成果特色的纪念品。

出访团组与我国驻外使领馆等外交机构和其他中资机构、企业之间一律不得以任何名义、任何方式互赠礼品或纪念品。

第十八条　出国人员的护照办理费用、出国签证费用、防疫费用、国际会议注册费用等，凭有效原始票据据实报销。必需的保险费用根据到访国要求，出国人员必须购买保险的，应当按照有关程序规定事先报批后，按照到访国驻华使领馆要求购买，凭有效原始票据据实报销。

第七章　领汇与费用核销

第十九条　出访团组需在填报《中国农业科学院出国申报单》的同时，填写《因公临时出国任务和预算审批意见表》，提交科技处和条财处审核，经所领导批准后，连同《因公临时出国任务和预算审批意见表》《临时出国代表团外汇开支预算表》（三联表）、出国任务批件复印件到条财处办理领汇手续。

第二十条　出国人员应当严格按规定开支国际差旅费，费用由预算项目承担，不得转嫁支付。

第二十一条　出国人员应在回国后 15 个工作日内到条财处一次性核销全部出国费用。核销费用时需提供以下材料：

（一）填写完整并经团长签字确认的《国外开支分项记录表》及国外生活费领款单。

（二）出国团组成员的护照复印件（包括基本信息页、我国和到访国出入境记录）。

（三）出国任务批件、《临时出国代表团组外汇开支预算表》《预算内非贸易非经营性用汇申请书》（底单）、《临时出国用汇核销表》《预算内非贸易非经营性退汇申请书》（底单）；机票订单（政府采购票由“信天游”网站验真、非政府采购票需提供《乘坐非国内航空公司航班和改变中转地审批表》）、住宿费、城市间交通费、护照签证费用、国外保险费用、宴请费、礼品费、防疫费用、国际会议注册费用等有效原始票据。

（四）国外原始票据须用中文注明开支内容、日期、数量、金额等，并由经办人签字。

第二十二条　研究所应严格按照批准的出国团组人员、天数、路线、经费预算及开支标准核销经费，不得报销与出访任务无关的开支。

第八章　监督问责

第二十三条　除涉密内容和事项外，因公临时出国（境）经费的预决算应当按照预决算信息公开的有关规定，及时公开，主动接受群众监督。

第二十四条　研究所应当定期或不定期对因公临时出国（境）经费管理使用情况进行监督

检查。

第二十五条　研究所应当采取集中形式，对团组全体人员进行行前财经纪律教育。对出国人员违反本细则规定，有下列行为之一的，除相关开支一律不予报销外，按照《财政违法行为处罚处分条例》等有关规定严肃处理，并追究有关人员责任：

（一）违规扩大出国经费开支范围。

（二）擅自提高经费开支标准。

（三）虚报团组级别、人数、国家数、天数等，套取出国（境）经费。

（四）使用虚假发票报销出国费用。

（五）其他违反本细则的行为。

第九章　附　则

第二十六条　本细则自印发之日起施行，由科技管理处和条件建设与财务处负责解释。

中国农业科学院兰州畜牧与兽药研究所科研项目结转和结余资金管理办法

（农科牧药办〔2017〕55号）

为规范研究所科研项目结转和结余资金管理，优化财政资源配置，提高资金使用效益，根据《中共中央办公厅、国务院办公厅关于进一步完善中央财政科研项目资金管理等政策的若干意见》（中办发〔2016〕50号）、《国家重点研发计划资金管理办法》（财科教〔2016〕113号）、《关于进一步做好中央财政科研项目资金管理等政策贯彻落实工作的通知》（财科教〔2017〕6号）及《中国农业科学院关于印发科研项目经费预算调剂 间接费用 结转和结余资金等三个管理办法的通知》（农科院科〔2017〕62号）等文件精神，结合研究所科研工作实际，制定本办法。

第一条　本办法适用于中央、地方财政科技计划（专项、基金等）中实行公开竞争方式的科研类项目，包括研究所主持或参与的项目。

第二条　结转资金是指预算未全部执行或未执行，下年需按原用途继续使用的预算资金。结余资金是指项目实施周期已结束、项目目标完成或项目提前终止，尚未列支的项目支出预算资金；因项目实施计划调整，不需要继续支出的预算资金。

第三条　研究所是项目经费结转和结余资金统筹管理的主体。

第四条　项目实施期间，年度剩余资金可结转下一年度继续使用。

第五条　项目完成任务目标并通过验收的，自验收结论下达后结余资金留归项目承担单位使用，在2年内由项目承担单位统筹安排用于科研活动的直接支出；2年后（自验收结论下达后次年的1月1日起计算）结余资金未使用完的，按规定原渠道收回。

研究所加强对结余资金统筹管理，提高科研项目资金使用效益，激发科研人员创新创造活力。

第六条　因科研项目或课题撤销或终止等原因形成的结余资金，按相关规定执行。

第七条　研究所统筹使用的结余资金，应严格执行国家有关财经法规、制度的规定，可用于与该项目相关的后续研究支出；作为新立项目的配套资金用于相关科研活动支出；承担单位人才培养、团队建设、学术交流、国际合作等所需的科研活动支出。

第八条　要加强对科研项目结余资金使用情况的监督检查，在开展科研经费专项审计或检查时，应将科研项目结余资金使用的合规性列入监管范围。

第九条　本办法由条件建设与财务处、科技管理处负责解释。

第十条　本办法自2017年8月10日所务会讨论通过之日起施行。

中国农业科学院兰州畜牧与兽药研究所
科研财务助理管理办法

（农科牧药办〔2017〕59号）

第一章　总　则

第一条　为贯彻落实中共中央办公厅国务院办公厅《关于进一步完善中央财政科研项目资金管理等政策的若干意见》（中办发〔2016〕50号）及《中国农业科学院科研财务助理管理办法（试行）的通知》（农科院财〔2016〕267号）精神，促进研究所科研项目顺利实施，提高资金使用效率，规范资金使用管理，保障资金使用安全和科研工作有序开展，加强财务与科研工作的有效衔接，加快推进研究所科技创新团队或项目组建立科研财务助理制度，特制定本办法。

第二条　科研财务助理是指为保证科技创新团队或项目组做好科研项目管理和科研经费使用等管理工作而配备的专（兼）职人员，旨在让科研人员潜心从事科学研究。

第三条　研究所根据本单位科技事业发展的实际需求，坚持遵循规律、灵活多样和协调建设的原则，建立健全科研财务助理管理制度。

第四条　科研财务助理在科研团队中兼具科研管理与财务管理双重职能，既要协助团队负责人加强团队预算管理，又要做好科研服务工作，充分发挥在科技创新工作中的桥梁纽带作用。

第二章　条件与职责

第五条　科研财务助理可以由研究所在编人员担任，也可以由编制外聘用人员担任。基于强化内部控制、资金安全和人员稳定的要求，原则上以在编科研人员兼任为主。规模大、任务多的团队，可以项目组为单元设置科研财务助理，规模小的团队也可以采取联合的方式设置科研财务助理。

第六条　科研财务助理的任职条件

（一）具有较强的责任意识、服务意识和团队合作意识。

（二）了解科技财务政策规章，熟悉科研团队运行情况。

（三）原则上应有本科及以上文化程度，具有较强的学习能力和一定的管理能力，能够熟练应用日常办公软件。

（四）兼职人员要有足够的时间和精力承担上述职责任务。

第七条　科研财务助理的职责任务

（一）协助团队首席完善团队经费管理规定，落实科研项目资金管理要求，调配资金预算，规范资金支出。具体做好相关科技和财务制度学习，提高制度执行力；协助做好团队内部各类经费的预决算编制、预算执行、决算审计和项目验收等工作；按制度要求负责本团队的相关经费审核和报销；落实本团队政府采购计划与预算的编制申报工作；负责本团队的资产管理；做好预算执行中相关财务制度的宣传贯彻；做好与本单位财务和相关部门的沟通和有关事项的落实工作；履行科研经费监管职责，落实好科研经费使用管理的信息公开和内控规范的制度要求。

（二）协助团队首席做好科研项目实施过程中的辅助工作。包括：团队实验室仪器设备、化学试剂采购维护及安全管理等工作；协助撰写科研项目申请书或结题报告等材料；做好团队档案管理及相关信息收集、传播等工作。

第三章　实施要求

第八条　研究所领导和团队首席要高度重视此项工作，加强组织领导，合理调整配置人员。科研财务助理的选配和调整需本团队及研究所科研、财务、人事、纪检监察等管理部门共同参与确定，研究所相关管理部门应对科研财务助理人选提出审核意见。

第九条　各科技创新团队或项目组要按照科研财务助理的职能定位、职责任务和任职条件的要求，按照人岗匹配的原则，选派、招聘符合条件并能够相对稳定工作人员担任科研财务助理。优先选聘科研团队内部具有科研专业背景和热心支撑服务工作的人员。由编制外聘用人员担任科研财务助理的，一般应执行合同制管理。每年年底研究所应将科研财务助理人员信息及变动情况报院财务局和院科技局备案。

第十条　研究所要接受院科技局和院财务局对科研财务助理的宏观指导和政策培训，定期进行有关科技政策、项目管理等政策规章的宣传与培训。

第十一条　条件建设与财务处和科技管理处负责与科研财务助理的协调联系工作，推动科研财务管理有关政策的落实，有效衔接相关工作。加强对科研财务助理在贯彻落实国家科技、财政政策和院所相关规章制度的指导，组织研究所科研财务助理完成科技创新团队或项目组项目申报、经费预决算编制、资产管理、政府采购和实验室管理等相关工作。

第十二条　科技创新团队或项目组要加强对科研财务助理的锻炼和培养，使其熟悉并掌握本团队或项目组的科研活动情况，提高科研项目预算申报、计划执行和风险管控的专业化水平，保障科研工作合理、合规开展，科研经费高效、规范、安全使用，促进科技创新与财务管理的有机结合。科技创新团队或项目组应保证科研财务助理人员相对稳定，对于岗位调整和人员变化，要做好人员和工作的有序衔接。

第十三条　对在编兼职履行科研财务助理职责的人员，研究所在绩效考核时，应充分体现其承担的兼职工作；对编制外聘用人员担任科研财务助理，特别是对工作能力较强、较好履行职责、工作时间较长的人员，应充分考虑其岗位的特殊性，合理确定其薪资标准。科研财务助理所需费用可根据情况通过科研项目资金等渠道解决，以稳定留住人员。

第十四条　研究所应当建立健全符合科研财务助理特点的考核评价机制，激励科研财务助理安心岗位工作。对于岗位职责履行到位、业绩突出的人员，应给予相应的奖励，以稳定科研财务助理队伍，保证科研财务助理队伍健康发展。

第四章　附　则

第十五条　本办法如与上级部门管理办法或规定不一致，按上级办法或规定执行。

第十六条　本办法自 2017 年 8 月 10 日所务会讨论通过之日起施行，由条件建设与财务处和科技管理处负责解释。

中国农业科学院兰州畜牧与兽药研究所
科研项目经费预算调剂管理办法

（农科牧药办〔2017〕55号）

为保障研究所科技创新事业健康发展，激发科技创新活力，推动建立符合科研规律、规范高效、监管有力、放管结合的科研经费管理机制。根据《财政部、科技部关于调整国家科技计划和公益性行业科研专项经费管理办法若干规定的通知》（财教〔2016〕434号）、《国务院关于改进加强中央财政科研项目和资金管理的若干意见》（国发〔2014〕11号）、《中共中央办公厅、国务院办公厅关于进一步完善中央财政科研项目资金管理等政策的若干意见》（中办发〔2016〕50号）及《中国农业科学院关于印发科研项目经费预算调剂 间接费用 结转和结余资金等三个管理办法的通知》（农科院科〔2017〕62号）等文件精神，结合研究所科研工作实际，制定本办法。

第一条　本办法适用于中央、地方财政科技计划（专项、基金等）中实行公开竞争方式的科研类项目，包括研究所主持或参与的项目。

第二条　项目总预算或承担单位调整，按项目批准程序报财政部项目主管部门批准。项目总预算不变，项目合作单位之间以及增加或减少项目合作单位的预算调剂，按项目批准程序报项目主管部门批准。

第三条　项目总预算不变的情况下，项目预算科目间的调剂应当报项目承担单位批准。合作单位提出的调剂事项，须经项目负责人审核同意。

1. 直接费用中材料费、测试化验加工费、燃料动力费、出版/文献/信息传播/知识产权事务费及其他支出预算如需调剂，由项目负责人或项目合作单位根据实施过程中科研活动的实际需要提出申请，由项目承担单位审批。

2. 直接费用中劳务费、专家咨询费、设备费支出预算一般不予调增，如需调减，则由项目负责人或项目合作单位根据实施过程中科研活动的实际需要提出申请，由项目承担单位审批。

3. 直接费用中差旅费、会议费、国际合作交流费等三个预算编制科目合并，合并后的支出预算由科研人员按规定统筹安排使用，不得突破预算总额。如需调减，则由项目负责人或项目合作单位根据实施过程中科研活动的实际需要提出申请，由项目承担单位审批。

4. 间接费用预算一般不予调整。

第四条　研究所是项目经费使用和管理的责任主体，应完善内部控制和监督检查机制，严格执行项目预算调剂审批程序，并对预算调剂情况在单位内部公开。

第五条　科研项目经费预算调剂的审批程序，调剂频次和审批时限。

调剂原则：要调剂某一项（调大、调小）预算时要同时对应调剂其他某一项（调小、调大）预算，所有预算调剂不得突破预算总额度。

预算调剂程序：由课题负责人填写预算调剂申请表，项目主持人（或首席）报科技管理处、条财处审核。

调剂频次和审批时限：预算调剂每年不超过2次，每年9月底以前完成。

第六条　要加强对科研项目经费预算调剂的监督检查，在开展科研经费专项审计或检查时，应将科研项目经费预算调剂的合规性列入监管范围。

第七条　本办法由条件建设与财务处、科技管理处负责解释。

第八条　本办法自 2017 年 8 月 10 日所务会讨论通过之日起施行。

附件 1

项目经费预算调剂申请表

编号：

项目名称		项目编号	
项目类型	□公开竞争类 □稳定支持类	项目来源	
承担单位		执行期限	
调整内容及理由			
项目主持人意见	签章 年 月 日		
科技管理部门意见	签章 年 月 日		
条财处意见	签章 年 月 日		
研究所意见	签章 年 月 日		

附件 2

项目经费预算调剂对照表

预算科目	调剂前预算 （万元）	调剂后预算 （万元）	调整额度 （万元）
一、直接经费			
1. 设备费			
2. 专用材料费			
3. 测试化验加工费			
4. 燃料动力费			
5. 差旅费			
6. 会议费			
7. 国际合作交流费			
8. 出版/文献/信息			
9. 劳务费			
10. 专家咨询费			
11. 其他支出			
二、间接经费	—	—	—

注：调整额度中正数为经费调整，负数为调减。“—”为不可调整项。

中国农业科学院兰州畜牧与兽药研究所内部控制基本制度

（农科牧药办〔2018〕61号）

第一章　总　则

第一条　为保障研究所科技创新事业健康发展，发挥好内部控制制度体系在现代院所建设中的重要支撑作用，有效防控廉政风险及财务风险，根据《行政事业单位内部控制规范（试行）》（财会〔2012〕21号）和《财政部关于全面推进行政事业单位内部控制建设的指导意见》（财会〔2015〕24号）等有关规定，结合我所实际，制定本制度。

第二条　本制度所称内部控制是指研究所为实现控制目标，将所有经济活动按业务流程进行风险评估和分析，制定、完善和有效实施一系列管理制度和管控措施，对经济活动风险进行防范和控制。

第三条　本制度适用于中国农业科学院兰州畜牧与兽药研究所。

第四条　内部控制目标主要包括：通过制定权责一致、制衡有效、运行顺畅、管理科学的内部控制体系，规范单位内部经济和业务活动，强化内部权力运行制约，保证单位经济活动合法合规、科研经费使用高效、资产安全和保值增值、财务信息真实完整，防范舞弊和预防腐败，提高单位内部治理水平，促进我所现代农业科研究所建设。

第五条　建立与实施内部控制，应当遵循以下原则：

（一）全面性原则。内部控制贯穿单位经济活动的决策、执行和监督全过程，覆盖单位所有岗位和人员，实现对经济活动的全面控制。

（二）重要性原则。在全面控制的基础上，内部控制应当关注单位重要经济活动和经济活动的重大风险。

（三）制衡性原则。按照分事行权、分岗设权、分级授权的要求，内部控制应当在单位内部的部门管理、职责分工、业务流程等方面形成相互制约和相互监督。

（四）适应性原则。内部控制应当符合国家有关规定和单位的实际情况，并随着外部环境的变化、单位经济活动的调整及管理要求的提高，不断改进和完善。

（五）有效性原则。内部控制应当保障单位内部权力规范有序、科学高效运行，实现单位内部控制目标。

第六条　所内部控制制度体系包括：

（一）指导全所内部控制建设的基本制度，即本制度。

（二）根据本制度和研究所工作特点，重点针对财务预决算、收支业务、科研项目管理、建设项目管理、采购管理、资产管理、“三公经费”支出、会议培训支出、合同管理等经济活动风险，进行识别、评估、分级（分重大风险和一般风险两级）、应对、监测和报告全过程管理，制定的专项管理办法。

（三）根据国家有关规定、本制度和专项管理办法，在查找研究所经济活动风险并定级、完善工作流程、界定各环节各岗位责任基础上，制定研究所内部控制规程。

第二章 内部控制方法

第七条 不相容岗位（职责）分离控制。不相容岗位（职责）是指如果由一个人担任，既可能发生且又可能掩盖错误和舞弊行为的岗位。

（一）各部门应全面系统分析、梳理经济活动中所涉及的不相容岗位，合理设置内部控制关键岗位，实施相应的分离措施，明确划分职责权限，形成相互制约、相互监督的工作机制。

（二）实行清晰的决策、执行、监督机构或岗位设置，对各机构与岗位依职定岗，分岗设权，建立和实施相对独立的报告制度，体现权责明确、相互制约的原则。

（三）关键岗位应明确资格条件，建立人员 A/B 角制度，实行定期轮岗制度；不具备轮岗条件的岗位采用专项审计等控制措施。

第八条 内部授权控制

（一）建立与单位职能、业务活动相适应的内部授权管理体系，明确各岗位办理业务的权限范围、审批程序和相关责任。各岗位人员应当在授权范围内开展工作。

（二）执行“三重一大”事项集体决策制度和内部授权管理制度。

第九条 规范流程控制。通过梳理规范各类经济活动业务流程，将内控管理贯穿于业务流程全过程，对流程执行进行监督、评价和优化，构建业务过程控制自我完善机制。

第十条 归口管理。根据研究所实际情况，优化内设机构，科学配置职能，构建权责一致、协调配合、运转高效的职能体系，对经济活动实行统一管理，强化责任落实。

第十一条 预算全过程控制。强化对经济活动的预算约束，重点加强预算编制、执行、监督的流程分级、制度建设和模块化管理，使预算管理贯穿于单位经济活动全过程。

第十二条 财务审核把关控制。财务部门依据国家及研究所有关规章制度，对经济活动支出事项及财务资料进行审核把关，强化对经济活动的财务控制能力。

第十三条 科研财务助理制度。设立科研团队财务助理，协助团队负责人做好科研经费管理工作，强化团队内部经费使用制约监督，提高科研经费管理效率。

第十四条 资产安全保护控制。建立资产日常管理制度和定期清查机制，采取资产记录、实物保管、定期盘点、账实核对等措施，确保资产安全完整。

第十五条 信息系统管理控制。将内部控制管控措施嵌入信息化管理系统，借助信息化手段实现组织架构、业务流程及岗位职责的固化管理，最大程度减少人为操纵因素。

第十六条 信息公开制度。建立健全经济活动信息内部公开制度，根据国家有关规定和单位实际情况，合理确定信息内部公开内容、范围、方式和程序，强化对单位经济活动的监督。

第十七条 内部审计监督。建立健全内部审计制度，发挥内部审计监督作用，运用系统、规范的方法，审查经济活动的合法合规性，评价内部控制的有效性。

第三章 内部控制主要内容

第一节 财务预决算内部控制

第十八条 加强预算工作领导。在单位负责人领导下，建立由财务部门牵头，科管、人事、资产、政府采购管理等部门参与的预算编制协调机制，明确职责，强化全口径预算管理。

第十九条　规范预算编制流程。结合事业发展需要，采取“自下而上”方式进行预算编制。年度预算应由单位领导班子集体决策，确保预算编制程序规范、方法科学、内容完整、数据详实。项目预算应经评审通过后列入部门预算项目库管理。

第二十条　年度预算批复后，各单位应当按照事权与财权一致的原则，进行预算指标分解，细化年度预算支出方案。

第二十一条　强化预算刚性约束。建立健全预算支出责任制度，明确支出内部审批权限、程序、责任和相关控制措施。加强预算执行动态监控，实行预算安排与进度挂钩制度，确保预算执行高效与安全。

第二十二条　严格预算调整管理程序。预算一经批准，一般不得擅自调整。对确需调整的预算事项，应当按照规定程序办理。

第二十三条　财务决算应当按照国家财务会计制度和上级部门规定编制，做到财务决算账表一致、数据真实、完整准确，由单位领导班子集体审议通过。以创新工程等重点项目为对象，逐步实施财政拨款项目绩效评价机制。

第二十四条　年度财务预决算应在一定范围内，以适当方式实行信息公开。

第二节　收支业务内部控制

第二十五条　组织收入必须遵守国家政策规定，各项收入应当全部纳入单位预算，由财务部门统一管理与核算。严禁设立小金库，严禁设立账外账，严禁公款私存。

第二十六条　各项支出应当全部纳入单位预算。按照国家有关规定，建立健全支出内部管理制度，确定研究所经济活动的各项支出标准。按照支出业务类型，明确支出部门、职能部门、单位领导等各关键岗位的职责权限，确保各类支出的真实性、合规性。

第二十七条　严格执行现金管理规定。凡属公务卡强制结算目录规定的支出，应当使用公务卡结算。对设备费、大宗材料费和测试化验加工费、劳务费、专家咨询费等支出，一般应当通过银行转账结算。

第二十八条　建立健全货币资金管理岗位责任制。按照不相容岗位相互分离原则，合理设置岗位，不得由一人办理货币资金业务的全过程。

第二十九条　严格大额收支管理。收支规模达到一定金额的事项，应当根据业务性质签订合同，作为财务收支管理的依据。大额支出事项应由领导班子集体决策。

第三十条　加强各类票据管理与审核，确保票据来源合法、内容真实、使用正确。不得违反规定转让、出借、代开、虚开票据，不得擅自扩大票据适用范围，不得使用虚假票据。

第三节　建设项目管理内部控制

第三十一条　建立健全建设项目管理制度。严格执行国家有关规定，坚持“谁建设、谁负责”原则，落实法人责任制、招投标制、工程监理制和合同制等管理制度，规范项目全过程管理。

第三十二条　加强项目规划与申报管理。结合研究所事业发展需要，充分论证、科学编制项目建设规划，建立项目储备库。项目规划与申请立项应由研究所领导班子集体研究决定。

第三十三条　规范项目招投标管理。完善招投标工作流程，明确建设、纪检、财务等部门职责，重点审查工程标段划分、设备标分包以及招标文件商务标和技术标的公平性、公正性、合理性，评标办法的公正性，合同专用条款的风险性，工程量清单和招标控制价的准确性，防止肢解工程规避招标、量身定制排斥潜在投标人等行为。建立工程量清单和招标控制价复核与纠错机制，避免清单错漏、工程量不准确、特征描述错误造成的造价失真、不平衡报价、投资失控、结算纠纷等风险。

第三十四条　项目的勘察、设计、招标代理、施工、监理、仪器设备采购等活动应当依法依规订立合同，采用规范的合同文本。加强合同文本的审查，防止合同中擅自改变招标和投标文件实质性内容。

第三十五条　加强项目概算投资控制。严格项目投资变更决策程序，规范工程变更决策与签证流程，重大变更事项应组织专家论证，然后履行单位内部决策程序，并按规定报上级部门批准。

第三十六条　规范项目资金管理。项目资金应当按照下达的投资计划和预算专款专用，严禁截留、挪用和超批复内容使用资金。财务部门应当加强与项目实施部门的沟通，严格价款支付审核。

第三十七条　完善工程结算审核制度。工程结算审核应由单位审计监督部门委托有资质的社会中介机构进行。项目实施部门应当严格审查施工单位送审资料的真实性和完整性，协助做好工程结算审核工作。

第三十八条　规范项目竣工财务决算。财务部门应当及时清理项目账务与资金结算情况，按规定编制项目竣工财务决算。单位审计监督部门委托有资质的社会中介机构进行财务决算审计，出具审计报告。

第三十九条　加强项目竣工验收与交付管理。项目完成后，项目实施部门应及时组织竣工验收和项目初验，向上级部门申请项目验收。通过验收的项目，项目实施部门应按规定及时办理资产交付使用手续。

第四十条　加强项目档案管理。做好项目前期阶段相关材料的收集、整理、分类、归档工作，实施、验收确保资料完整。项目验收后应及时移交档案管理部门。

第四节　采购管理内部控制

第四十一条　建立健全采购内部管理制度。明确单位采购管理、监督、实施、使用、验收等部门职责权限，形成相互协调、相互制约的工作机制。

第四十二条　加强采购预算与计划管理。建立预算编制、资产管理、采购管理等部门的沟通协调机制，科学编报年度采购预算与采购计划。未经批准，不得无预算、无计划采购。

第四十三条　规范采购方式管理。根据采购内容、金额等合理确定采购方式，严格履行审核审批程序。不得将采购内容化整为零，规避政府采购。

第四十四条　加强试剂耗材采购管理。以院网线上采购平台建设为基础，实行试剂耗材线上采购，实现采购过程的公开、透明与市场充分竞争。确需线下采购的，应严格执行研究所审核审批制度。

第四十五条　强化采购文件审核把关责任。重点审查采购标项划分与相关技术指标的合理性、评标办法的公正性、付款方式的合规性，防止舞弊行为，确保采购工作规范、高效。

第四十六条　加强采购验收管理。管理部门、使用部门派专人负责采购验收工作，建立健全物资出入库台账和领用登记制度。危险化学品严格按照国家有关规定实施采购与管理。

第五节 资产管理内部控制

第四十七条 建立健全国有资产管理制度。国有资产包括流动资产、固定资产、无形资产和对外投资等。各部门应当加强国有资产的综合管理，确保国有资产安全完整，实现国有资产保值增值。

第四十八条 加强资产配置管理。建立资产配置计划申报与审核审批制度，严格实行配置条件、配置标准、经费预算的审核，不得超标准、无预算配置。

第四十九条 建立资产验收登记制度。按照“管、采、验”岗位分离原则，规范资产验收流程，大型或批量资产应由研究所资产管理部门参与验收，及时办理资产登记入账。

第五十条 加强资产出租出借管理。资产出租出借应当严格按规定履行审批程序，收入纳入单位预算，按合同管理。房产出租原则上实行公开竞价招租，租期一般不得超过5年。

第五十一条 加强对外投资管理。对外投资应当严格履行审批程序，建立健全对外投资权益维护与风险管理制度。不得利用财政性资金对外投资，不得进行任何形式的金融风险投资与对外担保。

第五十二条 规范资产处置管理。资产处置应当严格履行审批程序，遵循公开、公平原则，按规定方式进行处置。任何部门和个人不得擅自处置国有资产。

第五十三条 建立资产管理问责机制。强化资产管理责任意识，明确研究所内部资产管理、使用、保管等部门责任，定期开展资产清查盘点，落实责任追究制度，确保国有资产安全与完整。

第六节 “三公经费”支出内部控制

第五十四条 规范完善公务接待制度。公务接待应当坚持有利公务、务实节俭、严格标准等原则。公务活动中，派出单位应加强计划管理，严格控制外出时间、内容、路线、频率、人员数量。接待单位应严格遵守相关规定，严禁超标准、超范围列支接待费用。

第五十五条 加强公务用车管理。建立公务用车内部管理制度。公务车辆配置、更新必须严格履行审批手续，按规定标准配置。公务车辆应集中管理、统一调度，严禁公车私用。加强费用支出管理，强化内部审核，严格执行政府采购规定。社会车辆租赁由单位实行统一管理。

第五十六条 加强因公出国（境）经费支出管理。严格按照批准的团组人员、天数、路线、经费预算及开支标准核销，不得核销与出访任务无关和计划外的开支，不得核销虚假费用单据。

第五十七条 加强“三公经费”支出管理。从紧控制和严格审查“三公经费”支出，不得超预算支出。支出信息应当在一定范围内以适当方式进行公开。

第七节 会议培训支出内部控制

第五十八条 建立健全会议培训管理制度。举办会议培训应当坚持厉行节约、反对浪费、规范简朴、务实高效的原则，结合研究所业务特点和工作需要，制定会议培训年度计划，严格控制数量规模。

第五十九条 严格执行会议培训计划。年度会议培训计划应按规定程序批准，一经批准，原则上不得调整。未经批准，不得提高会议培训规格，不得计划外举办会议培训。

第六十条 加强会议培训支出管理。严格执行会议培训费用支出范围与标准，不得安排宴请。

会议培训应当按规定在定点饭店、单位内部宾馆或会议室举办，不得安排在国家禁止的风景名胜区。

第六十一条　执行会议培训公示和报告制度。会议培训的名称、主要内容、参会人数、经费开支等情况应当在单位内部公示（涉密会议除外），执行年度报告制度。

第八节　合同管理内部控制

第六十二条　建立健全合同管理制度。明确合同的授权审批和签署权限，重大经济合同应由研究所领导班子集体决策，法律关系比较复杂的合同还应当出具法律顾问意见书。未经授权严禁以单位名义对外签订合同。

第六十三条　实行合同归口管理。根据研究所规定，所有经济业务发生额超过10 000元（含10 000元）的必须签订合同，报销时提供合同原件。由条财处按原始单据长期保存。

第六十四条　加强合同履行和纠纷管理。由条财处与使用部门同时签订的合同，条财处、使用部门要实时跟踪、检查合同履行情况。发生纠纷的，应当在规定时效内按照合同约定依法妥善解决。未按合同约定履行管理责任造成损失的，依法追究相关部门和人员的责任。

第九节　其他事项内部控制

第六十五条　劳务费是指支付给没有工资性收入的相关工作人员以及临时聘用人员的劳动报酬。劳务费不得发放给本单位在职在编职工、没有提供实质性劳务活动的人员、对相关业务负有管理权责的人员，以及因履行本人岗位职责而提供劳务活动的其他工作人员。

第六十六条　专家咨询费是指因工作需要支付给临时聘请咨询专家的费用。各部门负责人及职能部门工作人员因履行本人岗位职责而参与咨询性活动的，不得领取专家咨询费。

第六十七条　加强专家咨询费等报酬性费用支出管理。依据国家及院有关规定，制定单位内部具体管理办法，明确专家咨询费、劳务费等报酬性费用的发放对象、发放依据、支出标准、经费来源、审批流程等。

第四章　附　则

第六十八条　本制度由条件建设与财务处负责解释。

第六十九条　本制度自2018年8月7日所务会通过之日起施行。

中国农业科学院兰州畜牧与兽药研究所财务管理办法

（农科牧药办〔2018〕61号）

第一章　总　则

第一条　为了进一步加强研究所财务管理，健全财务制度，从源头上预防腐败，促进党风廉政建设和研究所经济有序健康发展，根据《中华人民共和国预算法》《中华人民共和国会计法》《中华人民共和国政府采购法》和财政部《行政单位财务规则》《事业单位财务规则》等有关法律、法规规定，并结合研究所实际制定本办法，

第二条　研究所财务管理包括：预算管理、收入管理、支出管理、采购管理、资产管理、往来资金结算管理、现金及银行存款管理、财务监督和财务机构等管理。

第二章　预算管理

第三条　研究所应当按照上级管理部门规定编制年度部门预算，报上级部门按法定程序审核、报批。部门预算由收入预算、支出预算组成。

第四条　研究所依法取得的各项收入，包括：财政拨款、上级补助收入、附属单位上缴收入、其他收入等必须列入收入预算，不得隐瞒或少列，研究所取得的各项收入（包括实物），要据实及时入账，不得隐瞒，更不得另设账户或私设“小金库”。

第五条　按规定纳入财政专户或财政预算内管理的预算外资金，要按规定实行收支两条线管理，并及时缴入国库或财政专户，不得滞留在单位坐支、挪用。

第六条　研究所编制的支出预算，应当保证研究所履行基本职能所需要的人员经费和公用经费，对其他弹性支出和专项支出应当严格控制。

支出预算包括：人员支出、日常公用支出、对个人和家庭的补助支出、专项支出。人员支出预算的编制必须严格按照国家政策规定和标准，逐项核定，没有政策规定的项目，不得列入预算。日常公用支出预算的编制应本着节约、从俭的原则编报。对个人和家庭的补助支出预算的编制应严格按照国家政策规定和标准，逐项核定。专项支出预算的编制应紧密结合本单位当年主要职责任务、工作目标及事业发展设想，本着实事求是、从严从紧的原则按序安排支出事项。

第七条　对财政下达的预算，单位应结合工作实际制定用款计划和项目支出计划。预算一经确立和批复，原则上不予调整（根据有关规定允许在科目之间调整，但不得突破总额）。确需调整应上报上级部门审批。

第八条　应加强对财政预算安排的项目资金和上级补助资金的管理，建立健全项目的申报、论证、实施、评审及验收制度，保证项目的顺利实施。专项资金应实行项目管理，专款专用，不得虚

列项目支出，不得截留、挤占、挪用、浪费、套取转移专项资金，不得进行二次分配。应建立专项资金绩效考核评价制度，提高资金使用效益。

第九条　建立健全支出内部控制制度和内部稽核、审批、审查制度，完善内部支出管理，强化内部约束，不断降低单位运行成本。各项支出应当符合国家的现行规定，不得擅自提高补贴标准，不得巧立名目、变相扩大个人补贴范围；不得随意提高差旅费、会议费等报销标准；不得追求奢华超财力购买或配备高档办公设备和其他设施。

第三章　采购管理

第十条　研究所的货物购置、工程（含维修）和服务项目，应当按照《中华人民共和国政府采购法》规定实行政府采购。

第十一条　研究所采购管理部门、物品需求部门在进行政府采购活动时，应当符合采购价格低于市场平均价格、采购效率更高、采购质量优良和服务良好的要求。

第十二条　研究所采购管理部门、物品需求部门工作人员在政府采购工作中不得有下列行为：

（一）擅自提高政府采购标准。

（二）以不合理的条件对供应商实行差别待遇或者歧视待遇。

（三）在招标采购过程中与投标人进行协商谈判。

（四）中标、成交通知书发出后不与中标、成交供应商签订采购合同。

（五）与供应商恶意串通。

（六）在采购过程中接受贿赂或者获取其他不正当利益。

（七）开标前泄露标底。

（八）隐匿、销毁应当保存的采购文件，或变造采购文件。

（九）其他违反政府采购规定的行为。

第四章　结算管理

第十三条　研究所开立银行结算账户，应经财政部驻甘肃监察专员办同意后，按照人民币银行结算账户管理规定到银行办理开户手续。

第十四条　研究所不得有下列违反人民币银行结算账户管理规定的行为：

（一）擅自多头开设银行结算账户。

（二）将单位款项以个人名义在金融机构存储。

（三）出租、出借银行账户。

第十五条　对外支付的劳务费、专家咨询费、讲课费、试剂耗材购置费、印刷费、工程款、暂（预）付款等，应当符合《人民币银行结算账户管理办法》和《现金管理暂行条例》的规定，要求实行银行转账、汇兑、网银等形式结算，不得以现金支付。

第十六条　对原使用现金结算的小额商品和服务支出，采用公务卡刷卡结算；出差人员在外使用现金支付费用的，应由财务人员将报销金额归还到出差人员的公务卡里的，不得使用现金结算。

第十七条　应加强银行存款和现金的管理，单位取得的各项货币收入应及时入账，并按规定及时转存开户银行账户，超过库存限额的现金应及时存入银行。银行存款和现金应由专人负责登记“银行存款日记账”“现金日记账”，并定期与单位“总分类账”、开户银行核对余额，确保资金完整。“银行存款日记账”“现金日记账，与“总分类账”应分别由出纳、会计管理和登记，不得由一人兼管。

第十八条　研究所所有资金不允许公款私存或以存折储蓄方式管理。

第十九条　应切实加强往来资金的管理。借入资金、暂收、暂存、代收、代扣、代缴款项应及时核对、清理、清算、解交，避免跨年度结算或长期挂账，影响资金的合理流转。预（暂）付、个人因公临时借款等都应及时核对、清理，在规定的期限内报账、销账、缴回余款，避免跨年度结算或长期挂账。严禁公款私借，严禁以各种理由套取大额现金长期占用不报账、不销账、不缴回余款等逃避监管的情形。

第二十条　应建立和完善授权审批制度。资金划转、结算（支付）事项应明确责任、划分权限实行分档审批、重大资金划转、结算（支付）事项，应通过领导集体研究决定，避免资金管理权限过于集中，严格按研究所“三重一大”的管理办法执行。

第五章　资产管理

第二十一条　资产是指研究所占有或使用的能以货币计量的经济资源，包括流动资产（含：现金、各种存款、往来款项、材料、燃料、包装物和低值易耗品等）、固定资产、无形资产和对外投资等。必须依法管理使用国有资产，要完善资产管理制度，维护资产的安全和完整，提高资产使用效益。

第二十二条　应加强对材料、燃料、包装物和低值易耗品的管理，建立领用存账、健全其内部购置、保管、领用等项管理制度，对存货进行定期或者不定期的清查盘点，保证账实相符。

第二十三条　固定资产应实行分类管理。固定资产一般可划分为房屋和建筑物、专用设备、通用设备、文物和陈列品、图书、其他固定资产等类型。应按照固定资产的固定性、移动性等特点，制定各类固定资产管理制度，及时进行明细核算，不得隐匿、截留、挪用固定资产。应建立固定资产实物登记卡，详细记载固定资产的购建、使用、出租、投资、调拨、出让、报废、维修等情况，明确保管（使用）人的责任，保证固定资产完整，防止固定资产流失。

第二十四条　固定资产不允许公物私用或无偿交由与研究所无关的经营单位使用。

第二十五条　不得随意处置固定资产。固定资产的调拨、捐赠、报废、变卖、转让等，应当经过中介机构评估或鉴定，报上级主管部门批准。固定资产的变价收入应当及时上缴国库专户。

第二十六条　在维持研究所事业正常发展的前提下，按照国家有关政策规定，将非经营性资产转为经营性资产投资的，应当进行申报和评估，并报经上级主管部门审核后报财政部门批准。投资取得的各项收入全部纳入单位预算管理。任何单位不得将国家财政拨款、上级补助和维持事业正常发展的资产转作经营性使用。

第二十七条　应当定期或者不定期地对资产进行账务清理、对实物进行清查盘点。年度终了前应当进行一次全面清查盘点。

第二十八条　因机构改革或其他原因发生划转、撤销或合并时，应当对单位资产进行清算。清算工作应当在主管部门、财政部门、审计部门的监督指导下，对单位的财产、债权、债务等进行全面清理，编制财产目录和债权、债务清单，提出财产作价依据和债权、债务处理办法，做好国有资产的移交、接收、调拨、划转和管理工作，防止国有资产流失。

第六章　财务机构

第二十九条　按照规定设置财务会计机构、配备会计人员，负责对研究所的经济活动进行统一管理和核算。从事会计工作的人员，必须取得会计从业资格证书。担任单位会计机构负责人（会计主要人员）的，除取得会计从业资格证书外，还应当具备会计师以上岗位专业技术职务资格或者从事会计工作三年以上经历。

第三十条　会计机构中的会计、出纳人员必须分设，银行印鉴必须分管。不得以任何理由发生会计、出纳一人兼，银行印鉴一人管的现象。

第三十一条　按照规定设置会计账簿，根据实际发生的业务事项进行会计核算，填制会计凭证，登记会计账簿，编制财务会计报告。负责人对本单位的财务会计工作和会计资料的真实性、完整性依法负责。

第三十二条　任何人不得有下列违反会计管理规定的行为：

（一）授意、指使、强令会计机构、会计人员、变造会计凭证、会计账簿和其他会计资料，提供虚假财务会计报告；向不同的会计资料使用者提供编制依据不一致的财务会计报告。

（二）明知是虚假会计资料仍授意、指使、强令会计机构、会计人员报销支出事项，提供虚假会计记录和其他会计资料。

（三）另立账户，私设会计账簿，转移资金。

（四）未按照规定填制、取得原始凭证或者填制、取得原始凭证不符合规定。

（五）以未经审核的会计凭证为依据登记会计账簿或者登记会计账簿不符合规定。

（六）随意变更会计处理方法。

（七）未按照规定建立并实施单位内部会计监督制度。

（八）拒绝依法实施的监督或者不如实提供有关会计信息资料。

（九）隐匿或者故意销毁依法应当保存的会计凭证、会计账簿、财务会计信息资料。

（十）随意将财政性资金出借他人，为小团体或个人牟取利益。

（十一）其他违反会计管理规定的行为。

第三十三条　财务会计人员工作调动或者离职，必须与接管人员办理交接手续，在交接手续未办清以前不得调动或离职。财务会计机构负责人和财会主管人员办理交接手续，由单位负责人监交，必要时上级单位可派人会同监交。一般财务会计人员办理交接手续，可由财务会计机构负责人监交。财务会计人员短期离职，应由单位负责人指定专人临时接替。

第七章　财务监督

第三十四条　应依据《中华人民共和国预算法》《中华人民共和国会计法》《会计基础工作规范》等法规建立健全财务、会计监督体系。单位负责人对财务、会计监督工作负领导责任。会计机构、会计人员对本单位的经济活动依法进行财务监督。

第三十五条　财务监督是指单位根据国家有关法律、法规和财务规章制度，对本单位及下级单位的财务活动进行审核、检查的行为。内容一般包括：预算的编制和执行、收入和支出的范围及标准、专用基金的提取和使用、资产管理措施落实、往来款项的发生和清算、财务会计报告真实性、准确性、完整性等。

第三十六条　预算编制和执行的监督。应建立健全预算编制、申报、审查程序。单位预算的编制应当符合党和国家的方针、政策、规章制度和单位事业的发展计划，应当坚持“量入为出、量力而行、有保有压、收支平衡”的原则。单位对各项支出是否真实可靠，各项收入是否全部纳入预算，有无漏编、重编，预算是否严格按照批准的项目执行，有无随意调整预算或变更项目等行为事项进行监督。

第三十七条　研究所收入的监督。收入是指研究所依法取得的非偿还性资金，包括财政预算拨款收入，预算外资金收入以及其他合法收入。这部分资金涉及政策性强，应加强监督，其监督的主要内容是：

（一）单位收入是否全部纳入单位预算，统一核算、统一管理。

（二）对于按规定应上缴国家的收入和纳入财政专户管理的资金，是否及时、足额上缴，有无拖欠、挪用、截留坐支等情况。

（三）单位预算外收入与经营收入是否划清，对经营、服务性收入是否按规定依法纳税。

第三十八条　单位支出的监督。支出是指科学事业单位为开展业务活动所发生的资金耗费。支出管理是科学事业单位财务管理和监督的重点。其监督的主要内容是：

（一）各项支出是否精打细算，厉行节约、讲求经济、实效、有无进一步压缩的可能。

（二）各项支出是否按照国家规定的用途、开支范围、开支标准使用；支出结构是否合理，有无互相攀比、违反规定超额、超标准开会、配备豪华交通工具、办公设备及其他设施。

（三）基建或项目支出与事业经费支出的界限是否划清，有无基建或项目支出挤占单位经费，或单位经费有无列入基建或项目支出的现象。应由个人负担的支出，有无由单位经费负担的现象。是否划清单位经费支出与经营支出的界限，有无将应由经费列支的项目列入经营支出或将经营支出项目列入单位经费支出的现象。

（四）专用基金的提取，是否依据国家统一规定或财政部门规定执行；各项专用基金是否按照规定的用途和范围使用。

第三十九条　资产监督即对资产管理要求和措施的落实情况进行的检查督促，包括：

（一）是否按国家规定的现金使用范围使用现金；库存现金是否超过限额，有无随意借支、非法挪用、白条抵库的现象；有无违反现金管理规定，坐支现金、私设小金库的情况。

（二）各种应收及预付款项是否及时清理、结算；有无本单位资金被其他单位长期大量占用的现象。

（三）对各项负债是否及时组织清理，按时进行结算，有无本单位无故拖欠外单位资金的现象，应缴款项是否按国家规定及时、足额地上缴，有无故意拖欠、截留和坐支的现象。

（四）各项存货是否完整无缺，各种材料有无超定额储备、积压浪费的现象；存货和固定资产的购进、验收、入库、领发、登记手续是否齐全，制度是否健全，有无管理不善、使用不当、大材小用、公物私用、损失浪费，甚至被盗的情况。

（五）存货和固定资产是否做到账账相符、账实相符；是否存在有账无物、有物无账等问题；固定资产有无长期闲置形成浪费问题；有无未按规定报废、转让单位资产的问题发生。

（六）对外投资是否符合国家有关政策；有无对外投资影响到本单位完成正常的事业计划的现象；以实物无形资产对外投资时，评估的价值是否正确。

第四十条　应建立健全内部监控、财务公示等制度，对发生的经济事项进行事前、事中、事后监督、审查。单位的财务执行情况，应在一定的范围、时期内公示，接受群众监督。

第四十一条　应自觉接受审计、财政部门的检查和监督。

第四十二条　根据有关规定单位领导（一把手）工作调动或者离职，必须经同级审计部门进行任期审计。

第八章　附　则

第四十三条　本办法由条件建设与财务处负责解释。

第四十四条　本办法自 2018 年 8 月 7 日所务会通过施行。原《中国农业科学院兰州畜牧与兽药研究所财务管理办法》（农科牧药办〔2005〕59 号）同时废止。

中国农业科学院兰州畜牧与兽药研究所国有资产管理办法

（农科牧药办〔2018〕61 号）

第一章　总　则

第一条　为了加强研究所国有资产管理，维护国有资产的安全和完整，防止国有资产流失，提高资产使用效益，保障我所科研事业稳步发展，根据财政部、科技部印发的《科学事业单位财务制度》（财教〔2012〕502 号）、《中央级事业单位国有资产管理暂行办法》（财教〔2008〕13 号）和《农业部部属事业单位国有资产管理暂行办法》（农财发〔2010〕102 号）、《中国农业科学院国有资产管理办法》（农科院财〔2011〕47 号）等规定，特制定本办法。

第二条　本所资产管理的主要任务是：建立健全资产管理制度，保证资产安全和完整；合理配备并有效利用资产，提高资产使用效益。

第三条　资产的管理和使用应坚持统一政策、统一领导、分级管理、责任到人、物尽其用的原则。

第二章　资产的范围、分类与计价

第四条　资产指本所占有并使用的，能以货币计量的各种经济资源的总和。包括按照国家政策规定运用本所资产组织收入形成的资产以及接受捐赠和其他经法律确认为研究所所有的资产。其表现形式为：流动资产、固定资产、无形资产、对外投资、在建工程等。

第五条　流动资产指可以在一年以内变现或者耗用的资产，现金、各种存款、库存材料、暂付款、应收款项、预付款和存货。

第六条　对外投资指利用货币资金、实物、无形资产等向其他单位的投资。

第七条　固定资产是指使用期限超过一年，单位价值在1 000元以上（其中：专用设备单位价值在1 500元以上），并在使用过程中基本保持原有物质形态的资产，或单位价值虽不足规定标准，但使用年限在一年以上，批量价值在 5 万元（含）以上，且单件物品的名称、规格、型号相同的大批同类物资。

第八条　无形资产是指不具有实物形态而能为本所提供某种权益的资产，包括专利权、商标权、著作权、土地使用权、非专利技术、名称权以及其他财产权利。

第九条　本所资产的增加、减少按《科学事业单位会计制度》的规定计价。

第十条　已经入账的固定资产，除发生下列情况外，不得任意变动其价值：

（一）根据国家规定对固定资产价值重新估价。

（二）增加补充设备或改良装置，将固定资产的一部分拆除。

（三）根据实际价值调整原来的暂估价值。

（四）发现原固定资产记账有误。

第三章 资产管理机构职责

第十一条 条件建设与财务处是负责本所资产监督管理的职能机构，其主要职责是：

（一）认真贯彻国家、农业农村部、中国农业科学院及有关国有资产管理的政策法规，负责制定我所国有资产管理具体办法，并组织实施和监督检查。

（二）负责资产的账、卡管理工作，根据各部门需求统计资产数据，调取卡片。

（三）负责资产信息系统管理工作

资产信息系统包括资产配置、资产使用、资产处置、收益管理、资产清查、资产统计、资产评估、产权登记等模块。我所现在使用最多的是资产配置模块，具体操作如下：

根据原始发票输入每项资产的分类编码、名称、型号、价值、取得方式、价值类型、采购组织形式、采购方式、制造厂商、国别、用途分类、管理部门、管理人、存放地点、使用方向、发票号、凭证号、经费来源、预算类型，然后输出卡片以及资产标签，由使用部门粘贴标签。

年终根据财务凭证号，再调出每张卡片将财务凭证号输入。根据财务资产账核对资产信息系统资产账，做到账账相符，打印资产账。

每年根据上级要求编制信息系统报表，以及生成数据、连线上报，要做好数据备份工作。

（四）负责国有资产配置计划年度报表的编制工作；负责国有资产年度报表的编制工作；负责国有资产保值增值报表编制工作。

（五）负责组织资产清查和编报清查报表，以及上报工作。

（六）负责资产的内部调剂、调拨、报损、报废等审批工作和办理报批手续。

根据各部门提出的报废资产名单，由我所资产报废专家组鉴定后，上报所办公会审批，批量或单价在50万元以下的设备报上级部门备案，50万元以上报上级部门审批，审批后，根据规定要求进入资产处置交易平台处置报废资产，处置收入根据规定上缴国库专户，纳入统一预算管理。

（七）负责资产的验收入库等日常管理工作。

（八）对各部门的资产使用和管理进行指导和监督。

（九）负责研究所经所领导及办公会同意对外投资、出租、出借，无形资产处置等资产上报所需材料的准备工作。

除对外投资一次性审批外，根据上级管理规定，对外出租、出借应按签署合同期限报上级部门审批，要提交如下材料：

1. 出租、出借事项的书面申请。就申报材料的完整性、决策过程的合规性、项目实施的可行性提出意见。

2. 拟出租、出借资产的权属证明复印件（加盖单位公章）。

3. 能够证明拟出租、出借资产价值的有效凭证，如购货发票、工程决算副本、记账凭证、固定资产卡片等复印件（加盖单位公章）。

4. 出租、出借的可行性分析报告。

5. 研究所同意利用国有资产出租、出借的领导班子会议决议。

6. 事业单位法人证书复印件。

7. 其他材料。

第十二条 各部门应指派兼职资产管理人员，负责各部门资产的日常使用管理工作。具体职责如下：

（一）执行本所资产管理的各项办法、规定。

（二）负责本部门资产的账、卡、物管理，协助资产管理部门对资产进行清查等工作。

（三）做好各类资产的日常使用、维护、保管等管理工作，杜绝闲置，合理调剂，提高资产使用效益，提出资产处置意见。

（四）协助资产管理部门对报废资产进行处理。

（五）及时向本所资产管理部门报告资产使用情况。

（六）负责本部门大型仪器设备等资产的共享共用平台建设工作。

第四章　资产配置

第十三条　资产配置是指根据各职能部门的需要，按照国家有关法律、行政法规和规章制度规定的程序，通过购置或者调剂等方式配备资产的行为。

第十四条　资产配置应当符合以下条件：

（一）现有资产无法满足本部门履行职能的需要。

（二）难以与其他部门共享、共用相关资产。

（三）难以通过市场购买服务方式实现，或者采取市场购买服务方式成本过高。

第十五条　资产配置应当符合规定的配置标准；没有规定配置标准的，应当从严控制，合理配置。能通过部门内部调剂方式配置的，原则上不重新购置。

第十六条　对于各部门长期闲置、低效运转或者超标准配置的资产，可根据工作需要进行调剂。凡占有与使用本所资产的部门，资产闲置超过两年时间（含两年），本所资产管理部门有权进行调剂处置。

第十七条　各部门申请购置规定范围内及规定限额以上资产的，须履行如下程序：

（一）各部门对拟新购置资产的品目、数量和所需经费提请所领导批准。购置金额在 5 万元以上的设备，单位领导班子应根据本单位资产的存量、使用及其绩效情况集体研究并同意。

（二）资产管理部门根据单位资产存量状况、使用情况、人员编制和有关资产配置标准等进行审核。

（三）各部门对拟新购置资产的品目、数量和所需经费纳入单位预算，按照预算批复配置资产。

第十八条　购置纳入政府采购范围的资产，应当按照政府采购管理的有关规定实施采购，优先采购国产、节能、环保、自主创新产品。

第十九条　各部门对购置、接受捐赠、无偿划拨（接受调剂）、基建移交（包括自建）、自行研制等方式配置的资产，应及时验收、登记。财务部门应根据资产的相关凭证或文件及时登记入账。

对没有原始价值凭证的资产，可根据竣工财务决算资料、委托中介机构进行资产评估等方式确定资产价值。盘盈资产按照本款履行入账手续。

第五章　资产日常使用

第二十条　所属各部门无论采用何种预算管理形式购置（含捐赠）的固定资产均属于本所资产，均应到资产管理部门办理验收、登记、建账手续。

第二十一条　各部门应把好固定资产购置关，要提前编制购置计划，做好购置论证，避免重复、盲目购置。固定资产购置按本所有关物资采购管理规定执行。

第二十二条　固定资产购置完成后，资产管理部门、使用部门应及时组织验收，验收合格后及时办理入库手续，验收不合格，不得办理结算手续，不得登记入账。

第二十三条　建立健全固定资产登记、建档制度。

所属各部门凡因购置、建造、改良、受赠、报损、调拨和划转等活动引起的固定资产数量和价值量的增减，必须到资产管理部门办理固定资产增减手续。

第二十四条　建立健全固定资产账务管理制度。资产管理部门设固定资产资金总账、分类账、明细账，使用部门保存好固定资产卡片；资产管理部门与所属各部门应定期或不定期协同核对账、卡、物及粘贴标签情况，保证账账、账卡、账物相符。

第二十五条　建立健全固定资产保管、维护和使用考核制度。各部门应落实各项防护措施，对大型精密贵重仪器设备要设专人负责，并制定相应操作规程，精心维护、定期检修，制定绩效考评制度，提高资产使用效率。

第二十六条　建立健全固定资产损失赔偿制度。各部门对造成固定资产损坏、丢失的直接责任人，应追究其相关责任，对丢失的固定资产按照评估值赔偿损失。

第二十七条　各部门应建立健全资产移交制度，凡属下列情况之一，必须办理好资产移交手续：

（一）机构合并、分开等调整相关单位，按“先办理交接手续后进行调整”的原则，由资产管理部门会同相关部门进行现场财产清查登记。

（二）各部门资产管理人员离岗时，要实行严格的交接手续，经部门负责人审批同意，并报研究所资产管理部门备案后方可离岗。

（三）固定资产的使用或借用人员调离、退休或离岗 1 年以上的，须交清所领用、借用的固定资产，经资产管理部门管理人员签字，方可办理离所或离岗手续。

第六章　资产的评估管理

第二十八条　本所资产的评估范围包括：固定资产、流动资产、无形资产和其他资产。

第二十九条　有下列情形之一的资产，应当进行资产评估。

（一）资产投资、拍卖、转让、置换。

（二）依照国家有关规定需要进行资产评估的其他情形。

第三十条　资产评估前须由相关部门向资产管理部门提交资产评估立项申请书及相关文件资料，报资产管理部门审查，由资产管理部门按国家有关规定组织办理资产评估的立项审批、评估、确认等手续。

第七章　资产处置

第三十一条　资产的处置，是指对资产进行产权转移及产权注销的一种行为。包括无偿调拨、转让、变卖、置换、投资、租赁、捐赠、报损、报废等。

第三十二条　资产的处置应参照国家有关政策，根据处置权限规定办理报批手续，并按要求根据不同处置方式，分别进行评估、技术鉴定以及公开招投标、拍卖等。未经批准不得随意处置资产。

第三十三条　固定资产处置申报程序

（一）使用部门提出申请并填写固定资产处置申请表，如需申请处置车辆、房屋的，还需提供以下材料：

1. 申请处置车辆时，必须提交车辆行驶证复印件，其中，按规定已经报废回收的，必须提交《报废汽车回收证明》复印件。

2. 申请处置房屋建筑物时，必须提交《房屋所有权证》复印件。

3. 因建设项目而准备拆除房屋建筑物的，必须逐项说明原因，并出具建设项目批文、城市规划文件、规划设计图纸等复印件。

（二）由使用部门或由本所有关人员组织技术鉴定。

（三）根据不同审批权限，分别上报中国农业科学院以及上级资产管理部门审批后予以处置。

（四）经本所办公会议、上级资产管理部门同意处置的资产，由使用部门与本所资产管理部门共同组织人员进行残体处置；使用部门在没有经过资产管理部门同意的情况下，不得擅自处置已报废资产。

第三十四条　本所固定资产的处置权限

（一）一次性处置单台（件）价值或批量价值在50万元及以下的资产，由使用部门组织鉴定，报所领导及所长办公会批准，资产管理部门审定后予以处置，处置文件必须报中国农业科学院财务局备案。

（二）一次性处置单台（件）价值或批量价值在50万元以上的资产时，由使用部门与本所资产管理部门组织鉴定，报所领导及所长办公会批准，上报中国农业科学院审批后予以处置。

第三十五条　资产报废处置统一由研究所资产管理部门组织。收回残值上缴本所财务，并按《科学事业单位会计制度》的规定进行账务处理。

第八章　资产监督管理

第三十六条　本所资产管理部门对资产的使用情况有权进行监督，发现问题及时处理。

第三十七条　资产监督的主要内容

（一）各项资产管理制度的建立及执行情况。

（二）本所占有资产是否登记齐全，账实相符，统计数字是否真实、完整、准确。

（三）对本所占有资产是否做到合理、有效、节约使用。

（四）资产处置是否按规定程序办理审批手续。

（五）对外投资的资产是否做到保值增值，其收益是否纳入单位预算管理。

（六）本所资产是否遭到侵犯、损害。

（七）其他需要监督的内容。

第九章　附　则

第三十八条　本办法由条件建设与财务处负责解释。

第三十九条　本办法自2018年8月7日所务会通过之日起执行。原《中国农业科学院兰州畜牧与兽药研究所国有资产管理办法》（农科牧药办〔2005〕59号）同时废止。

中国农业科学院兰州畜牧与兽药研究所政府采购实施细则

（农科牧药办〔2018〕61 号）

第一章　总　则

第一条　为了加强经费支出管理，提高资金使用效益，维护研究所利益，进一步规范研究所物品采购行为，遵照国家及上级有关规定，结合研究所实际情况，制定本办法。

第二条　本办法不针对本所基本建设项目的采购和修缮购置项目的采购。

第三条　本办法所称采购是指我所下属各部门使用研究所管理的各类资金，以购买、委托或雇佣等方式获取物品和服务的行为。

第四条　条件建设与财务处负责研究所的具体采购及其管理和监督工作，采购工作应遵循公开、公正、效益优先和诚实信用的原则，在主管所长的领导下，在经费预算控制额度内，履行下列职责：

（一）审核各部门申报的采购计划。

（二）编制年度采购计划。

（三）确认采购项目的报价清单及相关资料。

（四）组织全程采购工作。

（五）监督采购行为。

（六）处理采购中的投诉事项。

（七）办理其他有关事宜。

第五条　条件建设与财务处为研究所采购管理职能部门和具体办事机构，负责组织实施，物资需求部门有责任、有义务参与有关主要环节，协助完成采购工作。

第二章　采购申报

第六条　各部门要认真编制采购预算，在规定时限内，编制下年度预算，并要将该财政年度细化的采购项目及资金预算列出。由条财处汇总上报院财务局审批，我所严格按照审批的预算进行采购。

第七条　各部门根据上级批复的采购预算编制采购计划，属于《政府采购目录及标准》的物品，使用部门在每年年初按季、年向条财处提出全年采购计划；属于招标采购的物品，使用部门应在前季度月末向条财处提出下季度采购计划；属于其他物品的使用部门于每季度末 20 日前向条财处提请下季度采购计划；采购计划中所列物品应标明规格、型号、产地或技术指标以及经费出处等信息，并由使用部门负责人、分管处室领导、分管所长或所长审批后交条财处，由条财处批示给各部门实施采购。拟采购由事业费支付的物品，条财处处长、分管所领导必须签署意见；拟采购由科研经费支付的物品，使用部门负责人在申请单上签字，科技管理处处长必须签署意见，金额超过10万元者，还需主管所长签字，否则不予受理。

第八条　国家的政策原则上不提倡采购进口设备，若因工作需要确需采购进口设备，使用资金又为财政性资金时，条财处会同使用部门按照国家有关文件精神进行报批后再采购，拟采购属于国家政策免税的进口物品时，提交采购计划的部门，应一并提供相关科学研究项目的合同书，以便办理免税事宜，提高采购的工作效率。

第三章　采购执行

第九条　采购以条财处集中统一计划采购为主，需要部门采购为辅，尽可能减少计划外和临时性采购。采购方式有公开招标、邀请招标、竞争性谈判、单一来源采购、询价、内部招标及其他采购方式。

第十条　凡列入《政府采购目录及标准》的物品，根据每年度财政部下达的文件执行。

凡使用财政性资金以及与财政性资金相配套的其他资金进行采购的，单项或批量超过50万元的物品采购时，原则上采用公开招标的方式进行采购，使用部门应负责编写招标文件的技术指标（技术指标的编写不应有特指厂家和品牌，最少有三家生产厂家能满足技术指标），由经手人、处室负责人、主管所领导、所长审核后，条财处委托具有政府采购招标甲级资质、信誉好的招标代理机构进行公开招标。

具有下列情况之一，采用单一来源采购：

（一）所采购物品只能从特定供应商处采购，或供应商拥有专有权，且无其他合适替代品的。

（二）原采购物品的后续维修、零配件供应、更换或扩充，必须向原供应商采购的。

（三）因急需不能用其他方式采购。

属于单一来源物品的采购，使用部门填写《单一来源采购申请表》，详细阐明原因，由分管处室领导、分管所长及所长审批后交条财处，由条财处、使用部门在保证质量的基础上和供应商或厂家商定合理的价格进行采购，报账时附《单一来源采购申请表》以便负责和备查。

第十一条　使用非财政性资金，采购金额单项或批量不超过50万元（含50万元）的物资，所里组织内部招标。所里成立所物资采购招标领导小组。物资采购招标领导小组的成员是：所领导、纪委领导、条财处处长、科技管理处处长、条财处资产管理员。根据采购物资的特殊性（技术参数）要求，组建所物资采购评标专家库。物资采购招评标专家库的成员是：招标领导小组成员、创新团队首席、物资使用部门人员和仪器设备方面的专家，必要时可外聘专家。每次招标时由条财处根据招标内容，从专家库中聘请评标专家。

采购金额小，品种多的零星采购，条财处应本着节约、公正、公开、透明的方式进行采购，并及时完成采购任务。

第四章　采购结算

第十二条　属于政府采购中心协议供货和定点采购项目的结算，严格按照中央国家机关政府采购中心规定的程序办理。

第十三条　借款

需提前付款的物品，采购人员填写借款单，并附物品采购合同，经条财处处长、科技管理处、所长签字后到财务办理借款手续。

第十四条　付款、报销

固定资产的报账按所里制定的固定资产管理办法执行；非固定资产物品的报账，报销单应由部门负责人、主管处室领导签字后报主管所领导签字审批，并经验货员办理出入库手续后方可到条财处办理付款、报销事宜。

第五章　附　则

第十五条　本细则在执行中与国家法律法规及上级规定冲突时，以国家的法律法规及上级的规定为准。

第十六条　本细则由条件建设与财务处负责解释。

第十七条　本细则自 2018 年 8 月 7 日所务会通过之日起施行。原《中国农业科学院兰州畜牧与兽药研究所政府采购制度暂行规定》（农科牧药办〔2010〕93 号）同时废止。

附件 1

中国农业科学院兰州畜牧与兽药研究所
物品采购计划申请表

需用部门：　　　　　　　　　　　　　　　　　　（　　　年　　　月　　　日）

序号	品名	规格	单位	数量	参考单价	总金额	供货时间	经费出处	参考厂家或供应商

需用部门负责人（签字）：　　　　　　　　　　主管部门（签字）：

主管所领导（签字）：

附件 2

中国农业科学院兰州畜牧与兽药研究所
物品采购计划汇总表

（　　年　　月　　日）

序号	品名	规格	单位	数量	参考或确定价	总金额	厂家或供货商（联系电话）	供货时间	需用单位	经费出处

经办人：　　部门负责人：　　条财处审批：

主管所长审批：

附件 3

中国农业科学院兰州畜牧与兽药研究所单一来源物品采购申请表

需用部门：　　　　　　　　　　　　　　申报日期：

序号	品名	规格	单位	数量	单价	总金额	供货时间	经费出处及经费性质	生产厂家及供应商
单一来源采购原因									

需用单位领导意见： 签字： 日期：	科技处领导意见： 签字： 日期：	条财处领导意见： 签字： 日期：	主管所领导意见： 签字： 日期：

注：1. 经费来源为：① 事业费；② 专项费；③ 事业基金；④ 专项基金。

2. 支出预算为采购项目预计支出总金额。

中国农业科学院兰州畜牧与兽药研究所财政项目预算执行管理办法

（农科牧药办〔2019〕58号）

第一条　为加强研究所财政项目预算执行管理，根据农业农村部、中国农业科学院有关规定，结合研究所实际，制定本办法。

第二条　本办法所指财政项目是零余额账户中除基建项目以外，当年预算下达的财政项目、以前年度项目任务尚未完成并结转实施的财政项目。

第三条　财政项目预算执行应根据项目预算和工作任务，统筹规划，合理安排预算执行进度，提高财政资金的运行效率和使用效益，按期完成项目任务。

第四条　财政项目预算执行工作由计划财务处统一管理，各部门和团队具体执行。

第五条　各部门和团队在编制、上报项目预算时，应细化项目实施方案，按要求编制、上报项目月度支出计划。

第六条　研究所承担的财政项目，在预算已上报但未正式下达前，应提前做好项目实施的前期准备工作。

第七条　各部门和团队应严格执行财政项目预算。

（一）严格执行专项资金管理办法和相关财务管理规定。

（二）严格执行项目实施方案和预算。

（三）严格执行项目月度支出计划。

（四）及时提供项目预算执行的相关材料。

第八条　财政项目预算一般不予调整。确有必要调整的，应按项目经费管理办法及预算管理规定程序进行核批。

第九条　建立各部门、团队和计划财务处预算执行联动推进机制。计划财务处及时了解研究所财政项目支出情况，掌握项目进展，对比分析月度支出情况，并通知预算执行部门和团队；预算执行较慢的部门和团队应认真分析执行中存在的问题，加快预算执行进度。

第十条　计划财务处按月通报财政项目预算执行进度，对实际执行进度未达到计划进度的部门和团队予以警示。

第十一条　计划财务处应加强项目经费的监督管理，确保财政资金的安全使用。

第十二条　研究所管理的财政项目原则上在年底不形成结余。

第十三条　财政项目年末存在结余资金的部门和团队，应对结余原因做出详细说明。

第十四条　7月和9月底项目实际预算执行进度分别低于计划进度的60%和85%的部门和团队，计划财务处报请所领导约谈该部门和团队负责人。

第十五条　每年9月底，项目实际预算执行进度不足60%的部门和团队，核减下年度项目经费，并调剂使用其剩余的部分经费。

第十六条　本办法自2019年8月2日所长办公会议讨论通过之日起施行，由计划财务处负责解释。

中国农业科学院兰州畜牧与兽药研究所租用社会车辆管理办法

（农科牧药办〔2019〕80号）

为进一步规范研究所科研活动使用车辆，加强用车管理，有效降低用车成本，提高车辆使用效率和服务质量，根据研究所实际，制订本办法。

第一条　本办法所称租用社会车辆是指研究所因开展科研、教学、管理等业务活动，使用由研究所公开招标签约的汽车租赁公司提供的车辆。

第二条　租用社会车辆要坚持有利工作、注重节约、确保安全的原则，根据实际情况统筹安排使用，鼓励合用车辆。

第三条　因公外出在市内区间办理公务应优先选择公交、地铁和出租车等交通工具，期间发生的市内交通费据实报销。

第四条　因工作需要进行业务交流、科学试验、野外采样等科研活动，经本团队首席或部门负责人同意后可对外租用车辆。任何人未经批准不得擅自对外租用车辆。

第五条　租用社会车辆应选择与研究所签署服务协议的汽车租赁公司。在外地租车时，须征得团队首席或部门负责人同意后选择当地出租车或正规汽车租赁公司车辆，签订合同并检查车辆和司机的相关证件及保险。

第六条　租用车辆须满足招标时所列的各项基本条件。收费标准参考附件1，租用费不得高于约定的参考价。

第七条　用车结束后，用车人要在租用社会车辆使用清单（附件2）上认真填写运输里程和用车时间。费用从各团队项目经费或研究所公用经费支出。

第八条　市内、大洼山、机场接送租车费用按市内交通费或汽车租赁费报销。市外租车费用按差旅费报销，出差人员不核发出差交通补助。原则上一次一报，并附车辆使用清单。

第九条　车辆租用费报销必须实事求是，一经发现并证实乱报费用等违反规定的行为，一律严肃处理。

第十条　车辆安全责任

（一）租用的车辆必须由专职驾驶员驾驶。研究所工作人员及学生不得自行驾驶租用车辆，因私自驾驶造成的一切后果由驾驶者承担。

（二）未签订租车协议、私自租用车辆或者租用不符合条件的车辆导致的一切后果由租车实际使用人自行承担。

（三）严禁超合同规定（超范围、超期限）用车。

（四）严禁将租用车辆用于婚丧喜庆、休闲度假、探亲访友等非工作活动。

第十一条　本办法由计划财务处负责解释。

第十二条　本办法自2019年10月25日所长办公会议讨论通过之日起施行。

附件 1

兰州牧药所租用社会车辆价目表（参考价）

序号	车型	市内、大洼山（元/半天）（150千米内，含司机、燃油费、停车费、票税）	市内、大洼山（元/天）（200千米内，含司机、燃油费、停车费、票税）	市外包干价（元/天）（300千米内，含司机、过路费、燃油费、停车费、票税）	市外包干价（元/天）（300千米内，含司机、过路费、燃油费、停车费、司机食宿费、票税）	机场接送（元/趟）（含司机、过路费、燃油费、停车费、票税）	超公里（元/千米）
1	经济型轿车（丰田卡罗拉、大众朗逸、现代等）	230	400	600	850	300	1.8
2	中档轿车（帕萨特、雅阁、凯美瑞等）	300	550	850	1 050	350	2.0
3	小型越野车（本田 CRV、丰田 RAV4、尼桑奇骏、大众途观等）	350	650	850	1 050	450	2.5
4	大型越野车（丰田汉兰达 7 座、大众途昂 7 座、丰田霸道、丰田酷路泽等）	450	750	1 000	1 200	500	3.0
5	商务车（别克 GL8、大通 G10 等）	500	800	1 050	1 250	600	3.0

附件 2

兰州牧药所租用社会车辆使用清单

车牌号		车型		行驶区域			
用车团队或部门							
驾驶员		电话		驾驶车型			
使用说明	市区内（ ）	超公里数		市区外（ ）	超公里数		
车辆使用情况							
交车时间		起始公里		接车人		经办人	
还车时间		终始公里		还车人		经办人	
实际结算金额	人民币（大写）：			¥：			

注：本清单使用时一式三联，一联为出租方留存、一联为承租方备查、一联为结账时使用。

中国农业科学院兰州畜牧与兽药研究所财务报销流程

（农科牧药办〔2020〕51号）

为深入贯彻落实科研管理“放、管、服”精神，进一步完善研究所财务制度体系，规范财务报销流程，提高办事效率，增强创新活力，推动创新发展，结合研究所实际，特制订本流程。

第一条　科研经费报销

（一）3万元（不含）以下：报销人→验证人→团队首席（课题主持人）→计划财务处。

（二）3万~5万元（不含）：报销人→验证人→团队首席（课题主持人）→科技管理处负责人→计划财务处。

（三）5万~10万元（不含）：报销人→验证人→团队首席（课题主持人）→分管科研所领导→计划财务处。

（四）10万元以上：报销人→验证人→团队首席（课题主持人）→科技管理处负责人→所长→计划财务处。

第二条　伏羲宾馆和兰州中牧畜牧科技有限责任公司经费报销

（一）3万元（不含）以下：报销人→验证人→部门负责人→分管所领导→计划财务处。

（二）3万元（含）以上：报销人→验证人→部门负责人→分管所领导→所长→计划财务处。

第三条　兰州牧药所生物科技研发有限责任公司经费报销

（一）5万元（不含）以下：报销人→验证人→公司负责人→部门负责人→计划财务处。

（二）5万~10万元（含）：报销人→验证人→公司负责人→部门负责人→分管所领导→计划财务处。

（三）10万元以上：报销人→验证人→公司负责人→部门负责人→分管所领导→所长→计划财务处。

第四条　基本建设和修缮购置项目经费报销

（一）10万元（不含）以下：报销人→验证人→项目负责人→分管所领导→计划财务处。

（二）10万元以上：报销人→验证人→项目负责人→分管所领导→所长→计划财务处。

第五条　事业经费报销

（一）3万元（不含）以下：报销人→验证人→部门负责人→分管所领导→计划财务处。

（二）3万元以上：报销人→验证人→部门负责人→分管所领导→所长→计划财务处。

第六条　本流程自2020年7月9日所长办公会议讨论通过之日起施行，原《中国农业科学院兰州畜牧与兽药研究所财务报销流程》（农科牧药办〔2019〕58号）同时废止。由计划财务处负责解释。

中国农业科学院兰州畜牧与兽药研究所 科研物资采购管理办法

（农科牧药办〔2020〕50号）

为切实履行中央关于加强科研经费监管和科研管理“放、管、服”相关文件精神，规范研究所科研物资采购，简化采购流程，提高管理效率，完善风险防控措施，推动科技创新发展，结合研究所实际，特制订本办法。

第一章　总　则

第一条　本办法所指科研物资包括实验试剂、实验耗材、实验动物、办公用品、仪器设备（非公开招标限额内）、农资农机等有形商品及技术服务等无形商品。不包括剧毒类危险化学品、易制爆危险化学品、易制毒物危险化学品等国家明令禁止在互联网销售的产品。

第二条　本办法所称采购，系指研究所各部门及团队使用研究所管理的各类资金，以购买、委托或雇佣等方式获取物品和服务的行为。不含基本建设项目和修缮购置项目的采购。

第二章　采购管理主体及原则

第三条　科研人员为采购主体，部门/团队、计财处和科技处负责人及所领导依据审批权限负责采购审批。计划财务处为全所科研物资采购、出入库管理的主管部门。

第四条　科研物资采购严格遵守勤俭节约，按需采购，现用现买，杜绝浪费的原则。

第五条　科研物资采购须遵循“线上采购是常态，线下采购是例外，采购信息全留痕”的原则。尽量通过“中国科研物资采购平台”（以下简称“平台”）系统采购，不能通过系统采购的按照本办法规定进行线下采购。

第三章　采购流程及审批管理

第六条　确定采购、审批、出入库人员

计划财务处牵头确定研究所采购审批及出入库管理流程及人员。收集并在“平台”设置采购审批、验货流程及人员账号。计划财务处须设置“平台管理员”一名。

第七条　线上采购审批权限

1. 单笔订单金额低于3万元，由团队首席及计财处负责人审核。

2. 单笔订单金额高于3万元（含3万元）并低于5万元时，由团队首席、科技处负责人、计财处负责人依次审核。

3. 单笔订单金额高于5万元（含5万元）并低于10万元，由团队首席、科技处负责人、计财处负责人和主管科技副所长依次审核。

4. 单笔订单金额高于10万元（含10万元），由团队首席、科技处负责人、计财处负责人和主管科技副所长依次审核后，再由所长审核。

第八条　线上采购流程

1. 采购员在平台选择所需商品并发起订单。

2. 团队首席或部门负责人审核并通过或退回订单。

3. 计财处负责人审核并通过或退回订单。

4. 科技处负责人审核并通过或退回订单（如需要）。

5. 主管副所长审核并通过或退回订单（如需要）。

6. 所长审核并通过或退回订单（如需要）。

7. 供应商确认订单并发货。

8. 验货员验货通过或退货。

第九条　线下采购管理

1. 以下情况可在线下采购：

（1）对于“平台”无法采购到的科研物资。

（2）因特殊情况而急需使用的科研物资，线上采购无法满足时间需求的。

2. 线下采购应填写《科研物资线下采购申请单》，经采购主管部门复核后，按财务报销额度权限，经不同层级负责人审核后，办理采购手续。

3. 计划财务处应将线下采购订单明细汇总存档。

4. 线下采购完成后，按要求完成验货手续。

5. 对科研急需且采购金额超过国家规定的公开招标限额的设备耗材及技术服务，在履行研究所“三重一大”事项集体决策程序后，可不再走招投标程序。

第十条　线上或线下单批或单件科研物资采购金额在1万元以上的（含1万元），应同供应商签订采购合同，并报计划财务处备案。采购合同可使用“平台”提供的模板合同，也可自行订立合同。

第十一条　验货管理

1. 科研物资到货后，采购人员、验货员按照研究所科研物资验收准则负责验货，验货合格后在平台或线下完成验货流程。

2. 验货中对于科研物资有异议的，采购人员、验货员应及时沟通协调进行退换货。

3. 已在平台验货通过后，需要退换货的产品，须由采购人员书面说明退货原因，验货人、供应商、采购人员签章，计财处签盖确认，采购主管部门备案后，可线下退货。同时将上述材料复印件提交至平台客服留档。

第十二条　出入库管理

1. 验货员验货通过后须填写入库单，并和库管员一同签字确认，进行入库登记。

2. 凡供货单位提供的供货清单信息不完整、货品与采购清单不一致，不予验收入库。

3. 物品入库，要按照不同的材质、规格、功能和要求，分类、分别储存。

4. 采购人员领用采购的科研物资时须填写出库单，并和库管员一同签字确认，办理出库手续。

5. 出入库单一式二份，一份由计划财务处存档，一份随同原始发票报销。

6. 库房应做好防火、防盗、防潮、防冻、防鼠工作。

第四章 实验动物及危化品采购

第十三条 实验动物采购

1. 本办法所指实验动物是指以科研为目的的各种动物，包括标准化的实验动物及非标准化的实验动物。

2. 实验动物应购自有资质的实验动物生产企业或实验动物中心，或没有被动物检疫防疫部门划定为疫区的养殖场、农户等饲养的家畜、家禽等动物。

3. 实验动物采购过程中，使用部门或团队须向计划财务处出具相关许可证、合格证或检疫证明，确保动物来源清楚，质量合格。

4. 实验动物使用部门或团队应针对非标准实验动物开展重要人兽共患病的检测工作，并在报销时提交检测报告。其中羊必须检测布氏杆菌病，牛必须检测布氏杆菌病、牛结核病，猪必须检测布氏杆菌病，犬、猫必须检测狂犬病。

第十四条 危险化学品和易制毒化学品采购

1. 易制毒、易制爆、剧毒类化学品采购由计划财务处统一采购管理。采购及使用须严格按照国家《危险化学品管理条例》《易制毒化学品管理条例》及相关法律法规执行。

2. 采购此类产品须以团队或部门为单位填写《危险化学品采购申请表》，提交计划财务处，由计划财务处安排专人采购。危险化学品目录-剧毒类、易制毒化学品目录-1类、易制爆化学品及其他国家法律法规规定不适宜通过互联网购买的化学品不得在平台采购。

3. 计划财务处采购危险化学品时须主动查阅供应商资质，严禁向无资质供应商采购。管制类化学品须提前取得相关部门审批或通过指定渠道采购。

第五章 附 则

第十五条 本办法如与国家法律法规规定相抵触，按国家法律法规规定执行。如与所内其他与采购相关管理规定不一致，按本办法执行。

第十六条 本办法自2020年7月9日所长办公会议通过起施行。原《中国农业科学院兰州畜牧与兽药研究所科研物资采购管理办法》（农科牧药办〔2018〕61号）同时废止。由计划财务处负责解释。

中国农业科学院兰州畜牧与兽药研究所差旅费管理办法

（农科牧药办〔2020〕81号）

第一章 总 则

第一条 为加强和规范研究所国内差旅费管理，推进厉行节约反对浪费，切实给科研人员做好服务和松绑减负，根据《中央和国家机关差旅费管理办法》《党政机关厉行节约反对浪费条例》《关于进一步完善中央财政科研项目资金管理等政策的若干意见》及《中国农业科学院差旅费管理办法》等有关规定，结合研究所实际，制订本办法。

第二条 差旅费是指工作人员（在职人员、聘用人员、借调或挂职人员、研究生、邀请专家等）临时到常驻地以外地区公务出差所发生的城市间交通费、住宿费、伙食补助费和市内交通费。

第三条 根据公务出差审批制度要求，出差必须按规定报经研究所有关领导批准，从严控制出差人数和天数；严格差旅费预算管理，控制差旅费支出规模；严禁无实质内容、无明确公务目的的差旅活动，严禁以任何名义和方式变相旅游，严禁异地部门间无实质内容的学习交流和考察调研。

第四条 差旅费标准执行财政部按照分地区、分级别、分项目等原则制定的差旅费标准。院士对应部级标准，研究员等正高级专业技术人员、三级四级管理岗位人员及副所局级人员对应司局级标准，其余人员及研究生等对应其他人员标准。博士后研究人员、聘用人员、邀请专家，按照其专业技术职务情况参照执行。同时在专业技术岗位和管理岗位两类岗位上任职的人员，可以按“就高”原则选择差旅费标准。

第二章 城市间交通费

第五条 城市间交通费是指工作人员因公到常驻地以外地区出差乘坐火车、轮船、飞机等交通工具所发生的费用。

第六条 出差人员应当按规定等级乘坐交通工具。未按规定等级乘坐交通工具的，超支部分由个人自理。因紧急任务须超标准乘坐交通工具的，经所领导批准可据实报销。

乘坐交通工具的等级见下表：

级别	交通工具			
	火车（含高铁、动车、全列软席列车）	轮船（不包括旅游船）	飞机	其他交通工具（不包括出租小汽车）
司局级及相当职级人员（研究员等正高级专业技术人员、三四级管理岗位人员及副所局级人员）	火车软席（软座、软卧），高铁/动车一等座，全列软席列车一等软座	二等舱	经济舱	凭据报销
其余人员	火车硬席（硬座、硬卧），高铁/动车二等座、全列软席列车二等软座	三等舱	经济舱	凭据报销

第七条　到出差目的地有多种交通工具可选择时，出差人员在不影响公务、确保安全的前提下，应选乘经济便捷的交通工具。

第八条　乘坐飞机的，民航发展基金、燃油附加费可以凭据报销。

购票人应优先购买通过政府采购方式确定的国内航空公司航班优惠机票，可以通过政府采购机票管理网站、各航空公司直销机构或具备中国民航机票销售资质的政府采购代理机构购买机票。通过代理机构购买公务机票的，应选择信誉较好，且不收取服务费的政府采购代理机构。

报销政府采购公务机票的，应当以标注有政府采购机票查验号码的《航空运输电子客票行程单》作为报销凭证；报销非政府采购公务机票的，应提供从有关航空公司官方网站或政府采购机票管理网站下载打印的出行日期机票价格截图等证明其低于购票时点政府采购优惠票价的材料。

目的地无公务机票航班的，出差人员应写明原因报经所领导审批后，予以报销。

第九条　乘坐飞机、火车、轮船等交通工具的，每人次可购买交通意外保险一份（限额标准为40元）。统一购买交通意外保险的，不再重复购买。

第十条　对于在偏远、边境地区开展考察、调研、试验和检测监测等工作，受地理环境和当地条件限制，必须自驾或者租车前往的，经团队首席或部门负责人批准，租车费可以据实报销，发生的汽油费和路桥费凭据报销，并且报销金额原则上控制在城市间交通费最低标准内。自驾车和租车出差的，不发放交通补助。

第三章　住宿费

第十一条　住宿费是指工作人员因公出差期间入住宾馆（包括饭店、招待所，下同）发生的房租费用。

第十二条　住宿费标准执行财政部最新发布的作为研究所工作人员到相关地区出差的住宿费限额标准。

对于住宿价格季节性变化明显的城市，住宿费限额标准在旺季可适当上浮一定比例，具体按财政部发布的标准执行。

第十三条　出差人员应当坚持勤俭节约原则，根据职级对应的住宿费标准，自行选择安全、经济、便捷的宾馆住宿（不分房型），在限额标准内据实报销。

对于去往野外或偏远乡村开展科研活动，确实无法提供住宿费发票的，经研究所领导批准后，根据相关凭证在限额标准内据实报销。

第四章　伙食补助费

第十四条　伙食补助费是指对工作人员在因公出差期间给予的伙食补助费用。

第十五条　伙食补助费按出差自然（日历）天数计算，按规定标准包干使用。

第十六条　出差人员应当自行用餐。除确因工作需要由接待单位按规定安排的一次工作餐外，出差人员就餐应当自行解决。出差人员需接待单位协助安排用餐的，应当提前告知控制标准，并向伙食提供方交纳伙食费。接待单位应向出差人员出具接收凭证（个人保存备查，不作报销依据），收取的伙食费用于抵顶接待单位的接待费支出。

第五章　市内交通费

第十七条　市内交通费是指工作人员因公出差期间发生的市内交通费用。

市内交通费按出差自然（日历）天数计算。出差往返机场（车站）、从机场（车站）直接到试验基地等市内交通费，采用据实报销和按标准包干两者并行的方式，但不可重复领取。随差旅费一同报销的市内交通费应注明起点、终点、事由。乘坐本单位车辆往返机场（车站）的，不得重复领取市内交通补助。

第十八条　出差人员由接待单位或其他单位提供交通工具的，应向接待单位交纳相关费用。

出差人员到试验点租用汽车的，返回后报销时给予伙食费补助，不再给予交通费补助。

第六章　报销管理

第十九条　出差人员应当严格按规定开支差旅费，费用由研究所或课题承担。出差前应先履行研究所审批手续，再办理差旅费报销业务。

第二十条　城市间交通费按乘坐交通工具的等级凭据报销，订票费、经批准发生的签转或退票费、交通意外保险费凭据报销。住宿费按规定据实报销或领取包干使用费。伙食补助费按出差目的地的标准报销，在途期间的伙食补助费按当天最后到达目的地标准报销。市内交通费按规定据实报销或领取包干使用费。未按规定开支差旅费的，超支部分由个人自理。

第二十一条　工作人员出差结束后应当及时办理报销手续。差旅费报销时应当提供出差审批单、机（车）票、住宿费发票、住宿费发票查询单、会议（培训）文件、公务卡刷卡小票等凭证。

住宿费、机票、会议（培训）费等支出按规定用公务卡结算。如果不能使用公务卡的，必须由对方提供证明材料，报销时必须填写未使用公务卡审批表。

出差人员实际发生住宿而无住宿发票的，由出差人员说明情况并经团队首席或部门负责人、分管所领导批准，可以据实报销城市间交通费，并按规定标准发放伙食补助和市内交通费补助，其他情况一般不予报销差旅费。

第二十二条　到远郊区县参加会议、培训的，原则上不报销住宿费、伙食补助费和市内交通费；因工作需要发生住宿费的，出差人员应写明原因报经部门领导审批后，在标准内据实报销；到远郊区县开展其他公务活动且实际发生住宿、伙食、交通等费用的，按照差旅费管理办法的规定标准报销。统一安排伙食、交通工具的，不再报销伙食补助费和市内交通费。

第二十三条　到常驻地以外参加会议、培训，且食宿费由举办方承担的，会议、培训期间执行会议和培训费的相关制度。参加其他单位举办的会议、培训，举办方收取会议费和培训费的，凭会议、培训通知和确定的收费标准据实报销；举办方统一安排食宿且费用自理的，会议、培训期间凭举办方出具的有效证明，在标准内据实报销住宿费和伙食补助费。往返会议、培训地点发生的城市间交通费、伙食补助费和市内交通费按照差旅费管理办法的规定报销。其中，伙食补助费和市内交通费按往返路途天数计发，当天往返的按 1 天计发。

第二十四条　邀请专家参加研究所举办的会议、培训的，可按相应职级标准报销受邀人员城市间交通费、住宿费，研究所已负责安排伙食及市内交通的，不得重复领取伙食补助费及市内交通补助。

第二十五条　工作人员因调动工作发生的城市间交通费、住宿费、伙食补助费和市内交通费，由调入单位按照差旅费管理办法的规定予以一次性报销。随迁家属和搬迁家具发生的费用由调动人员自理。

第二十六条　经所领导批准工作人员出差期间回家省亲办事的，城市间交通费按不高于从出差目的地返回单位按规定乘坐相应交通工具的票价予以报销，超出部分由个人自理；伙食补助费和市内交通费按从出差目的地返回单位的天数（扣除回家省亲办事的天数）和规定标准予以报销。

计划财务处应当严格按规定审核差旅费开支，对未经批准出差以及超范围、超标准开支的费用不予报销。

第七章　监督问责

第二十七条　各部门应当加强对本部门工作人员出差活动和经费报销的内控管理，对本部门出差审批制度、差旅费预算及规模控制负责，相关部门领导、财务人员等对差旅费报销进行审核把关，确保票据来源合法，内容真实完整、合规。对未经批准擅自出差、不按规定开支和报销差旅费的人员进行严肃处理。

各部门应当自觉接受审计部门对出差活动及相关经费支出的审计监督。

第二十八条　计划财务处会同研究所纪检部门对差旅费管理和使用情况进行监督检查。主要内容包括：

（一）出差活动是否按规定履行审批手续。

（二）差旅费开支范围和标准是否符合规定。

（三）差旅费报销是否符合规定。

（四）是否向下级单位、企业或其他单位转嫁差旅费。

（五）差旅费管理和使用的其他情况。

第二十九条　出差人员不得向接待单位提出正常公务活动以外的要求，不得在出差期间接受违反规定用公款支付的宴请、游览和非工作需要的参观，不得接受礼品、礼金和土特产品等。

第三十条　违反本办法规定，有下列行为之一的，依法依规追究相关部门和人员的责任：

（一）对出差审批控制不严的。

（二）虚报冒领差旅费的。

（三）擅自扩大差旅费开支范围和提高开支标准的。

（四）不按规定报销差旅费的。

（五）转嫁差旅费的。

（六）其他违反本办法行为的。

有以上行为之一的，由计划财务处会同研究所纪检部门责令改正，追回违规资金，并视情况予以通报。对直接责任人和相关负责人，按有关规定给予行政处分。涉嫌违法的，移送司法机关处理。

第八章　附　则

第三十一条　研究人员到实验基地或相关合作单位开展科研活动时间较长的、到基层挂职的或长期借调的，往返期间执行差旅费报销标准；对长期借调、挂职人员按 30 元/（人・天）补助发放（对方单位已发放补助，本单位再不发放）；大洼山基地工作人员按 30 元/（人・天）误餐补助发放；张掖基地工作人员按每人每天 60 元误餐补助发放。

第三十二条　参加研究所课题任务的外单位人员出差，参照本办法执行，其差旅费从相关课题经费中列支。

第三十三条　本办法由计划财务处负责解释。

第三十四条　本办法自 2020 年 12 月 30 日所长办公会议通过起施行。《中国农业科学院兰州畜牧与兽药研究所差旅费管理办法》（农科牧药办〔2017〕3 号）同时废止。

附件

招待费申请单

申请日期：　　　　　　　　　　　　　　招待日期：

申请部门		申请金额	
招待费标准		招待单位	
事由			
招待人数		陪同人数	
用餐地点			
备注			
经办人		部门负责人	
分管所领导（500 元以内）		主管财务所领导或 所长（500 元以上）	

中国农业科学院兰州畜牧与兽药研究所合同管理办法

（农科牧药办〔2021〕9号）

第一章 总 则

第一条 为进一步规范研究所合同管理工作，防范合同风险，维护研究所合法权益，根据《中华人民共和国合同法》及相关法律法规，结合研究所实际，制定本办法。

第二条 本办法所称合同是指研究所在民事活动中作为一方当事人与自然人、法人或者其他组织之间确立、变更或终止民事权利义务关系的合同、协议等。

第三条 本办法所称合同管理是指研究所制定和修改有关合同管理制度以及对合同的订立、审批、履行、变更与解除、纠纷处理进行监督、检查、考核等管理活动。

第四条 本办法适用于研究所科研、支撑、管理和服务等部门及创新团队的所有合同。具有独立法人资格的所办企业制定本企业合同管理办法，经研究所办公会通过后执行。

第五条 订立合同应当遵守国家法律法规，坚持平等互利、诚实信用、协商一致的基本原则，不得侵害国家和社会公共利益，不得损害研究所及他人合法权益。

第六条 研究所按照“统一领导、归口管理、分级负责”的原则进行合同管理。

第二章 合同管理部门及职责

第七条 研究所办公室为研究所合同的主管部门，相关职能部门根据职责范围为相应类型合同的归口管理部门。

第八条 合同归口管理部门指负责指导及开展合同业务联系、合同起草及签订、合同送审报批、合同实施、合同归档等工作的部门。

（一）办公室：负责研究所综合性合同事务的管理。

（二）党办人事处：负责研究所涉及人力资源、人事管理、劳务等合同的管理。

（三）科技管理与成果转化处：负责研究所承担的科研项目、技术合作项目以及成果转化与服务等科技合同的管理；负责研究所与国内外有关地方、部门、院校签署合作交流等合同的管理；负责研究生培养等合同的管理。

（四）计划财务处：负责财务管理（含银行账户及其相关业务）的合同管理；负责固定资产及低值易耗品的采购、使用与处置、对外出租出借、重大设备维修等合同的管理；负责基本建设项目及修缮购置项目相关合同的管理。

（五）平台建设与保障处：负责与大洼山基地、张掖基地及兰州中牧畜牧科技有限责任公司和兰州牧药所生物科技研发有限责任公司运行有关的采购、生产、销售、房屋和设施设备及场地的租赁、房屋修缮、设施设备维修、土地平整、对外服务、劳务服务、绿化、安全等合同的管理。

（六）后勤服务中心：负责伏羲宾馆及与后勤服务有关的采购、房屋租赁、房屋修缮、设施设备维修、绿化、卫生、消防、安全等合同的管理。

第九条 合同内容涉及多个部门职责的，根据合同性质或合同主要权利义务确定归口管理部门。

第三章 合同的签订

第十条 除研究所法定代表人直接签署合同外，法定代表人可书面授权分管所领导或各部门的主要负责人为合同事务的委托代理人。其他人为代理人的，应当有特别规定或者法定代表人的书面授权。未经授权的部门和个人不得擅自对外以研究所或部门名义签订合同。

第十一条 各类合同的经办人员须为研究所在职职工。

第十二条 签订合同前，要充分了解合同对方单位的资质、资信和合同履行能力等情况。要严格按规定程序办理协商洽谈、可行性研究和论证、招投标、政府采购、资产评估等事项。重要合同要经过研究所法律顾问审查。

第十三条 各类合同要有部门或团队内包括经办人、负责人在内的至少2人参与合同的办理工作，禁止任何个人全程包办。

第十四条 归口管理部门是合同的责任单位，部门负责人或团队首席是合同的直接责任人。

第十五条 签订合同的审批环节

合同经办人员起草合同文本，部门负责人或团队首席审核，根据所涉及的人、财、物等情况报送相关管理部门会审后，交由分管所领导审核，最后上报所长审核并签批。

根据合同签订的授权权限确定审批环节并填报《合同签订审核表》进行审核和签批。

第十六条 合同的签订权限

（一）"三重一大"类合同

凡属研究所出租、出借土地资产以及国有资产处置、捐赠、赞助、影响重大的资产重组、资本运作、融资担保、大额度资金使用等涉及"三重一大"合同事项，严格按照《研究所"三重一大"决策制度实施细则》规定管理，由归口管理部门负责人审核签字后报分管所领导和所长逐级签批。

（二）科研类合同

1. 合同金额在3万元以下的，部门负责人或团队首席审查签字后报科技管理处审核签批。

2. 合同金额大于3万元（含3万元）且小于10万元的，部门负责人或团队首席审查签字，经科技管理处负责人审核签字后上报分管科研所领导签批。

3. 合同金额大于10万元（含10万元）的，部门负责人或团队首席审查签字，经科技管理处负责人审核签字后报分管科研所领导和所长逐级签批。

（三）基建修购类合同

1. 合同金额在10万元以下的，项目负责人审查签字，经计划财务处负责人审核签字后报分管所领导签批。

2. 合同金额大于10万元（含10万元）的，项目负责人审查签字，经计划财务处负责人审核签字后报分管所领导和所长逐级签批。

（四）事业经费及伏羲宾馆合同

1. 合同金额在3万元以下的，部门负责人审核签字后报分管所领导签批。

2. 合同金额大于3万元（含3万元）的，部门负责人审核签字后报分管所领导和所长逐级签批。

（五）科研项目任务书根据任务书格式要求经团队首席或项目负责人签署后，由科技管理处审核后逐级上报签批。

（六）战略性框架协议经部门负责人和分管所领导逐级审核后由所长签批或所长授权分管所领导签批。

（七）人员聘用合同由党办人事处负责人和分管所领导审核，所长签批或所长授权分管所领导或党办人事处负责人签批。

（八）议事合同、工作备忘录和其他管理合同由部门负责人和分管所领导逐级审核后报所长签批或所长授权分管所领导或部门负责人签批。

（九）所有物资采购合同、维修合同均需计划财务处负责人审核签字或会签。

第十七条　合同标的涉及不满 1 万元价款或者报酬支付，确有需要订立合同的，由执行部门主要负责人或团队首席审查、签署后，加盖研究所公章或科技合同专用章。

第四章　合同的履行

第十八条　合同一经签订即具有法律效力。归口管理部门负责人或团队首席要全面负责跟进合同的履行情况。

第十九条　因客观条件发生变化，已签订的合同需要变更、补充或终止的，归口管理部门或团队按照原合同审核和审批程序办理变更、补充或终止手续，签订变更、补充或终止合同。

第五章　罚　则

第二十条　所属部门或团队以及个人在对外签订、履行合同时，因渎职、失职造成研究所损失的，研究所将依照有关规定追究责任。

第二十一条　有下列行为之一的，研究所将视其情节轻重追究合同管理部门负责人及当事人相关责任；给研究所造成损失的，追究当事人的民事责任；构成犯罪的，送交国家司法机关处理：

（一）未经授权，擅自对外签订合同的。

（二）超越代理权限或滥用代理权的。

（三）与合同对方当事人串通，损害研究所利益的。

（四）在合同签订和执行过程中未按合同履约或者违反本办法规定，致使研究所利益受到损失的。

（五）利用研究所合同谋取私利或从事其他违法违规行为的。

（六）未及时处理合同纠纷，或者擅自放弃权利的。

（七）其他违反法律法规和研究所纪律的行为，在合同签订和执行中给研究所造成损失的。

第六章　附　则

第二十二条　本办法如有与国家有关规定不相符的，以国家规定为准。

第二十三条　本办法自 2021 年 1 月 29 日所长办公会议通过之日起施行。

第二十四条　本办法由办公室和计划财务处负责解释。

附件

合同签订审核表

合同名称	
签署单位	
合同类型	科研类□ 战略合作类□ 教育培养类□ 人事劳务类□ 基建修购类□ 土地房屋出租（借）类□ 修缮维修类□ 安全卫生类□ 采购类：服务采购☑ 货物采购□ 工程采购（施工□ 货物□ 服务□） 其他：□
主办人审核	已对合同文本进行审核，内容数据真实无误，可以签署。本人将承担在审核中因本人疏忽或失误所引起的经济和法律责任。 签名： 日期：
部门负责人 （团队首席或项目主持人）审核	已对合同文本进行审核，内容数据真实无误，可以签署。本人将承担在审核中因本人疏忽或失误所引起的经济和法律责任。 签名： 日期：
归口管理部门 负责人审核意见	签名： 日期：
分管所领导 审核意见	签名： 日期：
所长 审核意见	签名： 日期：
法人授权	兹授权（ ）为签署本合同的委托代理人。
是否将原件存至 档案室	1. 是（ ） 2. 否（ ） 签名： 日期：

中国农业科学院兰州畜牧与兽药研究所对外投资管理办法

（农科牧药办〔2021〕55号）

第一章　总　则

第一条　为进一步加强研究所国有资产对外投资管理，规范对外投资行为，提高国有资产使用效益，有效防范风险，根据《中华人民共和国公司法》《事业单位国有资产管理暂行办法》等国家有关法律、法规和《中国农业科学院国有资产管理暂行办法》等有关规章制度，结合研究所实际，制订本办法。

第二条　本办法所称对外投资是指研究所在保证正常运转和事业发展的前提下，以促进人才培养、科学研究及科技成果转化与产业化、社会服务和确保国有资产保值增值等为目的，利用货币资金、实物资产和无形资产等国有资产对外进行的投资。

第三条　研究所的对外投资分为经营性投资和非经营性投资。经营性投资主要指以营利为目的，向企业或其他营利性组织进行的投资。非经营性投资主要指不以营利为目的，向公益事业或其他非营利性组织进行的投资。

第四条　研究所的对外投资应遵循所企分开、权属清晰、风险可控和注重效益的原则。

第二章　运行机制

第五条　研究所对外投资属“三重一大”事项范围，应依照《中国农业科学院兰州畜牧与兽药研究所“三重一大”决策制度实施细则》由领导班子集体讨论做出决策，并按相关程序履行手续。

第六条　计划财务处履行研究所对外投资的相关管理职能。

第七条　研究所所属不具备独立法人资格的下属单位一律不得自行对外投资。

第三章　基本要求

第八条　各类对外投资项目应符合研究所发展战略和创新需求，紧密结合研究所科研事业和学科特色，促进人才培养和科学研究，服务经济发展和社会进步，提升研究所综合实力。

第九条　严格控制以货币、实物等有形资产和以研究所名称作为无形资产的对外经营性投资。

第十条　拟用于对外投资的国有资产权属应当清晰。权属关系不明确或者存在权属纠纷的资产，不得用于对外投资。

第十一条　下列资产不得用于对外投资：

（一）国家财政拨款。

（二）上级补助。

（三）维持研究所正常运转、完成事业发展任务的资产。

第十二条　借款、贷款和租赁的资产不得用作开办经济实体的注册资本。

第十三条　不得从事以下对外投资事项：

（一）进行买卖期货、股票，国家另有规定的除外。

（二）购买各种企业债券、各类投资基金和其他任何形式的金融衍生品或进行任何形式的金融风险投资，国家另有规定的除外。

（三）其他违反法律、行政法规规定的。

第四章　审批备案

第十四条　研究所对外投资行为应以所党委会形式讨论决定。会议决定的事项、过程、参与人及其意见、结论等内容，应当完整、详细记录并存档备查。

第十五条　研究所重大对外投资行为，应按照有关法律、法规向相关主管部门履行审批手续，并及时完成备案手续。

第十六条　研究所对外投资项目应进行可行性论证，内容主要包括国家产业政策分析、市场分析、效益分析、技术与管理分析、法律分析、风险分析及其他方面的分析。

第十七条　备案程序：

（一）关于进行对外投资的书面报告。

（二）项目可行性分析报告。

（三）研究所拟同意进行对外投资的会议决议或会议纪要。

（四）合作各方草签的合作意向书、协议草案或合同草案。

（五）政府的有关许可文件。

（六）律师事务所出具的《法律意见书》或《尽职调查报告》。

（七）第三方评估报告。

（八）其他相关材料。

第十八条　项目后续的追加投资、产权变化、规划变更等重大调整，仍按以上程序履行备案手续。

第五章　监督管理

第十九条　研究所要认真贯彻国家有关法律、法规，明晰投入资产的产权关系，切实履行职责，加强对投资合作的监督与管理。

第二十条　研究所以投资额作为考核对外投资项目国有资产保值增值和投资回报的依据。计划财务处要加强对外投资的监督与管理，确保国有资产保值增值，维护研究所权益。

第二十一条　各类投资的企业或其他组织应定期向研究所报告财务状况、生产经营状况和国有资产保值增值状况，并按规定上交研究所投资收益。对与学科建设无关、对创新发展无促进作用或长期亏损、投资无回报的各类投资企业，研究所应依法依规予以撤并或退出。

第二十二条　对外投资的企业或其他组织因故解散、关闭或撤销的，按国家有关规定和程序执行。

第二十三条　投资项目因管理不善或用人不当致使国有资产流失、企业严重亏损或造成其他严重后果的，要按照有关责任追究制度追究相关责任人的责任。

第六章　附　则

第二十四条　本办法自 2021 年 6 月 30 日所长办公会议通过之日起实施。由计划财务处负责解释。

中国农业科学院兰州畜牧与兽药研究所招标采购管理办法

（农科牧药办〔2021〕55号）

第一章 总 则

第一条 为加强研究所招标采购工作的管理与监督，建设科学规范的招标采购工作程序，发挥资金效益，提高采购效率，依据《中华人民共和国招标投标法》《中华人民共和国政府采购法》《中华人民共和国政府采购法实施条例》《工程建设项目施工招标投标办法》等法律法规，结合研究所实际，制订本办法。

第二条 研究所各部门或团队使用财政性资金、研究所自有资金或自筹资金采购货物、工程和服务的行为，适用本办法。

本办法所称的招标，是指通过公开招标或邀请招标等方式进行采购的行为。

本办法所称采购，是指以合同方式有偿取得货物、工程和服务的行为，包括购买、租赁、委托等。

本办法所称货物，是指各种形态和种类的物品，包括原料、科研物资、仪器设备、办公用品等。

本办法所称工程，是指建设工程，包括建筑物和构建物的新建、改建、扩建、装修、拆除、修缮等。

本办法所称服务，是指除货物和工程以外的其他采购对象。

本办法所称招标人，是指研究所；采购人是指采购项目的主管部门或团队。

第三条 使用财政性资金或研究所自有资金采购政府集中采购目录以内的或者采购限额标准以上的货物、工程和服务的行为适用《中华人民共和国政府采购法》，必须委托集中采购机构代理采购。

第四条 研究所依法委托具有相应资质的招标代理机构，在委托的范围内办理招标采购事宜。

第五条 招标采购活动应当遵循公开、公平、公正、择优、诚信、维护研究所利益的原则。

第二章 组织机构及工作分工

第六条 研究所成立招标采购工作领导小组，由分管所领导任组长，相关领导和部门负责人参加，作为研究所招标采购工作的领导机构，具体做好以下工作：

（一）领导、监督管理研究所的采购工作。

（二）确定和调整研究所招标采购的数额标准及采购方式。

（三）审定评标小组、谈判小组、询价小组的组成人员。

（四）处理对采购项目的投诉。

（五）领导小组依规定认为应当由其处理的其他事项。

第七条　研究所成立采购工作办公室，设在计划财务处，为研究所招标采购工作的归口管理部门。党办人事处为研究所招标采购工作的监督管理部门，各使用部门及团队为研究所招标采购工作的责任部门，按照各自的职责分工参与研究所招标采购工作。

第八条　计划财务处的工作

（一）依照有关法律法规制定研究所招标采购的规章制度，报研究所批准后组织实施。

（二）负责编制采购预算，审核招标项目经费来源。

（三）制定招标采购工作计划并组织实施；组织技术方案及大型进口仪器设备的论证；组织编制招标文件，发布招标信息，初审投标人资格；组织开标、评标会议，向中标单位签发中标通知书；审核拟签订的合同文本；组织履约验收。

（四）负责采购项目的结算审计工作，参与项目的验收工作。

（五）负责招标资料的建档、归档工作。

第九条　党办人事处的工作

（一）参与招标工作有关会议。

（二）监督开标、评标、定标过程。

（三）参与项目的验收工作。

第十条　使用部门及团队的工作

（一）组织项目的前期论证及审批工作，提供招标采购项目的技术要求或规范，提出论证报告和预算额度。

（二）审核招标公告、招标文件，负责招标技术参数释疑工作。

（三）组织投标人对项目进行现场踏勘。

（四）参与开标、评标、定标过程。

（五）参与招标工作有关会议及对中标候选人的实地考察。

（六）审核拟签订的合同文本。

（七）参与招标采购项目的验收工作及项目款的报销工作。

第三章　招标采购分类与方式

第十一条　招标采购分为政府集中采购、委托代理招标公司采购和研究所自行采购三种形式。

第十二条　招标采购方式有公开招标、邀请招标、竞争性谈判、竞争性磋商、单一来源、询价、协议供货和定点采购、批量集中采购、自行采购等。

（一）公开招标。公开招标是指按照国家有关法律、法规和规定的程序，采购工作小组以招标公告的方式邀请不特定的供应商参与投标，并根据中标条件公开确定中标人的采购工作方式。

研究所各部门或团队不得将应当公开招标的工程、货物、服务化整为零或者以其他任何方式规避公开招标采购。

（二）邀请招标。邀请招标是指按照采购工作领导小组议定的资质条件以招标邀请书的方式邀请三家及以上特定供应商参与投标，按照评标委员会议定的中标条件评议确定中标人的采购工作方式。符合下列情形之一的项目，采用邀请招标方式采购。

1. 具有特殊性，只能从有限范围的供应商处采购的。

2. 采用公开招标方式的费用占采购项目总价值的比例过大的。

3. 采用公开招标方式所需时间不能满足用户紧急需要的。

（三）竞争性谈判。符合下列情形之一的项目，可以采用竞争性谈判方式采购。

1. 招标后没有供应商投标或者没有合格标的或者重新招标未能成立的。

2. 技术复杂或者性质特殊，不能确定详细规格或者具体要求的。

3. 采用招标所需时间不能满足用户紧急需要的。

4. 不能事先计算出价格总额的。

（四）竞争性磋商。符合下列情形的项目，可以采用竞争性磋商方式开展采购。

1. 购买服务项目。

2. 技术复杂或者性质特殊，不能确定详细规格或者具体要求的项目。

3. 因艺术品采购、专利、专有技术或者服务的时间、数量事先不能确定等原因不能事先计算出价格总额的项目。

4. 市场竞争不充分的科研项目，以及需要扶持的科技成果转化项目。

5. 按照招标投标法及其实施条例必须进行招标的工程建设项目以外的工程建设项目。

（五）单一来源。符合下列情形之一的物资设备，可以采用单一来源方式采购。

1. 只能从唯一供应商处采购的。

2. 发生了不可预见的紧急情况不能从其他供应商处采购的。

3. 必须保证原有采购项目一致性或者服务配套的要求，需要继续从原供应商处添购，且添购资金总额不超过原合同采购金额百分之十的。

（六）询价。采购的货物规格、标准统一、现货货源充足且价格变化幅度小的采购项目，可以采用询价方式采购。

（七）协议供货和定点采购。是指招标采购项目由研究所通过招标等方式，确定供应商及其所提供货物或服务（包括品牌、规格型号、市场参考价、优惠率、供货期限、服务承诺等），以协议方式固定下来，由研究所在协议有效期内自主选择供应商及其所供货物或服务的一种采购形式。

协议供货和定点采购范围：协议供货和定点采购的范围，一般为采购频繁、规格标准相对统一、价格相对稳定、市场货源充足的通用类货物或服务。

（八）批量集中采购。是指对一些通用性强、技术规格统一、便于归集的政府采购品目，由采购人按规定标准归集采购需求后交由政府集中采购机构统一组织实施的一种采购模式。批量集中采购的范围以财政部相关文件为准。

（九）自行采购。是指只需编报政府采购预算，具体采购活动可以自行组织，也可以委托社会代理机构组织实施的采购方式。

第十三条　研究所合同估算价在 50 万元（不含 50 万元）以上的采购项目，原则上委托代理招标公司进行招标采购。5 万元至 50 万元的采购项目由研究所自行组织招标采购；5 万元（不含 5 万元）以下的采购项目按相关规定由使用部门或团队自行采购。

第四章　纪律与监督

第十四条　研究所各采购管理监督部门及项目执行部门或团队，应严格遵循招标采购管理的基本原则和工作程序，既分工负责、相互制约，又密切合作、相互支持，确保研究所的招标采购工作公开透明、程序严格，杜绝暗箱操作行为，自觉维护研究所利益和形象。

第十五条　参与研究所招标采购工作的所有人员，应严格遵守以下工作纪律：

（一）不得违反规定插手、干预、阻挠研究所的招标工作。

（二）凡与招标项目有利害关系，可能影响公正招标的，相关人员必须主动实行回避制度。

（三）不得与投标人相互串通，损害研究所利益，或者阻挠、排挤其他投标人公平竞争。

（四）不得在招标过程中接受投标单位或由投标单位支付费用的宴请、娱乐、旅游或回扣、有价证券等，严禁私下接触投标单位及其工作人员。

（五）严格遵守保密纪律，不得向他人透露已获取招标文件的潜在投标人的名称、数量，不得泄露评标小组的组成人员以及开标、评标、定标过程中的评议情况。

第十六条　研究所纪委根据职责分工，按照国家的法律法规和研究所相关文件规定，对招标采购工作进行监督检查。

第十七条　对在招标过程中有徇私舞弊、索贿、受贿、泄密等违法违纪行为，或在招标工作中玩忽职守、失职渎职，给研究所造成损失的，要追究相关人员的责任，按相关法律法规及制度处理。

第十八条　投标人、中标人在招投标过程中违反《中华人民共和国招标投标法》《中华人民共和国合同法》及其相关法律法规，或者因供货质量达不到国家标准或约定标准，或未按照合同要求及时供货，给研究所造成损失的，研究所将依法向其主张损失赔偿。

第五章　附　则

第十九条　本办法自 2021 年 6 月 30 日所长办公会议通过之日起施行，由计划财务处负责解释。

中国农业科学院兰州畜牧与兽药研究所所办企业管理办法

（农科牧药办〔2021〕65号）

第一条　为进一步加强和规范研究所所办企业（以下简称“企业”）管理，促进研究所科技成果转化，保障国有资产保值增值，推动所办企业健康持续发展，根据《中华人民共和国公司法》《财政部关于进一步规范和加强行政事业单位国有资产管理的制度意见》（财资〔2015〕90号）等法律法规和上级文件规定，结合研究所实际，制订本办法。

第二条　研究所独资企业、控股企业的监督管理，适用本办法。

第三条　所办企业中的国有资产属于国家所有，由研究所按相应权限依法监管。

第四条　所办企业遵照执行《中国农业科学院兰州畜牧与兽药研究所“三重一大”决策制度实施细则》，企业党的建设、重要人事任免及推荐、重要改革方案及重要规章制度的制定、产权变更、重要资产处置、对外投资项目的确定等凡属重大决策、重要人员任免、重大项目安排和大额资金使用方面的事宜由所党委会研究作出决策。

第五条　坚持管理与服务相结合的原则，建立事企分开、产权清晰、权责明确、监管有效的管理体制，研究所不直接干预企业生产经营活动。

第六条　企业从事经营活动，必须遵守国家法律和行政法规，遵守社会公德、商业道德，诚实守信，接受出资人、政府部门和社会公众的监督，承担社会责任。

第七条　研究所以服务和管理并重的方式，规范和加强对企业的工作联系，促进所办产业健康和可持续发展。

第八条　研究所对所办企业的管理

（一）审议所办企业章程。

（二）推荐所办企业党组织成员。

（三）任免独资企业总经理、副总经理、总经理助理等高层管理人员。

（四）委派控股企业董事会、监事会成员。

（五）审议批准所办企业的注册、合并、分立、破产、兼并、注销、解散或变更、增减注册资本、发行公司债券等事项。

（六）审议批准所办企业重大投资决策和利润分配方案。

（七）其他应当请示的重大事项。

第九条　所办企业依法实行自主经营、独立核算、依法纳税、自负盈亏的经营机制。依据国家相关政策法规和公司章程，结合实际情况，制定企业内部的各项管理制度，并报研究所审批或备案。

第十条　所办企业党组织要认真落实《中国共产党国有企业基层组织工作条例（试行）》，坚持党对企业的全面领导，加强党的建设，全面从严治党，积极开展职工思想政治教育工作，为企业发展提供组织保证和思想保证。

第十一条　所办企业要做好固定资产管理工作，建立健全企业固定资产管理制度，提高固定资产使用效益。

第十二条　所办企业要建立健全档案管理制度，企业档案专人负责，各类档案及时归档。企业档案包括管理档案、人事管理档案、财务档案等。

第十三条　所办企业根据生产经营的规模和发展需要，自主招聘合同制人员，其定编、聘用、辞退以及内部工作岗位的调配，根据国家相关法律法规由企业自行决定。

第十四条　所办企业可以依据国家有关政策、法规规定，结合行业特点制定独立的薪酬体系，积极探索和尝试符合企业发展特点的薪酬制度和激励机制。

第十五条　研究所国有资产管理委员会具体负责所办企业管理。管理委员会由所领导班子成员和国有资产管理部门负责人组成。企业分管领导对企业负有指导和管理责任。

第十六条　研究所各职能服务部门在本部门职责范围内认真履行企业监督管理职责。具体为：

办公室负责与企业的日常沟通协调；负责向企业传达国家及上级主管部门政策和决策部署、研究所决策会议决议等。

计划财务处负责对企业国有资产进行监督管理；负责企业国有资产产权登记以及其他涉及国有股权比例变化的报批工作；协助企业做好年度财务决算、财务审计以及投资收益的收缴工作等。

党办人事处负责指导所办企业党建工作和派驻企业人员的人事管理和服务工作。

科技管理与成果转化处负责科技成果向企业转移转化，指导企业科技创新，提供咨询和评价服务工作。

第十七条　实行企业重大事项请示报告制度。涉及企业“三重一大”事项或需研究所表决事项，企业应及时向研究所请示报告。涉及企业国有资产管理的重大事项需由研究所按程序报上级部门审批。

第十八条　实行企业定期报告制度。研究所定期听取企业工作汇报。汇报内容主要包括企业生产经营情况、存在的主要问题、工作计划、需要研究所协调解决事项等。

第十九条　实行企业审计制度。建立定期审计制度，对企业重大财务异常、重大资产损失及风险隐患等开展专项审计，对投资项目、重要专项资金等开展跟踪审计。根据工作实际需要，可要求企业自行审计或由研究所委托第三方进行审计。

第二十条　本办法自 2021 年 9 月 2 日所长办公会通过之日起实施。由计划财务处负责解释。

中国农业科学院兰州畜牧与兽药研究所房屋资产出租出借管理办法

（农科牧药办〔2021〕65 号）

第一条　为加强研究所房屋资产（以下简称“房产”）出租出借管理，规范房产出租出借行为，在保证国有资产安全、完整的前提下，优化资源配置，提高使用效益，根据国家有关法律法规及《农业农村部行政事业单位房屋资产出租、出借管理暂行办法》（农办财〔2018〕81 号）等有关要求，结合研究所实际，制定本办法。

第二条　本办法所称房产是指由研究所占有、使用、管理的房屋建筑物，主要包括：

（一）国家或地方政府划拨的房产。

（二）使用财政资金或自筹资金购建的房产。

（三）无偿调入的房产。

（四）以置换、受赠、索赔、抵偿、盘盈等方式取得的房产。

（五）其他方式取得的房产。

第三条　房产出租是指研究所在保证履职尽责前提下，在一定时期内将房产以有偿方式出租给个人、法人或其他组织使用的行为。房产出借是指研究所将房产无偿借给其他行政事业单位使用的行为。研究所房产不得出借给个人、非行政事业单位及其他组织。

第四条　房产出租、出借主要包括以下形式：

（一）将房产提供给他人居住的。

（二）将房产（含房屋内的场地、柜台、橱窗等）有偿提供给他人从事生产、经营活动的。

（三）将房屋及构筑物的顶部、外立面等有偿提供给他人从事广告、宣传、展示活动的。

（四）以不变更房产权属为前提，利用房产与他人联营、入股经营、承包经营的。

（五）其他形式。

第五条　房产出租、出借要符合国家有关法律、法规及政策规定，同时进行必要的可行性论证，按照规定程序履行审批手续。未经批准，房产不得擅自对外出租、出借。

第六条　房产出租、出借应遵循权属清晰、安全完整、严格控制、防范风险、注重绩效和公开、公平、公正的原则。

第七条　研究所出租、出借房产，单项或批量价值（账面价值，下同）800 万元以上（含 800 万元）的，经院常务会议审议同意后，报农业农村部审批。单项或批量价值 800 万元以下的，研究所自行审批。研究所应于批复之日起 15 个工作日内将批复文件（一式六份）报院财务局，由院财务局统一汇总后，报农业农村部备案。

第八条　研究所申报房产出租、出借，应提交以下材料：

（一）房产出租、出借申请文件。

（二）房屋所有权证复印件。

（三）能够证明拟出租、出借房产价值的有效凭证，如购房发票、工程决算、记账凭证等复印件（加盖单位公章）。

（四）出租、出借的可行性分析报告。包括：拟出租房产的位置、面积、使用现状、出租原因、招租方式、租期设定、租价确定方法、对承租方的限定条件等。

（五）单位法人证书复印件、拟承租承借方的单位法人证书复印件或企业营业执照复印件、个人身份证复印件。

（六）同意利用房产出租、出借的领导班子会议决议。

（七）其他需提交的材料。

第九条　有下列情形之一的房产不得用于出租、出借：

（一）正常履行研究所职能所必需的。

（二）已被依法裁定查封、冻结的。

（三）未取得产权人或其他共有人同意的。

（四）权属关系不明确或存在权属纠纷的。

（五）不符合安全、环保、卫生等有关标准的。

（六）已抵押，未经抵押权人同意的。

（七）其他。

第十条　研究所应严格控制房产出租、出借行为，确需出租、出借的房产，应当按照规定履行报批手续，并同时在《行政事业单位资产管理信息系统》中进行填报。所有出租、出借事项必须经研究所领导班子集体研究讨论决策。

第十一条　根据研究所部门职责分工，计划财务处负责研究所房产管理，后勤服务中心负责房产出租出借具体事宜。

第十二条　出租房产原则上应采取公开招租的形式，可自行或委托有资质的中介机构开展招租工作。

第十三条　房产出租定价应充分体现市场化定价，通过调查、询价或者委托资产评估机构进行评估，确定合理的租赁价格。

第十四条　后勤服务中心应加强对承租方的资信考察，严格控制房产出租风险。

第十五条　所有房产出租均需订立书面租赁合同，出租合同应包括：房产名称、出租面积、出租用途、出租期限、租金金额、付款方式、资产维护及双方的权利义务、违约责任、纠纷处理等条款。合同一般1年1签，最长不能超过5年。

第十六条　重大项目合同要经过研究所法人代表审阅同意，必要时经所党委会或常务会研究同意，经法律顾问审查后再行签订。

第十七条　为确保承租户合法合规经营，所有承租户在租赁期内，均不得擅自转租、改变用途、破坏结构、形成安全隐患。对违反合约规定的，责令其改正或视情节予以收回出租房屋。

第十八条　禁止承租户在机构名称、机构简介、网站设计、广告宣传、技术资料、产品推介、产品包装及经营活动中使用包含“中国农业科学院”“农科院”“兰州畜牧与兽药研究所”“兰州牧药所”“兰牧药”“中兽医研究所”等本单位的中外文字符、标识及图片，或从事任何可能对研究所带来不良影响的活动。

第十九条　房产出租收入原则上按自然年度向承租方收取。租赁期内的水、电、暖、网络、卫生等相关费用，按照“谁使用、谁支付”的原则，由承租人支付。租赁期满后，研究所不认购、退回或折价收购承租方的固定资产或装修费用，其损失由承租人自行承担。

第二十条　后勤服务中心做好房产出租出借台账登记和收入报表统计工作。计划财务处做好房产出租出借备案审批及公示工作。

第二十一条　房产出租收入全额纳入研究所进行统一核算，实行专项管理，执行“收支两条线”，不得截留坐支。

第二十二条　对出租给研究所内部职工等用于解决居住问题的事项，以及按照有关政策出租的公有住房，不适用本办法，但应按照公开公正公平的原则，履行研究所内部相关程序。

第二十三条　研究所纪委负责对房产出租出借行为进行监督。

第二十四条　研究所在房产出租、出借过程中不得有下列行为：

（一）未按规定程序申报或超越规定审批权限擅自出租、出借房产。

（二）对不符合规定的出租、出借事项予以审批。

（三）弄虚作假、串通作弊，或以明显低于市场公允价格，低价出租房产。

（四）未按规定进行公开招租的。

（五）蓄意拆分拟出租、出借房产。

（六）隐瞒、截留、挤占、坐支和挪用房产出租收益。

（七）其他违反国家有关规定的行为。

第二十五条　本办法未尽事宜，按照国家相关法律、政策规定执行。

第二十六条　本办法自 2021 年 9 月 2 日所长办公会议讨论通过之日起施行，由计划财务处负责解释。

中国农业科学院兰州畜牧与兽药研究所内部控制规程（试行）

（农科牧药办〔2021〕55号）

第一章　总　则

一、内部控制依据

根据《财政部关于全面推进行政事业单位内部控制建设的指导意见》（财会〔2015〕24号）、《行政事业单位内部控制规范（试行）》（财会〔2012〕21号）以及农业农村部和中国农业科学院有关工作要求，结合我所实际，制定本规程。

二、内部控制含义

内部控制是指通过界定岗位职责、细化业务流程、制定和实施风险应对措施，对我所经济和业务活动的风险进行防范和管控，以实现控制目标的过程。

三、内部控制目标

建立和实施内部控制，旨在保证我所经济和业务活动合法合规、资产安全和使用有效、财务信息真实完整，有效防范舞弊和预防腐败，提高公共服务的效率和效果。通过建立与权责一致、制衡有效、运行顺畅、执行有力、管理科学的内部控制体系，规范我所内部经济和业务活动，更好发挥内部控制在提升内部治理水平、规范内部权力运行、促进依法行政、推进廉政建设中的重要作用，为加快“两个一流”建设提供有力支撑。

四、内部控制原则

（一）全面性原则

内部控制覆盖我所各种业务和事项活动的全范围，贯穿内部权力运行的决策、执行和监督全过程，规范我所内部各层级的全体人员，实现对经济和业务活动的全面控制。

（二）重要性原则

内部控制关注我所重要经济和业务活动，以及经济和业务活动的重大风险。

（三）制衡性原则

内部控制在我所内部的部门管理、职责分工、业务流程等方面形成相互制约和相互监督。

（四）适应性原则

内部控制符合国家有关规定和我所的实际情况，并随着外部环境的变化、我所经济和业务活动的调整及管理要求的提高，不断改进和完善。

（五）有效性原则

内部控制保障我所内部权力规范有序、科学高效运行，实现内部控制目标。

五、内部控制组织实施

在研究所所长直接领导下建立和实施内部控制。成立由所领导、职能部门负责人、研究室主任等组成的内部控制建设工作领导小组，所长担任组长；计划财务处为牵头部门，负责组织协调内部控制工作。

内控小组成员名单

组　长：张永光

副组长：张继瑜　阎　萍　杨振刚　李建喜

成　员：陈化琦　符金钟　王学智　杨　晓　荔　霞　张小甫
曾玉峰　王　昉　张继勤　王　瑜　吴晓睿　董鹏程
陈　靖　李剑勇　尚若锋　梁春年　郭　宪　张世栋
王胜义　田福平

第二章　内部控制建设

一、单位主要职责与部门机构设置

（一）单位主要职责

研究所是一所涵盖畜牧、兽医、兽药、草业四大学科研究的综合性农业科研机构。研究所对标"四个面向、两个一流、一个整体跃升"的总体要求，以乡村振兴为使命，围绕我国现代畜牧业标准化健康养殖和优质畜产品生产中的重大产业和科学问题，通过全面实施院科技创新工程，构建畜牧学、兽药学、中兽医学和草业学科结构合理、特色鲜明、整体水平较高的先进学科体系，系统开展牛羊遗传繁育、兽药创制与安全评价、中兽医药现代化、兽医临床与诊断、牧草资源与育种等学科方向的理论基础、技术应用和产品开发方面的科学研究，培育专用牛羊新品种，选育优质抗逆牧草新品种，创制具有自主知识产权的新型兽药产品，研发畜禽高效养殖和疾病防治综合配套技术，着力解决我国畜牧业产业发展全局性、战略性、关键性科技问题，为我国畜禽产品优质、高产、安全、生态提供有力的科技支撑。

（二）部门机构设置

研究所目前共设有畜牧研究室、兽药研究室、中兽医（兽医）研究室、草业饲料研究室 4 个研究部门和办公室、党办人事处、科技管理与成果转化处、计划财务处、平台建设与保障处、后勤服务中心 6 个管理服务部门。

二、部门主要岗位职责

（一）办公室主要职责

办公室是研究所综合管理部门，行使全所综合政务管理服务职能，开展业务交流和对外联系。负责研究所政务会议的组织服务、公务来访接待和文秘工作。全所综合发展规划、总结报告、规章制度起草。协调重大活动的计划和组织实施。公文处理、机要文件运转、督查督办、信函出具、印章管理、档案管理和《工作年报》《工作简报》的编辑。协调组织研究所扶贫工作。牵头组织安全生产和保密工作。负责对外宣传和信息报送，信息化建设和研究所门户网站、智慧农科平台、视频会议系统的管理维护。公务用车管理。计划生育，报纸杂志订阅分发，邮件收发。所领导办公室和会议室管理维护，协助所领导处理日常事务。完成所领导交办的其他工作。

（二）党办人事处主要职责

党办人事处是研究所党务人事综合管理部门，行使全所党的建设、纪检监察、人事人才、劳动工资、离退休职工管理服务职能。负责研究所党务人事工作计划、总结和规章制度等的起草；组织党务会议，负责职工教育及思想政治工作，党委、纪委等印章及介绍信、便函的管理使用，宣传、纪检监察及信访工作，精神文明建设和创新文化建设，工青妇及统战工作。负责干部人事、劳动工资管理与社会保障服务，离退休工作及活动室管理服务。完成所领导交办的其他工作。

（三）科技管理与成果转化处主要职责

科技管理与成果转化处是研究所科研管理部门，行使全所科技创新、成果转化、国际合作与学术交流、科研平台、研究生管理服务职能。负责研究所学科建设及制（修）定科研规划（计划）、科研管理制度，组织项目申报、计划任务实施、结题验收、成果评价及经费监督。负责成果管理、转化、孵化、转移，知识产权保护利用。负责院科技创新工程、基本科研业务费项目管理，国内外合作与学术交流，因公出国报批与管理服务，科研平台规划、运行机制及相关规章制度等的制定，大型仪器设备开放共享，实验室生物安全与危险废弃物管理。研究生教育与导师遴选推荐。承担学术、学位委员会和创新工程工作委员会的秘书工作。完成所领导交办的其他工作。

（四）计划财务处主要职责

计划财务处是研究所计划与财务管理部门，行使全所基本建设、修缮购置、资产管理、计划采购、财务管理服务与监督等职能。负责上述工作相关规划、总结报告、规章制度的编制。负责基本建设与修缮购置项目申报、实施的管理与监督、验收，国有资产管理，物资采购，科研物资采购平台及出入库管理。会计核算、财务报销、财务档案管理。预决算编制及其他财务报告等。负责内部审计和财务监督，接受上级有关部门的财务监督和审计。完成所领导交办的其他工作。

（五）平台建设与保障处主要职责

平台建设与保障处是研究所基地平台管理部门，行使全所基地、平台保障与管理服务职能。负责大洼山试验基地、张掖试验基地、农业农村部兰州黄土高原生态环境重点野外科学观测试验站、兽药 GMP 中试车间和动物实验室等运行管理。平台建设规划的实施，大洼山、张掖试验基地基础设施维护与日常管理，野外观测站数据监测与收集整理，动物实验室管理，兽药 GMP 中试车间生产与经营。完成领导交办的其他工作。

（六）后勤服务中心主要职责

后勤服务中心是研究所后勤保障服务部门，行使所区大院后勤保障服务管理职能。负责研究所水、电、暖供应；水、电、暖和房屋、道路等设施维修养护，大院环境卫生绿化、消防、安全、保卫与综合治理，培训中心的管理和使用。完成所领导交办的其他工作。

第三章 各业务内部控制规程

一、综合办公内部控制

（一）公文制发业务

1. 岗位职责

公文制发类业务根据干部管理权限设置经办岗 1 个、审核岗 3~4 个、签批岗 1 个、制发岗 1 个。经办岗负责拟稿、发文；审核岗依次为主办部门负责人、办公室核稿人、分管所领导，必要时增加相关部门会签审核岗1个；签批岗根据公文类型设置在所长或党委书记处；制发岗负责对公文进行复核、用印、封发。

2. 业务流程

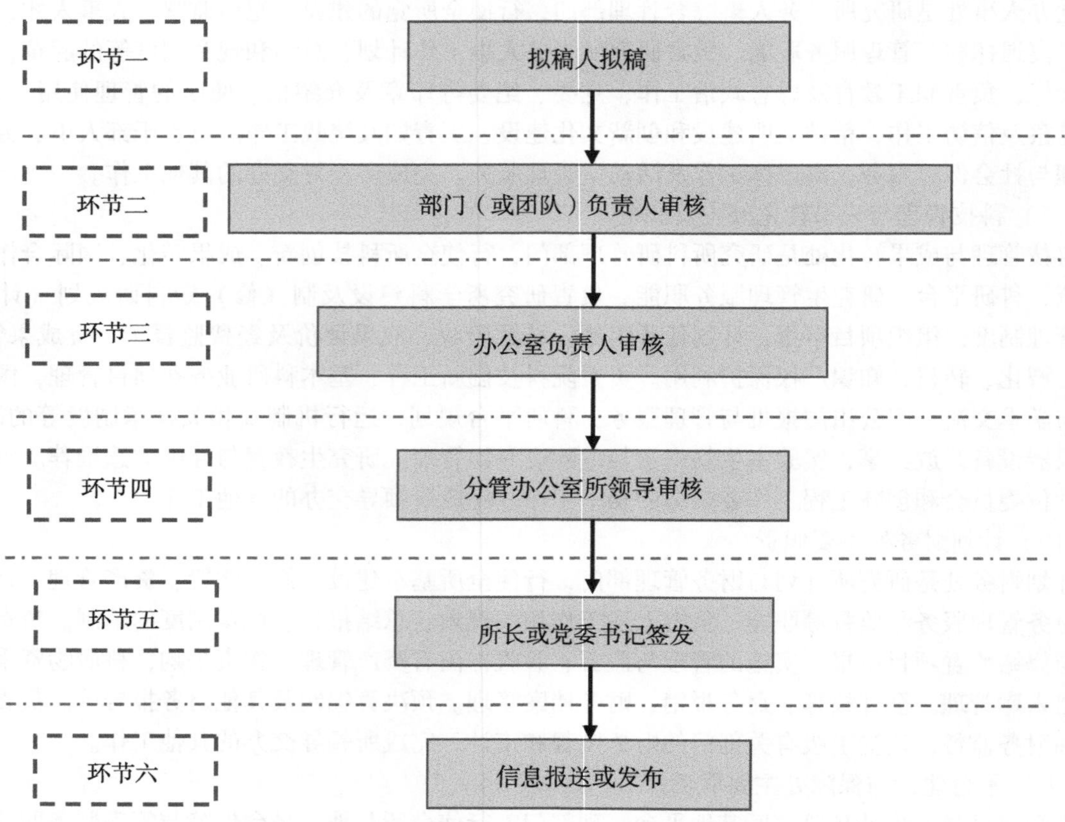

3. 业务环节描述

环节一：主办部门拟稿人起草文稿。

环节二：主办部门负责人承担公文内容和质量的主要审核责任，涉及其他相关部门的重要公文由相关部门负责人会签。

环节三：办公室负责对各部门拟制的公文进行核稿，重点审核内容是否符合公文起草的有关要求。

环节四：分管所领导审核。

环节五：所长或党委书记签发。

环节六：编号登记后由主办部门拟稿人按照发文模板印制出文，再送印章管理部门用印后分发。用印文件均须在监印部门留存归档。

4. 风险点

风险类别	风险点	风险等级	责任主体
上报风险	未经研究所负责人审核签批向上级部门报送公文	中等	上报人
行文风险	公文材料行文不规范	一般	核稿人
印刷风险	公文印刷数量过多，造成浪费	一般	经办人

5. 风险应对策略

（1）除上级机关负责人直接交办的事项外，不得以研究所名义向上级机关负责人报送公文，不得以研究所负责人名义向上级机关报送公文。

（2）办公室负责对各部门拟制的公文进行核稿，依据行文规则严格把关公文材料。

（3）严格控制公文印刷数量，办文部门应按主送单位、抄送单位精确计算印刷数量，避免滥发和浪费。所内发文除存档需要外，一般不印发纸质版文件。

（二）公务接待业务

1. 岗位职责

公务接待类业务根据干部管理权限设置经办岗、审批岗、签批岗各 1 个岗位。经办岗负责申请公务接待费及后续报销事宜；审批岗为接待部门负责人，负责对陪餐人数、用餐标准等进行审核；签批岗根据公务接待费审批权限设置在分管所领导或所长处，签批后方可报销。

2. 业务流程

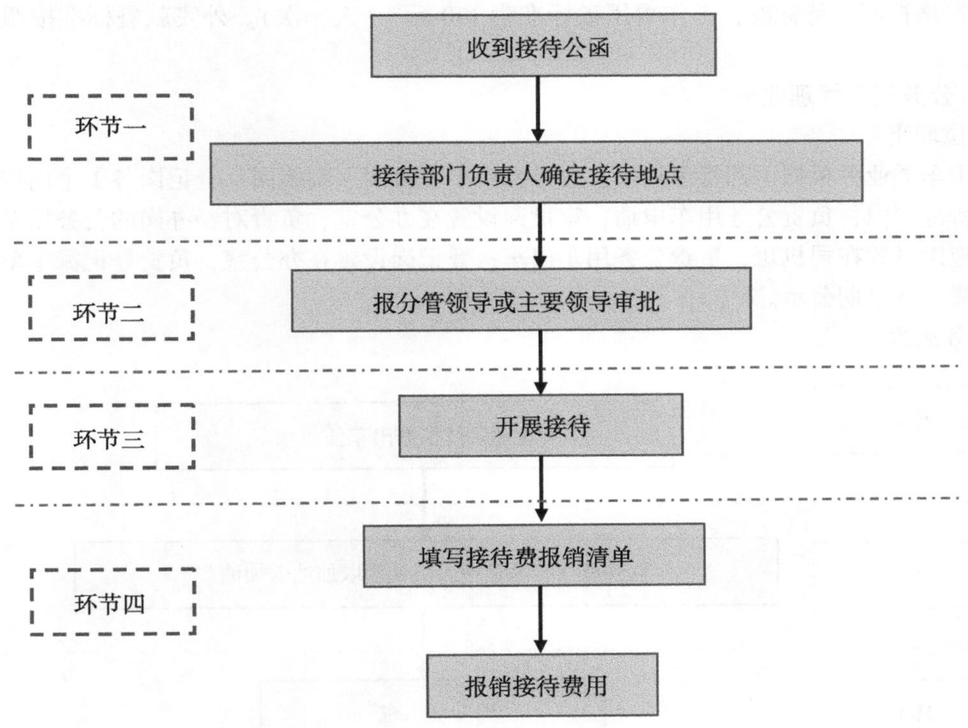

3. 业务环节描述

环节一：接待有关部门和单位来研究所检查指导工作、调研或汇报交流等的，应要求对方发来公函，明确公务内容、行程和人员；因工作需要，研究所主动邀请有关领导和专家来所指导工作、培训讲座和开展学术交流等公务活动的，可不需要对方单位发来公函，但相关邀请方案要明确公务内容、行程和来访人员名单，并经所领导审核同意后接待。

环节二：接待部门负责人根据接待对象人数确定陪餐人数，经办人填写公务接待费申请单报分管领导或主要领导审批。

环节三：严格控制接待标准，开展接待工作。

环节四：经办人按要求填写接待费报销清单，报销单后必须附公务接待费申请单、正规用餐发票、发票查询单、接待公函，使用公务卡结算的须附 POS 小票。经分管所领导或所长签审后方可报销。

4. 风险点

风险类别	风险点	风险等级	责任主体
廉政纪律风险	以举办会议、培训等名义列支接待费开支	一般	部门负责人
廉政纪律风险	在接待工作中损公肥私、造成贪污	一般	陪同人员
铺张浪费风险	不按公务接待管理规定厉行节约经费，铺张浪费	一般	陪同人员

5. 风险应对策略

（1）公务接待必须持有接待公函，原则上无公函的公务活动及来访人员一律不予接待；所有接待事项，必须事先按规定的审批程序报批，未经批准的接待费用不得报销。

（2）加强公务接待工作开支控制，建立公开监督制度，在每年职代会上公开公务接待费用支出情况。

（3）严格控制接待标准，工作餐用餐标准为 130 元/（人·次）。外宾就餐标准按照国家规定严格执行。

（三）公务用车管理业务

1. 岗位职责

公务用车类业务根据干部管理权限设置经办岗、审批岗、实施岗、登记岗各 1 个岗位。经办岗设置在全所范围内，负责公务用车申请；审批岗设置在办公室，负责对经办岗的公务用车申请进行审批；实施岗设置在司机班，负责公务用车出车；登记岗设置在办公室，负责登记派车单、公务用车使用台账，并定期公示。

2. 业务流程

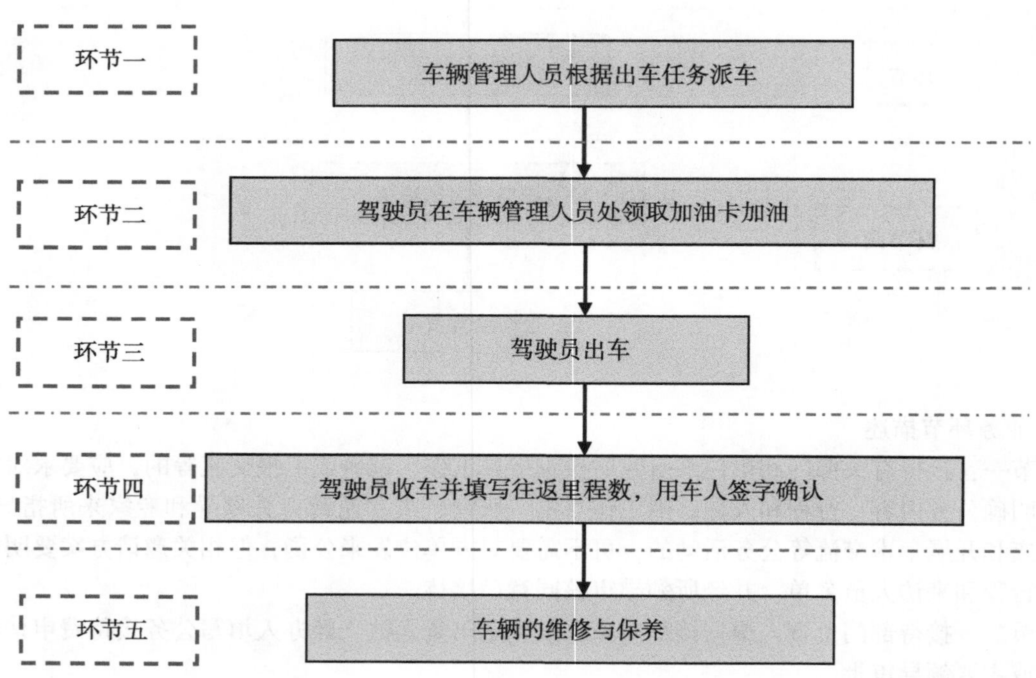

3. 业务环节描述

环节一：车辆管理人员根据出车任务如实填写《兰州畜牧与兽药研究所公务用车派车单》。

环节二：加油卡管理。

①研究所统一办理 1 张主卡为管理卡，用于增减副卡数量、资料变更、向副卡划转资金及查询所有副卡加油信息等。副卡仅限加油使用。

②加油卡主卡和全部副卡均应由车辆管理部门统一保管，因实际情况副卡不适合由其统一保管的，可由所属部门或全资企业按照“管用分离”的原则指定专人保管，指定保管人员负责加油卡的使用和监督，定期将加油卡充值加油台账报送研究所车辆管理部门汇总。

③严格执行“一车一卡”加油制度。加油卡副卡数量应与公务用车数量（含长期租用车辆）相匹配，每张加油副卡必须绑定固定的公务用车，不得用于非绑定的公务用车加油。

④严格执行登记和公示制度。建立加油卡充值加油及公务用车使用台账，并长期保存。建立加油卡使用情况公开公示制度，每年 12 月下旬对公务用车加油卡的管理和使用情况进行公示。

环节三：出车安全管理。

①驾驶员因公出车，因违反道路交通法律法规等原因受到处罚的，一切责任自负。未经安排私自出车发生交通事故，一切后果由驾驶员个人承担。

②车辆行驶中发生事故，有关事故保险理赔工作，由当事人配合研究所处理。

环节四：驾驶员收车时填写往返里程数，用车人签字确认，并以此为据按季度发放行车补贴。

环节五：车辆维修、保养和内饰更换时要填报《兰州畜牧与兽药研究所公务用车维修保养审批单》，按照程序批准后，驾驶员凭单到指定维修地点进行修换。维修、保养后如实详细登记维修、保养内容。实行逐级审批。

4. 风险点

风险类别	风险点	风险等级	责任主体
用车风险	不按规定用车，存在公车私用的行为	中等	用车人员
登记风险	不按规定登记加油卡充值台账，存在私车公养、加油卡用于非加油支出等行为	一般	加油卡使用人员
用车风险	公务用车使用现金加油，且未提交书面说明	一般	现金加油人员
报账风险	在车辆加油、维修、保养中，虚列发票，套取国家资金	中等	报账人员
出车风险	未经安排私自出车发生交通事故	中等	驾驶人员

5. 风险应对策略

（1）严格执行车辆管理有关规章制度，实行统一派车、车辆统一停放等规定。

（2）严格执行“一车一卡”加油制度。严格执行加油卡登记和公示制度，接受监督。

（3）公务用车原则上禁止使用现金加油。确需使用现金加油的，应书面说明。

（4）加强公务用车报账环节中的审批流程。

（5）未经安排私自出车发生交通事故，一切后果由驾驶员个人承担。

（四）印章管理业务

1. 岗位职责

印章管理类业务根据干部管理权限设置经办岗、审批岗、签批岗、实施岗各 1 个岗位。经办岗负责申请用章；审批岗人员为申请用章部门负责人，负责对用章材料进行审核；签批岗根据印章属性和类别设置在所长、党委书记、纪委书记、工会主席、归口管理部门、所办企业处，负责对用章材料进行审核签字；实施岗设置在印章管理部门，负责盖章。

2. 业务流程

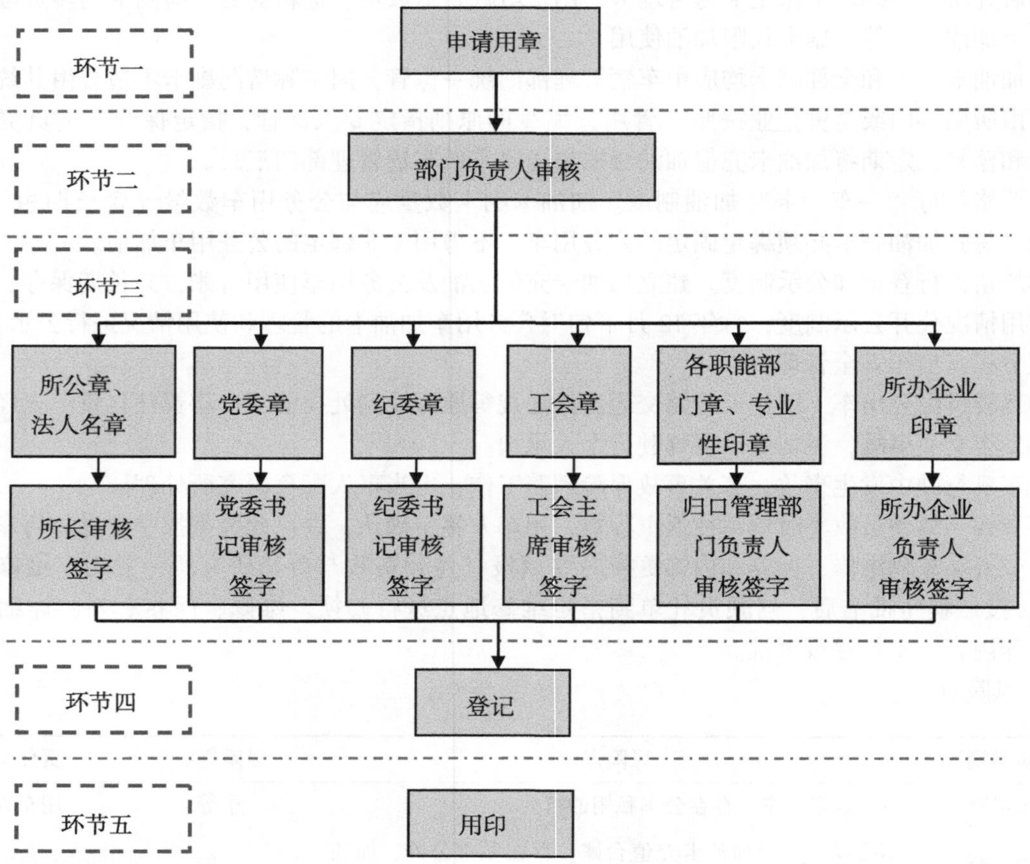

3. 业务环节描述

环节一：经办人申请用章并签字。

环节二：部门负责人审核用印材料并签字。

环节三：各类印章根据其属性和类别由相关部门管理。研究所公章和法人名章由办公室管理，用印需经过所长审核签字；研究所党委章、纪委章及工会章由党办人事处管理，用印分别需经过党委书记、纪委书记、工会主席审核签字；各职能部门印章由各部门自行管理，专业性印章根据印章性质和用途由相关职能部门管理，用印需经过归口管理部门负责人审核签字；所办企业印章由企业自行管理，用印需经过企业负责人审核签字。

环节四：申请用章人填写《中国农业科学院兰州畜牧与兽药研究所盖章登记表》。

环节五：印章管理人员核实原件无误后用印。用印后的所有文件须在印章管理部门留存一份。

4. 风险点

风险类别	风险点	风险等级	责任主体
用印风险	印章管理人员未经领导批准私自将印章转交他人代管或擅自携带印章外出	中等	印章管理人员
用印风险	未经批准擅自使用印章	中等	用印人员
登记风险	用印登记记录不及时、不完整	一般	印章管理人员

5. 风险应对策略

（1）印章管理人员按照规定程序使用印章，未经领导批准不得私自转交他人代管；印章使用地点限印章管理部门的办公场所内，不得擅自将其带出使用。特殊情况必须带出使用时，须经印章管理部门负责人和所领导批准，并安排专人陪同监督用印。

（2）使用印章必须经过相关部门批准，严禁在空白介绍信、证明或纸张上用印。

（3）用印人员需准确填写《盖章登记表》，其中日期、发送单位、内容摘要和份数为必填项。

（五）档案管理业务

1. 岗位职责

档案管理类业务根据干部管理权限设置经办岗 2 个、监督岗 1 个。经办岗 1 为各部门档案兼管人员，负责向档案管理部门提交本部门档案，经办岗 2 为档案室管理人员，负责档案的收集整理、借阅等工作；监督岗负责档案销毁时的监销任务。

2. 业务流程

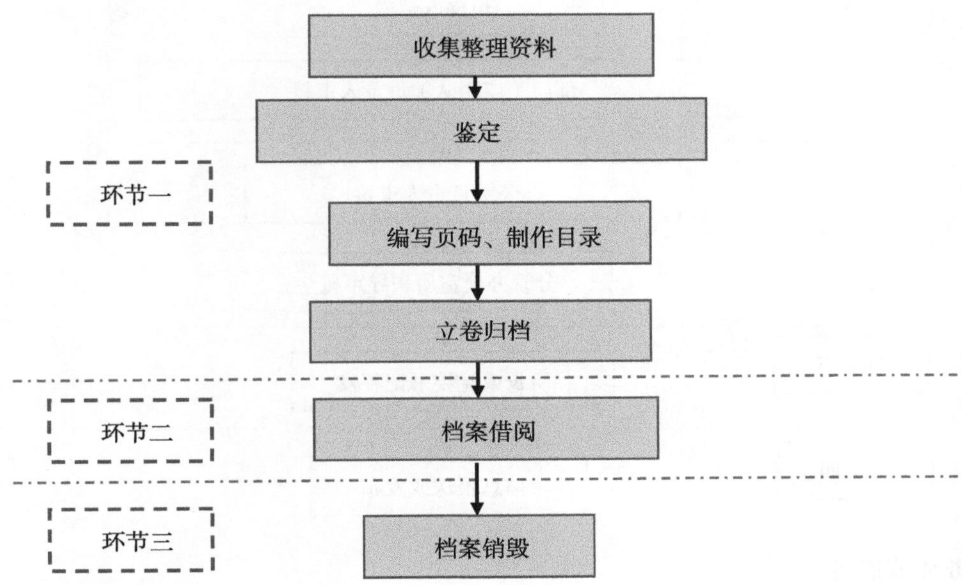

3. 业务环节描述

环节一：收集整理入档资料，检查资料的完整性和准确性，按规定编写页码、制作卷内目录，装订归档。

环节二：借阅档案要填写借阅登记表；立卷部门只需登记即可借阅；交叉借阅，必须征得立卷部门同意；外单位借阅，必须持单位介绍信，并经主管所长批准。

环节三：定期对已超过保管期限的档案进行鉴定，对确无保存价值的档案进行登记造册，经所领导批准后方可销毁。销毁档案应指定专门的监销人，以防止档案的遗失和泄密。监销人要在销毁档案清册上签字。

4. 风险点

风险类别	风险点	风险等级	责任主体
破坏风险	借阅人在档案资料上随意涂画	一般	借阅人
破坏风险	档案资料因环境原因受到损坏	中等	档案室管理人员

5. 风险应对策略

（1）借阅人必须爱护档案，不得擅自涂改、污损、勾画、剪裁、抽取、拆卸、调换、摘抄、翻印、复印、摄影，不得转借或损坏档案。

（2）必须做好档案防火、防盗、防紫外线、防有害生物、防水、防潮、防尘、防高温、防污染等防护工作。

（六）宣传报道业务

1. 岗位职责

宣传报道类业务根据干部管理权限设置经办岗 2 个、审批岗 3 个、签批岗 1 个。其中经办岗 1 为宣传稿件起草人员，经办岗 2 为信息发布人员；审批岗依次设置在部门（或团队）负责人、办公室负责人和分管办公室所领导处；签批岗根据信息发布内容类别设置在所长或党委书记处。

2. 业务流程

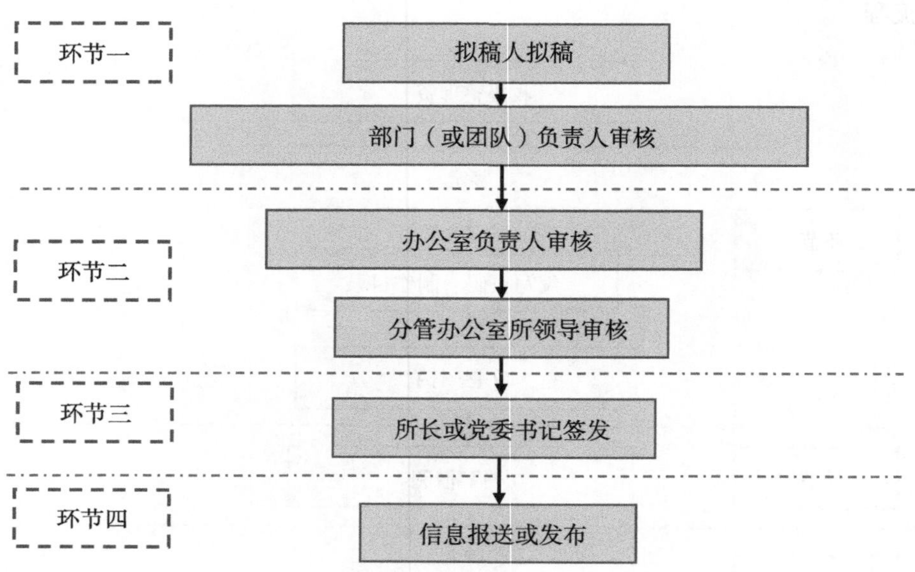

3. 业务环节描述

环节一：拟稿人起草文稿，主要内容包括研究所改革、创新、发展的重要举措与成效；先进人物与团队的典型事迹；应公开的全所基本情况与基本数据信息；农业科普知识等可向媒体发布的其他内容。

环节二：起草文稿依次经过部门（或团队）负责人审核、办公室负责人审核、分管办公室所领导审核。

环节三：政务信息由所长签发、党建信息由党委书记签发。

环节四：办公室负责对信息统一报送或发布。

4. 风险点

风险类别	风险点	风险等级	责任主体
发布风险	宣传报道材料政治把关不严，意识形态审核不过关	中等	签发人
发布风险	私自发布关于研究所的相关信息	中等	发布人
受访风险	私自接受新闻媒体采访	中等	受访者

5. 风险应对策略

（1）牢牢把握意识形态工作的正确方向，层层落实意识形态工作责任。在审核把关宣传报道材料时，坚持正确的政治导向，以是否做到“两个维护”，是否有利于坚持和加强党的全面领导、有利于凝聚党心民心、有利于促进研究所改革发展稳定作为审核把关原则。

（2）任何人员不得以研究所或者中国农业科学院名义发布职务成果。严禁发布涉及国家秘密及研究所秘密的信息。一经发现，按相关规定追究相关部门、团队和个人责任。

（3）研究所人员接受新闻采访，应经所领导批准。私自受访，引发负面宣传效应、造成不良后果的部门和个人，应予以通报批评，取消当年先进单位和个人评选资格。违反国家和主管部门规定的，按相关规定处理。

（七）合同管理业务

1. 岗位职责

合同管理类业务根据干部管理权限设置经办岗 1 个、审核岗 3 个、签批岗 1 个、保管岗 1 个。经办岗负责起草合同；审核岗依次为部门负责人（团队首席或项目主持人）、归口管理部门负责人及分管所领导；签批岗根据合同的授权权限设置在所长、分管所领导、各部门主要负责人或法人授权委托代理人处；保管岗负责合同的归档整理。

2. 业务流程

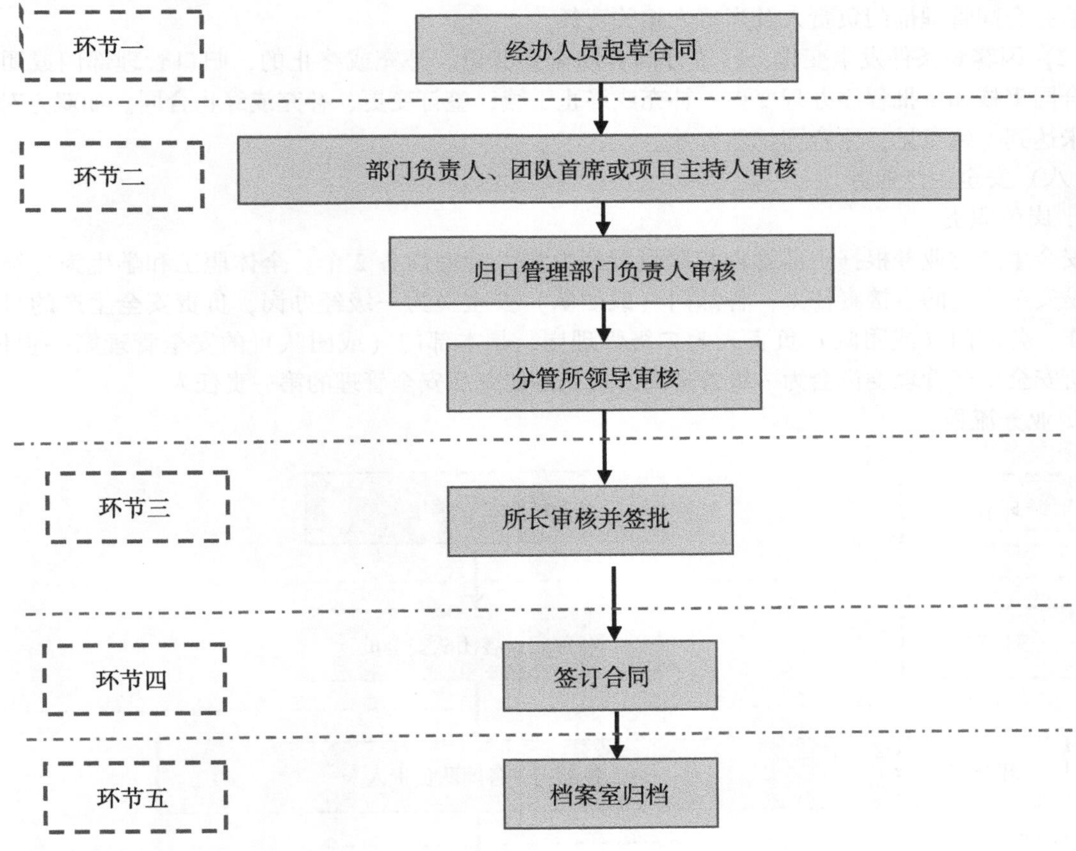

3. 业务环节描述

环节一：经办人在充分了解合同对方单位的资质、资信和合同履行能力后起草合同并填报

《合同签订审核表》，各类合同的经办人员须为研究所在职职工。

环节二：根据合同的授权权限确定审批环节。合同由部门负责人、团队首席或项目主持人审核后，根据所涉及的人、财、物等情况报送相关归口管理部门会审，交由分管所领导审核。

环节三：根据合同的授权权限，合同由所长、分管所领导、各部门主要负责人或法人授权委托代理人签批。

环节四：经办人在合同用章管理部门登记后方可盖章，签订合同。

环节五：将签订合同的原件存至档案室归档。

4. 风险点

风险类别	风险点	风险等级	责任主体
签订风险	未经授权，擅自对外签订合同	重大	合同承办部门
变更风险	已签订的合同发生变更、补充、终止	一般	合同承办部门

5. 风险应对策略

（1）严格按照授权权限对合同进行审核和签批。擅自对外签订合同事件，研究所将视其情节轻重追究合同管理部门负责人及当事人相关责任。

（2）因客观条件发生变化，已签订的合同需要变更、补充或终止的，归口管理部门或团队按照原合同审核和审批程序办理变更、补充或终止手续，签订变更、补充或终止合同。如双方对变更合同未达到一致意见，原合同仍然有效。

（八）安全生产业务

1. 岗位职责

安全生产类业务根据干部管理权限设置经办岗、管理岗各 2 个。全体职工和学生为二级经办岗，是安全生产的直接责任人，各部门（或团队）安全员为一级经办岗，负责安全生产的日常巡查工作；各部门（或团队）负责人为二级管理岗，是本部门（或团队）的安全管理第一责任人，研究所安全生产管理委员会为一级管理岗，所长是研究所安全管理的第一责任人。

2. 业务流程

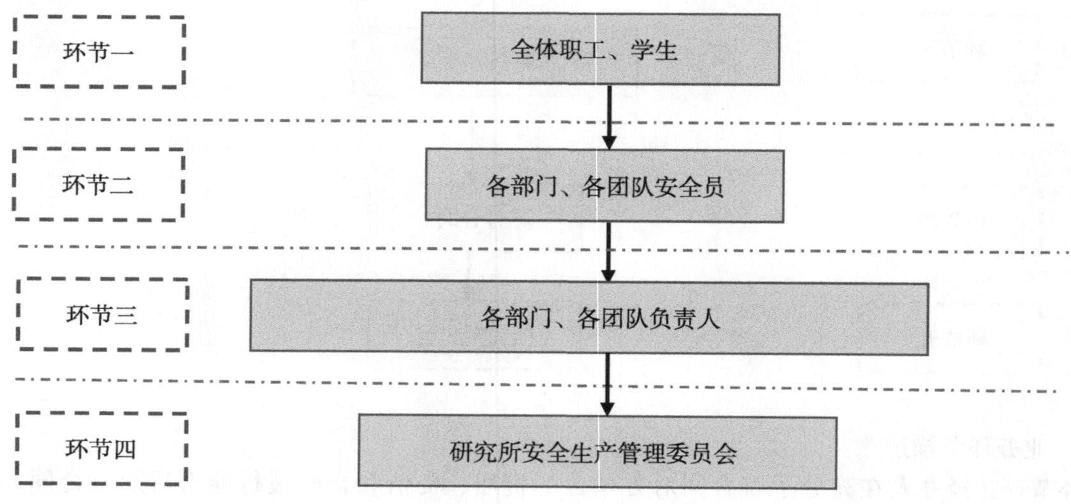

3. 业务环节描述

环节一：研究所全体职工和学生都是安全生产管理工作中的直接责任人，按照“谁使用、谁负责”的原则管理好负责区域内的安全生产工作。

环节二：各部门（或团队）需指定 1 名安全员，对负责区域进行日常巡查，发现不符合规定和违反操作规程、规范的行为应立即督促整改。

环节三：各部门（或团队）负责人是本部门（或团队）的安全管理第一责任人，负责组织开展本部门（或团队）安全教育培训，定期开展安全隐患排查等工作。

环节四：研究所安全生产委员会负责建立健全研究所安全生产管理制度，组织开展管理宣教，每月组织开展 1 次综合安全检查，监督检查研究所安全管理落实情况，督促有关部门或责任人限期整改发现的隐患。

4. 风险点

风险类别	风险点	风险等级	责任主体
管理风险	层层压实安全管理责任不到位，防范风险前瞻性不够	中等	安委会
整改风险	未及时、有效地整改安全生产隐患	中等	存在隐患部门
操作风险	生产操作不规范、存在安全隐患	中等	生产操作人员

5. 风险应对策略

（1）建立与研究所安全生产工作相适应的制度、规范、流程，健全安全内控制度体系；强化落实情况的监督，从严追责、问责，建立安全监督体系。

（2）建立健全隐患排查机制，每月对安全生产隐患进行排查，并对排查出的隐患及时开展整治，确保整改验收合格。整改工作要定时间、定人员、定措施，对重大事故隐患要实行挂牌整改制度。

（3）认真做好生产过程中危险源、环境因素的识别与评价；针对重大危险源、重要环境因素，制定相应的应急处置措施及应急救援预案，配备必要的医疗器材；按照要求对职工开展安全知识培训，并参与预案演练。

二、人事管理内部控制

（一）干部选拔任用业务

1. 岗位职责

设置经办岗、审核岗、签批岗各 1 个岗位。经办岗为党办人事处干部人事管理人员，根据工作需要，提出初步建议，形成工作方案；审核岗设置在中国农业科学院人事局，负责对研究所拟开展的选拔工作进行审核；审核同意后，党办人事处负责人及人事管理岗位人员开展民主推荐，确定考察对象，开展组织考察，形成考察报告，提出任用建议方案；签批岗为研究所党委会议，负责确定选拔人选。并对选拔人选进行公示，期满后办理任职手续。

2. 业务流程

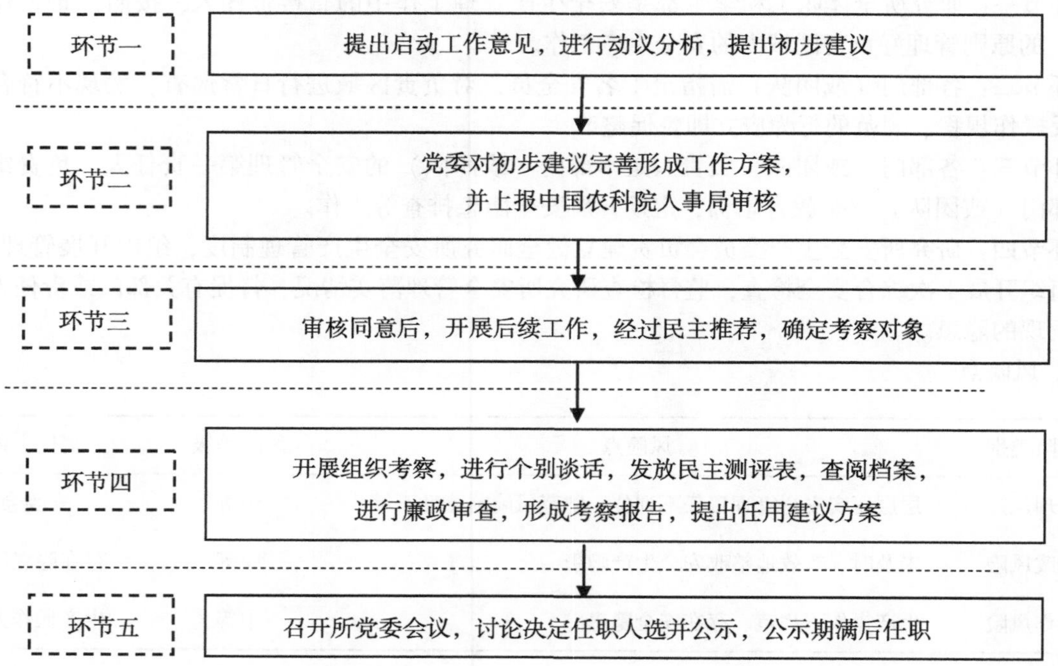

3. 业务环节描述

环节一：根据工作需要和领导班子建设实际，党办人事处提出启动干部选拔任用工作意见，对领导班子和领导干部进行动议分析，提出初步建议。

环节二：党办人事处将初步建议向党委汇报，对初步建议完善形成工作方案，并上报中国农业科学院人事局审核。

环节三：中国农业科学院人事局审核同意后，研究所经办岗继续开展后续工作，经过民主推荐，确定考察对象。

环节四：开展组织考察，从德、能、勤、绩、廉方面对考察对象进行全面考察。进行个别谈话，发放民主测评表，查阅考察对象档案，填写核查个人有关事项报告，进行廉政审查，形成考察报告，提出任用建议方案。

环节五：讨论决定任职人选。召开所党委会议，讨论表决确定拟任人选，并对拟任人选进行公示，期满后办理任职手续。实行任职试用期制度，试用期为一年。

4. 风险点

风险类别	风险点	风险等级	责任主体
纪律制度风险	未严格按干部选拔任用工作条例开展工作	一般	组织人员
纪律制度风险	拟选拔人员打招呼、找关系	一般	拟任用人员

5. 风险应对策略

加强《党政领导干部选拔任用工作条例》学习，及时了解最新的政策，根据风险点，在办理相关业务时，做好风险防控。

（二）人才推荐业务

1. 岗位职责

设经办岗、审核岗、签批岗各 1 个岗位。经办岗设置在党办人事处，根据相关文件要求和管理制度，对推荐工作进行摸底；审核岗为党办人事处负责人，负责对推荐人选进行审核把关；签批岗为研究所党委会议，根据党管人才原则，负责对推荐人选研究审批。

2. 业务流程

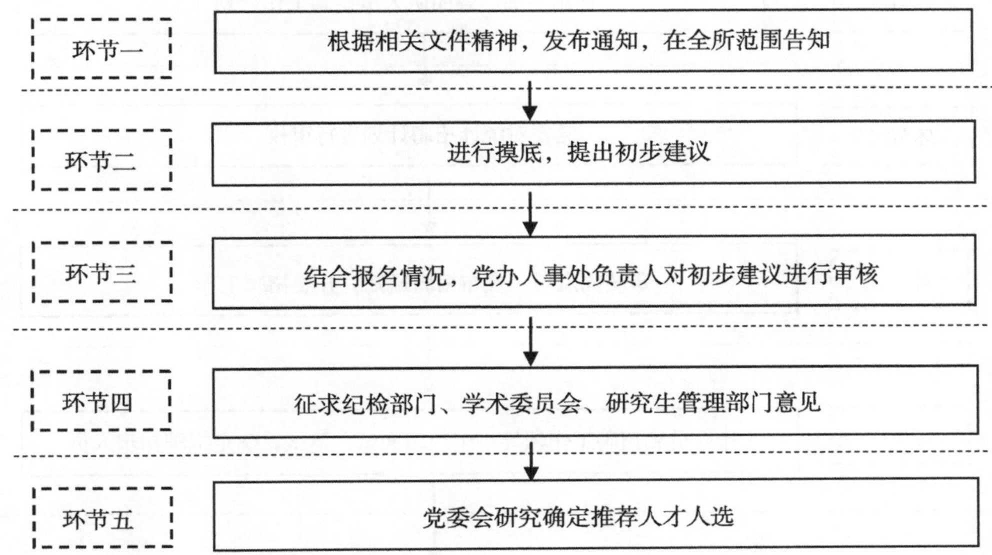

3. 业务环节描述

环节一：根据相关文件要求和管理制度，向全所范围发布通知，保证全体职工知情权。

环节二：党办人事处按照相关要求，进行摸底，提出初步建议。

环节三：针对初步意见，结合自下而上报名情况，党办人事处负责人对初步建议进行审核把关。

环节四：征求纪检部门、学术委员会、研究生管理部门等意见建议。

环节五：讨论决定推荐人选。召开所党委会议，确定推荐人选并公示。

4. 风险点

风险类别	风险点	风险等级	责任主体
纪律制度风险	未严格按人才推荐相关要求开展工作	一般	组织人员
纪律制度风险	未征求纪检部门、学术委员会、研究生管理部门意见建议	一般	组织人员

5. 风险应对策略

根据风险点，严格落实相关文件要求，在开展人才推荐工作时，做好向纪检部门、学术委员会、研究生管理部门征求意见和公示工作。

（三）人员招聘业务

1. 岗位职责

设置经办岗、审核岗、签批岗各 1 个岗位。经办岗设置在党办人事处，根据研究所创新发展需要，经办岗在征集各部门各团队人员招聘相关计划。审核岗为研究所党委会议，负责对各部门各团队招聘人员计划进行审核；审核通过有经办岗位发布招聘计划，开展人员招聘工作；经研究所工作人员招聘工作领导小组面试笔试，确定拟聘初步人员。签批岗为研究所党委会议，负责审批确定招聘人员。

2. 业务流程

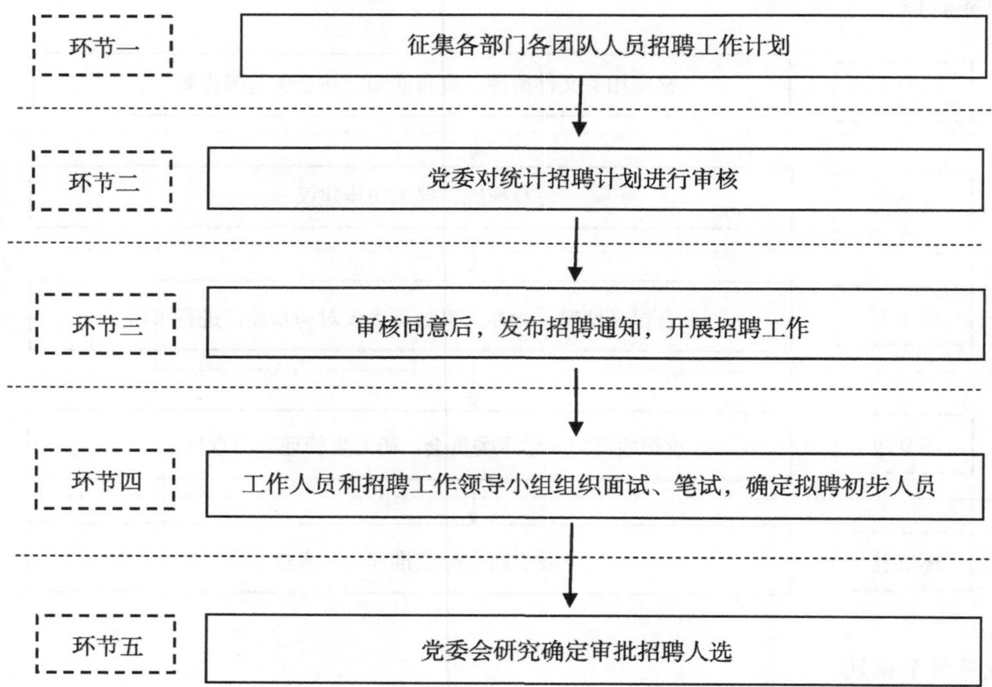

3. 业务环节描述

环节一：根据研究所创新发展需要，经办岗在征集各部门各团队人员招聘相关计划。

环节二：研究所党委会议对各部门各团队招聘人员计划进行审核。

环节三：审核通过，党办人事处发布招聘计划，开展人员招聘工作。

环节四：经研究所工作人员和招聘工作领导小组面试、笔试，确定拟聘初步人员。

环节五：经研究所党委会议审批确定招聘人员。

4. 风险点

风险类别	风险点	风险等级	责任主体
工作任务风险	审核不严，招聘未符合标准人员	重大	党办人事处

5. 风险应对策略

（1）严格按照所规章制度和人员招聘方案办理，避免“走后门、拉关系”现象。

（2）加强日常监督管理。

（四）人事档案管理业务

1. 岗位职责

设置经办岗、审核岗各 1 个岗位。经办岗设置在党办人事处，为干部人事管理岗位，负责收集、整理、查阅人事档案；审核岗位为党办人事处负责人，负责对人事档案查阅、整理进行审核。

2. 业务流程

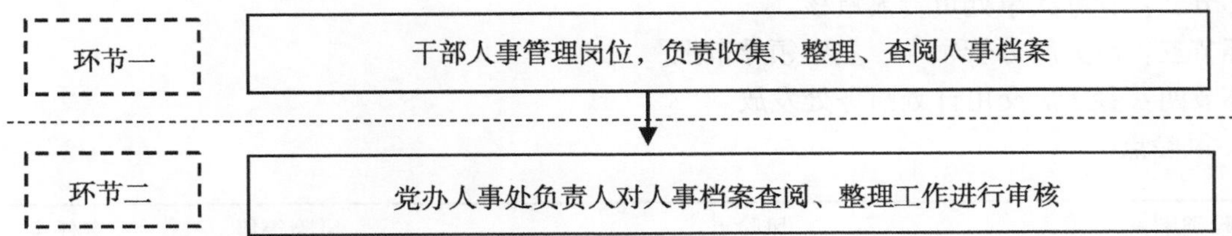

3. 业务环节描述

环节一：按照规定，党办人事处收集、整理、查阅人事档案。

环节二：党办人事处负责人对人事档案查阅、整理工作进行审核。

4. 风险点

风险类别	风险点	风险等级	责任主体
工作任务风险	未按人事档案管理办法等相关规定，开展档案借阅、整理工作	重大	党办人事处

5. 风险应对策略

加强《党政领导干部选拔任用工作条例》学习，及时了解最新的政策，根据风险点，在办理相关业务时，做好风险防控。

（五）工资发放业务

1. 岗位职责

设置经办岗、审核岗、签批岗各 1 个岗位。经办岗设置在党办人事处，经办岗制作工作变动通知单，负责提出人员经费支出申请、聘用人员劳务支出申请；审核岗为党办人事处负责人，负责对发放工资数量进行合规性合理性审核；签批岗为研究所领导，负责按权限审批相关业务。

2. 业务流程

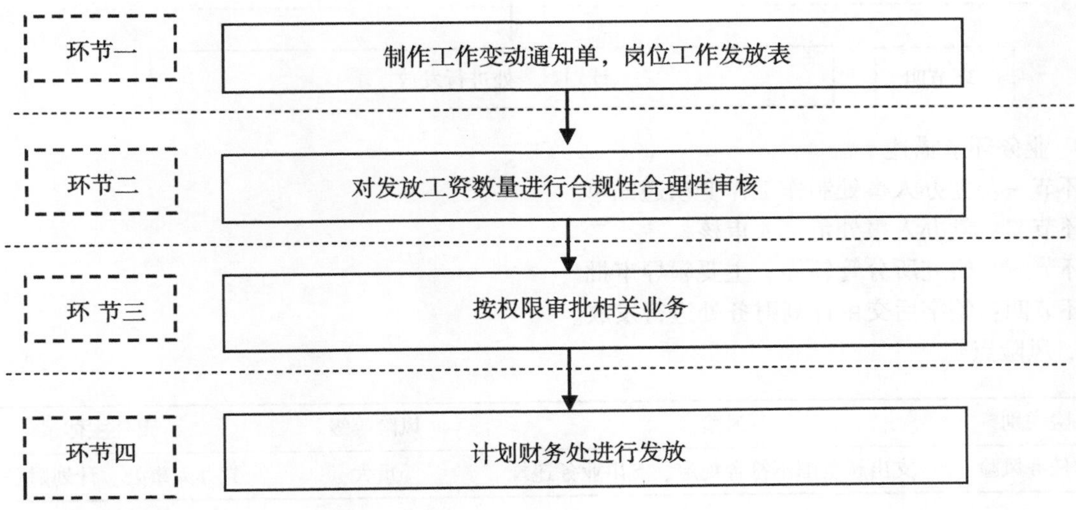

3. 业务环节描述

环节一：党办人事处制作工作变动通知单。

环节二：党办人事处负责人审核。

环节三：研究所分管领导、主要领导审批。

环节四：签字后交由计划财务处发放。

4. 风险点

风险类别	风险点	风险等级	责任主体
工作任务风险	未按标准核算职工工资	重大	党办人事处

5. 风险应对策略

建立健全工资发放管理制度，明确流程，严格按照规定办理。

（六）绩效考评业务

1. 岗位职责

设置经办岗、审核岗、签批岗。经办岗设置在党办人事处，负责对研究所全体人员绩效核定，核准全体人员出勤率，制作岗位工资发放表，提出经费支出申请，审核岗为党办人事处负责人，负责对岗位工资发放表岗位系数进行审核；签批岗为研究所领导，负责按权限审批相关业务。

2. 业务流程

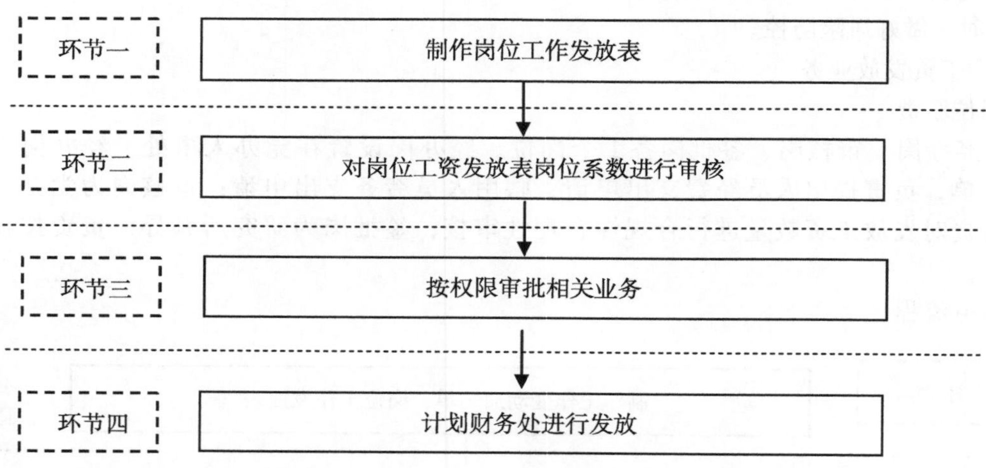

3. 业务环节描述

环节一：党办人事处制作工作变动通知单。

环节二：党办人事处负责人审核。

环节三：研究所分管领导、主要领导审批。

环节四：签字后交由计划财务处进行发放。

4. 风险点

风险类别	风险点	风险等级	责任主体
工作任务风险	支出超范围不符合规定、支出业务违规	重大	党办人事处、计划财务处

5. 风险应对策略

严格执行研究所《绩效奖励办法》，做好风险防控。

（七）离退休管理业务

1. 岗位职责

设置经办岗、审核岗、签批岗各1个岗位。经办岗设置在党办人事处，负责研究所离退休干部的管理及服务工作，提出离退休职工活动经费申请、去世职工抚恤金及丧葬费支出申请；审核岗为党办人事处负责人，负责对开展活动、走访慰问、抚恤金及丧葬费发放的合规性、合理性进行审核确认；签批岗为研究所领导，负责按权限审批相关业务。

2. 业务流程

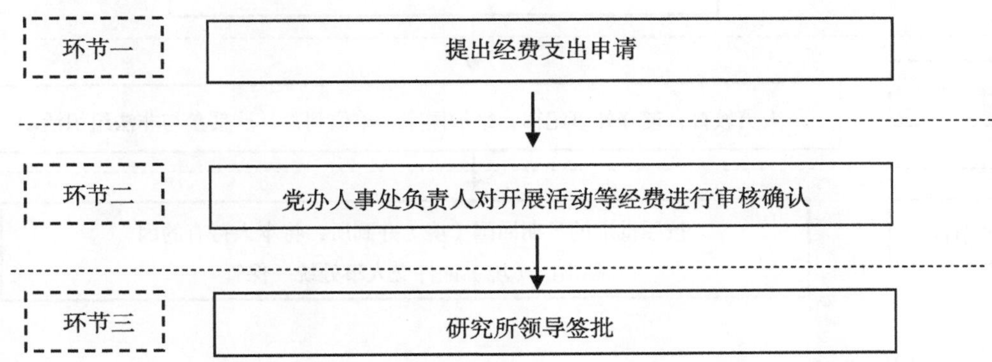

3. 业务环节描述

环节一：根据工作需要，党办人事处提出离退休职工活动经费申请、去世职工抚恤金及丧葬费支出申请。

环节二：党办人事处负责人对开展活动、走访慰问、抚恤金及丧葬费发放等经费进行审核确认。

环节三：研究所领导按权限审批相关业务。

4. 风险点

风险类别	风险点	风险等级	责任主体
工作任务风险	支出超范围	一般	党办人事处

5. 风险应对策略

按照离退休干部管理相关规定，做好离退休职工管理服务工作，对照风险点，做好风险防控。

（八）因私出国（境）管理业务

1. 岗位职责

设置经办岗、审核岗、签批岗各1个岗位。经办岗设置在党办人事处，副研副处以上人员的信息备案及副处级以上人员因私出国（境）证件管理；审核岗为党办人事处负责人，负责对经办岗的办理结果进行审核确认；签批岗为研究所领导班子成员，负责因私出国（境）业务审批。

2. 业务流程

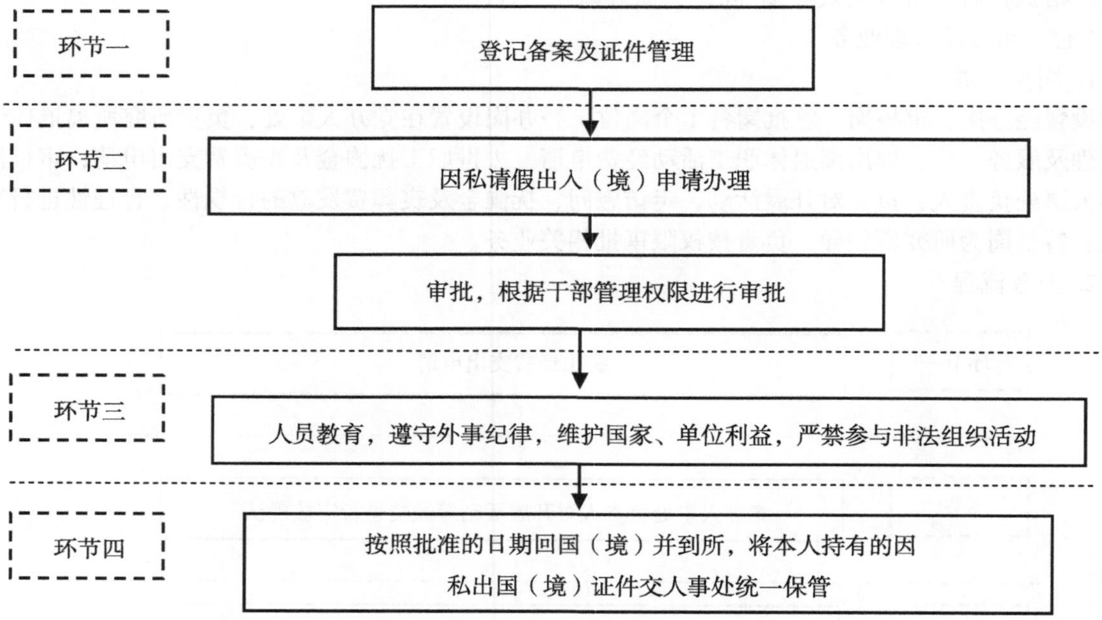

环节	流程
环节一	登记备案及证件管理
环节二	因私请假出入（境）申请办理
	↓ 审批，根据干部管理权限进行审批
环节三	人员教育，遵守外事纪律，维护国家、单位利益，严禁参与非法组织活动
环节四	按照批准的日期回国（境）并到所，将本人持有的因私出国（境）证件交人事处统一保管

3. 业务环节描述

环节一：登记备案及证件管理。我所在职副高级以上的工作人员，从事财务、人事、机要及档案管理岗位及其他有必要登记备案人员，党办人事处统一在出入境管理局进行登记备案，副处级以上人员的因私出国（境）证件统一在党办人事处进行集中保管，专人负责。

环节二：出国申请及审批办理。为了保证正常的工作秩序，根据干部管理权限相关权限内职工因私出国（境），按程序履行因私请假程序，并说明原因、目的地、拟停留时间等，方可办理出国（境）手续。

环节三：职工在国（境）外应自觉维护国家和研究所利益，遵守外事纪律，不做有损国格人格和研究所名誉的事情，严禁参与非法组织活动；遵守和尊重所在国家（地区）的法律、法规和风俗习惯。

环节四：按照批准的日期回国（境），并将本人持有的因私出国（境）证件，交人事处统一保管。

4. 风险点

风险类别	风险点	风险等级	责任主体
纪律制度风险	因私出国（境）次数、在外停留时间违反规定	一般	出访人员
公共关系风险	出访期间未遵守当地法律法规，未尊重当地风俗习惯，有不文明行为，出入赌博、色情场所，未自觉维护国家形象	一般	出访人员

5. 风险应对策略

加强因私出国（境）相关政策的宣讲，及时将最新的政策告知全所职工；根据风险点，在办理相关业务时，做好风险防控。

三、财务管理内部控制

(一) 收入业务

1. 岗位职责

收入管理业务设置经办岗 4 个，审核岗 1 个。经办岗 1 设置在计划财务处出纳岗，负责取得财政授权支付额度到账通知书交至计划财务处会计，发布银行到账信息，收到现金时开具收据或发票并将现金存入银行。经办岗 2 设置在科技管理与成果转化处，负责根据预算情况下达财政项目经费明细表，根据银行电子回单、相关合同协议出具项目入账通知单并交至计划财务处。经办岗 3 设置在各创新团队，负责认领科研收入、技术收入。经办岗 4 设置在计划财务处会计岗，负责根据银行电子回单、项目入账通知单、收据或发票等登记收入凭证。审核岗设置在计划财务处会计岗，负责审核收入金额与银行存款到账金额的一致性、收入记账的准确性。

2. 业务流程

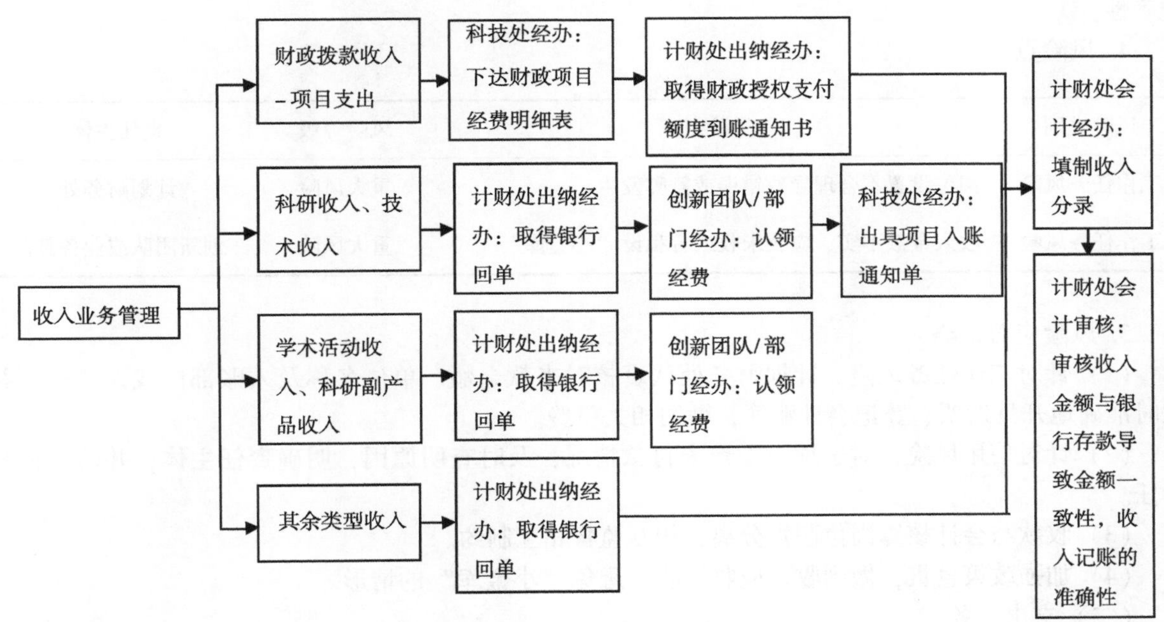

3. 业务环节描述

(1) 财政拨款收入—项目支出

环节 1：科技管理与成果转化处根据预算情况下达财政项目经费明细表。

环节 2：计划财务处出纳取得财政授权支付额度到账通知书交至计划财务处会计，会计根据财政授权支付额度到账通知书、财政项目经费明细表填制财政项目收入分录。

环节 3：计划财务处会计月末对账，审核收入金额与银行存款到账金额的一致性、收入记账的准确性。

(2) 事业收入—科研收入、事业收入—非科研收入—技术收入

环节 1：计划财务处出纳取得银行电子回单并发布到账信息；创新团队/部门认领经费。

环节 2：科技管理与成果转化根据银行电子回单、技术合同出具项目入账通知单。

环节 3：计划财务处会计根据银行电子回单、项目入账通知单填制事业收入分录。

环节 4：计划财务处会计月末对账，审核收入金额与银行存款到账金额的一致性、收入记账的准确性。

（3）事业收入—非科研收入—学术活动收入/科研副产品收入、租金收入

环节 1：计划财务处出纳取得银行电子回单并发布到账信息。

环节 2：创新团队、质检中心、双 G 中心、编辑部、平台建设与保障处、后勤服务中心认领经费。

环节 3：计划财务处会计根据银行电子回单填制相应收入分录。

环节 4：计划财务处会计月末对账，审核收入金额与银行存款到账金额的一致性、收入记账的准确性。

（4）其余类型收入

环节 1：计划财务处出纳取得银行电子回单。

环节 2：计划财务处会计根据银行电子回单填制相应收入分录。

环节 3：计划财务处会计月末对账，审核收入金额与银行存款到账金额的一致性、收入记账的准确性。

4. 风险点

风险类别	风险点	风险等级	责任主体
工作任务风险	岗位设置不合理导致错误或舞弊发生	重大风险	计划财务处
工作任务风险	收入金额不实、应收未收或者私设“小金库”	重大风险	创新团队或业务部门

5. 风险应对策略

（1）针对工作任务风险，计划财务处认真核对来款金额、单位名称及入账部门或课题组，并及时准确地开具发票、登记会计账簿，缴纳相关税费。

（2）针对信用风险，对于预借发票未付款情况，及时查明原因，明确责任主体，并落实催收责任。

（3）收款与会计核算岗位职责分离，相互监督相互制约。

（4）加强政策宣贯，做到收入应收尽收，避免“小金库”的情形。

（二）支出业务

1. 岗位职责

支出业务设置经办、审批、审核、支付 4 类岗位，具体如下：经办岗设置在各业务经办部门或创新团队，根据工作需要办理支出业务申请，提供相关支出原始凭证，确认原始凭证的真实性；审批岗设置在业务经办部门和所领导，各部门、创新团队负责人对支出业务进行审批，确认支出真实性、合理性，按金额范围及经费来源分别由相应权限所领导逐级审核签字审批；审核岗设置在计划财务处，会计复核原始单据的真伪性、支出业务是否符合财务相关管理制度、内容填制是否完整及格式是否标准；支付岗位设置在计划财务处，出纳复核手续是否齐全并准确、及时支付资金后经办人签字。

2. 业务流程

科研经费

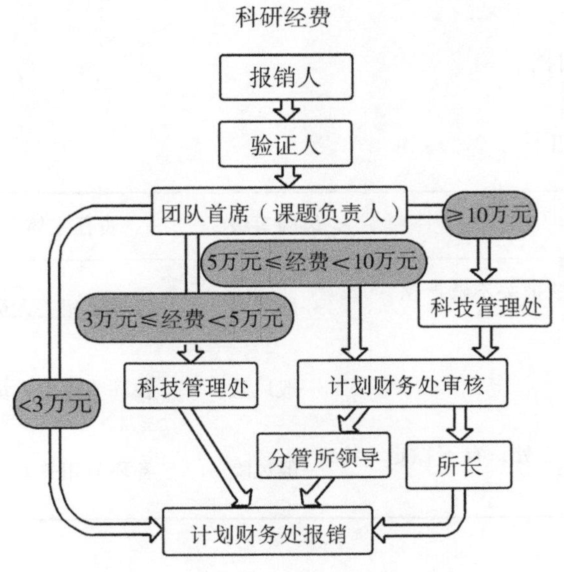

伏羲宾馆、兰州中牧畜牧科技有限责任公司或事业经费

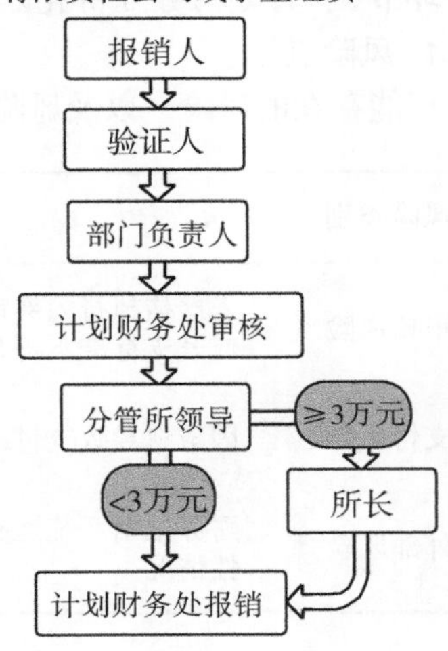

基本建设和修缮购置项目经费

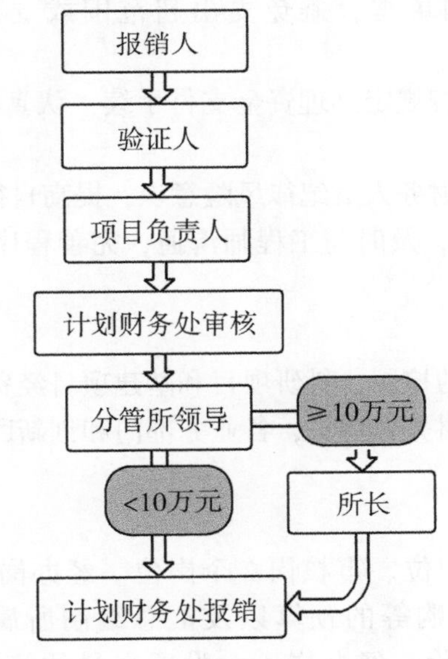

兰州牧药所生物科技研发有限责任公司经费

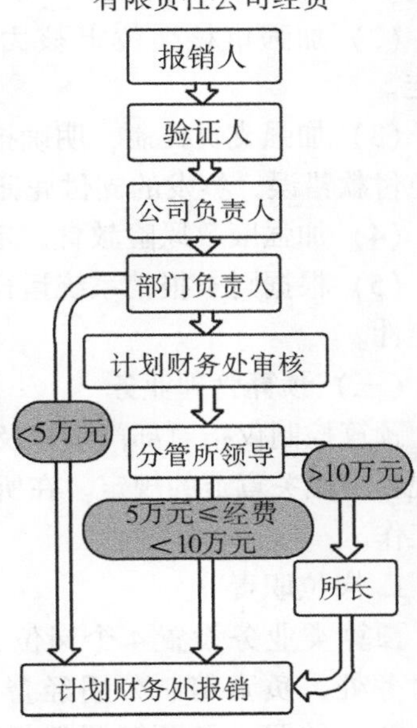

3. 业务环节描述

环节1：经办人提交支出申请，填写报销单据。

环节 2：由团队、课题、部门、企业负责人对支出业务进行审批，按支出范围由相应所领导进行逐级审批。

环节 3：支出业务单据交计划财务处审核，进行记账并复核。

环节 4：出纳人员按照规定办理资金支付手续。

环节 5：计划财务处将凭证等材料进行装订归档。

4. 风险点

可能存在的风险，以及风险等级和责任主体如下：

风险类别	风险点（具体描述）	风险等级	责任主体
审核风险	未严格执行内部审批程序，各环节审核把关不够严格，或开支标准不符合规定	一般风险	各环节相关人员
支付风险	因疏忽导致支付或收取金额错误	一般风险	各环节相关人员
外部风险	财务报销系统运行和使用存在不完善之处，有不稳定性情况	一般风险	各环节相关人员

5. 风险应对策略

（1）加强支出事前申请管理，明确相关人员的责任，确保支出申请和内部审批岗位相互分离。

（2）加强审核岗位审核力度，仔细审核报销单据，避免支出超范围或支出标准不符合规定。

（3）加强支付控制，明确报销业务流程，出纳按规定办理资金支付手续，认真核对付款信息，避免付款错误，签发的支付凭证进行登记。

（4）加强廉政风险教育，定期开展学习，增强财务人员纪律风险意识，提高自律性。

（5）根据财务报销系统运行情况及发现的问题，及时与工程师沟通，完善程序并提升系统的稳定性。

（三）预算管理业务

预算控制仅指对部门预算及我所内部细化预算的控制，科研项目和基建项目经费预算控制执行本规程中相关章节的规定。在所长领导下，由计划财务处牵头，各业务部门和创新团队配合开展具体工作。

1. 岗位职责

预算类业务设置 4 个岗位，其中经办岗 2 个岗位、审核岗 2 个岗位。经办岗 1 个设置在计划财务处，负责编制公用经费及行政部门政府采购等的预算以及汇总编制所属各部门预算，预算执行的跟进及预算调整复核，预算考核的评价；经办岗 1 个设置在科技管理与成果转化处，负责编制所级经费以及汇总业务部门编制各项科研经费预算。审核岗 1 个设置在计划财务处，审核汇总编制的部门预算以及编制下达所属各部门的细化预算，负责预算执行中的协调和分析；审核岗 1 个设置在科技管理与成果转化处，审核所级经费以及汇总编制各项科研经费的预算。

2. 业务流程

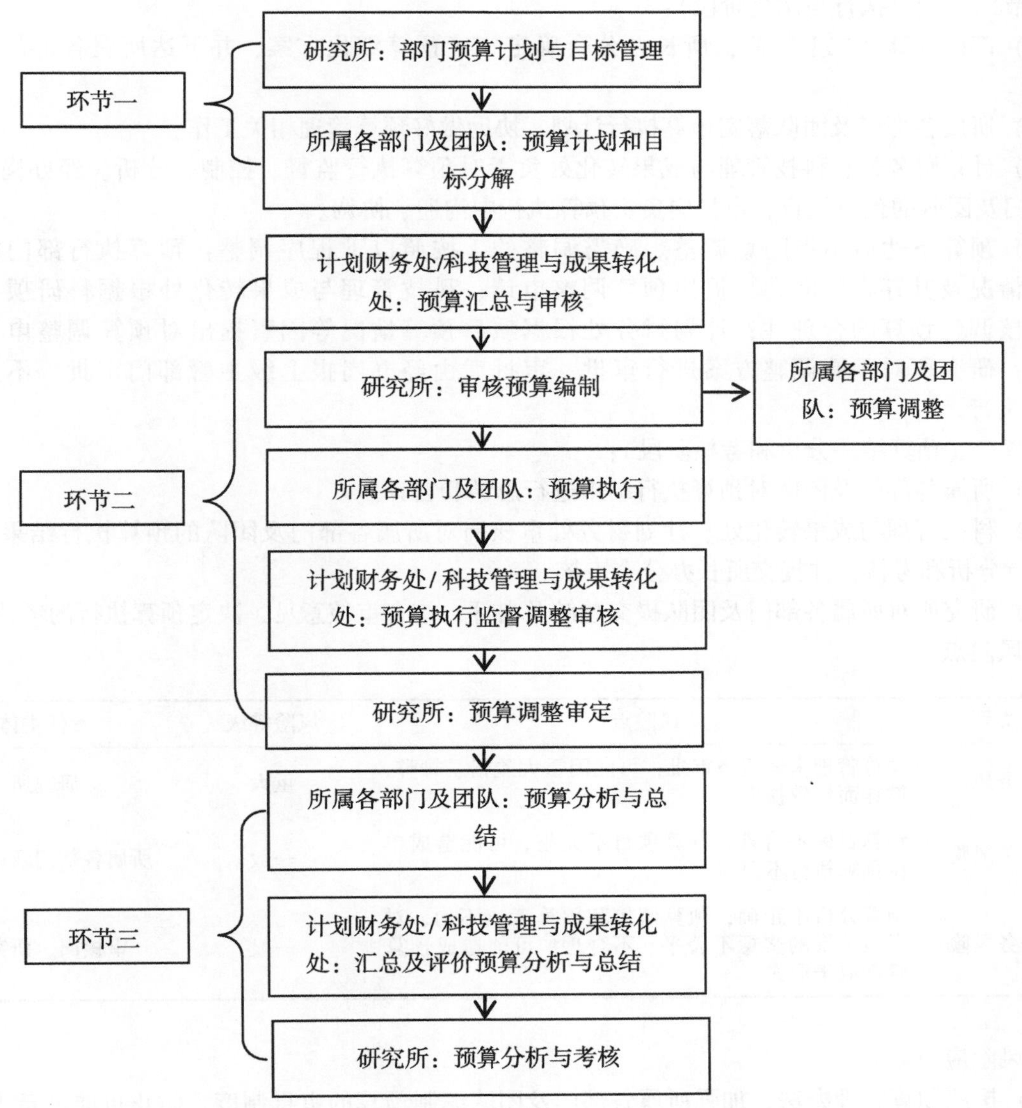

3. 业务环节描述

环节一（预算编制阶段）：

（1）研究所负责拟订部门预算计划和制定年度目标。

（2）所属各部门或团队按照下达部门或团队预算计划和年度目标进行分解，并编制部门或团队预算，在规定时间内提交计划财务处和科技管理与成果转化处进行部门或团队预算的审核和汇总。

（3）计划财务处和科技管理与成果转化处各设置 1 个经办岗，对所属各部门或团队提交的部门预算进行审核和汇总，并由计划财务处经办岗编制部门或团队预算报表和说明。

（4）计划财务处和科技管理与成果转化处各设置 1 个审核岗，科技管理与成果转化处对科研项目的汇总情况进行审核，计划财务处对所有预算进行审核，对部门或团队预算报表和说明进行审核，并提交所长办公会审批，审批后上报上级单位和主管部门。

（5）所领导班子集体审议通过上报的部门或团队预算以及编制说明。

环节二（预算执行与调整阶段）：

（1）部门预算“二上”后，所长办公会确定年度预算细化方案，并下达所属各部门及团队执行。

（2）所属各部门及团队落实预算执行计划，协助做好预算管理相关工作。

（3）计划财务处、科技管理与成果转化处负责对预算执行监督、控制、分析。经办岗跟进所属各部门及团队的预算执行，审核岗负责预算执行中沟通、协调。

（4）预算下达后不得随意调整。确需调整的，按照以下程序调整：预算执行部门根据预算执行情况及其存在的问题，提出预算调整申请；科技管理与成果转化处根据科研项目实施情况审核调整预算的合理性；计划财务处根据项目预算情况等因素提出对预算调整申请的审核意见；研究所对预算调整方案进行审批，审批后由经办岗报上级主管部门审批，不用上报的直接执行。

环节三（预算结果分析和考核阶段）：

（1）所属各部门及团队对预算执行结果进行总结和自评。

（2）科技管理与成果转化处、计划财务处审核岗对所属各部门及团队的预算执行结果及自评情况进行分析和考核，并提交所长办公会审核。

（3）研究所对所属各部门及团队提交总结及自评，结合审核意见，决定预算执行的考核结果。

4. 风险点

风险类别	风险点	风险等级	责任主体
工作任务风险	预算管理未经适当审批，可能因重大差错、舞弊、欺诈而导致损失	重大	研究所
工作任务风险	预算目标不合理，预算项目不完整，可能造成单位预算执行不力	一般	所属各部门及审核岗
工作任务风险	预算分析不正确，预算监控和预算考核不力，对考核结果的奖惩不公平、不合理，可能造成预算管理流于形式	一般	审核岗、研究所

5. 风险应对策略

（1）按照预算管理办法，加强所属各部门及团队编制预算的审批制度，防止可能因重大差错、舞弊、欺诈而导致损失。

（2）健全研究所员工培训和考核制度，系统、适时举办预算编制等培训班，加强培训的考核机制，并将参加培训次数和考核结果纳入绩效考核范围。通过加强培训，提高预算编制水平，加快预算执行进度。

（3）建立健全预算管理的激励约束机制，完善预算考核监督办法。计划财务处定期组织专家对预算执行考评，并根据考核结果，落实奖惩措施。

（四）决算管理业务

决算类业务内部控制包括年度部门决算、固定资产投资报表。财务报表做到财务决算账表一致、数据真实、完整准确。

1. 岗位职责

决算类业务设置 2 个岗位，其中经办岗 1 个、审核岗 1 个。经办岗设置在计划财务处，负责编制年度决算报表；审核岗设置在计划财务处，负责审核年度决算报表。

2. 业务流程

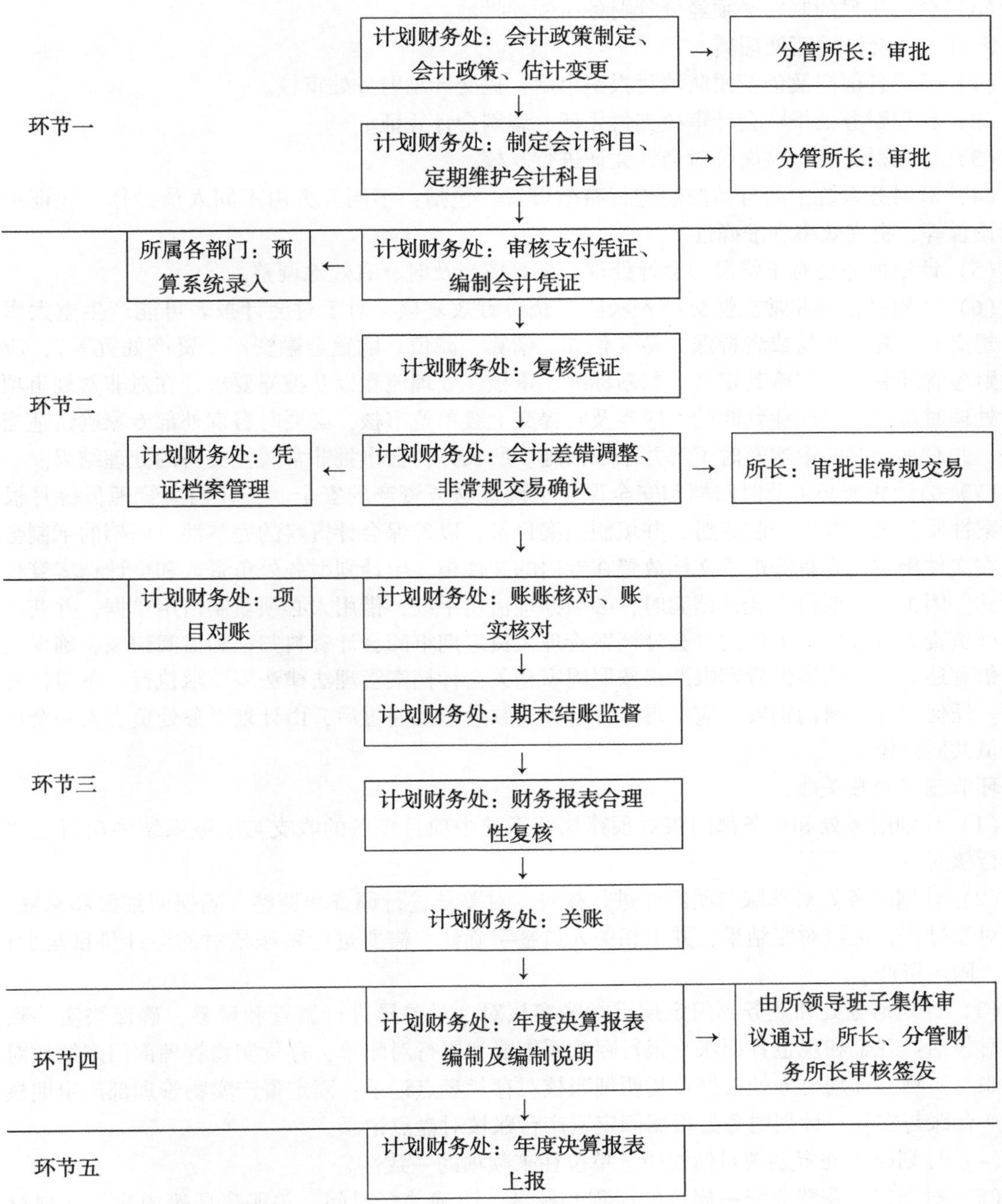

3. 业务环节描述

环节一（会计政策制定和会计科目维护）：

（1）计划财务处必须执行统一的会计政策、会计估计，并根据有关法律法规和政策进行及时更新。

（2）分管财务所领导审批会计政策及会计估计的确定。

（3）计划财务处应按照国家统一的会计制度制定适合研究所的会计科目表，并定期审查以满足核算要求。

（4）会计科目的制定必须经分管财务所领导批准。

环节二（会计凭证处理）：

（1）所属各部门及创新团队填写报销单后，提交计划财务处审核。

（2）计划财务处报账会计审核支付凭证、编制会计凭证。

（3）计划财务处审核岗位对会计凭证进行复核。

（4）对财务系统中的自动控制进行有效设置，包括：不同业务由不同人员操作、凭证编号的连续设置等，提高效率和准确性。

（5）计划财务处对于错误的会计处理、核算应当及时、有效地调整。

（6）计划财务处非常规性交易入账前应获得有效复核。对于对会计报表可能产生重大影响的非常规交易、复杂交易或者特殊交易（例如，清算、减值、购置金融资产、资产处置等），应制定相关财务管理制度，明确其定义、判断标准、审核、处理流程以及披露要求。在对非常规事项进行会计处理时难以进行职业判断的，应当及时提交上级单位审核，必要时咨询外部专家确认适当处理方法，并对其会有的影响及时了解并采取措施。所长办公会审批非常规性交易的处理结果。

（7）会计凭证必须及时归档和安全保管以确保财务资产的安全。会计档案管理员每月根据会计档案性质及编号顺序分装成册，并填制档案目录，以确保会计资料的完整性。归档的纸制会计档案锁在文件柜中，光盘等电子文档放置在专门的文件柜，由计划财务处负责人和会计档案管理员保管钥匙。因工作需要借用会计档案时，必须办理借用手续，借用人必须填制借用单据，并获得计划财务处负责人批准后方可借阅。会计档案管理人员定期审阅会计资料归档和借阅记录，确保会计资料有借有还。会计档案保管期限严格按照国家相关会计档案管理法律法规要求执行，不得任意自行销毁。任何会计资料的销毁，应获得分管财务所领导审批通过后，由计划财务处负责人和会计档案保管员共同监销。

环节三（对账关账）：

（1）计划财务处和业务部门核对预算执行系统中项目经费的收支与财务系统中项目总账明细账进行核对。

（2）计划财务处对总账与明细账进行核对，对差异进行调查和调整，确保明细账和总账一致。记录对账过程，汇报对账结果，并由相关人员签字确认。需要进行账账核对的会计科目至少包括：库存、固定资产。

（3）计划财务处和业务部门定期进行账实核对，对差异进行调查和调整，确保账实一致。定期核对包括：现金和现金日记账、银行存款明细账和银行对账单；存货实物管理部门定期核对存货明细账与实物，计划财务处根据存货明细账核对存货盘点记录；固定资产实物管理部门定期核对固定资产台账与实物，计划财务处根据固定资产台账核对盘点记录。

（4）计划财务处定期核对债权债务单位往来款项的一致性。

（5）对期末关账建立统一规范的流程和标准，明确关账时间、关账事项等内容。计划财务处建立关账检查清单，以确保所有财务人员关账过程中执行统一的标准和流程，以确保当期交易或事项的会计核算工作真实、完整、准确完成。完成各个会计科目的关账检查工作并指定责任人和检查人；制定关账时间表以明确每个任务的完成时间。

（6）由独立于关账负责人对期末结账情况进行监督，对于发现核算不真实、不准确、不完整，会计政策运用不恰当等异常情况，及时查明原因进行处理，并及时向计划财务处负责人报告，确保结账过程无误，按时完成，结果正确。

（7）系统设置自动控制确保月末关账的有效性。设定关账日，系统自动限制期末结账后不能再进行该期间的账务处理，且已结账月份的数据不可随意更改调整，以确保经济业务记录在恰当的会计期间；经分管财务所领导审批后，方可重新开启已关账的会计期间；系统中对收入支出科目设置余额结平，对于月末未结平科目不允许进行结账。

（8）正式关账前必须对财务报表初稿进行分析性复核。计划财务处负责人对研究所财务报表初稿进行分析性复核和检查，以确保报表信息的准确性和总体合理性。

环节四（决算报表编制）：

（1）会计报表格式和内容符合国家统一的会计准则制度规定，无漏报或者任意进行取舍；财务数据拥有登记完整、核对无误的会计账簿记录和其他有关资料作为支持；通过人工分析或利用计算机信息系统自动检查会计报表之间、会计报表各项目之间的勾稽关系是否正确，重点对下列项目进行校验：会计报表内有关项目的对应关系；会计报表中本期与上期有关数字的衔接关系；会计报表与附表之间的平衡及勾稽关系；检查会计科目余额、发生额的整体合理性等。

（2）在会计报表附注和财务情况说明书中真实、完整地说明需要说明的事项；对财务报表数据进行分析性复核，以确保财务数据的合理性和准确性。财务分析包括：当期信息与历史信息比较分析；预算与实际信息分析；各类财务比率分析等。

（3）明确报表编制方案以及相关编制要求等。财务报表编制管理制度应当按照国家统一的会计准则和会计制度的规定，明确报表编制范围。

（4）计划财务处设专门岗位编制财务决算报表，计划财务处负责人复核报表。

（5）由所领导班子集体审议通过，分管财务所领导和法定代表人审批后的财务决算报表，可由计划财务处上报上级单位和主管部门。确保对外报送的报表准确和有效，并保证所有财务报告使用者同时、同质、公平地获取财务报告信息。

4. 风险点

风险类别	风险点	风险等级	责任主体
工作任务风险	财务报告编制与披露未经适当审核或超越授权审批，可能因重大差错、舞弊、欺诈而导致损失	重大	所长办公会
工作任务风险	不能有效利用财务报告，难以及时发现财务管理中存在的问题，可能导致财务风险失控	重大	所长办公会、计划财务处
工作任务风险	财务报告编制前期准备工作不充分，可能导致结账前未能及时发现会计差错	一般	计划财务处

5. 风险应对策略

（1）按照科学事业单位会计制度，加强财务核算水平，保证部门决算报表编制有据可依；按照决算报表的编制要求，认真编制报表，防止可能因重大差错而导致损失。

（2）财务报告应按要求对重要的科研管理情况、重要投资项目经营情况、重大的经济纠纷和诉讼事项以及存在的各种风险和问题进行必要的说明。发生贪污、挪用公款等刑事案件以及其他重大经济诉讼案件和重大财产损失的，必须按规定及时向主管部门报告。

（3）完善财务管理制度，建立财务报告制度，法定代表人以及分管财务所领导要加强对财务报告工作组织领导。计划财务处要认真组织协调相关部门，共同做好财务信息资料的收集、整理及报告的起草等工作。其他部门要按照统一部署完成职责范围内的工作，协助做好相关报告准备工作。

（4）要加强对财务报告的利用，针对报告中反映的问题及时完善相关办法，解决存在的问题，防止存在的财务风险。

（五）国有资产管理业务

1. 岗位职责

国有资产业务设置 2 个岗位，其中经办岗 1 个、审核岗 1 个。经办岗设置在各部门及创新团队，负责提出本部门或团队资产新增申请、购置、到货验收、安装调试、登记报销以及资产的日常安全使用、保管与维护、报废处置、资产台账和资产卡片的管理工作。审核岗设置在计划财务处，负责审核资产购置申请、资产购置报销、资产处置方案等。

2. 业务流程

（1）入账流程

固定资产是指使用期限超过一年，单位价值在1 000元以上，专用设备单位价值在1 500元以上，并在使用过程中基本保持原有物质形态的资产，或单位价值虽不足规定标准，但使用年限在一年以上，批量价值在 5 万元（含）以上，且单件物品的名称、规格、型号相同的大批同类物资。

符合以上规定的资产，需办理固定资产入账手续。具体流程如下：

验收新购设备→合格后索要发票，发票上注明设备名称、型号、数量、金额→验证发票→填写报销单，报销单后附相关合同及申请购设备报告、报价单以及相关资料，建设项目还需附竣工财务决算→相关领导报销单签字→复印说明书中有生产厂家和型号显示的那页→设备照相→确定存放地点和使用人→资产审核人员审核以上资料，然后将资产分类名称、资产名称、使用状态、采购组织形式、取得方式、取得日期、规格型号、使用及管理部门、使用人、生产厂家、存放地点、价值类型、价值、经费来源、财务入账状态及日期、销售商、合同编号、发票号等信息输入到农业农村部资产管理系统，导入照片，产生卡片→根据卡片与报销单去计划财务处报账→年终根据财务凭证号，调出每张卡片补填财务凭证号。

（2）固定资产报废、处置流程

报废固定资产需满足以下条件：经多次维修还无法正常使用；没有相关配件导致无法维修；维修成本过高。

符合以上规定的待报废固定资产，需办理固定资产报废手续。具体流程如下：

由使用部门或团队填写报废资产清单→核对报废资产清单内容→现场察看拟报废设备并拍照→计划财务处组织研究所资产报废专家组鉴定→上报所办公会讨论→办公会同意报废的固定资产批量或单价在 500 万元以下的科研设备报上级部门备案→500 万元以上报上级部门审批→由评估事务所进行残值评估→进入甘肃省资产处置交易平台处置→配合中标单位将报废设备运走→处置收入根据规定上缴至中国农业科学院，纳入统一预算管理。

（3）对外投资、对外出租出借流程

根据所领导会议纪要、所办公会会议纪要决定→做好对外投资、对外出租出借可行性分析报告以及相关调查工作，最大限度地确保投资及出租的盈利性→按照上级单位要求及审批权限准备报送材料→报上级单位审批或备案→审批后签订具体协议和合同→监督合同的执行。

3. 业务环节描述

（1）资产的取得

资产的取得方式包括：新购、调拨、接受捐赠、置换、盘盈、自建、自行研发等。其中：

①非能力建设项目

环节 1：各部门及创新团队经办人员根据项目预算、通用办公设备家具配置要求填写《资产采购申请单》、接收划拨捐赠等申请表。

环节 2：计划财务处审核，分管所领导根据权限审批。

环节 3：各部门及创新团队经办人员购置、验收、登记、报销。

环节 4：计划财务处登记财务账，并将资产信息录入资产管理系统。

②能力建设项目

环节 1：各部门及创新团队填报预算，待获取批复后方可于第二年开展政府采购工作。

环节 2：正式批复后，各部门及创新团队负责组织开展设备采购的市场调研工作。

环节 3：由计划财务处对进口仪器设备进行大型仪器设备评议和进口仪器设备论证等工作。

环节 4：采购时，各部门及创新团队按照科研需求提出采购申请，并按照市场调研情况制定招标参数等相关要求，计划财务处组织形成招标文件，由代理公司完成招标工作。

环节 5：计划财务处按照政府采购要求办理合同签订、减免税办理、货款支付等工作，并根据项目管理及资金管理要求进行审核。

环节 6：按照政府采购指定方式执行完采购工作后，计划财务处组织进行设备验收及结算。

（2）资产日常管理

环节 1：资产管理实行“统一领导、分级管理，谁使用、谁负责”制度。各部门及创新团队负责资产使用、维护等日常管理工作，有变更、损毁、丢失等事项以书面形式及时报告计划财务处。

环节 2：计划财务处按月核对资产信息，上报资产月报。

环节 3：计划财务处年底进行资产盘点，核对资产账与财务账。

环节 4：计划财务处进行资产折旧，并整理归档年度资产档案。

（3）资产的处置

资产的处置方式包括：出售、出让、转让、报废报损、置换、无偿调拨（划转）、对外捐赠等。

环节 1：各部门及创新团队经办人员提出申请，填写资产处置申请表，负责人审核签字。

环节 2：计划财务处将报废需求信息汇总，研究所资产技术鉴定小组审核，上报所务会讨论，形成会议纪要。

环节 3：研究所根据审批权限，出具批复文件或上报上级主管部门审批。

环节 4：批复下达后，由计划财务处联系处置平台进行资产处置。

环节 5：计划财务处根据《中央级事业单位国有资产处置申请表》核销资产账及资产财务账，并将处置收入上缴国库。

环节 6：计划财务处负责将处置过程材料报上级部门备案。

4. 风险点

风险类别	风险点	风险等级	责任主体
工作任务风险	固定资产的购置没有纳入预算管理	一般	计划财务处
工作任务风险	固定资产的购置没有审批手续	一般	采购部门及团队
工作任务风险	固定资产的采购不透明、不公正，没有采购合同或不履行合同	重大	采购部门及团队
工作任务风险	没有对固定资产确认标准	一般	计划财务处
工作任务风险	没有对固定资产投资实行严格的审批	重大	所领导、计财处

（续表）

风险类别	风险点	风险等级	责任主体
工作任务风险	固定资产的购置没有办理验收手续	一般	计划财务处
工作任务风险	固定资产验收后没有及时办理入账手续	一般	计划财务处
工作任务风险	固定资产管理机构不健全、职责不明确、实物管理和账务管理未分离	一般	计划财务处
工作任务风险	未建立完整的账卡物管理体系，相关主要材料未妥善保管	一般	计划财务处
工作任务风险	固定资产的日常管理失控，日常没有进行对账和盘点	一般	计划财务处
工作任务风险	忽视固定资产的日常保养，影响使用寿命	一般	使用部门及团队
工作任务风险	对固定资产的处置没有建立健全管理制度和流程，处置没有按相关制度要求	一般	计划财务处
工作任务风险	固定资产的报废没有明确的认定标准，报废程序不规范，未经过必要的审批程序	一般	计划财务处
工作任务风险	处置固定资产的定价不合理	一般	计划财务处
工作任务风险	对固定资产的对外投资、出租、出借未经授权审批，缺乏有效的后续管理	重大	所领导、计划财务处
工作任务风险	固定资产处置收入和对外投资、出租出借收入不能及时入账	重大	计划财务处
工作任务风险	固定资产入账不及时、不完整，入账价值不准确、不完整	一般	计划财务处
工作任务风险	固定资产账账不符，账实不符，没有按规定计提折旧	一般	计划财务处
工作任务风险	无形资产管理不规范，没有设置台账，没有及时摊销	一般	计划财务处

5. 风险应对策略

（1）保持顺畅沟通，确保每条资产及时入账，保证账账相符。

（2）建立安全防范措施、强化使用人责任，培训操作人员以及做好定期维护。

（3）熟悉政策，宣讲政策，严格按照流程办理业务，层层严格把关。

（4）建立健全完善的监督机制，严格把关，招标过程通知纪检监察部门参与。

（5）各部门及创新团队应及时了解项目情况及设备市场行情，避免拆分情况发生。

（6）所有仪器采购必须签订合同，并严格按标书要求一一核对，各部门及创新团队和计划财务各负其责。

（7）严格按合同标准进行验收，认真填写安装验收报告。

（六）财政票据管理业务

1. 岗位职责

财政票据管理类业务设置 1 个经办岗、2 个开票岗和 1 个审核岗。经办岗设置在计划财务处，负责按需申领财政票据，并按要求下发；开票岗 1 设置在计划财务处，负责根据实际入账开具水电费等资金往来收据；开票岗 2 设置在后勤服务中心，负责根据实际入账开具资金往来收据；审核岗设置在计划财务处，负责根据票据底单或开票清单进行核对后，将资金入库并开具收据。

2. 业务流程

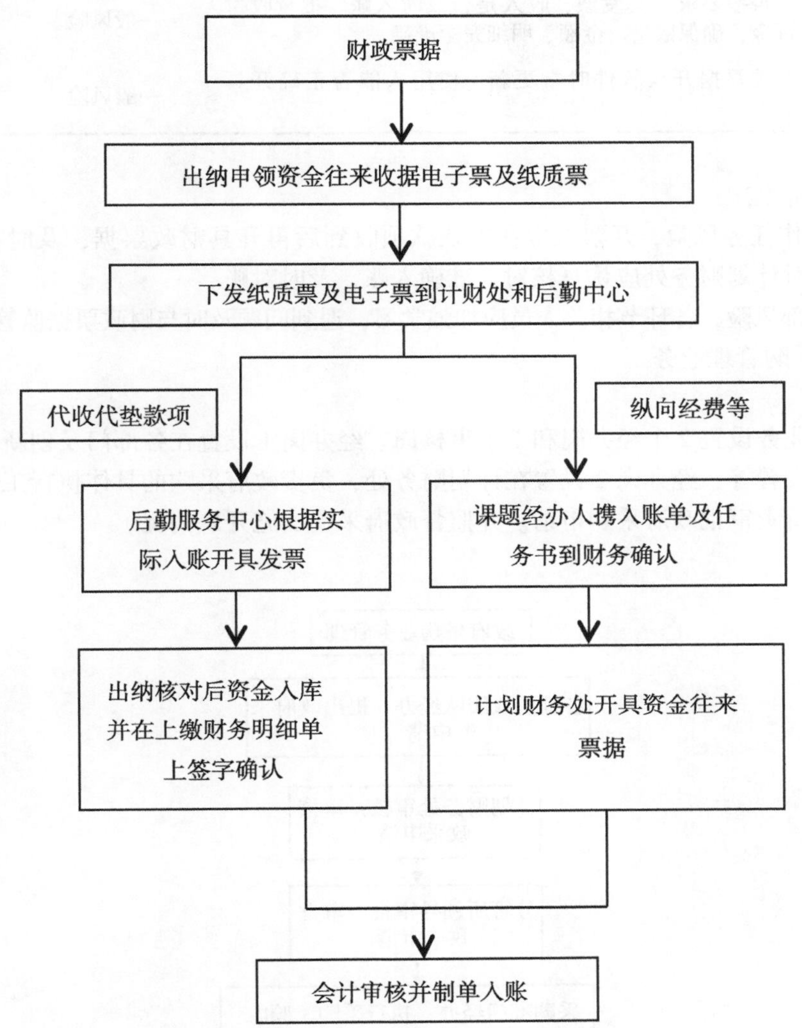

3. 业务环节描述

环节1：计划财务处向财政票据监管中心申领资金往来收据电子票及纸质票，并将纸质票及电子票全部下发计划财务处及后勤服务中心相关人员。

环节2：代收代垫款项由后勤服务中心票据管理员（以下简称“领票人”），根据实际入账开具资金往来收据；纵向经费等，课题经办人携入账单及任务书到计划财务处确认，由财务通知领票人根据实际入账开具资金往来收据。

环节3：代收代垫款项由后勤服务中心将记账联和收到款项核对一致后交到计划财务处，出纳清点后在物业上缴财务明细单上签字确认。

环节4：会计审核并制作记账凭证。

4. 风险点

风险类别	风险点（具体描述）	风险等级	责任主体
工作任务风险	是否按要求开具发票，收入是否及时入账。批量收付资金，确保数量、金额、明细完全准确	一般风险	各环节相关人员
外部风险	财政票据开票软件时常更新，使用人能否正确开具凭据	一般风险	各环节相关人员

5. 风险应对措施

（1）根据工作任务风险，开票人应在确认款项收到后再开具财政票据，及时将所收款项上缴计划财务处。同时计划财务处应认真核对，准确入账，及时对账。

（2）根据外部风险，各环节相关人员应加强学习，遇到问题及时与财政票据监管中心进行沟通。

（七）政府采购管理业务

1. 岗位职责

政府采购类业务设置 2 个经办岗和 1 个审核岗。经办岗 1 设置在各部门及创新团队，负责提出采购需求、参数设置等；经办岗 2 设置在计划财务处，负责政府采购的具体执行工作。审核岗设置在计划财务处，负责审批政府采购申请。并监督政府采购实施开展情况。

2. 业务流程

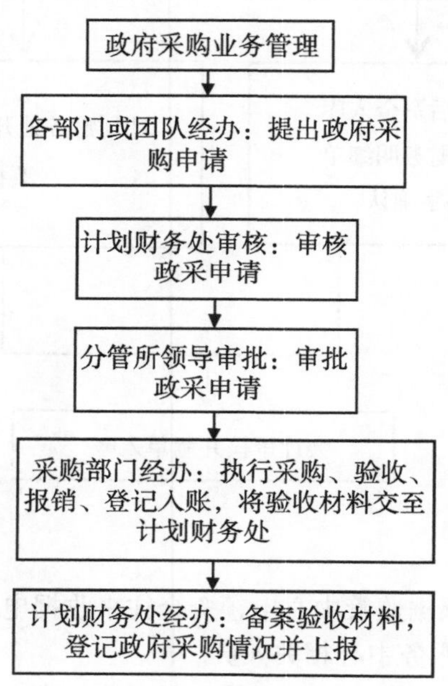

3. 业务环节描述

环节 1：各部门或创新团队提出政府采购申请。

环节 2：计划财务处审核是否符合政采要求，分管领导审批政府采购申请。

环节 3：各使用部门或团队按政采规定方式执行采购。

环节 4：采购部门验收、报销、登记资产；并将验收单等材料复印件交至计划财务处政府采购经办岗进行备案。

环节 5：计划财务处填报政府采购情况并上报。

4. 风险点

风险类别	风险点	风险等级	责任主体
工作任务风险	执行程序不够规范，审核把关不够严格	重大	计划财务处
工作任务风险	未在中标供应商及中标产品中选购	重大	计划财务处

5. 风险应对策略

（1）严抓审核管理，指导部门及创新团队按照政府采购要求，落实执行采购方式。

（2）采购管理人员要严格把关，坚决杜绝采购未中标的供应商及产品。

（八）修购项目管理业务

1. 岗位职责

修购项目管理设置经办岗 1 个、审核岗 1 个。经办岗负责计划财务处职责范围内的仪器购置、修缮改造等活动中项目申报、可研编制、初步设计、项目评审、项目招投标、项目实施、项目验收等相关工作；审核岗负责对经办岗的办理情况及结果进行审核后，报主管所领导审核。

2. 业务流程

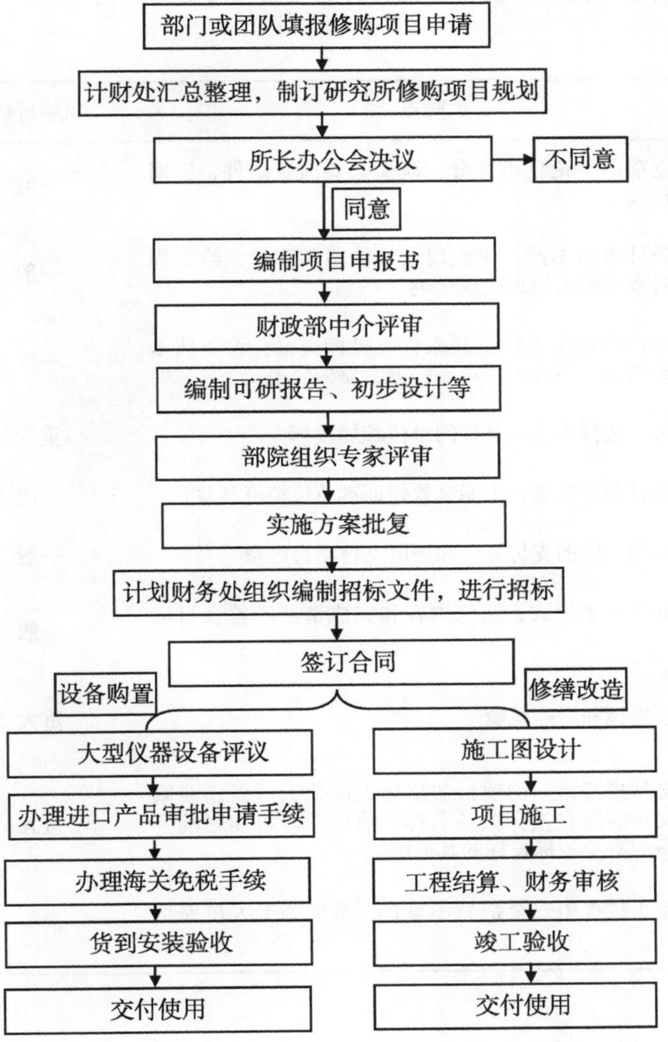

3. 业务环节描述

环节一：计划财务处组织编制修购项目规划、项目建议书、可行性研究报告、初步设计等。

环节二：计划财务处组织专家论证与评审项目立项的可行性、设计的科学合理性。

环节三：计划财务处选择有资质的招标代理机构负责项目招标工作，并编制招标需求文件。

环节四：招标代理机构发布招标公告、组织专家评标、发布中标公告。

环节五：计划财务处负责合同签订工作。

环节六：仪器购置项目中标单位按合同要求进行仪器采购供货。

环节七：修缮购置项目中标单位根据施工计划进行工程施工。

环节八：项目管理人员对洽商变更进行审核，报分管所领导批准。

环节九：重大事项报所办公会议或所领导班子审议。

环节十：仪器设备安装调试。

环节十一：施工单位提交竣工验收申请，建设方组织进行验收。

环节十二：计划财务处委托中介机构进行造价审核、项目审计，编制竣工财务决算。

环节十三：计划财务处及时编制财产清单，办理资产移交入库手续。

环节十四：计划财务处经办岗负责档案资料的收集与分类立卷。

4. 风险点

风险类别	风险点	风险等级	责任主体
工作任务风险	申报立项前期论证不充分，缺少必要前置条件，后期执行困难	一般	计划财务处
工作任务风险	初步设计审核不严，未发现设计缺陷和漏项，给工程施工过程和投入使用造成影响	一般	计划财务处
工作任务风险	招标文件设置排他性资质条件、投标资格，设备技术参数或指标、不合理评审条件等，显失公平	一般	计划财务处
工作任务风险	招标时，选择不具备条件的单位参加投标	重大	计划财务处
工作任务风险	合同签订条款随意，不能有效保证本单位经济利益	一般	计划财务处
工作任务风险	未按合同约定的支付方式和进度支付项目经费	一般	计划财务处
工作任务风险	项目验收流于形式，实施内容和完成情况不符合目标要求	一般	计划财务处
纪律风险	围标、串标和腐败风险	重大	计划财务处、党办人事处
安全保密风险	依法必须进行招标的项目的招标人向他人透露已获取招标文件的潜在投标人的名称、数量或者可能影响公平竞争的有关招标投标的其他情况	重大	计划财务处
安全保密风险	项目施工过程中安全措施不重视，造成施工人员安全隐患	重大	计划财务处

5. 风险应对策略

风险类别	风险点	应对策略
工作任务风险	申报立项前期论证不充分，缺少必要前置条件，后期执行困难	充分听取专家意见，积极推进项目前置条件落实
工作任务风险	初步设计审核不严，未发现设计缺陷和漏项，给工程施工过程和投入使用造成影响	明确设计责任，充分听取专家意见，对设计成果进行严格审查，确保设计质量
工作任务风险	招标文件设置排他性资质条件、投标资格，设备技术参数或指标、不合理评审条件等，显失公平	严格审核招标需求和招标文件
工作任务风险	招标时，选择不具备条件的单位参加投标	严格执行招标信息公开制度，认真进行资格审查
工作任务风险	合同签订条款随意，不能有效保证本单位经济利益	严格审核合同经济利益、财务结算等条款是否合理
工作任务风险	未按合同约定的支付方式和进度支付项目经费	严格合同约定和项目进度进行支付；修缮项目由监理提出审核意见，按照单位内部管理程序审查
工作任务风险	项目验收流于形式，实施内容和完成情况不符合目标要求	严格按照项目建设内容和设计标准进行验收，保存检查记录等原始资料，落实质量责任制度
纪律风险	围标、串标和腐败风险	严格按照《招标投标法》《政府采购法法》等法律规章制度执行，强化职责意识和反腐力度
安全保密风险	依法必须进行招标的项目的招标人向他人透露已获取招标文件的潜在投标人的名称、数量或者可能影响公平竞争的有关招标投标的其他情况	严格按照《招标投标法》《政府采购法法》等法律规章制度执行，强化职责意识和反腐力度
安全保密风险	项目实施过程中安全措施不重视，造成施工人员安全隐患	落实项目安全监督责任制，经常性地进行项目监督和检查，及时发现问题

（九）基建项目管理业务

1. 岗位职责

基本建设项目类业务不同业务环节均设置经办岗、审核岗 2 个岗位。其中经办岗设置在计划财务处，由具体经办岗负责项目申报立项、初步设计、项目招标、合同签订、施工管理、价款支付、竣工验收、资产交付、档案移交等具体业务；审核岗设置在计划财务处，由分管处长对经办岗的办理结果进行审核并报分管所领导，重大经济事项由所办公会议或所领导班子集体决议。单位财务、内部审计、纪检监察对基本建设全过程进行监管。

2. 业务流程

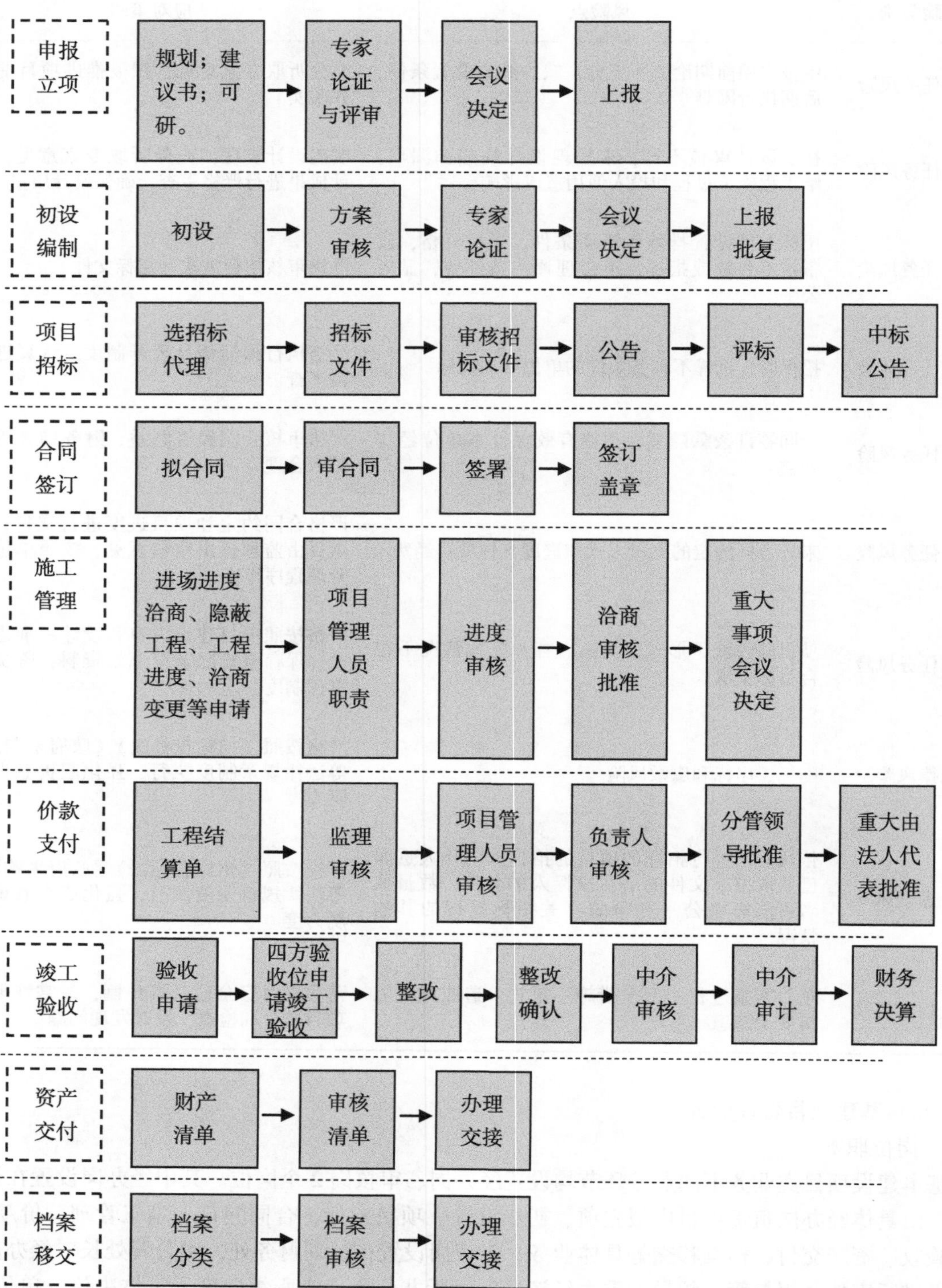
申报
立项
规划；建
议书；可
研。
专家
论证
与评审
会议
决定
上报
初设
编制
初设
方案
审核
专家
论证
会议
决定
上报
批复
项目
招标
选招标
代理
招标
文件
审核招
标文件
公告
评标
中标
公告
合同
签订
拟合同
审合同
签署
签订
盖章
施工
管理
进场进度
洽商、隐蔽
工程、工程
进度、洽商
变更等申请
项目
管理
人员
职责
进度
审核
洽商
审核
批准
重大
事项
会议
决定
价款
支付
工程结
算单
监理
审核
项目管
理人员
审核
负责人
审核
分管领
导批准
重大由
法人代
表批准
竣工
验收
验收
申请
四方验
收位申
请竣工
验收
整改
整改
确认
中介
审核
中介
审计
财务
决算
资产
交付
财产
清单
审核
清单
办理
交接
档案
移交
档案
分类
档案
审核
办理
交接

3. 业务环节描述

(1) 申报立项

环节一：计划财务处根据自身发展需求和行业规划组织编制基本建设规划、项目建议书、可行性研究报告等。

环节二：组织专家论证与评审项目立项的可行性。

环节三：所办公会议或领导班子集体决议。

环节四：上报。

(2) 初设编制

环节一：计划财务处委托有资质的设计单位编制项目初步设计。

环节二：计划财务处对设计方案进行审核。

环节三：组织专家论证与评审项目设计的合理性、科学性。

环节四：所办公会议或所领导班子集体决议。

环节五：上报。

(3) 招标管理

环节一：计划财务处经办岗选择有资质的招标代理机构负责项目招标工作。

环节二：编制招标需求文件。

环节三：计划财务处审核岗审核招标文件，主要包括方式是否合理，招标文件条款是否公平、公正、公开，主要包括经济技术指标，主要合同条款，评标程序和办法等内容。

环节四：招标代理机构发布招标公告。

环节五：招标代理机构组织专家评标。

环节六：招标代理机构发布中标公告。

(4) 合同签订

环节一：计划财务处经办岗负责合同拟定工作。

环节二：计划财务处审核岗审核合同经济利益、财务结算等条款是否合理。

环节三：按内部授权规定，审批人在授权范围内审批，不得越权审批。

环节四：合同签订。

(5) 施工管理

环节一：施工单位根据施工计划提出材料和设备进场、隐蔽工程、工程进度、洽商变更等申请。

环节二：监理人员和现场施工管理人员负责项目现场工程质量、工程进度、工程安全和工程造价管理，主要包括对大宗材料和设备采购审验、隐蔽工程验收、工程进度款支付审核、洽商变更审核。

环节三：计划财务处派出项目管理人员负责对项目工程质量、进度、安全、工程款支付的审查，对结果的真实性进行审核，严格控制项目变更。

环节四：项目管理人员对洽商变更进行审核，报分管所领导批准。

环节五：重大事项报所办公会议或所领导班子审议。

(6) 价款支付

环节一：施工单位提交施工进度表和工程价款结算单。

环节二：监理人员审核工程形象和工程量。

环节三：计划财务处现场管理人员根据施工单位和监理人员认可的工程价款结算单核实工程形象进度、工程量，根据预算单价核实工程价款。

环节四：计划财务处审核工程价款的准确性和真实性。

环节五：分管所领导进行审批，工程价款超过 10 万元须研究所法人代表批准。

环节六：计划财务处进一步核实工程价款结算单，核对工程进度表、工程价款结算单、发票复核对无误后，办理支付。

（7）竣工验收

环节一：施工单位提交竣工验收申请。

环节二：施工、设计、监理、建设单位四方验收。

环节三：整改。

环节四：对整改进行确认。

环节五：委托中介机构进行造价审核。

环节六：委托中介机构开展项目审计。

环节七：编制竣工财务决算。

（8）资产交付

环节一：计划财务处经办岗及时编制财产清单，办理资产移交入库手续。

环节二：计划财务处审核岗审核交付资产数量和金额是否准确。

环节三：资产使用部门办理交接手续。

（9）档案移交

环节一：计划财务处经办岗负责档案资料的收集与分类立卷。

环节二：计划财务处审核岗审核档案资料的完整性和真实性。

环节三：档案管理部门办理交接手续。

4. 风险点

风险类别	风险点	风险等级	责任主体
工作任务风险	申报立项前期论证不充分，缺少必要前置条件，后期执行困难	一般	计划财务处
工作任务风险	初步设计审核不严，未发现设计缺陷和漏项，给工程施工过程和投入使用造成影响	一般	计划财务处
工作任务风险	招标文件设置排他性资质条件、投标资格，技术参数或指标、不合理评审条件等，显失公平	一般	计划财务处
工作任务风险	招标方在信息技术和市场信息掌握不足，导致无法及时发现供应商虚报价格、以次充好的问题	一般	计划财务处
工作任务风险	合同签订条款随意，不能有效保证本单位经济利益	一般	计划财务处
工作任务风险	施工现场过程管理不严，接受低标产品，工程质量降低	据实核定	计划财务处
工作任务风险	施工变更审核不严，项目资金控制不足	一般	计划财务处
工作任务风险	未按照合同条款支付，或价款支付依据不足	一般	计划财务处
工作任务风险	竣工验收流于形式，建设内容和完成情况不符合目标要求	一般	计划财务处
工作任务风险	资产交付不及时，造成账外资产存在	一般	计划财务处
工作任务风险	档案归集不完整，移交不及时，造成档案缺失	一般	计划财务处

（续表）

风险类别	风险点	风险等级	责任主体
纪律风险	招标过程规避招标，将项目委托给不具备相应资质的招标代理机构，排斥、差别对待或歧视对待潜在投标人等	重大	计划财务处、党办人事处
纪律风险	围标、串标和腐败风险	重大	计划财务处、党办人事处
纪律风险	直接指定或强行推荐于己有利的单位参与工程或招标采购	重大	计划财务处
安全保密风险	依法必须进行招标的项目的招标人向他人透露已获取招标文件的潜在投标人的名称、数量或者可能影响公平竞争的有关招标投标的其他情况	重大	计划财务处
安全保密风险	项目施工过程中安全措施不重视，造成施工人员安全隐患	重大	计划财务处
外部风险	项目施工过程中遭遇台风等自然灾害，造成经济损失	一般	计划财务处

5. 风险应对策略

风险类别	风险点	应对策略
工作任务风险	申报立项前期论证不充分，缺少必要前置条件，后期执行困难	充分听取专家意见，积极推进项目前置条件落实
工作任务风险	初步设计审核不严，未发现设计缺陷和漏项，给工程施工过程和投入使用造成影响	明确设计责任，充分听取专家意见，对设计成果进行严格审查，确保设计质量
工作任务风险	招标文件设置排他性资质条件、投标资格，技术参数或指标、不合理评审条件等，显失公平	严格审核招标需求和招标文件
工作任务风险	招标方在信息技术和市场信息掌握不足，导致无法及时发现供应商虚报价格、以次充好的问题	加强市场前期调研，充分了解相关信息
工作任务风险	合同签订条款随意，不能有效保证本单位经济利益	严格审核合同经济利益、财务结算等条款是否合理
工作任务风险	施工现场过程管理不严，接受低标产品，工程质量降低	严格实施样品封样；落实质量检查验收程序和责任制；委托第三方检验检测
工作任务风险	施工变更审核不严，项目资金控制不足	加强施工管理人员主体责任，对需变更的事项进行严格评估和审核
工作任务风险	未按照合同条款支付，或价款支付依据不足	严格按照合同约定付款，财务人员负责审核
工作任务风险	竣工验收流于形式，建设内容和完成情况不符合目标要求	严格按照项目建设内容和设计标准进行验收，保存检查记录等原始资料，落实质量责任制度
工作任务风险	资产交付不及时，造成账外资产存在	项目完成后及时办理竣工财务决算和资产交付
工作任务风险	档案归集不完整，移交不及时，造成档案缺失	项目完成后及时对档案资料进行归集整理

（续表）

风险类别	风险点	应对策略
纪律风险	招标过程规避招标、将项目委托给不具备相应资质的招标代理机构、排斥、差别对待或歧视对待潜在投标人等	
纪律风险	围标、串标和腐败风险	严格按照《招标投标法》《政府采购法》等法律规章制度执行，强化职责意思和反腐力度
纪律风险	直接指定或强行推荐于己有利的单位参与工程或招标采购	
安全保密风险	依法必须进行招标的项目的招标人向他人透露已获取招标文件的潜在投标人的名称、数量或者可能影响公平竞争的有关招标投标的其他情况	
安全保密风险	项目施工过程中对安全措施不重视，造成施工人员安全隐患	落实项目安全监督责任制，经常性地进行项目监督和检查，及时发现问题
外部风险	项目施工过程中遭遇自然灾害，造成经济损失	做好风险评估与预警，采取有效防控措施

（十）科研物资采购管理业务

1. 岗位职责

科研物资采购类业务设置经办岗、审批岗、验收岗和审核岗 4 个岗位。经办岗为各部门及创新团队人员，审批岗为团队首席、部门负责人及分管所长、所长，验收岗为计划财务处专职验货员，审核岗为计划财务处。

2. 业务流程

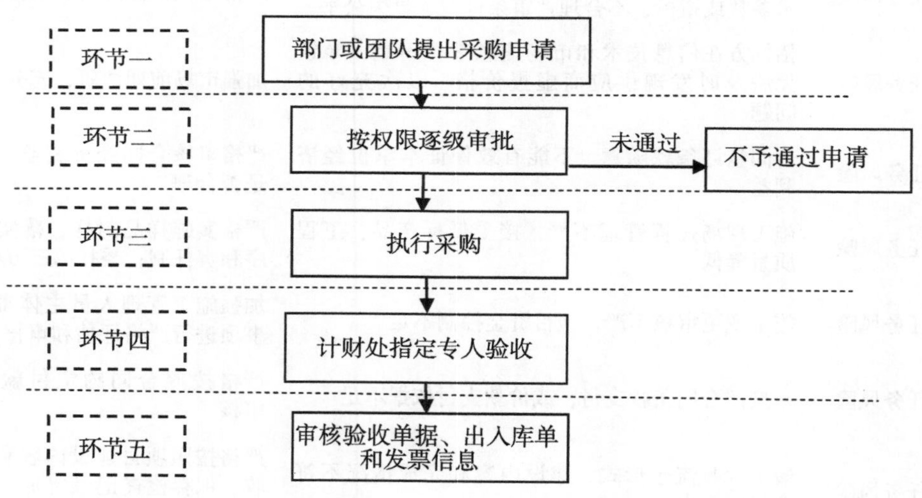

3. 业务环节描述

环节一：按照农业农村部和农科院对于试剂耗材采购的相关规定，尽量通过《中国农科物资采购平台》采购，因科研急需或平台没有的可进行线下采购。

环节二：科研物资的签批权限参照研究所《财务报销流程》。

环节三：采购人通过《中国农科物资采购平台》进行线上采购或提交线下采购申请单进行线下采购。

环节四：采购到的所有科研物资由指定验收人进行验收，检查是否符合采购申请，包括货号、供货商、价格等，按照实验室管理条例进行保管，并填写入库单和出库单。

环节五：审核验收单、出入库单与发票上金额是否一致。

4. 风险点

风险类别	风险点	风险等级	责任主体
工作任务风险	未经审核擅自进行购置	一般	使用部门或团队、计划财务处
工作任务风险	未按规定选择平台线上采购	一般	使用部门或团队、计划财务处
工作任务风险	未按规定执行验收程序	一般	计划财务处
工作任务风险	未进行信息审核进行支付结算	一般	计划财务处

5. 风险应对策略

风险类别	风险点	应对策略
工作任务风险	未经审核擅自进行购置	由使用部门提出购置需求，逐级审核
工作任务风险	未按规定选择平台线上采购	必须通过《中国农科物资采购平台》采购
工作任务风险	未按规定执行验收程序	指定专人验收，定期汇总到货列表报送部门领导
工作任务风险	未进行信息审核进行支付结算	严格审核结算凭证

（十一）科研物资采购管理业务

1. 岗位职责

科研副产品管理主要设置经办岗1个，审核岗1个。经办岗负责协助所内各团队及相关部门开展科研副产品处置审批表初审核、处置台账审核等工作；审核岗对经办岗的审核情况进行签字确认。

2. 业务流程

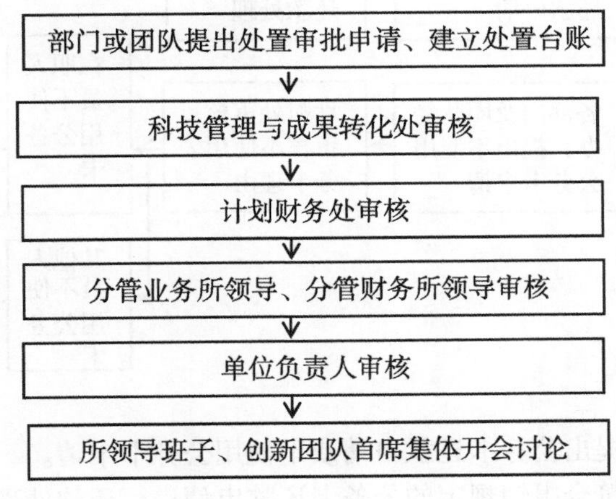

3. 业务环节描述

环节一：部门或团队提出处置（销毁/销售）审批申请、建立处置（销毁/销售）台账。

环节二：根据所涉及金额不同，按规定流程签字审核。

环节三：根据金额大小不同，按需签订科研副产品销售合同，在参照同类产品市场价格的基础上商定科研副产品的销售价格，报计划财务处审批后确定。

环节四：科研副产品收入入研究所财务，单独设账。

4. 风险点

风险类别	风险点（具体描述）	风险等级	责任主体
工作任务风险	是否按规定提出处置审批申请，建立处置台账	一般	各部门及团队
工作任务风险	是否根据所涉金额不同按规定依次签字审核	一般	各部门及团队
工作任务风险	销售科研副产品是否签订销售合同	一般	计划财务处
工作任务风险	收入是否单独设立账户	一般	计划财务处

5. 风险应对策略

各部门及团队做好科研副产品处置审批工作，确保建立完整的处置台账，并经按照规定依次签字审核；科技管理与成果转化处积极配合计划财务处做好处置审批表及处置台账的审核工作；科技管理与成果转化处和计划财务处配合做好科研副产品销售合同签订等工作；计划财务处积极做好销售收入单独立账工作。

（十二）科研物资采购管理业务

1. 岗位职责

公务卡管理业务设置经办岗 2 个，审核岗 2 个。经办岗 1 设置在各部门及创新团队，负责依据规定使用公务卡结算并提出公务卡还款申请，或提出不使用公务卡申请。经办岗 2 设置在计划财务处，负责对符合报销规定的公务卡结算进行还款处理。审核岗 1 设置在计划财务处，负责审核报销人提出的不使用公务卡申请。审核岗 2 设置在所领导，负责审批报销人提出的不使用公务卡申请。

2. 业务流程

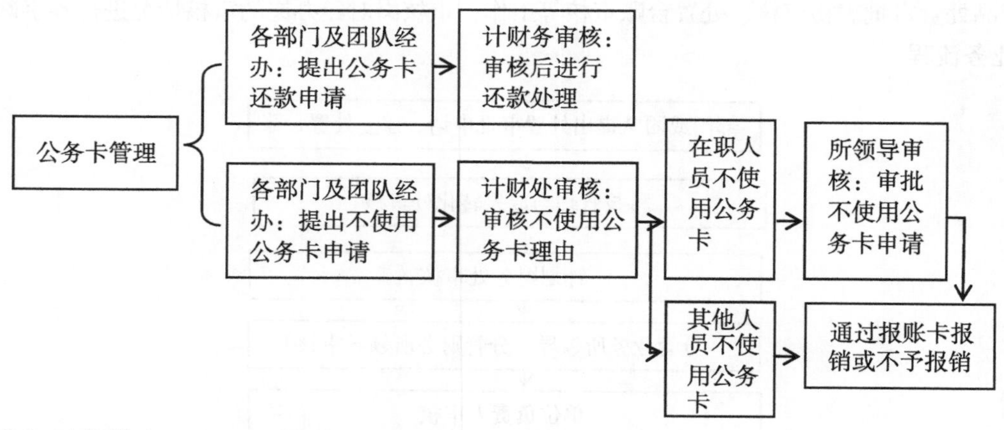

3. 业务环节描述

环节 1：各部门及团队提出公务卡还款申请或不使用公务卡申请。

环节 2：计划财务处对符合报销规定的公务卡还款申请进行还款处理。

环节 3：计划财务处对不使用公务卡申请进行审核，所领导根据报销管理办法审批。

4. 风险点

风险类别	风险点	风险等级	责任主体
工作任务风险	应使用公务卡结算的业务未使用公务卡结算	一般	各部门及团队

5. 风险应对策略

（1）积极宣传公务卡结算要求，让工作人员熟悉了解政策规定。

（2）及时处理公务卡还款业务，为工作人员使用公务卡提供便利。

（3）严格审批不使用公务卡申请。

四、科技管理内部控制

（一）科研项目管理业务

科研项目包括国家级、省部级及地方设置的各类科研计划项目。

1. 岗位职责

科研项目管理类业务设置经办岗 2 个，审核岗 3 个。经办岗 1 设置在科技管理与成果转化处，负责各类科研项目的组织申报、跟踪项目执行情况、组织项目验收。经办岗 2 设置在各创新团队/课题组，负责项目的申报、实施、结题验收。审核岗 1 设置在科技管理与成果转化处，负责审核申报材料、审核验收材料。审核岗 2 设置在计划财务处，负责审核项目经费预算是否合理、项目经费决算是否正确。审核岗 3 设置在所领导处，按职责分工对项目申请材料、项目验收材料进行审批。

2. 业务流程

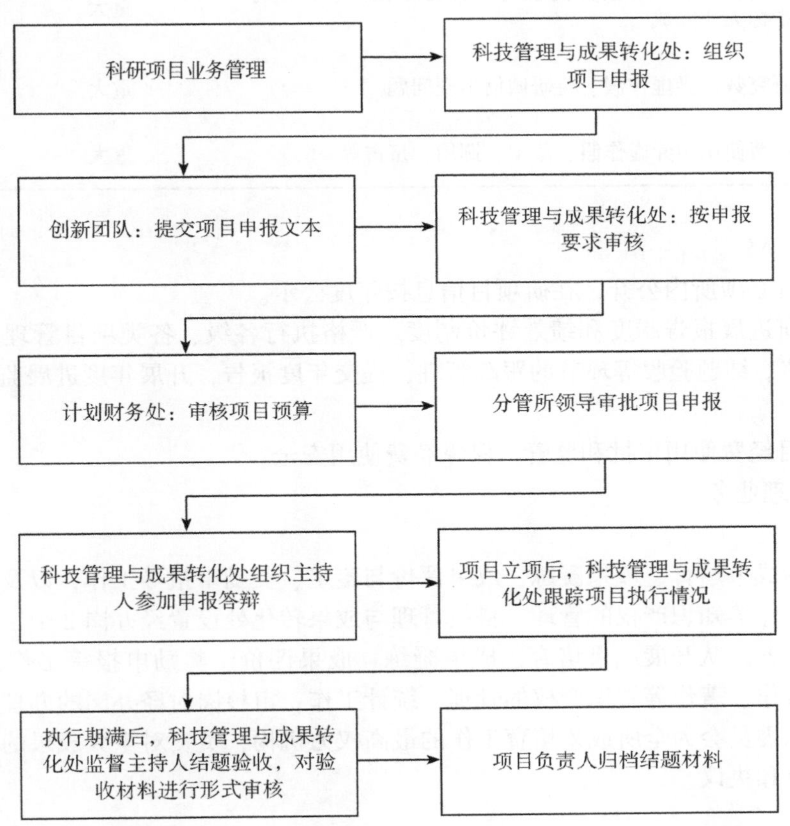

3. 业务环节描述

环节一：科技管理与成果转化处根据科技部、农业农村部等各级项目主管部门发布的项目申报指南、通知等组织申报工作。

环节二：科技管理与成果转化处对申报材料进行形式审核。

环节三：计划财务处对申报材料进行财务预算审核。

环节四：分管所领导审批项目申报书，科技管理与成果转化处向项目主管部门提交项目申报书，并按要求组织主持人参加申报答辩。

环节五：科技管理与成果转化处对立项项目执行情况进行跟踪，各项目按要求提交年度工作总结。

环节六：项目任务一经下达，一般不得调整。项目预算如遇特殊情况确需调整的，须由项目负责人提出申请，根据预算调整管理办法，分类进行逐级审批后调整。

环节七：项目执行期满，科技管理与成果转化处按项目主管部门的要求组织主持人按时结题验收。科技管理与成果转化处、计划财务处对项目结题材料进行审核，分管所领导对结题材料进行审批，项目负责人根据要求完成项目结题材料归档。

4. 风险点

风险类别	风险点	风险等级	责任主体
工作任务风险	项目立项审核环节不够规范严格	一般	科技管理与成果转化处、计划财务处
工作任务风险	项目进度缓慢，研究内容与任务目标偏离、绩效考核指标无法完成	重大	项目负责人
工作任务风险	研究数据弄虚作假、科研诚信出现问题	重大	项目负责人
纪律制度风险	经费使用中弄虚作假、截留、挪用、挤占等	重大	项目负责人

5. 风险应对策略

（1）重大项目立项所内公开，在研项目信息按年度公示。

（2）落实科研进展报告制度和绩效评价制度。严格执行各级、各类项目管理办法，加强在项目立项、中期考核、结题验收等环节的跟踪管理，提交年度报告，开展年度进展监测，推进绩效考核目标完成。

（3）严格项目经费使用审批和监管，保障经费使用安全。

（二）成果管理业务

1. 岗位职责

成果管理包括成果培育、成果凝练、成果评价与鉴定、奖励申报等工作，以及对科技论文、专利、软件著作、著作等知识产权的管理。科技管理与成果转化处设置经办岗 2 个，审核岗 2 个。经办岗负责协助所内各团队开展成果培育、成果凝练、成果评价、奖励申报等工作，以及对科技论文、专利、软件著作、著作等知识产权的管理、统计工作；审核岗对经办岗的办理情况及结果进行审核。研究所学术委员会为全所成果培育工作的最高权力机构，负责对重大成果的培育、奖励申报等开展咨询、评审和决议。

2. 业务流程

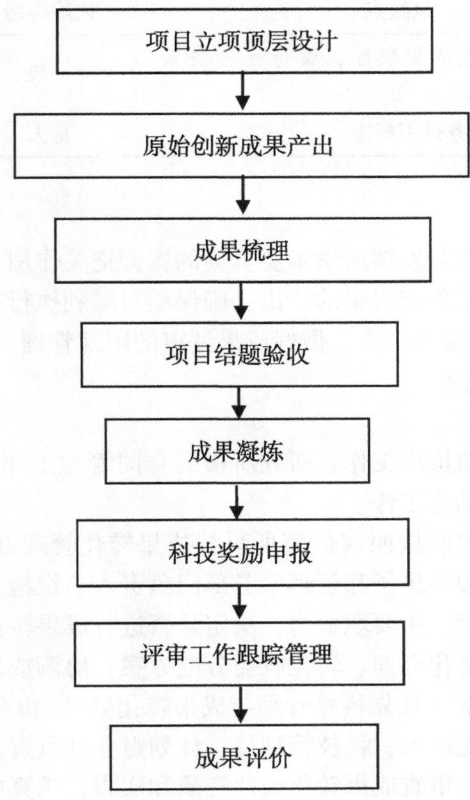

3. 业务环节描述

环节一：科技管理与成果转化处参与项目立项选题凝练，明确立体依据，产业需求和科技问题。

环节二：督促原始成果产出，使原始成果产出系统化。

环节三：协助创新团队/课题组做好成果梳理工作，配合做好项目结题验收。

环节四：协助创新团队/课题组明确成果类型与凝练方向，梳理科学问题，创新点与发明点，整理旁证材料等。

环节五：协助完成成果评价或鉴定，广泛征求权威专家和同行专家意见。

环节六：反复凝练成果，做好成果宣传工作。

环节七：协助创新团队/课题组完成科技奖励申报，确保申报内容合理、规范。

环节八：做好科技奖励评审工作的跟踪管理，及时反馈信息。

4. 风险点

风险类别	风险点	风险等级	责任主体
工作任务风险	科研项目立项顶层设计方向是否明确，结题验收是否及时	一般	科技管理与成果转化处
工作任务风险	成果凝练是否到位，原始创新成果能否较好地支撑创新点	一般	科技管理与成果转化处

（续表）

风险类别	风险点	风险等级	责任主体
工作任务风险	推荐申报竞争性成果奖励，履行民主决策程序	一般	科技管理与成果转化处
纪律制度风险	申报过程科研服务是否标准	重大	科技管理与成果转化处

5. 风险应对策略

项目立题和成果凝练过程充分发挥所学术委员会的咨询把关作用，邀请同行专家对成果凝练出谋划策；各团队、中心做好原始创新成果的产出，确保项目顺利执行；科研管理与成果转化处积极配合创新团队/课题组做好成果凝练工作，做好成果评审的跟踪管理。

（三）科技成果转化管理业务

1. 岗位职责

负责研究所科技成果转化与推广工作、研究所横向合同管理工作、研究所横向收入管理工作、研究所成果转化收益分配与奖励等工作。

议事决策机制和内部监督机制按照《研究所科技成果转化管理办法》执行；成立成果转化领导小组，由所长担任组长，所领导班子和管理服务部门负责人、纪检人员为小组成员。负责重大成果转化的审批、决策和过程管理，主要职责为：决定是否进行成果转让或合作开发，是否承接技术服务与咨询；审批并通过成果转化合同、转化收益分配方案；协调成果转化其他工作。成果转化领导小组下设成果转化管理办公室（挂靠科技管理与成果转化处），由分管成果转化的所领导担任办公室主任，成员包括成果主要完成人，科技管理处、计划财务处负责人及纪检人员。主要职责：对拟转化成果价值提供评估建议；审查成果转化企业资质和实力；核算成果成本，提供转化方式、条件、收益分配等建议；组织成果转化洽谈；撰写合同文本，办理技术市场认定和法律审核；签订合同、登记、协调监督合同执行与验收等工作。成果转化工作严格按照转化管理办法中的程序开展。

岗位设置依据分岗设权要求，分工合理，责权明确。内部管理层分为经办岗、审核岗。处长主抓全面工作，经办岗和审核岗按分工主抓分管工作。经办岗和审核岗向处长负责，处长向成果转化管理办公室负责。

2. 业务流程

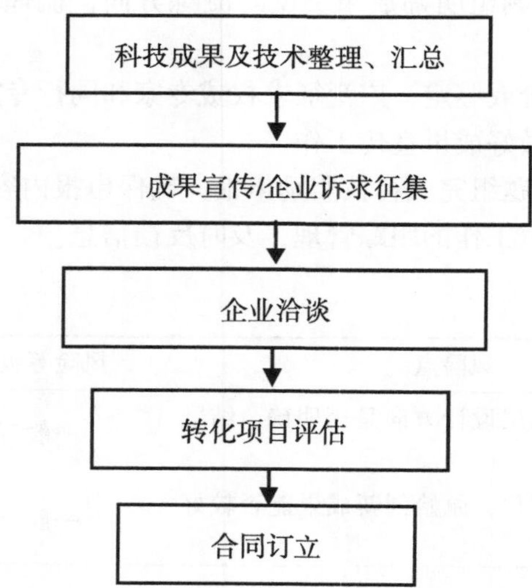

3. 业务流程描述

环节一：科技管理与成果转化处定期向各创新团队/课题组搜集已完成科技成果、专利等并进行分类汇总，结集成册，同时做好向企业和社会的宣传展示。

环节二：科技管理与成果转化处通过展会、接听电话咨询、上门咨询等获取企业和政府的技术需求和难题。

环节三：科技管理与成果转化处负责与有技术需求或难题的企业进行前期沟通，明确企业目的要求；相关创新团队/课题组负责合同洽谈中的具体技术问题，负责合作内容的协商，在技术层面负把关责任。

环节四：研究所科研成果转化原则上通过协议定价、在技术交易市场挂牌交易、拍卖等方式确定价格。协议定价由创新团队/课题组根据市场形势，与合作方洽谈给出定价方案，经科技管理与成果转化处根据服务类型与拟签合同金额报分管所领导及所长，经成果转化领导小组研究确定最终合作报价。通过挂牌交易、拍卖等方式定价的，应按照相关规定执行。

环节五：凡研究所科研人员成果转化活动都必须按《中华人民共和国合同法》的规定，签订书面合同。创新团队/课题组根据前期谈判结果初拟合同，合同应采用科技管理与成果转化处推荐的统一版本，由团队首席审核签字后报送成果转化管理办公室；科技管理与成果转化处根据创新团队/课题组或个人为主完成的成果转化，技术服务、技术咨询类转化，以研究所挂靠单位或所属部门（具有相关资质的平台）承担的对外委托实验研究、技术服务、技术咨询三种类型，按照相应的流程逐级审核后签订合同并实施，技术合同加盖研究所公章后，课题组与成果转化管理办公室分别留存一份备查。

4. 风险点

风险类别	风险点	风险等级	责任主体
技术成果汇总阶段	技术成果搜集不及时、遗漏，导致技术成果未能适时转化，造成损失；技术秘密泄露造成国有资产流失	一般	科技管理与成果转化处
企业诉求征集阶段	对企业技术需求和难题的征集不积极，不全面，不能把握转化机会，造成损失	一般	科技管理与成果转化处
企业洽谈	未能与企业进行及时全面的前期沟通，未尽全力争取转化机会，造成损失	一般	成果主要完成人；科技管理与成果转化经办人
价值确定阶段	能有效体现成果价值，科研服务或成果专利等低价贱卖，造成国有资产流失	一般	科技管理与成果转化处
合同订立阶段	合同中未明确研究所利益，或因合同细节不明等给研究所带来利益、名誉损失	一般	科技管理与成果转化处
监督管理	纪律制度风险违规接待、宴请等	一般	科技管理与成果转化处

5. 风险应对策略

（1）技术成果汇总阶段成果收集做到公平、及时，同时应注意防范技术秘密。避免国有资产流失，确保研究所和创新团队/课题组的合法权益。

（2）企业诉求征集阶段随时并准确把握企业及市场的最新技术需求及难题，为研究所成果转化抓住机遇，避免机会流失，避免资源及利益流失。

（3）企业洽谈阶段应积极认真协调配合企业方与创新团队/课题组之间的沟通谈判，为研究所争取最大利益。

（4）议价定价阶段公平合理商议定价，避免科研服务或成果专利等低价贱卖，造成国有资产流失。

（5）合同订立阶段应注意防范技术秘密或合作内容、所需经费、付款方式等内容的审核，并确保合理的付款方式，保障研究所和课题组的合法权益。

（6）接待、宴请等活动应认真贯彻中央八项规定精神，严格遵循管理规定。

（四）研究生管理业务

1. 岗位职责

研究生教育业务设置经办岗1个，审核岗2个。经办岗1设置在科技管理与成果转化处，负责根据研究生教育工作需要提交研究生培养、请假、休学、延期、变更学籍、组织学生活动、助研津贴发放、客座生以及研究生指导教师备案、遴选、招生等申请。审核岗1设置在科技管理与成果转化处，负责审核申请人提交的研究生教育各类日常事务的申请。审核岗2设置在所领导，负责审批申请人提交的研究生教育各类日常事务的申请。

2. 业务流程

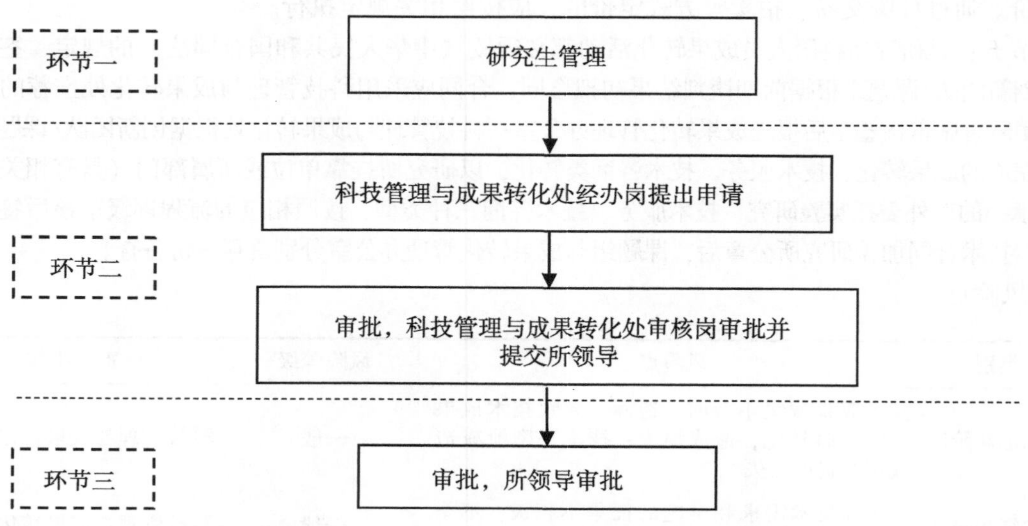

3. 业务环节描述

环节一：科技管理与成果转化处经办岗提出研究生教育各类日常事务申请。

环节二：科技管理与成果转化处审核岗对经办岗提出的申请是否符合院、所相关规定进行审核，提交审核意见。

环节三：所领导进行审批。

4. 风险点

风险类别	风险点	风险等级	责任主体
工作任务风险	在校生违纪违法防范	重大	研究生本人、导师、团队首席、科技管理与成果转化处
工作任务风险	实验室、宿舍、交通安全防范	重大	研究生本人、导师、团队首席、科技管理与成果转化处、后勤服务中心
工作任务风险	招生工作纪律执行与风险防范	重大	命题人、相关导师、科技管理与成果转化处

5. 风险应对策略

（1）进一步加强研究生思政和安全教育，严明纪律。

（2）严格执行教育部、中国农业科学院研究生院等有关研究生招生政策，严明招生纪律，实现平安招考。

（3）为全体在所研究生购买意外伤害保险，提高研究生在所学习和社会实践期间的安全保障。

（五）因公出国（境）管理业务

因公出国（境）包括研究所人员因公临时出国（境）执行合作研究或者学术交流任务，因公出国（境）进修、留学和培训等。

1. 岗位职责

因公出国（境）管理类业务设置经办岗1个，审核岗4个。经办岗1设置在出国（境）团组，负责报送出国（境）计划，提交出国（境）申请。审核岗1设置在科技管理与成果转化处，负责审核因公出国（境）的相关手续。审核岗2设置在计划财务处，负责审核经费来源、出国（境）预算是否符合制度。审核岗3设置在党办人事处，负责审查出访人的人事信息真实性并备案登记。审核岗4设置在分管所领导处，负责对办理结果进行审核，审批是否可以出国（境）。

2. 业务流程

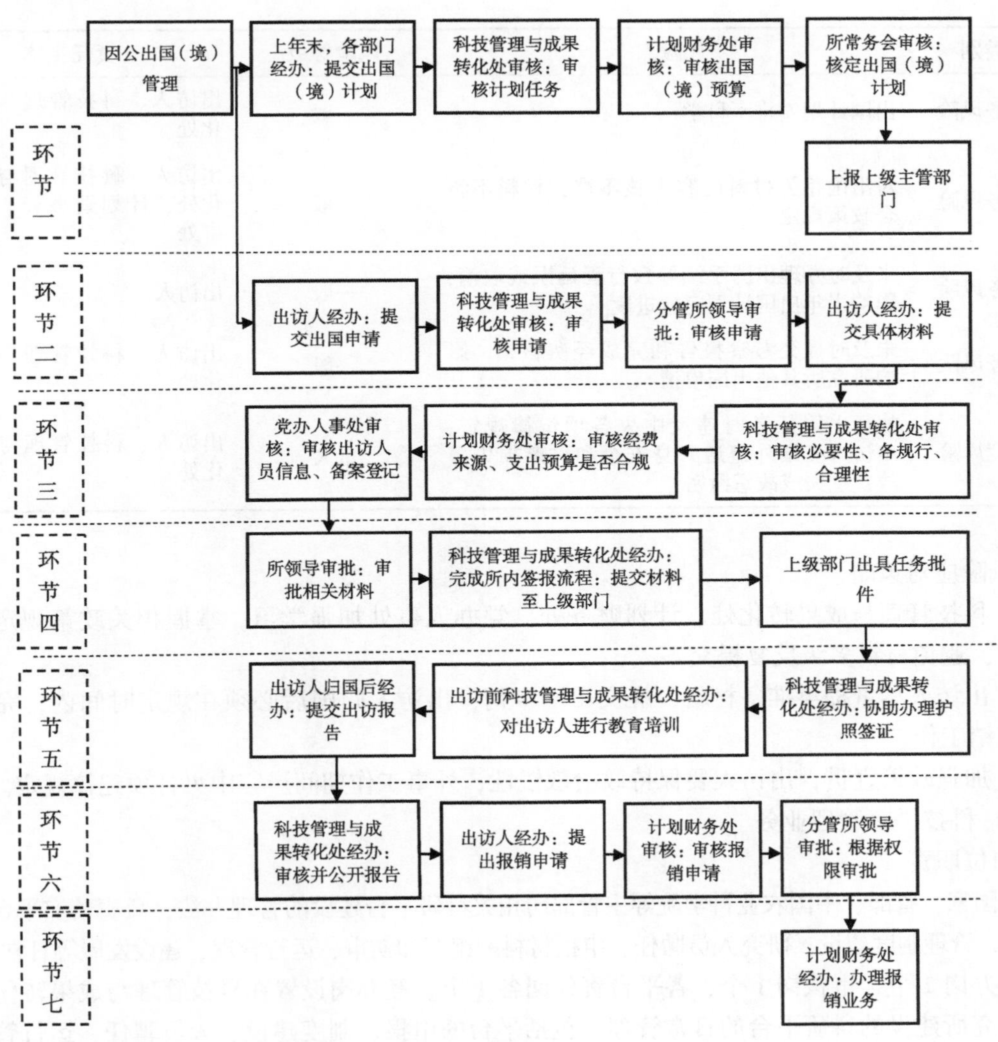

3. 业务环节描述

环节一：上年度末，各部门根据科研工作需要以团队为单位申报次年因公出国（境）计划，科技管理与成果转化处和计划财务处审核计划任务及预算，所常务会审核通过后上报上级外事主管部门审批。

环节二：出访人提交出国申请，科技管理与成果转化处审核，分管所领导审批。

环节三：出访人向科技管理与成果转化处提交办理出国任务批件的其他材料的相关文件，科技管理与成果转化处对任务的必要性，国别、时间、路线、团组人数等是否符合规定及合理性进行审核，计划财务处对经费来源、支出预算是否符合规定及合理性进行审核；备案表由人事处对人事信息真实性进行审查和备案登记。

环节四：科技管理与成果转化处将因公出国（境）材料交所领导审批，连同其他材料，完成所内签报流程，并提交至上级主管部门审批。

环节五：上级主管部门出具出国任务批件后，科技管理与成果转化处协助办理护照签证手续，出访前科技管理与成果转化处对相关人员进行教育和保密制度培训。

环节六：出访人归国后1个月内提交出访报告，科技管理与成果转化处负责审核并公开报告。

环节七：出访人提出报销申请，计划财务处审核，分管领导依据权限审批后报销。

4. 风险点

风险类别	风险点	风险等级	责任主体
工作任务风险	出国计划安排不科学	一般	出访人、科技管理与成果转化处
工作任务风险	对出国相关材料内容审核不严，材料不符合政策规定	一般	出访人、科技管理与成果转化处、计划财务处、党办人事处
工作任务风险	未及时办理出国手续导致行程延误或取消，影响当年出国计划完成进度	一般	出访人
工作任务风险	未及时提交考察报告和完成经费核销，影响研究所其他出国申请	一般	出访人、科技管理与成果转化处
纪律制度风险	执行出国任务时违反中央各项纪律规定；出访人在国外遭遇人身安全和财产损失事故；过失或故意泄密	重大	出访人、科技管理与成果转化处

5. 风险应对策略

（1）科技管理与成果转化处、计划财务处、党办人事处加强学习，掌握相关政策规定，严格材料审核，避免材料多级反复提交。

（2）出访人尽量提早准备材料，提交出国申请；出访人归国后必须在规定时间内，完成报告和经费核销工作。

（3）加强政策宣贯，出访人要保持政治敏锐性，外事工作期间严守中央各项纪律规定。

（六）科技平台管理业务

1. 岗位职责

按照国家、省部、中国农业科学院等主管部门相关科研平台建设的管理办法，负责落实平台的组织机构建设、管理制度建设、研究人员聘任、申报材料的组织和初审、运行管理、建设发展等日常工作。

设经办岗1个、审核岗1个、各平台责任岗各1个。经办岗设置在科技管理与成果转化处，负责依托研究所建设的科研平台的日常管理，包括平台的申报、制度建设、人员聘任、运行管理的经办。审核岗设置在科技管理与成果转化处，负责平台日常管理运行相关材料、活动的审议。各平台责任岗设置在相应的科技平台，负责对平台的组织机构建设、管理制度建设、研究人员聘任、申报材料的组织和初审、运行管理、建设发展等日常工作的具体管理。

2. 业务流程

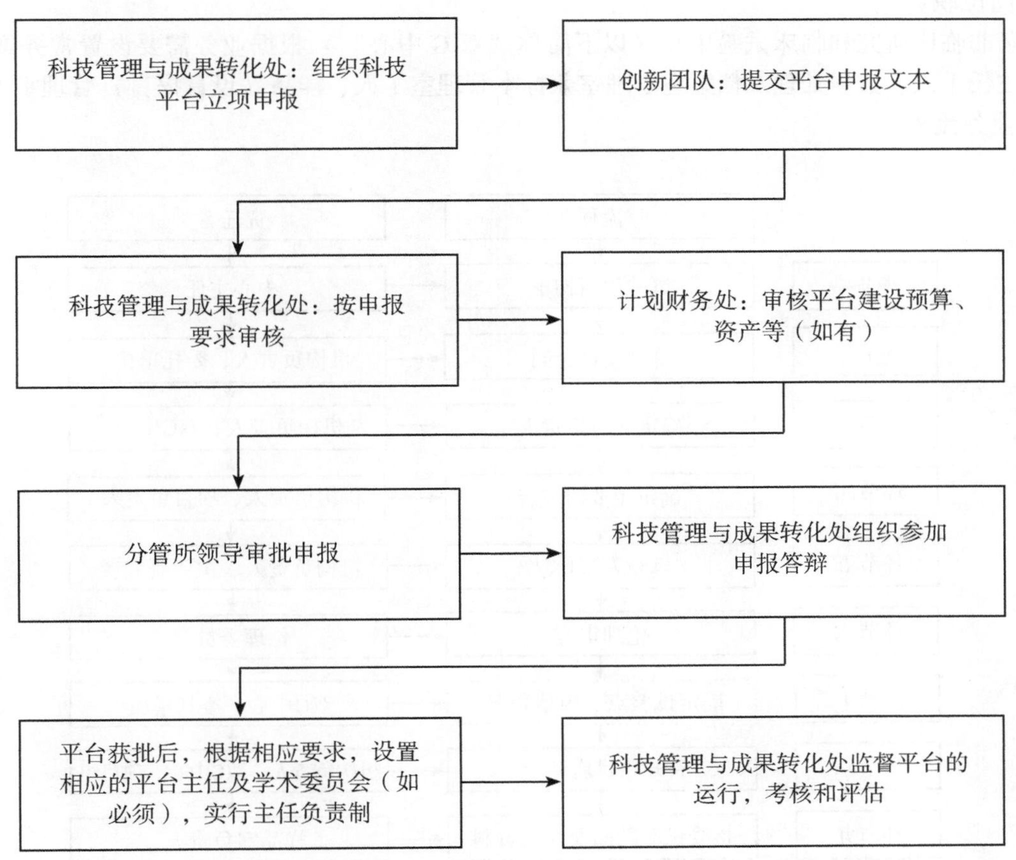

3. 业务环节描述

环节 1：研究所根据发展需要，组织科技平台的立项申请、审批、计划实施

环节 2：科技平台获批后，根据相应要求，设置相应的平台主任及学术委员会（如必须），实行主任负责制。

环节 3 ：平台根据定位，不同类型的科研平台实施不同的立项与建设模式。各级科研平台的立项与建设遵循相应主管部门的办法执行，制定完备的管理制度、人员聘任、运行管理等体系，保障相关科技活动正常运行。

环节 4 ：科技平台按照上级主管部门的明确考核要求，按计划进行考核和评估工作。

4. 风险点

风险类别	风险点	风险等级	责任主体
平台与研究所的衔接	平台依托研究所建设，但又相对独立，存在相互衔接的不连贯的风险	一般	科技管理与成果转化处、平台负责人
平台的运行管理	管理形式化、表面化	一般	平台负责人

5. 风险应对策略

（1）加强研究所作为各科研平台依托单位的管理和保障作用。

（2）强化各科技平台按照相应管理办法规范运行。

（七）双 G 中心管理业务

1. 岗位职责

兽药非临床研究和临床试验中心（以下简称“双 G 中心”）根据业务需要设置常务副主任兼办公室主任 1 人、数据处理及档案室管理室兼标本管理室 1 人、样品（设盲揭盲）管理室 1 人。

2. 业务流程

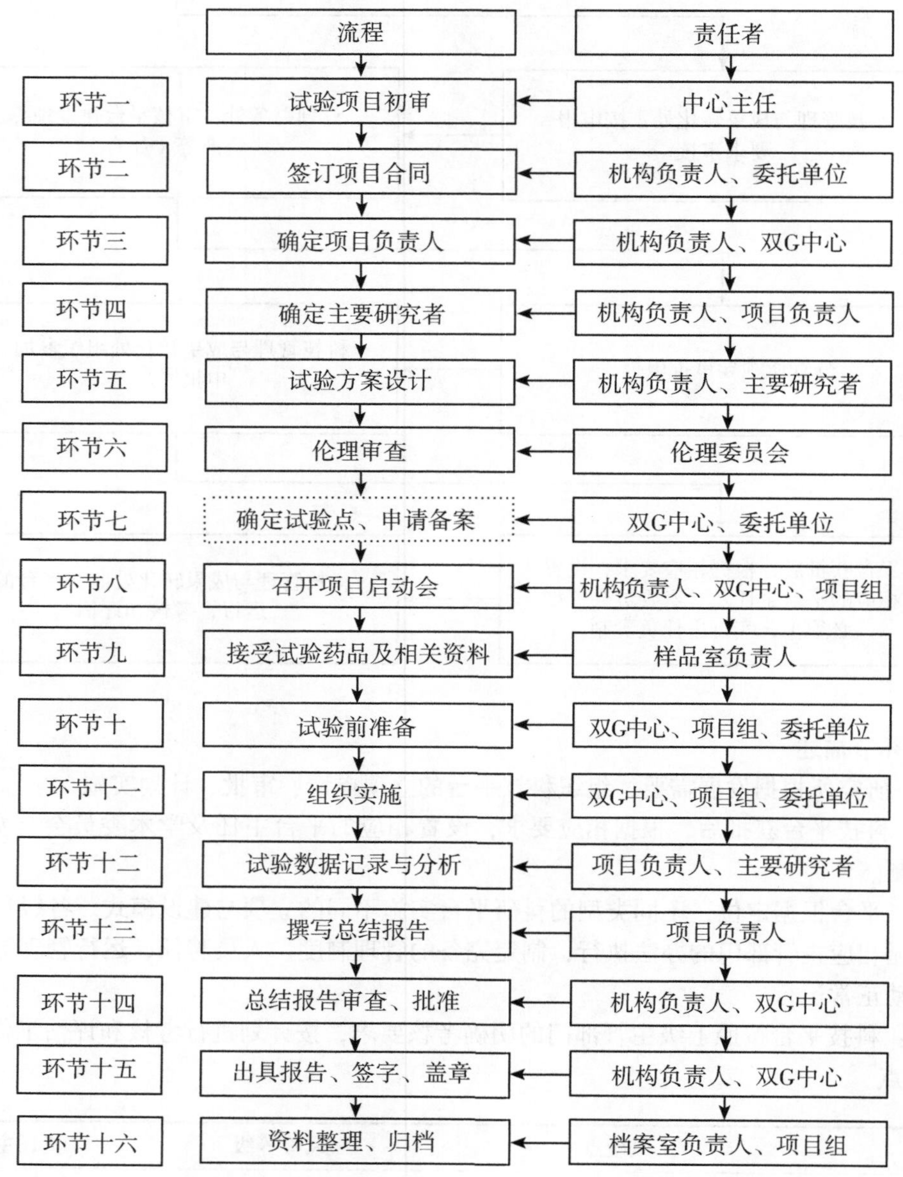

3. 业务环节描述

环节一：委托单位向双 G 中心提出项目委托申请，中心常务副主任对初审材料进行审查。

环节二：委托单位初审材料合格后，根据委托内容，由机构负责人和委托单位签订委托合同。

环节三：机构负责人和双 G 中心根据项目要求和委托方意愿，确定该项目负责人。

环节四：项目负责人根据试验要求，遴选项目主要参与人员，包括实验操作、采样、样品分析、动物饲养等人员。

环节五：项目负责人和主要研究者共同商定试验方案，并进行论证。

环节六：项目负责人填写伦理审查申请表，双 G 中心负责签署。

环节七：根据项目需要，选择临床试验点，优先选择已经在农业农村部备案的养殖场。

环节八：双 G 中心组织召开项目启动会，并对参与人员进行相关培训。

环节九：委托单位向双 G 中心交付足够数量的受试品。

环节十：试验前准备，主要根据试验方案，准备相关耗材、预选试验动物、制定应急预案等。

环节十一：由项目负责人、主要研究人员根据既定方案执行项目，双 G 中心及委托单位负责监督检查。

环节十二：主要研究人员对整个试验进程进行记录，对出现的各种情况都要详细记录。

环节十三：项目负责人根据试验记录进行总结报告的撰写。

环节十四：机构负责人和双 G 中心对总结报告进行格式、内容审查。

环节十五：双 G 中心负责对报告进行最后的检查，并申请盖章。

环节十六：项目组将有关材料交档，双 G 中心档案室人员负责档案的整理和装订。

4. 风险点

风险类别	风险点	风险等级	责任主体
合同制度风险	签署合同时对有关条款未进行审慎判读，在项目经费、执行时限方面出现问题	一般	项目负责人、双 G 中心
方案设计缺陷风险	方案设计不科学	一般	项目负责人
生物安全风险	临床试验点卫生防疫未做好	一般	项目负责人

5. 风险应对策略

（1）加强合同条款的审查，根据预先设计的方案草案，进行经费的预算和执行时限的考究，使合同尽可能完善。

（2）方案的设计请同行专家进行多轮论证。

（3）进出养殖场严格落实消杀防疫制度，杜绝生物安全风险。

（八）质检中心管理业务

1. 岗位职责

农业农村部动物毛皮及制品质量监督检验测试中心（以下简称“质检中心”）设置管理层、业务办公室及检测室。管理层设置 3 个岗，其中中心主任岗 1 个，负责全面工作；常务副主任兼技术负责人岗 1 个，负责中心日常工作和技术工作；质量负责人岗 1 个，负责中心质量管理工作。业务办公室设置 3 个岗，其中办公室主任岗 1 个，全面负责业务办公室工作；接样人员兼检验报告编制岗 1 个；档案资料管理兼标准物资管理岗 1 个；业务办公室监督员岗 1 个，由办公室主任兼任。检测室设置 9 个岗，其中检测室主任岗 1 个，全面负责检测室工作；检测岗 8 个，完成中心检测任务；检测室监督员岗 1 个，由检测室主任兼任。

2. 业务流程

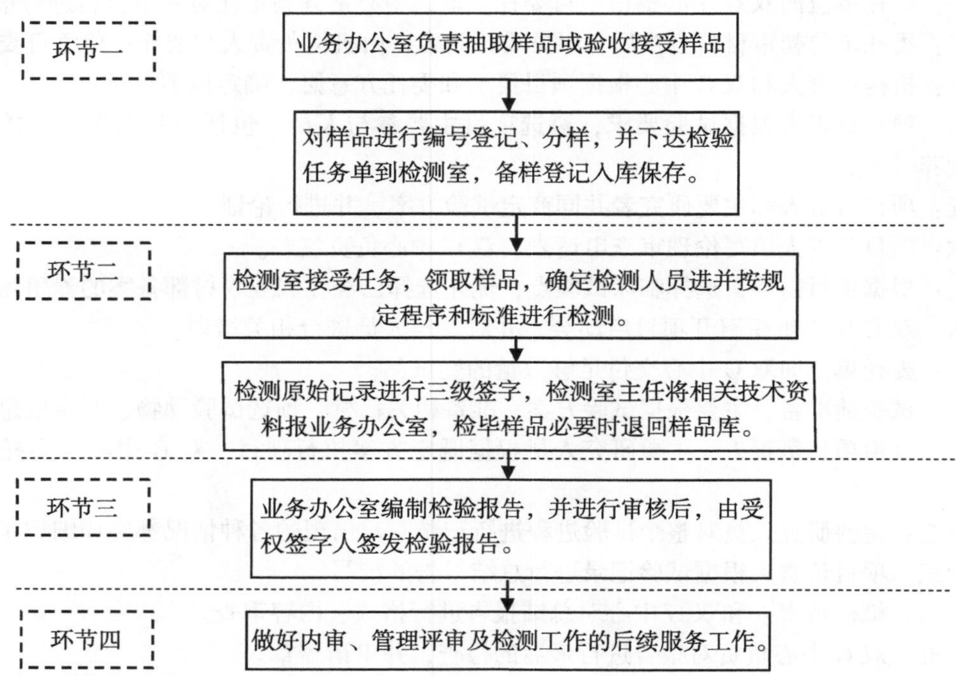

3. 业务环节描述

环节一：抽取样品或采集样品时，对样品进行唯一性标识，防止样品混淆、丢失及变质。确保样品库样品分类存放，除样品管理员外未经许可任何人不得进入样品库。

环节二：检测室人员做好样品领用、传递和归还工作，保证原始记录的原始性、规范性及准确可靠，及时提供检测数据。每项检测由两名以上检测人员完成，分别在原始记录的检测和审核处签字，由具有丰富工作经验的检测人员进行审核，并签字，完成三级签字。检测室主任将相关技术资料报业务办公室，检毕样品必要时退回样品库。另外，做好与检测相关的仪器设备管理及标准物质、各类化学药品的购置和管理。

环节三：检验报告编制人员严格依据检验报告编制格式编制检验报告，并对数据、结论等进行校对，办公室主任进行审核，由授权签字人签发。检验报告加盖检验专用章、中心公章、相关资质认证章及骑缝章，将报告正本发送客户并登记，副本留中心存档。

环节四：为确保质检中心的规范运行，由质量负责人组织中心人员每年分别举办一次内审会议和质量管理评审会议。为了满足客户需要，不断提高服务质量，中心对来自客户的合理要求和口头与书面申诉和投诉给予足够重视，并根据 NMPJ/CX-5-24《申诉和投诉处理程序》及时、妥善加以处理。

4. 风险点

风险类别	风险点	风险等级	责任主体
实验室安全风险	实验室检测环境条件、仪器设备、危险化学试剂管理等不符合条件，工作人员安全意识淡薄	严重	相关责任人
样品管理风险	样品混淆、丢失及变质	严重	相关责任人
检测结果偏离风险	样品采集不规范、检测依据标准不合理或非现行有效、检测环境条件不符合标准要求、仪器设备不符合检测要求或未及时检测、化学试剂不达标、检测人员操作不规范等均可造成检测结果偏离	严重	相关责任人

5. 风险应对策略

（1）及时检查实验室检测环境条件、仪器设备、危险化学试剂管理等不安全因素，并及时处理。定期进行安全知识宣传学习，提高工作人员安全意识。

（2）根据风险点，制定相应规范制度，并按要求严格执行，做好风险防控。

（九）中心仪器室管理业务

1. 岗位职责

中心仪器室根据管理权限设立经办岗 1 个、签批岗 1 个。经办岗负责中心仪器室仪器日常维护保养、预约使用、机时预约费用统计、承接外单位仪器使用技术服务合同拟定。签批岗由科技管理处处长担任，负责中心仪器室技术服务合同签订。

2. 业务流程

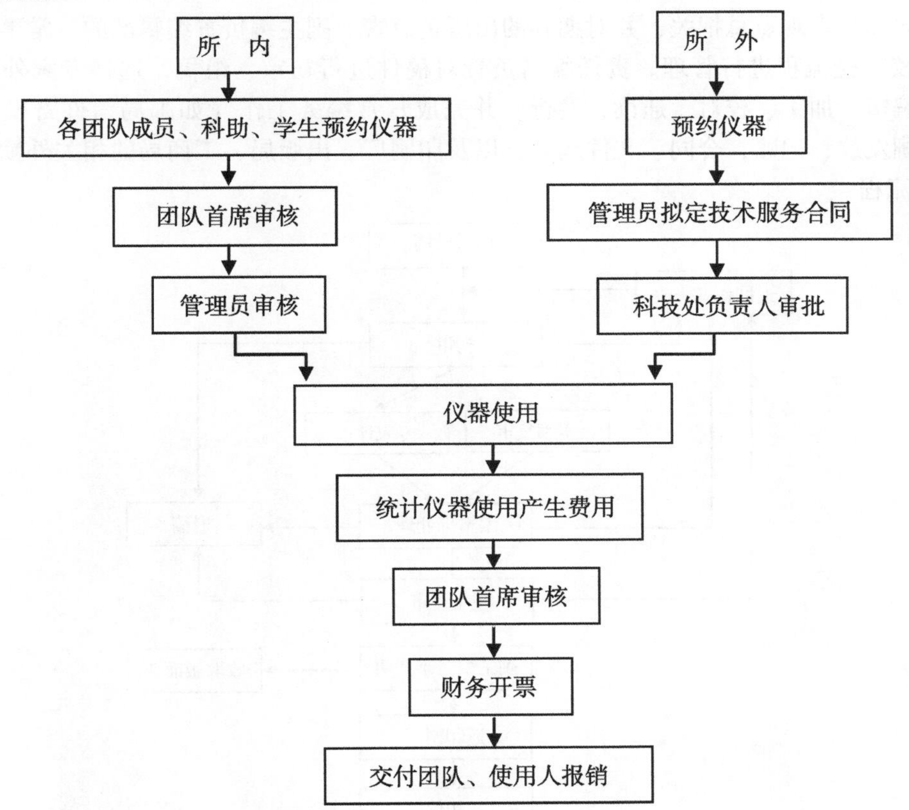

3. 业务环节描述

环节一：仪器预约。所内使用仪器的老师、学生、科助对所要使用的仪器提出预约申请，由相应团队首席审核通过，仪器管理员做出仪器使用审核；所外使用仪器的人员对所用仪器提出预约申请，管理员先核实后拟出相应仪器的技术服务合同，签订合同后对预约申请审核。

环节二：统计费用。依据中心仪器室开放使用及收费相关管理办法进行统计，所内根据各团队每月使用仪器的时间或者样品数进行统计，统计后交付各团队首席审核；所外依据签订的技术服务合同以及仪器具体运行时间或样品数做出统计。

环节三：财务开票。所内将各团队首席审核过的仪器使用明细以及费用汇总统计各一份交付财务作为开票依据；所外将技术服务合同作为开票依据。

环节四：交付发票。所内将开好的发票、统计表以及收费管理办法各一份交付团队作为报销依据；所外将有效技术服务合同与发票一式二份邮寄给使用仪器人员作为回款依据。

4. 风险点

风险类别	风险点	风险等级	责任主体
费用报销风险	仪器使用对外技术服务能付及时回款	较大	中心仪器室管理员

5. 风险应对策略

仪器使用技术服务费用金额较大的，需先付服务费用后才能使用仪器。

（十）期刊管理业务

1. 岗位职责

每个期刊设主编、副主编各 1 个岗位，责任编辑 3 个岗位。主编对期刊的来稿稿件进行终审，对其政治导向和学术观点总把关，并对期刊的出版负总责。副主编负责编辑部的日常事务，对期刊的“三审三校”全流程进行管理。责任编辑负责对稿件进行初审、组稿，选择专家外审，对已接收稿件进行编辑、加工、校对、通读、发行，并完成日常编务工作（如邮局信件寄发、版面费发票开具、稿酬发放、记账，合同、文件起草，以及印刷厂、出版局、工商局的相关外勤工作）。

2. 业务流程

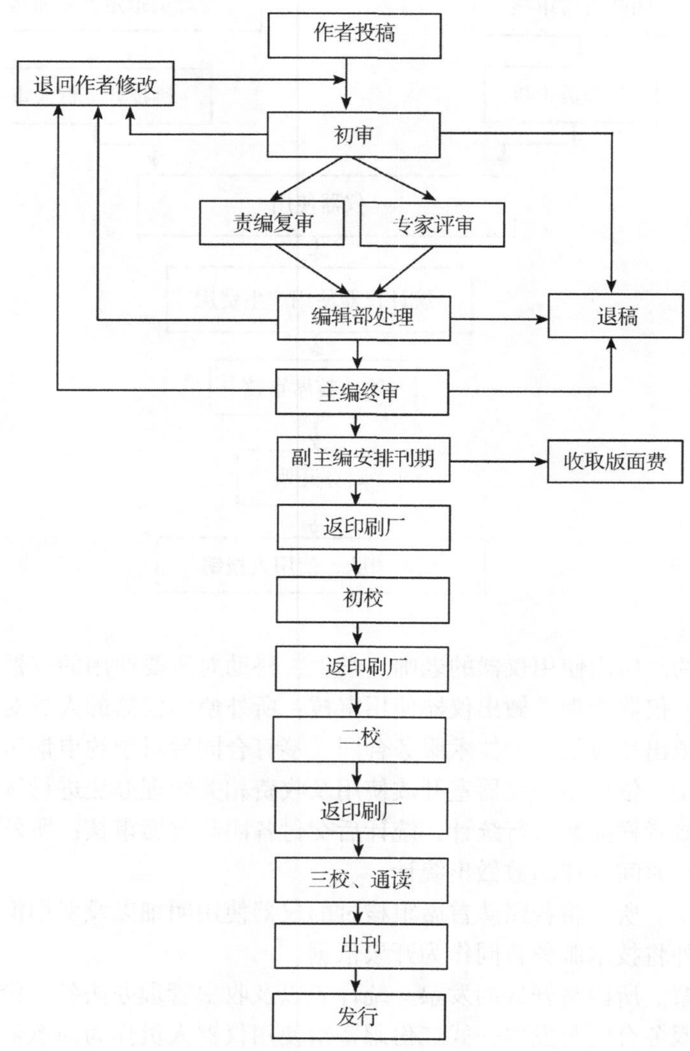

3. 业务环节描述

环节一：初审。由编辑部指定的编辑对来稿的政治导向、学术价值、社会效益，以及稿件的具体内容、体例、文字等进行全面审查和分析，对认为可以采用的稿件送具有副编审或编审职称的责任编辑进行复审；对难以把握的专业性内容很强的稿件送相关专家进行外审；对需要退修的稿件发回作者进行修改；对不合期刊要求的稿件作退回处理。

环节二：复审。由复审者（或相关外审专家）对稿件进行通读，对稿件的优缺点、价值、质量、效益等进行全面审核、分析、判断，并撰写审稿意见。对认为可以采用的稿件送主编进行终审。

环节三：终审。由主编对稿件的政治导向、学术价值、社会效益和经济效益，以及初审者、复审者的审稿意见等各方面从更高的角度进行综合研判分析，最终决定是否录用。

环节四：编辑加工整理，收取版面费。对终审通过的稿件由编辑在准确理解作者原稿的情况下进行修改、润饰、消灭差错、规范统一等处理。向作者收取版面费。

环节五：初校。由编辑对照原稿，对输出的校样逐字逐句进行核对。

环节六：二校。由编辑对新校样进行核红，并进行文字技术处理。

环节七：三校。由核校人员对照前次校样再次进行核红，然后对校样进行通读，从文章内容、形式等各方面消灭遗漏差错。

环节八：出版。对付印清样进行核红，在保证不再遗留任何差错的情况下付印，正式出版。

环节九：发行。由专人通过邮局、大型书店等渠道网络将杂志发给客户。

4. 风险点

风险类别	风险点	风险等级	责任主体
纪律制度风险	对来稿审核不严，可能导致政治导向错误，传播错误学术观点，偏离办刊方向，引发版权纠纷	一般	主编、副主编、责任编辑
财务制度风险	版面费、杂志订阅费收取有时候如果考虑了作者读者的方便，通过邮局汇款或个人微信等方式收取，可能会出现违反财务制度的事情发生	一般	主编、副主编、责任编辑

5. 风险应对策略

（1）根据业务工作流程建立健全相应规章制度，层层把关，责任落实到人。定期进行政治理论学习和业务能力培训，提高政治站位，不断加强编辑素质。加强与作者的沟通交流，与全部作者签订文章出版合同，避免引发版权纠纷。

（2）加强公章管理，规范合同，严格执行研究所财务管理制度，版面费、数据库收入、杂志订阅收入、印刷费、稿酬等全部通过研究所对公财务账户转账收、支，避免个人经手钱款，从源头上做好风险防控。

（十一）图书馆管理业务

1. 岗位职责设置

负责研究所图书馆的日常管理，图书的借阅、归还、登记、查询、修缮保护等工作。设置经办岗 1 名，审核岗 1 名。

2. 业务流程

（1）新购置图书登记—入库（或借出）—出借登记—归还登记—入库。

（2）已有图书查询—出借登记—归还登记—入库。

（3）图书借阅人员为我所在职职工、离退休职工和学生。

（4）借阅人应爱惜图书，图书严重受损或遗失时需给予赔偿。

3. 风险防控

图书馆水电安全；破损图书及时修补；图书保管防虫蛀。

（十二）生物安全管理业务

1. 岗位职责设置

研究所生物安全委员会负责研究所生物安全相关事宜的咨询、指导、评估、监督等工作。委员会下设生物安全管理办公室，主要职责为执行所生物安全委员会决议，负责本所生物安全管理工作，编制生物安全管理手册、标准操作规程等管理体系文件，组织开展生物安全宣传、教育、培训、考核、检查等工作，负责有关生物安全问题和事故及突发事件的及时上报与处理等工作。

科技管理与成果转化处、平台建设与保障处负责相应实验室、动物房的科研活动检查与管理。团队首席、检验检测实验室负责人为生物安全的直接责任人，负责生物安全实验室的日常运行，检查和维护实验设施与设备、控制实验室感染等职责。生物安全管理根据"谁使用、谁负责，谁主管、谁负责"的原则，按照所生物安全委员会主任、分管生物安全所领导、相关职能部门、各团队首席四级落实分级责任。

各实验室按照生物安全管理要求，制定相应的管理规范和应急预案，严格按照实验室等级要求开展范围内各项科研活动。

2. 业务流程

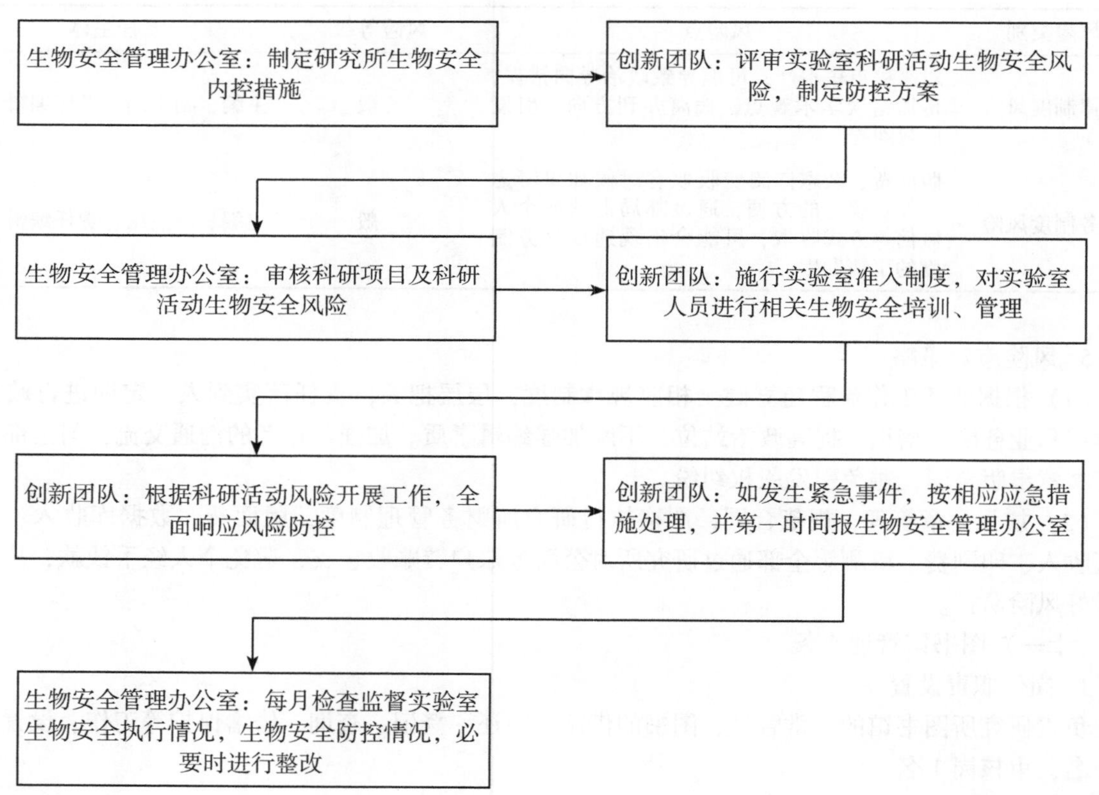

3. 业务环节描述

环节一：创新团队根据年度科研任务对实验室生物安全风险进行评估，并制定相应的生物安全风险控制方案报生物安全管理办公室审核。

环节二：创新团队根据科研活动风险等级在对应的实验室设施设备中开展工作，全面落实实验室菌（毒）种使用、保藏，转基因材料引入与转出，样品运输，人员防护，感染性材料处理，废弃物处理等方面、应急预案管理。

环节三：生物安全管理办公室每月检查监督实验室生物安全执行情况，必要时进行整改。

4. 风险点

风险类别	风险点	风险等级	责任主体
工作落实风险	研究所生物安全内控体系建设检查、监督、整改责任落实	较大	生物安全管理办公室
工作任务风险	结合科研实际情况，是否编制必要的完备标准操作规程等安全内控体系文件	较大	创新团队
工作任务风险	是否施行实验室准入制度，是否对人员进行相关培训	较大	创新团队
工作任务风险	科研活动生物安全风险评估是否准确，是否在实验设施、环境、人员等条件允许的范围内开展涉及生物安全相关实验	大	创新团队
工作任务风险	样本管理（实验动物、菌株、病原微生物的存储、使用、处理）、人员管理、废弃物管理等各个环节是否按照规范进行操作并做好各项记录	大	创新团队
工作任务风险	应急措施是否健全	大	创新团队
纪律制度风险	生物安全监督、整改等管理工作执行落实情况	大	生物安全管理办公室

5. 风险应对策略

（1）落实分级责任，按照所安委会主任、分管生物安全所领导、相关职能部门、各团队首席四级安全责任体系，逐级签订生物安全责任书，全面压实责任与职权。

（2）全面建立研究所、团队两级生物安全内控管理体系，建立生物安全内控体系建设、执行、检查、监督、整改的管理。创新团队根据研究所制度，结合科研实际情况，编制必要的标准操作规程等安全内控体系文件，明确使用权限及资格要求、潜在风险、防护措施、安全操作方法、试验记录等，建立相应生物安全应急预案。

（3）围绕研究所的定位和使命开展科技创新工作，强化实验室生物安全全过程、全链条闭环管理，坚持管理与监督检查并重，在实验设施、环境、人员等条件允许的范围内开展涉及生物安全相关实验。项目立项做好预判评估，开展实验时对样本管理（实验动物、菌株、病原微生物的存储、使用、处理）、人员管理。废弃物管理等各个环节按照规范进行操作并做好各项记录，项目结题验收时做好监督管理。

（4）全面提高人员生物安全意识和警觉，加强生物安全相关法规及实验室操作规范操作的学习教育，各创新团队定期对从事实验活动的相关人员进行培训，保证其掌握实验技术规范、操作规程、生物安全防护知识和实际操作技能。

五、试验基地管理内部控制

（一）基地建设管理业务

1. 岗位职责

设经办岗 1 个、审核岗 1 个。经办岗负责根据研究所各创新团队及研究室的科研需求，结合试验基地的定位和规划撰写基地建设需求，配合计划财务处申报基建和修购项目，提供建设项目所需的各种资料，提供项目实施所需的水电暖条件，保障研究所科研建设需求。审核岗负责审核上述材料的真实性、前瞻性、可行性及可操作性。

2. 业务流程

根据科研需求，结合两个试验基地定位和规划，确定建设地点，撰写基地建设需求，配合计划财务处申报基建和修购项目，提供建设项目所需的各种资料，提供项目实施所需的水电暖条件。

3. 业务环节描述

环节一：项目建设需要上级主管部门的经费支持和地方政府部门的建设许可批复。

环节二：项目建设要符合研究所科研发展需求，建设内容能够有力支撑科研发展。

4. 风险点

风险类别	风险点	风险等级	责任主体
责任风险	无法获得项目建设所需各种地方政府批复许可文件	中等	平保处
责任风险	项目科研报告内容重复，导致项目重新申报	中等	平保处

5. 风险应对策略

（1）做好前期调研，能够将研究所科研需求和建设规划充分融合，做出高质量建设需求方案。

（2）做好项目审批和建设审批，能够保障项目顺利实施。

（二）基地运行管理业务

1. 岗位职责

设经办岗 3 个、审核岗 1 个。经办岗 1 负责基地正常的水、电、暖、气、网、路、房、林带等基础设施的正常管护及地方管理部门的正常业务对接；经办岗 2 负责基地正常业务支出的报销业务；经办岗 3 负责水、电、暖、气、网、路、房、林带等基础设施管护人员的考勤及节假日安排。审核岗负责对上述业务的真实性、及时性、预见性及财务的可行性进行审核。

2. 业务流程

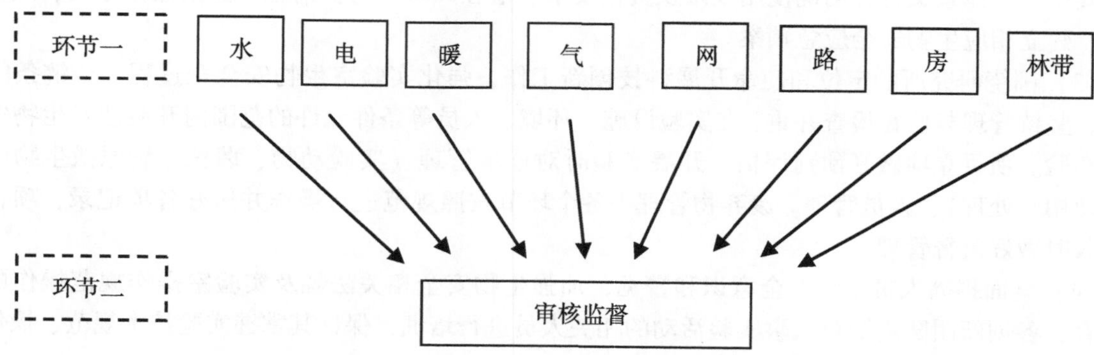

3. 业务环节描述

环节一：根据研究所及地方政府管理部门的要求对基地的水、电、暖、气、网、路、房、林带等基础设施的正常管护。

环节二：开展基地正常运行的管理监督。

4. 风险点

风险类别	风险点	风险等级	责任主体
运行风险	水、电、暖、气、网、路、房、林带等基础设施的某一项存在薄弱环节，影响基地正常运转	一般	平保处

5. 风险应对策略

（1）对基础设施进行每年进行定期不定期的检修。

（2）发现问题及时处理。

（三）实验动物房管理业务

1. 岗位职责

设经办岗 2 个、审核岗 1 个。经办岗 1 负责与所内科研团队及所外科研单位进行动物实验的前期对接与合同签订；负责动物实验室的日常管理；监督并检查实验动物、饲料垫料的购买是否符合规定，有无质量合格证与检测报告，协调并为实验团队提供实验动物用场地、饲喂、消毒、卫生清洁等工作。经办岗 2 负责进入 SPF 实验室与 P2 实验室实验人员的培训与日常管理，及时收缴实验动物服务费用；每年定期对动物实验室进行年检；定期或不定期对生活用水、超纯水进行第三方质量检测并出具报告；对实验动物饲养环境、仪器仪表进行第三方检测校准并出具报告；负责并监督对动物实验室各项实验记录进行登记；负责对实验动物尸体进行存贮管理并不定期向甘肃省危废处置中心进行移交；预防生物安全事件的发生，并不定期举行生物安全事件紧急演练活动；预防火灾等安全事故的发生。审核岗负责参与完成试验动物房的各项工作，并对负责动物房的各项工作的进度、科研要求、实验安全及政府相关部门的要求的落实。

2. 业务流程

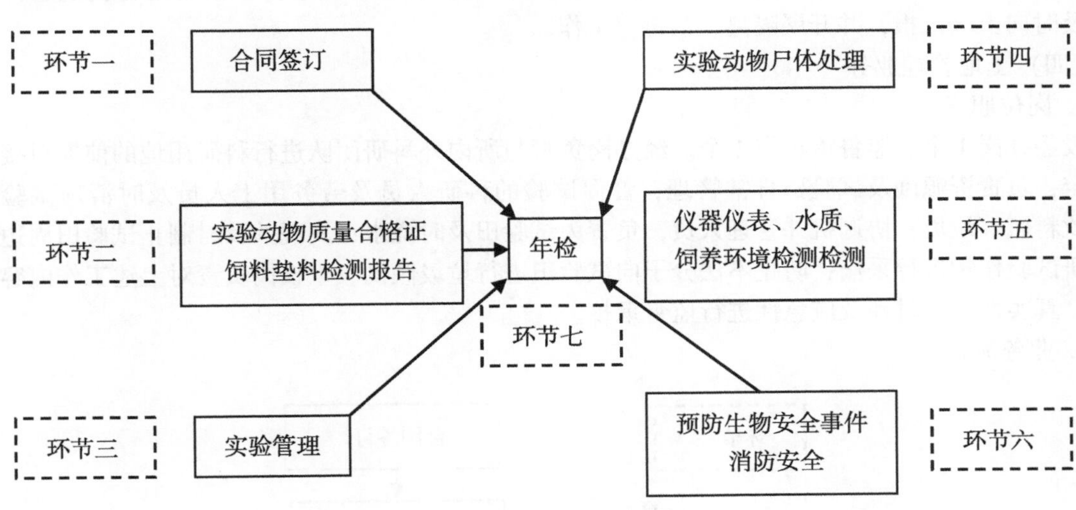

3. 业务环节描述

环节一：根据研究所《动物实验室管理办法与收费标准》签订合同并收缴实验技术服务费用。

环节二：监督实验动物、饲料垫料采购厂家是否符合资质要求，检查有无实验动物质量合格证，检查饲料垫料有无检测报告。

环节三：根据实验项目进展进行对应管理，提供相应的技术服务。

环节四：实验完毕后对实验动物进行无害化处理并存贮登记，达到一定数量后，及时向甘肃省危废处置中心进行移交。

环节五：定期对水质进行第三方质量检测并出具报告，定期对仪器仪表进行第三方质量检测校准并出具报告，不定期对实验动物饲养环境进行第三方检测并出具报告。

环节六：严格把关实验动物质量与实验用微生物菌株的使用，预防生物安全事件的发生，并不定期举行生物安全事件紧急演练活动，预防火灾等安全隐患。

环节七：每年对实验动物使用许可证进行一次年检，涉及以上各环节及其他各项内容要求。

4. 风险点

风险类别	风险点	风险等级	责任主体
生物安全风险	实验动物质量不合格或传染病的发生	重大	经办岗
生物安全风险	实验人员私自处理实验用毕的实验动物，带来不安全隐患	重大	经办岗

5. 风险应对策略

（1）加强实验动物管理制度，严格按实验操作规程进行实验，人员进入实验室符合实验室要求。

（2）严格消毒制度，定期进行实验动物和实验设施的消毒工作，进行微生物实验的实验动物高温灭菌后存放。

（3）严防实验动物质量不合格或传染病的引入，导致实验失败或实验人员感染。

（4）加强实验动物尸体的存放管理，严防实验人员私自处理实验用毕的实验动物，带来不安全隐患，如食入有毒有害实验动物肉质。

（5）严防生物安全事件的发生或火灾发生，一旦发生生物安全事件，根据生物安全事件紧急预案及时向上级汇报，并开展隔离、消毒等工作。

（四）土地管理业务

1. 岗位职责

设经办岗 1 个、监督审核岗 1 个。经办岗负责与所内外科研团队进行科研用地的前期对接及合同拟定；负责资源圃及试验田日常管理；督促试验的科研人员及劳务用工人员及时清理试验田地膜、饮料瓶等垃圾；协调机井管理人员，负责为试验田及时浇水；发现并及时制止试验田周边群众对科研试验作物进行采摘；防止不法分子向试验田进行垃圾倾倒。审核岗负责对上述工作内容的严谨性、真实性、及时性及应急性进行监督审核。

2. 业务流程

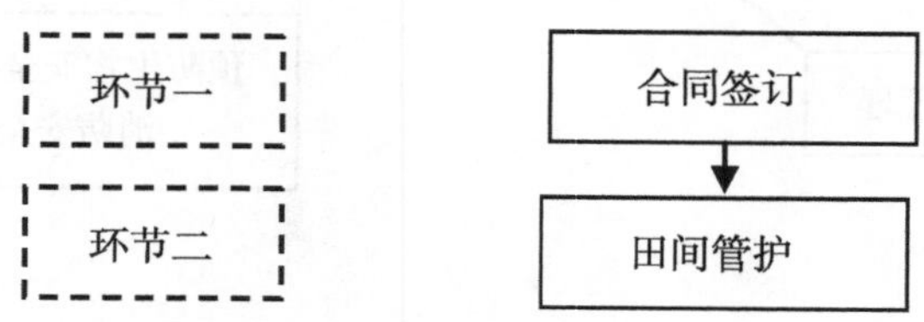

3. 业务环节描述

环节一：按照研究所的合同管理办法进行合同签订。

环节二：行使合同权利，履行合同义务。

4. 风险点

风险类别	风险点	风险等级	责任主体
管理风险	周边群众对科研试验作物的茎叶等进行采摘	一般	基地日常管理人员
管理风险	防止不法分子向试验田进行垃圾倾倒	一般	基地日常管理人员

5. 风险应对策略

（1）强化巡逻值班制度，严格执行巡逻人员奖惩制度。

（2）悬挂科学试验牌，及时劝阻并制止少数不明真相群众。

（3）制止少数倾倒垃圾的行为，与当地派出所建立联防机制。

（五）安全管理业务

1. 岗位职责

设经办岗 1 个、审核岗 1 个。经办岗负责基地的防火、防盗、财产及人身安全；发现相应的安全隐患及时向基地负责人及属地公安机关报告；协助基地负责人及时处理相关安全事件。审核岗负责基地日常巡逻人员的安排监督以及应急性事件的处理。

2. 业务流程

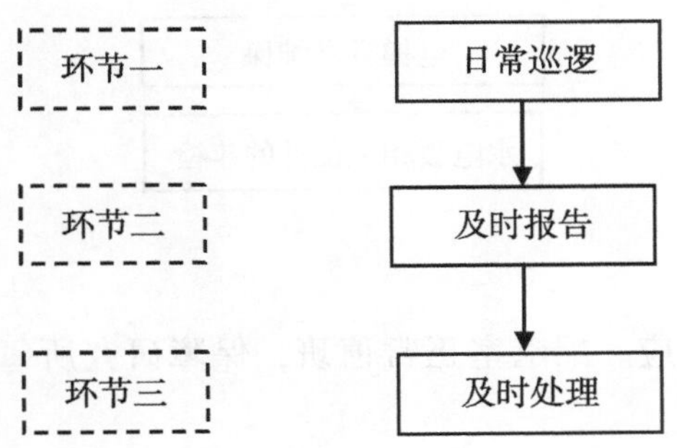

3. 业务环节描述

环节一：巡逻人员按照值班及排班表，履行日常及节假日巡逻职责。

环节二：发现火情等安全事宜，及时向当地派出所及基地负责人报告，并及时做好保留现场的工作。

环节三：协助公安机关、基地负责人处理相关事宜，并尽最大可能保留各种影像资料。

4. 风险点

风险类别	风险点	风险等级	责任主体
人员、财产安全	试验基地的人员及财产受到一定程度的威胁	中等	基地日常管理人员

5. 风险应对策略

（1）强化巡逻值班制度，执行巡逻人员奖惩制度。

（2）相关人员及基地负责人保持通信畅通，手机24小时开机。

六、后勤管理内部控制

（一）水、电、暖管理业务

1. 岗位职责

设置班长岗位、工作人员岗位共4个岗位。其中电工班岗位1个，负责与供电管理部门的协调，负责用电的计划与供应及相关工作的管理监督、安全监管；工作人员岗位1个，负责供电设检测备，设施的日常维修与养护、年检。供水供暖岗位设班长岗位1个，负责与兰州市供水、供热管理部门、兰州市昆仑天然气公司的工作协调与联系，负责二次供水和蓄水池清洗消毒工作，负责电梯管理，办理电梯、二次供水、排污等相关证件年检工作及相关证件办理；工作人员岗位2个，负责供水供暖等日常管道的维修养护，负责锅炉设备运行正常及安全监管，负责电梯的日常维护和保养。

2. 业务流程

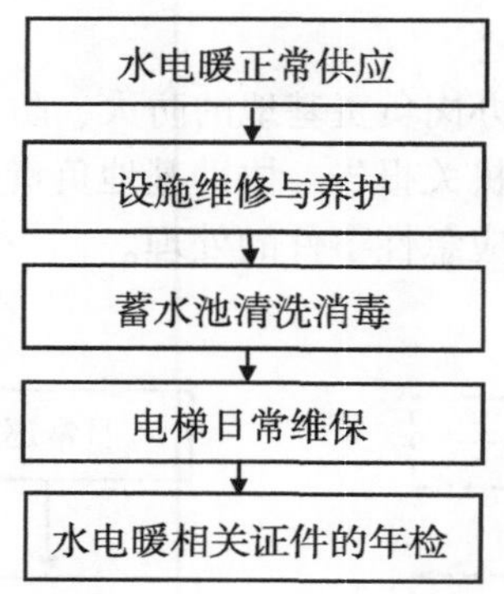

3. 业务环节描述

环节1：水电暖的正常供应。配电室正常值班，保障研究所每天的供水、供电和冬季正常供暖。

环节2：设施维修与养护。配合辖区供电局定期对配电室进行设备检修与养护。冬季供暖前、供暖后对锅炉进行正常检修与养护。保证水电暖的安全供给。

环节3：蓄水池清洗消毒。每年对研究所内蓄水池进行清洗消毒，保障大院居民饮水安全。

环节4：电梯日常维保。督促电梯维保公司每月对电梯进行正常维保、检修和年度监测工作。

环节5：相关证件年检。办理供电、供暖、电梯、二次供水、排污等相关证件年检工作。

4. 风险点

风险类别	风险点	风险等级	责任主体
安全风险	配电室、锅炉设备、供水、电梯运行正常及安全	高	电工、水暖班长

5. 风险应对策略

加强工作人员安全教育的宣讲，保证配电室24小时2人值班。供暖期保证锅炉房24小时2人值班。确保设备运行正常及安全。

（二）绿化卫生管理业务

1. 岗位职责

绿化卫生管理岗位设置班长岗位1人。主要负责大院绿化美化、环境卫生工作的管理监督，日常巡查及安全监管工作。

2. 业务流程

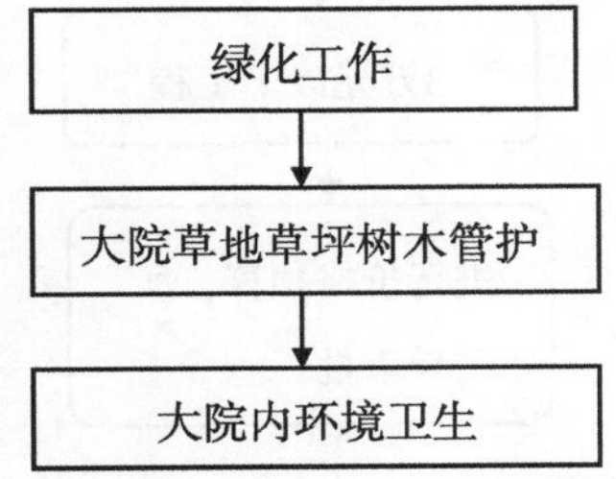

3. 业务环节描述

环节1：大院草地草坪树木管护。定期做好大院树木、花卉、草坪等修剪、养护工作，保持长势良好、形态美观。

环节2：大院内环境卫生。对研究所科苑东楼、科苑西楼及大院环境卫生每日清扫，随时保洁，定期清理家属楼道堆放的杂物。

4. 风险点

风险类别	风险点	风险等级	责任主体
纪律制度风险	季节用工多报	较高	绿化卫生班长
纪律制度风险	卫生清扫不干净，垃圾未及时处理	一般	绿化卫生班长

5. 风险应对策略

（1）按实际情况提出用工计划。

（2）经人事部门审核及所领导审批后进行用工。

（3）加强监督检查，及时清理垃圾、进行树木和花草养护。

（三）维修养护管理业务

1. 岗位职责

维修养护管理岗位设班长岗位1人，负责对全所办公、开发区和住宅房屋、道路、设施的使用情况进行监管，按程序开展工作。工作人员岗位1人，负责研究所办公和住宅房屋、道路、设施的维修养护。

2. 业务流程

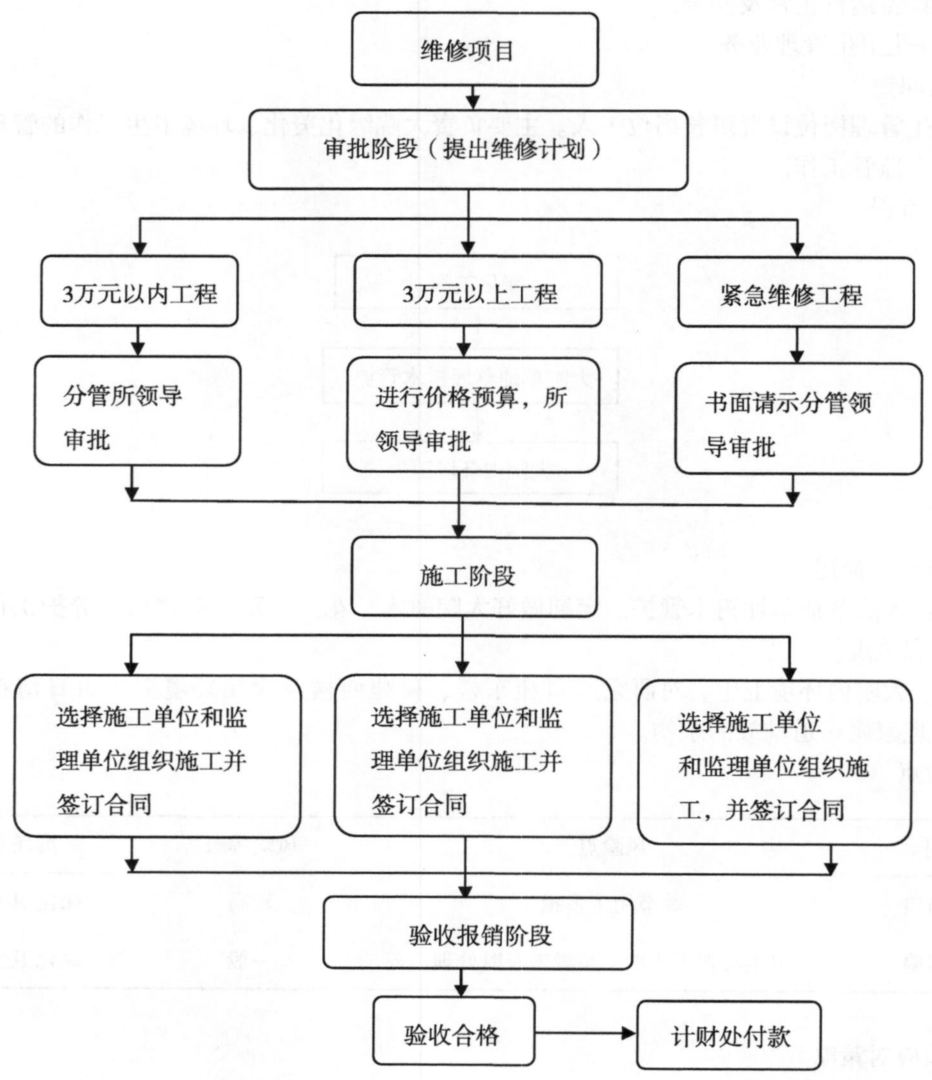

3. 业务环节描述

环节 1：审批阶段。提出维修计划，列出详细的维修内容，按照市场价格进行预算，并报相关领导审批。

环节 2：施工阶段。按照维修项目，3 万元以上的工程，由所长审批，选择施工单位和监理单位组织施工并签订合同；3 万元以下的工程，报分管所领导审批，选择施工单位或组织工作人员进行维修；紧急维修工程，请示分管所领导后，可立即组织维修，然后完善相关程序。

环节 3：验收报销阶段。由所领导、计财处、纪检、后勤按照要求对施工项目联合验收，验收合格后按合同办理付款、报销手续。

4. 风险点

风险类别	风险点	风险等级	责任主体
纪律风险	夸大维修项目或范围	较高	维修养护班长
财务风险	经费多报	较高	维修养护班长
纪律风险	与维修人员有利益关系，有倾向指定维修人员	较高	维修养护班长
安全风险	使用劣质材料，减少维修内容	较高	维修养护班长
安全风险	降低验收标准	较高	维修养护班长

5. 风险应对策略

（1）实地察看，列出详细维修内容。

（2）按照市场价格多比较，选择合适的维修价格，经相关部门和领导审批后确定维修价格。

（3）集体研究、选择维修人员。

（4）加强现场监督，按合同规定进行维修。

（5）甲乙双方现场依据合同标准进行验收。

（四）房屋出租管理业务

1. 岗位职责

设经理岗位1人，主要负责沿街铺面、房屋的出租工作。设工作人员岗位1人，主要负责起草租赁合同；做好房屋租赁登记、合同签订、费用收取等工作；做好与租户的沟通工作，定期对出租房屋进行检查，了解房屋状况。

2. 业务流程

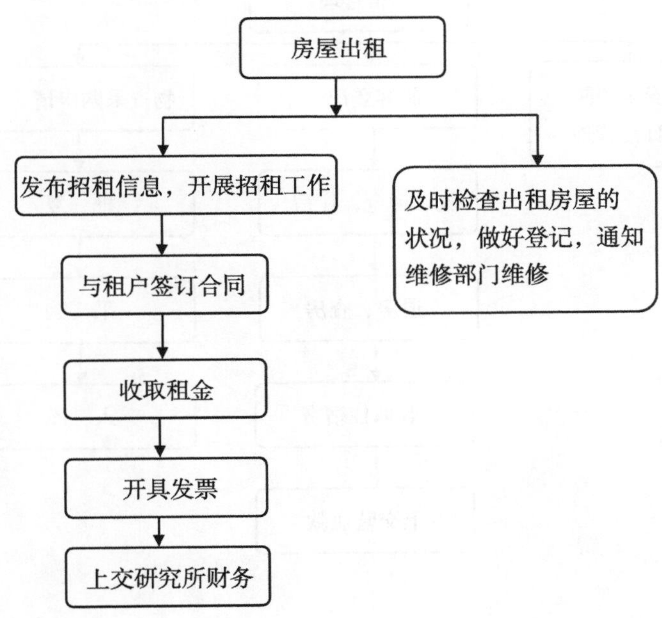

3. 业务环节描述

环节1：发布招租信息。根据现空房源，发布房屋招租信息。

环节2：签订租房合同。按照房屋标准，与租户签订租房合同。

环节 3：收款，开具发票。按合同向租户收取租金，并及时足额上缴研究所财务。

环节 4：及时检查、维修。定期检查出租房屋的状况，发现问题及时通知维修部门维修。

4. 风险点

风险类别	风险点	风险等级	责任主体
纪律风险	与其有利害关系的租户签合同，对租金标准把关不严	较高	租房部经理
财务风险	不按合同严格收费，不及时或足额上缴已收租金	较高	租房部经理
安全风险	不及时检查房屋状况	较高	租房部经理

5. 风险应对策略

（1）按照房租标准公平、合理签订房屋租赁合同。

（2）收费必须与所签合同金额和标准相符；租户交费后必须及时足额上缴所财务。

（3）必须定期检查出租房屋的状况；发现问题及时通知维修部门维修。

（五）伏羲宾馆管理业务

1. 岗位职责

宾馆管理岗位设经理 1 人（由后勤副主任兼任）。主要负责宾馆的日常经营管理和制度建设工作。设工作人员若干名，分别负责公共区域、房间卫生清扫和房间设施配备，住客登记及收费，收费核对上缴，消防巡查、日报和维修工作，聘用人员工资发放、社保缴费等，负责与地方管理部门、业务联系与沟通，负责物品采购；完成相关证件的年检等工作，完成领导交办的其他事项。

2. 业务流程

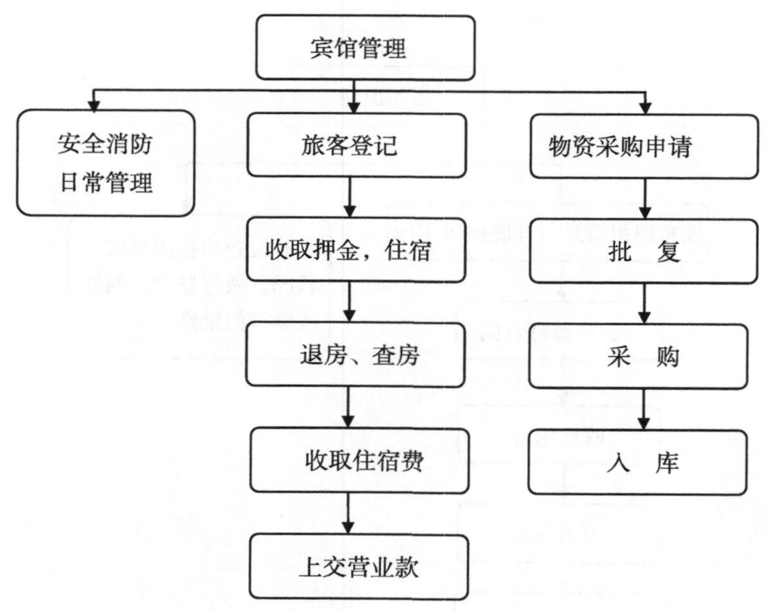

3. 业务环节描述

环节 1：住宿登记。热情接待宾客，耐心向客人解释、介绍宾馆的情况，审核住宿宾客的有效证件，清楚填写住宿登记表，准确录入客人信息并及时上传，坚决做到一人一证。对特殊要求的客人，除及时上传客人信息外，还需电话告知当地派出所。

环节 2：退房收费。客人退房，需准确核对宿费，结清客人住宿期间费用。

环节 3：上缴营业款。所收住宿款项应与主管核对后及时足额上缴所财务，不得挪用或截留。

4. 风险点

风险类别	风险点	风险等级	责任主体
纪律风险	不按房价标准登记，不严格执行管理制度	较高	宾馆经理
财务风险	工作人员不及时上缴营业款，主管不及时向所财务上缴营业款	较高	宾馆经理
纪律风险	工作人员上班衣着不整，仪容不整	较高	宾馆经理
安全风险	安全消防巡查不及时、不规范	较高	宾馆经理
安全风险	维修不及时	较高	宾馆经理
廉政风险	采购不规范	较高	宾馆经理

5. 风险应对策略

（1）严格按照客房登记制度和房价标准登记、收费和退费。

（2）严格按照宾馆营业款收缴管理制度执行。

（3）严格按照宾馆大宗物资采购管理办法执行。

（4）坚持每天安全消防巡查和日报制度。

（5）发现问题及时处理。

（6）加强日常监管，签订相关岗位责任书。

（六）停车场管理业务

1. 岗位职责

设负责人 1 人，主要负责停车场各种证件、手续的年检、报批、设备日常维护工作；负责收费核对和上缴；负责聘用保安、保洁人员的管理；对突发事件的处理。

2. 业务流程

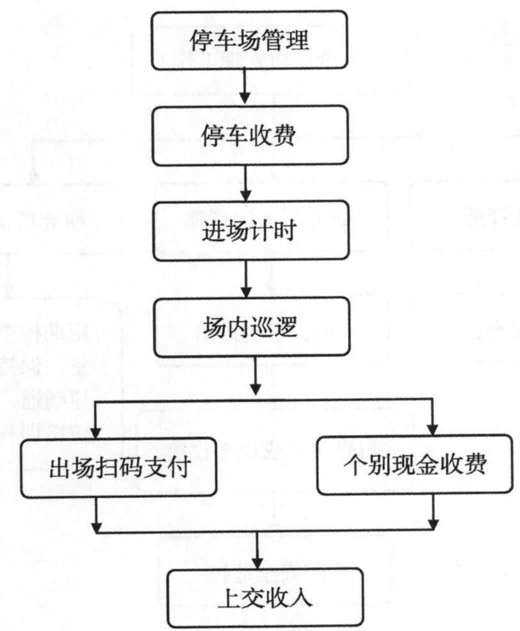

3. 业务环节描述

环节 1：车辆停放。值勤保安做到认真值守，文明执勤，加强监督检查，对进入停车场的车辆要引导停放到指定地点。

环节 2：场内巡逻。值勤保安要不时在停车场内进行巡逻，发现问题及时处理，并向相关管理人员汇报。

环节 3：车辆离场收费。车辆出场通过扫码交费，确需现金交易的，应每天上缴收入。

环节 4：收费核对上缴。每天核对，足额上缴所财务。

4. 风险点

风险类别	风险点	风险等级	责任主体
财务风险	工作人员不及时上缴现金营业款	较高	车场负责人
安全风险	对停车场不及时巡逻，车辆乱停乱放	较高	车场负责人
安全风险	设施维护不到位	一般	车场负责人

5. 风险应对策略

（1）加强监管，每天对收费情况进行核对，及时足额上缴。

（2）督促停车场保安，不定时巡逻，发现问题，及时纠正。

（3）设施定期检查、维护。

（七）安全消防管理业务

1. 岗位职责

设保卫科长 1 人（由后勤副主任兼），负责全所安全工作。设班长 1 人，主要负责研究所办公区、家属区的安全消防工作及大院车辆停放收费工作，与公安部门联系。工作人员 1 名，负责科研楼的安全消防工作和其他日常工作。

2. 岗位业务流程

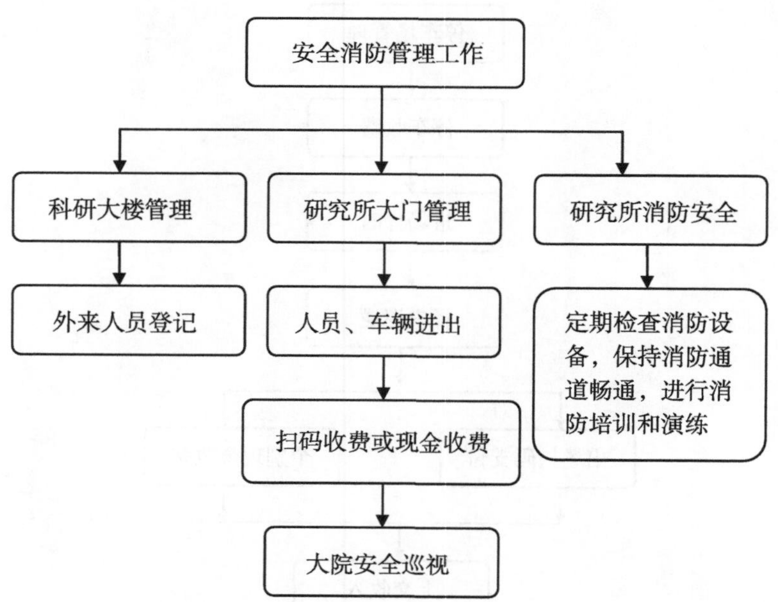

3. 业务环节描述

环节1：科苑楼管理。执勤门卫应做到认真值守，文明执勤，严格执行外来人员登记制度，禁止非工作人员进入科研大楼，做好大院监控工作，保存好监控数据。

环节2：研究所大门管理。执勤门卫应做到认真值守，文明执勤，加强监督检查。车辆离场，通过扫码交费，确需现金交易的，收入足额上缴。严格执行夜间巡视制度，发现问题及时处理，及时向相关管理人员汇报。

环节3：所区消防安全。定期检查消防安全设施设备，按期更换灭火器内干粉并打压，保持消防通道畅通，消防疏散指示清晰。在醒目位置张贴逃生标式。定期举行消防培训和演练。

4. 风险点

风险类别	风险点	风险等级	责任主体
安全风险	外来人员进入科研大楼不做登记，夜间巡逻不到位，大院车辆乱停乱放	较高	班长
财务风险	车辆收费不及时足额上缴	较高	科长
安全风险	消防设施不健全，日常维护不及时，值班人员离岗脱岗	较高	科长

5. 风险应对策略

（1）严格执行外来人员登记制度。

（2）加强监督，及时巡逻，及时纠正车辆乱停乱放。

（3）车辆收费三人核对，及时足额上缴。

（4）定期检查消防安全设备，保持消防通道畅通，加强培训和演练，提高安全意识。

第四章　监督检查和自我评价措施

为使研究所各项业务工作在内容协调、程序严密、配套完备、有效管用的一个完整内控体系下运行，做到用制度管事、管权、管人，从而达到提高工作效率、减少廉政风险的目的，确保内控规程得到全面贯彻落实，制定此监督检查和自我评价措施。

一、组织领导

在研究所党委领导下，成立由所长、党委书记任组长，纪委书记、副书记任副组长，纪委成员参加的内控规程监督检查工作小组（以下简称工作小组），具体负责研究所内部控制的监督检查和全面系统评价内部控制的全面性、重要性、制衡性、适应性和有效性。

二、监督检查

（一）监督检查的内容和范围

监督检查的重点内容为内部控制规程实施过程中存在的突出问题、管理漏洞和薄弱环节，检查范围为研究所内控规程中所涉及的各类业务的内部控制范围，尤其是重点领域和关键环节的内部控制情况。

（二）监督检查的方法

在加强宣传教育，增强内控意识的基础上，采用平时监督检查与专项检查相结合的方式进行。

1. 积极开展宣传教育，切实增强内控意识。充分利用各种方式进行内控教育，有针对性地开展辅导培训，明确内控规程的内容，真正做到熟悉内容、掌握要求，提高风险防控意识，增强干部职工遵守内控规程的主动性和自觉性，并将此项工作贯穿于内控规程实施的始终，使内控规程得以有效实施。

2. 强化日常监督检查。根据工作需要，工作小组不定期开展监督检查，对各部门内控制度执行落实情况进行监督检查。

3. 全面排查风险。按照研究所内部控制规定，采取岗位自查、部门及团队联查的方式，对内部控制运行每个环节逐一分析、论证，查找廉政风险。对重点领域、关键环节重点排查。具体采取以下两种方式进行监督检查。

一是自查自纠。每年进行一次。各部门及团队对照研究所内部控制规程进行自查，对执行情况进行全面梳理，通过自查发现实施过程中存在的问题、管理漏洞和薄弱环节，有针对性地制定整改措施，使内控机制不断完善。

二是专项检查。根据工作需要和各部门及团队自查中发现存在较多的问题安排专项检查，工作小组负责组织实施。通过与相关人员了解情况，查阅相关文件、资料和档案，召开专题座谈会等形式进行监督检查，提出整改意见，并责成有关部门及团队加以整改落实。

三、自我评价

（一）自我评价原则

1. 风险导向原则。内部控制评价应当以风险评估为基础，根据风险发生的可能性和对业务工作控制目标造成的影响程度来确定需要评价的重点业务单元、重要业务领域或流程环节。

2. 一致性原则。内部控制评价应当采用统一可比的评价方法和标准，保证评价结果的可比性。

3. 公允性原则。内部控制评价应当以事实为依据，评价结果应当有适当的证据支持。

4. 独立性原则。内部控制评价工作小组的评价工作应当保持其相对独立性。

5. 务实管用原则。内部控制应起到事前预防和能在事中或事后及时发现工作漏洞的作用，应既有防错防弊，又有促进业务管理效果的作用。

（二）自我评价内容和方法

自我评价主要是对内部控制的全面性、重要性、制衡性、适应性和有效性进行评价，每年进行一次，一般在自查后进行。自我评价一般采取以下方法：

1. 询问法。为掌握评价对象的控制环境、控制程序等方面的状况，对部门内部控制状况进行询问了解，具体包括现场访谈和调查问卷等。

现场访谈。评价人员到现场向内部控制体系的有关人员了解被评价部门内部控制体系实际执行情况。在进行现场访谈时，评价人员应考虑到以下因素：访谈人员应当来自被评价范围内实施活动或任务的相关人员，访谈应避免提出有倾向性答案的问题（即引导性提问），并做好访谈纪录。

调查问卷。针对内控规程设计调查问卷，对问卷不能解释清楚的部分在附注中用文字加以说明。

2. 书面文档检查。评价人员查阅被评价部门规章制度、内控制度，审查执行内部控制体系生成的文件，如账本、报表、凭证、记录、合同、报告等，以验证各项控制措施在实际操作中是否被真正运用，以检查被评价部门内部控制的有效性和质量状况。

3. 观察。评价人员在被评价部门的工作现场，观察有关人员的实际工作情况，以确定其规定的内部控制措施是否得到严格执行。

4. 流程图法。评价人员通过检查被评价部门内控流程示意图，清晰地了解被评价部门内部控制体系运行状况，业务的风险控制点和控制措施，以发现其内部控制体系的缺失。

（三）自我评价报告的形成

各部门及团队在完成自查的基础上，形成自查报告和自我评价，报工作小组，工作小组在部门及团队自查报告和自我评价的基础上形成研究所自我评价报告，提交所领导，供领导参考，同时发送相关部门及团队，以便整改落实和进一步完善改进内部控制规程。

四、工作要求

（一）严格落实责任

内控规程监督检查应按照党风廉政建设责任制的要求，在所党委的领导下进行，所纪委切实履行监督责任，狠抓落实。按照“一岗双责”的要求，分管领导分工负责，职能部门负责人具体抓好落实。

（二）严守工作纪律

监督检查工作小组成员在监督检查工作中要认真履行职责，带头执行相关规定，严守工作纪律。应详细真实地记录检查情况，并针对发现的问题，及时向工作小组组长汇报。

（三）强化后续工作

认真梳理监督检查中发现的问题，按照分级分部门负责的原则，督促相关部门进行整改，对整改情况进行跟踪回访，切实保证检查处理决定真正得到落实，防止和避免被查部门及团队整改落实不到位，检查工作流于形式。对整改落实不到位部门及团队，在一定范围内进行通报，并责令限期整改。

（四）建立长效机制

在研究所内控规程的实施过程中，加强信息收集反馈，不断总结经验，建立健全结构合理、配置科学、程序严密、制约有效的内控制度体系。

第五章　附　则

一、本规程由计划财务处、科技管理与成果转化处、办公室、党办人事处、平台建设与保障处、后勤服务中心负责解释。

二、本规程自 2021 年 6 月 30 日所长办公会议通过之日起施行。

中国农业科学院兰州畜牧与兽药研究所科技计划项目资金管理办法

（农科牧药办〔2022〕14号）

第一条　为规范研究所科技计划项目资金管理和使用，落实项目经费使用自主权，提高资金使用效益，推动建立符合科研规律、规范高效、监管有力、放管结合的科研经费管理机制，根据党中央、国务院关于科研经费管理改革有关要求和《国务院办公厅关于改革完善中央财政科研经费管理的若干意见》（国办发〔2021〕32号）、《国家自然科学基金资助项目资金管理办法》（财教〔2021〕177号）、《国家重点研发计划资金管理办法》（财教〔2021〕178号）和《〈关于深化科技体制机制改革创新推动高质量发展的若干措施〉的通知》（甘办发〔2021〕28号）等文件精神，结合研究所实际，特制定本办法。

第二条　本办法所称项目是指研究所主持、参与的中央、地方财政科技计划（专项、基金等）等各类竞争性科研项目（不包括中国农业科学院科技创新工程经费、基本科研业务费和重点实验室/中心/基地等运转费）。

第三条　根据预算管理方式不同，科技计划项目分为预算制项目和包干制项目。

第四条　研究所是项目资金使用和管理的责任主体，全面加强对项目资金的管理监督，并对项目组织实施提供条件保障。项目资金纳入研究所单位财务统一管理，单独核算，专款专用。

第五条　项目负责人是项目资金使用的直接责任人，对资金使用的合规性、合理性、真实性和相关性负责。

第六条　预算制项目资金分两种情况：

（一）有间接费用预算的项目

1. 直接费用是指在项目实施过程中发生的与之直接相关的费用，由设备费、业务费、劳务费三大类组成，按预算书管理。

2. 间接费用是指研究所在组织项目实施过程中发生的无法在直接费用中列支的相关费用。主要包括：研究所为项目研究提供的房屋占用，日常水、电、气、暖等消耗，有关管理费用的补助支出，以及激励科研人员的绩效支出等。

（二）无间接费用预算的项目

除明确规定不能列支管理费用的项目外，均须按照留所经费（到账总经费减去外单位任务经费后的剩余经费）额度不低于5%的比例预算管理费用，项目实施过程中严格按照预算支出相关费用。

第七条　“包干制”项目资金使用范围包括设备费、业务费、劳务费、管理费、绩效奖励等，由项目负责人自主决定使用，无需履行调剂程序。

管理费按照项目实际留所经费（到账总经费减去外单位任务经费后的剩余经费）的5%计提，主要用于研究所为项目研究提供的房屋占用，日常水、电、气、暖等消耗，有关管理费用的补助支出。

绩效奖励由项目负责人根据实际情况与研究所协商确定。

第八条 “包干制”项目经费使用实行项目负责人承诺制。项目负责人承诺遵守科研伦理道德和作风学风诚信要求，承诺项目经费全部用于与本项目研究工作相关的支出，不截留、挪用、侵占和虚假套取，不用于与科学研究无关的支出等。如有违反，接受相关法律法规严肃处理。项目负责人需签署承诺书并交科技管理与成果转化处和计划财务处（附件）。

第九条 研究所按照本办法和国家相关财经法规及财务管理规定，加强内控制度和监督制约机制建设、落实项目资金管理责任；动态监管资金使用并实时预警提醒，确保资金合理规范使用；加强支撑服务条件建设，提高对科研人员的服务水平，建立常态化的自查自纠机制，保证项目资金安全。

第十条 研究所建立项目资金管理信息公开机制。在单位内部公示非涉密项目立项、主要研究人员、资金使用（重点是间接费用、外拨资金、结余资金使用等）、决算、大型仪器设备购置以及项目研究成果等情况，接受内部监督，并积极配合有关部门和机构的监督检查。

第十一条 本办法实施过程中，与国家及上级部门新出台的相关规定不一致的，按有关规定执行。

第十二条 本办法于2022年1月27日所长办公会议讨论通过，依据《财政部 科技部关于中央财政科技计划（专项、基金等）经费新旧政策衔接有关事项的通知》（财教〔2021〕173号）执行。由科技管理与成果转化处、计划财务处负责解释。

附件

中国农业科学院兰州畜牧与兽药研究所“包干制”科研项目经费承诺书

<table>
<tr><td>项目名称</td><td colspan="3"></td></tr>
<tr><td>项目类型</td><td></td><td>主管部门</td><td></td></tr>
<tr><td>项目执行期</td><td></td><td>项目批准号</td><td></td></tr>
<tr><td>项目负责人</td><td></td><td>联系电话</td><td></td></tr>
<tr><td colspan="4">本人在此郑重承诺：严格遵守中共中央办公厅、国务院办公厅《关于进一步加强科研诚信建设的若干意见》《国务院办公厅关于改革完善中央财政科研经费管理的若干意见》《国家自然科学基金资助项目资金管理办法》（财教〔2021〕177号）、《国家重点研发计划资金管理办法》（财教〔2021〕178号）和《〈关于深化科技体制机制改革创新推动高质量发展的若干措施〉的通知》（甘办发〔2021〕28号）等文件规定，承诺尊重科研规律，弘扬科学家精神，遵守科研伦理道德、科研诚信和作风学风诚信要求，按照科研项目绩效目标和任务书认真开展科学研究工作；承诺项目经费全部用于与本项目研究工作相关的支出，不截留、挪用、侵占和虚假套取，不用于与科学研究无关的支出等；承诺经费使用符合国家、地方和研究所的相关规定。如有违反，接受相关法律法规严肃处理。

项目负责人（签字）：

日期：　年　月　日</td></tr>
</table>

注：本承诺书交科技管理与成果转化处、计划财务处。

中国农业科学院兰州畜牧与兽药研究所科研项目间接费用管理办法

（农科牧药办〔2022〕15 号）

为规范研究所科研项目间接费用管理，根据党中央、国务院关于科研经费管理改革有关要求和《国务院办公厅关于改革完善中央财政科研经费管理的若干意见》（国办发〔2021〕32 号）、《财政部 国家自然科学基金委员会关于印发〈国家自然科学基金资助项目资金管理办法〉的通知》（财教〔2021〕177 号）、《财政部　科技部关于印发〈国家重点研发计划资金管理办法〉的通知》（财教〔2021〕178 号）、《财政部　科技部关于中央财政科技计划（专项、基金等）经费新旧政策衔接有关事项的通知》（财教〔2021〕173 号）等文件精神，结合研究所实际，特制订本办法。

第一条　本办法所称科研项目是指源于中央、地方财政资金支持的实行间接费用管理的科研项目（包括课题、子课题）。

第二条　本办法所称间接费用是指研究所在组织实施项目过程中发生的无法在直接费用中列支的相关费用。主要包括：研究所为项目研究提供的房屋占用，日常水、电、气、暖等消耗，有关管理费用的补助支出，以及激励科研人员的绩效支出等。

第三条　间接费用原则上根据国家科研经费相关规定，按照直接费用扣除设备购置费后的一定比例核定。其中，500 万元以下的部分，间接费用比例为不超过 30%，500 万~1 000万元的部分为不超过 25%，1 000万元以上的部分为不超过 20%。如相关项目的规定比例与上述比例不同，按规定比例核定。

第四条　科研项目间接费用由研究所统一提取，统筹管理，单独核算。

第五条　项目立项后，由科技管理与成果转化处根据任务合同和预算批复，确认间接费用额度，拨付经费到账后，由科技管理与成果转化处通知计划财务处统一归集。

第六条　间接费用的归集

研究所承担的项目，除规定不能提取间接费用的，其他均按实际留所经费（到账总经费减去外单位任务经费后的剩余经费）额度核算并归集间接费用，若预算有明确约定间接费用比例的，按相应比例归集。

第七条　间接费用全部用于绩效奖励

（一）用于《中国农业科学院兰州畜牧与兽药研究所绩效奖励办法》（农科牧药办〔2022〕12 号）第三章第六条相关项目的奖励支出。

（二）剩余间接费用的 40%用于奖励参与科研项目实际研究工作并做出贡献的项目组人员，60%由研究所统筹使用。

第八条　间接费用绩效支出按年度发放。

第九条　间接费用绩效支出按照公开、公正、公平的原则，体现科研人员价值，充分发挥激励作用。

第十条　项目执行期间存在以下情形之一者，不得对其发放绩效经费：

（一）未按要求及时报送项目相关材料，包括任务书（合同书）、经费预算书、年度进展报告、中期总结报告、结题报告、验收报告及其他相关文件等。

（二）在项目执行过程中，对负责人、参加人员、经费预算、研究目标、研究内容等重要事项的调整未按要求提前报批。

（三）无正当理由，项目未按合同进度执行，或未按期落实上级主管部门提出的整改要求等。

（四）违反国家法律法规、存在弄虚作假、学术不端等行为。

第十一条　本办法实施过程中，与国家及上级部门新出台的相关规定不一致的，按有关规定执行。

第十二条　本办法自2022年1月27日所长办公会议讨论通过，依据《财政部　科技部关于中央财政科技计划（专项、基金等）经费新旧政策衔接有关事项的通知》（财教〔2021〕173号）执行。原《中国农业科学院兰州畜牧与兽药研究所科研项目间接经费管理办法》（农科牧药办〔2018〕61号）同时废止。

第十三条　本办法由科技管理与成果转化处、计划财务处负责解释。

中国农业科学院兰州畜牧与兽药研究所稳定性科研专项奖励经费管理办法

（农科牧药办〔2022〕11号）

第一章　总　则

第一条　为认真贯彻落实《国务院办公厅关于改革完善中央财政科研经费管理的若干意见》（国办发〔2021〕32号）和《中国农业科学院关于稳定性科研专项奖励经费管理的指导意见》（农科办财〔2022〕2号）等文件精神，规范研究所稳定性科研专项奖励经费管理，探索完善专项资金激励引导机制，激发科研人员创新活力，激励科研人员产出高质量科技成果，结合研究所实际，制订本办法。

第二条　本办法所称稳定性科研专项奖励经费是指从中国农业科学院科技创新工程和基本科研业务费提取的用于奖励的经费。

第三条　奖励经费根据国家科研经费相关规定，由中国农业科学院核定。

第四条　奖励经费主要用于研究所科研人才激励和科技奖励，由研究所统一提取、统筹管理、单独核算。

第五条　稳定性科研专项经费到账后，由计划财务处根据项目预算批复统一提取奖励经费。

第二章　奖励经费使用

第六条　研究所稳定性科研专项奖励经费主要分为以下两部分进行管理使用：

（一）科研人才激励

主要用于保障落实中国农业科学院农科英才特殊支持政策和青年创新专项任务支持人才激励政策，支持范围包括：

1. 研究所各类院级农科英才（包括顶端人才、领军人才、青年英才）的岗位补助。

2. 研究所承担院级青年创新专项任务的青年人才在达到年度绩效考核目标前提下按照任务经费20%的比例给予的绩效奖励。

（二）科技奖励

主要用于促进研究所高水平科技成果的产出，激励在创新工作中做出突出贡献的科研人员，提升研究所的核心竞争力和产业支撑力。坚持绩效导向，适当向承担基础研究类科研任务和从事基础性工作的团队和科研人员倾斜。具体奖励范围以《中国农业科学院兰州畜牧与兽药研究所绩效奖励办法》中第三章“科技贡献绩效奖励”部分内容规定为准，包括科技成果奖、重大科技创新与发现奖、著作、新兽药证书、草畜新品种和标准奖励等。

第七条　奖励经费使用挂钩绩效评价考核结果。未进行绩效评价或评价不符合标准的，应调减或暂停发放。

第八条　奖励经费发放办法依据《中国农业科学院兰州畜牧与兽药研究所人才引进管理办法》（农科牧药办〔2021〕22 号）和《中国农业科学院兰州畜牧与兽药研究所绩效奖励办法》（农科牧药办〔2022〕12 号）等制度规定和任务参加人员在工作中的实际贡献确定。

第三章　奖励经费管理

第九条　党办人事处和科技管理与成果转化处结合人才工作和科技创新实绩确定奖励经费分配额度后，提交研究所办公会议决定。

第十条　人才激励费用根据评聘、入职、考核等实际情况分阶段发放；科技奖励费用根据科技贡献统计结果定期发放。

第十一条　研究所将结合人才类别、岗位类别、团队和科研人员的创新实绩，公开、公正、公平地安排奖励经费支出，体现科研人员价值，充分发挥奖励经费的激励作用。

第十二条　奖励经费通过零余额账户核算管理，执行财政国库管理有关规定。

第十三条　奖励经费应于当年执行完毕，不得结转以后年度使用。

第十四条　奖励经费支出纳入研究所绩效工资总量进行管理。

第四章　监督管理

第十五条　研究所应明确职责权限，加强奖励经费监督管理，严格奖励经费预算控制，做好内部信息公开。

第十六条　存在以下情形之一的，不得发放奖励经费：

（一）人才在聘期内离职。

（二）人才未完成年度考核任务。

（三）未按要求及时报送科研专项相关材料。

（四）未完成科研专项规定绩效考核指标。

（五）违反国家法律法规、存在学术不端等行为。

对于以上情形，奖励经费如已发放的，研究所有权追回。

第五章　附　则

第十七条　本办法实施中与国家或上级部门新出台的有关规定不一致的，按国家或上级部门有关规定执行。

第十八条　本办法由科技管理与成果转化处负责解释。

第十九条　本办法经中国农业科学院审核后，自印发之日起施行。

党建与文明建设管理

中国农业科学院兰州畜牧与兽药研究所关于进一步加强和改进新形势下思想政治工作的意见

（农科牧药党〔2017〕4号）

加强和改进新形势下思想政治工作，是加强党的领导、党的建设和全面从严治党的重要内容。为进一步加强和改进新形势下研究所思想政治工作，充分调动广大党员干部职工的积极性、主动性和创造性，推动农业科技创新发展，推进和谐研究所建设，确保新时期各项工作目标任务的顺利完成，结合研究所实际，提出如下意见。

一、总体要求和基本原则

（一）总体要求。全面贯彻党的十八大和十八届三中、四中、五中、六中全会和习近平总书记系列重要讲话精神，高举中国特色社会主义伟大旗帜，坚持以人为本，贴近实际、贴近生活、贴近职工，创新方式方法，加强分类指导，以提高干部职工的思想素质和业务能力为根本，以解决干部职工的实际问题为重点，不断增强思想政治工作的针对性和实效性，为推动农业科技创新事业发展提供精神动力和思想保证。

（二）基本原则。坚持围绕中心、服务大局，大力营造聚精会神抓科研、一心一意促发展的良好氛围，推动科技创新事业又好又快发展；坚持以人为本，强化服务意识，既解决共性问题，又满足个性化需求；坚持正面引导，加强典型宣传，努力做好统一思想、凝聚力量的工作；坚持求真务实，既讲道理又办实事，把解决思想问题同解决实际问题结合起来；坚持改革创新，适应形势的新变化和实践的新发展，不断创新内容形式、方法手段、机制制度；坚持齐抓共管，在所党委的领导下，发挥党政、群团、统战等各方作用，形成思想政治工作合力。

二、强化思想政治引领，凝聚改革发展共识

（三）牢固树立马克思主义在意识形态领域的指导地位，巩固全所党员干部干事创业的思想基础。全所党员干部要始终坚定马克思主义、共产主义信仰，扎扎实实做好本职工作。领导干部要把系统掌握马克思主义基本理论作为看家本领。要深入学习中央关于意识形态工作的重大部署和基本要求，重点了解当前意识形态领域需要注意的倾向性问题，把握做好工作的具体要求，切实把思想和行动统一到中央决策部署上来，牢固树立守土有责的主体责任意识，建立完善相关制度。

（四）认真开展"两学一做"学习教育。开展好"两学一做"学习教育，始终把党的思想建设放在首位，以尊崇党章、遵守党规为基本要求，以习近平总书记系列重要讲话精神武装头脑为根本任务，自觉按照合格党员标准规范言行，抓好"学"这个基础，抓牢"做"这个关键，抓紧"改"这个目标，抓住"干"这个核心，进一步坚定理想信念，不断增强道路自信、理论自信、制

度自信、文化自信。

（五）深入开展中国特色社会主义理论体系宣传普及活动。按照武装头脑、指导实践、推动工作的要求，把中国特色社会主义理论体系的学习教育不断向广度拓展、向深度推进。创新工作方式，针对干部职工普遍关心的热点难点问题，运用人们喜闻乐见的手段和形式，宣传阐释中国特色，讲清楚中国特色社会主义植根于中华文化沃土、反映中国人民意愿、适应中国和时代发展进步要求，有着深厚历史渊源和广泛现实基础。

（六）深入开展社会主义核心价值体系学习教育。深入开展中国特色社会主义和中国梦宣传教育，用社会主义核心价值观引领思潮、凝聚共识。把成功应对国内国际重大事件的实践作为开展社会主义核心价值体系学习教育最直接、最生动、最有力的教材，增强爱国主义、集体主义、社会主义观念。广泛开展社会公德、职业道德、家庭美德和个人品德教育，形成知荣辱、讲正气、作奉献、促和谐的良好风尚。

（七）深入开展民主法制、廉洁自律、形势政策学习教育。采取“请进来、走出去”方式，结合国际国内形势的发展变化、党和国家重大政策措施特别是“三农”政策措施的出台，组织举办形势报告会，帮助干部职工认清形势，明确任务。深入进行社会主义民主法制教育，普及法律知识，增强法治观念和法律意识。加强廉洁从政教育，认真贯彻《中国共产党纪律处分条例》《中国共产党廉洁自律准则》和《中国共产党问责条例》，有针对性地开展示范教育、警示教育、岗位廉政教育，改进教育方式，提高教育实效。

三、坚持以人为本，切实解决干部职工的实际问题

（八）维护干部职工合法权益。保障干部职工的民主政治权利，做到政治上关心、思想上关注、生活上关怀。及时发现他们在工作和生活上面临的困难，力所能及地帮助解决生活实际问题，在关心关爱中增强教育效果。建立情况通报、征求意见制度，保障干部职工的知情权、参与权、选举权和监督权。落实好干部职工的休息权、健康权、劳动权。

（九）关心干部职工的成长进步。关注每个干部职工成长与发展的需要，切实做好学习培训、评先评优、晋职升迁、挂职锻炼等工作，特别要有计划地选派干部到科研基地、艰苦地区、复杂环境、关键岗位砥砺品质、锤炼作风、增长才干。积极营造重视学习、勤于学习、善于学习的浓厚氛围，激发个人自学的内在动力。进一步深化干部人事制度改革，加大轮岗交流力度，不断优化干部队伍年龄结构、知识结构，让干部职工在公平、合理的竞争环境中充分施展才华。加强对青年科技人员业务发展上的指导，为其工作、成长创造良好条件。

（十）强化人文关怀和心理疏导。坚持把教育人、引导人、鼓舞人和尊重人、理解人、关心人结合起来，努力改善干部职工的工作生活条件。关心老党员和生活困难的职工，开展经常性的“送温暖”活动，切实帮助其解决实际困难。通过加强干部职工心理素质的培训和心理健康教育，帮助干部职工提高心理素质和抗压抗挫能力，引导干部职工保持良好的心态及健康心理。

（十一）大力丰富干部职工文化体育生活。发挥工青妇组织作用，积极开展丰富多彩的群众性文化、娱乐、体育活动，倡导先进、文明、健康、向上的生活方式，丰富干部职工的精神文化生活。切实保障职工思想政治工作经费投入，为职工经常性的健身活动创造条件。

四、加强制度建设，确保思想政治工作落到实处

（十二）坚持谈心制度。结合领导干部民主生活会、组织生活会和民主评议党员工作，领导班

子成员之间、领导干部与干部职工之间要广泛开展谈心活动。领导干部与分管部门同志的谈心每年不少于 2 次。

（十三）完善思想动态收集反馈、定期分析和情况报告制度。建立健全党员干部职工的思想动态收集反馈制度，及时把握党员干部职工对中心任务实施、重大改革措施出台和涉及切身利益的思想反应以及对工作、学习、生活方面的思想反应。坚持及时了解和定期调研相结合，采取座谈会、个别谈心、问卷调查以及网络咨询、设立信箱等方式，全面掌握干部职工的思想动态和心理情绪。在调查了解基础上，每年对干部职工思想状况进行一次研究分析，对干部职工中存在的普遍性、苗头性、敏感性问题和情况，及时向上级党组织报告。

（十四）坚持督促检查制度。把思想政治工作纳入党建工作、领导班子考核范围，作为文明处室、先进基层党组织等评选的重要内容，加强督促检查，推动各项措施落实。加强对解决党员干部职工重要思想问题的督查，确保党员干部职工集中反映的问题事事有回音、件件有行动。

五、坚持继承与创新相结合，积极探索新形势下思想政治工作的实践路径

（十五）不断创新思想政治工作理念。思想政治工作不能“空对空”，一方面要教育引导干部职工树立正确的世界观、人生观、价值观和正确的事业观、工作观、业绩观，强化全局、纪律和服务意识；另一方面要从实际出发，把解决实际问题作为工作的落脚点，贴近实际、贴近生活、贴近群众开展工作，探寻思想问题根源，善于从物质关系中去探寻思想政治工作的切入点。要把思想政治工作的着力点，从注重道义上说教，转到注重人文关怀上来，从关注干部职工的心理、精神、物质等多方面个性需求入手，不断提高思想政治工作的有效性。

（十六）建立健全“纵向到底、横向到边”、党政群团齐抓共管的思想政治工作机制。充分发挥党支部的战斗堡垒作用和广大党员的先锋模范作用，把思想政治工作任务分解到各党支部、落实到每个党员身上，把思想政治工作做深、做细、做实。充分发挥工青妇组织联系群众的桥梁纽带作用，通过开展各种生动活泼、行之有效的活动，做好干部职工的思想政治工作。

（十七）不断创新思想政治工作的形式和手段。创新网上宣传，做好“互联网+思想政治工作”。在进一步组织好座谈会、报告会、问卷调查、走访慰问、谈心交心、志愿服务等活动的基础上，充分运用网络、手机等新兴媒体，打造思想政治工作新平台，利用移动客户端、微信圈、QQ群等渠道，围绕研究所发展热点问题和个人思想动态，将思想政治工作转化为文字、声音、色彩、图像、动画、影视等表现手段，与科研、党务、纪检、工青妇等不同群体展开积极互动，壮大主流思想舆论，增强思想政治工作的针对性和实效性。

（十八）把开展精神文明创建活动作为思想政治工作的重要载体。努力实现思想政治工作与文明创建、社会主义核心价值观建设的深度融合，紧密结合自身特点，深入开展文明创建评比活动，强化党员干部职工的自我教育、自我管理，引导和教育党员干部讲党性、重品行、作表率，进一步增强大局意识和责任意识。

（十九）切实加强创新文化建设。深入推进创新文化建设，建设优美的所区环境，大力宣传“探赜索隐、钩深致远”的科研精神，加强有利于科技创新和人才辈出的制度建设，营造风清气正、公道正派、轻松向上的工作氛围。引领全所科研人员树立创新观念、强化创新意识、增强创新能力，激发干部职工爱岗敬业的热情。

（二十）发挥先进典型带动作用。要进一步培育、发现、宣传、学习先进典型，提炼研究所创新文化核心价值理念，营造促进科技创新的文化氛围，增强干部职工的精神力量，满足干部职工的精神需求，为科技创新提供精神动力和思想保证。充分利用媒体、刊物、网络等媒介，大力宣传先

进集体和先进个人的崇高精神和先进事迹，深入开展文明处室、文明班组、文明职工、先进党支部、优秀共产党员、优秀党务工作者等评选表彰活动，充分发挥先进典型对全所干部职工的引导带动作用，做到学有目标，赶有榜样，干有典范，努力在全所形成崇尚典型、学习典型、争当典型的良好风气。

六、切实加强领导，努力提高思想政治工作科学化水平

（二十一）建立和完善思想政治工作责任制。要深刻认识思想政治工作的极端重要性，精心研究部署，切实抓好落实。建立健全思想政治工作领导责任制，党委书记是第一责任人，其他领导干部既要抓好业务工作，又要做好思想政治工作。支部书记是本支部思想政治工作第一责任人，要把思想政治工作的成效作为考核党支部班子工作的重要依据。

（二十二）加强思想政治工作队伍建设。按照提高素质、优化结构、相对稳定的要求，着力建设一支政治强、业务精、作风正的思想政治工作队伍。提高首席专家、创新团队负责人做好思想政治工作的责任意识、担当意识，善于整合资源、形成合力。加强党务干部培训，不断提高做好思想政治工作的能力和水平，充分调动工作积极性。对做出突出成绩的要给予表彰和奖励。

（二十三）注重加强分类指导。思想政治工作要根据科研、转化、支撑、管理不同岗位，在职职工、离退休职工、学生等不同群体人员的思想特点和规律，分别采用适当的内容和方法加强分类指导。要注重在青年中开展广泛的思想状况调查，倾听青年心声。要针对青年职工思想状况中的苗头性和倾向性问题主动化解，防患于未然。要善于站在青年人的角度思考问题，注重以情动人、事业留人，做好个性化的思想工作，做到“一把钥匙开一把锁”。依托青年科技人员和研究生，发挥科技优势，开展广泛的青年志愿者服务活动。

（二十四）切实抓好工作落实。加强调查研究，深入认识新时期思想政治工作的特点和规律，积极推进思想政治工作实践创新、理论创新、方法创新和制度创新，确保思想政治工作各项要求和部署落到实处。

中国农业科学院兰州畜牧与兽药研究所党务公开实施方案

（农科牧药党〔2012〕2号）

为认真贯彻落实党的十七大和十七届五中、六中全会精神，进一步扩大党内民主，积极推进党务公开，切实加强研究所党内民主建设，促进各项事业更好更快发展，根据中国农业科学院直属机关党委《关于在中国农业科学院直属机关党的基层组织中全面实行党务公开的实施方案》，结合研究所实际，制定本方案。

一、指导思想

以马克思列宁主义、毛泽东思想、邓小平理论、“三个代表”重要思想、科学发展观为指导，坚持党要管党、从严治党的方针，牢固树立和全面落实科学发展观，紧紧围绕提高党的执政能力和拒腐防变能力，积极推进党内民主建设，着力增强党的团结统一，尊重党员主体地位，保障党员民主权利，全面推进党务公开，营造党内民主环境，增强党员队伍和党组织的创造力、凝聚力和战斗力，为研究所更好更快发展提供有力的政治保证和组织保证。

二、组织领导

为切实加强对党务公开工作的领导，成立研究所党务公开工作领导小组。领导小组由刘永明书记任组长，杨志强所长任副组长，党委委员及各支部书记任成员。领导小组负责部署、组织、协调、指导党务公开工作。下设办公室，挂靠党办人事处，负责组织实施党务公开工作。

三、党务公开内容及形式

（一）党务公开内容

1. 党组织决议、决定及执行情况。贯彻执行中央方针政策和重要会议精神、院党组和上级党组织决议、决定和工作部署等情况；所党委重要决策及执行情况；年度工作计划、安排、总结，阶段性工作部署、任务及重要工作完成等情况。

2. 党的思想建设情况。开展思想政治工作、理论组学习计划及落实情况；党员干部教育培训计划及落实情况；开展文明处室、文明班组、文明职工创建活动情况；开展文化建设情况。

3. 党的组织建设情况。党组织的设置、职责分工、机构调整；党员发展情况；民主评议、创先争优情况；党费收缴、管理和使用情况；工会换届选举、人员调整及妇女工作、统战工作等情况。

4. 干部选拔任用情况。干部选拔任用、轮岗交流、考核奖惩、干部监督制度及执行等情况。

5. 党的作风建设情况。领导班子职责分工、执行民主集中制、召开党员领导干部生活会及整改情况；听取、反映和采纳党员、群众意见和建议，帮助党员、群众解决实际困难，接待来信来访、化解矛盾纠纷，办理涉及党员、群众切身利益重要事项等情况。

6. 党的制度建设情况。议事规则和决策程序情况；党内各项制度规定和工作规则等情况。

7. 党风廉政建设情况。落实党风廉政建设责任制、执行廉洁自律规定、落实党内监督制度、推进惩治和预防腐败体系建设、廉政文化建设、处理违纪党员等情况。

8. 其他应当公开的事项。根据党员、群众要求，认为有必要公开的事项，或上级党组织要求公开的事项等。

（二）党务公开形式：党务公开坚持形式服从内容，注重实效。针对不同公开内容和特点，确定不同的公开形式。主要通过党内会议、文件、公告栏、所局域网等形式进行公开。

（三）党务公开时限：党务公开的时间与公开的内容要相适应，常规性工作长期公开，阶段性工作定期公开，临时性工作和重点事项即时公开。对群众反映的热点、难点问题在接到投诉后应及时公开处理结果。

四、保障措施

（一）加强领导，强化监督。党务公开工作领导小组充分发挥组织领导和协调指导作用，将党务公开工作纳入重要议事日程。加强对研究所及各党支部党务公开工作的检查和指导，推动工作落实。

（二）建立完善公开制度。建立例行公开制度。按照职责分工和有关规定，研究所列入公开目录的事项，应及时主动公开。暂时不宜公开或不能公开的，报上级党组织备案。

建立申请公开制度。党员按照有关规定向所党委申请公开相关党内事务，对申请的事项，可以公开的，所党委向申请人公开或在一定范围内公开；暂时不宜公开或不能公开的，及时向申请人说明情况。申请事项及办理情况应向院党组备案。

建立信息反馈制度。按照“谁公开、谁负责，谁收集、谁反馈”的原则，收集整理党员群众围绕党务公开提出的意见和建议，及时做好信息反馈工作；涉及重要事项和重大问题，要认真讨论研究。

（三）加强考核评价。要把党务公开工作作为各支部工作考核的重要内容，作为推优评先的重要依据。把党务公开工作纳入党风廉政建设责任制的评价体系中，对不按规定公开或弄虚作假的，要批评教育，限期整改；情节严重的，要追究相关领导的责任。

（四）积极创新，确保成效。要从工作实际出发，积极探索，总结经验，把握规律，拓宽思路，加强调查研究和督促指导，及时解决党务公开工作中存在的困难和问题，在实践中不断完善提高，拓展深化。

中国农业科学院兰州畜牧与兽药研究所关于改进工作作风的规定

（农科牧药办〔2013〕3号）

为贯彻落实中央关于改进工作作风、密切联系群众的有关规定，根据《中国农业科学院关于改进工作作风的有关规定》（农科院党组发〔2012〕45号），结合研究所实际，制定以下规定：

一、改进会风学风

从严控制会议规模和数量，明确会议主题，精简会议流程，少开会，开短会，讲短话，能合并召开的会议尽量合并召开，提高会议实效。压缩公文篇幅，大力推行“短实新”的优良文风。倡导探赜索隐，钩深致远，务实创新的学风，严禁弄虚作假，不搞学术腐败。

二、改进工作作风

要明确职责任务，公开办事程序，防止推诿扯皮，切实履行岗位职责，提高工作效率和工作质量。要进一步增强全局观念，牢固树立以研为本的理念。要提高执行力，认真落实研究所各项决定和上级批办事项，建立督办机制，确保件件有落实，事事有回音。

三、改进公务接待

严格执行公务接待有关规定，不摆排场，不超规格接待和超标准消费。除上级部门重大检查或调研外，一般性接待由归口部门负责人或主管领导负责，主要领导不同时出席。可去可不去的活动，坚决不去；与本职业务和分管工作无关的活动坚决不去。从严控制陪同人员数量，原则上不超过来访人员的1：1。

四、厉行勤俭节约

从严控制办公用品采购，减少一次性办公用品购置。积极推进研究所电子化、信息化办公，提倡绿色办公、无纸化办公。积极开展节水、节电、节暖、节约办公纸张等活动，杜绝长明灯、长流水，供暖根据气温随时调整。严格执行车辆配备和使用规定，统筹安排，合理使用，提倡低碳出行。

五、节庆活动从简

严格控制节庆活动，必要的节庆活动要从简安排，不得邀请商业演出助兴，不准借节庆活动大吃大喝，不得组织公款消费娱乐活动，防止节日浪费和腐败。除离退休职工迎新春茶话会外，严格控制各种名义的团拜活动。认真遵守廉洁自律各项规定，严禁借考察、学术交流等名义变相出国（境）旅游。

六、密切联系群众

加大所务、党务公开力度，全力推进开放办所、民主办所。设立所长信箱，专门听取职工意见，畅通职工表达诉求渠道。所党政班子成员和中层干部要带头执行改进工作作风各项规定，关心职工生活，为职工解难事、办实事。加强文明建设和创新文化建设，努力构建和谐研究所。

中共中国农业科学院兰州畜牧与兽药研究所委员会关于领导班子成员落实“一岗双责”的实施意见

（农科牧药党〔2016〕19号）

为进一步加强研究所党的建设，不断提高全面从严治党工作水平，根据党内有关规定和部院党组的要求，制定本实施意见。

一、完善党建工作责任制

建立党委书记对党建工作负总责、所班子成员“一岗双责”、党办人事处推进落实、各党支部层层负责的党建工作责任体系。党委书记切实履行抓党建第一责任人的职责，班子其他成员根据分工切实抓好职责范围内的党建工作。

二、坚持抓党建促业务

所班子成员按照其分管的部门，对该部门业务工作和党的建设负分管责任，做到党建工作与业务工作同部署、同督促、同总结，把个人履行“一岗双责”职责情况作为年终述职、专题民主生活会的重要内容。

三、“一岗双责”主要内容

（一）参加分管部门所在党支部组织生活会，定期听取支部党建工作汇报，审定年度计划，提出指导意见。

（二）同分管部门所在党支部书记进行专题谈心谈话，了解党建工作动态、干部职工思想状况和党风廉政建设等情况。

（三）每年至少召开1次分管部门党员群众座谈会，听取党员群众意见。

（四）坚持谈话提醒制度，抓住年节等重要时间点和出国出差等重要活动，对分管部门负责人和支部书记提醒谈话。

（五）每年至少为分管部门所在党支部党员讲党课1次。

（六）督促分管部门所在党支部认真贯彻执行民主集中制、“三重一大”“三会一课一费”、民主评议党员、党风廉政建设“两个责任”等制度，对存在的问题和薄弱环节及时指出，指导落实到位。

所班子成员要把分管部门的党建工作情况作为年底考核述职的重要内容。

四、发挥表率作用

所班子成员带头参加“两学一做”学习教育，切实增强“四个自信”，牢固树立“四个意识”，严守政治纪律和政治规矩，自觉在思想上政治上同以习近平同志为核心的党中央保持高度一致，做政治上的明白人；带头贯彻执行党内政治生活各项规定，坚持和发扬党的优良传统和作风，自觉接受党员群众监督。

中国农业科学院兰州畜牧与兽药研究所管理部门工作作风建设实施办法

（农科牧药办〔2003〕70号）

为认真实践“三个代表”重要思想，切实加强我所管理部门工作作风建设，规范工作程序，改进服务质量，提高工作效率，根据中国农业科学院《关于切实加强机关工作作风建设的若干意见》和《中国农业科学院首问责任制实施细则》的精神，结合我所实际，制定本办法。

一、加强学习和调查研究，增强工作的创新意识

（一）管理部门工作人员要以邓小平理论和“三个代表”重要思想为指导，加强政治理论、管理知识和专业知识的学习，提高政治业务素质和管理水平，加强岗位技能培训，以适应新时期我所改革发展和办公信息化的需要。

（二）围绕我所不同时期的工作重点和科研人员反映的热点、难点问题，主动深入各研究室、各部门开展调查研究，听取意见和建议，开展多种形式的工作调研，提高政策水平和工作能力；部门负责人每半年要向所里提交一篇有针对性、有情况分析、有见解的调研报告，以便进一步拓展工作思路，改进工作方法。

（三）积极主动地从全所建设与发展的大局出发来思考和研究本部门的工作，认真研究和准确把握工作大局，在服务大局中找准位置、发挥作用。积极加强各职能部门之间的工作协调和配合，努力增强管理部门工作创新意识。

二、转变工作作风和工作方式，增强服务意识，提高办事效率

（四）进一步深化管理部门运行机制改革，切实转变工作方式，把工作重点切实转移到草、畜、病、药学科发展战略与方向的分析研究、重大创新项目的组织、科技资源配置、科技活动绩效评价，以及加强对各项课题、各项开发服务活动的指导、考核、评价、监督、协调等宏观管理上来，不断提高工作质量和工作效率。

（五）坚决克服形式主义、官僚主义作风，进一步强化服务意识，牢固树立为科研服务，为广大职工服务的思想，做到积极主动，认真负责，按章办事，增加工作透明度。对各部门及职工要求办理的事情，按规定该办的要及时办理，不能办的要耐心解释。涉及须与其他部门协调、沟通的要主动协调、沟通，及时给予答复，不许拖拖拉拉、推诿搪塞，不许摆架子、打官腔，彻底杜绝门难进、脸难看、事难办的现象。

（六）所管理部门全面推行首问责任制，强化工作人员的责任意识。要认真接待好所内外来办事的每一位同志，第一位接待的工作人员即为首问者。首问者应根据实际情况，做出明确答复。属于自己或本部门职责范围内的事项，要认真接待处理，无论是否有结果都应给予明确答复。不属于

本人或本部门职责范围的事项，应负责将办事人员安排到相关的部门，直至该部门有工作人员负责接待处理为止。

管理部门工作人员要树立高度的工作责任心和全局意识。熟悉本部门、本处室的工作责任与工作流程，熟悉本人所分管的各项工作以及具体的办事程序，熟悉与本部门、本人工作内容有关的政策法规与有关规章制度，了解机关其他部门的工作职责。实行挂牌上岗制度，每个办公室门上都要清楚明示所在部门与工作员名字，并在办公桌上摆放印有本人照片、表明本人姓名、所在部门、所任职务和职责范围的固定桌签，以方便办事人员。

三、加强管理部门工作的规范化建设，建立良好的工作秩序

（七）管理部门工作人员要严格按照我所各项规章制度办事，规范各项工作的办事程序，做到任务明确、责任到人、层层落实，同时建立行之有效的监管机制，确保各项任务按时、优质完成。

（八）严格办文制度，提高办文质量。根据《中国农业科学院公文处理办法》及《实施细则》，制定适合我所实际的公文处理办法，及时、准确、安全地做好上级来文、来电的登记编号和归口管理工作；进一步规范所发文件类别，强化文件的权威性；严格把好公文起草、审核质量关。

（九）要加强考勤管理，增强工作的纪律性。工作人员在所里规定的工作时间内（含政治学习、党团活动、业务学习及其他集体活动），应严格遵守作息制度，不得旷工、迟到、早退及中途离开办公室处理私事。上班时间不许在办公室玩电脑游戏及进行其他游戏活动。

四、认真落实党风廉政建设责任制，严格执行廉洁自律的各项规定

（十）各部门都要认真落实党风廉政建设责任制，部门负责人对部门的党风廉政建设切实负起责任。部门工作人员也要严格执行廉政建设的各项规定，做到廉洁清正，自觉反对滥用权力和违法用权，不折不扣地行使好广大职工赋予的权力。纪检监察人员对违反有关规定和纪律的行为要坚决查处。

（十一）各部门要切实加强对工作人员的艰苦奋斗、厉行节约教育。部门工作人员要自觉遵守财经纪律和廉洁自律的各项规定，自觉抵制在公务活动以及日常办公用品、通信工具和交通工具等使用过程中的铺张浪费行为，树立勤俭节约的良好风尚。

五、强化领导责任，加强考核管理

（十二）实行领导责任制是加强所管理部门工作建设的关键，各管理部门负责人要对本部门工作作风、工作效率及管理水平承担相应责任，部门主要负责人为第一责任人。同时部门负责人要在执行规定中发挥表率作用，并有责任通过各种方式，加强职工学习培训，提高工作人员的思想政策水平和业务能力，从而提高管理水平和工作效率。

（十三）加强考核工作，充分调动全体人员的积极性。各部门要加强工作人员的考核管理。所里不定期对各部门的工作态度、工作水平、工作效率以及遵守工作制度方面进行检查考核，做到奖罚分明，充分调动干部职工的积极性、主动性、创造性。管理部门工作人员要自觉接受群众和服务对象的监督与评议，要虚心听取群众意见和建议，并及时落实整改措施。

（十四）所办公室要做好部门作风建设的表率作用，同时加大对管理部门工作的监督和协调力度。

中共中国农业科学院兰州畜牧与兽药研究所委员会关于党费收缴使用管理的规定

（农科牧药党〔2016〕20号）

根据《中共中央组织部关于中国共产党党费收缴使用和管理的规定》（中组发〔2008〕3号），为进一步加强研究所党员党费收缴管理工作，制定本规定。

第一条　按月领取工资的党员，每月以工资总额中相对固定的、经常性的工资收入（即岗位津贴、薪级工资、绩效工资、津贴补贴）为计算基数，按规定比例交纳党费。

第二条　党员工资收入发生变化后，从按新工资标准领取工资的当月起以新的工资收入为基数，按照规定比例交纳党费。

第三条　党员交纳党费的比例

（一）在职党员。

每月工资收入（税后）在3 000元以下（含3 000元）者，交纳月工资收入的0.5%；3 000元以上至5 000元（含5 000元）者，交纳1%；5 000元以上至10 000元（含10 000元）者，交纳1.5%；10 000元以上者，交纳2%。

（二）离退休党员。

每月以实际领取的离退休费总额或养老金总额为计算基数，5 000元以下（含5 000元）者按0.5%交纳党费，5 000元以上者按1%交纳党费。

（三）学生党员。

每月交纳党费0.2元。

（四）预备党员。

从支部大会通过其为预备党员之日起交纳党费，党费交纳比例按（一）、（二）、（三）款执行。

（五）交纳党费确有困难的党员，经党支部委员会研究，报所党委批准后可以少交或免交党费。

第四条　党员应主动按月向党支部交纳党费，如有特殊情况，经党支部同意，可以每季度交纳一次党费。补交党费的时间一般不得超过6个月。

对不按照规定交纳党费的党员，其所在党支部应及时对其进行批评教育，限期改正。对无正当理由，连续6个月不交纳党费的党员，按自行脱党处理。

第五条　党费应存入中国农业银行单独设立的银行账户。各党支部于每月25日之前将本支部党员交纳的党费及党员党费缴纳明细单上报党委办公室，党委办公室负责将各党支部上交的党费存入研究所党费专用账户。

第六条　党费实行会计、出纳分设管理。党费的日常管理工作由党办人事处负责，财务工作由条件建设与财务处负责。党费会计核算和会计档案管理参照《行政单位会计制度》执行。按照规定比例向中共兰州市委上缴党费。

第七条　党费必须用于党的活动，主要作为党员教育经费的补充。具体使用范围为：①培训党员；②订阅或购买用于开展党员教育的报刊、资料、影像制品和设备；③表彰先进党支部、优秀共产党员和优秀党务工作者；④补助生活困难的党员；⑤补助遭受严重自然灾害的党员和修缮因灾受损的党员教育设施；⑥组织党员开展的各项活动；⑦其他事项。

第八条　党费使用实行逐级签字审批制度。

（一）借款：使用人填写《借款单》，注明借款金额及用途，党委办公室主任签字审核，所党委书记审批。

（二）报销：经手人填写《报销单》，注明党费用途、报销金额，并附发票；与该笔党费支出有关的人员签字验证，党委办公室主任签字审核，所党委书记审批。签字审批手续不全，不得借支和报销党费。

第九条　所党委每年 12 月在党员大会上报告党费收缴、使用和管理情况。党支部每年向党员公布一次本支部党员党费收缴情况。

第十条　本办法自 2016 年 7 月 4 日党委会会议通过之日起执行。

第十一条　本办法由党委办公室负责解释。

中共中国农业科学院兰州畜牧与兽药研究所委员会关于党支部“三会一课”管理办法

（农科牧药党〔2016〕20号）

为进一步完善党支部“三会一课”制度，提高党支部组织生活质量，加强党员学习教育与管理，制定本办法。

第一条　“三会一课”内容

“三会一课”是指定期召开党支部委员会会议、党支部党员大会、党小组会议，按时上好党课。

第二条　“三会一课”制度

（一）党支部委员会会议。

1. 党支部委员会每月召开1次，遇特殊情况可随时召开。会议由党支部书记主持，全体支委会成员参加。

2. 会议内容。

（1）研究贯彻执行上级党组织和党支部党员大会的决议。

（2）讨论加强党支部的思想、组织、作风建设的事项，讨论加强思想政治工作、精神文明建设的事项。

（3）讨论通过党支部工作计划和工作总结、支部委员会工作报告。

（4）研究入党积极分子的培养教育及党员发展对象，评选优秀党员。

（5）其他应讨论决定的重要事项。

3. 党支部委员会决定重要事项时，到会支部委员必须超过半数以上；如遇重大事项需要做出决定，到会的委员不超过半数时，必须提交党员大会讨论。

4. 指定专人做好会议记录。记录要完整、准确、清晰。内容主要包括：时间、地点、主持人、参加人员、缺席人员、会议议程、委员发言摘要、做出的决议及表决情况等。会议记录由专人保管，年底存档。

5. 会议形成的决议，须确定支委会成员专门负责检查落实，并向书记报告执行情况。

（二）党支部党员大会。

1. 一般每季度召开1次党支部党员大会。会议由党支部书记主持，支部全体党员参加，入党积极分子也可以参加。

2. 会议内容。

（1）传达学习党的路线、方针、政策和所党委的决议，制定党支部贯彻落实的计划、措施。

（2）听取、讨论支部委员会的工作报告，对支部委员会的工作进行审查和监督。

（3）召开专题组织生活会；开展专题学习教育、民主评议党员、党支部书记述职述廉等工作；通报党费收缴情况。

（4）讨论发展新党员和接受预备党员转正，讨论决定对党员的表彰和处分。

（5）选举支部委员会成员；开展优秀共产党员、优秀党务工作者及先进党支部评选推荐工作。

（6）讨论需由党支部大会决定的其他重要事项。

3. 支部组织委员负责会议记录，记录要完整，清晰。主要内容包括：时间、地点、主持人、参加人员、缺席人员、会议议程、党员发言摘要、大会做出的决议及表决情况等。会议记录专人保管，年底存档。

4. 会议形成的决议由支委会负责检查落实。

（三）党小组会议。

1. 党小组会一般每月召开 1~2 次，如支部有特殊任务，次数可增加，也可推迟召开。会议由党小组组长主持，小组全体党员参加。

2. 党小组会议的主要内容。

（1）传达学习党的路线、方针、政策和党支部的决议，制定贯彻落实党支部决议的具体措施。

（2）研究开展党小组活动的计划；开展民主评议党员、专题学习教育工作；通报党费收缴情况。

（3）讨论违纪党员的问题，提出处理意见。

（4）对积极分子列为发展对象提出建议。

（5）讨论需由党支部大会决定的其他重要事项。

3. 指定专人做好会议记录，会议记录要清晰、完整。主要内容包括：时间、地点、主持人、参加人员、缺席人员、会议议程、党员发言摘要、党小组会议做出的决议及表决情况等。会议记录要认真保管，年底存档。

（四）党课制度。

1. 一般每季度安排 1 次党课，也可根据实际情况适当增加。

2. 党课内容。

（1）学习《中国共产党章程》和党内其他法规。

（2）学习党的方针政策。

（3）学习党建相关理论和知识。

（4）结合当前形势，对党员进行形势教育和任务教育。

3. 要求。

（1）要认真制定党课计划。

（2）建立考勤制度，无特殊情况，党员不能无故缺席。对因故未能参加党课的党员要及时补课。

（3）由党支部书记讲党课，也可以邀请党委成员、党员先进典型人物或具备授课能力的其他支部委员、党员授课。每次授课必须要充分准备，讲课时要联系实际，讲求实效。

（4）每次党课要认真做好记录。主要包括：时间、地点、授课人、参加人员、缺席人员、党课主要内容、党员点评摘要和领导讲话要点等。

第三条　“三会一课”制度执行情况与标准党支部创建挂钩，与党支部党建述职评议挂钩。对不能按照本办法规定开展“三会一课”活动的党支部，所党委要及时进行督促，限期整改。对长期执行“三会一课”制度不力的党支部，要对支部委员会进行调整改选。

第四条　本办法自 2016 年 7 月 4 日党委会会议通过之日起执行。

第五条　本办法由党委办公室负责解释。

中国农业科学院兰州畜牧与兽药研究所关于加强和改进研究生党员教育管理暂行规定

（农科牧药党〔2017〕5号）

为加强研究生党员教育和管理工作，根据《中国共产党章程》《中国共产党普通高等学校基层组织工作条例》、中国农业科学院《关于进一步加强和改进研究生党员教育和管理工作的意见》等，结合研究所实际，制定本规定。

一、指导思想和工作原则

（一）指导思想。

认真贯彻落实党的十八大和十八届三中、四中、五中、六中全会精神，高举中国特色社会主义伟大旗帜，以邓小平理论、“三个代表”重要思想、科学发展观为指导，深入贯彻习近平总书记系列重要讲话和关于党建工作重要指示精神，贯彻党要管党、从严治党的方针，发挥研究生党员作用，规范研究生党员管理，创新教育方式，落实管理责任，进一步加强和改进我所研究生党员教育和管理工作，始终保持研究生党员纯洁性和先进性。

（二）工作原则。

1. 坚持突出思想教育。开展有针对性、有实效性的思想政治教育，把研究生党员培养成为中国特色社会主义伟大事业的合格建设者。重视理论教育和形势政策宣传，使研究生党员教育管理与研究所的发展、研究生的成长成才相互促进、协调发展，增强研究生党员的党性观念、组织观念和光荣感、归属感和责任感。

2. 坚持与科研创新相结合。坚持“围绕中心抓党建，抓好党建促科研”的理念，将研究生党员教育管理与科研创新结合起来，发挥导师的传帮带作用，积极引导研究生党员将科研方向与国家的经济社会发展相结合，切实增强研究生党员的政治意识、大局意识、核心意识和看齐意识。

二、工作任务

（一）完善研究生党员教育和管理工作机制：所党委是研究生党建工作的领导机构，负责对研究生党建工作的指导、协调和监督。各党支部负责研究生党员的日常教育和管理，明确责任，加强沟通协调，确保研究生党员教育和管理取得实效。

（二）关系转接工作：研究生党员在完成课程学习回所后，组织关系转到研究所，编入导师所在部门的党支部。毕业研究生党员的党组织关系由研究所直接转至学生毕业去向单位。

（三）做好发展党员工作：各党支部要将研究生党员发展计划纳入本支部党员发展计划，并根据研究所的发展计划指标积极做好研究生发展党员工作。要坚持控制总量、优化结构、提高质量、发挥作用的要求，做到成熟一个发展一个。各党支部要及时将发展党员材料归入研究生个人档案中。

（四）严肃党内政治生活：各党支部要以思想政治理论教育、党性党风党纪教育、科研能力与综合素质教育为内容，开展研究生专题学习教育，建立健全研究生党员“长期受教育、永葆先进性”的长效机制。依据《关于中国共产党党费收缴、使用和管理的规定》第二条规定，以研究生党员每月实际领取的普通奖学金为计算基数，按月收缴党费。加强对党员的日常监督，依据《中国共产党廉洁自律准则》和《中国共产党纪律处分条例》，强化组织观念，严格责任追究，克服组织涣散、纪律松弛现象，增强研究生党员的组织纪律性。组织开展好研究生党员的民主评议工作。

（五）加强组织领导：各党支部要充分认识研究生党员教育管理工作的重要性，将研究生党员教育管理工作纳入党支部的整体工作计划中，常抓不懈。党支部书记作为第一责任人要亲自抓研究生党员教育管理工作。

中国农业科学院兰州畜牧与兽药研究所职工守则

（农科牧药办〔2009〕70号）

热爱祖国，服务三农

遵纪守法，廉洁奉公

爱岗敬业，求实创新

爱所如家，艰苦奋斗

崇尚科学，诚实守信

勤奋学习，积极进取

团结友善，情趣健康

讲究卫生，形象大方

中国农业科学院兰州畜牧与兽药研究所科技人员行为准则

（农科牧药办〔2009〕70号）

弘扬科学精神，尊崇唯实求真

信守职业道德，维护科学尊严

摒弃因循守旧，勇于开拓创新

积极开展交流，严守科技秘密

注重团结协作，树立团队精神

倡导尊老扶新，推动事业传承

中国农业科学院兰州畜牧与兽药研究所党风廉政建设责任制实施办法（试行）

（农科牧药党字〔2001〕6号）

第一章 总 则

第一条 为了加强党风廉政建设，明确党政领导班子和领导干部对党风廉政建设应负的责任，保证党风廉政建设各项制度的贯彻落实，根据中共中央、国务院《关于实行党风廉政建设责任制的规定》和院党组《关于实行党风廉政建设责任制的规定》的实施办法（试行），结合我所实际，制定本办法。

第二条 实行党风廉政建设责任制，要以邓小平理论为指导，坚持“两手抓，两手都要硬”的方针，认真贯彻落实中共中央、国务院关于党风廉政建设和反腐败斗争的一系列决定和指示。

第三条 实行党风廉政建设责任制，要坚持党委统一领导，党政齐抓共管，党委办公室、纪检监察组织协调，部门各负其责，依靠职工的支持和参与。要把党风廉政建设作为本部门的思想建设、组织建设和精神文明建设的重要内容，并纳入党政领导班子和领导干部目标管理，紧密结合各项工作，一起部署，一起落实，一起检查，一起考核。

第四条 实行党风廉政建设责任制，要坚持严格要求，严格管理；立足教育，着眼防范；集体领导与个人分工负责相结合；谁主管，谁负责；一级抓一级，层层抓落实。

第二章 责任范围

第五条 我所党风廉政建设由所党委统一领导，统一部署，成立党风廉政建设责任制领导小组，所党委书记任组长，有关所领导任副组长，有关部门主要负责人和纪检监察人员任成员。下设办公室，负责日常工作。

第六条 所党委书记对全所党风廉政建设工作负总责，对同级班子其他成员出现的问题负有直接领导责任；所党委成员、所级领导干部对所分管的部门主要领导干部的问题负有直接领导责任。

第七条 所属各部门的正职是本部门党风廉政建设的第一责任人，应对本部门党风廉政建设负总责，并负有直接领导责任；党支部书记和部门副职要协助第一责任人抓好此项工作，亦负有领导责任。

第八条 所落实党风廉政建设责任制领导小组办公室在所党委领导下，按照上级纪检、监察机关的要求，负责本所党风廉政建设的宣传教育、组织实施和监督检查工作，努力完成各级领导交给的党风廉政建设任务。

第三章　责任内容

第九条　认真贯彻落实党中央、国务院、中纪委、部、院党组和省市关于党风廉政建设的部署和要求，严格执行党风廉政建设的各项规定，保证党的路线、方针、政策和国家法律、政令的贯彻执行。

第十条　定期组织党员、干部和职工学习关于党风廉政建设的理论和法规，模范遵守党的纪律和国家法律法规。进行党性党风党纪和廉政教育。

第十一条　分析研究职责范围内的党风廉政状况，根据党和国家有关规定，结合实际研究制定和完善本所党风廉政建设工作计划、制度和措施，并组织实施。

第十二条　履行监督职责，对管辖范围内的党风廉政建设情况和领导干部廉洁从政情况进行监督、检查和考核。

第十三条　严格按照规定程序和条件选拔任用干部，防止和纠正用人上的不正之风。严格执行民主集中制原则和廉洁自律各项规定。

第十四条　各级领导都要支持纪检监察部门和工作人员履行职责，配合执纪执法机关对违纪违法案件的查处工作，教育和管好本部门工作人员和家庭成员。

第十五条　认真完成上级党政部门交办的其他党风廉政建设任务。

第四章　责任检查与考核

第十六条　所级党政领导干部接受中国农业科学院的检查与考核，所内各部门中层领导干部的检查与考核由所党委组织实施，同时应将贯彻落实党风廉政建设责任制的情况列入全所及各部门、各党支部年度考评工作之中。

第十七条　对党风廉政建设责任制落实情况的检查考核，采取平时与定期结合、专项与综合结合、自查与组织检查结合的办法进行，广泛听取党内外群众的意见，对发现的问题及时研究解决。

第十八条　建立和完善党风廉政建设责任制的民主测评制度。所党委成员、所级领导干部和部门领导干部，要把执行党风廉政建设责任制情况，列为民主生活会和述职报告的重要内容，并与其工作目标管理、年度考评相结合。

第十九条　建立和完善领导干部执行党风廉政建设责任制及其廉洁自律状况档案制度。将党风廉政建设责任制执行情况的检查考核结果，作为对部门领导干部业绩评定、奖励惩处和选拔任用的重要依据。今后在选拔任用部门领导干部之前，必须征求所纪检监察部门的意见。

第二十条　所党风廉政建设领导小组每半年听取一次部门领导关于本人廉洁自律和本部门党风廉政建设工作情况汇报，同时征求各部门群众对所领导及其他部门在党风廉政建设中的意见与建议，分析形势，研究问题，督促党风廉政建设工作计划和各项制度的落实。

第二十一条　纪检监察干部要经常深入基层，调查研究，虚心听取群众意见，总结经验，及时主动向所领导汇报情况。

第五章　责任追究

第二十二条　领导干部违反本办法第三章，有下列情形之一的，给予组织处理或者党纪处分：

（一）对直接管辖范围内发生的明令禁止的不正之风不制止、不查处，或者对上级领导机关交办的党风廉政建设责任范围内的事项拒不办理，或者对严重违法违纪问题隐瞒不报、压制不查的，给予负直接领导责任的主管人员警告、严重警告处分；情节严重的给予撤销党内职务处分。

（二）对在直接管辖范围内发生重大案件，致使国家集体资财和人民群众生命财产遭受重大损失或者造成恶劣影响的，责令负直接领导责任的主管人员辞职或者对其免职。

（三）对违反《党政领导干部选拔任用工作暂行条例》的规定选拔任用干部而造成恶劣影响的，给予负直接领导责任的主管人员警告、严重警告处分，情节严重的，给予撤销党内职务处分；提拔任用明显有违法违纪行为的人，给予严重警告、撤销党内职务或者留党察看处分，情节严重的，给予开除党籍处分。

（四）对授意、指使、强令下属人员违反财政、金融、税务、审计、统计等法规，弄虚作假的，给予负直接领导责任的主管人员警告、严重警告处分；情节较重的，给予撤销党内职务处分；情节严重的，给予留党察看或者开除党籍处分。

（五）对授意、指使、强令下属人员阻挠、干扰、对抗监督检查或者案件查处，或者对办案人、检举控告人、证明人打击报复的，给予负直接领导责任的主管人员严重警告或者撤销党内职务处分；情节严重的，给予留党察看或者开除党籍处分。

（六）对配偶、子女严重违法违纪知情不管的，责令其辞职或者对其免职；包庇、纵容的，给予撤销党内职务处分；情节严重的，给予留党察看或者开除党籍处分。

（七）其他违反本办法第三章的行为，情节较轻的，给予批评教育或者责令作出检查；情节较重的，给予相应的组织处理或者党纪处分。

具有上述情形之一，需要追究政纪责任的，比照有关规定给予相应的行政处分；涉嫌犯罪的，移交司法机关追究刑事责任。

第二十三条　实施责任追究，要实事求是，分清集体责任与个人责任，直接领导责任和一般领导责任。

第六章　附　则

第二十四条　本办法适用于本所各部门。

第二十五条　本办法由党委办公室、纪检监察负责解释。

第二十六条　本办法自下发之日起施行。

中国农业科学院兰州畜牧与兽药研究所关于落实党风廉政建设主体责任监督责任实施细则

（农科牧药党〔2015〕8号）

为深入贯彻党的十八大、十八届三中全会和十八届中央纪委三次、五次全会精神，认真落实党风廉政建设党委主体责任和纪委监督责任，加强研究所党风廉政建设和反腐败工作，按照中国农业科学院党组关于落实“两个责任”的要求，结合研究所实际，制订本实施细则。

一、深刻认识落实“两个责任”的重要意义

党的十八届三中全会对反腐败体制机制创新和制度保障工作进行了全面安排和部署，提出“落实党风廉政建设责任制，党委负主体责任，纪委负监督责任”的具体要求。这是党中央对反腐倡廉形势科学判断后作出的重大决策，是对反腐倡廉规律的深刻认识和战略思考，是对加强反腐倡廉建设的重要制度性安排，也是推进研究所科技创新工程实施和现代农业科院所建设、实现跨越式发展的基本保障。所党委和纪委要高度重视、深刻领会、认真学习，切实增强主体责任和监督责任意识，强化使命感，自觉肩负起研究所党风廉政建设的政治责任，旗帜鲜明地履行职责，积极行动，勇于担当，切实把两个责任落到实处，深入推进研究所党风廉政建设工作。

二、认真落实党组织党风廉政建设主体责任

所党委和各党支部要把党风廉政建设和反腐败工作作为重大政治任务，摆在突出位置，切实担负起领导、主抓、全面落实的主体责任。

（一）党委的主体责任。

所长、党委书记是研究所党风廉政建设第一责任人，对推进党风廉政建设和反腐败工作承担主体责任；班子成员要落实“一岗双责”，对分管部门的党风廉政建设负有领导责任。

1. 每半年向院党组报告研究所党风廉政建设工作任务进展和完成情况。重要情况、重大问题及时报告。

2. 加强干部队伍建设，从严管理监督干部。规范行使选人用人权，坚决纠正跑官要官等选人用人上的不正之风。班子主要负责人要定期约谈重点岗位负责人，听取党风廉政建设情况。

3. 强化权力运行全过程监督，持续加强廉政风险防控机制建设，不断建立完善相关制度，堵塞漏洞，实行对廉政风险防控动态管理。

4. 着力加强项目经费使用的廉政风险防控工作，明确责任部门和责任人，防止出现责任虚置、责任不清的现象。明确研究室主任、团队首席、课题组长、项目负责人的直接责任，做到业务工作、廉政建设“两手抓，两手都要硬”，既要严于律已、率先垂范，又要教育管理好下属干部职

工。强化财务部门的把关责任，提高财务人员的担当意识、责任意识，督促、支持财务部门履好责，把好关。

5. 坚决抓好中央八项规定精神落实，防止“四风”反弹。加强对作风建设的领导，着力解决群众反映强烈的突出问题。

6. 配合和支持院党组纪检组监察局、直属机关纪委等上级纪委、纪检部门查处违纪违规问题。领导和支持研究所纪委、纪检监察部门履行监督职责。

（二）党支部的主体责任。

研究室主任、创新团队首席和党支部书记是研究室、创新团队党风廉政建设第一责任人，共同履行本部门党风廉政建设并承担主体责任。

1. 定期向所党委报告本支部党风廉政建设情况，重要情况、重大问题及时报告。

2. 加强党员队伍建设，严格管理党员。

3. 着力加强以科研经费使用为重点的廉政风险防控工作，根据实际需要建立健全一些必要的制度，科研团队设立财务助理，明确责任人。

4. 坚决抓好中央八项规定精神的落实，防止“四风“反弹。

5. 配合和支持上级纪委、纪检部门查处违纪违规问题。

三、认真落实纪委的监督责任

所纪委负有协助党委加强党风廉政建设和组织协调反腐败的工作职责，同时负有监督责任，重点做好监督执纪问责工作。

1. 加强向所党委请示汇报，对加强研究所党风廉政建设工作以及其他重大问题提出意见和建议。

2. 每半年向院党组纪检组和直属机关纪委报告研究所党风廉政建设情况及履行监督责任的情况。

3. 违纪问题重要线索处置、案件查办、执纪执法查处人员情况在向所党委、所领导班子报告的同时，还应向院党组纪检组和直属机关纪委报告。

4. 加强对党员干部贯彻落实中央八项规定精神、厉行节约、转变工作作风、廉洁自律情况的监督。

5. 加强对干部选拔任用、项目招投标工作的监督，提出廉政意见，把好廉政关。

6. 严肃查处党员干部的违规违纪问题。

7. 开展廉政教育，推进研究所廉政文化建设，促进党员干部增强廉洁从政意识。强化科研人员廉洁从业意识，建立一支政治坚定、能力卓越、风清气正的科研队伍。

四、落实“两个责任”的工作机制

（一）完善领导机制。研究所要把党风廉政建设纳入整体工作部署。领导班子主要负责人做到党风廉政建设重要工作亲自部署、重大问题亲自过问、重点环节亲自协调、重要案件亲自督办。班子其他成员根据工作分工，切实抓好分管范围内的党风廉政建设工作。纪委要积极履行组织协调和监督职责，协助党委把党风廉政建设责任分工到位，一级抓一级，层层落实责任，层层传导压力。

（二）建立考核评价体系。要把落实党风廉政建设“两个责任”情况作为领导干部考核评价的重要内容，作为对班子总体评价和领导干部评先评优、提拔使用的重要参考依据。把推进党风廉政建设的绩效和能力作为年度考核、任期考核、干部考察的重要依据。

（三）完善责任追究机制。对履行职责不力，在政策落实、项目执行、科研管理、权力规范运行等方面出现违纪违规问题或长期风气不正的，要追究相关领导相应责任。对发现问题不闻不问的、不抓不管不报告的，要追究责任，切实维护党风廉政建设责任制的权威性和威慑力。

中国农业科学院兰州畜牧与兽药研究所党风廉政约谈暂行规定

（农科牧药党〔2017〕5号）

为加强对研究所党组织和党员领导干部的教育、管理和监督，把纪律挺在前面，注重抓早抓小，践行“四种形态”，压实“两个责任”，推进全面从严治党，根据《中国共产党党内监督条例（试行）》《关于落实党风廉政建设责任制的规定》《中国共产党问责条例》《中共中国农业科学院党组关于落实党风廉政建设主体责任、监督责任的意见》《中共中国农业科学院党组关于落实党风廉政建设主体责任、监督责任的实施细则》《中共中国农业科学院党组党风廉政约谈暂行规定》等文件精神，结合研究所实际，制定本规定。

第一条　本规定所称的党风廉政约谈是指约谈人针对约谈对象所在支部、部门在落实全面从严治党“两个责任”方面存在薄弱环节，或者其本人在政治思想、履职尽责、工作作风、道德品质、廉政勤政等方面出现苗头性、倾向性问题，但尚未达到组织处理或立案审查程度进行的教育、提醒、诫勉等组织谈话。

第二条　约谈人包括所党委书记、副书记及纪委书记，或受所党委、纪委委托的其他有关领导或纪检部门负责人。约谈对象包括各党支部、各部门负责人，以及其他有必要进行约谈的党员干部。

第三条　约谈工作在所党委领导下进行。对各党支部、部门负责人的约谈，一般由党委书记、副书记、纪委书记负责，也可委托其他有关领导负责。对其他党员干部的约谈，一般由纪委书记负责，或委托纪检干部负责。

第四条　约谈必须坚持实事求是、民主集中、合规依纪的原则。

第五条　约谈形式分为警示约谈和诫勉约谈。

警示约谈。约谈对象所在支部、部门或本人在一定时期、一定范围内出现了或信访举报反映可能存在党风党纪方面的苗头性、倾向性问题，需要约谈对象引起重视、改进工作、改善作风的谈话。

诫勉约谈。信访举报以及案件检查等反映出约谈对象所在支部、部门或本人存在轻微违规违纪问题，约谈人需对约谈对象进行诫勉，帮助其分析原因，并要求约谈对象认真加以整改的谈话。

第六条　以下情形应当启动约谈：

（一）党的领导有所弱化，对上级党组织部署的全面从严治党政策措施传达、部署、落实不够及时、不够到位的。

（二）党的建设有所缺失，党内政治生活不够正常、党支部存在软弱涣散现象，党性教育较为薄弱，中央八项规定精神落实不得力，作风建设流于形式的。

（三）全面从严治党不够有力，落实“两个责任”不够到位，管党治党失之于宽松软，好人主义盛行、搞一团和气，不负责、不担当，党内监督乏力，该发现的问题没有发现，发现问题报告处置不及时、整改问责不到位的。

（四）执行党的“六项纪律”不够严格，导致所在支部或部门违规违纪苗头性、倾向性问题多发的。

（五）支部班子成员、部门负责人的信访反映比较集中，但线索不清，或民主测评满意度较低的。

（六）其他应当约谈的情形。

第七条　对领导干部实施约谈，应按以下程序进行：

（一）确定主题和对象。约谈人根据约谈情况确定约谈主题和对象，或由纪委、纪检部门提出建议，报约谈人审定。

（二）制定方案。纪检部门收集有关情况，制定约谈方案，拟定约谈提纲，报约谈人审批。

（三）通知约谈对象。纪检部门应提前 3 天将约谈主题、对象、时间、地点等事项通知约谈对象。

（四）组织实施约谈。约谈人向约谈对象说明约谈主题及原因，指出约谈对象或其支部、部门存在的问题，提出整改要求；约谈对象对约谈人指出的问题和提出的要求作出明确表态。纪检部门做好约谈记录，经约谈双方签字确认后，分别由约谈对象和纪检部门留存。

第八条　约谈一般采取个别谈话的方式进行。对于一些共性问题，也可采用会议或集体谈话的方式进行。约谈人不少于 2 人，约谈内容由专人记录并由纪检监察部门留存归档。

第九条　约谈对象接受组织约谈时，要如实回答问题，不得隐瞒、编造、歪曲事实和回避问题，不得借故推诿、拖延、拒不参加约谈。对违犯者应当进行批评教育，情节严重的给予组织处理或者纪律处分。

第十条　约谈结束后，约谈对象应当将约谈问题的整改措施书面材料于 15 个工作日内报纪检部门。纪检部门对约谈对象整改落实情况进行跟踪督查，对措施不实、整改不力的，按照有关规定予以责任追究。

第十一条　约谈情况记入领导干部廉政档案，并作为干部提拔任用、评先评优的重要参考依据。约谈不替代其他组织处理、纪律处分措施。

第十二条　约谈相关人员要严格遵守保密纪律，不得议论、扩散、泄露约谈内容，否则按相关规定严肃处理。

第十三条　本规定由中国农业科学院兰州畜牧与兽药研究所党委负责解释，自印发之日起施行。

中共中国农业科学院兰州畜牧与兽药研究所纪委信访或举报工作管理办法

（农科牧药纪字〔2016〕2号）

第一章 总 则

第一条 为保障研究所职工依法行使信访举报的权利，健全、规范信访举报制度，加强纪检监察工作，依照上级有关规定，结合研究所实际，制定本管理办法。

第二条 职工信访或举报，必须以对被举报部门（含处室、课题、班组）和被举报人高度负责的精神，实事求是，客观公正地反映情况，据实举报。

第三条 信访或举报者认为研究所内部有关部门或党员、干部以及其他职工有违反党纪、政纪和有关规定的行为，可依照本实施办法向研究所纪委举报。

第四条 信访或举报工作受理人员必须忠于职守，廉洁奉公，保守秘密。对违法违纪问题审理的基本要求是：事实清楚，证据确凿，定性准确，处理恰当，程序合法。

第五条 信访或举报工作实行方便职工，接受职工监督，归口负责办理的原则。

第二章 信访举报的方式和要求

第六条 信访或举报人可以采用电话、信函、当面举报等方式，也可以委托他人举报。

第七条 信访或举报人应当据实告知所纪委或纪检监察部门被举报人的姓名、违法违纪事实的具体情节和证据，做到言之有据。

第八条 对借信访或举报故意捏造事实，诬告陷害他人的，或者以举报为名制造事端，干扰纪委及纪检部门正常工作的，依照有关规定严肃处理。

第九条 纪检、监察部门提倡实名举报，对署名举报和匿名举报都认真对待，妥善处理。凡署名信访或举报的，纪检、监察部门将对举办人给予保密，问题调查结束后要将处理结果反馈给举报人。

第三章 受理信访或举报的范围

第十条 受理信访或举报的范围：群众对党员、党组织违反党章和其他党内法规，违反党的路线、方针、政策和决议，利用职权谋取私利和其他败坏党风行为的检举、控告；党员、党组织对所受党纪处分不服或纪律检察机关所作的其他处理不服的申诉。非中共党员职工违反国家法律、法规以及违反政纪行为的信访、检举、控告以及法律、法规规定的其他由监察机关受理的申诉。

第十一条 不属纪检监察部门受理的问题：对于一些个人利益诉求和矛盾纠纷，要通过行政复议、仲裁、诉讼等法定渠道解决，或者向有关职能部门反映。如涉法涉诉、劳动争议、经济纠纷和一些属于工作层面的纠纷等问题，都不属于纪检监察信访举报受理范围。

第四章 信访或举报处理

第十二条 纪检、监察部门接受举报人当面信访或举报，应当分别单独进行，举报人员应配合接待人员做好笔录，必要时可以录音。

第十三条 纪检、监察部门接受电话信访或举报，必须细心接听，询问清楚，如实记录或录音。

第十四条 纪检、监察部门对举报信函和提交的书面材料，要逐件拆阅、登记，及时处理。

第十五条 对不明情况的匿名信，暂不公开，留存备查。对没有具体内容的不作处理。对揭发有重要内容或线索特别清晰的匿名信，先初步核实情况，查明究竟，再定如何查处。

第十六条 属于纪检、监察部门受理范围的信访或举报，应区别不同情况做出处理或移交。

第十七条 纪检、监察部门经过初步审查，认为被信访或举报行为不需要进行党纪、政纪和其他有关规定处理的，应当提出初步审查意见，并以适当的方式回告信访或举报人。经初步审查，认为需要调查的，应依照有关规定的程序办理。对上级机关交办的信访或举报事项，应积极进行处理，并将处理结果及时报告交办机关。

第五章 保密与保护

第十八条 向纪检、监察部门举报所内有关部门和党员、干部以及其他职工违反党纪、政纪和有关规定行为的职工，其人身权利、民主权利和其他合法权益受法律保护。

第十九条 纪检、监察部门的举报保密制度

（一）对信访或举报人的姓名、工作部门、家庭住址等有关情况及举报的内容必须严格保密。

（二）严禁将信访或举报材料转给被举报部门、被举报人。

（三）接受举报人举报或向举报人核实情况时，应当在做好保密工作、不暴露举报人身份的情况下进行。

第二十条 对违反上述保密规定的责任人员，依照有关规定严肃处理。

第二十一条 任何单位和个人不得以任何借口阻拦、压制举报人的举报和打击报复信访或举报人。对违反者按有关规定从严查处。

第二十二条 对侵害信访或举报人及其亲属、有关的证人和协助办案人员合法权益的，按打击报复处理。

第二十三条 打击报复信访或举报人的，一经查实，依照有关规定严肃处理，构成犯罪的，移送司法机关依法处理。

第二十四条 信访或举报人因受打击报复而造成人身伤害及名誉、经济损失的，纪检、监察部门应当依照有关规定处理，举报人也可以依法向人民法院起诉，请求损害赔偿。

第二十五条 本办法由研究所纪委负责解释。自 2016 年 7 月 15 日党委会议通过之日起执行。

中共中国农业科学院兰州畜牧与兽药研究所纪委关于严禁工作人员收受礼金礼品的实施细则

（农科牧药纪字〔2016〕2号）

第一条　为进一步加强党风廉政建设，保持研究所工作人员廉洁，根据《中国共产党廉洁自律准则》和《关于严禁中国农业科学院工作人员收受礼金礼品的规定》，结合我所实际，制定本实施细则。

第二条　本细则所指礼金礼品，包括现金、代币购物券、债券、股票以及其他有价证券、消费卡、购物卡、虚拟购物卡、电话充值卡、商品提货单等各种支付凭证，以及各类物品。

第三条　本细则所指研究所工作人员包括所属各部门在编人员和编外聘用人员。

第四条　严禁研究所工作人员接受直接管理和服务的对象、业务范围内有经济往来的单位和个人等赠送的礼金礼品。

第五条　研究所工作人员对于上述单位和个人赠送的礼金礼品，一律应予当面拒绝。对于因特殊原因未能当面拒绝的礼金礼品，应在7个工作日内予以退回，或由本人或委托他人交所纪委。

第六条　研究所纪委对于上交的礼金礼品，应办理接收、登记手续。登记内容包括受礼人、送礼人、财物名称、数量、金额等。对于上交的现金，所纪委每半年上交院纪检组监察局（每年6月10日前和12月10日前）。

第七条　研究所工作人员违反本细则收受礼金礼品或未能拒绝、退回而不上交不登记的，一经查实，严格依照有关规定给予党纪政纪处分或组织处理。纪检监察部门可视礼金礼品金额、情节等，向送礼人所在单位通报情况。

第八条　严禁用公款赠送礼金礼品。一经查实，将严格依照有关规定给予党纪政纪处分或组织处理。

第九条　本细则由研究所纪委负责解释。自2016年7月15日研究所党委会议通过之日起执行。

中国农业科学院兰州畜牧与兽药研究所关于创建文明处室、文明班组、文明职工的实施意见

为更好地动员广大干部职工积极参与精神文明建设活动，把我所两个文明建设提高到一个新的水平，强化科研和服务意识，根据《中国农业科学院文明单位暂行规定》和院党组《关于开展评选文明职工及文明标兵活动的通知》精神，结合我所实际，对创建工作特提出如下实施意见。

一、指导思想

坚持党的“一个中心，两个基本点”的基本路线和“两手都要硬”的方针，紧密结合我所实际，务实求真，以理论教育为重点，加强思想建设；以“献身科研事业，服务农业，服务人民”为核心，加强道德建设；以创建文明单位、文明职工为载体，开展群众性的精神文明创建活动。

二、目的意义

创建文明单位和文明职工的活动，是社会主义精神文明建设的重要任务之一，是社会主义改革和建设的实践提出的迫切要求。通过努力工作，要在全所广大干部职工中牢固树立建设有中国特色社会主义的共同理想和坚持党的基本路线不动摇的坚定信念；提高思想道德水平；改进工作作风；提高科研和管理水平；开创我所精神文明建设的新局面。

三、评选机构、范围与办法

（一）评选机构：评选工作在所精神文明建设指导委员会的领导下进行。下设办公室，主要负责对文明处室、文明职工的初审、初评工作。办事机构为所党委办公室。

（二）评选范围和比例：所属各处、室、科、中心、厂、站、班、课题组和在册正式职工（包括合同制工人）均可参加评选。每年评选一次。所级文明处室每年评选 2～4 个；文明班组 2～4 个，文明职工每年控制在 10～15 名，所文明职工标兵 2～3 名，并推荐 2 名参加院级文明职工的评选。

（三）评选办法：采取自下而上，层层评选、推荐的方式进行。

所属各单位首先要根据创建条件，认真自查，并写出自查报告和申请；文明班组和文明职工由所在单位推荐。材料要实事求是，突出重点。并于每年 12 月 10 日前报所党委办公室，同时做好检查评选的准备工作。

四、文明处室、文明班组标准和文明职工条件

（一）文明处室、文明班组标准。

1. 领导要坚持党的“一个中心，两个基本点”的基本路线，坚持“两手抓，两手都要硬”的方针，团结同志，廉洁奉公。

2. 讲政治，坚持民主集中制的原则，坚决贯彻执行党的各项方针政策，在思想上、政治上、行动上同党中央保持一致。

3. 团结合作，整体凝聚力、战斗力强。

4. 锐意改革，大胆探索，创造性地开展工作，成效显著。

5. 完成工作任务好，学术思想活跃，有良好的工作作风和学风。

6. 取得国家、省、部级奖励成果 1 项以上，有效期 5 年。

7. 机关职能部门为科研服务思想明确，措施有力，服务好，成绩突出，工作效率高，受到职工普遍好评。

8. 职工精神面貌好，风气正，奉献精神和全局观念强。

9. 积极参加所里各项活动，与其他单位团结协作好。

10. 卫生整洁，管理严谨，有良好的工作秩序。

11. 遵纪守法和遵守所里各项规章制度，职工法制观念强，未发生违纪和刑事案件，无重大事故。

12. 移风易俗，勤俭节约，没有封建迷信活动、酗酒、赌博、吸毒等现象。

（二）文明职工条件。

1. 基本条件。

（1）热爱党，热爱祖国，热爱社会主义，思想上、政治上、行动上同党中央保持一致。

（2）爱岗敬业，忠于职守，刻苦学习，积极肯干，成绩优良。

（3）学风严谨，顽强拼搏，团结协作，勇于创新，乐于奉献。

（4）热爱集体，爱护公物，顾全大局，坦诚相见，不争名利。

（5）遵纪守法，服从领导，廉洁奉公，作风正派，礼貌待人。

2. 单项条件。

（1）在学雷锋，助人为乐方面事迹突出。

（2）讲原则，能开展批评与自我批评，勇于同不良现象作斗争。

（3）刻苦钻研业务，完成任务好，有贡献。

（4）拾金不昧，数额巨大。

（5）尊老爱幼，家庭和睦，邻里关系好。

（6）在住房、评定职称等方面，发扬风格，谦让他人，事迹突出。

（7）积极参加创建活动，参与意识和创建意识强。

（8）在治安综合治理，绿化、美化环境、无偿献血、计划生育、爱国卫生，交通安全工作中有突出贡献。

五、表彰奖励

实施奖励旨在于调动全所职工的积极性，创造性，推动各项工作和促进两个文明的健康协调发

展。实行精神奖励为主，物质奖励为辅的原则，深入、持久地把创建活动坚持下去，把社会主义精神文明建设落到实处。

（一）对在创建活动中达到标准的单位授予“文明处室”“文明班组”称号，并颁发奖状。成绩突出的个人授予“文明职工”“文明职工标兵”称号，并颁发证书。

（二）对获“文明处室”称号的由所给予一次性奖励，奖金500元；对获“文明班组”称号的由所给予一次性奖励，奖金300元；对获“文明职工标兵”称号的由所给予一次性奖金300元；对获“文明职工”称号的由所给予一次性奖金100元；对有功人员，根据实际情况，适当增发奖金。

（三）奖励资金从所开发创收经费中解决。

六、保证措施

（一）领导到位。创建活动能否落实，关键在于各处室领导。因此，各处、室领导首先要从思想上、认识上、行动上到位，以身作则，为人表率，发动群众，把创建工作作为一项重要工作任务来抓。

（二）党支部、团总支要加强对党团员的教育和管理，充分发挥党团员在创建活动中的先锋模范作用。

（三）采取多种形式，宣传好人好事和先进典型，做好经验交流，宣传教育，鼓舞士气的工作。

（四）研究所精神文明建设指导委员会要经常检查指导各处室的创建工作，不断总结经验，以点带面，保证创建工作沿着正确的方面健康发展。

为保证我所“九五”到2010年各项艰巨任务的完成，同时把一支高素质的科技队伍和管理队伍带到21世纪，必须下大力加强精神文明建设，不断提高干部职工的思想道德素质。精神文明建设是一个长期工作任务，必须以坚定的信念和坚韧不拔的毅力，努力推进这一任务的顺利进行。拼搏进取，坚持高标准，把我所的文明创建活动深入持久地坚持下去。

中国农业科学院兰州畜牧与兽药研究所文明处室、文明班组、文明职工评选办法

（农科牧药党〔2012〕1号）

第一条 为积极开展文明处室、文明班组、文明职工创建活动，全面推动我所文明建设，根据中国农业科学院《文明单位标准》《文明职工条件》，结合研究所实际，制订本办法。

第二条 文明处室评选范围为研究所各处、室、厂、中心。文明班组评选范围为各课题组、项目建设组、科、部门内设班组、专项工作组等。文明职工从年度考核优秀职工中产生。

研究所每年评选文明处室2个、文明班组5个、文明职工5个。

第三条 文明处室、文明班组、文明职工评选工作由所考核领导小组组织实施。

第四条 文明处室评选条件及办法：

（一）基本条件。

1. 部门领导重视文明建设工作，职工积极参加研究所文明创建活动。

2. 部门能够按计划完成或超额完成年度任务。

3. 职工精神面貌好，风气正，奉献精神和全局观念强。

4. 卫生整洁，管理严谨，有良好的工作秩序。

5. 年内部门无严重责任事故，部门职工无违法行为和严重违纪行为。

（二）评选内容。

1. 年度工作考评得分。为各部门在年终工作考核大会上由参会人员对该部门工作进行测评的得分，满分50分。

2. 所班子打分。为所领导对各部门年度工作考核打分，满分50分。

3. 部门工作人员迟到、早退一次扣0.5分，旷工一次扣2分。

4. 在研究所卫生评比活动中，被评为卫生状况差的，每次扣2分。

（三）评选办法：将各部门上述评选内容得分相加（减），按照各部门最终得分，从高到低依次确认文明处室。

（四）有下列情形之一者，部门不能被评为文明处室。

1. 部门发生严重责任事故的；部门工作人员有违法行为且被有关部门追究责任的。

2. 部门发生打架斗殴、伤害他人事件的。

3. 部门工作人员无理取闹，干扰研究所正常工作秩序且经教育不改的。

4. 部门工作人员有违反计划生育政策的。

5. 违反财经纪律，问题严重的。

6. 部门工作人员受到研究所党纪政纪处分的。

7. 部门工作人员有剽窃及学术造假行为的。

8. 部门或部门工作人员受到研究所或上级主管部门书面批评的。

第五条 文明班组评选条件及办法

（一）文明班组分课题组和其他班组两片进行评选。课题组为研究所确认的在研课题组，其他班组为研究所各个项目建设组、科、部门内设班组、专项工作组等。

（二）文明班组中课题组和其他班组的名额比例，根据候选课题组的数量和其他候选班组的数量，由所考核领导小组确定。

（三）课题组的评选根据研究所年度课题执行情况汇报检查得分，结合课题组年度取得的成果、获奖情况等确定。

（四）其他班组的评选，由各部门进行推荐，根据各班组所得推荐票数的多少，按照拟确定的文明班组数量，以 1：1.5 的比例提出候选班组，再由所考核领导小组投票确定。

（五）有下列情形之一者，不能被评为文明班组。

1. 班组发生严重责任事故的；班组成员有违法行为且被有关部门追究责任的。

2. 班组内发生打架斗殴、伤害他人事件的。

3. 班组成员无理取闹，干扰研究所正常工作秩序且经教育不改的。

4. 班组成员有违反计划生育政策的。

5. 违反财经纪律，问题严重的。

6. 班组成员受到研究所党纪政纪处分的。

7. 班组成员有剽窃及学术造假行为的。

8. 班组或班组成员受到研究所或上级主管部门书面批评的。

第六条　文明职工评选

（一）文明职工从研究所年度考核优秀者中产生。

（二）所考核领导小组根据年度考核优秀者的政治思想、工作态度、工作业绩以及对研究所发展的贡献，综合评议，投票评选文明职工。

第七条　文明处室、文明班组、文明职工的评选结果须进行公示。

第八条　本办法由党办人事处负责解释。

中国农业科学院兰州畜牧与兽药研究所“红旗党支部”创建工作实施方案

（农科牧药党〔2018〕14号）

根据《中共中国农业科学院党组关于印发〈中国农业科学院“红旗党支部”创建行动方案〉的通知》（农科院党组发〔2018〕14号）精神，结合研究所实际，制定“红旗党支部”创建工作实施方案。

一、总体思路

以习近平新时代中国特色社会主义思想为指导，深入贯彻落实党的十九大精神。按照新时代党的建设总要求，加强基层组织建设。突出政治功能，以提升组织力为重点，开展“红旗党支部”创建工作，推动全面从严治党向基层延伸，推进“两学一做”学习教育常态化制度化，努力把基层党组织建设成为宣传党的主张、贯彻党的决定、领导基层治理、团结动员群众、推动改革发展的坚强战斗堡垒，全面提升研究所党的建设工作水平。

二、目标任务

通过开展“红旗党支部”创建工作，进一步找准发挥党支部作用的切入点和着力点，切实把党的路线方针政策和决策部署落实到支部，切实把从严教育管理监督党员落实到支部，切实把加强思想政治工作和群众工作落实到支部。进一步加强党支部建设，提升党员活动的保障性、党内生活的严肃性、党建工作的实效性，使党支部在工作机制上有新规范、工作活力上有新提升、服务发展上有新成效。进一步激发党员群众干事创业的积极性，凝聚改革共识，汇聚发展力量，为研究所全面实施科技创新工程、加快现代农业科研院所建设提供强大的政治保障、组织保障和思想保障。

三、创建标准

（一）加强政治建设。把党的政治建设摆在首位，坚决维护习近平总书记党中央的核心和全党的核心地位，坚决维护以习近平总书记为核心的党中央权威和集中统一领导。引导全体党员牢固树立政治意识、大局意识、核心意识、看齐意识。坚决贯彻党中央、国务院关于“三农”工作的方针政策，坚决执行部院党组各项决策部署。

（二）强化理论武装。坚持用习近平新时代中国特色社会主义思想武装头脑、指导实践、推动工作。抓紧抓实抓好党支部集中学习教育和经常性学习教育，坚持全覆盖、重创新、求实效，紧密结合农业科研工作实际，持续推进“两学一做”学习教育常态化制度化。

（三）支部作用发挥充分。按照符合党章规定、遵循科研规律、便于开展工作的原则，坚持把党支部建在创新团队、研究室（中心）、职能处室等业务单元上，实现党的组织和党的工作全覆盖。支部班子坚强有力，支部书记履行第一责任人职责，支部委员履行“一岗双责”，纪检小组和纪检委员认真履行职责。坚持民主集中制原则。党支部切实发挥战斗堡垒作用，严格履行教育党员、管理党员、监督党员和组织群众、宣传群众、凝聚群众、服务群众职责，真正成为服务群众、推动发展、促进和谐的坚强集体。

（四）组织生活认真规范。自觉学习贯彻党章党规，严守政治纪律和政治规矩，严格执行《关于新形势下党内政治生活的若干准则》，严格落实“三会一课”、谈心谈话、民主评议党员等组织生活制度，创新开展主题党日活动。《党支部工作手册》记录规范、内容详实。

（五）支部活动严肃活泼。结合研究所实际，积极探索支部建设新思路，不断丰富党支部的工作形式和内容。鼓励党员利用“两微一端”等现代信息技术手段开展理论学习活动，创新主题实践活动方式方法，增强党组织活动的开放性、灵活性和有效性。通过共建支部、亮明党员身份等多种形式拓展服务“三农”的途径、了解政策的渠道，强化党员党性锻炼。

（六）支部工作成效显著。坚持走在前，作表率，党支部围绕中心、服务大局事迹突出，党员切实发挥先锋模范作用，各项工作成绩显著。党建工作规范化、科学化水平明显提升，党支部建设质量不断提高。

四、工作重点

（一）总结提炼完善支部工作法。坚持党建工作与业务工作两融合原则，总结提炼研究所党支部工作的好经验好做法，形成特点鲜明、可操作、可坚持、严肃规范、科学高效的支部工作法。推广运用践行支部工作法，充分发挥先进典型在建设服务型党组织中的引领带头作用，不断创新服务改革、服务“三农”、服务科研、服务党员、服务群众的方式方法。

（二）培育党员教育实践基地。充分挖掘研究所试验基地（台站）、合作单位资源，培育一批引导党员群众牢固树立创新意识、奋斗精神的党员教育实践基地，努力把这些基地打造成为加强党性锻炼的重要场所、培养党员意识的重要阵地、学习党的知识的重要课堂，教育党员不忘科技报国的初心，担当起科技支撑乡村振兴战略、实施畜牧兽医产业事业发展的历史使命。

（三）完善党支部工作制度。贯彻落实新时代党的建设总要求，坚持思想建党和制度治党同向发力，根据院直属机关党委有关加强基层党组织政治建设、党支部工作和党员教育管理工作等制度，结合研究所实际，适时制定务实管用的相关工作制度。

（四）打造优秀干部队伍。引导干部队伍增强创新意识、提高创新能力，立足科研本职，不忘初心，努力奉献，围绕“顶天立地”大成果、大产出这一目标开展科学研究工作，努力培养锻炼一支懂农业、爱农村、爱农民，热爱科研、执着科研、服务科研、献身科研的畜牧兽医科研队伍，努力为农业供给侧结构性改革、农业现代化发展和美丽生态乡村建设贡献力量。

（五）培育积极向上文化。大力开展创新文化建设，践行社会主义核心价值观，传承弘扬农科精神，营造崇尚创新、宽容失败的良好氛围，不断激发党支部和党员干部内生动力、增强创新活力。引导党员群众自觉培养高尚科学精神和职业道德情操，自觉抵制学术不端行为，自觉向科学高峰攀登。通过营造良好的文化氛围，把党支部建设成为关爱党员、服务群众的“大家庭”。

五、工作要求

（一）加强组织领导。研究所“红旗党支部”创建工作在所党委领导下，由所党建工作领导小组（成员为所党委班子成员）组织实施。所党委根据“红旗党支部”实施方案，结合标准党支部创建，统筹开展考核工作。所党建工作领导小组办公室（党办人事处），具体负责“红旗党支部”创建工作的安排部署和检查考核。

（二）坚持服务中心工作导向。坚持把党的工作与科研工作、事业发展紧密结合起来，坚持同步规划、同步推进。各党支部要树立以人为本、以研为本，服务科研、服务职工的理念，正确处理好“红旗党支部”创建工作与各项中心工作任务的关系，做到两手抓、两融合、两提高。

（三）强化工作落实。各党支部要站在全面从严治党的高度，将“红旗党支部”创建工作纳入党建工作整体安排，与“两学一做”学习教育常态化制度化结合起来，与即将开展的“不忘初心、牢记使命”主题教育、全国正在开展的“脱贫攻坚作风建设年”活动以及全省“三纠三促”专项行动结合起来，认真抓好工作落实。要广泛宣传“红旗党支部”先进事迹或支部工作法，充分调动党员参与的积极性，用身边的典型引导党员干部干事创业，营造全体党员共抓党建的浓厚氛围。

中国农业科学院兰州畜牧与兽药研究所“三重一大”决策制度实施细则

（农科牧药党〔2020〕10号）

第一章 总 则

第一条 为全面贯彻落实从严治党有关要求及中共中央关于凡属重大决策、重要干部任免、重大项目安排和大额度资金的使用（以下简称“三重一大”）必须由领导班子集体做出决定的要求，按照中国农业科学院党组加快建设“定位明确、法人治理、管理高效、开放包容、评价科学”的现代科研院所制度的部署，加快建立健全重大事项决策规则和程序，防范决策风险，推进决策的科学化、民主化，根据《中国农业科学院“三重一大”决策制度实施办法》，结合研究所实际，制订本办法。

第二条 凡属职责范围内的“三重一大”事项，均应由领导班子按照民主集中制原则集体做出决定。

第三条 凡属“三重一大”事项，除遇重大突发事件和紧急情况外，应以所党委会、所常务会、所务会形式讨论决定，不得以传阅、会签和个别征求意见等方式代替集体决策。

第二章 “三重一大”事项范围

第四条 重大决策事项，是指事关研究所改革、发展、稳定和干部职工切身利益的重要事项，主要包括：

（一）贯彻落实党中央、国务院的重大部署和农业农村部、中国农业科学院指示的重要事项。

（二）向上级部门请示或报告的重要事项和重要决策建议。

（三）全所改革发展的重大问题。

（四）研究所科技创新工程实施中的重大事项。

（五）全所改革发展有关综合规划、中长期规划、科技发展规划、专项规划、年度计划、财务预决算方案等。

（六）全所党的建设、党风廉政建设、精神文明建设和思想政治工作等重要事项。

（七）涵盖中央财政资金、自有资金、其他资金和全所年度预算“一上”建议和“二上”草案。

（八）研究所出租、出借土地资产以及国有资产处置事项。

（九）研究所重要规章制度的制订、修改和废除。

（十）研究所机构设置、职能、人员编制等事项。

（十一）涉及研究所广大干部职工切身利益和生活福利的重要事项。

（十二）捐赠、赞助事项。

（十三）其他重大决策事项。

第五条　重要干部任免事项，是指研究所党委管理的领导干部任免及其他重要人事安排等事项，主要包括：

（一）推荐所级后备干部人选。

（二）中层干部的任免。

（三）推荐党代会代表、人大代表、政协委员候选人。

（四）所级以上各类荣誉授予人选决定和推荐。

（五）其他重要人事事项。

第六条　重大项目安排事项，是指对研究所科技创新和建设发展产生重要影响的重大科研项目及投资项目的安排事项，主要包括：

（一）设立重大科研项目和对外合作项目。

（二）所区建设总体规划。

（三）使用中央财政资金的基本建设项目、修缮购置项目、创新工程项目安排事项。

（四）发生重大变更的重大项目。

（五）影响重大的资产重组、资本运作、融资担保等项目。

（六）其他重大项目安排事项。

第七条　大额度资金使用事项为所本级的以下事项：

（一）50万元以上的中央财政非科研项目资金预算调整使用事项。

（二）20万元以上自有资金预算调整事项。

（三）科研相关项目委托测试费超预算10万元以上的事项。

（四）其他大额度资金使用事项。

第三章　“三重一大”决策程序

第八条　酝酿决策阶段

（一）“三重一大”事项决策前，主办部门应进行广泛深入的调查研究，充分听取各方面意见，提出本部门明确意见；对专业性、技术性较强的事项，应进行专家论证、技术咨询、决策评估。

（二）重大科技项目、科技发展规划和涉及学术问题的重要事项等，决策前应提交研究所学术委员会论证或审议。

（三）重要干部任免事项，应严格执行《党政领导干部选拔任用工作条例》等有关规定和程序要求。提拔中层领导干部，须由研究所纪委对拟提拔人选廉洁自律情况提出结论性意见。

（四）涉及广大干部职工切身利益和生活福利的规章制度和重大事项，决策前应通过有效形式充分听取干部职工的意见和建议。

（五）“三重一大”事项决策前，所领导班子成员可通过适当形式对有关议题进行充分酝酿，但不得做出决定。

（六）提请所党委会和所常务会决策的“三重一大”事项议题，应遵照研究所有关规定和程序，提前以书面形式送达相应参会人员，做好会前沟通，保证有足够时间了解和思考相关问题。

（七）对于临时性、时效性要求高，需紧急上报的“三重一大”事项，经主办部门报分管所领导和主要所领导同意后，可先行上报，事后向所党委会、所常务会报告。

第九条　集体决策阶段

（一）“三重一大”事项决策会议必须符合规定人数方可召开。所党委会、所常务会必须有2/3以上成员到会。

（二）研究讨论“三重一大”事项，应当坚持一事一议，一事一决。与会人员应充分讨论，对决策建议分别表示同意、不同意或缓议的意见，并说明理由。主持会议的主要领导同志应在班子其他成员充分发表意见的基础上，最后发表意见。

意见分歧较大或者发现有重大问题尚不清楚时，除紧急事项外，应暂缓作出决定，待进一步调研或论证后再作决定。

（三）所党委会、所常务会决策“三重一大”事项遵循少数服从多数原则，采取口头、举手或无记名投票等方式进行表决。

赞成人数超过应到会人数的半数为通过，未到会成员的书面意见不计入票数。

（四）“三重一大”事项决策情况，包括决策参与人、决策事项、决策过程、班子成员发表的意见、理由、表决结果、决策结果等内容，应以会议通知、会议议程、会议记录、会议纪要、投票实样等书面形式完整详细记录，立卷归档备查。

第十条　执行决策阶段

（一）“三重一大”事项经所领导班子集体决策后，由班子成员按分工和职责组织实施。遇有分工和职责交叉的，由所领导班子明确一名成员牵头。

（二）班子成员不得擅自改变集体决策。对集体决策有不同意见的，可以保留，可按组织原则和规定程序反映，但在没有做出新的决策前，应无条件执行。

（三）集体决策确需变更的，应由所领导班子重新做出决策；如遇重大突发事件和紧急情况做出临时处置的，必须事后及时向所领导班子报告，未完成事项如需所领导班子重新做出决策的，经再次决策后，按新的决策执行。

第四章　“三重一大”决策监督保障

第十一条　所领导班子成员应带头执行“三重一大”制度，根据分工和职责及时向领导班子报告“三重一大”事项执行情况。

第十二条　领导班子及成员执行“三重一大”制度的情况，纳入述职述廉和党风廉政建设责任制考核。

第十三条　除涉密事项外，研究所“三重一大”决策事项应依照《中国农业科学院兰州畜牧与兽药研究所政务公开工作实施方案》规定程序和方式，在相应范围内及时公开。

第五章　“三重一大”决策责任追究

第十四条　有下列情形之一的，应根据事实、性质及情节追究责任。情节轻微的，对责任人给予批评教育、诫勉谈话，并限期纠正；情节严重、造成恶劣影响和重大损失的，应依法依纪追究相关责任人的责任。

（一）不按规定履行“三重一大”事项决策程序的。

（二）擅自改变或不执行领导集体决定的。

（三）未经领导集体研究决定而个人决策，事后又不通报的。

（四）未向领导集体提供全面、真实情况，造成错误决定的。

（五）弄虚作假，骗取领导集体做出决定的。

第六章　附　则

第十五条　本办法由党办人事处负责解释。

第十六条　本办法自2020年7月9日所长办公会通过之日起执行。《中国农业科学院兰州畜牧与兽药研究所“三重一大”决策制度实施细则》（农科牧药党〔2014〕7号）同时废止。

中国农业科学院兰州畜牧与兽药研究所创新文化建设实施方案

（农科牧药党〔2020〕11号）

为进一步做好研究所创新文化建设，营造有利于科技持续创新和人才脱颖而出的良好氛围，激发广大科技工作者的创新思维，提升研究所的整体创新水平，根据中共中国农业科学院党组关于进一步加强创新文化建设的意见，结合工作实际，制定研究所创新文化建设实施方案。

一、指导思想

以习近平新时代中国特色社会主义思想为指导，深入贯彻党的十九大和十九届二中、三中、四中全会精神，以习近平总书记“三个面向”重要指示为引领，切实加强创新文化建设，不断提升自主创新能力和成果转化能力，为加快“两个一流”建设，营造良好的科研氛围，培养研究所独特文化环境，为推动研究所科技创新和事业发展提供内生动力和精神支撑。

二、基本原则

1. 坚持党的领导，强化政治引领，把党的领导贯穿到科技创新和创新文化建设全过程，筑牢全所共同思想基础。

2. 坚持以服务科技创新为中心，以有效推动科技创新、成果转化等各项工作为检验标准，不断解放思想，激发创新活力。

3. 坚持以人为本，注重发挥每个人的优势，遵循农业科研和文化发展的特点和规律。

4. 坚持久久为功，把创新文化建设融入日常、抓在经常，不疾不徐，注重长效。

三、发展目标

完善新时代创新文化建设整体格局，形成创新文化建设的高度自觉，在理念识别、行为识别、视觉识别等方面加快升级，促进文化与创新互融共进，基本建成与“两个一流”相适应的创新文化系统。通过确立研究所科技价值观和建立以创新激励机制、创新评价体系为核心内容的兰州牧药所创新机制，构建研究所创新文化体系，建立完善现代管理制度；营造以人为本、利于激发创新思维、提高整体创新能力和人才辈出的良好氛围；进一步发扬求真务实、团结协作的科学作风，建设优美和谐的工作环境和生活环境。努力把研究所建设成为不断涌现创新思想、创新成果和创新人才的国家一流研究所，成为先进文化产生和传播的基地。

四、措施任务

（一）筑牢“爱国敬农”思想之基

弘扬爱国奋斗精神，勇担科技强农使命，积极践行社会主义核心价值观，以中华优秀传统文化、革命文化和社会主义先进文化为主要内容，深入开展党史国史所史教育，引导全所科研人员不忘初心、牢记使命，增强“四个意识”，坚定“四个自信”，做到“两个维护”，将个人的理想追求与党、国家和人民的奋斗目标和共同理想紧密联系在一起，将科技强国、服务“三农”作为自己一生的追求，努力争做重大科研成果的创造者、建设科技强国的奉献者、崇高思想品格的践行者和良好社会风尚的引领者。

（二）扎实践行科学家精神

扎实践行“爱国、创新、求实、奉献、协同、育人”的新时代科学家精神，继承和发扬老一辈科学家开拓创新的精神和事业。通过参加弘扬科学家精神专题学习会、先进事迹报告会、举办演讲比赛、撰写学习体会等方式，充分利用“三会一课”、主题党日活动等载体，深入学习杰出科学家的光辉事迹和崇高精神。积极选树、广泛宣传在农业科技战线有广泛影响力的先进集体和个人。主动对接中央和地方主流媒体，充分利用网络、微信公众号、学习 APP、宣传栏、宣传展板等学习平台，推动科学家精神进基地、进团队、进党支部。系统采集、妥善保存科学家学术成长资料，深入挖掘蕴含的学术思想、人生积累和精神财富。

（三）不断完善以所训为核心的创新文化价值理念

“探赜索隐，钩深致远”的研究所所训和以“严谨求实的科学精神、潜心科研的执着精神、勇攀高峰的创新精神和爱国为民的奉献精神”为内容的“农科院精神”代表了广大农科人的共同理想信念、价值追求和处事原则，是研究所创新文化核心价值体系的重要内涵。要把所训和农科院精神贯穿科技创新的全过程，切实增强思想、情感、价值认同。开展研究所文化遗存、文物遗产等文化资源的挖掘整理，进一步建设所史陈列馆，系统梳理、展示研究所历史文化。充分利用科普基地等优势资源，开展科普教育和主题活动。围绕所训、农科院精神对新入职员工、青年专家、学生等群体开展教育培训。

（四）推进制度体系建设

围绕院所改革发展大局，依法、科学开展制度建设，增强人人尊重和自觉执行制度的意识，做到用制度创新保障科技创新。及时清理和废止不利于科技创新的制度，建立健全促进创新发展的制度。

（五）打造开放包容的学术生态

以追求真理、崇尚创新为核心，对标“三个面向”重要指示精神，形成敢为人先、宽容失败、严谨治学、百家争鸣的学术生态，形成尊重知识、尊重人才、尊重创造的创新氛围。防止和反对浮夸浮躁、投机取巧和“圈子”文化。高层次专家要带头打破壁垒，树立跨界融合思维，在科研实践中发挥传帮带作用，善于发现、培养青年科研人员，在引领学术风气上发挥表率作用。

（六）厚植以人为本的治理体系

深化“放管服”改革，建立信任为前提、诚信为底线的科研管理机制。尊重科学研究灵感瞬间性、方式随意性、路径不确定性和农业科研长期性等特点。改进科研评价和激励机制，坚持凭能力、凭实绩、凭贡献，克服唯论文、唯职称、唯学历、唯奖项。改进内部科研管理，减少繁文缛节，杜绝层层加码。

（七）加强作风学风和科研道德建设

牢固树立“科研诚信是科技工作者的生命”的理念，恪守科学道德准则，严守科研伦理规范，守住学术道德底线。把教育引导和制度约束结合起来，在入学入职、职称晋升、参与科研项目等重要节点必须开展科研诚信教育。对在科研诚信方面出现倾向性、苗头性问题的人员，纪委、党支部纪检小组要及时开展科研诚信谈话提醒。敬畏生命、遵守规则，全面加强立项、执行、结题等环节科研伦理审查。健全学术不端行为监督惩处机制，加大查处力度，规范惩处办法，对违反政治纪律政治规矩和中央八项规定精神、学术不端、师德失范、假公济私等触碰纪律红线的四类行为“零容忍”，在项目申报、评奖评优、职务晋升、职称评审、年度考核、招生资格六个方面实行“一票否决”。

（八）大力开展廉政文化建设

在广大党员干部中深入开展理想信念教育、党章党规党纪教育、党的光荣传统和优良作风教育。通过党员领导干部带头讲廉政党课，运用身边反面教材开展警示教育，为科研人员划出不可触碰的纪律红线。对新入职职工、新提任干部、新晋升职称人员、新聘任研究生导师进行集体廉政谈话等方式，打造特色廉政文化，大力弘扬忠诚老实、公道正派、实事求是、清正廉洁的价值观，为科技创新营造风清气正的政治生态和干事创业的浓厚氛围。

（九）发展研究所和创新团队特色文化

以一流学科、一流研究所为目标，围绕重大科学发现、重大技术创新、重大产品创制开展特色文化建设，树立研究所和创新团队文化形象。通过学术引领、岗位管理、资源配置等手段，融塑兼备科学精神和人文精神的高素质科研群体。首席科学家要善于建设团队文化，凝练团队文化主题，营造具有凝聚力、创造力和战斗力的团队文化氛围。

（十）加强视觉识别系统的建设与应用

视觉识别系统是研究所创新文化内涵的外在载体。要进一步加强和完善研究所视觉识别系统建设，充分彰显研究所理念、精神和创新发展的特色。做好识别系统的规范使用、展示交流和宣传推广，充分运用于办公用品、会议系统、建筑外观、办公场所、产品包装、对外交流等方面，组织设计视觉形象规范手册，打造规范统一鲜明的单位形象。

（十一）打造和谐美好的家园文化

关心、爱护科研人员，解决职工群众密切关心的生活环境问题。活跃群众文化，充分发挥群团组织作用，开展形式多样的群众文体活动。建设环境优美、和谐宁静、信息畅通、服务便捷的优美园区，为科研人员提供良好的工作环境和交流场所，激发创新热情。充分利用办公室、走廊、园区等场地，设立名人头像雕像、名言文化墙等，传播先进文化。

（十二）加强教育文化建设

加强师德师风建设，坚持科研与育人相统一，不断增强立德树人、教书育人的责任感与使命感。对学术不端、师德失范等行为严肃查处。导师、科研项目负责人不得在成果署名、知识产权归属等方面侵占学生、团队成员的合法权益。把研究生思想政治引领贯穿研究所文化建设的全过程，用习近平新时代中国特色社会主义思想铸魂育人，落实立德树人根本任务，引导研究生厚植爱国主义情怀，把爱国情、强国志、报国行自觉融入实现农业农村现代化奋斗中，努力成长为“一懂两爱”新型人才。

五、组织保障

（一）加强组织领导

成立研究所创新文化建设领导小组，由所长、党委书记任组长，党委副书记任副组长，其他领导班子成员、各部门及团队负责人作为成员。创新文化建设要遍及各创新团队、管理服务部门，由负责人主管，党支部组织实施，全所职工积极参与，并成为创新文化建设的主体。

（二）筑牢文化传播阵地

要把创新文化建设与党的建设、思想政治工作以及精神文明建设工作有机结合，互相促进，协同发展。巩固网站、刊物、讲座、论坛、展览、科普活动等传统宣传阵地，不断拓展新媒体等文化传播平台，整合各类传播途径，形成文化传播合力。

（三）加强创新文化队伍建设

利用各类研修班、干部培训班、新员工入职培训、新生入学培训等平台，以辅导报告、专题培训等形式，增加创新文化培训内容，提高职工的创新意识和创新能力。加大对创新文化建设队伍的培训力度，努力培养一支具有专业素养的人才队伍。

（四）完善考核激励机制

把创新文化建设作为考核领导干部和部门团队工作业绩的重要内容，与文明处室、文明班组和文明职工评选表彰工作结合起来。

六、附 则

本方案自 2020 年 7 月 9 日所长办公会通过之日起实施。

中共中国农业科学院兰州畜牧与兽药研究所委员会党史学习教育实施方案

（农科牧药党〔2021〕2号）

2021年是中国共产党成立100周年。为从党的百年伟大奋斗历程中汲取继续前进的智慧和力量，深入学习贯彻习近平新时代中国特色社会主义思想，巩固深化“不忘初心、牢记使命”主题教育成果，激励全党全国各族人民满怀信心迈进全面建设社会主义现代化国家新征程，根据中央关于在全党开展党史学习教育活动的工作部署和农业农村部党组、中国农业科学院党组及兰州市委的具体学习工作方案安排，结合所内实际，制定如下工作方案。

一、提高政治站位，充分认识开展党史学习教育活动的重大意义

全所各级党组织和广大党员干部要切实增强“四个意识”、坚定“四个自信”、做到“两个维护”，自觉对照习近平总书记在党史学习教育动员大会上的重要讲话精神，全力学好党史这门必修课。通过学习，教育引导党员倍加珍惜党的历史，深入研究党的历史，认真学习党的历史，全面宣传党的历史，充分发挥党的历史以史鉴今、资政育人的作用，充分认识我国正处于实现中华民族伟大复兴关键时期，世界正经历百年未有之大变局，在这一重大历史时刻，组织开展党史学习教育对于总结历史经验、认识历史规律、掌握历史主动，对于传承红色基因、牢记初心使命、坚持正确方向，深入学习领会习近平新时代中国特色社会主义思想，进一步统一思想、统一意志、统一行动，建设更加强大的马克思主义执政党，在新的历史起点上奋力夺取习近平新时代中国特色社会主义伟大胜利，具有重大而深远的意义。通过学习，进一步接受党的初心使命、性质宗旨、理想信念的生动教育，更好地从党的百年伟大征程中汲取前进的智慧、奋进的力量，迅速把思想和行动统一到习近平总书记重要讲话精神上来，满怀信心谱写全面建设社会主义现代化新篇章。

二、精心谋划部署，确保中央要求、部院党组和兰州市委关于党史学习教育的工作部署不折不扣得到贯彻

所内各级党组织要全面落实中央明确的学习内容，科学安排各项工作举措，确保中央要求、部院党组和兰州市委工作部署不折不扣得到贯彻。

（一）学习活动的目标要求和主要内容

研究所党史学习教育活动要坚持以马克思列宁主义、毛泽东思想、邓小平理论、“三个代表”重要思想、科学发展观、习近平新时代中国特色社会主义思想为指导，深入学习贯彻党的十九大和十九届二中、三中、四中、五中全会精神，紧紧围绕学懂弄通做实党的创新理论，坚持学习党史与学习新中国史、改革开放史、社会主义发展史相贯通，做到学史明理、学史增信、学史崇德、学史力行，深刻铭记中国共产党百年奋斗的光辉历程，深刻认识中国共产党为国家和民族作出的伟大贡

献，深刻感悟中国共产党始终不渝为人民的初心宗旨，系统掌握中国共产党推进马克思主义中国化形成的重大理论成果，学习传承中国共产党在长期奋斗中铸就的伟大精神，深刻领会中国共产党成功推进革命、建设、改革的宝贵经验。通过学习，引导全所党员干部增强“四个意识”、坚定“四个自信”、做到“两个维护”，不断提高政治判断力、政治领悟力、政治执行力，守正创新，抓住机遇，锐意进取，开辟新局，加快推进“两个一流”建设，为全面建设社会主义现代化国家、实现中华民族伟大复兴中国梦而不懈奋斗。

（二）学习教育活动主要工作安排

党史学习教育贯穿2021年全年，突出学党史、悟思想、办实事、开新局，注重融入日常、抓在经常，面向全体党员，以处级以上领导干部为重点开展学习教育实践，做到学有所思、学有所悟、学有所得。重点做好以下几项全所性的活动。

1. 组织好党员干部认真自学。所党委将为全所党员干部购买习近平《论中国共产党历史》和《中国共产党简史》等学习书籍，做到人手一册。购置《毛泽东、邓小平、江泽民、胡锦涛关于中国共产党历史论述摘编》《习近平新时代中国特色社会主义思想学习问答》《中国共产党的100年》《中华人民共和国简史》《改革开放简史》《社会主义发展简史》等党史学习书籍，方便全所职工、学生开展日常学习。党办人事处在“兰牧药大家庭”微信群、“牧药圈”职工群中推送“党史上的今天”“百年党史天天学”等学习材料，组织好日常学习。鼓励党员充分利用“学习强国”“甘肃党建”学习平台，引导党员养成天天学习的好习惯。

2. 党委理论学习中心组、青年学习小组专题学习。所党委将在党员、干部自学的基础上，召开理论学习中心组学习，组织成立青年学习小组，开展党史专题学习，将党史教育与学习贯彻习近平总书记关于“三农”、科技创新重要论述、致中国农业科学院贺信精神及考察甘肃重要讲话精神相结合，领导干部要以上率下，在学党史、讲党史、懂党史、用党史方面发挥示范带动作用。

3. 举办处级干部、党务干部党史学习读书班。所党委结合党支部书记培训，在5月中下旬，组织举办处级干部、党务干部培训班，专题学习党史，开展学习交流。

4. 组织开展“学党史、话初心、担使命”主题党日活动。支部书记围绕党史学习教育专题讲党课，举办新党员集中宣誓活动，组织党员开展“政治生日”“重温入党誓词和入党志愿书”等政治仪式活动，组织支部书记参加兰州市委学习党史活动等。邀请研究所建设的谋划者、实践者、亲历者讲述建所历史、讲老一辈科学家故事和励志经历，激发广大职工爱党爱国和知所荣所的热情。

5. 组织开展“走基层、强本领、促发展”主题实践系列活动。组织党员干部和科研人员深入一线开展调研，深化我所各党支部与帮扶村党支部结对联建，持续打造党员服务品牌。组织党员干部开展瞻仰参观革命遗址遗迹、革命博物馆、纪念场馆等主题党日活动，发挥先进典型的教育引导作用。

6. 组织举办知识竞赛、征文等活动。七一前，组织开展党员“学党史・迎百年”知识竞赛，开展“讴歌百年辉煌、奋进崭新征程”征文等活动，引导全所党员职工在学习中凝聚奋发进取的精神力量，听党话、跟党走。

7. 组织开展庆祝中国共产党成立100周年书画摄影展等系列文化活动。举办庆祝中国共产党成立100周年书画摄影展，积极开展“庆祝中国共产党成立100周年文艺演出”活动，通过歌咏红色经典歌曲，讴歌党的丰功伟绩，唱响共产党好、社会主义好和伟大祖国好的主旋律，培养干部职工热爱党、热爱祖国、热爱研究所的情感，增强为党争光、为祖国科技事业奉献的主动性和积极性。

8. 开展“我为群众办实事”实践活动。所党委、各党支部和党员干部要围绕职工群众的“急难愁盼”，开展调研解决问题，推动解决群众职工最关心、最直接、最现实的利益问题，提出办实事清单，让职工群众感受到党史学习教育的成效，七一前开展走访慰问活动。把学习教育成效转化为推动工作、促进发展的动力，防止学习和工作“两张皮”。

9. 召开专题民主生活会和支部组织生活会。根据院党组的部署，认真召开好专题民主生活会和组织生活会，开展党性分析，交流学习体会。

三、加强组织领导，确保党史学习教育取得扎实成效

（一）强化责任落实。所内各级党组织要把开展党史学习教育作为一项重大政治任务，切实履行主体责任。所党委成立党史学习教育领导小组，张永光担任组长，张继瑜、阎萍、杨振刚任副组长，领导小组下设办公室，办公室设在党办人事处，具体负责日常工作。所属各党支部书记要履行本支部第一责任人的职责，抓好本支部的学习教育，要结合科技创新中心工作和支部实际，明确时间安排和主要方式，精心部署、扎实推进、抓出成效。

（二）加强督促检查。所党委把党史学习教育纳入党建工作的重要内容，建立经常性督查机制，加强督促指导，及时发现解决问题，力戒形式主义，防止浅尝辄止，引导党员、干部沉下心来学、联系实际学，学出坚强党性、学出信仰担当。

（三）注重宣传引导。充分运用所网站、所宣传栏、学习教育微信群等平台广泛宣传党史学习教育的重要意义、主要目的和工作进展，及时上报相关进展情况，加强正面宣传和舆论引导，努力营造浓厚氛围。

附件

中国农业科学院兰州畜牧与兽药研究所党委党史学习教育领导小组及其工作机构组成人员

一、领导小组

组　长：张永光　党委副书记、所长
副组长：张继瑜　副所长、纪委书记
　　　　阎　萍　党委委员、副所长
　　　　杨振刚　党委副书记
成　员：荔　霞　陈化琦　王学智　曾玉峰　张继勤
　　　　董鹏程

领导小组负责中国农业科学院兰州畜牧与兽药研究所党史学习教育总体部署和统筹安排。

二、领导小组办公室

领导小组下设办公室，办公室设在党办人事处。

主　任：荔　霞
成　员：张小甫　刘星言　赵芯瑶

领导小组办公室在党史学习教育领导小组的统一领导下，负责日常事务，统筹推进综合协调、材料简报、宣传报道、实践活动等工作。